# 中国芳香植物资源

## Aromatic Plant Resources in China

### （第3卷）

王羽梅　主编

中国林业出版社

**图书在版编目（CIP）数据**

中国芳香植物资源：全6卷 / 王羽梅主编. --北京：中国林业
出版社，2020.9
　　ISBN 978-7-5219-0790-2

　　Ⅰ. ①中…　Ⅱ. ①王… 　Ⅲ. ①香料植物－植物资源－中国
Ⅳ. ①Q949.97

中国版本图书馆CIP数据核字（2020）第174231号

# 《中国芳香植物资源》
# 编　委　会

主　编：王羽梅

副主编：任　飞　任安祥　叶华谷　易思荣

著　者：

王羽梅（韶关学院）

任安祥（韶关学院）

任　飞（韶关学院）

易思荣（重庆三峡医药高等专科学校）

叶华谷（中国科学院华南植物园）

邢福武（中国科学院华南植物园）

崔世茂（内蒙古农业大学）

薛　凯（北京荣之联科技股份有限公司）

宋　鼎（昆明理工大学）

王　斌（广州百彤文化传播有限公司）

张凤秋（辽宁锦州市林业草原保护中心）

刘　冰（中国科学院北京植物园）

杨得坡（中山大学）

罗开文（广西壮族自治区林业勘测设计院）

徐晔春（广东花卉杂志社有限公司）

于白音（韶关学院）

马丽霞（韶关学院）

任晓强（韶关学院）

潘春香（韶关学院）

肖艳辉（韶关学院）

何金明（韶关学院）

刘发光（韶关学院）

郑　珺（广州医科大学附属肿瘤医院）

庞玉新（广东药科大学）

陈振夏（中国热带农业科学院热带作物品种资源
　　　　研究所）

刘基男（云南大学）

朱鑫鑫（信阳师范学院）

叶育石（中国科学院华南植物园）

宛　涛（内蒙古农业大学）

宋　阳（内蒙古农业大学）

李策宏（四川省自然资源科学研究院峨眉山生物站）

朱　强（宁夏林业研究院股份有限公司）

卢元贤（清远市古朕茶油发展有限公司）

寿海洋（上海辰山植物园）

张孟耸（浙江省宁波市鄞州区纪委）

周厚高（仲恺农业工程学院）

杨桂娣（茂名市芳香农业生态科技有限公司）

叶喜阳（浙江农林大学）

郑悠雅（前海人寿广州总医院）

吴锦生〔中国医药大学（台湾）〕

张荣京（华南农业大学）

李忠宇（辽宁省凤城市林业和草原局）

高志恩（广州市昌缇国际贸易有限公司）

李钱鱼（广东建设职业技术学院）

代色平（广州市林业和园林科学研究院）

容建华（广西壮族自治区药用植物园）

段士明（中国科学院新疆生态与地理研究所）

刘与明（厦门市园林植物园）

陈恒彬（厦门市园林植物园）

邓双文（中国科学院华南植物园）

彭海平（广州唯英国际贸易有限公司）

董　上（伊春林业科学院）

徐　婕（云南耀奇农产品开发有限公司）

潘伯荣（中国科学院新疆生态与地理研究所）

李镇魁（华南农业大学）

王喜勇（中国科学院新疆生态与地理研究所）

# 第 3 卷目录

# 冷蒿

*Artemisia frigida* Willd.

**菊科　蒿属**

**别名：** 小白蒿、寒蒿、白蒿、兔毛蒿、菟毛蒿、寒地蒿、刚蒿、
茵陈蒿

**分布：** 黑龙江、吉林、辽宁、内蒙古、河北、山西、陕西、宁
夏、甘肃、青海、新疆、西藏等地

【芳香成分】何雪青等（2009）用水蒸气蒸馏法提取的新疆
乌鲁木齐产冷蒿新鲜全草精油的主要成分为：桉油精（18.05%）、
樟脑（16.01%）、龙脑（4.98%）、反式-2-蒎-4-醇（4.85%）、β-
松油醇（3.15%）、侧柏酮（1.47%）、2,6,6-三甲基-1,3-环己二
烯-1-醇（1.42%）、辛酸（1.18%）、莰烯（1.05%）等。朱亮锋等
（1993）用同法分析的青海西宁产冷蒿全草精油的主要成分为：
樟脑（53.70%）、1,8-桉叶油素（17.31%）、2-(1-甲基-2-异丙烯基
环丁基)乙醇（9.28%）、松油醇-4（4.24%）、β-桉叶醇（1.24%）、
α-松油醇（1.13%）等。

【利用】全草入药，有止痛、消炎、镇咳作用，还作"茵
陈"的代用品。在牧区为牲畜良好的饲料。

# 紫花冷蒿

*Artemisia frigida* Willd. var. *atropurpurea* Pamp.

**菊科　蒿属**

**别名：** 黑紫冷蒿

**分布：** 宁夏、新疆、甘肃、内蒙古、青海

【形态特征】与原变种区别在于本变种植株矮，高10～
18 cm。头状花序半圆形，直径3.5～4.5 mm，在茎上多组成穗
状花序，稀少为穗状花序式的狭圆锥花序，花冠檐部紫色。

【生长习性】生于海拔2000～2600 m的山坡。适应力强，
可在干旱地区生长。

【形态特征】多年生草本，有时略成半灌木状。高10～
70 cm；茎、枝、叶及总苞片背面密被短绒毛。茎下部叶与营
养枝叶长圆形或倒卵状长圆形，长、宽0.8～1.5 cm，2～3回羽
状全裂，每侧有裂片2～4枚；中部叶长圆形或倒卵状长圆形，
长、宽0.5～0.7 cm，1～2回羽状全裂，每侧裂片3～4枚，基部
裂片半抱茎，成假托叶状；上部叶与苞片叶羽状全裂或3～5全
裂。头状花序半球形或球形，直径2～4 mm，茎上排成总状花
序或总状花序式的圆锥花序；总苞片3～4层，外层、中层卵形
或长卵形，内层长卵形或椭圆形；雌花8～13朵，花冠狭管状；
两性花20～30朵，花冠管状。瘦果长圆形或椭圆状倒卵形。花
果期7～10月。

【生长习性】分布范围广，适应性强，在森林草原、草原、
荒漠草原及干旱与半干旱地区的山坡、路旁、砾质旷地、固定
沙丘、戈壁、高山草甸等地区都有。耐干旱和严寒，适生于
≥10℃、积温2000～3000℃、年降水量150～400 mm的气候条
件范围内。无法在低湿的盐渍化地区生长。

【精油含量】水蒸气蒸馏全草的得油率为0.31%～0.72%；
超临界萃取全草的得油率为2.43%。

【精油含量】水蒸气蒸馏新鲜全草的得油率为0.27%。

【芳香成分】邵赟等（2008）用水蒸气蒸馏法提取的青海大柴旦产紫花冷蒿新鲜全草精油的主要成分为：樟脑（33.14%）、桉树脑（23.42%）、6-甲基-2-乙烯基-1,3-庚二烯醛（8.41%）、盖烯醇（4.82%）、桥环萜烯酮（3.28%）、莰烯（2.45%）、1R-α-蒎烯（1.92%）、苄烯酮（1.76%）、冰片（1.67%）、去甲基丁香酚（1.55%）、α-松油醇（1.45%）、1-甲基-1-乙醇基-3-异丙基环丁烷（1.33%）、水芹烯（1.28%）、β-香叶烯（1.17%）等。

# 🌸 辽东蒿
*Artemisia verbenacea* (Komar.) Kitagawa

| 菊科　蒿属 |
| --- |
| 别名：小花蒙古蒿 |
| 分布：黑龙江、吉林、辽宁、内蒙古、河北、山西、陕西、宁夏、甘肃、青海、四川 |

【形态特征】多年生草本。高30～70 cm。叶纸质，叶背密被灰白色蛛丝状绵毛；茎下部叶卵圆形或近圆形，1～2回羽状深裂，每侧有裂片2～4枚，具2～3浅裂齿；中部叶宽卵形或卵圆形，长2～5 cm，宽2～4 cm，二回羽状分裂，每侧裂片3～4枚，有短小的裂齿或裂片，基部具假托叶；上部叶羽状全裂，每侧裂片2枚；苞片叶3～5全裂。头状花序长圆形或长卵圆形，直径2～3 mm，有小苞叶，枝上排成穗状花序，茎上常组成圆锥花序；总苞片3～4层，外层小，外层、中层卵形或长卵形，内层长卵形；雌花5～8朵，花冠狭管状，紫色；两性花8～20朵，花冠管状，檐部紫色。瘦果长圆形或倒卵状椭圆形。花果期8～10月。

【生长习性】华北、东北分布在中、低海拔地区，西北、西南分布在海拔2200～3500 m的地区，多生于山坡、路旁及河湖岸边等地。

【精油含量】水蒸气蒸馏盛花期阴干全草的得油率为0.16%。

【芳香成分】李海亮等（2016）用水蒸气蒸馏法提取的甘肃清水产辽东蒿盛花期阴干全草精油的主要成分为：1,8-桉叶油醇（11.96%）、菊油环酮（9.94%）、樟脑（8.01%）、4-萜烯醇（5.66%）、α-侧柏酮（4.88%）、桉叶-5,11(13)-二烯-8,12-内酯（3.61%）、斯巴醇（3.39%）、β-石竹烯（3.27%）、大根香叶烯D（2.63%）、α-姜黄烯（2.50%）、α-松油醇（2.29%）、α-香附酮（2.22%）、异龙脑（1.93%）、氧化石竹烯（1.90%）、绿花白千层醇（1.70%）、甘香烯（1.61%）、反式-β-法呢烯（1.56%）、邻伞花烃（1.48%）、α-芹子烯（1.46%）、拉凡醇（1.36%）、长叶蒎烯（1.25%）、异丁酸香叶酯（1.21%）、α-石竹烯（1.15%）等。

【利用】全草入药，作"艾（家艾）的代用品。

# 🌸 柳叶蒿
*Artemisia integrifolia* Linn.

| 菊科　蒿属 |
| --- |
| 别名：柳蒿、九牛草、水蒿、白蒿 |
| 分布：黑龙江、吉林、辽宁、内蒙古、河北 |

【形态特征】多年生草本。高50～120 cm。叶不分裂，具稀疏锯齿或裂齿，叶背密被灰白色绒毛；基生叶与茎下部叶狭卵形或椭圆状卵形；中部叶长椭圆形、椭圆状披针形或线状披针形，长4～7 cm，宽1.5～3 cm，具1～3枚裂齿或锯齿，基部楔形；上部叶小，椭圆形或披针形，全缘。头状花序多数，椭圆形或长圆形，直径2.5～4 mm，有小型披针形的小苞叶，枝上排成穗状花序式的总状花序，茎上组成圆锥花序；总苞片3～4层，覆瓦状排列，外层略小，卵形，中层长卵形，背面疏被灰白色蛛丝状柔毛，内层长卵形；雌花10～15朵，花冠狭管状；两性花20～30朵，花冠管状。瘦果倒卵形或长圆形。花果期8～10月。

【生长习性】多生于低海拔或中海拔湿润或半湿润地区的林缘、路旁、河边、草地、草甸、森林草原、灌丛及沼泽地的边缘。

【精油含量】水蒸气蒸馏全草的得油率为0.34%，新鲜幼嫩茎叶的得油率为0.18%；超临界萃取新鲜幼嫩茎叶的得油率为0.20%。

【芳香成分】崔涛等（2016）用水蒸气蒸馏法提取的黑龙江齐齐哈尔产柳叶蒿新鲜幼嫩茎叶（芽）精油的主要成分为：三十五烷（16.18%）、(5β,6β)-苦参次碱（11.05%）、α-姜黄烯（6.69%）、二十七烷（3.72%）、亚油酸（2.67%）、2-(十八烷基氧基)-乙醇（1.62%）、植物醇（1.27%）、秆胞霉素（1.15%）、1,5,5,8-四甲基-3,7-环十一碳二烯-1-醇（1.13%）、D-橙花叔醇

（1.10%）、油酸（1.09%）、右旋大根香叶烯（1.06%）等；超临界$CO_2$萃取的主要成分为：异匙叶桉油烯醇（10.19%）、石竹烯氧化物（10.19%）、α-姜黄烯（6.69%）、τ-依兰油醇（6.31%）、棕榈酸（3.31%）、蛇麻烷-1,6-庚二烯-3-醇（3.12%）、τ-依兰油烯（3.07%）、α-佛手柑油烯（2.89%）、亚油酸（1.46%）、3-乙基-3-羟基-17-氧-5α-雄甾烷（1.43%）、β-金合欢烯（1.26%）、植物醇（1.07%）、三环[6.4.0.0$^{3,7}$]十二碳-1,9,11-三烯（1.03%）等。朱亮锋等（1993）用水蒸气蒸馏法提取的吉林长白山产柳叶蒿全草精油的主要成分为：樟脑（24.08%）、1,8-桉叶油素（16.23%）、α-芹子醇（9.31%）、7-辛烯-4-醇（2.66%）、壬醛（2.50%）、龙脑（2.32%）、茵陈炔（1.90%）、苯乙醛（1.03%）等。

【利用】全草入药，有小毒，有清热解毒的功能，用于治疗痈疽、疮肿、肺炎、扁桃体炎、丹毒、痈肿疔疖；达斡尔药治高血脂症、胃出血、解酒。嫩茎叶可作蔬菜食用，也可加工腌渍成咸菜或水烫后晾干菜。

# 龙蒿

*Artemisia dracunculus* Linn.

**菊科 蒿属**

**别名：** 椒蒿、灰蒿、灰绿蒿、狭叶青蒿、蛇蒿、香艾、香艾菊、青蒿

**分布：** 黑龙江、吉林、辽宁、内蒙古、河北、山西、陕西、宁夏、甘肃、青海、新疆

【形态特征】半灌木状草本。高40～200 cm。中部叶线状披针形或线形，长1.5～10 cm，宽2～3 mm，先端渐尖，基部渐狭，全缘；上部叶与苞片叶略短小，线形或线状披针形，长0.5～3 cm，宽1～2 mm。头状花序多数，近球形或近半球形，直径2～2.5 mm，基部有线形小苞叶，枝上排成复总状花序，茎上组成圆锥花序；总苞片3层，外层略狭小，卵形，中、内层卵圆形或长卵形；雌花6～10朵，花冠狭管状或稍呈狭圆锥状；两性花8～14朵，不孕育，花冠管状。瘦果倒卵形或椭圆状倒卵形。花果期7～10月。

【生长习性】分布在海拔500～3800 m地区，多生于干山坡、草原、半荒漠草原、森林草原、林缘、田边、路旁、干河谷、河岸阶地、亚高山草甸等地区，也见于盐碱滩附近。适合于湿润、凉爽的气候。对土壤要求不严，在砂砾质草甸土、棕漠土、栗钙土等均可生长。

【精油含量】水蒸气蒸馏新鲜全草的得油率为0.10%～0.40%，干燥全草的得油率为0.10%～0.80%，新鲜嫩茎的得油率为1.50%，阴干茎的得油率为1.30%，新鲜叶的得油率为0.31%，阴干花的得油率为0.60%，阴干果实的得油率为1.10%。

【芳香成分】茎：王爱霞等（2013）用水蒸气蒸馏法提取的新疆塔城产龙蒿干燥茎精油的主要成分为：丁香酚（42.74%）、水杨酸甲酯（34.83%）、草蒿脑（8.90%）、1,2-二甲氧基-4-(2-丙烯基)苯（6.28%）、澳白檀醇（1.84%）、斯巴醇（1.40%）、细辛醚（1.11%）、2,6-二甲基-2,4,6-庚烯（1.04%）等。仵燕等（2011）分析的新疆奇台产龙蒿新鲜嫩茎精油的主要成分为：茴香脑（78.49%）、β-罗勒烯（12.82%）、α-罗勒烯（4.72%）、丁子香氛甲酯（1.52%）等。

叶：仵燕等（2011）用水蒸气蒸馏法提取的新疆奇台产龙蒿新鲜叶片精油的主要成分为：茴香脑（80.80%）、β-罗勒烯（12.93%）、α-罗勒烯（%3.80）等。

全草：张燕等（2005）用水蒸气蒸馏法提取的新疆喀什产龙蒿阴干带果实全草精油的主要成分为：3,7-二甲基-1,3,7-辛三烯（38.43%）、1S-α-蒎烯（36.96%）、1-甲氧基-4-(2-丙烯基)苯（8.57%）、柠檬烯（6.33%）、1R-α-蒎烯（3.40%）等。

花：王爱霞等（2013）用水蒸气蒸馏法提取的新疆塔城产龙蒿干燥花精油的主要成分为：草蒿脑（39.33%）、反-β-罗勒烯（14.37%）、丁香油酚（10.37%）、榄香素（7.49%）、β-罗勒烯（6.38%）、柠檬烯（4.23%）、斯巴醇（3.53%）、2(10)-蒎烯（2.18%）、石竹烯（1.82%）、α-蒎烯（1.56%）、γ-榄香烯（1.40%）、β-倍半水芹烯（1.37%）、叶绿醇（1.33%）、吉玛烯（1.04%）等。

果实：王爱霞等（2013）用水蒸气蒸馏法提取的新疆塔城产龙蒿干燥果实精油的主要成分为：草蒿脑（51.79%）、3-甲氧基肉桂醛（12.20%）、甘油醛（5.56%）、丁香酚（4.69%）、辛三烯（4.51%）、叶绿醇（3.91%）、丁香油酚（3.75%）、茴香醛（2.79%）、石竹烯氧化物（2.34%）、棕榈酸（2.33%）、2-氨基-3-甲基丁醇（2.31%）、2-甲基-丁酸-3-己烯酯（1.73%）等。

【利用】嫩叶作蔬菜食用。全草精油可用于食品香精和多种调味料配制。根有辣味，新疆民间用根代替辣椒作调味品。青海民间用全草入药，治暑湿发热、虚劳等。牧区作牲畜饲料。

## 🌸 蒌蒿

*Artemisia selengensis* Turcz. ex Besser

菊科　蒿属

别名：白蒿、蒌、闾蒿、柳叶蒿、柳蒿、水蒿、水艾、水陈艾、狭叶艾、香艾蒿、芦蒿、藜蒿、蒿蒌、由胡、三叉叶蒿、高茎蒿、小蒿子、香艾、刘寄奴、红陈艾、红艾

分布：黑龙江、吉林、辽宁、内蒙古、河北、山西、陕西、甘肃、山东、安徽、江西、江苏、河南、湖南、湖北、广东、四川、云南、贵州等地

【形态特征】多年生草本；具清香气味。高60～150 cm。叶纸质或薄纸质，叶背密被灰白色蛛丝状绵毛；茎下部叶宽卵形或卵形，长8～12 cm，宽6～10 cm，近成掌状或指状，3～7全裂或深裂或不分裂；中部叶近掌状，5深裂或指状3深裂，裂片长椭圆形或线状披针形，长3～5 cm，宽2.5～4 mm，边缘有锯齿；上部叶与苞片叶指状2～3深裂或不分裂，边缘具疏锯齿。头状花序多数，长圆形或宽卵形，直径2～2.5 mm，枝上排成密穗状花序，茎上成圆锥花序；总苞片3～4层，外层卵形或近圆形，中、内层长卵形或卵状匙形，黄褐色；雌花8～12朵，花冠狭管状；两性花10～15朵，花冠管状。瘦果卵形，略扁。

花果期7～10月。

【生长习性】多生于低海拔地区的河湖岸边与沼泽地带，可茸立水中生长，也见于湿润的疏林中、山坡、路旁、荒地等。喜温暖、耐热、耐湿、耐肥、耐瘠，不耐旱。

【精油含量】水蒸气蒸馏全草的得油率为0.12%～0.85%，嫩枝的得油率为0.12%；超临界萃取全草的得油率为2.82%～3.12%；溶剂萃取新鲜全草的得油率为7.99%。

【芳香成分】茎：孙菲等（2009）用水蒸气蒸馏法提取的云南产蒌蒿新鲜茎精油的主要成分为：1-(2-氨基苯)吡咯（14.51%）、7,11-二甲基-3-亚甲基-1,6,10-十二碳烯（9.18%）、檀紫三烯（8.16%）、α-蒎烯（6.62%）、二-表-α-柏木烯-(I)（5.07%）、β-崖柏烯（3.90%）、环癸烯（2.77%）、β-月桂烯（1.92%）、1,8-桉树脑（1.77%）、2,5-二甲基-3-亚甲基-1,5-庚二烯（1.41%）、β-蒎烯（1.37%）、反式-冰片（1.16%）、β-石竹烯（1.08%）、(1S)-(-)-樟脑（1.03%）等。

枝：陈莉莉等（2008）用水蒸气蒸馏法提取的江西南昌产蒌蒿阴干嫩枝精油的主要成分为：N-(α-萘甲基)-3-(邻甲苯基)丙酰胺（36.41%）、N-(α-萘甲基)-3-(对甲苯基)丙酰胺（20.64%）、β-合金欢烯（12.88%）、β-姜黄烯（3.56%）、姜烯（3.56%）、α-葎草烯（2.93%）、氧化-α-蒎烯（2.89%）、水合倍半烃香烯（2.56%）、α-雪松烯（2.42%）、β-倍半水芹烯（1.65%）、1-乙酸基-3,7-二甲基-6,11-十一碳二烯（1.42%）、异丁香烯（1.34%）、α-雪松醇（1.25%）、9,12-十八碳二烯酸（1.22%）等。

叶：孙菲等（2009）用水蒸气蒸馏法提取的云南产蒌蒿新鲜叶精油的主要成分为：1,8-桉树脑（17.17%）、β-崖柏烯（10.84%）、(1S)-(-)-樟脑（9.62%）、檀紫三烯（8.45%）、龙脑（8.37%）、乙酸龙脑酯（6.83%）、α-蒎烯（4.24%）、(+)-α-萜品醇（3.33%）、Z-β-萜品醇（1.95%）、莰烯（1.89%）、顺式-β-萜品醇（1.78%）、(Z)-3,7-二甲基-1,3,6-辛三烯（1.77%）、β-石竹烯（1.22%）、β-月桂烯（1.11%）等。

全草：朱亮锋等（1993）用水蒸气蒸馏法提取的黑龙江镜泊湖产蒌蒿全草精油的主要成分为：1,8-桉叶油素（34.78%）、樟脑（18.20%）、α-侧柏酮（8.12%）、龙脑（4.59%）、松油醇-4（2.21%）、α-芹子醇（1.82%）、α-侧柏酮异构体（1.41%）等。

【利用】全草入药，有止血、消炎、镇咳、化痰的功效，用于治疗黄疸型或无黄疸型肝炎良好；民间还作"艾"（家艾）的

代用品；四川民间作"刘寄奴"(奇蒿)的代用品。嫩茎及叶作菜蔬或腌制酱菜。根茎可作蔬菜食用，也可作酿酒原料或饲料。全草可作香料。

# ❀ 毛莲蒿

*Artemisia vestita* Wall. ex Bess.

菊科　蒿属

**别名：** 老羊蒿、白蒿、结白蒿、山蒿、结血蒿

**分布：** 甘肃、青海、新疆、湖北、广西、四川、贵州、云南、西藏等地

【芳香成分】朱亮锋等（1993）用水蒸气蒸馏法提取的西藏产毛莲蒿全草精油的主要成分为：桧醇（21.30%）、侧柏醇（14.76%）、松油醇-4(6.84%)、α-侧柏酮（6.52%)、3,6,6-三甲基-2-降蒎醇（6.04%）、1,8-桉叶油素（5.82%)、α-侧柏酮异构体（3.93%)、樟脑（3.08%）等。李连昌等（1998）用同法分析的河南南召产毛莲蒿初花期全草精油的主要成分为：1,8-桉叶素油（39.01%)、樟脑（26.92%）、冰片（19.23%）、樟烯（5.24%）、反-丁香烯（4.20%）、醋酸冰片酯（2.56%）等。

【利用】全株入药，有清热、消炎、祛风、利湿的功效，主治瘟疫内热、四肢酸痛、骨蒸发热。可作牲畜饲料。

【形态特征】半灌木状草本或为小灌木状。有浓烈香气。高50～120 cm；茎、枝被蛛丝状微柔毛。叶面有小凹穴，两面被灰白色密绒毛；茎下部与中部叶卵形或近圆形，长2～7.5 cm，宽1.5～4 cm，2～3回栉齿状的羽状分裂，边缘常具数枚栉齿状的深裂齿，有小型、栉齿状的假托叶；上部叶小，栉齿状羽状深裂或浅裂；苞片叶分裂或不分裂，披针形，边缘有少量栉齿。头状花序多数，球形或半球形，直径2.5～4 mm，有线形小苞叶，枝上排成总状花序、复总状花序或近似于穗状花序，在茎上组成圆锥花序；总苞片3～4层；雌花6～10朵，花冠狭管状；两性花13～20朵，花冠管状。瘦果长圆形。花果期8～11月。

【生长习性】分布在海拔2000～4000 m地区，也分布在中、低海拔地区，见于山坡、草地、灌丛、林缘等处。

【精油含量】水蒸气蒸馏全草的得油率为0.30%～0.69%。

## 美叶蒿
*Artemisia calophylla* Pamp.

菊科　蒿属

**分布：** 青海、广西、四川、云南、贵州、西藏

【形态特征】半灌木状草本，有香气。高0.5～2 m；茎、枝被淡灰黄色平贴柔毛。叶纸质，叶面疏被柔毛并有白色腺点，叶背密被灰黄色密绒毛；基生叶与茎下部叶卵形或宽卵形，1～2回羽状深裂；中部叶宽卵形，长6～11 cm，宽3～9 cm，羽状深裂，每侧裂片2枚，裂片披针形或线状披针形；上部叶与苞片叶不分裂，披针形或线状披针形。头状花序卵形，直径2～2.5 mm，枝上排成总状或复总状花序，茎上组成圆锥花序；总苞片3层，覆瓦状排列，外层、中层卵形或长卵形，内层长卵形；雌花5～6朵，花冠狭圆锥状或狭管状；两性花10～13朵，花冠管状。瘦果倒卵形。花果期7～10月。

【生长习性】多生于海拔1600～3000 m的林缘、林下、田边、河岸边沙地等。

【精油含量】水蒸气蒸馏全草的得油率为0.13%～0.25%。

【芳香成分】朱亮锋等（1993）用水蒸气蒸馏法提取的四川泸定产美叶蒿全草精油的主要成分为：松油醇-4（12.87%）、樟脑（12.03%）、1,8-桉叶油素（5.17%）、龙脑（3.67%）、桉醇（3.51%）、桃金娘烯醛（3.23%）、蒿酮（2.71%）、7-辛烯-4-醇（2.02%）、马鞭草烯酮（1.97%）、1,4-对蓋二烯-7-醇（1.57%）、辣薄荷酮（1.29%）、芳樟醇（1.22%）等；甘肃兰州产美叶蒿全草精油的主要成分为：1,8-桉叶油素（35.68%）、蒿酮（12.67%）、樟脑（10.49%）、桉醇（5.79%）、辣薄荷酮（2.74%）、松油醇-4（2.60%）、3,6,6-三甲基-2-降蒎醇（1.85%）、龙脑（1.57%）、7-辛烯-4-醇（1.10%）等。

## 蒙古蒿
*Artemisia mongolica* (Fisch. ex Bess.) Nakai

菊科　蒿属

**别名：** 蒙古蒨、蒙蒿、狭叶蒿、狼尾蒿、水红蒿

**分布：** 黑龙江、吉林、辽宁、内蒙古、河北、山西、陕西、宁夏、甘肃、青海、新疆、山东、江苏、安徽、江西、福建、台湾、河南、湖北、湖南、广东、四川、贵州

【形态特征】多年生草本。高40～120 cm。叶纸质，叶背密被蛛丝状绒毛；下部叶卵形或宽卵形，二回羽状全裂或深裂，每侧有裂片2～3枚；中部叶卵形或椭圆状卵形，长3～9 cm，宽4～6 cm，1～2回羽状全裂，每侧有裂片2～3枚，小裂片披针形、线形或线状披针形，有小型的假托叶；上部叶与苞片叶卵形或长卵形，羽状全裂或5或3全裂，裂片披针形或线形。头状花序多数，椭圆形，直径1.5～2 mm，有线形小苞叶，枝上排成穗状花序，茎上组成圆锥花序；总苞片3～4层，覆瓦状排列；雌花5～10朵，花冠狭管状，紫色；两性花8～15朵，花冠管状，背面具黄色小腺点，檐部紫红色。瘦果小，长圆状倒卵形。花果期8～10月。

【生长习性】多生于中或低海拔地区的山坡、灌丛、河湖岸边及路旁等，西北、华北地区还见于森林草原、草原和干河谷等。属于温带中生植物。

【精油含量】水蒸气蒸馏全草或叶的得油率为0.18%～1.00%；超临界萃取干燥全草的得油率为0.72%。

【芳香成分】**叶：** 潘炯光等（1992）用水蒸气蒸馏法提取的内蒙古产蒙古蒿叶精油的主要成分为：1,8-桉叶油素（23.70%）、樟脑（10.49%）、反-丁香烯（4.66%）、龙脑（3.64%）、萜品烯-4-醇（2.51%）、香叶烯（2.00%）、达瓦酮（2.00%）、1-辛烯-3-醇（1.85%）、α-松油醇（1.47%）、植物醇（1.25%）、棕榈酸（1.14%）、顺-β-金合欢烯（1.10%）、β-蒎烯（1.08%）、β-芹子烯（1.00%）等。

**全草：** 朱亮锋等（1993）用水蒸气蒸馏法提取的青海西宁产蒙古蒿全草精油的主要成分为：1,8-桉叶油素（38.46%）、樟脑（13.07%）、α-侧柏酮（11.63%）、2,5,5-三甲基-2,6-庚二烯-4-酮（2.10%）、α-侧柏酮异构体（1.97%）、辣薄荷酮（1.83%）、松油醇-4（1.50%）、龙脑（1.34%）等。

【利用】全草入药，作"艾"（家艾）的代用品，有温经、止血、散寒、祛湿等作用，治感冒咳嗽、皮肤湿疮、疥癣、痛经、胎动不安、功能性子宫出血、风寒外袭、表气郁闭、全身悉痛、发热恶寒、咳嗽咳痰、痰白清稀、苔薄白、脉浮紧、湿疮瘙痒、流产。全草可提取精油，供化工工业用。全株作牲畜饲料，又可作纤维与造纸的原料。

## 牡蒿
*Artemisia japonica* Thunb.

菊科　蒿属

**别名：** 白花蒿、布菜、花等草、花艾草、假柴胡、鸡肉菜、脚板蒿、菊叶柴胡、流水蒿、六月雪、齐头蒿、青蒿、日本杜蒿、水辣菜、铁菜子、土柴胡、茼蒿、香蒿、香青蒿、油蒿、油艾、熊掌草、细艾、匙叶艾

**分布：** 辽宁、河北、山西、陕西、甘肃、山东、江苏、安徽、浙江、江西、福建、台湾、河南、湖北、湖南、广东、广西、四川、贵州、云南、西藏等地

【形态特征】多年生草本；有香气。高50～130 cm。叶纸质，基生叶与茎下部叶倒卵形或宽匙形，长4～7 cm，宽2～3 cm，羽状深裂或半裂；中部叶匙形，长2.5～4.5 cm，宽0.5～2 cm，有3～5枚裂片，叶基部楔形，渐狭窄，常有小型、线形的假托叶；上部叶小，上端3浅裂或不分裂；苞片叶长椭圆形、椭圆

形、披针形或线状披针形，先端不分裂或偶有浅裂。头状花序多数，卵球形或近球形，直径1.5～2.5 mm，具线形的小苞叶，枝上常排成穗状花序或穗状花序状的总状花序，茎上组成圆锥花序；总苞片3～4层；雌花3～8朵，花冠狭圆锥状；两性花5～10朵，不孕育，花冠管状。瘦果小，倒卵形。花果期7～10月。

【生长习性】分布在中、低海拔地区，在湿润、半湿润或半干旱的环境里生长，常见于林缘、林中空地、疏林下、旷野、灌丛、丘陵、山坡、路旁等。喜温又耐寒，最适生长温度20～30 ℃，冬季生长缓慢，不耐旱，对土壤要求不严格。

【精油含量】水蒸气蒸馏全草的得油率为0.23%～0.33%。

【芳香成分】朱亮锋等（1993）用水蒸气蒸馏法提取的四川九寨沟产牡蒿全草精油的主要成分为：异榄香脂素（4.73%）、9-氧杂二环[6,1,0]壬烷（3.80%）、3,4,5-三甲基-2-环戊烯酮（3.24%）、芳樟醇（3.23%）、樟脑（2.40%）、2,2-二甲基-3-(2-甲基-1-丙烯基)-环丙羧酸乙酯（1.80%）、α-松油醇（1.76%）、1,8-桉叶油素（1.73%）、2,6-二叔丁基对甲酚（1.28%）、8-氧杂二环[5.10]辛烷（1.25%）、2-乙烯基-2,5-二甲基-4-己烯醇（1.14%）、α-姜黄烯（1.11%）、桃金娘烯醇（1.00%）等。

【利用】全草入药，有清热，凉血，解毒的功效，主治夏季感冒、肺结核潮热、咯血、小儿疳热、衄血、便血、崩漏、带下、黄疸型肝炎、疔毒、毒蛇咬伤。可作土农药。嫩叶作菜蔬，又作家畜饲料。

## 🏵 南艾蒿
*Artemisia verlotorum* Lamotte

菊科　蒿属

**别名：** 白蒿、苦蒿、红陈艾、南野蒿、大青蒿、紫蒿、刘寄奴

**分布：** 黑龙江、吉林、辽宁、内蒙古、河北、山西、陕西、甘肃、山东、江苏、浙江、安徽、江西、福建、台湾、河南、湖北、湖南、广东、广西、四川、云南、贵州等地

【形态特征】多年生草本，有香气。高50～100 cm。叶纸质，叶面被白色腺点及小凹点，干后常成黑色，叶背密被灰白色绵毛；基生叶与茎下部叶卵形或宽卵形，一至二回羽状全裂；中

部叶卵形或宽卵形，长5～13 cm，宽3～8 cm，1～2回羽状全裂，每侧有裂片3～4枚，裂片披针形或线状披针形；上部叶5～3全裂或深裂；苞叶不分裂，披针形或椭圆状披针形。头状花序椭圆形或长圆形，直径2～2.5 mm，枝上排成穗状花序，茎上组成圆锥花序；总苞片3层，覆瓦状排列；雌花3～6朵，花冠狭管状，紫色；两性花8～18朵，花冠管状，檐部紫红色。瘦果小，倒卵形或长圆形，稍压扁。花果期7～10月。

【生长习性】生于低海拔至中海拔地区的山坡、路旁、田边等地。

【精油含量】水蒸气蒸馏全草的得油率为0.57%～0.66%。

【芳香成分】朱亮锋等（1993）用水蒸气蒸馏法提取的四川道孚产南艾蒿全草精油的主要成分为：1,8-桉叶油素（33.22%）、樟脑（6.02%）、a-侧柏酮（5.81%）、辣薄荷酮（4.45%）、龙脑（2.53%）、松油醇-4（1.61%）、a-侧柏酮异构体（1.53%）、a-松油醇（1.21%）、7-辛烯-4-醇（1.08%）、枯茗醇（1.06%）等。

【利用】全草入药，作"艾"（家艾）的代用品，有消炎、止血作用。

## 🏵 内蒙古旱蒿
*Artemisia xerophytica* Krasch.

菊科　蒿属

**别名：** 小砂蒿、旱蒿

**分布：** 内蒙古、陕西、宁夏、甘肃、青海、新疆

【形态特征】小灌木状。高30～40 cm。叶小，半肉质，干时质硬，两面被灰黄色或淡灰黄色略带绢质短绒毛；基生叶与茎下部叶二回羽状全裂；中部叶卵圆形或近圆形，长1～1.5 cm，宽0.4～0.6 cm，二回羽状全裂，每侧有裂片2～3枚，裂片狭楔形，小裂片狭匙形、倒披针形或线状倒披针形；上部叶与苞片叶羽状全裂或3～5全裂，裂片狭匙形、倒披针形或线状披针形。头状花序近球形，直径3.5～4.5 mm，枝端排成总状花序或为穗状花序状的总状花序，茎上组成圆锥花序；总苞片3～4层，外层狭卵形，中层卵形；雌花4～10朵，花冠近狭圆锥状；两性花10～20朵，花冠管状。瘦果倒卵状长圆形。花果期8～10月。

【生长习性】生于海拔1700～3500 m地区的戈壁、半荒漠草原及半固定沙丘上。耐干旱，抗风沙。

【精油含量】水蒸气蒸馏全草的得油率为0.54%。

【芳香成分】朱亮锋等（1993）用水蒸气蒸馏法提取的甘肃民勤产内蒙古旱蒿全草精油的主要成分为：1,8-桉叶油素（13.93%）、樟脑（9.96%）、α-侧柏酮（7.24%）、蒿酮（6.24%）、3,6,6-三甲基-2-降蒎醇（4.63%）、α-侧柏酮异构体（4.29%）、(-)-顺式-桧醇（3.97%）、橙花醇（2.18%）、松油醇-4（1.97%）、顺式-桧烯（1.64%）、橙花叔醇（1.40%）等。

【利用】在荒漠与半荒漠地区作防风固沙的辅助性植物。牧区为牲畜饲料。

## 🌸 牛尾蒿

*Artemisia* dubia Wall. ex Bess.

菊科　蒿属

别名：荻蒿、紫杆蒿、指叶蒿、水蒿、艾蒿、米蒿

分布：内蒙古、甘肃、青海、四川、云南、西藏

【形态特征】半灌木状草本。高0.8～1 m。叶厚纸质或纸质，叶面微有短柔毛，叶背毛密；基生叶与茎下部叶大，卵形或长圆形，羽状5深裂；中部叶卵形，长5～12 cm，宽3～7 cm，羽状5深裂，裂片椭圆状披针形、长圆状披针形或披针形，有小型假托叶；上部叶与苞片叶指状3深裂或不分裂，椭圆状披针形或披针形。头状花序多数，宽卵球形或球形，直径1.5～2 mm，有小苞叶，枝上排成穗状花序或穗状花序状的总

状花序，或复总状花序，茎上组成圆锥花序；总苞片3～4层，外、中层卵形，内层半膜质；雌花6～8朵，花冠狭小，略呈圆锥形；两性花2～10朵，不孕育，花冠管状。瘦果小，长圆形或倒卵形。花果期8～10月。

【生长习性】生于低海拔至3500 m地区的干山坡、草原、疏林下及林缘。有一定的耐旱性。

【精油含量】水蒸气蒸馏全草的得油率为0.27%～0.56%。

【芳香成分】师治贤等（1982）用水蒸气蒸馏法提取的青海乐都产牛尾蒿新鲜全草精油的主要成分为：β-蒎烯（35.70%）、柠檬烯（11.00%）、香桧烯（8.60%）、爱草酚（7.80%）、α-蒎烯（6.50%）、β-罗勒烯-X（5.90%）、甲基丁香酚（3.80%）、香叶醇（3.40%）、δ-3-蒈烯（2.50%）等。朱亮锋等（1993）用同法分析的四川康定产牛尾蒿全草精油的主要成分为：对伞花醇-8（22.99%）、茵陈炔+丁香酚甲醚（21.28%）、芳樟醇（8.06%）、α-姜黄烯（3.02%）、樟脑（2.94%）、1,8-桉叶油素（2.53%）、龙脑（2.48%）、α-松油醇（1.98%）、柠檬烯（1.16%）等；四川九寨沟产牛尾蒿全草精油的主要成分为：榄香脂素（75.80%）、榄香脂素异构体（1.64%）、间-1,8-蓋二烯（1.25%）、β-蒎烯（1.25%）、对伞花醇-8（1.07%）等。

【利用】全草入药，有清热、解毒、消炎、杀虫的功效，用于治疗急性热病、肺热咳嗽、咽喉肿痛、鼻衄、血风疮、蛲虫病。为低等饲用植物。有利于水土保持。可做薪材。

## 🌸 无毛牛尾蒿

*Artemisia dubia* Wall. ex Bess. var. *subdigitata* (Mattf.) Y. R. Ling

| | |
|---|---|
| **菊科　蒿属** | |
| **别名：** 茶绒 | |
| **分布：** 内蒙古、河北、山西、陕西、宁夏、甘肃、青海、山东、河南、湖北、广西、四川、贵州、云南等地 | |

【形态特征】与原变种区别在于本变种茎、枝、叶背面初时被灰白色短柔毛，后脱落无毛。

【生长习性】生于低海拔至3000 m地区的山坡、河边、路旁、沟谷、林缘等。

【精油含量】水蒸气蒸馏全草的得油率为0.22%～0.50%。

【芳香成分】朱亮锋等（1993）用水蒸气蒸馏法提取的四川松潘产无毛牛尾蒿全草精油的主要成分为：榄香脂素异构体（22.15%）、榄香脂素（5.94%）、樟脑（4.79%）、1,8-桉叶油素（3.64%）、茵陈炔（2.51%）、丁香酚甲醚（1.96%）、十三醛（1.65%）、反式-蒎葛缕醇（1.55%）、对伞花醇-8（1.55%）、松油醇-4（1.14%）、3,4,5-三甲氧基苯甲醛（1.09%）、α-姜黄烯（1.05%）、桃金娘烯醇（1.04%）、龙脑（1.04%）等；甘肃榆中产无毛牛尾蒿全草精油的主要成分为：丁香酚甲醚（19.31%）、异丁香酚甲醚（17.02%）、对伞花醇-8（11.20%）、大茴香醚（5.54%）、榄香脂素异构体（2.55%）、α-姜黄烯（2.16%）、柠檬

烯（1.65%）、芳樟醇（1.48%）、乙酸香叶酯异构体（1.35%）等。

【利用】全草入药，功用同牛尾蒿。

## 🌸 奇蒿

*Artemisia anomala* S. Moore

| | |
|---|---|
| **菊科　蒿属** | |
| **别名：** 刘寄奴、南刘寄奴、金寄奴、乌藤菜、珍珠蒿、化食丹、六月霜、六月雪、九里光、白花尾、苦连婆、野马兰头、苦婆菜、细白花草 | |
| **分布：** 河南、江苏、浙江、安徽、江西、福建、台湾、湖南、湖北、广东、广西、四川、贵州 | |

【形态特征】多年生草本。高0.8～1.5 m。叶厚纸质或纸质；下部叶卵形或长卵形，不分裂，有数枚浅裂齿，先端锐尖或长尖，边缘具细锯齿，基部圆形或宽楔形；中部叶卵形、长卵形或卵状披针形，长9～15 cm，宽2.5～5.5 cm，先端锐尖或长尖，边缘具细锯齿，基部圆形或宽楔形；上部叶与苞片叶小。头状花序长圆形或卵形，直径2～2.5 mm，枝上排成密穗状花序，茎上组成圆锥花序；总苞片3～4层，半膜质至膜质，背面淡黄色，外层卵形，中、内层长卵形、长圆形或椭圆形；雌花4～6朵，花冠狭管状；两性花6～8朵，花冠管状。瘦果倒卵形或长圆状倒卵形。花果期6～11月。

【生长习性】生于低海拔地区林缘、路旁、沟边、河岸、灌丛及荒坡等地。

【精油含量】水蒸气蒸馏全草的得油率为0.15%～0.21%。

【芳香成分】曹华茹等（2006）用水蒸气蒸馏法提取的浙江临安产奇蒿全草精油的主要成分为：龙脑（7.44%）、石竹烯氧化物（7.15%）、樟脑（7.01%）、丁基化羟基四苯（5.05%）、别香橙烯氧化物（2.43%）、蒌叶酚（2.42%）、桉树脑（2.14%）、十六烷酸（2.12%）、左旋匙叶桉油烯醇（2.06%）、柠檬烯-4-醇（2.02%）、蒽醛类（1.73%）、β-瑟林烯（1.68%）、侧柏酮（1.58%）、枯醇（1.47%）、β-蒎烯（1.00%）等。朱亮锋等（1993）用同法分析的广东韶关产奇蒿全草精油的主要成分为：β-石竹烯（16.14%）、(Z)-β-金合欢烯（7.65%）、α-姜黄烯（3.22%）、β-雪松烯（2.59%）、β-榄香烯（1.89%）、δ-杜松烯（1.23%）、1,8-桉叶油素（1.18%）等。

【利用】全草入药，东南各地称之为"刘寄奴"或"南刘寄奴"，有活血、通经、清热、解毒、消炎、止痛、消食的功效，用于治疗中暑、头痛、肠炎、痢疾、经闭腹痛、风湿疼痛、跌打损伤；外用治创伤出血、乳腺炎；近年亦用于治血丝虫病。全草可代茶泡饮。

# 秦岭蒿
*Artemisia qinlingensis* Ling et Y. R. Ling

菊科　蒿属

分布：河南、陕西、甘肃

【形态特征】多年生草本。高0.8～1.5 m。叶厚纸质或纸质，叶面深绿色或黄绿色，疏被蛛丝状绵毛与稀疏的白色腺点，叶背密被灰白色蛛丝状绵毛；基生叶与茎下部叶长卵形或椭圆状

卵形，二回羽状分裂；中部叶椭圆形、长圆形或卵状椭圆形，长6～10 cm，宽4～6 cm，二回羽状分裂，每侧有裂片4～6枚，常有2对栉齿状半抱茎的假托叶；上部叶与苞片叶卵形，1～2回羽状深裂或5～3深裂或不分裂，披针形，具小型假托叶。头状花序长圆形或近卵圆形，直径3～3.5 mm，常10～20余枚枝上排成穗状花序，茎上组成圆锥花序；总苞片3～4层，覆瓦状排列；雌花10～15朵，花冠狭管状，红色或紫色；两性花15～25朵，花冠管状，檐部红色或紫色。瘦果小，倒卵形或椭圆状倒卵形。花果期7～10月。

【生长习性】生于海拔1300～1500 m附近的山坡、路旁、林缘等地。

【精油含量】水蒸气蒸馏全草的得油率为0.64%。

【芳香成分】朱亮锋等（1993）用水蒸气蒸馏法提取的甘肃榆中产秦岭蒿全草精油的主要成分为：樟脑（66.87%）、龙脑（5.14%）、1,8-桉叶油素（3.15%）、缬草酮（2.37%）、丁香酚甲醚（1.32%）、茵陈炔（1.06%）、β-桉叶醇（1.01%）等。

【利用】全草入药，作"艾"（家艾）代用品。可作为天然樟脑来源。

# 青蒿
*Artemisia carvifolia* Buch.-Ham. ex Roxb.

菊科　蒿属

别名：香蒿、草蒿、三庚草、野兰蒿、蒿子、黑蒿、茵陈蒿、邪蒿、苹蒿、白染艮

分布：吉林、辽宁、河北、陕西、山东、江西、安徽、江苏、浙江、福建、河南、湖北、湖南、广东、广西、四川、贵州、云南等地

【形态特征】一年生草本；有香气。高0.3～1.5 m。基生叶与茎下部叶三回栉齿状羽状分裂；中部叶长圆形、长圆状卵形或椭圆形，长5～15 cm，宽2～5.5 cm，二回栉齿状羽状分裂，每侧有裂片4～6枚，裂片长圆形，基部有小形半抱茎的假托叶；上部叶与苞片叶1～2回栉齿状羽状分裂。头状花序半球形或近半球形，直径3.5～4 mm，有线形的小苞叶，枝上排成穗状花序式的总状花序，茎上组成圆锥花序；总苞片3～4层，外层狭小，长卵形或卵状披针形，有细小白点，中层稍大，宽卵

形或长卵形；花淡黄色；雌花10～20朵，花冠狭管状；两性花30～40朵，花冠管状。瘦果长圆形至椭圆形。花果期6～9月。

【生长习性】常星散生于低海拔、湿润的河岸边砂地、山谷、林缘、路旁等，也见于滨海地区。

【精油含量】水蒸气蒸馏全草的得油率为0.07%～3.26%。

【芳香成分】刘向前等（2006）用水蒸气蒸馏法提取的湖南衡山产青蒿干燥全草精油的主要成分为：(Z)-β-法呢烯（11.15%）、大牻牛儿烯D（8.46%）、桉树脑（8.09%）、樟脑（7.95%）、石竹烯（5.91%）、(-)-匙叶桉叶醇（3.82%）、2-

异丙烯基-4a,8-二甲基-1,2,3,4,4a,5,6,7-八氢化萘（3.78%）、石竹烯氧化物（2.90%）、β-月桂烯（2.61%）、库贝醇（1.94%）、4-松油醇（1.59%）、对-聚伞花素（1.50%）、大牻牛儿烯B（1.47%）、α-松油醇（1.47%）、γ-松油精（1.39%）、珀坦烯（1.25%）、蒿酮（1.10%）、4(14)，11-桉叶二烯（1.03%）等。刘立鼎等（1996）用同法分析的陕西周至产青蒿全草精油的主要成分为：左旋樟脑（23.43%）、1,8-桉叶油素（15.73%）、β-蒎烯（9.47%）、β-月桂烯（6.87%）、丁香烯（6.82%）、蒿酮（5.36%）、长叶烯（4.03%）、莰烯（3.63%）、4-(3-环己烯基-1)-3-丁烯-2酮（2.29%）、乙酸苯酯（2.15%）、香桧烯（1.89%）、罗勒醇（1.78%）、香树烯（1.51%）、四氢吡喃甲醇-2（1.36%）、β-金合欢烯（1.32%）、4-乙烯基-3,8-二氧二环[5.1.0.0$^{2,4}$]辛烷（1.30%）、月桂烯（1.24%）、α-珀坦烯（1.20%）、1-松油烯-4-醇（1.16%）、樟脑（1.11%）等。

【利用】全草药用，有清透虚热、凉血除蒸、解暑、截疟的功效，用于治疗暑邪发热、阴虚发热、夜热早凉、骨蒸劳热、疟疾寒热、湿热黄疸。全草可提取精油，作为调香原料用于调香。嫩苗或嫩茎叶可作蔬菜食用；也可腌渍或制成干菜使用。

## ❀ 柔毛蒿

*Artemisia pubescens* Ledeb.

菊科　蒿属

别名：立沙蒿、变蒿、转蒿、麻蒿、米拉蒿

分布：黑龙江、吉林、辽宁、内蒙古、河北、山西、陕西、甘肃、青海、新疆、四川

【形态特征】多年生草本。高25～60 cm。叶纸质；基生叶与营养枝叶卵形，2～3回羽状全裂；茎下部、中部叶卵形或长卵形，长3～12 cm，宽1.5～4 cm，二回羽状全裂，每侧有裂片2～4枚，小裂片狭线形或狭线状披针形，有小型、分裂的假托叶；上部叶羽状全裂；苞片叶3全裂或不分裂，狭线形。头状花序多数，长圆形、近球形或卵球形，直径1.5～2 mm，具小苞叶，枝上排成总状花序或近于穗状花序，茎上组成圆锥花序；总苞片3～4层，外层略短小，卵形，中层长卵形，内层椭圆形；雌花8～15朵，花冠狭管状或狭圆锥状；两性花10～15朵，不孕育，花冠管状。瘦果长圆形或长卵形。花果期8～10月。

【生长习性】多生于中、低海拔地区的草原、森林草原、草甸、林缘及湿润、半湿润或半干旱地区的荒坡、丘陵、砾质坡地及路旁等。

【精油含量】水蒸气蒸馏全草的得油率为0.32%。

【芳香成分】朱亮锋等（1993）用水蒸气蒸馏法提取的内蒙古产柔毛蒿全草精油的主要成分为：茵陈炔（53.31%）、茵陈炔酮（2.17%）、雅槛蓝烯（1.35%）、α-姜黄烯（1.20%）、乙酸龙脑酯（1.15%）、1,8-桉叶油素（1.04%）等。

【利用】牧区作牲畜饲料。

# ❀ 沙蒿

*Artemisia desertorum* Spreng. Syst. Veg.

| 菊科　蒿属 |
| --- |
| **别名：** 沙漠蒿、荒地蒿、漠蒿、薄蒿、草蒿 |
| **分布：** 黑龙江、吉林、辽宁、内蒙古、河北、山西、陕西、宁夏、甘肃、青海、新疆、四川、贵州、云南、西藏 |

【形态特征】多年生草本。高30～70 cm。叶纸质；茎下部叶与营养枝叶长圆形或长卵形，长2～5 cm，宽1.5～4.5 cm，二回羽状全裂或深裂，每侧有裂片2～3枚，小裂片线形或长椭圆形，有线形、半抱茎的假托叶；中部叶略小，长卵形或长圆形，1～2回羽状深裂，具小型、半抱茎的假托叶；上部叶3～5深裂，有小型假托叶；苞片叶3深裂或不分裂，线状披针形或线形，假托叶小。头状花序多数，近球形，直径2.5～3 mm，有小苞叶，枝上排成穗状花序式的总状花序或复总状花序，茎上组成扫帚形的圆锥花序；总苞片3～4层，外层卵形；中、内层长卵形；外、中层背面深绿色或带紫色；雌花4～8朵，花冠狭圆锥状或狭管状；两性花5～10朵，不孕育，花冠管状。瘦果倒卵形或长圆形。花果期8～10月。

【生长习性】分布在低海拔至海拔4000 m地区，多生于草原、草甸、森林草原、高山草原、荒坡、砾质坡地、干河谷、河岸边、林缘及路旁等。

【精油含量】水蒸气蒸馏全草的得油率为0.45%。

【芳香成分】朱亮锋等（1993）用水蒸气蒸馏法提取的青海产沙蒿全草精油的主要成分为：α-甜没药醇（55.53%）、α-甜没药醇氧化物B（14.00%）、茉莉酮（2.92%）等。

【利用】西北地区利用其种子制做面条。全草为牲畜饲料。为优良的固沙植物。

# ❀ 山艾

*Artemisia kawakamii* Hayata

| 菊科　蒿属 |
| --- |
| **别名：** 白艾、川上氏艾 |
| **分布：** 台湾 |

【形态特征】半灌木状草本。高8～30 cm。叶厚纸质，背面密被白色绵毛；基生叶卵形或宽卵形，莲座状着生，二回

羽状全裂；茎下部与中部叶长圆形或椭圆形。长2～4 cm，宽1～2 cm，1～2回羽状全裂，每侧具3～4枚裂片，小裂片线形或线状披针形，叶柄基部半抱茎；上部叶小，3全裂；苞片叶线状披针形或线形。头状花序半球形或宽卵形，直径4～4.5 mm，有小苞叶，枝上8～12枚排成疏散的总状花序，茎上部组成总状花序式的圆锥花序；总苞片3层，外、中层卵形，褐红色，内层倒卵状楔形，淡红色；雌花8～12朵，花冠狭管状；两性花18～25朵，花冠管状。瘦果倒卵形。花果期7～11月。

【生长习性】生于海拔2700～3900 m地区的旷地、砾质坡地及干旱的荒坡等。

【精油含量】水蒸气蒸馏全草的得油率为0.98%。

【芳香成分】朱亮锋等（1993）用水蒸气蒸馏法提取的台湾产山艾全草精油的主要成分为：樟脑（23.24%）、顺式-桧醇（13.05%）、(-)-顺式-桧醇（6.60%）、龙脑（5.04%）、葛缕醇（1.90%）、乙酸葛缕酯（1.61%）等。

## 🌸 湿地蒿
*Artemisia tournefortiana* Reichb.

**菊科 蒿属**
**分布：** 新疆、西藏

【形态特征】一年生草本。高0.4～2 m。茎下部与中部叶长卵状椭圆形或长圆形，长5～18 cm，宽2～8 cm，二回栉齿状羽状分裂，每侧有裂片5～8枚，小裂片椭圆状披针形，有小型半抱茎的栉齿状假托叶；上部叶1～2回栉齿状羽状深裂，裂片小；苞片叶羽状深裂或不分裂，线状披针形。头状花序多数，宽卵形或近球形，直径1.5～2 mm，枝上排成短而密集的穗状花序，茎上组成狭窄的圆锥花序；总苞片3～4层，外层卵形，

中、内层披针形或长圆形；雌花10～20朵，花冠狭圆锥状或狭管状，背面有腺点；两性花10～15朵，花冠管状，檐部紫红色，背面有腺点。瘦果椭圆状卵形。花果期8～11月。

【生长习性】生于海拔800～1500 m附近的滩地、山谷、田野、缓坡地、屋旁、疏林下及其他半干旱或半湿润处。

【精油含量】水蒸气蒸馏阴干全草的得油率为0.12%～1.25%。

【芳香成分】张继等（2004）用水蒸气蒸馏法提取的新疆喀什产湿地蒿带果实阴干全草精油的主要成分为：7,11-二甲基-3-亚甲基-1,6,10-十二碳三烯（56.20%）、1R-α-蒎烯（18.63%）、3-(苯二甲酰亚氨甲基)苯甲酸（4.80%）、1-甲基-4-(1-甲基乙基)-1,4-环己二烯（3.46%）、6,6-二甲基-2-亚甲基-[3,1,1]二环庚烷（1.41%）、庚烷（1.28%）、己烷（1.01%）、2-甲基庚烷（1.01%）等。

【利用】在新疆全草药用，有清热、解毒、消炎、止血的功效。

## 🌸 莳萝蒿
*Artemisia anethoides* Mattf.

**菊科 蒿属**
**别名：** 小碱蒿、肇东蒿、伪茵陈
**分布：** 黑龙江、吉林、辽宁、内蒙古、河北、山西、陕西、宁夏、甘肃、青海、新疆、山东、河南、四川

【形态特征】一二年生草本；有浓烈香气。高30～90 cm；

茎、枝被灰白色短柔毛，叶两面密被白色绒毛。基生叶与茎下部叶长卵形或卵形，长3～5 cm，宽2～4 cm，3～4回羽状全裂，小裂片狭线形或狭线状披针形；中部叶宽卵形或卵形，长2～4 cm，宽1～3 cm，2～3回羽状全裂，每侧有裂片1～3枚，小裂片丝线形或毛发状，基部裂片半抱茎；上部叶与苞片叶3全裂或不分裂，狭线形。头状花序近球形，多数，直径1.5～5 mm，有狭线形的小苞叶，枝上排成复总状花序或为穗状花序式的总状花序，茎上组成圆锥花序；总苞片3～4层，外层、中层椭圆形或披针形，背面密被白色短柔毛，内层长卵形；雌花3～6朵，花冠狭管状；两性花8～16朵，花冠管状。瘦果倒卵形。花果期6～10月。

【生长习性】通常分布在低海拔地区，西北地区可生长至海拔3300 m，多生长在干山坡、河湖边沙地、荒地、路旁等，盐碱地附近尤多，在草原、半荒漠草原与森林草原附近也有。

【精油含量】水蒸气蒸馏全草的得油率为0.32%～0.60%。

【芳香成分】朱亮锋等（1993）用水蒸气蒸馏法提取的甘肃兰州产莳萝蒿全草精油的主要成分为：1,8-桉叶油素（38.58%）、松油醇-4（11.63%）、α-侧柏酮（9.37%）、樟脑（5.91%）、α-侧柏酮异构体（2.58%）、龙脑（1.30%）、桃金娘烯醛（1.30%）等；四川道孚产莳萝蒿全草精油的主要成分为：辣薄荷酮（64.27%）、1,8-桉叶油素（6.26%）、印蒿酮（3.59%）、蒿酮（1.04%）等。

【利用】民间常采基生叶作"茵陈"的代用品，有清热利湿的功效。在牧区作牲畜的饲料。

## 五月艾
*Artemisia* indica Willd.

**菊科　蒿属**

**别名：**小野艾、艾、野艾蒿、生艾、鸡脚艾、草蓬、白蒿、白艾、黑蒿、狭叶艾、艾叶、指叶艾

**分布：**辽宁、内蒙古、河北、山西、陕西、甘肃、山东、江苏、浙江、安徽、江西、福建、台湾、河南、湖北、湖南、广东、广西、四川、贵州、云南、西藏

【形态特征】五月艾为多年生草本，有时成半灌木状，全株有香气。茎高80～150 cm，具棱，多分枝；茎、枝、叶面及总苞片初时被短柔毛，后脱落无毛，叶背被蛛丝状毛。茎中部叶卵形或椭圆形，长5～8 cm，宽3～5 cm，1～2回羽状深裂，每侧裂片3～4枚，裂片椭圆状披针形、披针形或线形，不再分裂或有1～2枚浅裂齿，叶柄几无；茎上部叶与苞片叶羽状分裂或不分裂。秋末冬初开花。头状花序卵形或长卵形，直径2～2.5 mm，具短梗及小苞叶，在茎上排成开展圆锥花序状；总苞片3～4层；边缘雌花4～8朵，中央两性花8～12朵。瘦果小，长圆形或倒卵形。

【生长习性】多生于低、中海拔湿润地区的路旁、林缘、坡地及灌木丛处，东北也见于森林草原地区。

【精油含量】水蒸气蒸馏全草或叶的得油率为0.18%～1.06%；超临界萃取干燥叶的得油率为1.32%。

【芳香成分】叶：吴怀恩等（2008）用水蒸气蒸馏法提取的广西贺州产五月艾干燥叶精油的主要成分为：龙脑（16.14%）、樟脑（12.30%）、桉油精（9.02%）、[1R-(1R*,4Z,9S*)]-4,11,11-三甲基-8-亚甲基二环[7.2.0]-4-十一碳烯（6.03%）、大根香叶烯D（5.41%）、石竹烯氧化物（4.50%）、植醇（2.54%）、顺式，顺式，顺式-1,1,4,8-四甲基-4,7,10-环十一烷三烯（2.22%）、(+)-α-松油醇（2.05%）、[1S-(1α,2β,4β)]-1-甲基-1-乙烯基-2,4-双-(1-甲基乙烯基)-环己烷（1.97%）、石竹烯（1.63%）、(Z)-7,11-二甲基-3-亚甲基-1,6,10-十二碳三烯（1.61%）、1,4-二甲基-7-乙基薁（1.53%）、(1S-顺式)-1,2,3,5,6,8a-六氢-4,7-二甲基-1-(1-甲乙基)-萘（1.30%）、4-甲基-1-(1-甲乙基)-3-环己烯-1-醇（1.15%）、(+)-4-蒈烯（1.10%）、(3R-反式)-4-甲基-乙烯基-3-(1-甲基乙烯基)-1-(1-甲乙基)-环己烯（1.10%）、[1aR-(1aα,4aα,7β,7aβ,7bα)]-十氢-1,1,7-三甲基-4-亚甲基-1H-环[e]丙基（1.10%）等。戴卫波等（2015）用同法分析的山西交城产野生五月艾干燥叶精油的主要成分为：印蒿酮（41.47%）、印蒿甲醚（2.81%）、松油烯-4-醇（1.90%）、顺-1-甲基-4-(1-甲基乙烯基)-环己醇（1.83%）、环氧化蛇麻烯Ⅱ（1.58%）、姜黄烯（1.06%）等。

全草：朱亮锋等（1993）用水蒸气蒸馏法提取的山西太原产五月艾全草精油的主要成分为：蒿酮（37.27%）、1,8-桉叶油素（15.01%）、3,6,6-三甲基-2-降蒎醇（6.97%）、樟脑（3.67%）、辣薄荷醇（2.83%）、2,4-二甲基-2-癸烯（2.27%）、α-松油醇（1.25%）、松油醇-4(1.13%)、辣薄荷酮（1.01%）等。

【利用】全株入药，作"艾"的代用品，有祛风消肿、止痛止痒、调经止血等作用，用于治疗偏头痛、月经不调、崩漏下血、风湿痹痛、疟疾、痈肿、疥癣、皮肤瘙痒。嫩苗作菜蔬或腌制酱菜。

## ✿ 西南大头蒿

*Artemisia speciosa* (Pamp.) Ling et Y. R. Ling

菊科　蒿属

分布：四川、青海、云南、西藏

【形态特征】多年生草本。高60～80 cm。叶纸质，叶面微有绢质短柔毛，叶背密被灰白色蛛丝状绵毛；茎下部叶卵形，二回羽状全裂；中部叶宽卵形或卵形，长7～9 cm，宽4～6 cm，二回羽状全裂，每侧有裂片4～5枚，小裂片线状披针形或镰状披针形，基部裂片小，常成假托叶状；上部叶卵形，羽状全裂或5～3全裂；苞片叶不分裂，线状披针形。头状花序半球形，直径5～7 mm，枝上排成穗状花序，茎上组成狭而长的圆锥花序；总苞片3层，外层卵形，背面被锈色柔毛，中、内层长卵形或椭圆形；雌花10～20朵，花冠狭管状；两性花30～45朵，花冠管状。瘦果小，倒卵形。花果期9～10月。

【生长习性】生于海拔3500～3800 m的砾质荒坡、草地、灌丛、阶地与路旁等地区。

【精油含量】水蒸气蒸馏全草的得油率为0.40%～0.50%。

【芳香成分】朱亮锋等（1993）用水蒸气蒸馏法提取的青海兴海产西南大头蒿全草精油的主要成分为：α-侧柏酮异构体（52.53%）、(-)-顺式-桧醇（16.25%）、α-侧柏酮（7.28%）、樟脑（2.56%）、顺式-桧醇（2.04%）、缬草酮（2.00%）、蒿酮（1.40%）、丁酸-3-己烯酯（1.03%）等。

## ✿ 西南牡蒿

*Artemisia parviflora* Buch.-Ham. ex Roxb.

菊科　蒿属

别名：小花牡蒿、小花蒿、青蒿

分布：陕西、甘肃、青海、湖北、四川、云南、西藏

【形态特征】多年生草本，有时成半灌木状。高40～80 cm。叶纸质；茎下部叶卵形、椭圆状卵形，长2～3 cm，宽1.5～2 cm，二回羽状深裂或近全裂，每侧裂片2～3枚，小裂片披针形；中部叶倒卵状匙形、扇形或楔形，长2～3 cm，宽0.5～1 cm，斜向3～5深裂至全裂，裂片线形或线状披针形，具1～2枚小裂齿，有小型假托叶；上部叶3深裂或不分裂；苞片叶线形或线状披针形。头状花序多数，近球形，直径1～2 mm，常有小苞叶，枝上排成穗状花序或穗状花序式的总状花序，茎

上组成圆锥花序；总苞片3～4层；雌花2～4朵，花冠狭圆锥状或狭管状；两性花4～10朵，不孕育，花冠管状。瘦果长圆形。花果期8～10月。

【生长习性】生于海拔2200～3100 m的草丛、坡地、林缘及路旁等地区。

【精油含量】水蒸气蒸馏全草的得油率为0.30%～0.42%。

【芳香成分】朱亮锋等（1993）用水蒸气蒸馏法提取的四川米易产西南牡蒿全草精油的主要成分为：2,6-二叔丁基对甲酚（14.18%）、龙脑（2.57%）、1,8-桉叶油素（2.47%）、9-氧杂二环[6.1.0]壬烷（2.20%）、芳樟醇（1.92%）、辣薄荷醇（1.39%）、樟脑（1.25%）等。

【利用】全草入药，有清热、解毒、止血、祛湿作用，还可代替"青蒿"（即黄花蒿）入药。

## 🌸 细杆沙蒿
*Artemisia macilenta* (Maxim.) Krasch.

| 菊科　蒿属 |
| --- |
| 别名：细叶蒿、臭死狗、小砂蒿 |
| 分布：内蒙古、河北、山西 |

针形，中、内层长卵形；雌花3～6朵，花冠小，狭短管状或狭小的圆锥状；两性花4～8朵，不孕育，花冠管状。瘦果倒卵形。花果期8～10月。

【生长习性】生于中、低海拔地区的干山坡、干河谷与岸边、路旁、林缘、草原、森林草原。

【精油含量】水蒸气蒸馏花期全草的得油率为0.26%。

【芳香成分】温远影等（1998）用水蒸气蒸馏法提取的内蒙古产细杆沙蒿花期全草精油的主要成分为：邻苯二甲醇丁酯-2-甲基丙酯（36.59%）、缬草酮（5.43%）、榄香烯（4.60%）、4-丁基辛醇（4.49%）、丁子香烷（2.48%）、橙花醇（2.48%）、肉桂酸丙酯（2.17%）、己酸荇醇酯（1.86%）、4,4,5-三甲基-己烯-2（1.60%）、香树烯（1.55%）、罗勒烯（1.00%）等。

## 🌸 线叶蒿
*Artemisia subulata* Nakai

| 菊科　蒿属 |
| --- |
| 别名：全赞形叶蒿 |
| 分布：黑龙江、吉林、辽宁、内蒙古、河北、山西 |

【形态特征】多年生草本或近成半灌木状。高40～70 cm。茎下部叶与营养枝叶宽卵形或卵形，长、宽2～4 cm，二回羽状全裂，每侧有裂片2～3枚，小裂片狭线形；中上部叶羽状全裂，每侧裂片2枚；苞片叶小，不分裂，狭线形。头状花序宽卵形或近球形，直径1～2 mm，具线形小苞叶，枝上排成疏松的总状花序，茎上组成狭窄的圆锥花序；总苞片3层，外层披

【形态特征】多年生草本。高45～80 cm。叶厚纸质，背面密被灰白色蛛丝状绒毛；基生叶与茎下部叶倒披针形或倒披针状线形，长8～13 cm，宽5～8 mm；中部叶线形或线状披针形，长5～10 cm，宽3～6 mm，边反卷，有极小型的假托叶；上部叶与苞片叶小，线形，全缘。头状花序长圆形或宽卵状椭圆形，直径2～3 mm，有线形的小苞叶，枝上排成穗状或穗状花序式

的总状花序，茎上组成狭窄总状花序式的圆锥花序；总苞片3层，中、外层背面被灰白色蛛丝状柔毛；雌花10～11朵，花冠狭管状或狭圆锥状；两性花10～15朵，花冠管状，檐部紫红色。瘦果长卵形或椭圆形。花果期8～10月。

【生长习性】多生于低海拔湿润、半湿润地区的山坡、林缘、河岸、沼泽地边缘及草甸等地区。

【精油含量】水蒸气蒸馏全草的得油率为0.56%。

【芳香成分】朱亮锋等（1993）用水蒸气蒸馏法提取的辽宁鞍山产线叶蒿全草精油的主要成分为：1,8桉叶油素（48.97%）、樟脑（19.87%）、龙脑（7.95%）、松油醇-4（4.20%）、α-松油醇（2.99%）、β-芹子烯（1.33%）等。

# 🌸 香叶蒿

*Artemisia rutifolia* Steph. ex Spreng.

菊科　蒿属
别名：芸香叶蒿
分布：青海、新疆、西藏

【形态特征】半灌木状草本，有浓烈香气。高25～80 cm。叶两面被丝状短柔毛；茎中下部叶近半圆形或肾形，长1～2 cm，宽0.8～2.8 cm，2～3出全裂或二回近于掌状式的羽状全裂，每侧裂片1～2枚，小裂片椭圆状披针形；上部叶与苞片叶近掌状式的羽状全裂，3全裂或不分裂，椭圆状倒披针形或披针形。头状花序半球形或近球形，直径3～4.5 mm，茎上排成总状花序或部分间有复总状花序，花序托具脱落性的秕糠状或鳞片状托毛；总苞片3～4层，外层、中层背面有白色丝状短柔毛；雌花5～10朵，花冠狭圆锥状或狭管状；两性花12～15朵，花冠管状。瘦果椭圆状倒卵形，果壁上具明显纵纹。花果期7～10月。

【生长习性】生于海拔1300～5000 m的干山坡、干河谷、山间盆地、森林草原、草原及半荒漠草原地区。

【精油含量】水蒸气蒸馏带果实新鲜全草的得油率为0.25%。

【芳香成分】沈灵犀等（2010）用水蒸气蒸馏法提取的西藏产香叶蒿阴干全株精油的主要成分为：1,8-桉叶素（25.73%）、樟脑（24.50%）、蓝桉醇（9.06%）、α-依兰油烯（3.71%）、松

烯-4-醇（3.28%）、大根香叶三烯酸内酯（2.62%）、3-侧柏酮（2.56%）、对甲基异丙基苯-8-醇（2.33%）、大根香叶烯D（2.15%）、脱氢芳樟醇（1.63%）、斯巴醇（1.47%）、对薄荷二烯-1-醇（1.43%）、α-杜松醇（1.42%）、对薄荷二烯-2-醇（1.32%）、α-松油醇（1.18%）、异丙基双环[3.1.0]己烷-2-酮（1.09%）等。

【利用】是荒漠及半荒漠草场的优良牧草之一。

# 🌸 小球花蒿

*Artemisia moorcroftiana* Wall.

菊科　蒿属
别名：大叶青蒿、小白蒿、芳枝蒿
分布：甘肃、宁夏、青海、四川、云南、西藏等地

【形态特征】半灌木状草本。高50～70 cm。叶纸质，叶面微被绒毛，叶背密被短绒毛；茎下部叶长圆形、卵形或椭圆形，长6～10 cm，宽2～3 cm，2～3回羽状全裂或深裂，每侧具裂片4～6枚，小裂片披针形，边缘稍反卷，有小型假托叶；中部叶卵形或椭圆形，二回羽状分裂；上部叶羽状或3～5全裂，裂片椭圆形或披针形；苞片叶3线状披针形。头状花序稍多数，球形或半球形，直径4～5 mm，有线形小苞叶，枝上密集排成穗状花序，茎上组成狭长的圆锥花序；总苞片3～4层，外、中层卵形，背面被短柔毛，内层长卵形或椭圆形；雌花15～20朵，花冠狭管状或狭圆锥状；两性花30～35朵，花冠管状，外面有小腺点。瘦果小，长卵形或长圆状倒卵形。花果期7～10月。

【生长习性】常生于山坡、台地、干河谷、砾质坡地、亚高山或高山草原和草甸等地区，海拔3000～4800 m。

【精油含量】水蒸气蒸馏全草的得油率为0.70%～0.85%。

【芳香成分】朱亮锋等（1993）用水蒸气蒸馏法提取的西藏拉萨产小球花蒿全草精油的主要成分为：α-侧柏酮（47.97%）、樟脑（8.35%）、蒿酮（7.25%）、α-侧柏酮异构体（6.31%）、(-)-顺式-桧醇（3.40%）、松油醇-4(1.80%)、龙脑（1.16%）等。

【利用】全草入药，有消肿止血、祛风杀虫的作用，藏药用于治疗痈疖、寒性肿瘤。

# 🌸 锈苞蒿

*Artemisia imponens* Pamp.

菊科　蒿属
分布：湖北、四川、云南、西藏

【形态特征】多年生草本。高70～100 cm。叶面疏被绢质柔毛并有白色腺点，叶背密被灰白色绵毛；茎下部叶卵形或宽卵形，2～3回羽状全裂；中部叶宽卵形或长圆形，长5～7 cm，宽4～6 cm，2～3回羽状全裂，每侧具4～5枚裂片，小裂片披针形；上部叶1～2回羽状全裂；苞片叶羽状全裂至不分裂，披针形。头状花序半球形或近卵球形，直径3～5 mm，具小苞片，枝或茎端单生或2～3枚密集着生成穗状花序，茎上组成圆锥花序；总苞片3～4层，外、中层狭卵形或椭圆形，背面密被锈色绒毛，内层长卵形或长圆形；雌花8～10朵，花冠狭

圆锥状；两性花10～30朵，花冠管状。瘦果小，长圆形。花果期8～10月。

【生长习性】生于海拔3400～4700 m地区的山坡、林缘及草地上。

【精油含量】水蒸气蒸馏阴干茎叶的得油率为0.28%。

【芳香成分】曾庆源等（2009）用水蒸气蒸馏法提取的湖北神农架产锈苞蒿阴干茎叶精油的主要成分为：艾蒿酮B（26.58%）、1,8-桉叶素（19.89%）、樟脑（7.91%）、α-杜松醇（7.30%）、乙酸龙脑酯（2.87%）、Heilfolen-12-al A(syn-anti-anti)（2.08%）、龙脑（2.06%）、桧烯（1.92%）、对-聚伞花素（1.91%）、顺式侧柏醇（1.47%）、莰烯（1.10%）等。

【利用】全草民间有作"艾蒿"代用品。

# 亚东蒿

*Artemisia yadongensis* Ling et Y. R. Ling

菊科　蒿属
分布：西藏

【形态特征】多年生草本或半灌木状。高50～70 cm；茎、枝密被略呈粘质的绒毛。叶厚纸质，叶面疏被丝状短柔毛，叶背密被蛛丝状绵毛，两面被白色腺点；茎下部叶花期凋谢；中部叶长圆形或长卵形，长5～8 cm，宽4～5 cm，二回羽状分裂，每侧裂片4～5枚，小裂片椭圆形或长椭圆形，边缘常反卷，中轴有狭翅，基部裂片半抱茎并成假托叶状；上部叶椭圆形或卵形，1～2回羽状深裂，每侧裂片4～5枚；苞片叶羽状深裂或不裂，披针形。头状花序多数，近球形或宽卵形，直径1.5～2.5 mm，有小苞叶，枝上排成密集的复穗状花序，茎上组成圆锥花序；总苞片3层，外、中层背面密被绒毛；雌花3～8朵，花冠狭管状，背面疏被腺点；两性花5～10枚，花冠管状，背面有稀疏腺点。瘦果倒卵形。花果期8～10月。

【生长习性】生于海拔2900 m附近草地上。

【芳香成分】沈灵犀等（2010）用水蒸气蒸馏法提取的西藏亚东产亚东蒿阴干花精油的主要成分为：3-侧柏酮（45.55%）、伞柳醇（7.74%）、β-松油醇（5.40%）、甲基异丙基苯-7-醇（4.90%）、石竹烯（4.17%）、大根香叶烯D（3.03%）、斯巴醇（2.89%）、脱氢芳樟醇（2.86%）、龙脑（1.79%）、异崖柏醇（1.29%）、樟脑（1.24%）、α-依兰油烯（1.17%）、δ-杜松醇（1.15%）等。

# 盐蒿

*Artemisia halodendron* Turcz. ex Bess.

菊科　蒿属
别名：差不嘎蒿、褐沙、褐沙蒿、沙蒿
分布：黑龙江、吉林、辽宁、内蒙古、河北、山西、陕西、宁夏、甘肃、新疆

【形态特征】小灌木。高50～80 cm。叶质稍厚，干时质硬，茎下部叶与营养枝叶宽卵形或近圆形，长、宽3～6 cm，二回羽状全裂，每侧有裂片2～4枚，小裂片狭线形，先端具硬尖头，有小型狭线形假托叶；中部叶宽卵形或近圆形，1～2回羽状全裂，小裂片狭线形，有小型分裂的假托叶；上部叶与苞片叶3～5全裂或不分裂。头状花序多数，卵球形，直径2.5～4 mm，有小苞叶，枝上排成复总状花序，茎上组成圆锥花序；总苞片3～4层，覆瓦状排列；雌花4～8朵，花冠狭圆锥状或狭管状；两性花8～15朵，不孕育，花冠管状。瘦果长卵形或倒卵状椭圆形，果壁上有细纵纹并含胶质物。花果期7～10月。

【生长习性】生于中、低侮拔地区的流动、半流动或固定的沙丘上，也见于荒漠草原、草原、森林草原、砾质坡地等。

【精油含量】水蒸气蒸馏全草的得油率为0.42%。

【芳香成分】全草：徐汉虹等（1996）用水蒸气蒸馏法提取的宁夏中卫沙坡头产盐蒿阴干全草精油的主要成分为：茵陈二炔（25.14%）、α,α,5-三甲基-5-(4-甲基-3-环己烯-1-基)-四氢-2-呋喃甲醇（6.49%）、橙花叔醇（5.68%）、α-姜黄烯（2.23%）、松油烯-4-醇（1.88%）、异丁酸香叶酯（1.44%）、1,4-桉叶油素（1.26%）、反-氧化芳樟醇（吡喃型）（1.06%）等。

种子：王延年等（2004）用水蒸气蒸馏法提取的内蒙古哲里木盟产盐蒿种子精油的主要成分为：橙花叔醇（23.53%）、(-)-斯巴醇（15.66%）、α-红没药醇（12.28%）、氧化红没药醇B（11.33%）、氧化红没药醇A（1.96%）、1,5,5,8-四甲基-12-氧杂二环[9.1.0]十二-3,7-二烯（1.45%）、二十烷酸乙酯（1.22%）、1,1'-二环己烷（1.12%）、1-(1,5-二甲基-4-己烯)-4-甲基苯（1.11%）等。

【利用】为良好的固沙植物之一。嫩枝及叶入药，有止咳、镇喘、祛痰、消炎、解表的功效，主治慢性气管炎、哮喘、风寒感冒、风湿关节痛；蒙医用于治疗慢性气管炎、支气管哮喘、脑刺痛、痧症、痘疹、虫牙、"发症"、结喉、皮肤瘙痒、疥。

# 岩蒿

*Artemisia rupestris* Linn.

菊科　蒿属

别名：新疆一支蒿、鹿角蒿、一枝蒿

分布：新疆

【形态特征】多年生草本。高20～50 cm。叶薄纸质；茎下部与营养枝上叶卵状椭圆形或长圆形，长1.5～5 cm，宽1～2.5 cm，二回羽状全裂，每侧具裂片5～7枚，基部小裂片半抱茎，小裂片短小，栉齿状的线状披针形或线形，先端常有硬尖头；上部叶与苞片叶羽状全裂或3全裂。头状花序半球形或近球形，直径4～7 mm，基部常有羽状分裂的小苞叶，茎上排成穗状花序或近于总状花序，头状花序在茎上排成狭窄的穗状花序状的圆锥花序；总苞片3～4层，外、中层背面有短柔毛；雌花1层，8～16朵，花冠近瓶状或狭圆锥状；两性花5～6层，30～70朵，花冠管状。瘦果长圆形，顶端常有膜质冠状边缘。花果期7～10月。

【生长习性】生于海拔1100～2900 m地区的干山坡、荒漠草原、半荒漠草原、草甸、冲积平原及干河谷地带，也见于林中空地或灌丛中，喜生于向阳的岩石裸露的陡坡上。

【精油含量】水蒸气蒸馏全草的得油率为0.18%～0.47%。

【芳香成分】全草：徐广顺（1987）用水蒸气蒸馏法提取的新疆伊犁产岩蒿阴干全草精油的主要成分为：α-松油醇醋酸酯（18.68%）、月桂烯（15.95%）、异松油烯（8.59%）、β-松油醇（5.77%）、别罗勒烯（4.43%）、γ-松油醇（3.02%）、2-甲基戊烯-3-醇-1（2.21%）、α-松油醇（1.42%）、乙酸香叶酯（1.31%）等。陈玲等（2015）用同法分析的新疆伊犁尼勒克产岩蒿全草精油的主要成分为：2,6,6-三甲基-二环[3.1.1]庚-2-烯（17.90%）、6,6-二甲基-2-乙烯-二环[3.1.1]庚烷（16.25%）、2-乙基-1,3-二甲基-苯（15.36%）、7-甲基-3-乙烯-1,6-庚二烯（15.33%）、(R)-1-甲基-4-(1-异丙烯基)-环己烯（12.26%）、1-甲基-2-异丙基-苯（6.64%）、1-甲基-4-甲酸异丙酯-环己烯（1.62%）等；新疆新湖农场产岩蒿全草精油的主要成分为：7-甲基-3-乙烯-1,6-庚二烯（24.53%）、2,6,6-三甲基-二环[3.1.1]庚-2-烯（12.58%）、1,3-对乙丙烯-环丁烷（8.69%）、1-甲基-4-异丙基-1,3-环己二烯（7.22%）、6,6-二甲基-2-乙烯-二环[3.1.1]庚烷（6.66%）、(R)-1-甲基-4-(1-异丙烯基)-环己烯（2.83%）、1-甲基-4-甲酸异丙酯-环己烯（1.26%）等。姚小云等（2012）用同法分析的新疆天山产岩蒿干燥全草精油的主要成分为：乙酸二氢香芹酯（31.54%）、2-羟基-3-(1-丙烯基)-1,4-萘醌（27.28%）、1-乙烯基-1-甲基-2,4-双(1-甲基乙烯基)环己烷（4.36%）、(-)-斯巴醇（2.15%）、缬草酮（2.06%）、6,10,14-三甲基-十五烷-2-酮（1.87%）、(6Z,9Z)-十五碳双烯-1-醇（1.62%）、α-松油醇（1.37%）、(-)-异丁香烯（1.27%）、桧脑（1.11%）、α-氧化石竹烯（1.04%）等。覃睿等（2012）用同法分析的新疆产岩蒿干燥全草精油的主要成分为：甲基刺刀草酯（14.95%）、斯巴醇（7.90%）、β-榄香烯（6.65%）、α-乙酸萜品酯（6.54%）、二十一烷（5.64%）、β-月桂烯（4.19%）、正十六烷酸（3.59%）、杜松樟脑（3.46%）、β-法呢烯（3.13%）、石竹烯（2.55%）、β-花柏烯（2.41%）、乙酸芳香醇（2.33%）、β-桉叶素（2.22%）、反式叶绿醇（2.01%）、6,10,14-三甲基-2-十五烷酮（1.99%）、α-蒎烯（1.87%）、α-萜品醇（1.78%）、芳樟醇（1.70%）等。

　　花：覃睿等（2012）用水蒸气蒸馏法提取的新疆产岩

蒿干燥花精油的主要成分为：二十一烷（13.52%）、β-月桂烯（5.64%）、杜松樟脑（5.55%）、氧化石竹烯（5.51%）、α-蒎烯（5.18%）、β-桉叶烯（3.96%）、壬醛（2.96%）、α-桉叶烯（2.92%）、6,7-二甲基-1,2,3,5,8,8a-六氢萘（2.52%）、石竹烯（2.25%）、β-榄香烯（2.08%）、β-法呢烯（1.90%）、神圣亚麻三烯（1.86%）、十九烷（1.77%）、癸酸（1.56%）、γ-桉叶烯（1.55%）、十四醛（1.49%）、6,10,14-三甲基-2-十五烷酮（1.49%）、十一醛（1.47%）、α-萜品醇（1.46%）、十四酸（1.41%）、β-蒎烯（1.35%）、α-乙酸萜品酯（1.18%）等。

【利用】全草入药，有清热解毒的功效，用于治疗胃痛、胃胀、痛经；外用治痔疮出血、无名肿毒、跌打损伤、毒蛇咬伤、荨麻疹、神经性皮炎。

# 野艾蒿

*Artemisia lavandulaefolia* DC.

**菊科　蒿属**

**别名：** 野艾、狭叶艾、艾叶、苦艾、荫地蒿、小叶艾

**分布：** 黑龙江、吉林、辽宁、内蒙古、河北、山西、陕西、甘肃、山东、江苏、安徽、浙江、江西、河南、湖北、湖南、广东、广西、四川、贵州、云南等地

【形态特征】多年生草本，有时为半灌木状，有香气。高50～120 cm；茎、枝被短柔毛。叶纸质，叶面具密集白色腺点及小凹点，叶背密被密绵毛；基生叶与茎下部叶宽卵形或近圆形，二回羽状全裂或深裂；中部叶卵形、长圆形或近圆形，长6～8 cm，宽5～7 cm，1～2回羽状全裂或第二回为深裂，每侧有裂片2～3枚，每裂片具2～3枚披针形的小裂片或深裂齿，边缘反卷，有小型羽状分裂的假托叶；上部叶羽状全裂；苞片叶3全裂或不分裂，线状披针形或披针形。头状花序极多数，椭圆形或长圆形，直径2～2.5 mm，具小苞叶，枝上排成密穗状或复穗状花序，茎上组成圆锥花序；总苞片3～4层；雌花4～9朵，花冠狭管状，紫红色；两性花10～20朵，花冠管状，檐部紫红色。瘦果长卵形或倒卵形。花果期8～10月。

【生长习性】多生于低或中海拔地区的路旁、林缘、山坡、草地、山谷、灌丛及河湖滨草地等。对气候的适应性强，以阳光充足的湿润环境为佳，耐寒。对土壤要求不严，一般土壤可种植，但在盐碱地中生长不良。

【精油含量】水蒸气蒸馏全草或叶的得油率为0.10%～1.63%。

【芳香成分】叶：郭承军（2001）用水蒸气蒸馏法提取的山东产野艾蒿干燥叶精油的主要成分为：桉叶素（19.96%）、1-甲基-7-异丙基萘（18.58%）、樟脑（9.48%）、萜品烯醇（5.87%）、2,2,4-三甲基-3-环己烯甲醇（5.34%）、石竹烯氧化物（3.23%）、匙叶桉油烯醇（3.18%）、异龙脑（2.94%）、石竹烯（2.84%）、7,11-二甲基-3-亚甲基-1,6,10-十二碳三烯（2.65%）、芹子-11-烯-4-α-醇（2.46%）、α-蒎烯（1.74%）、2,3,3-三甲基二环[2,2,1]-2-庚醇（1.71%）、罗勒烯（1.58%）、1,4-二甲基-7-异丙基-1,2,3,4,5,6,7,8-八氢萘（1.41%）、双环大香叶烯（1.22%）、橙花叔醇（1.13%）、莰烯（1.05%）等。

全草：江贵波等（2008）用水蒸气蒸馏法提取的广东揭东产野艾蒿全草精油的主要成分为：石竹烯（25.39%）、菊油环酮（13.21%）、7,11-二甲基-3-亚甲基-1,6,10-十二碳三烯（7.75%）、吉玛烯（5.58%）、3,7,11-三甲基-1,3,6,10-十二碳四烯（4.83%）、青蒿酮（4.60%）、4,11,11-三甲基-8-亚甲基-二环[7.2.0]-4-十一碳烯（4.55%）、2,7,7-三甲基-二环[3.1.1]-2-庚烯-6-酮（3.56%）、β-蒎烯（3.11%）、1,8-桉油精（2.78%）、β-榄烯（1.13%）、1,6-二甲基-4-(1-甲基乙基)-萘（1.07%）、α-蒎烯（1.03%）等。

【利用】全草入药，作"艾"（家艾）的代用品，有理气行血、逐寒调经、安胎、祛风除湿、消肿止血等功效，能治感冒、头痛、疟疾、皮肤瘙痒、痈肿、跌打损伤、外伤出血等症。嫩苗作菜蔬或腌制酱菜食用。鲜草作饲料。

# 叶苞蒿

*Artemisia phyllobotrys* (Hand.-Mazz.) Ling et Y. R. Ling

**菊科　蒿属**

**分布：** 青海、四川

【形态特征】多年生草本或为半灌木状。高50～150 cm。叶纸质，上面疏被蛛丝状短柔毛，背面密被蛛丝状绒毛；基生叶与茎下部叶小；中部叶长卵形，长2～5.5 cm，宽1～3.5 cm，二回羽状分裂，每侧有裂片4～5枚，小裂片椭圆形或长椭圆形，基部裂片成假托叶状；上部叶与苞片叶1～2回羽状全裂。头状花序长圆形或倒卵状长圆形，直径2～3 mm，具稍小苞叶，椭圆形，头状花序在茎端或分枝端排成穗状花序或近单生叶腋，

茎上组成圆锥花序；总苞片3~4层，外层、中层背面密被灰白色蛛丝状短柔毛；雌花4~8朵，花冠狭管状，紫红色；两性花10~14朵，花冠管状，檐部紫红色。瘦果小，倒卵形。花果期7~10月。

【生长习性】生于海拔3000~3900 m的高山草原、灌丛、草地、荒坡等地区。

【精油含量】水蒸气蒸馏全草的得油率为0.21%~0.38%。

【芳香成分】朱亮锋等（1993）用水蒸气蒸馏法提取的四川西部产叶苞蒿全草精油的主要成分为：α-侧柏酮（10.07%）、樟脑（7.53%）、茵陈炔（4.15%）、辣薄荷酮（3.08%）、龙脑（2.40%）、枯茗醇（1.70%）、β-石竹烯（1.57%）、1,8-桉叶油素（1.48%）、α-松油醇（1.35%）、桃金娘烯醇（1.20%）、芳樟醇（1.17%）、α-侧柏酮异构体（1.14%）等。

# 茵陈蒿

*Artemisia* capillaris Thunb.

菊科　蒿属

**别名：** 绵茵陈、茵陈、绒蒿、因尘、因陈、白茵陈、日本茵陈、家茵陈、臭蒿、安吕草

**分布：** 辽宁、河北、陕西、山东、江苏、安徽、浙江、江西、福建、台湾、河南、湖北、湖南、广东、广西、四川等地

【形态特征】半灌木状草本，有浓烈香气。高40~120 cm或更长。营养枝端有密集叶丛，基生叶密集，常成莲座状；基生叶与营养枝叶两面均被绢质柔毛，叶卵圆形或卵状椭圆形，长2~5 cm，宽1.5~3.5 cm，2~3回羽状全裂，每侧有裂片2~4枚，小裂片狭线形；中部叶近圆形，长2~3 cm，宽1.5~2.5 cm，1~2回羽状全裂，小裂片狭线形；上部叶与苞片叶羽状5~3全裂，基部半抱茎。头状花序卵球形，多数，直径1.5~2 mm，有线形的小苞叶，枝端常排成复总状花序，茎上端组成圆锥花序；总苞片3~4层；雌花6~10朵，花冠狭管状或狭圆锥状；两性花3~7朵，不孕育，花冠管状。瘦果长圆形或长卵形。花果期7~10月。

【生长习性】生于低海拔地区河岸、海岸附近的湿润砂地、路旁及低山坡地区。生长期喜温和气候，耐热，耐寒，耐旱。适应力强。选择阳光充足、土壤肥力较高的砂壤土及排水良好的环境。

【精油含量】水蒸气蒸馏全草的得油率为0.03%~0.75%。

【芳香成分】张知侠等（2006）水蒸气蒸馏法提取的陕西西安产茵陈蒿干燥全草精油的主要成分为：邻-二甲苯（26.97%）、1,3,5-环庚三烯（15.14%）、大根香叶烯D（4.07%）、苊（3.32%）、十五烷（3.23%）、十四烷（2.76%）、邻苯二甲酸二丁酯（2.42%）、β-金合欢烯（1.94%）、十七烷（1.74%）、大根香叶烯B（1.67%）、癸烷（1.48%）、2-己基-辛醇（1.48%）、石竹烯（1.34%）、2,4-戊二烯-苯（1.12%）等。朱亮锋等（1993）用同法分析的甘肃产茵陈蒿新梢精油的主要成分为：2-甲基丁酸定香酯（14.98%）、2-甲基丙酸丁香酯（7.32%）、丁香酚（6.17%）、戊酸丁香酯（5.47%）、2-甲基丙酸香叶酯（4.01%）、茵陈炔酮（3.88%）、茵陈炔（1.60%）、α-姜黄烯（1.57%）、6,10,14-三甲基-2-十五酮（1.44%）、β-石竹烯（1.17%）等。常亮等（2013）用同法分析的山东产茵陈蒿干燥幼苗地上部分精油的主要成分为：棕榈酸（33.10%）、氧化石竹烯（19.10%）、匙叶桉油烯醇（9.90%）、α-荜澄茄醇（5.90%）、肉豆蔻酸（4.90%）、别香树烯氧化物（2.50%）、植物蛋白胨（2.40%）、叶绿醇（2.30%）、7R,8R-8-羟基-4-亚异丙基-7-甲基二环[5.3.1]

十一-1-烯（2.00%）、环氧化马兜铃烯（2.00%）、月桂酸乙酯（1.90%）、荜草烯环氧化物 I（1.80%）、γ-姜黄烯（1.60%）、d-绿花白千层醇（1.60%）、γ-木香醇（1.30%）、α-荜澄茄烯（1.10%）等。

【利用】嫩苗与幼叶入药，有清热利湿、利胆退黄的功效，用于治疗黄疸、胆囊炎、膀胱湿热、风痒疮疥；还作青蒿（即黄花蒿）的代用品入药。幼嫩枝、叶可作菜蔬或酿制茵陈酒。鲜或干草作家畜饲料。全草可提取精油，是配制各种清凉剂、喷雾香水和皂用香精原料。

## ❀ 阴地蒿
*Artemisia sylvatica* Maxim.

菊科　蒿属

**别名：** 林下艾、白蒿、艾叶、林地蒿、林中蒿、红绒蒿、山艾叶、茶绒蒿、白脸蒿

**分布：** 黑龙江、吉林、辽宁、内蒙古、河北、陕西、山西、甘肃、青海、山东、江苏、浙江、安徽、江西、河南、湖南、湖北、四川、贵州、云南

球形或宽卵形，直径1.5～2.5 cm，具细小、线形的小苞叶，枝上排成穗状花序式的一总状花序或复总状花序，茎上常再组成圆锥花序；总苞片3～4层；雌花4～7朵，花冠狭管状或狭圆锥状；两性花8～14朵，花冠管状，外面有腺点。瘦果小，狭卵形或狭倒卵形。花果期9～10月。

【生长习性】生于低海拔湿润地区的林下、林缘或灌丛下荫蔽处。

【精油含量】水蒸气蒸馏全草的得油率为0.22%。

【芳香成分】朱亮锋等（1993）用水蒸气蒸馏法提取的辽宁鞍山产阴地蒿全草精油的主要成分为：1,8-桉叶油素（26.37%）、樟脑（6.35%）、龙脑（4.14%）、7-辛烯-4-醇（2.74%）、缬草酮（2.49%）、β-石竹烯（1.85%）、α-甜没药烯（1.73%）、雅槛蓝烯（1.67%）、β-桉叶醇（1.53%）、松油醇-4（1.42%）、α-松油醇（1.39%）、别香树烯（1.20%）、β-荜澄茄烯异构体（1.20%）、2-己烯醛（1.15%）、β-波旁烯（1.11%）等。

## ❀ 印蒿
*Artemisia pallens* Wall. ex DC.

菊科　蒿属

**分布：** 原产印度，我国南方有栽培

【形态特征】一年生草本植物，有蓝绿色的叶子，夏季开金黄色的小花。从小苗儿到开花成熟期大约需要4个月。

【生长习性】喜温暖湿润的气候，生长在肥沃红土壤上。

【精油含量】水蒸气蒸馏干燥花的得油率为0.16%。

【芳香成分】刘波（2014）用水蒸气蒸馏法提取的印蒿干燥花精油的主要成分为：印蒿酮（55.31%）、二环大根香叶

【形态特征】多年生草本；有香气。高80～130 cm。叶薄纸质或纸质；茎下部叶卵形或宽卵形，二回羽状深裂，花期叶凋谢；中部叶卵形或长卵形，长8～15 cm，宽7～11 cm，1～2回羽状深裂，每侧有裂片2～3枚，小裂片或裂片长椭圆形或椭圆状披针形，有小型假托叶；上部叶小，羽状深裂或近全裂，每侧有裂片1～2枚，裂片披针形或椭圆状披针形；苞片叶3～5深裂或不分裂，线状披针形或椭圆状披针形。头状花序多数，近

烯（5.19%）、印蒿醚（4.39%）、桂酸乙酯（4.05%）、β-瑟林烯（1.82%）、T-杜松醇（1.60%）等。李耀光等（2016）用顶空固相微萃取法提取的印蒿干燥花精油的主要成分为：印蒿酮（45.86%）、印蒿醚（10.85%）、肉桂酸乙酯（6.82%）、γ-焦烯（4.50%）、双环大根香叶烯（3.21%）、杜松烯（2.63%）、紫丁香醇C（2.11%）、α-芹子烯（1.89%）、β-桉叶油醇（1.67%）、紫丁香醇A（1.16%）、肉桂酸甲酯（1.05%）、乙酸香叶酯（1.02%）等。

【利用】全草可提取精油，为允许食用的香原料，可用于日化调香和食品香精中。

# 🌸 圆头蒿

*Artemisia sphaerocephala* Krasch.

**菊科　蒿属**

**别名：** 籽蒿、圆头沙蒿、白沙蒿、白杆子沙蒿、黄蒿、黄毛菜籽、米蒿、油砂蒿、香蒿

**分布：** 内蒙古、山西、陕西、宁夏、甘肃、青海、新疆

【形态特征】小灌木。高80～150 cm。叶稍厚，半肉质，干后坚硬，黄绿色；短枝上叶常密集成簇生状；茎中下部叶卵形，长2～8 cm，宽1.5～4 cm，1～2回羽状全裂，每侧有裂片1～3枚，小裂片线形或稍弧曲，近镰形，先端有小硬尖头，边缘明显反卷，常有线形假托叶；上部叶羽状分裂或3全裂；苞片叶不分裂，线形。头状花序球形或近球形，直径3～4 mm，枝上排成穗状花序式的总状花序或复总状花序，茎上组成圆锥花序；总苞片3～4层，外层总苞片卵状披针形，半革质，背面淡黄色；雌花4～12朵，花冠狭管状；两性花6～20朵，不孕育，花冠管状，外面具腺点。瘦果小，黑色，果壁上具胶质物。

花果期7～10月。

【生长习性】生于海拔1000～2850 m荒漠地区的流动、半流动或固定的沙丘上，也见生于干旱的荒坡上。抗风、抗旱、固沙、抗寒、抗盐碱性能好。

【精油含量】水蒸气蒸馏全草的得油率为0.67%～1.43%，阴干花和果实的得油率为0.44%；超临界萃取阴干花和果实的得油率为1.20%。

【芳香成分】全草：朱亮锋等（1993）用水蒸气蒸馏法提取的宁夏中卫沙坡头产圆头蒿全草精油的主要成分为：α-甜没药醇氧化物B（43.29%）、橙花叔醇（14.38%）、α-甜没药醇（12.35%）、(Z)-β-罗勒烯（2.98%）、茵陈炔（2.63%）、松油醇-4（1.71%）、柠檬烯（1.58%）、3-壬烯醛（1.10%）等。

花果：郭肖等（2012）用水蒸气蒸馏法提取的甘肃兰州产圆头蒿阴干花和果实精油的主要成分为：顺式-1-甲基-4-(1-甲基乙基)-2-环己烯-1醇（28.16%）、à-水芹烯（9.82%）、2,2,3三甲基-3-环戊烯-1-乙醛（7.26%）、1-甲基-4-(1-甲基乙基)-苯（7.07%）、(1à,2à,5à)-2-醇，2-甲基-5-(1-甲基乙基)-双环[3.1.0]正己烷（5.70%）、1-甲基-4-(1-甲基乙基)-1,4-环己二烯（3.61%）、1-甲基-4-(1-亚乙基)-环己烯（2.79%）、2,6-双丙烯酰胺（3,4-亚甲基)-3,7-二氧[3.3.0]辛烷（2.46%）、马兜铃烯（1.86%）、4,11,11-三甲基-8-甲基-双环[7.2.0]十一碳四烯（1.72%）、[S-(E,E)]-1-甲基-5-甲基-8-(1-甲基乙基)-1,6-环癸二烯（1.68%）、3-蒈烯（1.61%）、脱氢长叶烯环氧化物（1.34%）、(ñ)-2,6,6-三甲基-双环[3.1.1]-2-庚烯（1.08%）、4,4,11,11-四甲基-7-四环[6.2.1.0$^{3,8}$0$^{3,9}$]十一烷醇（1.04%）等。

【利用】为西北、华北沙荒地区良好的固沙植物之一。枝供编筐或作固沙的沙障。枝、叶为牧区牲畜饲料。果壁胶质物可作食品的粘着剂。瘦果入药，作消炎或驱虫药。

# 🌸 云南蒿

*Artemisia yunnanensis* J. F. Jeffrey ex Diels

**菊科　蒿属**

**别名：** 戟叶蒿、滇艾

**分布：** 青海、四川、云南

【形态特征】半灌木状草本。高50～90 cm。叶厚纸质或纸质，上面疏被短柔毛及腺点，背面密被蛛丝状长绒毛；下部叶卵形，二回羽状全裂或深裂；中部叶卵形或倒卵状楔形，长

5～7 cm，宽3～6 cm，1～2回羽状深裂或全裂，每侧有裂片2～3枚；上部叶3～5深裂，裂片长圆形或长卵形；苞片叶3裂或不分裂。头状花序多数，长圆形或椭圆状宽卵形，直径2～3 mm，具小苞叶，枝上单枚或2～3枚集生排成穗状或穗状花序状的总状花序，茎上组成圆锥花序；总苞片3～4层，外层、中层卵形或长卵形，背面密被柔毛；雌花7～13朵，花冠狭管状或狭圆锥状；两性花8～15朵，花冠管状。瘦果小，卵形或倒卵形。花果期8～11月。

【生长习性】生于低海拔至3700 m附近的干热山坡与干热河谷或石灰岩山谷地区，也生于灌丛及针叶林边缘。

【精油含量】水蒸气蒸馏全草的得油率为0.26%。

【芳香成分】朱亮锋等（1993）用水蒸气蒸馏法提取的四川阿坝产云南蒿全草精油的主要成分为：1,8-桉叶油素（10.66%）、香豆素（7.65%）、α-侧柏酮（7.34%）、樟脑（3.68%）、桃金娘烯醇（1.52%）、龙脑（1.43%）、芳樟醇（1.22%）、7-辛烯-4-醇（1.10%）、苯并呋喃（1.05%）等。

## 藏白蒿

*Artemisia younghusbandii* J. R. Drumm. ex Pamp.

**菊科　蒿属**
**分布：** 西藏

【形态特征】半灌木状草本。高15～30 cm；茎、枝、叶两面及总苞片背面密被灰白色或灰黄色绒毛。茎下部与中部叶宽卵形、卵形或近肾形，长0.5～1 cm，宽0.5～0.8 cm，1～2回羽状全裂，每侧有裂片2～3枚，裂片或小裂片披针形或椭圆状披针形，有假托叶；上部叶与苞片叶羽状全裂、3裂或不分裂，披针形或椭圆状披针形。头状花序半球形或宽卵形，直径2.5～4 mm，在小枝端单生或数枚集生，在分枝上排成疏散的总状花序状，茎上组成圆锥花序，总苞片3～4层，外层、中层长卵形，内层长卵形或椭圆形；雌花4～8朵，花冠狭圆锥状；两性花8～14朵，花冠管状，檐部紫色。瘦果倒卵状椭圆形。花果期7～10月。

【生长习性】生于海拔4000～4650 m的河谷、滩地、阶地、山坡、路旁、砾质坡地与砾质草地上。

【芳香成分】沈灵犀等（2010）用水蒸气蒸馏法提取的西藏拉萨产藏白1蒿阴干全株精油的主要成分为：α-松油醇（12.48%）、樟脑（8.39%）、脱氢芳樟醇（6.96%）、γ-松油烯

（6.06%）、1,8-桉叶素（5.45%）、对甲基异丙基苯（5.28%）、杜松二烯（4.62%）、石竹烯氧化物（4.36%）、里哪醇（3.93%）、β-松油醇（3.34%）、α-松油烯（2.69%）、松烯-4-醇（2.69%）、蓝桉醇（2.41%）、对薄荷油-3-酮（2.06%）、对薄荷二烯-1-醇（2.05%）、4-蒈烯（1.27%）、香树烯（1.25%）、对薄荷油-3-醇（1.24%）、神圣亚麻三烯（1.18%）、异丙基双环[3.1.0]己烷-2-酮（1.18%）、β-蒎烯（1.15%）、异崖柏醇（1.15%）、α-依兰油烯（1.05%）等。

## 藏龙蒿

*Artemisia waltonii* J. R. Drumm. ex Pamp.

**菊科　蒿属**
**分布：** 青海、四川、云南、西藏

【形态特征】小灌木状或为半灌木。高30～60 cm。基生叶与茎下部叶长卵形或长圆形，长2～2.5 cm，宽1.5～1.8 cm，二回羽状全裂或深裂，每侧裂片3枚，小裂片线状披针形或狭线形；中部叶1～2回羽状全裂，裂片形状变化大，线形或线状披针形，先端有短尖头，边缘反卷，有小型假托叶状的小裂片；上部叶3～5深裂；苞片叶不分裂，披针形或狭镰形。头状花序球形、近球形或近卵球形，直径2.5～3.5 mm，枝上排成穗状花序式的总状花序或复总状花序，茎上组成圆锥花序；总苞片3层；雌花18～29朵，花冠狭管状；两性花20～30朵，不孕育，

花冠管状。瘦果长圆形至倒卵形。花果期5～9月。

【生长习性】常见生于海拔3000～4300 m的路边、河滩、灌丛、山坡、草原、干河谷等地区。

【精油含量】水蒸气蒸馏全草的得油率为0.75%。

【芳香成分】朱亮锋等（1993）用水蒸气蒸馏法提取的西藏乃东产藏龙蒿全草精油的主要成分为：榄香脂素（33.64%）、丁香酚甲醚（32.06%）、枯茗醇（5.48%）、1,8-桉叶油素（1.03%）等。

【利用】地上部分藏药入药，治疗虫病、炭疽、疫疮、皮肤病。全草精油具有较强抑菌活性。

## ❀ 直茎蒿
*Artemisia edgeworthii* Balakr.

菊科　蒿属
别名：茎直蒿
分布：青海、甘肃、新疆、四川、云南、西藏等地

【形态特征】一二年生草本。高20～90 cm。叶质薄；基生叶与茎下部叶卵形或长卵形，长1.5～3 cm，宽1～2.5 cm，2～3回羽状全裂；中部叶长圆形或长卵形，长1～2 cm，宽0.5～0.8 cm，二回羽状全裂，每侧裂片3～4枚，小裂片狭线形或狭线状披针形，有小型的假托叶；上部叶与苞片叶1～2回羽状全裂。头状花序近球形或卵球形，直径2～2.5 mm，枝上2至

数枚排成密集的穗状花序，茎上组成圆锥花序；总苞片3层，外层卵形，背面绿色或带紫色，中、内层长卵形；雌花10～20朵，花冠狭管状或狭圆锥状；两性花3～5朵，不孕育，花冠管状。瘦果倒卵形。花果期7～9月。

【生长习性】生于海拔2200～4700 m的干山坡、路旁、林缘、河滩、荒地及灌丛等地区。

【精油含量】水蒸气蒸馏全草的得油率为0.32%～0.36%。

【芳香成分】朱亮锋等（1993）用水蒸气蒸馏法提取的西藏拉萨产直茎蒿全草精油的主要成分为：β-荜澄茄烯（16.92%）、β-雪松烯（13.18%）、α-甜没药醇（8.81%）、芳樟醇（5.71%）、β-金合欢烯（3.79%）、1,8-叶油素（2.28%）、龙脑（1.53%）、苯乙醛（1.35%）、α-松油醇（1.19%）、香叶醇（1.19%）、δ-杜松烯（1.06%）、2-己烯醛（1.05%）等。

【利用】青海民间入药，作"茵陈"用，具清热利湿的功效。藏药用全草治疗咽喉、肺、肝热病，胆病；用幼苗治热性水肿、肺病、咽喉疾病；根治气管炎、肺病。

## ❀ 中南蒿
*Artemisia simulans* Pamp.

菊科　蒿属
分布：江西、安徽、浙江、福建、湖南、广东、广西、西川、贵州、云南等地

【形态特征】多年生草本。高80～120 cm。叶纸质，叶背被蛛丝状绒毛与疏腺毛；茎下部叶1～2回羽状全裂；中部叶卵形或长卵形，长4～8 cm，宽3～7 cm，羽状全裂，每侧裂片2～4

枚，具假托叶；上部叶与苞片叶3～5深裂或不分裂，椭圆形、线形或长椭圆形。头状花序小，椭圆形，直径1.5～2 mm，有小苞叶，枝上排成密穗状花序，茎上组成圆锥花序；总苞片3～4层，外层小，卵形，中、内层长卵形或椭圆状倒卵形，外、中层总苞片背面微被蛛丝状绒毛，边膜质，具绿色中肋，内层总苞片半膜质；雌花3～5朵，花冠狭圆锥形；两性花8～15朵，花冠管状。瘦果倒卵形。花果期8～11月。

【生长习性】生于低海拔至2100 m的山坡与荒地上。

【精油含量】水蒸气蒸馏全草的得油率为0.31%。

【芳香成分】朱亮锋等（1993）用水蒸气蒸馏法提取的四川道孚产中南蒿全草精油的主要成分为：龙脑（21.66%）、愈创木醇（3.32%）、苯乙醇（2.39%）、2-甲基丁酸龙脑酯（2.11%）、α-姜黄烯（1.51%）、β-侧柏酮（1.29%）、丙酸龙脑酯（1.21%）、对伞花醇-8（1.20%）等。

## 🌸 中亚苦蒿
*Artemisia absinthium* Linn.

| | |
|---|---|
| **菊科　蒿属** | |
| **别名：** | 洋艾、苦艾、苦蒿、啤酒蒿 |
| **分布：** | 新疆 |

【形态特征】多年生草本。高60～150 cm。叶纸质；茎下部与营养枝的叶长卵形或卵形，长8～12 cm，宽7～9 cm，2～3回羽状全裂；中部叶长卵形或卵形，长6～9 cm，宽3～7 cm，二回羽状全裂，小裂片线状披针形；上部叶长4～6 cm，宽

2～4 cm，羽状全裂，裂片披针形或线状披针形；苞片叶3深裂或不分裂，披针形或线状披针形。头状花序球形或近球形，直径2.5～4 mm，有狭线形的小苞叶，枝及茎端排成穗状花序式的总状花序，茎上组成扫帚形的圆锥花序；总苞片3～4层；雌花1层，15～25朵，花冠狭圆锥状或狭管状；两性花4～6层，30～90朵，花冠管状。瘦果长圆形，顶端微有不对称的冠状边缘。花果期8～11月。

【生长习性】生于海拔1100～1500 m的山坡、草原、野果林、林缘、灌丛地等地区。

【芳香成分】符继红等（2007）用水蒸气蒸馏法提取的新疆产中亚苦蒿干燥全草精油的主要成分为：β-香叶烯（9.66%）、2-甲基-5-(1-甲基乙烯基)-2-环己烯-1-酮（4.01%）、6-甲基-2,2'-联吡啶-N-氧化物（3.74%）、里哪醇（3.10%）、1,2-二氢-1,4,6-三甲基萘（3.04%）、反-石竹烯（3.03%）、榄香醇（3.02%）、1-甲基-4-(甲基乙基)苯（2.85%）、橙花基丙酸（2.76%）、9-(1-甲基亚乙基)-双环[6,1,0]壬烷（2.39%）、橙花基乙酸酯（2.21%）、2-乙基-4-甲基-1,3-戊二烯苯（2.11%）、1,2,3,4,4a,5,6,8a-八氢-7-甲基-4-亚甲基-1-(1-甲基乙基)萘（2.02%）、β-荜澄茄油烯（1.96%）、1-苎烯（1.93%）、α-蒎烯（1.92%）、β-波旁烯（1.70%）、匙叶桉油烯醇（1.63%）、7-乙基-1,4-二甲基薁（1.62%）、橙化醇（1.59%）、α-荜澄茄油烯（1.59%）、α-萜品烯（1.54%）、β-榄香烯（1.51%）、β-芹子烯（1.49%）、顺-茉莉烯（1.43%）、α-松烯（1.17%）、桧烯（1.15%）、3-甲基丁酸里哪酯（1.12%）、1-水芹烯（1.11%）、3-甲基-6-(1-甲基亚甲基)-2-环己烯-1-酮（1.07%）、α,α,3,8-四甲基-1,2,3,3a,4,5,6,7-八氢-[3S-(3α,3aβ,5α)]-5-奠甲醇（1.05%）、苯乙醛（1.05%）、δ-杜松烯（1.03%）、3,7,7-三甲基-1,3,5-环庚三烯（1.01%）等。

【利用】欧洲民间从叶与头状花序提取苦味素作酒或饮料的苦味剂，有小毒。全草入药，有消炎、健胃、驱虫之效；叶和花枝有清热燥作用。

## 🌸 猪毛蒿
*Artemisia scoparia* Waldst. et Kitag.

| | |
|---|---|
| **菊科　蒿属** | |
| **别名：** | 白蒿、白头蒿、白青蒿、白毛蒿、白茵陈、北茵陈、滨蒿、臭蒿、东北茵陈蒿、黄蒿、黄毛蒿、灰毛蒿、毛滨蒿、毛毛蒿、米蒿、棉蒿、石茵陈、山茵陈、西茵陈、土茵陈、野茼蒿、扫帚艾、香蒿、沙蒿、绒蒿、小白蒿、迎春蒿 |
| **分布：** | 全国各地 |

【形态特征】多年生草本或近一二年生草本；有浓烈香气。高40～130 cm。基生叶与营养枝叶两面被灰白色绢质柔毛，近圆形、长卵形，2～3回羽状全裂；茎下部叶长卵形或椭圆形，长1.5～3.5 cm，宽1～3 cm，2～3回羽状全裂，每侧有裂片3～4枚，小裂片狭线形；中部叶长圆形或长卵形，长1～2 cm，宽0.5～1.5 cm，1～2回羽状全裂，每侧具裂片2～3枚，小裂片丝线形或为毛发状；茎上部叶与分枝上叶及苞片叶3～5全裂或不分裂。头状花序近球形，极多数，直径1～2 mm，有线形的小苞叶，枝上排成复总状或复穗状花序，茎上组成圆锥花序；总苞片3～4层；雌花5～7朵，花冠狭圆锥状或狭管状；两性花4～10朵，不孕育，花冠管状。瘦果倒卵形或长圆形，褐色。

花果期7～10月。

【生长习性】分布在中、低海拔地区的山坡、旷野、路旁等，最高分布到海拔4000 m的地区，在半干旱或半温润地区的山坡、林缘、路旁、草原、黄土高原、荒漠边缘地区都有分布。耐干旱和瘠薄，在各种土壤上均能生长。

【精油含量】水蒸气蒸馏全草的得油率为0.36%～0.88%。

【芳香成分】朱亮锋等（1993）用水蒸气蒸馏法提取的黑龙江镜泊湖产猪毛蒿全草精油的主要成分为：1,8-桉叶油素（21.40%）、茵陈炔（16.93%）、蒿酮（13.38%）、橙花叔醇（10.60%）、茵陈炔酮（4.77%）、β-荜澄茄烯（3.25%）、丁香酚（3.19%）、雅槛蓝烯（3.08%）、丁香酚甲醚（2.38%）、β-石竹烯（2.28%）、β-金合欢烯（1.29%）、2-甲基丙酸丁香酯（1.26%）等；黑龙江牡丹江产猪毛蒿全草精油的主要成分为：茵陈炔（25.07%）、1,8-桉叶油素（10.25%）、对伞花烃（4.85%）、茵陈炔酮（4.28%）、β-石竹烯（3.15%）、蒿酮（1.79%）、苯甲醛（1.07%）、β-月桂烯（1.07%）等；宁夏中卫产猪毛蒿全草精油的主要成分为：丁香酚（59.51%）、茵陈炔（8.52%）、1,8-桉叶油素（4.22%）、β-石竹烯（2.36%）、2-甲基丙酸丁香酯

（1.50%）、芳樟醇（1.31%）、γ-榄香烯（1.17%）等。

【利用】基生叶、幼苗或嫩茎叶入药，有清热利湿、利胆退黄的功效，治黄疸型肝炎、胆囊炎、小便色黄不利、湿疮瘙痒、湿温初起；蒙药治肺热咳嗽、喘证、肺脓肿、感冒咳嗽、"搏热"、咽喉肿痛。亦作青蒿（即黄花蒿）的代用品。

## 准噶尔沙蒿
*Artemisia songarica* Schrenk

**菊科　蒿属**
**别名：** 中亚沙蒿
**分布：** 新疆

【形态特征】小灌木。高30～80 cm。叶质稍厚；茎下部与中部叶长圆状卵形，长2～4 cm，宽2 cm，1～2回羽状全裂，每侧有裂片2～3枚，裂片或小裂片线形，有假托叶；上部叶及苞片叶小，狭线形。头状花序卵球形，直径1.5～2 mm，枝上排成疏松的穗状或总状花序，茎上组成圆锥花序；总苞片3～4层，外层总苞片小，卵圆形，草质，绿色，边缘膜质，中、内层总苞片卵圆形，半膜质或近膜质；雌花4～5朵，花冠狭管状；两性花6～10朵，不孕育，花冠管状，檐部红色或黄色。瘦果卵圆形，果壁上有细纵纹并有胶质物。花果期6～10月。

【生长习性】生于沙漠地区流动或半流动沙丘附近或干旱的砾质小丘上。

【精油含量】水蒸气蒸馏全草的得油率为0.56%。

【芳香成分】朱亮锋等（1993）用水蒸气蒸馏法提取的甘肃民勤产准噶尔沙蒿全草精油的主要成分为：(Z)-顺式-β-罗勒烯（21.37%）、α-甜没药醇氧化物B（18.16%）、橙花叔醇（11.83%）、柠檬烯（10.15%）、β-月桂烯（6.48%）、γ-松油烯（3.93%）、α-甜没药醇（3.45%）、桧烯（1.85%）、丁酸-3-己烯酯（1.71%）、α-蒎烯（1.36%）、松油醇-4（1.27%）、3,4-二甲基-2,4,6-辛三烯（1.25%）、(E)-β-罗勒烯（1.16%）、茵陈炔（1.03%）等。

【利用】是优势固沙植物。是重要冬牧草。

## ❀ 红缨合耳菊

*Synotis erythropappa* (Bur. et Franch.) C. Jeffrey et Y. L. Chen

**菊科　合耳菊属**

**别名：** 双花千里光

**分布：** 西藏、湖北、四川、云南

【形态特征】多年生具根状茎草本。茎高达100 cm。叶具长柄，卵形、卵状披针形或长圆状披针形，长10～20 cm，宽2.5～7 cm，顶端渐尖或尾状渐尖，基部心形、近截形、圆形或楔形，边缘具不等长锯齿或齿，纸质或薄纸质；上部及分枝上叶较小，狭披针形。头状花序具同形小花，无舌状花，极多数在茎枝端和上部叶腋排列成多数宽塔状复圆锥状聚伞花序。总苞狭圆柱形，长4～5 mm，宽1～1.5 mm，具外层苞片；苞片3～4，极小；总苞片2～4，线状长圆形。管状花2～4，两性；花冠淡黄色，长7.5～8 mm；裂片长圆状披针形，尖。瘦果圆柱形，长3～3.5 mm，被疏柔毛；冠毛污白色至淡红褐色，长3～3.5 mm。花期7～10月。

【生长习性】生于林缘或灌丛边、草坡，海拔1500～3900 m。

【精油含量】水蒸气蒸馏干燥花的得油率为0.40%。

【芳香成分】李艳辉等（2006）用水蒸气蒸馏法提取的

西藏拉萨产红缨合耳菊干燥花精油的主要成分为：异薄荷脑（15.65%）、3-甲氧基-14-去甲卡达烯（6.50%）、棕榈酸甲酯（6.31%）、松油醇（5.91%）、亚油酸（5.49%）、芫荽油醇（4.80%）、棕榈酸（4.48%）、亚麻酸（4.05%）、对-2-反式-薄荷烯-1-醇（3.81%）、杜松烯-1-醇（3.74%）、亚油酸甲酯（3.66%）、薄荷烯醇（2.15%）、水茴香醛（1.72%）、γ-松油烯（1.53%）、牻牛儿醇（1.35%）、二氢枯茗醇（1.12%）等。

【利用】藏药全草药用，具有祛风除湿、清热解毒等特效，用于治疗伤口发炎、肿胀、急性结膜炎、皮炎、跌打损伤等症。

## ❀ 红花

*Carthamus tinctorius* Linn.

**菊科　红花属**

**别名：** 草红花、刺红花、川红花、杜红花、红花草、红蓝花、红花菜、红花尾子、怀红兰、黄兰、菊红花、淮红花

**分布：** 黑龙江、吉林、辽宁、河北、山西、内蒙古、陕西、甘肃、青海、山东、浙江、贵州、四川、西藏、新疆等地

【形态特征】一年生草本。高20～150 cm。中下部茎叶披针形或长椭圆形，长7～15 cm，宽2.5～6 cm，边缘锯齿或全缘，齿顶有针刺，向上的叶渐小，披针形，边缘有锯齿，齿顶针刺较长。全部叶质地坚硬，革质，半抱茎。头状花序多数，在茎枝顶端排成伞房花序，为苞叶所围绕，苞片椭圆形或卵状披针形，顶端渐长，有篦齿状针刺。总苞卵形，直径2.5 cm。总苞片4层，外层竖琴状，绿色，顶端渐尖；中内层硬膜质，倒披针状椭圆形至长倒披针形。小花红色、橘红色，全部为两性，花冠长2.8 cm，细管部长2 cm。瘦果倒卵形，长5.5 mm，宽

5mm，乳白色，有4棱。花果期5～8月。

【生长习性】喜欢冷凉干爽、阳光充足的环境，适应性较强，抗寒、耐旱、耐盐碱、耐贫瘠。生长最适温度为20～25℃。对土壤要求不严，怕涝，以肥沃、排水良好的砂质壤土为好。为长日照植物。

【精油含量】水蒸气蒸馏干燥花的得油率为0.02%～2.20%；超临界萃取干燥花的得油率为1.32%；微波法提取阴干花的得油率为2.53%～4.20%；索氏法提取干燥花的得油率为1.95%～2.85%。

【芳香成分】不同研究者用水蒸气蒸馏法提取分析了不同产地红花花的精油成分。郭美丽等（1996）分析的新疆吉木萨尔产盛花期花精油的主要成分为：(E)-2-(9-十八烯基氧基)-二醇（31.45%）、9H-9-甲基-9-丁基-芴（21.81%）、荧蒽（12.73%）、5-乙基（9.61%）、二十五烷（7.60%）、亚油酸（2.37%）、三环[10,2,2,2$^{5,8}$]十八-5,7,12,14,15,17-环己烯（1.49%）、4-吗啉-β-萘醌（1.24%）、3-羟基-5-苯基-2-噻吩羧酸甲酯（1.23%）等；河南新乡产盛花期花精油的主要成分为：二十五烷（14.80%）、十六烷酸十六烷酯（14.49%）、三环[10,2,2,2$^{5,8}$]十八-5,7,12,14,15,17-环己烯（14.48%）、十氢化-4a-甲基-1-亚甲基-7-(1-甲基乙烯基)萘（13.92%）、荧蒽（10.53%）等；云南巍山产盛花期花精油的主要成分为：1-丁烷硼酸单酐-6-羟基-茴香酸（33.80%）、(E)-2-(9-十八烯基氧基)-二醇（11.81%）、十氢化-4A-甲基-1-亚甲基-7-(1-甲基乙烯基)萘（10.75%）、1,5-二甲基-苯(A)骈吖啶（10.13%）、二十五烷（9.38%）等。王媚等（2017）分析的四川产红花干燥花精油的主要成分为：棕榈酸（16.29%）、3-甲基茚（14.45%）、亚麻酸（12.30%）、6,10,14-三甲基-2-十五烷酮（11.75%）、1-(+)-抗坏血酸-2,6-二棕榈酸酯（9.43%）、氧化石竹烯（7.60%）、月桂酸（7.01%）、肉豆蔻酸（4.41%）、(3,3-二甲基-1-亚甲基丁基)苯（3.66%）、3-乙基-3-羧基-(5α)-3-乙基-3-羧基雄甾烷-17-酮（3.57%）、棕榈酸甲酯（3.23%）、肉豆蔻醛（2.80%）、四十四烷（2.49%）、1,5,9-三甲基-12-(1-甲基乙基)-4,8,13-环十四碳三烯-1,3-二醇（2.15%）、十八烷醛（2.01%）、17-三十五碳烯（1.72%）、4-甲基-1-苯基-2-戊酮（1.18%）、2-十五烷酮（1.08%）、反式-1,2-双(1-甲基乙基)-环丁烷（1.04%）等。

【利用】花入药，有活血通经、散瘀止痛等功效，主治经

闭，症瘕，难产，死胎，产后恶露不行、瘀血作痛，痈肿，跌扑损伤。花精油有活血通经、祛瘀止痛的功效，主治经闭痛经、产后瘀阻腹痛、胸痹心痛、跌打损伤、关节疼痛、中风偏瘫、斑疹等。孕妇禁用，否则会造成流产。花可提取红色素与黄色素，是食品、饮料及化妆品的优良调色剂。种子可榨油，适合作食用油，在工业上也被大量用来制作油漆、清漆。幼苗可供食用。花可也可作鲜切花。

## 🌸 华蟹甲

*Sinacalia tangutica* (Maxim.) B. Nord.

| 菊科 | 华蟹甲属 |
| --- | --- |
| 别名： | 唐古特蟹甲草、羽裂华蟹甲草、猪肚子、水葫芦七、登云鞋 |
| 分布： | 青海、甘肃、陕西、山西、河北、四川、湖北 |

【形态特征】根状茎块状。高50～100cm。下部茎叶常脱落，中部叶厚纸质，卵形或卵状心形，长10～16cm，宽10～15cm，顶端具小尖，羽状深裂，每边有侧裂片3～4，侧裂片狭至宽长圆形，顶端具小尖，边缘常具数个小尖齿，被短硬毛；上部茎叶渐小。头状花序小，多数常排成多分枝宽塔状复圆锥状，花序轴及花序梗被腺状短柔毛；具2～3个线形渐尖的小苞片。总苞圆柱状，总苞片5，线状长圆形。舌状花2～3个，黄色，管部长4.5mm，舌片长圆状披针形，顶端具2小齿；管状花4，稀7，花冠黄色，长8～9mm，管部长2～2.5mm，檐部漏斗状。瘦果圆柱形，长约3mm；冠毛糙毛状，白色。花期7～9月。

【生长习性】常见于山坡草地、悬崖、沟边、草甸或林缘和路边，海拔1250～3450m。

【精油含量】水蒸气蒸馏全草的得油率为0.32%。

【芳香成分】全草：杨扬等（2007）用水蒸气蒸馏法提取的湖北神农架产华蟹甲全草精油的主要成分为：α-姜烯（13.49%）、大牻牛儿烯D（10.76%）、α-蒎烯（8.54%）、顺式-丁香烯（6.36%）、芳樟醇（6.16%）、β-月桂烯（4.89%）、顺式-β-罗勒烯（4.40%）、顺式-罗勒烯酮（3.58%）、α-金合欢烯（2.47%）、丁香烯环氧化物（2.28%）、β-芹子烯（1.95%）、α-杜松醇（1.87%）、β-金合欢烯（1.43%）、斯巴醇（1.39%）、反式-罗勒烯酮（1.29%）、α-水芹烯（1.10%）等。

花：张继等（2005）用水蒸气蒸馏法提取的甘肃文县产华蟹甲花精油的主要成分为：大根香叶烯（19.29%）、子丁香烯（16.51%），1H-苯并环庚烯（13.70%）、(E)-1,2-(二氧亚甲基)-4-丙烯基-苯（9.49%）、4-蒈烯（7.61%）、(+)-(Z)-长叶松烷（7.25%）、α-水芹烯（5.01%）、[1S-(1α,2β,4β)基-1-乙烯基]-2,4-二(1-甲基-乙烯基)-环己烷（4.05%）、3,7-二甲基-1,3,7-辛三烯（4.00%）、1,2,3,6-四甲基二环[2.2.2]辛烷（2.22%）、(1S-顺式)-1,2,3,5,6,8a-六氢-4,7-二甲基-(1-甲基乙基)-萘（1.76%）、(E)-7,11-二甲基-3-亚甲基-1,6,10-十二-三烯（1.68%）、(1α,4aβ,8aα)-1,2,3,4,4a,5,6,8a-八氢-7-甲基-4-亚甲基-1-(1-甲基乙基)-萘（1.48%）等。

【利用】全草为传统中药，具有祛风镇痛、清肺止咳的功效，主治风湿疼痛、头痛眩晕、胸腔胀满、咳嗽痰多、偏瘫等疑难杂症。

## ✿ 弯茎还阳参
*Crepis flexuosa* (Ledeb.) C. B. Clarke

菊科　还阳参属
分布：内蒙古、山西、宁夏、甘肃、青海、西藏等地

【形态特征】多年生草本，高3～30 cm。基生叶及下部茎叶披针形或线形，长1～8 cm，宽0.2～2 cm，基部渐狭或急狭，羽状深裂、半裂或浅裂，侧裂片1～5对，椭圆状，顶端急尖、钝或圆形，一回为全裂，二回为半裂，更少叶不分裂或几全缘；中部与上部茎叶与基生叶及下部茎叶同形或线状披针形或狭线形。头状花序多数或少数在茎枝顶端排成伞房状花序或团伞状花序。总苞狭圆柱状；总苞片4层，外层卵形或卵状披针形，顶端钝或急尖，内层线状长椭圆形，全部总苞片果期黑或淡黑绿色。舌状小花黄色。瘦果纺锤状，向顶端收窄，淡黄色，长约5 mm。冠毛白色。花果期6～10月。

【生长习性】生于山坡、河滩草地、河滩卵石地、冰川河滩地、水边沼泽地，海拔1000～5050 m。

【芳香成分】陈革林等（2004）用水蒸气蒸馏法提取的弯茎还阳参风干全草精油的主要成分为：1,2,3,4,4a,5,6,8a-八氢-α,α,4a,8-四甲基-2-甲醇萘（31.50%）、1,2,3,4,4a,5,6,7-八

氢-α,α,4a,8-四甲基-2-甲醇萘（17.23%）、二苯胺（12.72%）、甲基亚甲基异丙基六氢萘（6.08%）、四甲基三环甲醇癸烯（2.64%）、甲基乙烯基环丙基苯（2.19%）、二甲基八氢甲基乙烯基奥（2.16%）、愈创醇（1.72%）、四甲基八氢甲醇奠（1.70%）、四甲基二氢异吲哚（1.31%）、十八碳二烯醛（1.31%）、α-(氨基亚甲基)戊烯二酸酐（1.27%）、十八碳二烯酸（1.21%）、α-红没药醇（1.04%）等。

【利用】全草药用，具有清热止血的作用，可用于治疗肝炎、胃出血等症。

## 🌸 黄鹤菜
*Youngia japonica* (Linn.) DC.

**菊科　黄鹤菜属**

**分布：**北京、陕西、甘肃、山东、江苏、安徽、浙江、江西、福建、河南、湖北、湖南、广东、广西、四川、云南、西藏

【形态特征】一年生草本，高10～100 cm。基生叶全形倒披针形、椭圆形、长椭圆形或宽线形，长2.5～13 cm，宽1～4.5 cm，大头羽状深裂或全裂，裂片3～7对，椭圆形，向下渐小，最下方的侧裂片耳状，裂片边缘有锯齿或小尖头，极少全缘。头花序含10～20枚舌状小花，少数或多数在茎枝顶端排成伞房花序。总苞圆柱状；总苞片4层，外层宽卵形或宽形，内层披针形，顶端急尖，边缘白色宽膜质，内面有贴伏的短糙毛；舌状小花黄色，花冠管外面有短柔毛。瘦果纺锤形，压扁，褐色或红褐色，长1.5～2 mm，向顶端有收缢。冠毛长2.5～3.5 mm，糙毛状。花果期4～10月。

【生长习性】生于山坡、山谷及山沟林缘、林下、林间草地及潮湿地、河边沼泽地、田间与荒地上。具有很强的适应性，对温度、湿度要求不高。

【精油含量】水蒸气蒸馏干燥全草的得油率为0.10%。

【芳香成分】刘向前等（2010）用水蒸气蒸馏法提取的湖南邵阳产黄鹤菜干燥全草精油的主要成分为：异植醇（29.85%）、二十一烷（9.97%）、二丁基邻苯二甲酸酯（8.81%）、二苯并[a, e]-7,8-二氮杂二环[2.2.2]辛-2,5-二烯（8.15%）、六氢乙酸金合欢酯（7.24%）、二十八烷（3.83%）、甲基亚油酸酯（2.82%）、十七烷基环己胺（2.72%）、8β-氢-雪松基-8-醇（2.66%）、芴（1.86%）、蒽（1.40%）、异丁基邻苯二甲酸盐（1.32%）、

十四烷基乙醛（1.08%）、四十烷（1.07%）、1-十四烷基乙醛（1.00%）等。

【利用】嫩苗或嫩叶可作蔬菜食用；将花蕾连梗采下，切段腌制成泡菜，也可油炸后食用。全草药用，有清热解毒、消肿止痛的功效，治感冒、疮疖、乳腺炎、扁桃体炎、尿路感染、白带、结膜炎、风湿性关节炎。

## 🌸 火绒草
*Leontopodium leontopodioides* (Willd.) Beauv.

**菊科　火绒草属**

**别名：**火绒蒿、大头毛香、海哥斯棱利、老头草、老头艾

**分布：**新疆、青海、甘肃、陕西、山西、内蒙古、河北、辽宁、黑龙江、山东

【形态特征】多年生草本。花茎直立，高5～45 cm，被灰白色长柔毛或白色近绢状毛。叶线形或线状披针形，长2～4.5 cm，宽0.2～0.5 cm，顶端有长尖头，基部稍宽，叶面灰绿色，被柔毛，叶背被密棉毛或有时被绢毛。苞叶少数，常较宽，长圆形或线形，顶端稍尖，基部渐狭两面或下面被白色或灰白色厚茸毛。头状花序大，在雌株径约7～10 mm，3～7个密集，排列成伞房状。总苞半球形，长4～6 mm，被白色棉毛；总苞片约4层，无色或褐色，常狭尖。小花雌雄异株，稀同株；雄花花冠长3.5 mm，狭漏斗状，有小裂片；雌花花冠丝状，长约4.5～5 mm。冠毛白色。瘦果有乳头状突起或密粗毛。花果期

7～10月。

【生长习性】生于干旱草原、黄土坡地、石砾地、山区草地，稀生于湿润地，极常见，海拔100～3200 m。

【精油含量】水蒸气蒸馏干燥全草的得油率为0.24%。

【芳香成分】陈行烈等（1989）用水蒸气蒸馏法提取的甘肃马啣山产火绒草阴干全草精油的主要成分为：二十七烷（13.26%）、喇叭茶醇（7.58%）、橙花叔醇（5.06%）、法呢醇（3.44%）、己烷（3.31%）、β-桉醇（3.26%）、螺[4,5]癸烷-1-酮（2.60%）、1,5-二甲十氢萘（1.85%）、二十三烷（1.59%）、丁基化羟基甲苯（1.22%）、苯甲醛（1.01%）等。

【利用】全草药用，有清热凉血、利尿的功效，用于治急性肾炎；治疗蛋白尿及血尿有效。

## 香芸火绒草
*Leontopodium haplophylloides* Hand.-Mazz.

菊科　火绒草属
分布：青海、四川、甘肃

【形态特征】多年生草本。高15～30 cm。叶狭披针形或线状披针形，长1～4 cm，宽0.1～0.35 cm，基部渐狭，顶端有细小尖头，草质，黑绿色，两面被灰色或青色短茸毛，叶背杂有腺毛。苞叶常多数，披针形，上面被白色厚茸毛，开展成径约2～5 cm的苞叶群。头状花序径约5 mm，常5～7个密集。总苞长约5 mm，被白色柔毛状茸毛；总苞片3～4层，宽、尖、浅或黑褐色。小花异形，雄花或雌花较少，或雌雄异株。花冠长约3.5 mm；雄花花冠管状，上部漏斗状，有尖卵圆形裂片；雌花花冠丝状管状。冠毛白色；雄花冠毛上半部稍粗厚，有细齿；雌花冠毛有细锯齿。子房和瘦果有短粗毛。花期8～9月。

【生长习性】生于高山草地、石砾地、灌丛或针叶林外缘。海拔2600～4000 m。

【精油含量】水蒸气蒸馏全草的得油率为0.02%～0.10%；超临界萃取全草的得油率为0.87%；溶剂萃取全草的得油率为1.18%。

【芳香成分】安承熙等（1995）用水蒸气蒸馏法提取的青海湟中产香芸火绒草全草精油的主要成分为：顺式-法呢醇（16.40%）、a-法呢烯（6.25%）、a-姜黄烯（2.84%）、二十三烷（2.71%）、a-愈创木醇（2.55%）、雪松醇（2.47%）、薄荷脑

（2.25%）、橙花叔醇（2.23%）、苯乙酸苯乙基酯（2.22%）、烯丙基紫罗兰酮（2.16%）、橙花醇丙酸酯（2.08%）、b-佛手柑烯（1.87%）、榄香醇（1.84%）、b-法呢烯（1.83%）、香茅醇甲酸酯（1.36%）、异戊醇（1.29%）、b-红没药烯（1.24%）、棕榈酸（1.23%）、b-绿叶烯（1.20%）、二十二烷（1.08%）、6-甲基-5-庚烯-2-酮（1.02%）等。

【利用】为甘肃藏族常用草药，具有清热、凉血、消炎、利尿的功效。全草可提取精油，用于配制化妆品香精。

## 刺儿菜
*Cirsium setosum* (Willd.) MB.

菊科　蓟属
别名：大蓟、小蓟、大小蓟、野红花、大刺儿菜
分布：除西藏、云南、广东、广西外，几遍全国各地

【形态特征】多年生草本。茎直立，高30～120 cm。基生叶和中部茎叶椭圆形或椭圆状倒披针形，顶端钝或圆形，基部楔形，长7～15 cm，宽1.5～10 cm；上部茎叶渐小，椭圆形或线状披针形，或不分裂，叶缘有细密的针刺，或刺齿，或羽状浅裂、半裂或边缘粗大圆锯齿，裂片或锯齿斜三角形，顶端钝，有较长的针刺。头状花序单生或在茎枝顶端排成伞房花序。总苞卵形或卵圆形，直径1.5～2 cm。总苞片约6层，覆瓦状排列，向内层渐长。小花紫红色或白色，雌花花冠长2.4 cm，两性花花冠长1.8 cm。瘦果淡黄色，椭圆形，压扁，长3 mm，宽1.5 mm。冠毛污白色，多层；冠毛刚毛长羽毛状。花果期5～9月。

【生长习性】生于山坡、河旁或荒地、田间，海拔170～2650 m。为中生植物，适应性很强，任何气候条件下均能生长。

【精油含量】超临界萃取的干燥茎的得油率为0.56%～0.91%，干燥叶的得油率为0.81%～1.35%，干燥花的得油率为1.06%～1.92%。

【芳香成分】茎：卫强等（2016）用超临界$CO_2$萃取法提取的安徽合肥产刺儿菜环己烷萃取的干燥茎精油的主要成分为：n-十六烷酸（14.48%）、十四烷酸（10.12%）、二十八烷（7.44%）、二十九烷（5.80%）、Z,Z-9,12-十八碳二烯酸（4.60%）、丁香油酚（3.64%）、1,2-苯二羧酸二异辛酯（1.78%）、十八烷酸（1.34%）、十五烷酸（1.20%）、3,5-脱氢-6-甲氧基-胆

甾-22-烯-21-醇，新戊酸酯（1.08%）、1-三十七烷醇（1.04%）、2-甲氧基-4-乙烯基苯酚（1.02%）等；乙醚萃取的干燥茎精油的主要成分为：甲氧基苯基肟（27.05%）、3-癸-2-醇（12.84%）、二-仲-丁基醚（11.05%）、2-乙氧基戊烷（6.25%）、1,3-二氯-2-丙醇（4.88%）、2,4-二甲基-3-戊醇（3.50%）、2-辛基-环丙烷十四烷酸甲酯（3.00%）、1,1-二乙氧基-乙烷（2.75%）、2,2-二甲基-1-戊醇（2.00%）、1,2-苯二羧酸，丁基-8-甲基壬基酯（1.50%）等。

叶：卫强等（2016）用超临界$CO_2$萃取法提取的安徽合肥产刺儿菜环己烷萃取的干燥叶精油的主要成分为：二十八烷（13.13%）、二十五烷（10.00%）、甲苯（7.93%）、二十一烷（7.45%）、甲基环己烷（7.33%）、丁香油酚（4.25%）、1,2-苯二羧酸二异辛酯（3.15%）、苯乙醛（3.08%）、植醇（2.98%）、对二甲苯（2.95%）、二十四烷（2.88%）、5-戊烷基-1,3-苯二酚（2.20%）、4-(2,6,6-三甲基-1,3-环己二烯-1-基)-2-丁酮（1.80%）、二十七烷（1.53%）、4-十三烷基环己烷羧酸酯（1.53%）、乙苯（1.48%）、1-三十五烷醇（1.35%）、4-(2,6,6-三甲基-7-氧杂双环[4.1.0]庚-1-基)-3-丁烯-2酮（1.18%）、十八醛（1.08%）、4-(2,6,6-三甲基-1-环己烯-1-基)-3-丁烯-2酮（1.08%）、三十五烯（1.05%）等；乙醚萃取的干燥叶精油的主要成分为：1,1-二乙氧基-乙烷（18.90%）、2,3-丁二醇（13.00%）、2,4-双(1,1-二甲基乙基)-苯酚（5.63%）、二十五烷（3.83%）、二十一烷（3.45%）、2-甲基-戊酸甲酯（2.90%）、二十八烷（2.50%）、三十一烷（2.20%）、2,4,5-三甲基-1,3-二氧戊环烷（2.05%）、α,α-二甲基苯乙醇（2.03%）、2,6,11,15-四甲基-十六烷（1.85%）、1,2-苯二羧酸，丁基-8-甲基壬基酯（1.68%）、二-仲-丁基醚（1.65%）、11,14-二十烷甲基酯（1.45%）、甲基2-邻-苄基-d-阿拉伯呋喃糖苷（1.38%）、邻苯二甲酸，丁基十四烷基酯（1.35%）、乙苯（1.33%）、植醇（1.30%）、十六烷（1.05%）等。

花：卫强等（2016）用超临界$CO_2$萃取法提取的安徽合肥产刺儿菜环己烷萃取的干燥花精油的主要成分为：二十八烷（12.96%）、甲苯（7.71%）、6,10,14-三甲基-2-十五酮（6.12%）、二十一烷（5.85%）、6-乙烯基四氢-2,2,6-三甲基-2H-吡喃-3-醇（4.26%）、邻苯二甲酸二丁酯（2.82%）、二十四烷（2.76%）、4,8,12,15,15-五甲基-二环[9.3.1]十五烷-3,7-二烯-12-醇（2.64%）、1,3-二甲基-苯（2.43%）、甲基环己烷

（2.34%）、1,2-苯二羧酸二异辛酯（2.19%）、1,2-苯二羧酸，丁基癸基酯（1.74%）、反-α,α,5-三甲基-5-乙烯基四氢-2-呋喃甲醇（1.56%）、丁香油酚（1.50%）、1-三十七烷醇（1.47%）、乙苯（1.20%）等；乙醚萃取的干燥花精油的主要成分为：2-乙氧基-氯丁烷（16.68%）、二十八烷（5.94%）、2,4-双(1,1-二甲基乙基)-苯酚（5.46%）、二十五烷（4.44%）、1-(1-甲基乙氧基)-丁烷（4.29%）、2-乙氧基-丙烷（3.69%）、2,4,5-三甲基-1,3-二氧戊环烷（3.15%）、6-乙烯基四氢-2,2,6-三甲基-2H-吡喃-3-醇（2.88%）、二-仲-丁基醚（2.28%）、二十一烷（2.16%）、2-(苯基甲基)-1,3-二氧戊环烷（2.13%）、三十一烷（2.10%）、6,10,14-三甲基-2-十五酮（1.95%）、乙苯（1.92%）、1,2-苯二羧酸，丁基-8-甲基壬基酯（1.68%）、3-羟基-2-丁酮（1.53%）、2,2-二甲基-1-戊醇（1.29%）、二十烷（1.23%）、3-羟基-戊酸乙酯（1.11%）、3-甲基-2,4-戊二醇（1.11%）、4-仲-丁氧基-丁酮（1.11%）、甲苯（1.08%）、2-(十八烷氧基)-乙醇（1.02%）等。

【利用】全草药用，有凉血止血、散淤解毒、消痈的功效，用于治衄血、吐血、尿血、便血、崩漏下血、外伤出血、痈肿疮毒。可作牲畜饲料或做青贮料。为秋季蜜源植物。嫩苗可作野菜食用。

## ❀ 覆瓦蓟
*Cirsium leducei* (Franch.) Levl.

菊科　蓟属
**分布：** 广东、广西、云南、贵州

【形态特征】菊科蓟属植物。多年生草本，高0.3～1.5 m。中部茎叶披针形或长椭圆形，长4～10 cm，宽1～3 cm，羽状浅裂、半裂、深裂；侧裂片常3～5对，偏斜宽或长三角形或半扇形，边缘2刺齿或齿裂，有长针刺；或叶边缘有3～5对三角形刺齿，齿缘有2枚不等大长针刺；中部向上的叶渐小，披针形或线状披针形，边缘有刺齿或针刺，齿顶有针刺。针刺长3.5 mm。叶面被针刺，叶背灰白色，被密厚绒毛。头状花序多数或少数排成伞房花序。总苞钟状，直径2～2.5 cm。总苞片6层，覆瓦状排列，向内层渐长。全部苞片外面沿中脉有黑色粘腺。小花紫红色，长1.9 cm，不等5深裂。瘦果偏斜倒披针状，压扁，长3 mm，宽约2 mm，浅褐色，有色纹。冠毛浅褐色，多层，基部连合成环；冠毛刚毛长羽毛状。花果期8～12月。

【生长习性】生于山坡林下或林缘、草地，海拔500～1500 m。

【精油含量】水蒸气蒸馏干燥根精油的得油率为0.20%。

【芳香成分】杨周洁等（2014）用水蒸气蒸馏法提取的贵州遵义产覆瓦蓟干燥根精油的主要成分为：亚油酸（10.47%）、亚油酸乙酯（7.95%）、α-甜没药萜醇（7.03%）、棕榈酸（3.43%）、棕榈酸乙酯（1.89%）、十七烷三烯（1.28%）等。

【利用】根药用，具有清热、解毒、止痛、抗菌、消炎等功效，民间常用于烧烫伤的治疗。

## 蓟

*Cirsium* japonicum DC.

菊科　蓟属

**别名：** 大刺儿菜、大刺盖、刺蓟菜、大蓟、山萝卜、地萝卜

**分布：** 河北、山东、陕西、江苏、浙江、江西、湖北、湖南、四川、贵州、云南、广西、广东、福建、台湾

【形态特征】多年生草本，块根纺锤状。高30～150 cm。基生叶卵形或长椭圆形，长8～20 cm，宽2.5～8 cm，羽状深裂，边缘有针刺及刺齿；侧裂片6～12对，边缘有小锯齿，齿顶针刺长2～6 mm。向上叶渐小。头状花序少数生茎端。总苞钟状，直径3 cm。总苞片约6层，覆瓦状排列，向内层渐长，外层与中层卵状三角形至长三角形，有针刺；内层披针形或线状披针形，顶端渐尖呈软针刺状。全部苞片外面有微糙毛并沿中肋有粘腺。小花红色或紫色，长2.1 cm，檐部长1.2 cm，不等5浅裂。瘦果压扁，偏斜楔状倒披针状，长4 mm，宽2.5 mm。冠毛浅褐色，多层，基部联合成环；冠毛刚毛长羽毛状。花果期4～11月。

【生长习性】生于山坡林中、林缘、灌丛中、草地、荒地、田间、路旁或溪旁，海拔400～2100 m。喜冷凉湿润的气候，要求土质肥沃，土层深厚，微酸性的土壤。

【芳香成分】符玲等（2010）用水蒸气蒸馏法提取的河南龙浴湾产蓟干燥地上部分精油的主要成分为：α-香柠檬烯（11.44%）、α-榄香烯（7.30%）、桉叶油-4(14)，11-二烯（4.78%）、2-甲基-4-(2,6,6-三甲基-1环己烯基)丁-2-烯-1-醇（4.46%）、2-甲基-4-(2,6,6-三甲基-1-环己烯-1-基)-2-丁烯醛（4.46%）、1,8-二甲基-8,9-环氧-4-异丙基螺[4.5]癸烷-7-酮（4.38%）、石竹烯氧化物（3.92%）、1-(1,4-二羟基-2-萘基)乙酮（3.14%）、2,5-十八碳二炔酸甲酯（2.71%）、3,7,11,15-四甲基-2-十六烯-1-醇（2.71%）、雪松烯（2.07%）、匙叶桉油烯醇（2.07%）、己醛（1.91%）、α-法呢烯（1.75%）、杜松烯（1.72%）、去氢白菖烯（1.51%）、吉玛烯D（1.27%）、7R,8R-8-

羟基-4-异亚丙基-7-甲基二环[5.3.1]十一-1-烯（1.04%）等。

【利用】根入药，有凉血止血、祛瘀消肿、解毒等功效，治吐血、衄血、尿血、血淋、血崩、带下、肠风、肠痈、痈疡肿毒、疔疮；外用可治外伤出血、痈疖肿痛。彝药根用于治衄血、吐血、便血、血淋、血崩、带浊、肠痈、疮毒。嫩苗、根均可作蔬菜食用，或腌渍后食用。

# 微甘菊

*Mikania micrantha* Kunth

菊科　假泽兰属

别名：小花假泽兰、小花蔓泽兰

分布：香港、台湾、海南、广东、广西

【形态特征】多年生草质或木质藤本，茎匍匐或攀缘，多分枝。茎中部叶三角状卵形至卵形，长4.0～13.0 cm，宽2.0～9.0 cm，基部心形，偶近戟形，先端渐尖，边缘具数个粗齿或浅波状圆锯齿；上部叶渐小。头状花序多数，在枝端常排成复伞房花序状，头状花序长4.5～6.0 mm，含小花4朵，全为结实的两性花，总苞片4枚，狭长椭圆形，顶端渐尖，部分急尖，绿色，长2～4.5 mm，总苞基部有一线状椭圆形的小苞叶，花有香气；花冠白色，脊状，长3～4 mm，檐部钟状，5齿裂，瘦果长1.5～2.0 mm，黑色，被毛，具5棱，被腺体，冠毛有32～40条刺毛组成，白色，长2～4 mm。

【生长习性】主要分布在年平均气温>1℃，平均风速>2 m/s，有霜日数<5天，日最低气温≤5℃的日数在10天以内，寒潮较轻、寒露风较轻的地区。

【精油含量】水蒸气蒸馏茎叶的得油率为0.04%～0.40%，干燥全株的得油率为0.67%；超临界萃取全草的得油率为2.85%。

【芳香成分】茎：孙盟等（2013）用同时蒸馏萃取法提取的云南德宏产微甘菊新鲜茎精油的主要成分为：β-蒎烯（21.77%）、β-水芹烯（11.64%）、β-石竹烯（5.89%）、库贝醇（5.84%）、β-橙椒烯烯（5.38%）、α-石竹烯（3.99%）、异松油烯（3.50%）、α-蒎烯（3.46%）、α-姜烯（3.37%）、表姜烯酮（3.13%）、大香叶烯D（2.94%）、马兜铃酮（2.78%）、δ-杜松烯（2.38%）、β-红没药烯（2.08%）、α-红没药醇（1.81%）、荜澄茄油烯醇（1.66%）、α-胡椒烯-8-醇（1.55%）、γ-姜黄烯（1.43%）、反-罗勒烯（1.33%）、β-金合欢烯异构体（1.31%）、表-荜澄茄油烯醇（1.16%）等。

叶：孙盟等（2013）用同时蒸馏萃取法提取的云南德宏产微甘菊新鲜叶精油的主要成分为：β-橙椒烯（17.44%）、反-罗勒烯（8.93%）、β-石竹烯（8.39%）、β-水芹烯（6.29%）、大香叶烯D（5.99%）、库贝醇（5.90%）、β-蒎烯（4.90%）、α-蒎烯（3.69%）、马兜铃酮（3.36%）、α-石竹烯（2.63%）、α-姜烯+表-荜澄茄油烯醇（2.61%）、δ-杜松烯（2.45%）、3-己烯-1-醇（2.37%）、表姜烯酮（2.17%）、α-胡椒烯-8-醇（2.14%）、荜澄茄油烯醇（1.99%）、β-红没药烯（1.76%）、α-红没药醇（1.45%）、双环大香叶烯（1.42%）、石竹烯氧化物（1.35%）、香桧烯（1.32%）、8,9-脱氢环异长叶烯（1.18%）、β-金合欢烯异构体（1.05%）等；新鲜叶柄精油的主要成分为：β-橙椒烯（19.77%）、β-石竹烯（13.68%）、大香叶烯D（8.72%）、库

贝醇（6.27%）、δ-杜松烯（5.64%）、α-石竹烯（4.18%）、表姜烯酮（3.54%）、β-红没药烯（3.05%）、α-姜烯+表-荜澄茄油烯醇（2.72%）、马兜铃酮（2.67%）、α-胡椒烯-8-醇（2.06%）、双环大香叶烯（2.02%）、荜澄茄油烯醇（1.97%）、α-红没药醇（1.94%）、β-水芹烯（1.91%）、α-橙椒烯（1.53%）、α-胡椒烯（1.49%）、β-金合欢烯异构体（1.49%）、β-蒎烯（1.15%）、大香叶烯D-4-醇（1.02%）、α-杜松醇（1.01%）等。

花：孙盟等（2013）用同时蒸馏萃取法提取的云南德宏产微甘菊新鲜花序精油的主要成分为：异松油烯（17.80%）、β-橙椒烯（9.89%）、β-石竹烯（6.64%）、反-罗勒烯（4.61%）、α-姜烯+表-荜澄茄油烯醇（4.12%）、γ-松油烯（4.01%）、库贝醇（4.01%）、柠檬烯（3.83%）、α-石竹烯（3.74%）、β-蒎烯（3.64%）、大香叶烯D（3.20%）、α-蒎烯（2.75%）、γ-姜黄烯（2.00%）、δ-杜松烯（1.92%）、马兜铃酮（1.91%）、α-水芹烯（1.83%）、表姜烯酮（1.83%）、α-侧柏烯（1.61%）、β-红没药烯（1.43%）、α-红没药醇（1.42%）、对聚伞花序素（1.37%）、荜澄茄油烯醇（1.35%）、香桧烯（1.21%）、α-胡椒烯-8-醇（1.15%）、双环大香叶烯（1.04%）等。邵华等（2001）用同法分析的广东深圳产微甘菊花精油的主要成分为：倍半萜（13.42%）、β-荜澄茄烯（12.95%）、别香树烯（11.67%）、β-石竹烯（9.17%）、5-(1,1-二甲基)-2,3-茚酮（6.23%）、β-雪松烯（4.56%）、反式-α-香柠檬烯（4.09%）、柠檬烯（3.68%）、β-罗勒烯（2.53%）、δ-杜松醇（2.00%）、芳姜黄烯（1.91%）、β-红没药烯（1.75%）、α-蒎烯（1.70%）、α-玷珮烯（1.50%）、α-蛇麻烯（1.44%）、γ-杜松烯（1.23%）、β-月桂烯（1.09%）、反式-β-金合欢烯（1.05%）、β-蒎烯（1.04%）、δ-榄香烯（1.00%）等。

【利用】为入侵农田杂草，具有超强繁殖能力。

# 黑心金光菊

*Rudbeckia hirta* Linn.

菊科　金光菊属

别名：黑心菊、黑眼菊

分布：全国各地有栽培

【形态特征】一年或二年生草本，高30～100 cm。茎不分枝或上部分枝，全株被粗刺毛。下部叶长卵圆形，长圆形或匙形，顶端尖或渐尖，基部楔状下延，边缘有细锯齿，有具翅的柄；上部叶长圆披针形，顶端渐尖，边缘有细至粗疏锯齿或全

缘，长3～5cm，宽1～1.5cm，两面被白色密刺毛。头状花序径5～7cm。总苞片外层长圆形，长12～17mm；内层较短，披针状线形，顶端钝，全部被白色刺毛。花托圆锥形；托片线形，对折呈龙骨瓣状，长约5mm，边缘有纤毛。舌状花鲜黄色；舌片长圆形，通常10～14个，长20～40mm，顶端有2～3个不整齐短齿。管状花暗褐色或暗紫色。瘦果四棱形，黑褐色，长几2mm，无冠毛。

裂，裂片线形或披针形，中裂片较大，两面及边缘有细毛。头状花序单生于枝端，径4～5cm，具长花序梗。总苞片外层较短，披针形，长6～8mm，顶端尖，有缘毛；内层卵形或卵状披针形，长10～13mm；托片线状钻形。舌状花6～10个，舌片宽大，黄色，长1.5～2.5cm；管状花长5mm，两性。瘦果广椭圆形或近圆形，长2.5～3mm，边缘具膜质宽翅，顶端具2短鳞片。花期5～9月。

【生长习性】对土壤要求不严，喜肥沃、湿润排水良好的砂质壤土，在板页岩、花岗岩、砂岩、石灰岩风化形成pH5～8的土壤上都能生长。耐旱、耐寒、耐热，最适宜温度-6～35℃，可耐极端高温40℃左右、极端低温-20℃，适应性强、繁殖容易。

【生长习性】适应性很强，较耐寒，很耐旱，不择土壤，极易栽培，应选择排水良好的砂壤土及向阳处栽植，喜向阳通风的环境。

【芳香成分】高群英等（2011）用动态顶空气体循环采集法与热脱附法提取的浙江临安产黑心金光菊花香气的主要成分为：水芹烯（31.36%）、顺-氧化芳樟醇（11.88%）、桧烯（9.54%）、壬醛（6.52%）、辛醛（5.08%）、月桂烯（3.50%）、癸醛（3.50%）、3-蒈烯（3.29%）、萜品油烯（2.43%）、2-蒈烯（2.04%）、莰烯（1.68%）、丁酸庚酯（1.47%）、罗勒烯（1.46%）、β-蒎烯（1.25%）等。

【利用】庭园常见栽培，供观赏。

## 🌼 大花金鸡菊

*Coreopsis grandiflora* Hogg.

**菊科　金鸡菊属**

**别名：**大花波斯菊、剑叶波斯菊、狭叶金鸡菊、剑叶金鸡菊
**分布：**全国各地

【形态特征】多年生草本，高20～100cm。茎直立，下部常有稀疏的糙毛，上部有分枝。叶对生；基部叶有长柄、披针形或匙形；下部叶羽状全裂，裂片长圆形；中部及上部叶3～5深

【芳香成分】高群英等（2011）用动态顶空气体循环采集法与热脱附法提取的浙江临安产大花金鸡菊花香气的主要成分为：α-蒎烯（23.43%）、柠檬烯（22.75%）、水芹烯（4.37%）、桧烯（3.78%）、月桂烯（3.56%）、壬醛（3.43%）、莰烯（3.06%）、丁酸异丁酯（2.33%）、罗勒烯（2.20%）、4,6-葵二炔（2.18%）、顺-氧化芳樟醇（2.12%）、癸醛（2.01%）、壬烷（1.91%）、大牻牛儿烯D（1.90%）、β-蒎烯（1.88%）、雪松烯（1.84%）、波旁烯（1.43%）、甜没药烯（1.26%）、乙酸冰片酯（1.12%）、1-壬烯（1.00%）等。

【利用】观赏植物，常用于花境、坡地、庭院、街心花园的美化设计中，也可用作切花或地被，还可用于高速公路绿化，有固土护坡作用。花可提取天然食用色素，是食品工业的良好添加剂。全草入药，具有清热解毒功效。是良好的牧草和绿肥草种，可做蜜源。

# 🌸 剑叶金鸡菊
*Coreopsis lanceolata* Linn.

菊科　金鸡菊属
别名：大金鸡菊、线叶金鸡菊、狭叶金鸡菊、剑叶波斯菊
分布：全国各地

【形态特征】多年生草本，高30～70 cm，有纺锤状根。茎直立，无毛或基部被软毛，上部有分枝。叶较少数，在茎基部成对簇生，有长柄，叶片匙形或线状倒披针形，基部楔形，顶端钝或圆形，长3.5～7 cm，宽1.3～1.7 cm；茎上部叶少数，全缘或三深裂，裂片长圆形或线状披针形，顶裂片较大，长6～8 cm，宽1.5～2 cm，基部窄，顶端钝，叶柄通常长6～7 cm，基部膨大，有缘毛；上部叶线形或线状披针形。头状花序在茎端单生，径4～5 cm。总苞片内外层近等长；披针形，长6～10 mm，顶端尖。舌状花黄色，舌片倒卵形或楔形；管状花狭钟形，瘦果圆形或椭圆形，长2.5～3 mm，边缘有宽翅，顶端有2短鳞片。花期5～9月。

【生长习性】适应性极强，耐旱、耐涝、耐寒、耐热、耐瘠薄，对二氧化硫有较强的抗性。对土壤要求不严，喜阳光充足的环境及排水良好的砂质壤土，但耐半阴。

【精油含量】水蒸气蒸馏干燥根的得油率为0.25%，干燥茎叶的得油率为0.10%，干燥花的得油率为0.15%，新鲜花的得油率为0.17%。

【芳香成分】纪付江等（2009）用水蒸气蒸馏法提取的山东威海产剑叶金鸡菊新鲜花精油的主要成分为：9-重氮基-9-氢基芴（21.32%）、4-甲基二苯并噻吩（6.61%）、2,2,3,3-四甲基环丙羧酸化十一酯（1.68%）、α-荜澄茄醇（1.37%）、4-甲基-1-(1,5-二甲基-4-己烯基)苯（1.26%）、环己基甲基十二烷基亚硫酸酯（1.16%）、2,2,4,10,12,12-六甲基-7-(3,5,5-三甲基己基)-6-十三烯（1.09%）、石竹素（1.07%）、7,11-二烯十六醛（1.04%）、三(十六烷基)硼酸（1.04%）等。

【利用】为很好的观花常绿植物，各地庭园常有栽培，也可作切花，还可用作地被。全草入药，具有清热解毒和降压等功效。花可提制着色性能良好的水溶性黄色素，用与饮料等食品的着色。

# 🌸 两色金鸡菊
*Coreopsis tinctoria* Nutt.

菊科　金鸡菊属
别名：蛇目菊、天山雪菊、昆仑雪菊、高寒雪菊、高寒香菊
分布：我国各地常见栽培

【形态特征】一年生草本，无毛，高30～100 cm。茎直立，上部有分枝。叶对生，下部及中部叶有长柄，二次羽状全裂，裂片线形或线状披针形，全缘；上部叶无柄或下延成翅状柄，线形。头状花序多数，有细长花序梗，径2～4 cm，排列成伞房或疏圆锥花序状。总苞半球形，总苞片外层较短，长约3 mm，内层卵状长圆形，长5～6 mm，顶端尖。舌状花黄色，舌片倒

卵形，长8～15mm，管状花红褐色、狭钟形。瘦果长圆形或纺锤形，长2.5～3mm，两面光滑或有瘤状突起，顶端有2细芒。花期5～9月，果期8～10月。

【生长习性】耐寒，耐旱，对土壤要求不严。喜光，但耐半阴，适应性强，对二氧化硫有较强的抗性。

【精油含量】水蒸气蒸馏干燥头状花序的得油率为0.30%；超临界萃取干燥头状花序的得油率为11.59%。

【芳香成分】张艳梅等（2016）用水蒸气蒸馏法提取的新疆和田产野生两色金鸡菊干燥头状花序精油的主要成分为：柠檬烯（52.56%）、α-蒎烯（11.70%）、姜烯（7.63%）、9-芴甲醇（4.28%）、长叶烯（3.67%）、α-水芹烯（1.92%）、β-月桂烯（1.86%）、龙脑烯（1.79%）、石竹烯（1.45%）、3-蒈烯（1.44%）、三环烯（1.22%）、2-氨基-6-甲基苯并噻唑（1.20%）、1-甲基-2-异丙基苯（1.09%）等。刘伟等（2014）用超临界$CO_2$萃取法提取的新疆和田产两色金鸡菊干燥头状花序精油的主要成分为：正二十二醇（20.33%）、正十六酸（11.87%）、正三十一碳烷（10.99%）、3,6-十九-二酮（6.13%）、正二十八碳烷（5.90%）、1-十七醇（4.37%）、正二十五碳烷（3.52%）、(Z,Z,Z)-亚麻酸甲酯顺-9,12,15-十八碳三烯酸甲酯（3.47%）、十八碳酸（3.37%）、正三十五碳烷（3.35%）、柠檬烯（2.99%）、正十四酸（1.42%）、9H-芴（1.27%）、正二十一碳烷（1.26%）等。

【利用】全草药用，具有清热解毒、活血化瘀、和胃健脾的功效；也有降血脂、降血压、降血糖、保护细胞及抗氧化和抗菌等多种生理活性。是极好的疏林地被观赏植物，还可作花境。

# 🌸 金盏花

*Calendula officinalis* Linn.

菊科　金盏花属

**别名：** 长生菊、常春花、金盏菊、黄金盏、金伞菊、山金菊、水涨菊

**分布：** 四川、贵州、广东、广西等地有栽培

【形态特征】一年生草本，高20～75cm，通常自茎基部分枝，绿色或多少被腺状柔毛。基生叶长圆状倒卵形或匙形，长15～20cm，全缘或具疏细齿，茎生叶长圆状披针形或长圆状倒卵形，长5～15cm，宽1～3cm，顶端钝，稀急尖，边缘波状具不明显的细齿，基部多少抱茎。头状花序单生茎枝端，直径4～5cm，总苞片1～2层，披针形或长圆状披针形，外层稍长于内层，顶端渐尖，小花黄或橙黄色，长于总苞的2倍，舌

片宽达4～5mm；管状花檐部具三角状披针形裂片，瘦果全部弯曲，淡黄色或淡褐色，外层的瘦果大半内弯，外面常具小针刺，顶端具喙，两侧具翅脊部具规则的横折皱。花期4～9月，果期6～10月。

【生长习性】适应性较强，喜生长于温和、凉爽的气候，生长适温为7～20℃，怕热、耐寒。喜阳光充足或轻微的荫蔽，在疏松肥沃的砂质壤土上生长发育良好，不适宜在酸性细粒土壤，荒地中种植。有一定的耐旱力。土壤pH宜保持6～7。

【精油含量】水蒸气蒸馏花的得油率为0.02%。

【芳香成分】黄妙玲等（2010）用水蒸气蒸馏法提取的广东珠海产金盏花花精油的主要成分为：α-杜松醇（37.35%）、δ-杜松烯（20.62%）、τ-依兰油醇（20.22%）、α-依兰油烯（异构体I）（4.28%）、喇叭茶醇（3.83%）、τ-杜松烯（3.74%）、大根香叶烯D-4-醇（2.95%）、τ-依兰油烯（1.19%）等。

【利用】是庭院、公园装饰花圃花坛的理想花卉，也是重要的切花。花适合单泡，或搭配绿茶。花瓣可提取精油，是一种极好的化妆品功能性底物，能调理敏感性肤质。花瓣也可提取黄色颜料，并制成洗眼药水。全草入药，具有收敛，杀菌，消炎作用，还能对月经不调，消化不良等症状有缓和作用，还有止血愈伤作用，花可凉血，止血，主治肠风便血，目赤肿痛；根可行气活血，主治胃痛，疝气，症瘕等症。叶、花均可食用。

# 🌸 甘菊

*Dendranthema lavandulifolium* (Fisch. ex Trautv.) Ling & Shih

菊科　菊属

**别名：** 北野菊、岩香菊、甘野菊、香叶菊、野菊

**分布：** 吉林、辽宁、河北、山东、山西、陕西、甘肃、青海、新疆、江西、江苏、浙江、湖北、四川、云南等地

【形态特征】多年生草本，高0.3～1.5m，有地下匍匐茎。中部茎叶卵形、宽卵形或椭圆状卵形，长2～5cm，宽1.5～4.5cm。二回羽状分裂，一回全裂或几全裂，二回为半裂或浅裂。一回侧裂片2～4对。最上部的叶或接花序下部的叶羽裂、3裂或不裂。头状花序直径10～20mm，通常多数在茎枝顶端排成复伞房花序。总苞碟形，直径5～7mm。总苞片约5

层。外层线形或线状长圆形，长 2.5 mm，无毛或有稀柔毛；中内层卵形、长椭圆形至倒披.针形，全部苞片顶端圆形，边缘白色或浅褐色膜质。舌状花黄色，舌片椭圆形，长 5～7.5 mm，端全缘或 2～3 个不明显的齿裂。瘦果长 1.2～1.5 mm。花果期 5～11 月。

【生长习性】生山坡、岩石上、河谷、河岸、荒地及黄土丘陵地，海拔 630～2800 m。喜温暖湿润、阳光充足、忌遮荫。耐寒，稍耐旱，怕水涝，喜肥。最适生长温度 20 ℃左右，在 0～10 ℃能生长，花期能耐 -4 ℃，根可耐 -16～-17 ℃的低温。对土壤要求不严。以地势高燥、背风向阳、疏松肥沃、排水良好、pH6～8 的砂质壤土或壤土栽培为宜。忌连作。黏重土、低洼积水地不宜栽种。

【精油含量】水蒸气蒸馏花序的得油率为 0.38%～2.32%。

花：关玲等（1995）用水蒸气蒸馏法提取的北京产野生甘菊新鲜花序精油的主要成分为：樟脑（37.13%）、双花酮（16.07%）、龙脑（10.23%）、β-金合欢烯（7.79%）、乙酸龙脑酯（3.67%）、4βH，5α-雅槛蓝烷 -11(10)，11-二烯 -2-酮（3.45%）、樟烯（2.04%）、萜品烯 -4- 醇（1.20%）、顺式 - 对蓝烯 -2- 醇 -1（1.08%）、α- 乙酸萜品酯（1.08%）等。胡浩斌等（2005）用同法分析的甘肃庆阳产甘菊干燥花序精油的主要成分为：松油醇 -4(4.52%)、月桂烯（4.51%）、α- 蒎烯（4.39%）、月桂酸（4.24%）、4-甲基儿茶酚（3.37%）、糠醛（3.28%）、橙花醛（3.17%）、芳樟醇（2.99%）、β- 石竹烯（2.83%）、棕榈酸乙酯（2.83%）、龙脑（2.65%）、γ- 松油烯（2.57%）、对 - 聚伞花素（2.48%）、樟脑（2.25%）、β- 侧柏酮（2.24%）、香柠檬烯（2.13%）、山柰酚（2.13%）、反式 -β- 金合欢烯（1.96%）、二十四烷（1.96%）、马鞭草烯酮（1.74%）、邻苯二甲酸二丁酯（1.71%）、Δ5- 蒈烯（1.66%）、α- 姜黄烯（1.65%）、反式 - 罗勒烯（1.63%）、α- 松油醇（1.57%）、β- 没药烯（1.52%）、硬脂酸（1.52%）、α- 蛇麻烯（1.44%）、山葡酸（1.44%）、邻 - 羟基针枞酚（1.43%）、桃金娘醛（1.41%）、桃金娘烯醇（1.39%）、去氢白菖烯（1.24%）、1,4-桉油精（1.23%）、香豆酸甲酯（1.18%）、二十六烷（1.04%）等。菅琳等（2014）用顶空吸附 - 热脱附法提取的北京产 '神农香菊' 新鲜花挥发油的主要成分为：β- 侧柏酮（65.48%）、β- 松油烯（5.64%）、樟脑（5.11%）、α- 侧柏酮（2.54%）、2-甲基丁酸乙酯（2.31%）、2-甲基丁酸丙酯（1.44%）、大根香叶烯（1.38%）、桉树脑（1.37%）、β- 石竹烯（1.12%）、珀珆烯（1.02%）等。何俊等（2000）用水蒸气蒸馏法提取的湖北神农架产 '神农香菊' 干燥花精油的主要成分为：冬青油醇（14.32%）、香芹醇（8.88%）、β-广藿香烯（5.93%）、β-花

【芳香成分】茎：菅琳等（2014）用顶空吸附 - 热脱附法提取的北京产甘菊 '神农香菊' 新鲜茎挥发油的主要成分为：β-侧柏酮（37.02%）、α-侧柏酮（33.10%）、乙酸橙花酯（5.00%）、乙酸桃金娘烯酯（4.83%）、樟脑（3.84%）、γ-杜松烯（2.91%）、β-石竹烯（2.39%）、β-松油烯（1.72%）、珀珆烯（1.45%）等。

叶：菅琳等（2014）用顶空吸附 - 热脱附法提取的北京产 '神农香菊' 新鲜叶挥发油的主要成分为：α-侧柏酮（55.18%）、大根香叶烯（5.59%）、叶醇（5.01%）、β-石竹烯（3.96%）、樟脑（2.95%）、珀珆烯（2.15%）、β-月桂烯（1.92%）、2-甲基丁酸乙酯（1.37%）等。

柏烯（5.05%）、乙酸桧酯（4.43%）、罗勒烯（4.40%）、石竹烯（4.37%）、对-伞花烃（3.91%）、1.8-桉叶油素（3.80%）、β-蒎烯（3.73%）、2-甲基戊酸丁酯（3.17%）、β-香榧醇（3.17%）、十氢-萘-2,3-环氧乙烯（2.99%）、α-蒎烯（2.65%）、2-甲基-丁酸乙酯（2.57%）、八氢-3,6,8,8-四甲基-1H-3a,7-甲醇薁-6-醇（2.32%）、1,3a,4,5,6,7，六氢-4-羟基-乙酮（2.07%）、龙脑（1.91%）、3,7,7-四甲基-1-亚甲基-螺[5.5]十一-2-烯（1.87%）、柠檬烯（1.60%）、3-乙烯基-1,2-二甲基-1,4-环己二烯（1.38%）、2-甲基丁酸丁酯（1.38%）、1,3-环戊-1,2-苯-2-羟基-1H-环戊烷（1.20%）、香桧烯（1.14%）等。

　　**全株**：许鹏翔等（2003）用水蒸气蒸馏法结合溶剂萃取法提取的湖北神农架产'神农香菊'全株精油的主要成分为：乙酸龙脑酯（18.86%）、对伞花烃（6.40%）、1,8-桉叶油素（6.14%）、大根香叶烯-D（6.06%）、石竹烯（4.82%）、莰烯（4.49%）、β-水芹烯（4.47%）、α-侧柏酮（4.10%）、樟脑（3.85%）、β-侧柏酮（3.52%）、β-蒎烯（3.41%）、α-蒎烯（2.53%）、乙酸桧酯（2.47%）、β-芹子烯（2.31%）、β-杜松烯（1.71%）、4-松油醇（1.55%）、2-甲基丁酸乙酯（1.41%）、α-古芸烯（1.30%）、β-月桂烯（1.13%）等。

　　【利用】花可提取精油和浸膏，用于饮料、烟草、日用和化妆品香精。花药用，有清热祛湿的功效，用于治湿热黄疸、长期便秘、莫名紧张、眼睛疲劳、润肺、养生。花可泡茶饮用。

# ❀ 甘野菊

*Dendranthema lavandulifolium* (Fisch. ex Trautv.) Ling & Shih var. *seticuspe* (Maxim.) C. Shih

菊科　菊属

**别名**：北野菊

**分布**：东北、河北、陕西、甘肃、湖北、湖南、江西、四川、云南等地

　　【形态特征】多年生草本，株高35～100 cm。茎中部叶密被白色绒毛；叶片质较薄，羽状深裂，长4.5～6 cm，宽4～6 cm，基部微心形或偏楔形，无羽轴，侧裂片2对，长圆形，先端钝，边缘具粗大牙齿，叶面疏被伏毛，叶背密被叉状毛；茎上部叶向上渐小。头状花序半球形，径约1 cm，多数，于枝端密集成复伞房花序；总苞片3层，膜质，覆瓦状排列，外层较短，卵状长圆形，内层长圆形；边花雌性，舌状，黄色，舌片长约6 mm，先端不明显3裂；中央花两性，花冠管状钟形，长3 mm，先端5齿裂；花托稍凸起。瘦果倒卵形或长圆状倒卵形，长1 mm，宽0.5 mm，先端截形或斜截形。花期8～9月，果期10月。

　　【生长习性】生于林缘及路旁。喜光，也耐阴，耐寒，耐旱。适宜疏松土壤。

　　【精油含量】水蒸气蒸馏花的得油率为0.06%～0.43%。

　　【芳香成分】邓小冬等（1989）用水蒸气蒸馏法提取的河北易县产甘野菊新鲜花精油的主要成分为：樟脑（37.50%）、反式-β-金合欢烯（12.70%）、1,8-桉油醚（6.24%）、水合桧烯（2.80%）、樟烯（1.39%）、龙脑（1.29%）、月桂烯（1.04%）、α-松油醇（1.00%）等。

　　【利用】作花境背景材料或路旁栽植，也可点缀岩石园。

# ❀ 菊花

*Dendranthema morifolium* (Ramat.) Tzvel.

菊科　菊属

**别名**：有寿客、金英、黄花、节花、鞠、金菊、秋菊

**分布**：全国各地

　　【形态特征】多年生草本或亚灌木，高60～150 cm。茎直立，分枝或不分枝，被柔毛。叶为单叶互生，卵形至披针形，长5～15 cm，羽状浅裂或半裂，边缘有缺刻，叶背被白色短柔毛。花生于枝顶，头状花序直径2.5～20 cm，大小不一。总苞片多层，外层外面被柔毛。舌状花颜色各种。管状花黄色。菊花品种有1000余个，具有极大的多样性，根据花径大小、花枝习性分成两大区；再根据舌状花与管状花数量之比分成舌状花系与盘状花系，最后再依据瓣形及瓣化程度分成类和型。

　　【生长习性】短日照植物。喜温暖湿润和阳光充足环境，耐寒性强，生长适温18～21 ℃，地下根茎能耐-10 ℃低温，不耐高温和干旱，怕多雨，积水和大风，忌强光暴晒，喜地势高燥，土层深厚，富含腐殖质，肥沃而排水良好的砂质壤土，在微酸性至微碱性土壤中皆能生长，以pH6.2～6.7最好。

　　【精油含量】水蒸气蒸馏根的得油率为0.02%～0.31%，茎的得油率为0.05%～0.17%，叶的得油率为0.15%～0.65%，花序的得油率为0.11%～2.15%；超临界萃取花序的得油率为0.42%～5.92%；有机溶剂萃取花序的得油率为5.40%～9.14%；

亚临界萃取干燥花的得油率为3.37%～4.19%。

**【芳香成分】根：**胡文杰等（2015）用水蒸气蒸馏法提取的江西井冈山产‘皇菊’新鲜根精油的主要成分为：甘菊环烯醇（49.31%）、2-羟基-3-丁烯基-1,4-萘二酮（11.51%）、(E)-β-金合欢烯（6.90%）、姜烯（3.68%）、α-姜黄烯（3.63%）、β-倍半水芹烯（2.97%）、顺式-α-香柑油烯（1.03%）等。

**茎：**胡文杰等（2015）用水蒸气蒸馏法提取的江西井冈山产‘皇菊’新鲜茎精油的主要成分为：榄香烯（9.91%）、姜烯（9.28%）、β-倍半水芹烯（8.93%）、葎草烯-1,6-二烯醇（6.89%）、β-榄香烯（6.51%）、α-红没药醇（6.47%）、石竹烯（5.78%）、反式-α-香柑油烯（5.78%）、α-姜黄烯（4.80%）、雪松烯（3.45%）、顺式-β-金合欢烯（2.96%）、α-月桂烯（2.59%）、(+)-4-蒈烯（2.41%）、石竹烯氧化物（1.88%）、荜澄茄油烯醇（1.65%）、T-杜松醇（1.55%）、匙叶桉油烯醇（1.49%）等。

**叶：**胡文杰等（2015）用水蒸气蒸馏法提取的江西井冈山产‘皇菊’新鲜叶精油的主要成分为：大香根叶烯D（13.86%）、姜烯（7.38%）、β-榄香烯（6.71%）、榄香烯（6.23%）、龙脑（5.75%）、石竹烯（5.73%）、4-萜烯醇（5.69%）、樟脑（5.01%）、α-姜黄烯（3.84%）、1,8-桉树脑（3.39%）、α-荜澄茄醇（3.22%）、荜澄茄油烯醇（2.78%）、(E)-β-金合欢烯（2.15%）、α-红没药醇（1.25%）等。

**茎叶：**吴仁海等（2008）用水蒸气蒸馏法提取的河南武陟产‘怀小黄菊’茎叶精油的主要成分为：桉树脑（19.04%）、3-松油醇（9.32%）、石竹烯（6.15%）、α-松油萜醇（5.73%）、2,7,7-三甲基-[3.1.1]双环-2-庚烯-6-酮（4.92%）、α-水芹烯（3.84%）、蓝桉醇（3.51%）、α-杜松醇（3.40%）、蒿属酮（3.25%）、D-大根香叶烷（2.94%）、橙花叔醇（2.83%）、3-蒈烯-10-醛（2.37%）、氧化丁香烯（2.27%）、γ-松油萜（2.10%）、α-红没药醇（1.91%）、α-崖柏烯-2-酮（1.72%）、伞花烃（1.70%）、间百里香酚（1.66%）、(E)-2-羟基-3(10)-蒈烯（1.63%）、α-松油醇（1.44%）、β-蒎烯（1.41%）、顺-2-甲基-5-烯丙基-2-环己烯-1-醇（1.08%）、4-甲基-2,6-二异丙基苯酚（1.02%）等；浙江桐乡产‘杭菊’茎叶精油的主要成分为：2,7,7-三甲基-[3.1.1]双环-2-庚烯-6-酮（17.47%）、(1S,2R,4S)-冰片（9.71%）、桉树脑（4.50%）、2-甲基-5(1,5-二甲基-4-乙烯基)-1,3-环己二烯（3.53%）、2-甲基-3-异丙基环己醇乙酸酯

（2.59%）、喇叭茶醇（2.59%）、3,5-二甲基-1H-吡唑（2.43%）、α-松油萜醇（2.30%）、蓝桉醇（2.28%）、3-松油醇（2.27%）、D-大根香叶烷（2.11%）、α-松油萜烯（1.98%）、D-马鞭草醇（1.68%）、3-甲基-6-异丙基环己烯-1-酮（1.64%）、异杜松醇（1.59%）、β-蒎烯（1.52%）、石竹烯（1.44%）、乙酸冰片酯（1.36%）、伞花烃（1.28%）、雪松萜（1.17%）、樟脑（1.08%）、甲酸异冰片酯（1.06%）、α-氧化雪松烯（1.06%）、1-辛烯-3-醇（1.05%）等。

**花：**马晓青等（2011）用水蒸气蒸馏法提取的浙江杭州产‘杭白菊’干燥花精油的主要成分为：α-姜黄烯（15.20%）、姜烯（5.13%）、柏木脑（2.71%）、石竹烯氧化物（2.30%）、β-倍半水芹烯（1.56%）、二环倍半水芹烯（1.53%）、β-榄香烯（1.38%）、合成右旋龙脑（1.16%）、红没药醇（1.11%）、β-甜没药烯（1.03%）等。郭宣宣等（2017）分析的浙江桐乡产杭白菊‘湖菊’干燥花序精油的主要成分为：[S-(R*,S*)]-5-(1,5-二甲基-4-己烯)-2-甲基-1,3-环戊二烯（14.10%）、[1R-(1α,4aβ,8aα)]-十氢-1,4a-二甲基-7-(1-甲基亚乙基)-1-萘酚（7.75%）、正二十一烷（5.42%）、(+)-10-(乙酰甲基)-3-蒈烯（4.28%）、龙脑（3.10%）、雪松烯（2.98%）、4-(2,6,6-三甲基-1,3-环己二烯-1-基)-2-丁酮（2.74%）、7-表-顺式-倍半水合香桧烯（2.29%）、β-红没药烯（2.28%）、顺-β-金合欢烯（2.22%）、八氢-3,8,8-三甲基-6-亚甲基-1H-3a,7-桥亚甲基甘菊环-5-醇（2.21%）、乙酸龙脑酯（1.91%）、(S)-2-甲基-5-(1,2,2-三甲基环戊基)-苯酚（1.91%）、tau-杜松醇（1.87%）、8-雪松烯-13-醇（1.85%）、石竹烯氧化物（1.83%）、(-)-斯巴醇（1.69%）、(Z,Z)-9,12-十八烷碳二烯酸（1.44%）、E-金合欢烯环氧化物（1.41%）、石竹烯（1.21%）、6-表白菖醇（1.15%）、β-愈创木（1.14%）、乙酸香叶酯-α-松油烯（1.10%）等；江苏射阳产杭白菊‘小白菊’干燥花序精油的主要成分为：1-(1,5-二甲基-4-己烯)-4-甲基苯（20.40%）、[S-(R*,S*)]-5-(1,5-二甲基-4-己烯)-2-甲基-1,3-环戊二烯（10.40%）、[1R-(1α,4aβ,8aα)]-十氢-1,4a-二甲基-7-(1-甲基亚乙基)-1-萘酚（8.26%）、反式-对-薄荷-2,8-二醇（8.14%）、8-雪松烯-13-醇（6.49%）、龙脑（3.30%）、顺-澳白檀醇（3.15%）、顺-β-金合欢烯（2.73%）、β-红没药烯（2.02%）、(-)-斯巴醇（1.88%）、正二十一烷（4.20%）、石竹烯（1.39%）、7-表-顺式-倍半水合香桧烯（1.30%）、反式-长马鞭草烯酮（1.09%）、乙酸香叶酯-α-松油烯（1.02%）等；湖北麻城产杭白菊‘大白菊’干燥花序精油的主要成分为：二十六烷（26.80%）、蓝桉醇（23.30%）、香橙烯氧化物(2)（5.09%）、(3β,22E)-5,22-麦角甾二烯-3-醇乙酸酯（3.85%）、1-(1,5-二甲基-4-己烯)-4-甲基苯（3.81%）、6,10,14-三甲基-2-十五烷酮（2.97%）、7-表-顺式-倍半水合香桧烯（2.94%）、α-白菖考烯（2.40%）、(-)-斯巴醇（1.84%）、石竹烯氧化物（1.83%）、(3β,5β)-1H-3a,7-甲醇薁-5-醇-八氢-3,8,8-三甲基-6-亚甲基-3,14-二羟基-蟾蜍-20,22-二烯羟酸内酯（1.28%）、二十七烷（1.27%）、1,2,3,5,6,7-六氢-1,1,4,8-四甲基-S-茚（1.19%）等。杨秀伟等（2004）分析的江苏射阳产‘红心大白菊’花精油的主要成分为：喇叭醇（13.90%）、雪松醇（6.89%）、1-(1,5-二甲基-4-己烯基)-4-甲基苯（5.81%）、长马鞭烯酮（3.70%）、氧化石竹烯（3.56%）、顺式-α-反式-佛手柑油醇（3.10%）、反式-对-萜烷-2,8-二烯醇（2.44%）、龙脑乙酸酯（2.25%）、(-)-匙叶桉叶油烯醇（2.15%）、库比烯醇（1.98%）、龙脑（1.84%）、2-羟基-3-(1-丙烯基)-1,4-萘二酮（1.84%）、雪松烯（1.36%）、1,4-

二甲基-7-异丙基-奠-2-醇（1.26%）、正二十七碳烷（1.20%）等。王莹等（2006）分析的河南温县产'怀小白菊'花序精油的主要成分为：杜松脑（7.32%）、石竹烯氧化物（6.11%）、石竹烯（5.50%）、α-杜松醇（5.05%）、γ-古芸烯环氧化物（4.07%）、桉叶油素（3.42%）、正二十九烷（3.35%）、2,6,6-三甲基双环[3.1.1]庚-2-烯-4-醇乙酸酯（3.24%）、E-3,7,11-四甲基-十二-1,6,10-三烯-3-醇（2.32%）、依兰油醇（2.22%）、3-侧柏烯-2-酮（2.18%）、菊奠（2.07%）、对伞花烃（2.05%）、反式-p-2,8-薄荷二烯-1-醇（1.92%）、(E)-麝子油烯（1.84%）、1S-马鞭草烯酮（1.84%）、麝香草酚（1.77%）、α,α,4-三甲基-3-环己烯-1-甲醇（1.74%）、4-甲基-1-异丙基-3-环己烯-1-醇（1.54%）、α-没药烯（1.49%）、(E)-3(10)-蒈烯-2-醇（1.48%）、β-蒎烯（1.31%）、α-水芹烯（1.29%）、(+,-)-1,3,3-三甲基环己-1-烯-4-甲醛（1.29%）、[1R-(1R*,3E,7E,11R*)]-1,5,5,8-四甲基-12-氧杂双环[9.1.0]十二-3,7-二烯（1.26%）、顺式-Z-α-没药烯环氧化物（1.20%）、斯巴醇（1.13%）、β-杜松烯（1.12%）、桉叶-4(14)，11-二烯（1.11%）、1R-α-蒎烯（1.08%）、3-侧柏烯（1.03%）等。王亚君等（2008）分析的安徽歙县产'早贡菊'花精油的主要成分为：马鞭草烯醇乙酯（32.13%）、α-姜黄烯（8.28%）、β-倍半水芹烯（5.74%）、龙脑乙酸酯（4.38%）、β-金合欢烯（3.53%）、桉叶素（2.29%）、(1R)-樟脑（2.03%）、顺式-石竹烯（1.91%）、顺式澳白檀醇（1.78%）、姜烯（1.71%）、石竹烯氧化物（1.62%）、桧脑（1.39%）、马鞭草烯醇（1.36%）、1,3,3-三甲基环己烷-1-烯-4-甲醛（1.35%）、龙脑（1.32%）、二表雪松烯-1-氧化物（1.26%）、左旋-斯巴醇（1.18%）、β-榄香烯（1.00%）等；'晚贡菊'花精油的主要成分为：马鞭草烯醇乙酯（7.85%）、α-姜黄烯（5.83%）、龙脑乙酸酯（5.40%）、桉叶素（3.31%）、β-倍半水芹烯（3.04%）、(1R)-樟脑（2.58%）、β-金合欢烯（2.09%）、龙脑（1.93%）、石竹烯氧化物（1.82%）、马鞭草烯醇（1.65%）、1,3,3-三甲基环己烷-1-烯-4-甲醛（1.53%）、桧脑（1.45%）、顺式-石竹烯（1.42%）、左旋-斯巴醇（1.24%）、顺式澳白檀醇（1.20%）等；黄药菊花精油的主要成分为：(1R)-樟脑（28.70%）、甜没药醇氧化物A（12.50%）、桉叶素（5.84%）、石竹烯氧化物（3.31%）、樟脑烯（3.03%）、顺式-石竹烯（3.00%）、甜没药醇氧化物B（2.83%）、β-金合欢烯（1.87%）、α-姜黄烯（1.64%）、龙脑乙酸酯（1.57%）、长叶蒎烷（1.37%）、β-倍半水芹烯（1.33%）、龙脑（1.09%）等；安徽滁州产'滁菊'花精油的主要成分为：β-芹子烯（17.85%）、龙脑（12.84%）、马兜铃烯环氧化物（8.90%）、桧脑（7.72%）、(1R)-樟脑（5.90%）、喇叭醇（3.32%）、龙脑乙酸酯（3.04%）、桉叶素（2.21%）等；安徽亳州产'小亳菊'花精油的主要成分为：桉叶素（21.33%）、左旋-4-萜品烯醇（6.78%）、伞形花酮（6.69%）、异麝香草酚（3.39%）、α-松油醇（2.89%）、喇叭醇（2.59%）、石竹烯氧化物（2.39%）、4-(1,5-二甲基己-4-烯基)环己烷-2-烯酮（1.91%）、桧脑（1.71%）、植酮（1.28%）、1-(1,3-二甲基-3-环己烯-1-基)-乙酮（1.23%）、β-倍半水芹烯（1.19%）、(E)-2-蒈烯-4-醇（1.16%）、2,4(10)-侧柏二烯（1.05%）等；安徽亳州产'大亳菊'花精油的主要成分为：左旋马鞭草醇（17.03%）、菊油环酮（8.26%）、1,3,3-三甲基环己烷-1-烯-4-甲醛（6.12%）、马鞭草酮（4.61%）、桧脑（4.48%）、β-倍半水芹烯（3.71%）、马鞭草烯醇乙酯（3.68%）、α-杜松醇（2.81%）、桉叶素（2.08%）、左旋马鞭草烯醇（1.90%）、反式-对位-2,8-薄荷二烯-1-醇（1.87%）、α-松油醇（1.77%）、葎草-1,6-二

烯-3-醇（1.69%）、1,2,3,4,5,6,7,8八氢-α,α,3,8-四甲基-5-奠甲醇（1.63%）、α-姜黄烯（1.41%）、异麝香草酚（1.25%）、β-芹子烯（1.17%）、石竹烯氧化物（1.10%）、β-金合欢烯（1.08%）等。郭巧生等（2008）分析的浙江桐乡产'早小洋菊'花精油的主要成分为：桧脑（11.96%）、香橙烯氧化物（8.83%）、大根香叶酮（7.65%）、6-异丙烯基-4a,8-二甲基-1,2,3,5,6,7,8,8a-八氢化萘-2-醇（6.83%）、二表雪松烯-1-氧化物（5.51%）、顺式-9,17-十八烷二烯醛（5.43%）、2,4-二甲基-2,6-辛二烯（4.19%）、6-异丙烯基-4a,8-二甲基-4a,5,6,7,8,8a-六氢化-1H-萘-2-酮（2.01%）、3,3,6-三甲基-1,5-庚二烯-4-酮（1.94%）、左旋-斯巴醇（1.88%）、7R,8R-8-羟基-4-异亚甲基-7-甲基双环[5.3.1]十一烷-1-烯（1.53%）、β,β-二甲基苯丙酸甲酯（1.51%）、顺式-β-榄香烯酮（1.49%）、1,4-二甲基-7-(1-甲基乙基)-奠-2-醇（1.28%）、1,11E,13Z-十六烷三烯（1.02%）等；'迟小洋菊'花精油的主要成分为：桧脑（10.51%）、二表雪松烯-1-氧化物（8.19%）、2-亚甲基-6,8,8-三甲基-三环[5.2.2.0^{1,6}]十一烷-3-醇（6.11%）、大根香叶酮（4.89%）、2,4-二甲基-2,6-辛二烯（4.53%）、喇叭烯氧化物（3.90%）、10-乙酰甲基-(+)-3-蒈烯（2.36%）、3,3,6-三甲基-1,5-庚二烯-4-酮（2.35%）、β,β-二甲基苯丙酸甲酯（1.86%）、6-异丙烯基-4a,8-二甲基-4a,5,6,7,8,8a-六氢化-1H-萘-2-酮（1.51%）、1,3,3-三甲基环己-1-烯-4-甲醛（1.42%）、α-姜黄烯（1.32%）、6-异丙烯基-4a,8-二甲基-1,2,3,5,6,7,8,8a-八氢化萘-2-醇（1.15%）、8,14-雪松烷氧化物（1.07%）等；'大洋菊'花精油的主要成分为：香橙烯氧化物（12.02%）、桧脑（10.95%）、2-亚甲基-6,8,8-三甲基-三环[5.2.2.0^{1,6}]十一烷-3-醇（4.65%）、大根香叶酮（4.59%）、异麝香草酚（4.00%）、β,β-二甲基苯丙酸甲酯（2.52%）、反式-对-薄荷烷-2,8-二烯醇（2.50%）、1-乙基-1-甲基-2,4-二(1-甲基乙烯基)-环己烷（2.30%）、顺式-β-榄香烯酮（1.91%）、马兜铃烯（1.86%）、6-异丙烯基-4a,8-二甲基-1,2,3,5,6,7,8,8a-八氢化萘-2-醇（1.50%）、石竹烯氧化物（1.45%）、α-姜黄烯（1.37%）、二十一烷（1.27%）、α-甜没药萜醇（1.09%）、左旋-β-芹子烯（1.01%）等；'异种大白菊'花精油的主要成分为：桧脑（13.28%）、10-乙酰甲基-(+)-3-蒈烯（9.54%）、β,β-二甲基苯丙酸甲酯（4.89%）、3,3,6-三甲基-1,5-庚二烯-4-酮（3.94%）、α-甜没药萜醇（1.96%）、3,3,4-三甲基-4-(4-甲基苯基)-环戊酮（1.60%）、二十一烷（1.60%）、6-甲基-5-(1-甲基亚乙基)-6,8-壬二烯-2-酮（1.58%）、τ-杜松醇（1.54%）、冰片（1.53%）、4,4-二甲基-四环[6.3.2.0^{2,5}.0^{1,8}]十三烷-9-醇（1.21%）等；'小汤黄'花精油的主要成分为：桧脑（10.77%）、冰片（4.55%）、(1S-内向)-龙脑醋酯（4.13%）、二十二烷（3.04%）、顺式-α-反式-香橙醇（2.73%）、10-乙酰甲基-(+)-3-蒈烯（2.72%）、β,β-二甲基苯丙酸甲酯（2.51%）、二十九烷（2.17%）、α-姜黄烯（1.95%）、二十一烷（1.94%）、α-柯巴烯-11-醇（1.89%）、1,3,3-三甲基环己-1-烯-4-甲醛（1.50%）、长马鞭草烯酮（1.46%）、3,7-二甲基-1,5,7-辛三烯-3-醇（1.43%）、(-)-4-松油醇（1.05%）等。谢晓亮等（2008）分析的河北石家庄产'河北香菊'干燥花序精油的主要成分为：2-萘甲醇（17.30%）、1R-α-蒎烯（10.97%）、1,7,7-三甲基二环[2,2,1]正己烷-乙酮（7.21%）、(R)-3-环己烯-1-醇（3.12%）、3,7,11-三甲基-1,6,10-三烯十二烷-4-醇（2.84%）、双环[2,2,1]庚-2-醇（2.56%）、二甲基丁酸乙酯（2.42%）、2-甲烯基-6,6-二甲基二环[3.1.1]己烷-3-醇（2.20%）、双环[3.1.1]庚-2-烯-6-酮（2.13%）、双环[2.2.1]庚-2-醇

（1.99%）、双环[2,2,1]庚烷-3-酮（1.54%）、龙脑（1.27%）、1,3,3-三甲基环己-1-烯-4-甲醛（1.14%）、1,4-环己二烯（1.13%）等。李福高等（2008）分析的浙江桐乡产'黄菊'花精油的主要成分为：六甲基苯（29.80%）、二十三烷（7.91%）、二十七烷（5.86%）、α-芹子烯（3.65%）、1,4-二甲基-7-异丙基-2-醇（3.33%）、蓝桉醇（2.49%）、薄荷二烯醇（2.48%）、二十一烷（2.35%）、9,12-十八碳二烯酸（2.32%）、二十八烷（1.71%）、2,2,6-三甲基-1-(3-甲基-1,3-丁二烯)-7-氧杂双环[4.1.0]戊基-3-醇（1.69%）、3,3-二甲基丙烯酰氯（1.10%）等；四川产'川菊'花精油的主要成分为：α-芹子烯（17.90%）、α-金合欢烯（15.10%）、樟脑（7.09%）、7,7-二甲基-8-(3-甲基-1,3-丁二烯)-1-氧螺[2.5]辛烷（4.57%）、薄荷二烯醇（3.95%）、石竹烯（3.80%）、二十七烷（3.69%）、乙酸龙脑酯（2.80%）、8,14-柏木烷氧化物（2.12%）、龙脑（1.53%）、n-十六酸（1.36%）、雅槛蓝树油烯（1.30%）、二十八烷（1.24%）、库贝醇（1.16%）等；河南产'金菊'花精油的主要成分为：没药醇氧化物A（28.60%）、樟脑（16.10%）、蓝桉醇（4.67%）、石竹烯氧化物（3.43%）、姜黄烯（1.38%）、1,1,4,8-四甲基-1,2,3,5,6,7-六氢-S-苯并二茚（1.24%）、匙叶桉油烯醇（1.14%）、六甲基苯（1.02%）等；河南产'怀菊'花精油的主要成分为：没药醇氧化物A（29.80%）、樟脑（11.30%）、蓝桉醇（5.18%）、石竹烯氧化物（3.48%）、二十七烷（1.66%）、姜黄烯（1.54%）、1,1,4,8-四甲基-1,2,3,5,6,7-六氢-S-苯并二茚（1.22%）、匙叶桉油烯醇（1.13%）、六甲基苯（1.02%）、β-倍半水茴香萜（1.01%）等。王伟等（2008）分析的江苏南京产'金陵春梦'新鲜花冠精油的主要成分为：龙脑（16.64%）、樟脑（9.60%）、乙酸冰片酯（5.90%）2,2-二甲基-3-乙烯基-二环[2.2.2]庚烷（5.59%）大根香叶烯D（4.15%）、石竹烯氧化物（1.53%）、α-金合欢烯（1.51%）、倍半菲兰烯（1.48%）、特戊酸-6-柠檬酯（1.25%）、金合欢醇（1.06%）、β-金合欢烯（1.05%）、等；'金陵圆黄'新鲜花冠精油的主要成分为：樟脑（38.16%）、对-薄荷-1-烯-8-醇（12.77%）、4-萜品烯醇（12.07%）、龙脑（3.97%）、乙酸冰片酯（3.16%）、石竹烯氧化物（2.78%）、顺式-对-薄荷-6,8-二烯-2-醇（2.55%）、桉叶素（1.81%）、反佛手柑油烯（1.72%）、2,6,6-三甲基双环[3.1.1]庚烷（1.30%）、香橙烯（1.25%）、对-薄荷-6,8-二烯-2-酮（1.11%）等；'金陵晚霞'新鲜花冠精油的主要成分为：龙脑（37.94%）、乙酸冰片酯（12.16%）、樟脑（12.15%）、大根香叶烯D（4.91%）、环氧异香橙烯（2.61%）、α-蒎烯（1.93%）、[+]-反-乙酸菊烯醇酯（1.82%）、反佛手柑油烯（1.34%）、邻百里香素（1.23%）、对-薄荷-1-烯-8-醇（1.21%）等。韩丽娜等（2011）分析的'济菊'干燥头状花序精油的主要成分为：1,8-桉叶脑（24.94%）、β-氧化石竹烯（9.76%）、α-红没药醇（7.87%）、β-水芹烯（5.82%）、α-对聚伞花烯（3.75%）、酸萜品酯（3.18%）、α-松油醇（2.89%）、甜没药萜醇（2.78%）、柠檬烯（2.67%）、樟脑（2.67%）、橙花叔醇（2.57%）、α-松油烯（2.17%）、异龙脑乙酸酯（2.13%）、α-蒎烯（1.71%）、香芹酮（1.57%）、杜松脑（1.48%）、α-水芹烯（1.34%）、乙酸冰片酯（1.28%）、菊萜（1.27%）、α-葎草烯（1.06%）、β-蒎烯（1.04%）等。王梦馨等（2014）分析了浙江桐乡产'小黄菊'新鲜花精油的主要成分为：六甲基苯（41.35%）、桉叶醇（10.74%）、β-水芹烯（10.41%）、二环[2.2.2]辛-5-烯-2-酮（8.63%）、樟脑（7.65%）、1,6-二甲基-1,3,5-庚三烯（5.72%）、藏花

醛（4.12%）、α-蒎烯（3.85%）、2,4-二甲基-2,6-辛二烯（2.77%）、(+,-)-1,3,3-三甲基环己-1-烯-4-甲醛（2.68%）、(E)-罗勒烯（2.53%）、δ-蛇床烯（2.36%）、异环柠檬醛（2.29%）、3,5-二甲基-2-环己烯-1-酮（2.10%）、α-水芹烯（1.88%）、反-柠檬烯氧（1.83%）、4-萜品醇（1.63%）、蒿酮（1.59%）、α-小茴香烯（1.57%）、茨烯（1.11%）、(E)-β-法呢烯（1.06%）、癸酸乙酯（1.00%）等。胡文杰等（2015；2016）分析的江西井冈山产'皇菊'新鲜花精油的主要成分为：β-榄香烯（16.33%）、1,E11,Z13十七碳三烯（13.97%）、蒎烯（12.84%）、乙酸龙脑酯（4.36%）、α-蒎烯（3.87%）、反式长松香芹醇（3.17%）、4-萜烯醇（2.37%）、γ-萜品烯（2.25%）、左旋樟脑（2.25%）、茨烯（2.14%）、表蓝桉醇（1.82%）、环氧异香橙烯（1.38%）、姜烯（1.24%）、α-姜黄烯（1.17%）、橙花叔醇（1.08%）、1,12-十三碳二烯（1.07%）、紫罗烯（1.02%）等；盛花期新鲜花精油的主要成分为：α-蒎烯（19.25%）、α-水芹烯（18.49%）、1,8-桉叶油醇（9.55%）、龙脑（8.82%）、左旋樟脑（7.46%）、茨烯（4.02%）、长叶松香芹酮（3.45%）、ρ-邻伞花烃（2.34%）、榄香烯（2.11%）、1,E-11,Z-13-十七碳三烯（1.94%）、桧烯（1.86%）、β-蒎烯（1.83%）、4-侧柏醇（1.77%）、乙酸冰片酯（2.40%）等。马凤爱等（2017）分析的安徽歙县产'贡菊'干燥花精油的主要成分为：2,6,6-三甲基-双环[3.1.1]庚-2-烯-4-醇乙酯（18.00%）、(1,5-二甲基-4-乙烯基)-4-甲基-苯（12.49%）、顺式-澳白檀醇（8.45%）、[S-(R*,S*)]-3-(1,5-二甲基-4-己烯基)-6-亚甲基-环己烯（5.73%）、[1R-(1α,4aβ,8aα)]-十氢化-1,4a-二甲基-7-(1-甲基亚乙基)-1-萘醇（3.03%）、氧化石竹烯（2.92%）、二十一烷（2.89%）、樟脑（2.73%）、β-金合欢烯（2.25%）、龙脑乙酸酯（2.16%）、(-)-桉油烯醇（1.62%）、5,5-二甲基-4-(3-甲基-1,3-丁二烯基)-1-氧杂螺[2.5]辛烷（1.46%）、α-金合欢烯（1.43%）、(E,E)-3,7-二甲基-10-(1-甲基亚乙基)-3,7-环癸二烯-1-酮（1.42%）、β-甜没药烯（1.22%）、内式-龙脑（1.13%）、2,6-二甲基-6-(4-甲基-3-戊烯基)-二环[3.1.1]庚-2-烯（1.04%）、6-异丙烯基-3-甲氧基甲氧基-3-甲基-环己烯（1.01%）等；安徽歙县产'七月菊'干燥花精油的主要成分为：樟脑（68.02%）、内式-龙脑（4.00%）、龙脑乙酸酯（2.77%）、桉叶素（2.13%）、[1S-(1α,3α,5α)]-6,6-二甲基-2-亚甲基-双环[3.1.1]庚烷-3-醇（2.11%）、[1R-(1α,4aβ,8aα)]-十氢化-1,4a-二甲基-7-(1-甲基亚乙基)-1-萘醇（1.47%）、氧化石竹烯（1.28%）、松香芹酮（1.23%）、4-萜品烯醇（1.20%）等；安徽亳州产'小亳菊'干燥花精油的主要成分为：[1R-(1α,4aβ,8aα)]-十氢化-1,4a-二甲基-7-(1-甲基亚乙基)-1-萘醇（9.91%）、氧化石竹烯（6.93%）、tau.-兰油醇（6.90%）、β-金合欢烯（6.70%）、石竹烯（5.69%）、二十一烷（5.64%）、(1S-顺)-1,2,3,4,5,6,8a-六氢-4,7-二甲基-1-(1-异丙基)-萘（3.43%）、二十七烷（3.26%）、菊萜（2.82%）、4-表-库贝醇（2.46%）、香橙烯氧化物-(2)（2.32%）、[S-(E,E)]-1-甲基-5-亚甲基-8-(1-甲基乙基)-1,6-环癸二烯（2.15%）、4,4'-二甲基联苯（1.71%）、(E)-3,7,11-三甲基-1,6,10-十二碳三烯-3-醇（1.62%）、α-松油醇（1.44%）、麝香草酚（1.41%）、[4aR-(4aα,7α,8aβ)]-十氢化-4a-甲基-1-亚甲基-7-(1-甲基乙烯基)-萘（1.40%）、6,10,14-三甲基-2-十五烷酮（1.31%）等；安徽亳州产'大马牙'菊花干燥花精油的主要成分为：[1R-(1α,4aβ,8aα)]-十氢化-1,4a-二甲基-7-(1-甲基亚乙基)-1-萘醇（16.99%）、2,6,6-三甲基-双环[3.1.1]庚-2-烯-4-醇乙酯（10.48%）、2,7,7-三甲基-二环[3.1.1]庚-2-烯-6-酮（6.12%）、

二十一烷（5.42%）、顺-马鞭草烯醇（5.12%）、[S-(R*,S*)]-3-(1,5-二甲基-4-己烯基)-6-亚甲基-环己烯（3.05%）、氧化石竹烯（2.99%）、十四碳醛（2.40%）、樟脑磺酸甲酯（2.13%）、异丁子香烯（1.96%）、石竹烯（1.83%）、(-)-桉油烯醇（1.76%）、反式-3(10)-蒈烯-2-醇（1.54%）、1R,4s,7s,8R,11R-2,2,4,8-四甲基三环[5.3.1.0$^{4,11}$]十一烷-7-醇（1.50%）、顺-对-薄荷-2,8-二烯-1-醇（1.45%）、二十七烷（1.29%）、(1,5-二甲基-4-乙烯基)-4-甲基-苯（1.21%）、β-金合欢烯（1.09%）、4,4-二甲基-四环[6.3.2.0$^{2,5}$.0$^{1,8}$]十三烷-9-醇（1.00%）等。杨明非等（1997）分析的黑龙江哈尔滨产地被菊'亚运之光'鲜花精油的主要成分为：樟脑（39.31%）、桉叶油素（13.99%）、2-亚甲基-7,7-二甲基-双环[2.2.1]庚烷（5.69%）、三环烯（5.17%）、4-甲基-1-异丙基-3-环己烯-1-醇（4.24%）、β-蒎烯（3.47%）、侧柏烯（2.82%）、异龙脑（2.05%）、β-荜澄茄烯（1.82%）、二十烷（1.71%）、α-金合欢烯（1.56%）、乙酸龙脑酯（1.49%）、十氢-1,1,4,7-四甲基-1H-环丙[e]薁烯（1.34%）等；'蜂窝粉'鲜花精油的主要成分为：樟脑（58.06%）、龙脑（12.71%）、桉叶油素（10.04%）、2-亚甲基-7,7-二甲基-双环[2.2.1]庚烷（4.73%）、反式-菊烯醇（3.75%）、三环烯（3.62%）、乙酸龙脑酯（1.65%）、侧柏烯（1.18%）、1-甲基-4-异丙基-2-环己烯-1-醇(反式)（1.00%）、4-甲基-1-异丙基-3-环己烯-1-醇（1.00%）等；'金凤凰'鲜花精油的主要成分为：樟脑（32.77%）、2,6,6-三甲基-2,4-环庚二烯（18.07%）、侧桧烯-3-醇（9.90%）、桉叶油素（8.81%）、三环烯（5.14%）、β-香柠檬烯（3.31%）、异龙脑（2.80%）、2-亚甲基-7,7-二甲基-双环[2.2.1]庚烷（2.61%）、异石竹烯（2.06%）、β-蒎烯（2.00%）、4-甲基-1-异丙基-3-环己烯-1-醇（1.58%）、1-氢-3,5,5-三甲基-9-三甲基-1H-苯并环庚烯（1.44%）、1-甲基-4-异丙基-2-环己烯-1-醇(反式)（1.40%）等；'东林瑞雪'鲜花精油的主要成分为：桉叶油素（29.56%）、樟脑（16.12%）、异龙脑（10.22%）、1-甲基-4-异丙基-2-环己烯-1-醇(反式)（4.73%）、4-甲基-1-异丙基-3-环己烯-1-醇（3.30%）、萜品醇（3.01%）、β-蒎烯（2.79%）、β-香柠檬烯（2.57%）、1-甲基-4-异丙基-2-环己烯-1-醇(顺式)（2.49%）、4,6,6-三甲基-双环[3.1.1]庚-3-烯-2-醇（2.37%）、1-(1,4-二甲基-3-环己烯)基乙酮（2.34%）、侧柏烯（2.20%）、异石竹烯（2.15%）、2-甲基-5-异丙基苯酚（1.67%）、1-氢-3,5,5-三甲基-9-三甲基-1H-苯并环庚烯（1.54%）、3,7-二甲基-3,6-辛二烯-1-醇（1.48%）、1-甲基-1-乙烯基-2,4-二异丙烯基-环己烷（1.29%）等。

【利用】著名观赏植物，品种繁多。花药用，有散风清热、明目平肝的功效。花可食，也可茶饮，或制酒、糕点等。花可提取浸膏和精油，主要用于配制各种食用、酒类和烟草的香精和日用香精。

## 毛华菊
*Dendranthema vestitum* (Hemsl.) ling ex Shih

**菊科　菊属**

**分布：** 河南、安徽、湖北等地

【形态特征】多年生草本，高达60 cm，有匍匐根状茎。茎枝被稠密厚实的贴伏短柔毛，后变稀毛。中部茎叶卵形、卵状披针形或近圆形或匙形，长3.5～7 cm，宽2～4 cm，边缘有浅

波状疏钝锯齿。上部叶渐小。叶背灰白色，被稠密厚实贴伏的短柔毛，叶面灰绿色，毛稀疏。头状花序直径2～3 cm，3～13个在茎枝顶端排成疏松的伞房花序。总苞碟状，直径1～1.5 cm。总苞片4层，外层三角形或三角形卵形，长3.5～4.5 cm，中层披针状卵形，长约6.5 mm，内层倒卵形或倒披针状椭圆形，长6～7 mm。中外层外面被稠密短柔毛，向内层毛稀疏。苞片边缘褐色膜质。舌状花白色，舌片长1.2 cm。瘦果长约1.5 mm。花果期8～11月。

【生长习性】生于低山山坡及丘陵地，海拔340～1500 m。可耐-5℃低温。适应能力强，管理容易。

【精油含量】水蒸气蒸馏干燥花的得油率为0.80%；溶剂萃取干燥花的得膏率为2.60%。

【芳香成分】王国亮等（1995）用水蒸气蒸馏法提取的湖北宜昌产毛华菊干燥花精油的主要成分为：1,8-桉树脑（57.00%）、樟脑（14.10%）、月桂烯（2.89%）、龙脑（2.60%）、辛酸甲基酯（2.57%）、α-蒎烯（2.44%）、石竹烯（1.97%）、醋酸菊烯醇酯（1.32%）、α-崖柏烯（1.29%）、醋酸冰片异酯（1.17%）、香桧烯（1.00%）等。

【利用】花序药用，有清热解毒、清肝明目的功效。花精油用于调配皂类和日用香精；花浸膏可以调配多种高档香水香精。

## 小红菊
*Dendranthema chanetii* (Lévl.) Shih

**菊科　菊属**

**分布：** 黑龙江、吉林、辽宁、河北、内蒙古、山西、山东、陕西、甘肃、青海

【形态特征】多年生草本，高15～60 cm，有匍匐根状茎。中部茎叶肾形、半圆形、近圆形或宽卵形，长、宽2～5 cm，常3～5掌状或掌式羽状浅裂或半裂；侧裂片椭圆形，边缘钝齿、尖齿或芒状尖齿。上部茎叶和接花序下部的叶椭圆形或宽线形，羽裂、齿裂或不裂。头状花序直径2.5～5 cm，3～12个在茎枝顶端排成疏松伞房花序。总苞碟形，直径8～15 mm；总苞片4～5层。外层宽线形，边缘缝状撕裂，外面有稀疏的长柔毛。中内层渐短，宽倒披针形或三角状卵形至线状长椭圆形。苞片边缘白色或褐色膜质。舌状花白色、粉红色或紫色，舌片长

1.2～2.2 cm，顶端2～3齿裂。瘦果长2 mm。花果期7～10月。

【生长习性】生于海拔650～3500 m的地区，见于灌丛、山坡林缘、草原或河滩与沟边。

【精油含量】水蒸气蒸馏花序的得油率为0.44%。

【芳香成分】马荣贵等（1994）用水蒸气蒸馏法提取的河北易县产小红菊花序精油的主要成分为：反-丁香烯（10.08%）、1,8-桉叶油素（4.98%）、β-蒎烯（4.89%）、樟脑（3.43%）、α-反-香柠檬烯（3.07%）、丁香烯氧化物（3.03%）、顺-丁香烯（2.57%）、龙脑（2.41%）、α-蒎烯（2.12%）、顺-乙酸马鞭草酯（1.89%）、松油烯-4-醇（1.73%）、桃金娘烯醇（1.58%）、蛇麻烯（1.37%）、二十三烷（1.34%）、松油醇（1.32%）等。

【利用】栽培供观赏。

## 野菊

*Dendranthema indicum* (Linn.) Des Moul.

菊科　菊属

别名：野黄菊、路边菊、菊花脑、疟疾草、苦薏、路边黄、山菊花、黄菊仔
分布：东北、华北、华中、华南、西南各地

【形态特征】多年生草本，高0.25～1 m，有地下匍匐茎。中部茎叶卵形、长卵形或椭圆状卵形，长3～10 cm，宽2～7 cm，羽状半裂、浅裂或分裂不明显而边缘有浅锯齿。基部截形或稍心形或宽楔形。头状花序直径1.5～2.5 cm，多数在茎枝顶端排成疏松的伞房圆锥花序或少数在茎顶排成伞房花序。总苞片约5层，外层卵形或卵状三角形，长2.5～3 mm，中层卵形，内层长椭圆形，长11 mm。苞片边缘白色或褐色宽膜质，顶端钝或圆。舌状花黄色，舌片长10～13 mm，顶端全缘或2～3齿。瘦果长1.5～1.8 mm。花期6～11月。有许多生态地理的居群，表现出体态、叶形、叶序、伞房花序式样以及茎叶毛被性等的极大的多样性。

【生长习性】生于山坡草地、灌丛、河边水湿地、滨海盐渍地、田边及路旁。对土壤适应性强，耐瘠薄和干旱，忌涝，在土层深厚、排水良好、肥沃的土壤中生长健壮。耐寒，忌高温，幼苗生长适温为15～20℃。短日照植物，强光、长日照有利于茎叶生长。

【精油含量】水蒸气蒸馏花的得油率为0.06%～6.10%，全草的得油率为0.18%～1.63%；超临界萃取花的得油率为

3.40%～9.65%，干燥花蕾的得油率为9.50%；索氏法提取干燥花的得油率为4.98%。

【芳香成分】茎叶：吴仁海等（2008）用水蒸气蒸馏法提取的河南信阳产野菊茎叶精油的主要成分为：崖柏酮（55.32%）、α-崖柏酮（7.95%）、桉树脑（7.09%）、D-大根香叶烷（3.80%）、3-松油醇（2.20%）、(α)-松油萜醇（1.89%）、6,6-双甲基-2-甲烯基-3-双环庚酮（1.86%）、石竹烯（1.72%）、樟脑（1.12%）、丁香酚（1.09%）、甲酸异冰片酯（1.06%）等。纪丽莲（2005）用同法分析的江苏江宁产野菊新鲜茎叶精油的主要成分为：α-柠檬醛（11.96%）、氧化倍半萜烯（9.65%）、β-金合欢烯（9.07%）、芳樟醇（8.64%）、香茅醇（8.19%）、α-石竹烯（5.87%）、牻牛儿烯（5.37%）、苯甲醛（3.41%）、β-松油烯（3.04%）、长叶烯（2.41%）、β-水芹烯（2.30%）、2-己烯酮（2.29%）、2-亚甲基环戊醇（2.14%）、2-己烯醇（1.87%）、苯甲醇（1.39%）等。刘晓丹等（2013）用同法分析的陕西汉中产野菊干燥茎叶精油的主要成分为：2-(亚-2,4-己二炔基)-1,6-二氧螺[4.4]壬-3-烯（17.93%）、樟脑（11.40%）、7,11-二甲基-3-亚甲基-1,6,10-十二碳三烯（9.44%）、桉树脑（5.64%）、冰片（3.87%）、α-石竹烯（1.95%）、4-甲基-1-(1-甲基乙基)-3-环己烯-1-醇（1.60%）、1,2,3,5,6,7,8,8a-八氢-1,8a-二甲基-7-(1-甲基乙基)萘（1.46%）、2,2,6-三甲基-6-乙烯基-2H-吡喃-3(4H)-酮（1.21%）等。

花：朱亮锋等（1993）用水蒸气蒸馏法提取的广东广州产野菊花精油的主要成分为：樟脑（18.73%）、龙脑（11.74%）、香芹酚（3.18%）、加州月桂酮（2.67%）、1,8-桉叶油素（2.27%）、桃金娘烯醇（1.68%）、α-侧柏酮（1.57%）、α-松油醇（1.36%）、反式-蒎葛缕醇（1.22%）、乙酸龙脑酯（1.20%）、松油醇-4（1.04%）等。袁萍等（1998）用同法分析的湖北武汉产'苹儿香菊'野菊花新鲜花精油的主要成分为：反式菊醇（75.00%）、反式菊烯醋酸酯（5.00%）、α-蒎烯（4.20%）、樟脑（1.13%）等。任爱农等（1999）用同法分析的江苏南京产野菊阴干花序精油的主要成分为：α-侧柏酮（26.64%）、侧柏醇（20.84%）、樟脑（13.32%）、1,8-桉叶油素（4.46%）、γ-依兰油烯（3.00%）、侧柏酮立体异构体（2.32%）、冬青油烯（2.16%）、萜烯醇乙酸酯（2.12%）、樟烯（1.65%）、1-α-萜品醇（1.53%）、单萜烯醇（1.43%）、反式-丁香烯（1.42%）、异麝香草酚（1.25%）、β-蒎烯（1.18%）、α-蒎烯（1.10%）等。周欣等（2002）用同法分析的贵州贵阳产野菊花干燥花序精油的主要成分为：红没药醇氧化物（11.87%）、十六烷酸（7.51%）、桃金娘烯醇（3.94%）、二十一碳烷（3.72%）、龙脑（3.62%）、十四碳酸（2.43%）、[Z,Z]-9,12-石八碳二烯酸（2.18%）、石竹烯氧化物（1.95%）、乙酸龙脑酯（1.88%）、α-萜品烯醇（1.80%）、二十四碳烷（1.68%）、十八碳酸（1.53%）、二十三碳烷（1.53%）、植醇（1.06%）等。吕琳等（2007）用同法分析的江苏栽培野菊花干燥花序精油的主要成分为：2,6,6-三甲基双环[3.1.1]庚-3-烯-4-醋酸酯（40.58%）、(-)-乙酸桃金娘烯酯（20.07%）、石竹烯氧化物（5.91%）、杜松醇（3.15%）、桉树脑（2.57%）、2-降蒎烯（2.49%）、(-)-姜烯（2.44%）、丁子香烯（1.86%）、2-甲基-6-对-甲苯-2-庚烯（1.60%）、对蓋烷,1,8-二烯-3-酮（1.23%）、氧化香树烯（1.02%）等。文加旭等（2012）用同法分析的重庆产野菊花精油的主要成分为：异龙脑（13.91%）、乙酸香芹酯（13.78%）、樟脑（8.39%）、异侧柏醇（3.99%）、侧柏酮（3.38%）、顺式马鞭烯醇（3.13%）、桉叶油醇（2.66%）、桃金娘烯醇（2.64%）、β-金合欢烯（2.47%）、芳樟醇（2.46%）、β-倍半水芹烯（2.06%）、异蒿酮（1.73%）、α-香柠檬烯（1.69%）、(-)-莰烯（1.53%）、(-)-姜烯（1.52%）、正二十四烷（1.33%）、α-蒎烯（1.32%）、侧柏烷（1.30%）、α-香附酮（1.16%）、乙酸冰片酯（1.00%）等。刘瑜霞等（2018）用同法分析的湖北巴东产野菊干燥花序精油的主要成分为：氧化石竹烯（10.30%）、姜黄烯（7.61%）、右旋樟脑（4.64%）、二十烷（3.89%）、棕榈酸（3.67%）、亚油酸（3.03%）、石竹烯（2.89%）、(S)-6-甲基-6-乙烯基-1-(1-甲基乙基)-3-(1-甲基亚乙基)-环己烯（2.73%）、冰片（2.65%）、正二十五烷（2.48%）、巴伦西亚橘烯（2.32%）、癸酸（2.21%）、(1S-顺)-4,7-二甲基-1-(1-甲基乙基)-1,2,3,5,6,8a-六氢化萘（1.98%）、β-瑟林烯（1.89%）、崖柏酮（1.78%）、(-)-4-萜品醇（1.53%）、L-乙酸冰片酯（1.48%）、桉树醇（1.42%）、正二十一烷（1.34%）、α-柏木烯（1.16%）等。林凯（2009）用同时蒸馏萃取法提取的福建厦门产野菊花干燥花精油的主要成分为：7,11-二甲基-3-亚甲基-1,6,10-十二碳三烯（18.80%）、龙脑（13.80%）、金合欢基丙酮（13.40%）、樟脑（10.61%）、石竹烯（9.67%）、麝香草酚（6.33%）、乙酸冰片酯（5.77%）、十六酸（4.86%）、十四酸（3.70%）、十六酸甲酯（3.17%）、植醇（2.25%）、芳樟醇

（1.18%）、壬醛（1.18%）、9,12-十八碳二烯酸（1.13%）等。宋丽等（2016）用索氏法提取的吉林长白山产野菊干燥花精油的主要成分为：α-香树精（9.02%）、石竹素（5.28%）、(-)-反式-松香芹醇（4.98%）、(-)-α-柏木烯（4.38%）、1,4-桉叶素（4.03%）、红没药醇（3.89%）、右旋樟脑（3.76%）、β-谷甾醇（3.65%）、β-倍半水芹烯（3.59%）、(+)-香柏酮（3.59%）、异龙脑（3.28%）、乙酸龙脑酯（3.18%）、桉叶油素（3.17%）、(+)-雪松醇（3.02%）、五十四烷（2.67%）、琥珀缩醛（2.10%）、植物甾醇（2.06%）、桦木醇（1.21%）、角鲨烯（1.12%）、龙脑烯醛（1.03%）等。

【利用】花序药用，有清热解毒、疏肝明目、降血压的功效，用于治感冒、高血压症、肝炎、泄泻、痈疖疔疮、毒蛇咬伤、防治流脑、预防时行感冒。根、全草药用，有清热解毒的功效，用于治风热感冒、肺炎、胃肠炎、高血压、白喉、口疮、丹毒、湿疹、疔疮、目赤、瘰疬、天疱疮。花可提取精油和浸膏，主要用于菊花型食品和日用品香精中。嫩苗或嫩茎叶可作为蔬菜供食用。

## 🌸 紫花野菊

*Dendranthema zawadskii* (Herb.) Tzvel.

| 菊科　菊属 |
| --- |
| **别名：** 山菊 |
| **分布：** 黑龙江、吉林、辽宁、河北、内蒙古、山西、陕西、甘肃、安徽 |

【形态特征】多年生草本，高15～50 cm，有地下匍匐茎。中下部茎叶卵形、宽卵形、宽卵状三角形或几菱形，长1.5～4 cm，宽1～3.5 cm，二回羽状分裂。一回为几全裂，侧裂片2～3对；二回为深裂或半裂。二回裂片三角形或斜三角形，顶端短尖。上部茎叶小，长椭圆形，羽状深裂，或宽线形而不裂。头状花序直径1.5～4.5 cm，通常2～5个在茎枝顶端排成疏松伞房花序，极少单生。总苞浅碟状。总苞片4层；外层线形或线状披针形，顶端圆形，膜质扩大；中内层椭圆形或长椭圆形；边缘白色或褐色膜质，仅外层外面有稀疏短柔毛。舌状花白色或紫红色，舌片长10～20 mm，顶端全缘或微凹。瘦果长1.8 mm。花果期7～9月。

【生长习性】生于草原及林间草地、林下和溪边，海拔850～1800 m。

【精油含量】水蒸气蒸馏花序的得油率为0.42%。

【芳香成分】马荣贵等（1994）用水蒸气蒸馏法提取的河北易县产紫花野菊花序精油的主要成分为：反-丁香烯（8.99%）、樟脑（5.43%）、1,8-桉叶油素（4.84%）、β-蒎烯（4.49%）、龙脑（3.00%）、丁香烯氧化物（2.77%）、α-反-香柠檬烯（2.71%）、顺-丁香烯（2.35%）、α-蒎烯（2.26%）、松油烯-4-醇（1.93%）、松油醇（1.59%）、二十三烷（1.53%）、顺-乙酸马鞭草酯（1.25%）、乙酸龙脑酯（1.21%）、桃金娘烯醇（1.16%）、蛇麻烯（1.11%）等。

【利用】头状花序入蒙药，有清热解毒、燥脓消肿的功效，主治瘟热、毒热、感冒发热、脓疮。

## 菊蒿

*Tanacetum vulgare* Linn.

**菊科　菊蒿属**

别名：金色纽扣、艾菊

分布：内蒙古、黑龙江、新疆

【形态特征】多年生草本，高30～150 cm。茎直立，单生或少数茎成簇生。茎叶多数，全形椭圆形或椭圆状卵形，长达25 cm，二回羽状分裂。一回为全裂，侧裂片达12对；二回为深裂，二回裂片卵形、线状披针形、斜三角形或长椭圆形，边缘全缘或有浅齿或为半裂而赋予叶为三回羽状分裂。羽轴有节齿。叶全部绿色或淡绿色。头状花序10～20个在茎枝顶端排成稠密的伞房或复伞房花序。总苞直径5～13 mm。总苞片3层，草质。外层卵状披针形，中内层披针形或长椭圆形；边缘白色或浅褐色狭膜质。全部小花管状，边缘雌花比两性花小。瘦果长1.2～2 mm。冠状冠毛长0.1～0.4 mm，冠缘浅齿裂。花果期6～8月。

【生长习性】生于山坡、河滩、草地、丘陵地及桦木林下，海拔250～2400 m，多见于篱墙、干旱土壤、向阳处或光亮遮阴处。选向阳地方栽植。

【精油含量】水蒸气蒸馏干燥地上部分的得油率为0.41%。

【芳香成分】刘伟新等（2005）用水蒸气蒸馏法提取的新疆查布查尔西山产野生菊蒿干燥地上部分精油的主要成分为：反式-氧化芳樟醇（60.60%）、菊烯酮（7.54%）、橙花醇乙酸

酯（5.40%）、橙花醚（5.18%）、线叶吉莉酮（2.67%）、桉树脑（2.49%）、β-桉叶油醇（2.21%）、乙酸龙脑酯（1.91%）、顺式-氧化芳樟醇（1.67%）、刺柏脑（1.48%）、桃金娘烯醇（1.19%）、菊烯基乙酸酯（1.15%）、α-荜澄茄烯（1.00%）等。

【利用】茎及头状花序含杀虫物质，可作杀虫剂。植株的地上部分可用于面部美容，做糊药可治疗瘀伤、风湿症和静脉曲张。花可作染料和切花。全草有毒。

## ❀ 菊苣

*Cichorium intybus* Linn.

| 菊科　菊苣属 |
| --- |
| **别名:** 苣荬菜、莒菜、苦白菜 |
| **分布:** 北京、黑龙江、辽宁、山西、陕西、新疆、江西 |

【形态特征】多年生草本，高40～100 cm。茎直立，单生。基生叶莲座状，倒披针状长椭圆形，全长15～34 cm，宽2～4 cm，基部渐狭有翼柄，大头状倒向羽状深裂或边缘有稀疏尖锯齿，侧裂片3～6对或更多，镰刀形或三角形。茎生叶少数，较小，卵状倒披针形至披针形，基部半抱茎。叶质地薄，两面被长节毛。头状花序多数，单生或数个集生于茎顶或枝端，或2～8个排列成穗状花序。总苞圆柱状，长8～12 mm；总苞片2层，外层披针形，边缘有长缘毛，背面有长腺毛或单毛；内层线状披针形。舌状小花蓝色，长约14 mm，有色斑。瘦果倒卵状、椭圆状或倒楔形，外层瘦果压扁，紧贴内层总苞片，3～5棱，顶端截形，向下收窄，褐色，有棕黑色色斑。冠毛极短，2～3层，膜片状。花果期5～10月。

【生长习性】生于滨海荒地、河边、水沟边或山坡。喜冷凉，抗逆性极强，耐寒，耐旱，喜生于阳光充足的田边、山坡等地。

【芳香成分】根：周静媛等（2018）用乙醇浸提法提取的云南禄劝产菊苣干燥根浸膏的挥发油主要成分为：棕榈酸（44.37%）、亚油酸（20.44%）、亚油酸乙酯（8.40%）、棕榈酸乙酯（5.71%）、十五酸（3.83%）、亚麻酸乙酯（3.23%）、2,6-二甲基吡嗪（1.84%）、亚油酸甲酯（1.41%）、2-甲基-2-丁醇（1.32%）、蒽（1.20%）、2-甲基四氢呋喃-3-酮（1.11%）、肉豆蔻酸（1.03%）等。

茎：梁宇等（2008）用固相微萃取法提取的菊苣肉质茎精油的主要成分为：9,12-十八碳二烯酸乙酯（32.06%）、香豆素（19.83%）、十六酸乙酯（18.00%）、9,12,15-十八碳三烯-1-醇（7.29%）、油酸乙酯（3.29%）、乙醇（1.50%）、苯丙酸乙酯（1.25%）、十五酸乙酯（1.14%）、苯乙酸乙酯（1.05%）等。

【利用】叶作蔬菜食用。根可提制代用咖啡。花用于做色拉，花蕾用于做泡菜。全草及根可供药用，具有清热解毒、利尿消肿、健胃等功效，主治湿热黄疸、肾炎水肿、胃脘胀痛、食欲不振。可作野趣园材料或疏林杂植。花可提取浸膏，用于烟草和食品香精中。

## ❀ 白子菜

*Gynura divaricata* (Linn.) DC.

| 菊科　菊三七属 |
| --- |
| **别名:** 百子菜、百子草、白背三七、白背菜、大绿叶、大肥牛、富贵菜、鸡菜、叉花土三七、接骨丹、茹童菜、土田七、散血姜、明月草、菊三七、又闻又清 |
| **分布:** 广东、海南、四川、香港、云南 |

【形态特征】多年生草本，高30～60 cm。叶质厚，卵形，椭圆形或倒披针形，长2～15 cm，宽1.5～5 cm，顶端钝

或急尖，基部楔状狭或下延成叶柄，近截形或微心形，边缘具粗齿，有时提琴状裂，叶面绿色，叶背带紫色，两面被短柔毛；叶柄基部有卵形或半月形具齿的耳。上部叶渐小，苞叶状，狭披针形或线形，羽状浅裂，略抱茎。头状花序直径1.5～2 cm，通常2～5个在茎或枝端排成疏伞房状圆锥花序；具1～3线形苞片。总苞钟状，基部有数个线状或丝状小苞片；总苞片1层，11～14个，狭披针形。小花橙黄色，有香气；花冠长11～15 mm，裂片长圆状卵形，顶端红色，尖。瘦果圆柱形，长约5 mm，褐色，具10条肋，被微毛；冠毛白色，绢毛状，长10～12 mm。花果期8～10月。

小，披针形至线状披针形。头状花序多数，直径10 mm，在茎、枝端排列成疏伞房状；有1～3丝状苞片。总苞狭钟状，长11～15 mm，宽8～10 mm，基部有7～9个线形小苞片；总苞片1层，约13个，线状披针形或线形，顶端尖或渐尖，边缘干膜质。小花橙黄色至红色，长13～15 mm，管部细；裂片卵状三角形。瘦果圆柱形，淡褐色，长约4 mm；冠毛白色，绢毛状。花果期5～10月。

【生长习性】生于山坡林下、岩石上或河边湿处，海拔600～1500 m。喜温，耐热，耐寒，喜湿。喜冷凉气候，嫩茎生长最适宜温为日平均20～28 ℃。耐旱。喜强光照。对土壤要求不严，黄壤、砂壤、红壤均可种植。适宜pH为5.5～6.5。

【精油含量】水蒸气蒸馏新鲜茎叶的得油率为0.30%。

【芳香成分】吕晴等（2004）用同时蒸馏萃取法提取的贵州贵阳产红凤菜新鲜茎叶精油的主要成分为：α-蒎烯（38.00%）、反-石竹烯（11.03%）、α-石竹烯（8.13%）、b-蒎烯（6.84%）、α-胡椒烯（3.96%）、2-b-蒎烯（3.54%）、环己醇（3.37%）、1-b-蒎烯（3.30%）、d-杜松烯（2.18%）、双环吉玛烯（2.11%）、反式-2-己烯醛（2.08%）、桧烯（1.91%）、月桂烯（1.90%）、顺式-3-己烯醇（1.82%）、芳樟醇（1.66%）、γ-依兰油烯（1.65%）、顺-石竹烯（1.52%）、γ-榄香烯（1.32%）等。

【利用】嫩梢和嫩茎叶可作蔬菜食用，也可糖醋腌渍后食用。全草药用，有清热、消肿、止血、生血的功效，主治咳血、崩漏、外伤出血、痛经、痢疾、疮疡毒、跌打损伤、溃疡久不收敛。

【生长习性】常生于山坡草地、荒坡和田边潮湿处，海拔100～1800 m。抗逆性强，在高温的夏季依然生长良好，温度低于15 ℃时生长缓慢。

【芳香成分】秦晓霜等（2006）用水蒸气蒸馏法提取的广东广州产白子菜干燥全草精油的主要成分为：荜澄茄醇（19.78%）、斯潘连醇（12.24%）、δ-杜松烯（11.79%）、柏木烯（6.38%）、β-石竹烯（5.77%）、γ-榄香烯（4.93%）、植醇（4.88%）、α-石竹烯（4.77%）、紫苏醛（3.65%）、β-合欢烯（1.97%）、喇叭茶醇（1.78%）、棕榈酸（1.47%）、珀珈烯（1.22%）等。

【利用】全草入药，有清热解毒、舒筋接骨、凉血止血的功效，用于治支气管肺炎、小儿高热、百日咳、目赤肿痛、风湿关节痛、崩漏；外用治跌打损伤、骨折、外伤出血、乳腺炎、疮疡疔肿、烧烫伤。嫩茎叶可作蔬菜食用。

## 🌸 红凤菜

*Gynura bicolor* (Willd.) DC.

**菊科　菊三七属**

**别名：** 白背三七、补血菜、观音苋、廊皮菜、红正菜、红菜、紫背天葵、紫背菜、两色三七草、玉枇杷、金枇杷、木耳菜、血皮菜

**分布：** 云南、贵州、广西、广东、海南、福建、台湾、四川

【形态特征】多年生草本，高50～100 cm，全株无毛。叶片倒卵形或倒披针形，长5～10 cm，宽2.5～4 cm，顶端尖或渐尖，基部楔状渐狭成具翅的叶柄。边缘有不规则的波状齿或小尖齿，叶面绿色，叶背干时变紫色；上部和分枝上的叶

## 🌸 菊三七

*Gynura japonica* (Thunb.) Juel.

**菊科　菊三七属**

**别名：** 三七草、菊叶三七

**分布：** 四川、云南、贵州、湖北、湖南、陕西、安徽、浙江、江西、福建、台湾、广西

【形态特征】高大多年生草本，高60～150 cm，或更高。茎有明显的沟棱。基部和下部叶较小，椭圆形，不分裂至大头羽状；中部叶大，叶柄基部有叶耳，多少抱茎，叶片椭圆形或长圆状椭圆形，长10～30 cm，宽8～15 cm，羽状深裂，顶裂片大，侧裂片2～6对，边缘有锯齿、缺刻，稀全缘。叶面绿色，

叶背绿色或变紫色；上部叶较小，羽状分裂，渐变成苞叶。头状花序多数，直径1.5～1.8 cm，花茎枝端排成伞房状圆锥花序；每一花序枝有3～8个头状花序；有1～3线形的苞片；总苞狭钟状或钟状，基部有9-11线形小苞片；总苞片1层，13个，线状披针形。小花50～100个，花冠黄色或橙黄色，长13～15 mm，管部细，裂片卵形。瘦果圆柱形，棕褐色，长4～5 mm。冠毛白色，绢毛状。花果期8～10月。

【生长习性】常生于山谷、山坡草地、林下或林缘，海拔1200～3000 m。生于阴湿肥沃处，喜阴，喜冬暖夏凉的环境，畏严寒酷热。喜潮湿但怕积水，5～35 ℃均能生长，生长适宜温度18～25 ℃。对土壤要求不严，适应范围广。

【芳香成分】梁利香等（2015）用水蒸气蒸馏法提取的湖北小林产菊三七干燥茎叶精油的主要成分为：石竹烯氧化物（64.45%）、匙叶桉油烯醇（7.14%）、石竹烯（6.28%）、2,6-二甲基-6-(4-甲基-3-戊基)-双环[3.1.1]-2-庚烯（4.46%）、(1R,3E,7E,11R)-1,5,5,8-四甲基-12-氧杂双环[9.1.0]十二烷-3,7-二烯（2.83%）、α-金合欢烯（2.80%）等。

【利用】根药用，有活血、止血、解毒的功效，用于治跌打损伤、创伤出血、吐血、产后血气痛。嫩苗或嫩叶可作蔬菜食用。

## ❀ 木耳菜

*Gynura cusimbua* (D. Don) S. Moore

菊科　菊三七属

别名：西藏三七草、箐跌打、石头菜

分布：四川、云南、西藏

【形态特征】多年生高大草本，高1.5～2 m。茎肉质，有槽沟。叶大，倒卵形至长圆状披针形，长5～30 cm，宽4～11 cm，顶端渐尖，基部楔状狭成短柄或扩大抱茎的宽叶耳，边缘有锐锯齿，齿端具小尖，叶背有时变紫色；上部叶渐小，长圆状披针形或披针形。头状花序直径10～12 mm，通常4～15个花茎，枝端排成伞房状圆锥花序；具2～3个丝状线形的苞片，被短柔毛。总苞片狭钟形或圆柱状，基部有7～9个线状丝形的小苞片；总苞1层，13～15个，线形或线状披针形。小花约50个，橙黄色，花冠长11～13 mm，管部细，裂片三角状卵形。瘦果圆柱形，长4～4.5 mm，褐色。冠毛多数，白色，绢毛状。花果期9～10月。

【生长习性】生于林下、山坡或路边草丛中，海拔1350～3400 m。耐高温、耐干旱、耐潮湿，喜湿润。

【芳香成分】周杨晶等（2014）用水蒸气蒸馏法提取的四川理县产木耳菜干燥全草精油的主要成分为：依兰烯（7.30%）、δ-杜松烯（6.85%）、氧化石竹烯（5.90%）、1,5,9-三甲基-12-(1-甲基乙基)-4,8,13-环戊二烯并环辛四烯-1,3-二醇（5.83%）、正十六烷酸（4.90%）、愈创醇（4.82%）、(1α,4aβ,8aα)-7-甲基-4-亚甲基-1-(1-甲基乙基)-1,2,3,4,4a,5,6,8a-八氢化萘（4.48%）、喇叭醇（3.77%）、叶绿醇（3.03%）、1,1,6-三甲基-1,2-二氢化萘（3.00%）、罗汉柏烯（2.95%）、4-(2,6,6-三甲基-1-环己烯-1-基)-3-丁烯-2-醇（2.92%）、十六烷（2.30%）、胡萝卜醇（2.23%）、十六醛（2.16%）、橙花叔醇（1.99%）、4-雪松烯环氧化物（1.87%）、[1R-(1α,4β,4aβ,8aβ)]-1,6-二甲基-4-(1-甲基乙基)-1,2,3,4,4a,7,8,8a-八氢萘烯-1-醇（1.85%）、α-荜澄茄烯（1.74%）、桉油精（1.70%）、6,10,14-三甲基-2-十五烷酮（1.68%）、[1aR-(1aα,7α,7aβ,7bα)]-1a,2,3,5,6,7,7a,7b-八氢-1,1,4,7-

四甲基-1H-环丙薁（1.64%）、二十三烷（1.54%）、匙叶桉油烯醇（1.46%）、α-依兰油烯（1.41%）、二十烷（1.37%）、珈玛烯（1.02%）等。

【利用】全草入药，有接筋续骨、消肿散瘀的功效，主治骨折、跌打扭伤、风湿性关节炎。花汁有清血解毒作用，能解痘毒，外敷治痈毒及乳头破裂。果汁可作无害的食品着色剂。以幼苗、嫩梢或嫩叶供食。也可观赏。

# 白茎绢蒿

*Seriphidium terrae-albae* (Krasch) Poljak

菊科　绢蒿属

别名：白蒿

分布：新疆

【形态特征】多年生草本。茎多数，高8～30 cm。叶两面密被蛛丝状绒毛；茎下部叶与营养枝上的叶卵形，长1～3 cm，宽0.8～1 cm，1～2回羽状全裂，每侧有裂片3～4枚，每裂片再羽状全裂或3全裂，小裂片线形或狭线形；中部与上部叶小，羽状全裂，基部有小型羽状全裂的假托叶；苞片叶不分裂，线形。头状花序小，长卵形或卵形，直径1.5～3 mm，在枝上排成复总状或近于复穗状花序，茎上组成圆锥花序；总苞片4～6层，外层总苞片短小，卵形或狭卵形，稍肥厚，背面突起，密被白色蛛丝状柔毛，边狭膜质，中、内层总苞片长，长椭圆形或长椭圆状卵形，中层总苞片背面稍突起，被白色蛛丝状柔毛，边宽膜质，内层总苞片半膜质；两性花4～5朵，花冠管状，檐部红色。瘦果倒卵形或卵形。花果期8～10月。

【生长习性】生于沙漠及沙漠边缘沙砾质戈壁地区。是典型的温性超旱生、沙生植物，具有极强的抗旱和耐热能力。有抗风沙和耐土壤瘠薄的能力。适宜的土壤为沙漠土或灰棕荒漠土。

【芳香成分】滑艳等（2007）用水蒸气蒸馏法提取的新疆阜康产白茎绢蒿全草精油的主要成分为：苎酮（17.07%）、香草醛（8.73%）、马兜铃烯（6.50%）、樟脑（3.22%）、十八烷二酸（2.31%）、龙脑（1.25%）、十四烷酸（1.19%）、正十八烷（1.10%）、2-甲基-5-(1-甲基乙基)苯酚（1.03%）等。

【利用】为各类家畜的良等牧草。

# 蛔蒿

*Seriphidium cinum* (Berg. ex Poljak.) Poljak.

菊科　绢蒿属

别名：山道年蒿、山道尼格、希那

分布：新疆，西北、华北、东北地区有栽培

【形态特征】多年生草本。高20～70 cm，具纵棱。茎下部叶与营养枝叶卵形或长卵形，长3～6 cm，宽1.5～4.5 cm，2～3回羽状全裂，每侧有裂片3～4枚，小裂片狭线状披针形，具短尖头。中部叶卵形，1～2回羽状全裂，基部有羽状全裂的假托叶；上部叶与苞片叶分裂或不分裂，狭线形。头状花序椭圆状卵形或长卵形，直径2 mm，在小枝上排成密集的穗状花序，并在茎上组成狭窄而紧密的圆锥花序；总苞片4～5层，外层总苞片小，卵形，背面绿色，边膜质，中、内层总苞片椭圆形或椭

圆状卵形，边宽膜质或近半膜质；两性花3～5朵，花冠管状，黄色，檐部红色。瘦果卵形，稍扁。花果期8～10月。

【生长习性】适于在上层深厚、土壤肥沃、透水良好的砂质土或砂质灰壤土上生长。

【精油含量】水蒸气蒸馏未开放花的得油率为1.10%。

【芳香成分】刘国声等（1985）用水蒸气蒸馏法提取的新疆产蛔蒿未开放花精油的主要成分为：1,8-桉叶油素（56.89%）、L-樟脑（26.49%）、b-蒎烯（3.46%）、α-蒎烯（2.99）等。

【利用】头状花序为提取驱蛔虫药的主要原料，亦驱蛲虫。花蕾入药，有毒，可驱虫，用于治蛔虫病。

# 蒙青绢蒿

*Seriphidium mongolorum* (Krasch.) Ling et Y. R. Ling

菊科　绢蒿属

分布：内蒙古、青海

【形态特征】半灌木状草本。高30～45 cm。茎下部叶椭圆形或长卵形，长3～4 cm，宽2～3 cm，2～3回羽状全裂，每侧有裂片4～5枚，再次羽状全裂或3全裂，小裂片狭线形或狭线状披针形，微有腺点，先端锐尖，叶柄基部有小型羽状全裂的假托叶；中部叶1～2回羽状全裂，小裂片狭线形；上部叶与苞片叶羽状全裂或3全裂。头状花序椭圆形或长卵形，直径2～3 mm，基部有小苞叶，在枝上2至数枚密集着生排成密穗状花序，在茎上组成圆锥花序；总苞片4～5层，外层总苞片卵形或狭卵形，向内渐增长，中、内层总苞片椭圆形或长卵形；两性花3～6朵，花冠管状，背面有腺点。瘦果倒卵形。花果期8～10月。

【生长习性】生于海拔1100～2700 m附近的荒漠化或半荒漠草原及低山区的砾质坡地与戈壁等地区。

【精油含量】水蒸气蒸馏新鲜全草的得油率为0.31%。

【芳香成分】张兴旺等（2010）用水蒸气蒸馏法提取的青海都兰产蒙青绢蒿新鲜地上部分精油的主要成分为：3,3,6-三甲基-1,5-庚二烯-4-醇（67.83%）、2,3,6-三甲基-1,4-庚二烯-6-醇（8.70%）、桉树脑（2.37%）、银香菊烯（2.12%）、柠檬醇（1.91%）、1-甲醇基-2,2-二甲基-3-异丁烯基-环丙烷（1.62%）、乙酸-3,7-二甲基-2,6-辛二烯酯（1.14%）等。

# 沙漠绢蒿

*Seriphidium santolinum* (Schrenk) Poljak.

菊科　绢蒿属

分布：新疆

【形态特征】半灌木状草本。高25～45 cm。茎下部、中部与营养枝上的叶长椭圆状线形或宽线形，长1～7 cm，宽0.5～1.5 cm，羽状浅裂，裂片不再分裂或有时再分裂成2～3枚圆形的小浅裂片，两侧具宽裂齿；上部叶与苞片叶小，线形，通常不分裂。头状花序长卵形或卵形，直径2～3.5 mm，在枝上排列成穗状花序或为穗状花序状的总状花序或为复穗状花序，在茎上常组成圆锥花序；总苞片4～5层，外层卵形，中、内层椭圆形或长卵形，外、中层总苞片背面密被灰白色短柔毛，内

层总苞片半膜质或近膜质，边有褐色细纹；两性花3～4朵，花冠管状。瘦果卵形或倒卵形，结实时总苞片与果全脱落。花果期8～10月。

【生长习性】常生于海拔1400 m以下沙漠地区的半流动或固定沙丘上。耐旱、耐高温、抗风沙。

【精油含量】水蒸气蒸馏新鲜全草的得油率为0.31%。

【芳香成分】何雪青等（2009）用水蒸气蒸馏法提取的新疆乌鲁木齐产沙漠绢蒿新鲜全草精油的主要成分为：3,7,11-三甲基-1,6,10-十二碳三烯基-3-醇（6.08%）、5,5-二甲基-1-乙基-1,3-环戊二烯（5.48%）、十氢-1,1,7-三甲基-4-亚甲基-[1ar-(1aα,4aα,7β,7aβ,7bα)]-1H-环丙基薁-7-醇（4.64%）、2-(5-乙烯基-5-甲基-2-四氢呋喃-1)-6-甲基-[2S-[2α(R*)，5α]]-5-庚烯基-3-酮（4.34%）、2,6-二甲基-1,7-辛二烯基-3,6-二醇（3.64%）、樟脑（3.56%）、5-甲基-5-乙烯基-2(3H)呋喃酮（2.58%）、正十四烷（2.49%）、2,6-二甲基-3,7-辛二烯基-2,6-二醇（2.39%）、4-甲基-1-(1-甲基乙基)-二环[3,1,0]己烷基-3-酮（2.33%）、5,5-二甲基-2(5H)-呋喃酮（2.31%）、桉油精（2.25%）、3,5,5-三甲基-2-环己烯基-1-酮（2.13%）、顺式-环氧芳樟醇（1.97%）、十一烷酸（1.73%）、3-苯基-2-丙烯基-1-醇（1.58%）、3,7-二甲基-1,6-辛二烯基-3-醇（1.51%）、4-甲基-(1-甲基乙基)-3-环己烯基-1-醇（1.19%）、苄酮（1.15%）、龙脑（1.13%）、正十二烷（1.11%）、5-乙烯基-α,α,5-三甲基(顺)-2-四氢呋喃甲醇（1.06%）等。

【利用】是沙漠中饲用价值较高的牧草。

## 🌸 西北绢蒿

*Seriphidium nitrosum* (Web. ex Stechm.) Poljak.

| 菊科　绢蒿属 |
|---|
| 别名：新疆绢蒿 |
| 分布：内蒙古、甘肃、新疆 |

【形态特征】多年生草本或稍呈半灌木状。茎高40～50 cm。茎下部叶长卵形或椭圆状披针形，长3～4 cm，宽0.5～2 cm，二回羽状全裂，每侧有裂片4～5枚，再次羽状全裂，小裂片狭线形；中部叶1～2回羽状全裂，基部有小型假托叶；上部叶羽状全裂，基部裂片半抱茎；苞片叶不分裂，狭线形，稀少羽状

全裂。头状花序长圆形或长卵形，直径1.5～2 mm，基部有小苞叶，在分枝上排成疏松或密集的穗状花序，并在茎上组成狭长或稍开展的圆锥花序；总苞片4～5层，外层卵形或狭卵形，中、内层长卵形、椭圆形或椭圆状披针形；两性花3～6朵，花冠管状，檐部红色或黄色。瘦果倒卵形。花果期8～10月。

【生长习性】生于海拔1500 m以下荒漠化或半荒漠草原，也生于戈壁、砾质坡地、干山谷、山麓、干河岸、湖边、路旁和洪积扇地区，在盐渍化草甸附近及微盐渍化的土壤上也有生长。

【精油含量】水蒸气蒸馏全草的得油率为0.43%。

【芳香成分】朱亮锋等（1993）用水蒸气蒸馏法提取的甘肃敦煌产西北绢蒿全草精油的主要成分为：α-侧柏酮（54.08%）、α-侧柏酮异构体（16.16%）、樟脑（9.60%）、1,8-桉叶油素（7.24%）、3-甲基丁酸乙酯（1.23%）等。

【利用】牧区作牲畜的饲料。

## 🌸 伊犁绢蒿

*Seriphidium transiliense* (Poljak.) Poljak

| 菊科　绢蒿属 |
|---|
| 分布：新疆 |

【形态特征】半灌木状草本或近小灌木状。高40～80 cm。叶两面被灰绿色蛛丝状柔毛；茎下部与营养枝叶长圆形，长3.5～6 cm，2～3回羽状全裂，每侧裂片4～6枚，小裂片狭线形或狭线状披针形，先端具硬尖头；中部叶小，1～2回羽状全裂，基部有小型羽状全裂的假托叶；上部叶羽状全裂；苞片叶小，线形。头状花序椭圆状卵形或长圆形，直径1～2 mm，在分枝上排成穗状花序式的总状花序，茎上组成扫帚形的圆锥花序；总苞片4～5层，外层卵形，中、内层长圆形或椭圆状卵形，外、中层总苞片背面密被白色柔毛，常有小囊状突起；两性花3～5朵，花冠管状，黄色或檐部红色。瘦果倒卵形。花果期8～10月。

【生长习性】生于中或低海拔小丘下部、山谷、砾质或黄土质的坡地、河岸边、草原及路旁等，海拔为500～1250 m。

【精油含量】水蒸气蒸馏全草的得油率为0.25%～0.48%。

【芳香成分】马雁鸣等（2005）用水蒸气蒸馏法提取的新疆乌鲁木齐产伊犁绢蒿全草精油的主要成分为：α-苧酮（78.74%）、樟脑（6.17%）、桧烯醇乙酸酯（1.94%）、b-苧酮（1.40%）、乙酸乙酯（1.14%）等。

【利用】为提取作驱蛔虫药的原料。牧区作牲畜的饲料。

## 🌸 长裂苦苣菜

*Sonchus brachyotus* DC.

| 菊科　苦苣菜属 |
|---|
| 别名：蒲公英、野苦荬菜、滇苦荬菜、羊奶草、苦荬菜、荬菜 |
| 分布：黑龙江、吉林、内蒙古、河北、山西、陕西、山东 |

【形态特征】一年生草本，高50～100 cm。基生叶与下部茎叶全形卵形、长椭圆形或倒披针形，长6～19 cm，宽

1.5～11 cm，羽状深裂、半裂或浅裂，极少不裂，向下渐狭基部圆耳状扩大，半抱茎，侧裂片3～5对或奇数，线状长椭圆形、长三角形或三角形，顶裂片披针形，裂片全缘；中上部茎叶与基生叶和下部茎叶同形并等样分裂，但较小；最上部茎叶宽线形或宽线状披针形，接花序下部的叶常钻形。头状花序少数在茎枝顶端排成伞房状花序。总苞钟状，长1.5～2 cm，宽1～1.5 cm；总苞片4～5层，最外层卵形，中层长三角形至披针形，内层长披针形。舌状小花多数，黄色。瘦果长椭圆状，褐色，稍压扁，长约3 mm，宽约1.5 mm。冠毛白色，纤细，柔软，纠缠，单毛状。花果期6～9月。

【生长习性】生于山地草坡、河边或碱地，海拔350～2260 m，喜生于土壤湿润的路旁、沟边、山麓灌丛、林缘的森林草甸和草甸群落中，多散生。对土壤要求不严，在轻度盐渍化土上也生长良好，在酸性森林土上亦能正常生长。

【精油含量】水蒸气蒸馏干燥花的得油率为0.13%，全草的得油率为0.01 mL·g$^{-1}$。

【芳香成分】全草：徐朋等（2010）用水蒸气蒸馏法提取的山西广灵产长裂苦苣菜全草精油的主要成分为：6,10,14-三甲基-十五烷-2-酮（35.84%）、十六烷酸（35.34%）、十六酸甲酯（1.98%）、δ-榄香烯（1.27%）、二十五烷（1.14%）等。

花：李长恭等（2005）用水蒸气蒸馏法提取的河南新乡产长裂苦苣菜干燥花精油的主要成分为：苯并噻唑（5.38%）、苯甲醇（1.11%）等。

【利用】全草药用，有清热解毒、凉血利湿、消肿排脓、祛瘀止痛、补虚止咳的功效，多用于治疗细菌性痢疾、喉炎、虚弱咳嗽，同时还具有抗肿瘤作用。花具有清热利胆的功效，治疗急性黄疸型传染性肝炎。嫩茎叶可作蔬菜食用。

# 🌼 苣荬菜
*Sonchus arvensis* Linn.

| 菊科　苦苣菜属 |
| --- |
| 别名：败酱草、取麻菜、野苦荬、小鹅菜、小蓟、苦苣菜、曲曲芽 |
| 分布：陕西、宁夏、新疆、福建、湖南、湖北、广西、四川、云南、贵州、西藏 |

【形态特征】多年生草本。高30～150 cm。基生叶多数，与中下部茎叶倒披针形或长椭圆形，羽状或倒向羽状深裂、半裂或浅裂，长6～24 cm，宽1.5～6 cm，侧裂片2～5对；裂片边缘

有小锯齿或小尖头；上部茎叶及花序分枝下部的叶披针形或线钻形，小或极小；全部叶基部渐窄成长或短翼柄，基部圆耳状扩大半抱茎。头状花序在茎枝顶端排成伞房状花序。总苞钟状，长1～1.5 cm，宽0.8～1 cm，基部有绒毛。总苞片3层，外层披针形，中内层披针形；全部总苞片外面沿中脉有1行头状具柄的腺毛。舌状小花多数，黄色。瘦果稍压扁，长椭圆形，长3.7～4 mm，宽0.8～1 mm。冠毛白色，基部连合成环。花果期1～9月。

【生长习性】生于山坡草地、林间草地、潮湿地或近水旁、村边或河边砾石滩，海拔300～2300 m。适宜温度为16～22 ℃。

【精油含量】水蒸气蒸馏干燥全草的得油率为3.74%。

【芳香成分】乔春燕等（2008）用水蒸气蒸馏法提取的苣荬菜干燥全草精油的主要成分为：十六烷酸（34.21%）、3,7,11,15-四甲基-2-十六碳烯-1-醇（14.06%）、棕榈酸甲酯（10.91%）、7-十八碳酸甲酯（9.12%）、亚油酸甲酯（5.09%）、亚油酸（4.58%）、十八碳酸甲酯（3.28%）、十四碳酸甲酯（3.00%）、双环[5,3,0]十烯烷（2.29%）、植醇（1.36%）等。

【利用】嫩苗或嫩茎叶可蘸酱生食或炒食，也可腌渍。全草药用，有清热解毒、凉血利湿、消肿排脓、祛瘀止痛、补虚止咳的功效，主治协日热引起的口苦、发烧、胃痛、胸肋刺痛、食欲不振、巴达干包如病、胸口灼热、泛酸、作呕、胃腹不适。

# 🌼 苦苣菜
*Sonchus oleraceus* Linn.

| 菊科　苦苣菜属 |
| --- |
| 别名：滇苦荬菜、滇苦菜、苦菜、苦荬菜、苦苦菜、甜苦荬菜、尖叶苦菜、拒马菜、野芥子 |
| 分布：辽宁、河北、山西、陕西、甘肃、青海、新疆、山东、江苏、安徽、浙江、江西、福建、台湾、河南、湖南、湖北、广西、四川、云南、贵州、西藏 |

【形态特征】一年生或二年生草本。高40～150 cm。基生叶长椭圆形或倒披针形，羽状深裂，或不裂，椭圆形、三角形、或圆形；中下部茎叶羽状深裂或大头状羽状深裂，全形椭圆形或倒披针形，长3～12 cm，宽2～7 cm，柄基圆耳状抱茎，侧生裂片1～5对；上部茎叶与中下部茎叶同型并等样分裂或不分

裂；全部叶或裂片边缘有锯齿，或全缘，质地薄。头状花序少数在茎枝顶端排紧密的伞房花序或总状花序或单生茎枝顶端。总苞宽钟状，长1.5 cm，宽1 cm；总苞片3～4层，覆瓦状排列，向内层渐长；外层长披针形或长三角形，中内层长披针形至线状披针形。舌状小花多数，黄色。瘦果褐色，长椭圆形或长椭圆状倒披针形，长3 mm，宽不足1 mm，压扁，冠毛白色。花果期5～12月。

【生长习性】生于山坡或山谷林缘、林下或平地田间、空旷处或近水处，海拔170～3200 m。适应性广，耐旱、耐瘠、耐热。

【精油含量】水蒸气蒸馏干燥叶的得油率为0.06%。

【芳香成分】周向军等（2009）用水蒸气蒸馏法提取的甘肃天水产苦苣菜干燥叶精油的主要成分为：植醇（12.10%）、十六酸甲酯（12.07%）、癸烷（8.90%）、二十五烷（5.70%）、二十七烷（5.57%）、6,10,14-三甲基-2-十五烷酮（3.49%）、壬醛（3.22%）、癸醛（2.51%）、反式-2-十一烯-1-醇（2.25%）、(Z,Z,Z)-9,12,15-十八烷三烯酸乙酯（2.24%）、十四烷醛（1.82%）、己酸己酯（1.48%）、二十烷（1.45%）、十四烷醛（1.33%）、十三烷酸乙酯（1.17%）、十四烷（1.14%）等。

【利用】全草入药，有清热解毒、凉血止血、祛湿降压的功效，用于治肠炎、痢疾、黄疸、淋证、咽喉肿痛、痈疮肿毒、乳腺炎、痔瘘、吐血、衄血、咯血、尿血、便血、崩漏。嫩株或嫩叶可作蔬菜食用，可鲜食，也可晒干菜、腌咸菜、做罐头、速冻菜。是良好的青绿饲料。

## 🌼 款冬
*Tussilago farfara* Linn.

| 菊科　　款冬属 |
|---|
| 别名：蒆奚、款冻、苦萃、八角乌、虎须、咳嗽草、款冬花、冬花、冬茎、九九花、九尽草、西冬花 |
| 分布：东北、华北、华东、西北和湖北、湖南、江西、贵州、云南、西藏 |

【形态特征】多年生草本。根状茎横生地下，褐色。早春花叶抽出数个花葶，高5～10 cm，密被白色茸毛，有鳞片状，互生的苞叶，苞叶淡紫色。头状花序单生顶端，直径2.5～3 cm；总苞片1～2层，总苞钟状，长15～18 mm，总苞片线形，顶端钝，常带紫色，被白色柔毛及脱毛，有时具黑色腺毛；边缘有多层雌花，花冠舌状，黄色；中央的两性花少数，花冠管状，顶端5裂。瘦果圆柱形，长3～4 mm；冠毛白色，长10～15 mm。后生出基生叶阔心形，具长叶柄，叶片长3～12 cm，宽4～14-cm，边缘有波状，顶端增厚的疏齿，掌状网脉，下面被密白色茸毛；叶柄长5～15 cm，被白色棉毛。

【生长习性】常生于山谷湿地、河边、沙地、林缘、路旁、林下。喜凉爽湿润环境，耐寒，怕热、怕旱、怕涝，气温在15～25℃时生长良好。以肥沃疏松的砂质壤土为宜。较耐荫蔽。

【精油含量】水蒸气蒸馏花的得油率为0.10%～1.02%；同时蒸馏萃取花的得油率为0.13%～1.94%；超临界萃取的干燥花

的得油率为1.09%～1.28%。

【芳香成分】余建清等（2005）用水蒸气蒸馏法提取的湖北产款冬干燥花蕾精油的主要成分为：α-十一烯（12.93%）、β-红没药烯（9.12%）、1,10-十一二烯（7.56%）、环十一烯（5.66%）、斯巴醇（5.26%）、二表-α-香松烯环氧化物（4.99%）、榄香烯（4.32%）、反-10-甲基-内-三环[$5.2.1.0^{2,6}$]癸烷（3.36%）、α-杜松醇（2.95%）、长马鞭草烯酮（2.80%）、β-荜澄茄油萜（2.73%）、棕榈酸（2.16%）、喇叭茶烯醇（1.84%）、γ-杜松品烯（1.80%）、表-α-杜松醇（1.80%）、壬烯（1.76%）、双环[10.1.0]十三-1-烯（1.66%）、β-金合欢烯（1.56%）、十八烷三烯（1.45%）、胡椒烯（1.10%）、丁基甲醚（1.09%）、1-十三烯（1.06%）等。何保江等（2014）用同法分析的干燥花蕾精油的主要成分为：1,2,4a,5,6,8a-六氢-4,7-二甲基-1-(1-甲基乙基)-酮（15.65%）、1,7-二甲基-7-(4-甲基-3-戊烯基)-三环[$2.2.1.0^{2,6}$]庚烷（13.46%）、2,4,5,6,7,8-六氢-3,5,5,9-三甲基-1H-酮（8.42%）、1-乙氧基丙烷（8.02%）、3-甲基-6-(1-甲基亚乙基)-环己烯（4.73%）、1-甲基-4-萘（3.88%）、2,2,4-三甲基戊烷（3.31%）、3R-4-乙烯基-甲基-3-(1-甲基乙烯基)-1-(1-甲基乙基)-环己烯（3.18%）、丁香油精（2.79%）、四氯化碳（2.45%）、3-甲基酯戊酸（2.08%）、2,6-二甲基-6-(4-甲基-3-戊烯基)-双环-[3.1.1]庚-2-烯（2.04%）、3,7,7-三甲基-11-甲基-[5.5]-二烯（1.73%）、乙酸乙酯（1.48%）、1α,4α,8α-1,2,3,4,4a,5,6,8a-八氢-7-甲基-4-甲基-1-(1-甲基乙基)萘（1.43%）、2-乙氧基丁烷（1.40%）、甲苯（1.40%）、1,2,3,4,4a,5,6,8a-八氢-7-甲基-4-甲基-1-(1-甲基乙基)-(1α,4αβ,8αα)-萘（1.34%）、顺-(-)-2,4a,5,6,9a-六氢-3,5,5,9-甲基-1H-苯并环丁烯（1.34%）、1,3,5-三(1-甲基乙基)苯（1.00%）等。闫克玉等（2009）用同时蒸馏萃取法提取的干燥花蕾精油的主要成分为：β-红没药烯（14.12%）、十六烷酸（10.35%）、匙叶桉油烯醇（5.87%）、7,10,13-十六三烯醛（5.48%）、1-甲基-4-(5-甲基-1-亚甲基-4-己烯基)环己烯（5.19%）、δ-杜松烯（4.65%）、亚油酸（4.23%）、β-荜澄茄油烯（3.76%）、双环吉玛烯（3.05%）、6,10,14-三甲基-2-十五烷酮（2.54%）、1-十一烯（2.19%）、亚麻酸（1.87%）、γ-亚麻酸甲酯（1.58%）、正二十三烷（1.46%）、β-紫罗兰酮（1.34%）、正十八烷（1.29%）、正二十四烷（1.12%）等。

【利用】花蕾及叶入药，有止咳、润肺、化痰的功效，用于外感内伤、寒热虚实的咳嗽、肺虚久咳不止，润肺下气，化痰止嗽，咳逆喘息，喉痹。为蜜源植物。叶、叶柄和花薹可作蔬菜食用。有较好的景观效果。

# 华东蓝刺头
*Echinops grijsii* Hance

菊科　蓝刺头属
别名：格利氏蓝刺头
分布：辽宁、山东、河南、安徽、湖北、四川、江苏、福建、台湾、广西

【形态特征】多年生草本，高30～80 cm。茎直立，单生。叶纸质。基部叶及下部茎叶椭圆形、长椭圆形、长卵形或卵状披针形，长10～15 cm，宽4～7 cm，羽状深裂；侧裂片4～7对；裂片边缘有刺状缘毛。向上叶渐小。中部茎叶披针形或长椭圆形，与基部及下部茎叶等样分裂。叶面绿色，叶背白色或灰白色，被密厚的蛛丝状绵毛。复头状花序单生枝端或茎顶，直径约4 cm。头状花序长1.5～2 cm。基毛多数，白色，长7～8 mm。外层苞片线状倒披针形，有白色长缘毛；中层长椭圆形，有短缘毛；内层苞片长椭圆形，顶端芒状齿裂或芒状片裂。苞片24～28个。小花长1 cm，花冠5深裂，有腺点。瘦果倒圆锥状，长1 cm，被密厚的长直毛。冠毛量杯状；冠毛膜片线形，边缘糙毛状，大部结合，花果期7～10月。

【生长习性】生于山坡草地。

【精油含量】水蒸气蒸馏阴干根的得油率为0.05%。

【芳香成分】果德安等（1994）用水蒸气蒸馏法提取的河南禹县产华东蓝刺头阴干根精油的主要成分为：顺式-β-金合欢烯（25.18%）、5-(丁烯-3-炔-1)联噻吩（19.67%）、β-红没药烯（12.11%）、α-三联噻吩（8.36%）、香柠檬烯（4.57%）、δ-愈创木烯（1.72%）、胡薄荷酮（1.22%）、氧化石竹烯（1.01%）等。

【利用】根入药，有清热解毒、排脓止血、消痈下乳的功效，用于治疗诸疮痈肿、乳痈肿痛、乳汁不通、瘰疬疮毒等症。

【生长习性】生于河边，田边或路旁。喜温，喜湿耐旱，抗盐耐瘠和耐阴。为光敏感性种子，在光照条件下才能萌发。在土壤水分充分湿润及饱和的条件下生长最好，耐盐碱。

# ❀ 鳢肠

*Eclipta prostrata* (Linn.) Linn.

菊科　鳢肠属

别名：莲子草、旱莲草、墨旱莲、墨菜、墨头草、猪牙草

分布：全国各地

【形态特征】一年生草本。高达60 cm。叶长圆状披针形或披针形，长3～10 cm，宽0.5～2.5 cm，顶端尖或渐尖，边缘有细锯齿或有时仅波状，两面被密硬糙毛。头状花序径6～8 mm；总苞球状钟形，总苞片绿色，草质，5～6个排成2层，长圆形或长圆状披针形，外层较内层稍短，背面及边缘被白色短伏毛；外围的雌花2层，舌状，长2～3 mm，舌片短，中央的两性花多数，花冠管状，白色，长约1.5 mm，顶端4齿裂；瘦果暗褐色，长2.8 mm，雌花的瘦果三棱形，两性花的瘦果扁四棱形，顶端截形，具1～3个细齿，基部稍缩小，边缘具白色的肋，表面有小瘤状突起，无毛。花期6～9月。

【芳香成分】余建清等（2005）用水蒸气蒸馏法提取的湖北黄冈产鳢肠新鲜全草精油的主要成分为：1,5,5,8-四甲基-12-氧双环[9.1.0]十五碳-3,7-双烯（10.82%）、6,10,14-三甲基-2-十五酮（9.27%）、δ-愈创木烯（7.73%）、新二氢香芹醇（7.50%）、3,7,11,15-四甲基-2-十六烯-1-醇（6.67%）、十六烷酸（5.82%）、环氧石竹烯（5.39%）、十七烷（5.34%）、二表香松烯-1-氧化物（2.85%）、(E)-石竹烯（2.61%）、十五烷（2.50%）、异二氢香芹醇（1.88%）、雅槛篮烯（1.66%）、马兜铃烯环氧化物（1.61%）、

β-桉叶醇（1.33%）、1-甲基-4-(1-甲基乙基)环己醇（1.13%）、丁基甲醚（1.09%）、8-十七烯（1.06%）、2-异丙烯基-4a,8-二甲基-1,2,3,4,4a,5,6,7-八氢萘（1.03%）等。

【利用】全草入药，有凉血、止血、消肿、强壮的功效，可治各种吐血、鼻出血、咳血、肠出血、尿血、痔疮出血、血崩等症。救荒野菜，嫩茎叶可作蔬菜食用。为家畜常用饲料。

# 六棱菊

*Laggera alata* (D. Don) Sch.-Biq. ex Oliv.

**菊科　六棱菊属**
别名：百草王、六耳铃、鹿耳翎、四棱锋、六达草、四方艾
分布：东部、东南部至西南部，北至安徽、湖南

【形态特征】多年生草本，高约1 m。叶长圆形或匙状长圆形，长8～1.8 cm，宽2～7.5 cm，基部下延成茎翅，顶端钝，边缘有疏细齿，两面密被腺毛，上部或枝生叶狭长圆形或线形，长16～35 mm，宽3～7 mm。头状花序多数，径约1 cm，作总状花序式着生于具翅的小枝叶腋内，在茎枝顶端排成大型总状圆锥花序；总苞近钟形，长约12 mm；总苞片约6层，外层叶质，绿色长圆形或卵状长圆形，背面密被疣状腺体和短柔毛，内层干膜质，顶端通常紫红色，线形，背面疏被腺点；雌花多数，花冠丝状，长约8 mm，顶端3～4齿裂。两性花多数，花冠管状，长7～8 mm，檐部5浅裂，被疏乳头状腺点和杂有疏短柔毛；花冠淡紫色。瘦果圆柱形，长约1 mm，被疏白色柔毛。

冠毛白色。花期10月至翌年2月。

【生长习性】生于旷野、路旁以及山坡阳处地。

【精油含量】水蒸气蒸馏新鲜叶的得油率为0.38%，新鲜全草的得油率为0.46%～0.51%。

【芳香成分】叶：辛小燕等（1999）用同时蒸馏萃取法提取的云南昆明产六棱菊新鲜叶精油的主要成分为：1,4-二甲氧基-2,3,5,6-甲基苯（48.21%）、4-亚甲基-双环[3,1,0]己烷（6.95%）、α-石竹烯（4.89%）、3-甲基-2-丁醇（4.70%）、石竹烯（3.98%）、3-己烯-1-醇（2.81%）、β-桉叶油醇（1.69%）、大根香叶烯A（1.45%）、1H-环戊二烯[1,3]并环丙[1,2]（1.37%）、1H-环丙醛萘（1.26%）、石竹烯氧化物（1.04%）等。

全草：田辉等（2011）用水蒸气蒸馏法提取的广西上思产六棱菊新鲜全草精油的主要成分为：2,4-二羟基-3-烯丙基-5-乙酰基苯乙酮（41.49%）、4-甲基-5-硝基-7-叔丁基苯并噁唑（30.79%）、β-紫罗兰酮（12.75%）、棕榈酸（1.62%）、β-芹子烯（1.34%）、氧化石竹烯（1.02%）等；广西南宁产六棱菊新鲜全草精油的主要成分为：4-乙酰基-5-羟基-2-苯并呋喃乙酸（59.04%）、α-石竹烯（4.50%）、γ-古芸烯（3.98%）、佛术烯（2.96%）、5β-10,10-二甲基-2,6-二亚甲基双环[7.2.0]-5-十一醇（2.89%）、乙酸香叶酯（2.19%）、氧化石竹烯（2.06%）、β-石竹烯（1.80%）、香树烯（1.40%）等。

【利用】全草入药，有祛风、除湿、化滞、散瘀、消肿、解毒的功效，用于治感冒咳嗽、气管炎、肺炎、口腔炎、胃寒气痛、身痛、泄泻、风湿关节痛、经闭、肾炎水肿；外用治跌打损伤、疔痈、瘰疬、湿毒瘙痒、烧烫伤、毒蛇咬伤、皮肤湿疹。根入药，有调气补虚、清热解表的功效，用于治虚劳、经闭、风热感冒。

# 翼齿六棱菊

*Laggera pterodonta* (DC.) Benth.

**菊科　六棱菊属**
别名：臭灵丹、臭叶子、翼齿臭灵丹、狮子草、六棱菊、野辣烟、归经草、鱼富有
分布：云南、四川、西藏、湖北、贵州、广西

【形态特征】草本。高达1 m。中部叶倒卵形，长7～15 cm，宽2～7 cm，基部渐狭下延成茎翅，两面疏被柔毛和杂以腺体；

上部叶小，倒卵形或长圆形，长2~3cm，宽5~10mm，边缘锯齿较小。头状花序多数，径约10mm，在茎枝顶端排列成总状或近伞房状的大型圆锥花序；总苞近钟形，长约8mm；总苞片约7层，外层长圆形或长圆状披针形，背面被腺状短柔毛，内层上部有时紫红色，线形，最内层常丝状。雌花多数，花冠丝状，长约7mm，顶端有4~5小齿。两性花约与雌花等长，花冠管状，檐部通常5裂，裂片卵状或卵状渐尖，背面有乳头状突起。瘦果近纺锤形，长约10mm，被白色长柔毛。冠毛白色。花期4~10。

【生长习性】生于空旷草地上或山谷疏林中。

【精油含量】水蒸气蒸馏干燥全草的得油率为0.05%，新鲜叶的得油率为0.36%。

【芳香成分】叶：辛小燕等（1999）用同时蒸馏萃取法提取的云南昆明产翼齿六棱菊新鲜叶精油的主要成分为：1,4-二甲氧基-2,3,5,6-甲基苯（35.60%）、4-亚甲基-双环[3,1,0]己烷（6.82%）、石竹烯（4.74%）、3-甲基-2-丁醇（4.35%）、3,7,11-三甲基-1,6,10-十二碳三烯-3-醇（3.04%）、3-己烯-1-醇（2.92%）、α-石竹烯（2.73%）、1-辛烯-3-醇（2.32%）、1H-环戊二烯[1,3]并环丙[1,2]（1.92%）、桉树脑（1.85%）、3,7-二甲基-1,6-辛二烯-3-醇（1.42%）、β-月桂烯（1.36%）、α-水芹烯（1.19%）、大根香叶烯A（1.16%）等。

全草：魏均娴等（1992）用水蒸气蒸馏法提取的云南双柏产翼齿六棱菊干燥全草精油的主要成分为：2,6-双（1,1二甲基乙基)-4-乙基苯酚（28.27%）、δ-杜松醇（9.17%）、1,4-二甲氧基-四甲基苯（4.93%）、二(1,1-二甲基乙基)-6-(1-甲基-1-甲烯乙基)-4-基苯酚（4.31%）、1,8-桉叶油素（3.98%）、蓝桉醇（3.32%）、3-己烯-1-醇（2.93%）、δ-松油醇（2.68%）、桃金娘烯醇（2.43%）、去双氧金合欢醇（2.24%）、松油烯-4-醇（1.92%）、β-芹子烯（1.49%）、己醇（1.25%）、二氢葛缕酮（1.17%）、芳樟醇（1.08%）、棕榈酸（1.07%）等。

【利用】全草入药，有小毒，有清热解毒、镇痛消肿的功效，用于治乳蛾、咽喉痛、口腔破溃、咳嗽痰喘、疟疾、疮痈肿毒、毒蛇咬伤、跌打损伤。

# ❀ 漏芦

*Stemmacantha uniflora* (Linn.) DC.

菊科　漏芦属

**别名：** 漏芦花、祁州漏芦、狼头花、和尚头花、和尚头、大脑袋花、大口袋花、土烟叶、打锣锤、老虎爪、郎头花、牛馒土

**分布：** 东北、河北、内蒙古、山东、陕西、甘肃、宁夏、西藏等地

【形态特征】多年生草本，高6~100cm。基生叶及下部茎叶椭圆形，长椭圆形，倒披针形，长10~24cm，宽4~9cm，羽状深裂或几全裂。侧裂片5~12对，边缘有锯齿或呈二回羽状分裂状。中上部茎叶渐小。全部叶质地柔软，两面灰白色，被蛛丝毛及糙毛和黄色小腺点。头状花序单生茎顶。总苞半球形，直径3.5~6cm。总苞片约9层，覆瓦状排列，向内层渐长。全部苞片顶端有宽卵形浅褐色膜质附属物。全部小花两性，管状，花冠紫红色，长3.1cm。瘦果3~4棱，楔状，长4mm，宽2.5mm，顶端有果缘，果缘边缘细尖齿。冠毛褐色，多层，基部连合成环；冠毛刚毛糙毛状。花果期4~9月。

【生长习性】生于向阳山坡丘陵地、松林下或桦木林下，海拔390~2700m。

【精油含量】水蒸气蒸馏干燥头状花序的得油率为0.02%~0.08%。

【芳香成分】根：高玉国等（2013）用同时蒸馏萃取法提取的干燥根精油的主要成分为：十氢化-α,α,4a-三甲基-8-甲基-2-萘甲醇（22.35%）、十氢化-4a-甲基-1-甲烯基-7-(1-

甲基乙烯基)-萘（15.26%）、2,4,5,6,7,8-六氢化-1,4,9,9-四甲基-3H-3a,7-甲基甘菊烯（6.43%）、三环[8.6.0.0$^{2,9}$]十六-3,15-二烯（3.82%）、1,2,3,4,4a,5,6,7-八氢化-α,α,4a,8-四甲基2-萘甲醇（2.87%）、1,5-二甲基-8-丙烯基-1,5-环癸二烯（2.80%）4,4a,5,6,7,8-六氢化-4a,5-二甲基-3-(1-甲基亚乙基)-2(3H)-萘酮（2.05%）、β-倍半水芹烯（1.46%）、2-异丙基-4a,8-二甲基-1,2,3,4,4a,5,6,7-八氢化萘（1.40%）、4-甲酰基[1,1'-联苯]（1.27%）、1,2,3,4,4a,5,6,8a-八氢化-4a,8-二甲基-2-(1-甲基乙烯基)-萘（1.24%）、1,2,3,4,4a,5,6,8a-八氢化-1,8a-二甲基-7-(1-甲基乙烯基)-萘（1.21%）、12,6,6-三甲基双环[3.1.1]庚-2-烯（1.04%）等。

花：朱丽华等（1991）用水蒸气蒸馏法提取的干燥头状花序精油的主要成分为：β-荜澄茄烯（10.10%）、十五烷（10.09%）、1-十三烯（7.86%）、二十烷（6.39%）、顺式-石竹烯（5.22%）、十七烷（4.84%）、β-桉叶醇（2.51%）、5,7,11,15-四甲基-2-十六烯醇（2.44%）、氧化石竹烯（1.88%）、十六烷（1.80%）、γ-榄香烯（1.80%）、十五醛（1.69%）、六氢金合欢基丙酮（1.65%）、d-杜松烯（1.57%）、蛇麻烯（1.55%）、α-依兰油烯（1.53%）、十八烷（1.51%）、十九烷（1.43%）、二十一烷（1.31%）等。

【利用】根及根状茎入药，有清热解毒、排脓消肿和通乳的功效，用于治乳痈肿痛、痈疽发背、瘰疬疮毒、乳法不通、湿痹拘挛。

## 🌸 马兰

*Kalimeris indica* (Linn.) Sch.-Bip.

**菊科 马兰属**

**别名：** 泥鳅串、泥鳅菜、马兰头、鸡儿肠、田边菊、路边菊、蓑衣莲、脾草、岗边菊、大风草、鱼鳅串

**分布：** 江苏、浙江、江西、福建、湖北、湖南、广东、海南、广西、四川、云南、贵州、陕西、河南、台湾、安徽、山东、辽宁等地

【形态特征】根状茎有匍枝。茎高30～70 cm。叶稍薄质，边缘及下面有短粗毛。茎部叶倒披针形或倒卵状矩圆形，长3～10 cm，宽0.8～5 cm，顶端钝或尖，基部渐狭成具翅的长柄，边缘具小尖头的钝或尖齿或有羽状裂片，上部叶小，全缘，基部急狭。头状花序单生于枝端排列成疏伞房状。总苞半

球形；总苞片2～3层，覆瓦状排列；外层倒披针形，内层倒披针状矩圆形，上部草质，有疏短毛，有缘毛。花托圆锥形。舌状花1层，15～20个；舌片浅紫色，长达10 mm，宽1.5～2 mm；管状花长3.5 mm，被短密毛。瘦果倒卵状矩圆形，极扁，长1.5～2 mm，宽1 mm，褐色，上部被腺及短柔毛。花期5～9月，果期8～10月。

【生长习性】生于林缘、草丛、溪岸、路旁，极常见。适应性强，喜冷凉湿润的气候，耐热、耐瘠、耐寒性极强，生长适温15～20 ℃。对土壤要求不严，以肥沃的壤土为好，对光照适应性广。

【精油含量】水蒸气蒸馏阴干带根全草的得油率为0.39%，干燥全草的得油率为0.34%，种子的得油率为2.40%，种皮的得油率为2.00%；乙醚索氏提取干燥全草的得油率为0.23%；亚临界萃取干燥全草的得油率为0.50%。

【芳香成分】根：龚小见等（2010）用水蒸气蒸馏法提取的贵州龙里产马兰根精油的主要成分为：对-甲氧基-β-环丙基苯乙烯（18.70%）、β-蒎烯（12.34%）、2-(1-E-丙烯基)-3-甲氧苯基-2-甲基丁酸酯（9.96%）、间-甲氧基-β-环丙基苯乙烯（8.34%）、2-(1-E-丙烯基)-4-甲氧苯基2-甲基丁酸酯（7.84%）、β-水芹烯（3.87%）、(-)-乙酸龙脑酯（3.38%）、4-丙烯基-2,6-二甲氧苯基戊酸酯（3.06%）、(Z)-9-十八碳烯醛（2.49%）、δ-3-蒈烯（2.39%）、大根香叶烯B（2.35%）、反-β-罗勒烯（2.34%）、α-蒎烯（1.93%）、β-月桂烯（1.88%）、4-丙烯基-2,6-二甲氧苯基2-甲基丁酸酯（1.64%）、樟脑萜（1.11%）等。

茎：龚小见等（2010）用水蒸气蒸馏法提取的贵州龙里产马兰茎精油的主要成分为：大根香叶烯 D（19.16%）、α-荜草烯（14.28%）、大根香叶烯 B（11.42%）、β-榄香烯（6.79%）、植醇（5.59%）、δ-杜松烯（5.58%）、β-石竹烯（3.69%）、二环大根香叶烯（3.30%）、α-依兰油烯（2.96%）、T-荜醇（2.91%）、T-杜松醇（2.65%）、γ-榄香烯（2.63%）、内-1-波旁烯（1.57%）、(E,E)-α-金合欢烯（1.39%）、反-β-法呢烯（1.02%）等。

全草：康文艺等（2003）用水蒸气蒸馏法提取的贵州贵阳产马兰阴干带根全草精油的主要成分为：n-十六碳酸（13.60%）、石竹烯氧化物（4.26%）、荜草烯环氧化物（4.00%）、乙酸冰片酯（3.04%）、亚油酸（2.90%）、α-荜草烯（2.19%）、乙酸法呢酯（1.84%）、9,12,15-十八碳三烯酸（1.81%）、γ-荜澄茄油烯（1.68%）、斯巴醇（1.32%）、乙酸薰衣草酯（1.23%）、对甲氧基-β-环丙基苯乙烯（1.18%）、T-紫穗槐醇（1.05%）、β-石竹烯（1.02%）等。

种子：姜显光等（2010）用水蒸气蒸馏法提取的种子精油的主要成分为：邻苯二甲酸二丁酯（19.12%）、苯并噻唑（11.77%）、8-十八碳烯酸甲酯（10.52%）、十二酸（6.56%）、9,12-十八碳二烯酸甲酯（5.23%）、7-十八碳烯酸甲酯（5.13%）、十六酸甲酯（4.09%）、2-甲基萘（3.64%）、2,5-环己二烯（2.48%）等；种皮精油的主要成分为：苯乙醇（55.45%）、苯并噻唑（13.09%）、14-甲基十五酸甲酯（11.15%）、9,12-十八碳二烯酸甲酯（10.41%）、8-十八碳烯酸甲酯（9.89%）等。

【利用】全草药用，有清热解毒、消食积、利小便、散瘀止血的功效，用于治感冒发烧、咳嗽、急性咽炎、扁桃体炎、流行性腮腺炎、传染性肝炎、胃、十二指肠溃疡、小儿疳积、肠炎、痢疾、吐血、崩漏、月经不调；外用治疮疖肿痛、乳腺炎、外伤出血。

# 华麻花头
*Serratula chinensis* S. Moore

菊科　麻花头属
别名：广东升麻
分布：分布于广东、广西、福建等地

【形态特征】多年生草本，高 60～120 cm。根状茎短，生多数纺锤状直根。中部茎叶椭圆形、卵状椭圆形或长椭圆形，长 9.3～13 cm，宽 3.5～7 cm，基部楔形，上部叶小，与中部茎叶同形。全部叶缘有锯齿，两面粗糙，两面被多细胞短节毛及棕黄色的小腺点。头状花序少数，单生茎枝顶端，不呈明显的伞房花序式排列。总苞碗状，直径约 3 cm。总苞片 6～7 层，外层卵形至长椭圆形；内层至最内层长椭圆形至线状长椭圆形。总苞片质地薄，染紫红色。小花两性，花冠紫红色，长 3 cm，裂片线形，长 9 mm。瘦果长椭圆形，深褐色，长 7 mm，宽 2 mm。冠毛褐色，多层；冠毛刚毛微锯齿状。花果期 7～10 月。

【生长习性】生于山坡草地或林缘、林下、灌丛中或丛缘等，海拔 350～1150 m。

【精油含量】水蒸气蒸馏干燥根的得油率为 0.07%。

【芳香成分】叶华等（2006）用水蒸气蒸馏法提取的福建产华麻花头干燥根精油的主要成分为：4(14)，11-桉叶二烯（21.12%）、顺，顺，顺-9,12,15-十八碳三烯-1-醇（20.12%）、β-榄香烯（8.18%）、3-甲基-5-(2,6,6-三甲基-1-环己烯基)-2-戊烯酸（5.10%）、α,α,4α-三甲基-8-亚甲基-十氢-2-萘-甲醇（4.07%）、(-)-斯巴醇（4.07%）、顺，顺-9,12-十八碳二烯-1-醇（3.34%）、2,6,6-三甲基环己-1-烯基甲酰磺酰苯（2.54%）、9-氧杂二环[6.1.0]壬烷（2.50%）、5-异丙烯基-2-甲基-7-氧杂二环[4.1.0]-2-庚醇（2.43%）、顺-9,17-十八碳二烯醛（2.03%）、E,E-12-甲基-1,5,9,11-十三烷四烯（2.01%）、6-对甲苯基-2-甲基-2-庚烯醇（1.83%）、2-甲基-3-亚甲基-2-(4-甲基-3-戊烯基)-二环[2.2.1]庚烷（1.53%）、氧化香橙烯（1.49%）、2-十五炔-1-醇（1.36%）、十七烷（1.20%）、Z-α-反-香柠檬油（1.12%）、顺-檀香醇（1.01%）、顺，顺，顺-1,4,6,9-十九烷四烯（1.01%）等。李毅然等（2012）用同法分析的广东产华麻花头干燥根精油的主要成分为：α-檀香萜（13.81%）、顺-9,12,15-十八碳三烯-1-醇（12.56%）、亚油酸（12.16%）、棕榈酸（11.04%）、(+)-γ-古芸烯（10.91%）、丙基柏木醚（3.81%）、肉豆蔻醚（1.63%）、新二氢香芹醇（1.15%）等。

【利用】根入药，有清热解毒、升阳透疹的功效。

# 母菊
*Matricaria recutita* Linn.

菊科　母菊属
别名：德国甘菊、西洋甘菊、洋甘菊、德国春黄菊
分布：新疆、北京、上海有栽培

【形态特征】一年生草本，全株无毛。茎高 30～40 cm，有沟纹，上部多分枝。下部叶矩圆形或倒披针形，长 3～4 cm，宽 1.5～2 cm，二回羽状全裂，基部稍扩大，裂片条形，顶端具短尖头。上部叶卵形或长卵形。头状花序异型，直径 1～1.5 cm，在茎枝顶端排成伞房状；总苞片 2 层，苍绿色，顶端钝，边缘白色宽膜质，全缘；花托长圆锥状，中空。舌状花 1 列，舌片白色，反折，长约 6 mm，宽 2.5～3 mm；管状花多数，花冠黄色，长约 1.5 mm，中部以上扩大，冠檐 5 裂。瘦果小，长 0.8～1 mm，宽约 0.3 mm，淡绿褐色，侧扁，略弯，顶端斜截形，背面圆形凸起，腹面及两侧有 5 条白色细肋，无冠状冠毛。花果期 5～7 月。

【生长习性】生于河谷旷野、田边，海拔 2000 m。耐寒，喜阳光充足、排水良好的地方。适应各种类型的土壤和环境，甚至可在碱性土地上生长。适合生长在稍微干燥的土壤中，生长的最适温度 20～32 ℃、空气相对湿度 40%～50%。

【精油含量】水蒸气蒸馏阴干全草的得油率为 0.46%～0.67%，新鲜花的得油率为 0.25%，干燥花的得油率为 0.09%～1.15%。

【芳香成分】根：赵一帆等（2018）用顶空固相微萃取法提取的新疆塔城产母菊干燥根精油的主要成分为：4-(2-羟基-2,6,6-三甲基环己基)-3-丁烯-2-酮（23.47%）、3-甲基-2-丁烯酸-十五烷基酯（13.81%）、2-羟基-2-甲基-丁-3-烯基-2-甲基-2(Z)-丁烯酸酯（6.52%）、棕榈酸甲酯（5.45%）、2(10)-蒎烯-3-酮（4.95%）、[1S-(1α,3α,5α)]-(-)-反式-松香芹醇（4.76%）、亚油酸甲酯（4.19%）、1-甲基环丙烷-1-甲酸乙酯（3.18%）、长叶烯（1.80%）、6,10,14-三甲基-2-十五烷酮（1.58%）、壬醛（1.48%）、3-甲基-2-丁烯酸，3-甲基丁-2-烯基酯（1.38%）、癸酸甲酯（1.34%）、桃金娘烯醛（1.15%）等。

茎：赵一帆等（2018）用顶空固相微萃取法提取的新疆塔城产母菊干燥茎精油的主要成分为：3-甲基-2-丁烯酸-十五烷基酯（17.82%）、2-羟基-2-甲基-丁-3-烯基-2-甲基-2(Z)-丁烯

酸酯（11.25%）、2(10)-蒎烯-3-酮（7.41%）、[1S-(1α,3α,5α)]-(-)-反式-松香芹醇（6.83%）、癸酸甲酯（6.11%）、棕榈酸甲酯（5.59%）、3-甲基-2-丁烯酸，3-甲基丁-2-烯基酯（4.54%）、1-甲基环丙烷-1-甲酸乙酯（4.45%）、环丁羧酸环丁酯（3.71%）、吉玛烯D（2.20%）、甲基丙烯酸四氢糠基酯（2.17%）、亚油酸甲酯（1.89%）、β-金合欢烯（1.83%）、桃金娘烯醛（1.66%）、6,10,14-三甲基-2-十五烷酮（1.40%）、2-甲基环丙烷羧酸酯（1.33%）、环丙羧酸-4-甲代戊基酯（1.20%）等。

**叶**：赵一帆等（2018）用顶空固相微萃取法提取的新疆塔城产母菊干燥叶精油的主要成分为：3-甲基-2-丁烯酸-十五烷基酯（17.01%）、2(10)-蒎烯-3-酮（10.87%）、[1S-(1α,3α,5α)]-(-)-反式-松香芹醇（7.48%）、2-甲基环丙烷羧酸酯（6.88%）、2-羟基-2-甲基-丁-3-烯基-2-甲基-2(Z)-丁烯酸酯（6.73%）、1-甲基环丙烷-1-甲酸乙酯（6.48%）、环丁羧酸环丁酯（4.97%）、环丙羧酸-4-甲代戊基酯（2.16%）、桃金娘烯醛（1.91%）、2-甲基丁基异丁酸酯（1.73%）、2-甲基丁酸-2-甲基丁酯（1.56%）、α-蒎烯（1.34%）、异丁酸己酯（1.17%）、3-甲基-2-丁烯酸，3-甲基丁-2-烯基酯（1.13%）、6,10,14-三甲基-2-十五烷酮（1.11%）、环丙羧酸，3-甲基丁基酯（1.04%）等。

**全草**：赵一帆等（2018）用顶空固相微萃取法提取的新疆塔城产母菊干燥全草精油的主要成分为：2(10)-蒎烯-3-酮（10.95%）、3-甲基-2-丁烯酸-十五烷基酯（10.39%）、2-羟基-2-甲基-丁-3-烯基-2-甲基-2(Z)-丁烯酸酯（7.92%）、[1S-(1α,3α,5α)]-(-)-反式-松香芹醇（7.59%）、2-甲基环丙烷羧酸酯（6.36%）、1-甲基环丙烷-1-甲酸乙酯（6.00%）、环丁羧酸环丁酯（3.55%）、2-甲基丁基异丁酸酯（2.63%）、3-甲基-2-丁烯酸，3-甲基丁-2-烯基酯（2.10%）、棕榈酸甲酯（2.08%）、桃金娘烯醛（2.06%）、甲基丙烯酸四氢糠基酯（1.78%）、α-蒎烯（1.61%）、2-甲基丁酸-2-甲基丁酯（1.54%）、2-甲基丁酸-2-二甲基丙酯（1.52%）、4-(2-羟基-2,6,6-三甲基环己基)-3-丁烯-2-酮（1.33%）、亚油酸甲酯（1.20%）、癸酸甲酯（1.19%）、环丙羧酸-4-甲代戊基酯（1.17%）、异丁酸异丁酯（1.15%）、环丙羧酸，3-甲基丁基酯（1.06%）等。

**花**：赵一帆等（2018）用顶空固相微萃取法提取的新疆塔城产母菊干燥花精油的主要成分为：[1S-(1α,3α,5α)]-(-)-反式-松香芹醇（13.90%）、2-羟基-2-甲基-丁-3-烯基-2-甲基-2(Z)-丁烯酸酯（13.42%）、2(10)-蒎烯-3-酮（13.03%）、3-甲基-2-丁烯酸-十五烷基酯（9.80%）、甲基丙烯酸四氢糠基酯（6.40%）、1-甲基环丙烷-1-甲酸乙酯（4.49%）、四氢糠醇乙酸酯（3.48%）、桃金娘烯醛（3.36%）、环丁羧酸环丁酯（3.35%）、癸酸甲酯（3.24%）、3-甲基-2-丁烯酸，3-甲基丁-2-烯基酯（2.72%）、2-甲基环丙烷羧酸酯（1.94%）、6,6-二甲基二环[3.1.1]庚-2-烯-2-甲醇（1.56%）、环丙羧酸-4-甲代戊基酯（1.45%）、4-甲基-5-癸醇（1.39%）、龙脑烯醛（1.06%）等。李斌等（2011）用水蒸气蒸馏法提取的甘肃永登产母菊花精油的主要成分为：α-没药酮氧化物B（17.00%）、反式-β-金合欢烯（16.87%）、母菊薁（15.63%）、α-没药醇（11.11%）、α-没药酮氧化物A（9.52%）、双环大根香叶烯（7.09%）、大根香叶烯-D（6.87%）、顺式-烯-炔-双环醚（4.83%）、α-金合欢烯（1.44%）、顺式-β-罗勒烯（1.37%）、蒿酮（1.00%）等。张运晖等（2010）用同法分析的上海产母菊干燥花精油的主要成分为：氧化红没药醇（49.88%）、α-氧化红没药醇（30.07%）、金合欢烯（2.54%）、α-杜松醇（2.30%）、母菊薁（1.94%）、β-榄香烯（1.34%）等。雷伏贵等（2015）用同法分析的福建沙县产母菊阴干花精油的主要成分为：红没药醇（21.70%）、红没药醇氧化物B（19.16%）、母菊薁（17.67%）、红没药醇氧化物A（17.39%）、(己-2,4-二炔-1-叉)-1,6-二氧螺[4.4]壬-3-烯（12.77%）、顺式-澳白檀醇（3.12%）、β-金合欢烯（3.05%）、斯巴醇（1.24%）、γ-榄香烯（1.05%）等。

【利用】花或全草药用，有清热解毒、止咳平喘、祛风湿的功效，用于治感冒发热、咽喉肿痛、肺热咳喘、势瘆肿痛、疮肿。庭园栽培供观赏。花可制成茶饮用。花可提取精油，用于食品和化妆品香精。

## ❀ 泥胡菜
*Hemistepta lyrata* (Bunge) Bunge

| 菊科　泥胡菜属 |
|---|
| **别名**：猪兜菜、艾草、泥湖菜 |
| **分布**：除新疆、西藏外，全国各地 |

【形态特征】一年生草本，高30～100 cm。基生叶长椭圆形或倒披针形；中下部茎叶与基生叶同形，长4～15 cm或更长，宽1.5～5 cm或更宽，全部叶大头羽状深裂或几全裂，侧裂片2～6对；有时全部茎叶不裂或下部茎叶不裂。叶薄，叶面绿色，叶背灰白色，被绒毛。头状花序在茎枝顶端排成疏松伞房花序。总苞宽钟状或半球形，直径1.5～3 cm。总苞片多层，覆瓦状排

列，苞片草质，中外层苞片有鸡冠状突起的紫红色附片，内层苞片上方染红色。小花紫色或红色，花冠长1.4 cm，深5裂，裂片线形。瘦果小，楔状或偏斜楔形，长2.2 mm，深褐色，压扁。冠毛异型，白色，两层，外层羽毛状，基部连合成环；内层鳞片状，3～9个，着生一侧，宿存。花果期3～8月。

【生长习性】生于山坡、山谷、平原、丘陵、林缘、林下、草地、荒地、田间、河边、路旁等处，海拔50～3280 m。抗逆性强，耐寒和耐旱能力强。喜湿、耐微碱。

【精油含量】水蒸气蒸馏全草的得油率为0.02%。

【芳香成分】林珊等（2010）用水蒸气蒸馏法提取的福建永春产泥胡菜干燥地上部分精油的主要成分为：十六酸（25.30%）、(Z,Z)-9,12-十八碳二烯酸（5.83%）、(Z)6，(Z)9-十五碳二烯-1-醇（5.17%）、丁香烯氧化物（4.26%）、叶绿醇（2.87%）、1-甲基-6-亚甲基-二环[3.2.0]-庚烷（2.83%）、6,10,14-三甲基-2-十五烷酮（2.66%）、α-杜松醇（2.06%）、[1R-(1R*,4Z,9S*)]-4,11,11-三甲基-8-亚甲基-双环[7.2.0]十一碳-4-烯（1.83%）、匙叶桉油烯醇（1.47%）、十四酸（1.44%）等；干燥全株精油的主要成分为：十六酸（26.61%）、(Z,Z)-9,12-十八碳二烯酸（6.99%）、(Z)6，(Z)9-十五碳二烯-1-醇（5.63%）、丁香烯氧化物（3.64%）、6,10,14-三甲基-2-十五烷酮（3.29%）、叶绿醇（3.09%）、1-甲基-6-亚甲基-二环[3.2.0]-庚烷（2.50%）、α-杜松醇（2.41%）、2-异丙基-5-亚甲基-9-甲基-双环[4.4.0]十二碳-1-烯（2.10%）、匙叶桉油烯醇（1.14%）等。

【利用】为多数家畜的优质饲料。嫩茎叶可作野菜食用。全草入药，具有清热解毒、消肿散结的功效，可治疗乳腺炎、疗疮、颈淋巴炎、痈肿、牙痛、牙龈炎、痔漏、痈肿疔疮、外伤出血、骨折等病症。

# 🌸 牛蒡
*Arctium lappa* Linn.

**菊科　牛蒡属**
**别名：**大力子、恶实、万把钩、黍粘子、牛子、鼠粘子、牛菜、牛大力
**分布：**全国各地

【形态特征】二年生草本，肉质直根长达15 cm，径可达

2 cm。高达2 m。基生叶宽卵形，长达30 cm，宽达21 cm，边缘浅波状凹齿或齿尖，基部心形，有长柄，叶面绿色，有短糙毛及小腺点，叶背灰白色或淡绿色，被薄绒毛和小腺点。茎生叶与基生叶近同形，较小。头状花序在茎枝顶端排成疏松的伞房花序或圆锥状伞房花序。总苞卵形或卵球形，直径1.5～2 cm。总苞片多层，多数，外层三角状或披针状钻形，中内层披针状或线状钻形；顶端有软骨质钩刺。小花紫红色，花冠长1.4 cm。瘦果倒长卵形或偏斜倒长卵形，长5～7 mm，宽2～3 mm，两侧压扁，浅褐色。冠毛多层，浅褐色；冠毛刚毛糙毛状。花果期6～9月。

【生长习性】生于山坡、山谷、林缘、林中、灌木丛中、河边潮湿地、村庄路旁或荒地，海拔750～3500 m。喜温暖略干燥和阳光充足环境，适应性强，抗旱，耐寒能力较强，植株生长的适温20～25 ℃，根可耐-20 ℃的低温。怕潮湿积水，对土质要求不严，以疏松肥沃的砂质壤土，pH6.5～7.5为宜。

【精油含量】水蒸气蒸馏新鲜肉质根的得油率为0.10%，果实的得油率为0.20%；索氏法及微波法提取干燥种子的得油率为15.89%～18.83%；超临界萃取干燥根的得油率为2.70%～2.92%。

【芳香成分】根：王晓等（2004）用同时蒸馏萃取法提取的山东苍山产牛蒡新鲜肉质根精油的主要成分为：亚麻酸甲酯（17.81%）、亚油酸（9.26%）、三甲基-8-亚甲基-十氢化-2-萘甲醇（7.69%）、苯甲醛（7.39%）、棕榈酸（6.80%）、1,8,11-十七碳三烯（4.46%）、乙酸乙酯（3.00%）、桉叶二烯（2.76%）、1-十五醇（2.13%）、α-蛇床烯（1.68%）、苯B（1.36%）、己醛（1.35%）、9,10-脱氢异长叶烯（1.14%）、乙二酸二乙酯

（1.13%）、3-甲基丁醛（1.12%）、苯甲醇（1.09%）、亚油酸甲酯（1.08%）等。

果实：罗永明等（1997）用水蒸气蒸馏法提取的江西南昌产牛蒡果实精油的主要成分为：(R)-胡薄荷酮（17.38%）、(S)-胡薄荷酮（7.59%）、3-甲基-6-丙基苯酚（6.21%）、1-庚烯-3-醇（5.04%）、牡丹酚（4.89%）、顺式-2-甲基环戊醇（3.74%）、9-甲基十一碳烯（3.19%）、环癸酮（2.80%）、1,1-二甲基-2-乙基环戊烷（2.75%）、2-戊基呋喃（2.31%）、2-庚酮（2.29%）、4a-甲基八氢萘酮-2（2.27%）、反式-2-甲基环戊醇（1.80%）、异戊烯基环己烯（1.62%）、6,6-二甲基-2-甲醛基二环[3.1.1]庚烯-2（1.25%）、1-甲氧基-4-甲基二环[2.2.2]辛烷（1.15%）、丙基环戊烷（1.11%）、2,6,6-三甲基二环[3.1.1]庚烷-3-醇（1.05%）、7-甲基-1-辛烯（1.04%）等。叶欣等（2017）用顶空固相微萃取法提取的干燥成熟果实精油的主要成分为：β-石竹烯（27.53%）、γ-松油烯（9.67%）、间异丙基甲苯（7.44%）、(E)-4-乙基-3-壬烯-5-炔（7.19%）、2-蒈烯（6.82%）、桧烯（5.74%）、崖柏酮（4.14%）、(1R)-(+)-α-蒎烯（2.52%）、[1S,3S,(+)]-间-薄荷-4,8-二烯（2.50%）、β-蒎烯（2.27%）、右旋樟脑（1.85%）、α-芹子烯（1.82%）、α-可巴烯（1.61%）、大根香叶烯（1.58%）、α-松油烯（1.18%）、3-崖柏烯（1.12%）、1,6-二甲基-1,3,5-庚三烯（1.00%）等。

【利用】根为蔬菜供食用。种子榨油可作工业用油。果实入药，有疏散风热、宣肺透疹、散结解毒的作用，主治风热感冒、咳嗽、流行性腮腺炎、疹出不畅、风湿作痒。根入药，有清热解毒、疏风利咽的功效，主治风热感冒、咳嗽、咽喉肿痛、头晕、风热、牙痛。叶药用，有清热解毒的功效，主治头痛、烦闷、急性乳腺炎、皮肤风痒。

# 🌸 牛膝菊

*Galinsoga parviflora* Cav.

菊科　牛膝菊属

别名：辣子草、兔儿草、铜锤草、向阳花、珍珠草

分布：贵州、云南、四川、西藏等地

【形态特征】一年生草本，高10～80 cm。叶对生，卵形或长椭圆状卵形，长1.5～5.5 cm，宽0.6～3.5 cm；向上叶渐小，通常披针形；叶两面被短柔毛，边缘锯齿或近全缘。头状花序半球形，多数在茎枝顶端排成伞房花序。总苞半球形或宽钟状，

宽3～6 mm；总苞片1～2层，约5个，外层短，内层卵形或卵圆形，白色，膜质。舌状花4～5个，舌片白色，顶端3齿裂，被短柔毛；管状花花冠黄色，下部被短柔毛。托片披针形，纸质。瘦果长1～1.5 mm，3～5棱，黑色或黑褐色，常压扁，被白色微毛。舌状花冠毛毛状；管状花冠毛膜片状，白色，披针形，边缘流苏状，固结于冠毛环上。花果期7～10月。

【生长习性】生于林下、河谷地、荒野、河边、田间、溪边或市郊路旁，在土壤肥沃而湿润的地带生长更多。喜冷凉气候条件，不耐热。

【芳香成分】茎：杨再波等（2010）用微波辅助顶空固相微萃取法提取的贵州都匀产牛膝菊茎挥发油的主要成分为：1-十五碳烯（15.59%）、β-芹子烯（7.23%）、α-佛手柑油烯（6.13%）、β-石竹烯（5.65%）、β-甜没药烯（5.04%）、反式-β-金合欢烯（4.87%）、百里香酚（4.46%）、2-甲基-5-(1-甲基乙基)苯酚（3.54%）、石竹烯氧化物（2.63%）、α-葎草烯（2.55%）、大根香叶烯D（2.48%）、β-榄香烯（2.21%）、δ-杜松烯（2.20%）、β-橄榄烯（2.08%）、α-愈创木烯（2.00%）、斯巴醇（1.65%）、α-芹子烯（1.51%）、十五烷（1.29%）、异百里香酚（1.15%）、2,3-二甲氧基-4-甲基苯乙酮（1.04%）、(-)-葎草烯氧化物II（1.04%）等。

叶：杨再波等（2010）用微波辅助顶空固相微萃取法提取的贵州都匀产牛膝菊叶挥发油的主要成分为：1-十五碳烯（29.29%）、β-甜没药烯（6.19%）、α-佛手柑油烯（4.80%）、反式-β-金合欢烯（4.61%）、β-石竹烯（4.40%）、β-芹子烯（3.54%）、石竹烯氧化物（2.96%）、大根香叶烯D（2.27%）、百里香酚（2.25%）、7-甲基-3,4-十八碳二烯（2.19%）、α-葎草烯（2.01%）、2-甲基-5-(1-甲基乙基)苯酚（2.00%）、异百里香酚

（1.66%）、香叶醛（1.37%）、十五烷（1.37%）、9,12,15-十八碳三烯醛（1.19%）、β-榄香烯（1.16%）、β-橄榄烯（1.11%）、二氢猕猴桃内酯（1.03%）等。

花：杨再波等（2010）用微波辅助顶空固相微萃取法提取的贵州都匀产牛膝菊花挥发油的主要成分为：百里香酚（13.28%）、1-十五碳烯（13.09%）、2-甲基-5-(1-甲基乙基)苯酚（10.89%）、反式-β-金合欢烯（5.50%）、β-甜没药烯（4.35%）、石竹烯氧化物（3.84%）、异百里香酚（3.82%）、α-佛手柑油烯（3.77%）、β-石竹烯（3.23%）、橙花叔醇（1.98%）、斯巴醇（1.86%）、β-芹子烯（1.85%）、α-愈创木烯（1.77%）、β-橄榄烯（1.54%）、δ-杜松烯（1.54%）、香芹酚（1.50%）、α-葎草烯（1.47%）、β-榄香烯（1.23%）、大根香叶烯D（1.09%）、α-芹子烯（1.00%）等。

【利用】有很高的观赏价值。嫩茎叶供食。全草药用，有止血、消炎的功效，对外伤出血、扁桃体炎、咽喉炎、急性黄疸型肝炎有一定的疗效。

# 蟛蜞菊

*Wedelia chinensis* (Osb.) Merr.

菊科　蟛蜞菊属

别名：路边菊、马兰草、蟛蜞花、水兰、卤地菊、黄花龙舌草、黄花曲草、鹿舌草、黄花墨菜、龙舌草

分布：辽宁、东部和南部各地及其沿海岛屿

【形态特征】多年生草本。茎匍匐，上部近直立。叶椭圆形、长圆形或线形，长3～7cm，宽7～13mm，基部狭，顶端短尖或钝，全缘或有1～3对疏粗齿，两面疏被短糙毛。头状花序少数，径15～20mm，单生于枝顶或叶腋内；总苞钟形，宽约1cm，长约12mm；总苞2层，外层叶质，绿色，椭圆形，背面疏被短糙毛，内层长圆形，有缘毛；托片折叠成线形。舌状花1层，黄色，舌片卵状长圆形，顶端2～3深裂，管部细短。管状花较多，黄色，长约5mm，花冠近钟形，檐部5裂，裂片卵形。瘦果倒卵形，长约4mm，多疣状突起，舌状花的瘦果具3边，边缘增厚。有具细齿的冠毛环。花期3～9月。

【生长习性】生于路旁、田边、沟边或湿润草地上。

【精油含量】水蒸气蒸馏茎叶的得油率为0.09%，花的得油率为0.15%；超临界萃取干燥枝叶的得油率为3.90%。

【芳香成分】茎叶：陈志红等（2005）用水蒸气蒸馏法提取的广东湛江产蟛蜞菊新鲜茎叶精油的主要成分为：γ-松油

烯（16.76%）、大根香叶烯D（12.58%）、柠檬烯（12.39%）、α-金合欢烯（8.71%）、γ-榄香烯（7.80%）、3-甲氧基-1,2-丙二醇（6.22%）、α-石竹烯（6.01%）、α-蒎烯（5.69%）、(E)-2-己烯-1-醇（2.80%）、3-己烯-1-醇（2.75%）、[-]-匙叶桉油烯醇（2.14%）、1-甲基-3-异丙苯（2.03%）、3-蒈烯（1.53%）、α-依兰油烯（1.22%）、氧化石竹烯（1.15%）、β-金合欢烯（1.04%）、β-蒎烯（1.02%）、D-苎烯（1.01%）等。

花：陈志红等（2005）用水蒸气蒸馏法提取的广东湛江产蟛蜞菊新鲜花精油的主要成分为：[1S]-2,6,6-三甲基二环[3,1,1]-2-庚烯（23.79%）、2,6,6-三甲基-[3,1,0]二环-2-庚烯（22.67%）、柠檬烯（15.95%）、1-甲氧基-2,3-丙二醇（11.46%）、1-甲基-3-异丙苯（4.83%）、β-蒎烯（3.46%）、β-月桂烯（2.79%）、大根香叶烯D（1.82%）、α-石竹烯（1.62%）、3,7-二甲基-1,3,7-辛三烯（1.26%）、桧烯（1.17%）、大根香叶烯B（1.13%）、4,11,11-三甲基-8-亚甲基-二环[7,2,0]-4-十一烯（1.12%）、[-]-匙叶桉油烯醇（1.08%）、罗勒烯（1.01%）等。

【利用】全草入药，有清热解毒、凉血散瘀的功效，常用于治感冒发热、咽喉炎、扁桃体炎、腮腺炎、白喉、百日咳、气管炎、肺炎、肺结核咯血、鼻衄、尿血、传染性肝炎、痢疾、痔疮、疔疮肿毒。清热解毒，凉血散瘀。

# 三裂叶蟛蜞菊

*Wedelia trilobata* (Linn.) Hitchc.

菊科　蟛蜞菊属

别名：黄花小花菊、南美蟛蜞菊、蟛蜞菊、地锦花、穿地龙

分布：广东、福建、台湾

【形态特征】多年生草本。茎平卧，无毛或被短柔毛，节上生根，叶对生，多汁，椭圆形至披针形，通常3裂，裂片三角形，具疏齿，先端急尖，基部楔形，无毛或散生短柔毛，有时粗糙；叶柄长不及5mm。头状花序腋生具长梗，苞片披针形，长10～15mm，具缘毛；舌状花4～8，黄色，先端具3～4齿，能育；盘花多数，黄色。瘦果棍棒状，具角，长约5mm，黑色。花期几全年，但以夏至秋季为盛。

【生长习性】在平地和缓坡上匍匐生长，在陡坡上可悬垂生长。适应性强，能在不同土质生长，耐旱且耐湿，能耐4℃低温。耐阴，适应高温强光的气候环境。

【精油含量】水蒸气蒸馏新鲜地上部分的得油率为0.26%，

阴干地上部分的得油率为0.22%～0.37%。

【芳香成分】叶：杨东娟等（2010）用水蒸气蒸馏法提取的广东潮州产三裂叶蟛蜞菊新鲜叶精油的主要成分为：α-蒎烯（30.35%）、α-水芹烯（16.67%）、D-柠檬烯（15.92%）、1,2,3,4,4a,5,6,8a-八氢-7-甲基-4-亚甲基-1-(1-甲基乙基)-萘（4.71%）、1-乙烯基-1-甲基-2-(1-甲基乙烯基)-4-(1-乙缩醛甲基)环己烷（4.39%）、石竹烯（3.45%）、1-甲基-2-(1-甲基乙基)-苯（3.37%）、α-石竹烯（2.39%）、1-辛烯-3-醇（2.14%）、β-月桂烯（1.64%）、莰烯（1.46%）、[1aR-(1aα,4aα,7β,7aβ,7bα)]-十氢-1,1,7-三甲基-4-亚甲基-1H-环丙烯[e]甘菊蓝-7-醇（1.46%）、1,2,4a,5,8,8α-六羟基-4,7-二甲基-1-(1-甲基乙基)-萘（1.35%）、葎草烯-1,6-二烯-3-醇（1.22%）等。

全草：林碧芬等（2011）用水蒸气蒸馏法提取的福建福州产三裂叶蟛蜞菊地上部分精油的主要成分为：1,3,3-三甲基-三环[2.2.1.0²·⁶]庚烷（21.35%）、3-蒈烯（17.21）、α-水芹烯（10.85%）、[S-(E,E)]-1-甲基-5-次甲基-8-(1-甲基乙基)-1,6-环癸二烯（4.47%）、(-)-匙叶桉油烯醇（3.47%）、丁香烯（2.93%）、γ-榄香烯（2.73%）、Z,Z,Z-1,5,9,9-四甲基-1,4,7-环十一碳三烯（2.67%）、3-蒈烯（2.64%）、(1α,4aα,8α)-1,2,3,4,4a,5,6,8a-八氢-7-甲基-4-次甲基-1-(1-甲基乙基)-萘（2.51%）、β-月桂烯（1.85%）、(1S-顺)-1,2,3,5,6,8a-六氢-4,7-二甲基-1-(1-甲基乙基)-萘（1.42%）、[1aR-(1aα,7α,7aα,7b)]-1a,2,3,5,6,7,7a,7b-八氢-1,1,7,7a-四甲基-1H-环丙基[a]萘（1.25%）、4-甲基-1-(1-甲基乙基)-双环[3.1.0]己-2-烯（1.24%）、氧化石竹烯（1.23%）等。

花：沈卓豪等（2014）用水蒸气蒸馏法提取的海南海

口产三裂叶蟛蜞菊新鲜花精油的主要成分为：邻苯二甲酸单(2-乙基己基)酯（14.48%）、大根香叶烯B（9.32%）、(3aS,3bR,4S,7R,7aR)-7-甲基-3-亚甲基-4-(丙-2-基)-八氢-1H-环戊二烯并[1.3]环丙并[1.2]苯（8.84%）、石竹烯（6.08%）、α-石竹烯（4.81%）、2,4-二甲基-3-亚甲基环戊酸甲酯（4.79%）、二十烷（4.62%）、D-萜二烯（3.56%）、d-杜松烯（2.47%）、α-水芹烯（2.44%）、邻苯二甲酸二丁酯（2.23%）、2,2'-氧代二乙醇（2.12%）、匙叶桉油烯醇（2.10%）、α-荜澄茄醇（1.97%）、γ-杜松烯（1.79%）、(+)-白菖油萜（1.53%）、1-羟基-1,7-二甲基-4-异丙基-2,7-环癸二烯（1.20%）、柠檬酸三乙酯（1.16%）、依兰油醇（1.09%）、十八烷（1.02%）等。朱亮锋等（1993）用微波加热树脂吸附法收集的广东广州产三裂叶蟛蜞菊新鲜花头香的主要成分为：柠檬烯（20.00%）、α-蒎烯（15.10%）、对伞花烃（13.28%）、ß-蒎烯（2.19%）、反式-4-羟基-3-甲基-6-异丙基-2-环己烯酮异构体（2.00%）、反式-4-羟基-3-甲基-6-异丙基-2-环己烯酮（1.77%）、ß-月桂烯（1.35%）、乙酸桧酯（1.14%）等。

【利用】植株供地表绿化和观赏。

## 🌼 川西小黄菊
*Pyrethrum tatsienense* (Bur. et Franch.) Ling ex Shih

| 菊科 | 匹菊属 |
| --- | --- |

**别名：** 鞑新菊、打箭菊

**分布：** 青海、四川、云南、西藏、甘肃

【形态特征】多年生草本，高7～25 cm。基生叶椭圆形或长椭圆形，长1.5～7 cm，宽1～2.5 cm，二回羽状分裂。一二回全部全裂。一回侧裂片5～15对。二回为掌状或掌式羽状分裂。末回侧裂片线形。茎叶少数，直立贴茎，与基生叶同形并等样分裂。全部叶绿色。头状花序单生茎顶。总苞直径1～2 cm。总苞片约4层。外层线状披针形；中内层长披针形至宽线形。全部苞片灰色，被长单毛。全部苞片边缘黑褐色或褐色膜质。舌状花桔黄色或微带桔红色。舌片线形或宽线形，长达2 cm，顶端3齿裂。瘦果长约3 mm，5～8条椭圆形突起的纵肋。冠状冠毛长0.1 mm，分裂至基部。花果期7～9月。

【生长习性】生于高山草甸、灌丛或杜鹃灌丛或山坡砾石

地，海拔3500～5200 m。

【精油含量】水蒸气蒸馏干燥头状花序的得油率为0.67%。

【芳香成分】谢彬等（2014）用水蒸气蒸馏法提取的干燥头状花序精油的主要成分为：棕榈酸（41.53%）、亚麻油酸（13.66%）、顺式-β-金合欢烯（6.25%）、正二十三烷（4.90%）、肉豆蔻酸（3.47%）、二十九烷（2.78%）、正十五烷酸（1.46%）、植酮（1.22%）等。

【利用】藏药全草、花序入药，有活血、祛湿、消炎止痛的功效，主治跌打损伤、湿热。

## ❀ 白缘蒲公英
*Taraxacum platypecidum* Diels

| 菊科　蒲公英属 |
| --- |
| **别名：** 高山蒲公英、热河蒲公英、山蒲公英、河北蒲公英 |
| **分布：** 黑龙江、吉林、辽宁、内蒙古、河北、山西、陕西、河南、湖北、四川等地 |

【形态特征】多年生草本。根颈部有残存叶柄。叶宽倒披针形或披针状倒披针形，长10～30 cm，宽2～4 cm，羽状分裂，每侧裂片5～8片，裂片三角形，全缘或有疏齿，侧裂片较大。花莛1至数个，高达45 cm，上部密被白色蛛丝状绵毛；头

状花序大型，直径约40～45 mm；总苞宽钟状，长15～17 mm，总苞片3～4层；外层总苞片宽卵形，中央有暗绿色宽带，边缘为宽白色膜质，上端粉红色，被疏睫毛，内层总苞片长圆状线形或线状披针形，长约为外层总苞片的2倍；舌状花黄色，边缘花舌片背面有紫红色条纹。瘦果淡褐色，长约4 mm，宽1～1.4 mm，上部有刺状小瘤，喙长8～12 mm；冠毛白色。花果期3～6月。

【生长习性】生于海拔1900～3400 m的山坡草地或路旁。

【芳香成分】刘鹏岩等（1996）用水蒸气蒸馏法提取的干燥全草精油的主要成分为：2-甲基-4-戊烯醛（40.10%）、2-己烯醛（29.80%）、环己酮（10.10%）、1-甲基二十烷（5.78%）、壬醛（3.80%）等。

【利用】全草供药用，功效同蒲公英。

## ❀ 东北蒲公英
*Taraxacum ohwianum* Kitam.

| 菊科　蒲公英属 |
| --- |
| **别名：** 婆婆丁、蒲公英 |
| **分布：** 黑龙江、吉林、辽宁 |

【形态特征】多年生草本。叶倒披针形，长10～30 cm，先端尖或钝，不规则羽状浅裂至深裂，顶端裂片菱状三角形或三角形，每侧裂片4～5片，裂片三角形或长三角形，全缘或边缘疏生齿。花莛多数，高10～20 cm，微被疏柔毛，近顶端处密被白色蛛丝状毛；头状花序直径25～35 mm；总苞长13～15 mm；外层总苞片花期伏贴，宽卵形，暗紫色，具狭窄的白色膜质边缘，边缘疏生缘毛；内层总苞片线状披针形；舌状花黄色，边缘花舌片背面有紫色条纹。瘦果长椭圆形，麦秆黄色，长3～3.5 mm，上部有刺状突起，顶端略突然缢缩成圆锥至圆柱形喙基，长0.5～1 mm；喙纤细，长约8～11 mm；冠毛污白色。花果期4～6月。

【生长习性】生于低海拔地区山野或山坡路旁。

【芳香成分】陈萍等（2017）用顶空固相微萃取法提取的吉林省吉林市产东北蒲公英新鲜花精油的主要成分为：1-十一烯（26.40%）、乙醇（18.29%）、苯乙腈（14.35%）、丁香酚（8.92%）、苯乙醇（6.34%）、2-甲基-1-丁醇（3.34%）、3-羟基-2-丁酮（2.51%）、对甲氧基苯乙烯（2.10%）、柠檬醛（1.67%）、甲基丁香酚（1.45%）、乙酸乙酯（1.28%）、2-庚酮（1.15%）、2,4,6-三甲基辛烷（1.04%）等。

【利用】全草药用，可清热解毒、清利湿热，用于乳痈、瘰疬、疔毒疮肿、风眼赤肿、咽喉肿痛、湿热及小便淋沥涩痛等症。

## 🌸 蒲公英
*Taraxacum mongolicum* Hand.-Mazz.

菊科　蒲公英属

别名：黄花地丁、黄花草、黄花苗、黄花三七、黄衣郎、蒙古蒲公英、灯笼草、苦苦丁、狗乳草、吹气草、尿床花、公英草、婆婆丁、奶汁草、木金格、金簪草、蒲公丁、姑姑英

分布：黑龙江、吉林、辽宁、内蒙古、河北、山西、陕西、甘肃、青海、山东、江苏、安徽、浙江、福建、台湾、河南、湖北、湖南、广东、四川、贵州、云南等地

【形态特征】多年生草本。叶倒卵状披针形或长圆状披针形，长4～20 cm，宽1～5 cm，先端钝或急尖，边缘具齿或羽状深裂，或倒向羽状深裂，顶端裂片三角形或三角状戟形，全缘或具齿，每侧裂片3～5片，裂片三角形或三角状披针形，具齿，裂片间常夹生小齿，叶柄及主脉常带红紫色。花莛1至数个，高10～25 cm，上部紫红色，密被蛛丝状白色长柔毛；头状花序直径约30～40 mm；总苞钟状，淡绿色；总苞片2～3层，外层总苞片卵状披针形或披针形，边缘宽膜质，基部淡绿色，上部紫红色；内层总苞片线状披针形，先端紫红色；舌状花黄色。瘦果倒卵状披针形，暗褐色，长约4～5 mm，宽约1～1.5 mm，上部具小刺，下部具小瘤，喙长6～10 mm；冠毛白色。花期4～9月，果期5～10月。

【生长习性】广泛生于中、低海拔地区的山坡草地、路边、田野、河滩。喜温暖湿润和阳光充足环境，适应性广，抗逆性强，抗寒又耐热。

【精油含量】水蒸气蒸馏全草的得油率为0.01%。

【芳香成分】凌云等（1998）用水蒸气蒸馏法提取的北京产蒲公英全草精油的主要成分为：2-呋喃甲醛（13.44%）、3-正己烯-1-醇（7.53%）、正二十一烷（6.81%）、正己醇（6.30%）、b-紫罗兰醇（5.99%）、a-雪松醇（4.86%）、苯甲醛（4.75%）、3,5-正辛烯-2-酮（3.67%）、萘（3.45%）、樟脑（2.99%）、正十五烷（2.74%）、正十八烷（2.52%）、正十四烷（2.40%）、正辛醇（2.33%）、反式-石竹烯（2.12%）等。张飞等（2016）用超临界$CO_2$萃取法提取的干燥全株精油的主要成分为：十六酸（31.63%）、十八碳二烯酸（28.45%）、十六酸乙酯（4.42%）、亚麻酸乙酯（3.91%）、十四酸（3.68%）、植酮（3.23%）、二氢猕猴桃内酯（2.04%）、植醇（2.00%）、15-十六内酯（1.72%）、

去氢木香内酯（1.39%）、二甲基砜（1.31%）、地芰普内酯（1.19%）、反式茴香脑（1.14%）、2,5-二氢噻吩（1.13%）、十八酸（1.10%）、苯乙醇（1.00%）等。

【利用】全草供药用，有清热解毒、消肿散结、利尿除湿、清肝明目、利胆缓血的功效，治急性乳腺炎、淋巴腺炎、瘰疬、疔毒疮肿、急性结膜炎、感冒发热、急性扁桃体炎、急性支气管炎、胃炎、肝炎、胆囊炎、尿路感染。根有消炎作用，可治疗黄疸、胆结实和风湿症。全草提取物有保肝利胆作用，对治疗肺癌、胃癌、食道癌等有一定疗效，还具有促进乳汁分泌的功效。水浸剂或提取物已被广泛用于止痒头油等各种化妆品，效果甚佳。花可酿成酒。根茎叶均可作蔬菜食用，也可腌制或做泡菜。

# ❀ 麻叶千里光

*Senecio cannabifolius* Less.

**菊科　千里光属**

别名：宽叶还魂草

分布：黑龙江、吉林、内蒙古

【形态特征】多年生根状茎草本。高1～2 m。中部茎叶长11～30 cm，宽4～15 cm，长圆状披针形，不分裂或羽状分裂成4～7个裂片，顶端尖或渐尖，基部楔形，边缘具内弯的尖锯齿，纸质，具卷曲短柔毛，顶裂片大，长圆状披针形；上部叶渐小；叶柄短，基部具2耳。头状花序辐射状，多数排列成顶生宽复伞房状花序；具2～3线形苞片；苞片被疏短柔毛。总苞圆柱状；苞片3～4，线形；总苞片8～10，长圆状披针形。舌状花8～10，舌片黄色，长约10 mm，顶端具3细齿；管状花约21，花冠黄色，檐部漏斗状；裂片卵状披针形，具乳头状毛。瘦果圆柱形，长3.5～4 mm，无毛；冠毛长6 mm，禾秆色。花期7月。

【生长习性】生于海拔400～900 m的山沟、林缘和湿草垫等处。

【精油含量】水蒸气蒸馏阴干全草的得油率为0.22%，阴干茎的得油率为0.04%，阴干叶的得油率为0.50%。

【芳香成分】茎：肖凤艳（2011）用水蒸气蒸馏法提取的阴干茎精油的主要成分为：正十六烷酸（24.12%）、石竹烯氧化物（11.16%）、1-甲基-2-戊基环丙烷（9.55%）、石竹烯（5.78%）、(Z,Z)-9,12-十八碳二烯酸（3.26%）、1-甲基-6-亚甲基双环[3.2.0]庚烷（3.15%）、(Z)-9,17-十八碳二烯醛（2.62%）、10,10-二甲基-2,6-二亚甲基双环[7.2.0]十一-5β-醇（2.55%）、2-戊基呋喃（2.50%）、三癸基-环氧乙烷（2.41%）、6-异丙烯基-4,8a-二甲基-1,2,3,5,6,7,8,8a-八氢-萘-2-醇（2.11%）、6,10,14-三甲基-2-十五烷酮（1.74%）、(E,E)-2,4-癸二烯醛（1.23%）、1-十一碳烯（1.02%）、α-金合欢烯（1.00%）等。

叶：肖凤艳（2011）用水蒸气蒸馏法提取的阴干叶精油的主要成分为：α-金合欢烯（13.37%）、正十六烷酸（8.62%）、2,6-二甲基-6-(4-甲基-3-戊烯基)-双环[3.1.1]庚-2-烯（6.93%）、石竹烯（5.32%）、叶绿醇（3.70%）、6,10,14-三甲基-2-十五烷酮（2.27%）、倍半玫瑰呋喃（1.81%）、α-石竹烯（1.71%）、6-异丙烯基-4,8a-二甲基-1,2,3,5,6,7,8,8a-八氢-萘-2-醇（1.70%）、十四烷酸（1.34%）、1-乙烯基-1-甲基-2,4-二(1-甲基乙烯基)-[1S-(1α,2β,4β)]-环己烷（1.10%）、(Z,Z)-9,12-十八碳二烯酸（1.07%）、(Z,Z,Z)-9,12,15-十八碳三烯（1.07%）、4-亚甲基-1-甲基-2-(2-甲基-1-丙烯-1-基)-1-乙烯基-环庚烷（1.06%）等。

全草：何忠梅等（2007）用水蒸气蒸馏法提取的吉林长白山产麻叶千里光阴干全草精油的主要成分为：正十六(烷)酸（27.01%）、胡萝卜次醇（13.73%）、9,12-十八碳二烯酸（9.99%）、α-蒎烯（9.28%）、b-蒎烯（5.58%）、异香树烯环氧化物（4.58%）、石竹烯（3.81%）、柠檬烯（2.35%）、罗勒烯（2.01%）、6,10,14-三甲基-2-十五酮（2.01%）、2-异丙基-5-甲基-9-亚甲基-二环[4.4.0]癸-1-烯（1.13%）、7-甲基-3-亚甲基-4-

(1-甲基乙基)-八氢-[3aS-(3aα,3bb,4b,7α,7aS*)]-1H-环戊[1,3]环丙[1,2]苯（1.09%）等。

【利用】全草药用，有清热解毒、散血消肿的功效，临床用于治疗肺内感染、慢性支气管炎、喘息性支气管炎及急性呼吸道感染等疾病。

## 🌸 全叶千里光

*Senecio cannabifolius* Less. var. *integrifolius* (Kðidz.) Kitam.

| 菊科　千里光属 |
| --- |
| **别名：** 单叶返魂草、单叶还魂草 |
| **分布：** 东北、河北 |

【形态特征】与原变种的区别是：叶不分裂，长圆状披针形。

【生长习性】生于草甸、湿草甸、林下。

【精油含量】水蒸气蒸馏干燥全草的得油率为0.04%。

【芳香成分】周威等（2009）用水蒸气蒸馏法提取的吉林通化产全叶千里光干燥全草精油的主要成分为：石竹烯氧化物（13.65%）、n-棕榈酸（13.52%）、1,7,7-三甲基二环[2.2.1]-2-庚醇（11.37%）、6,10,14-三甲基-2-十五烷酮（7.99%）、(Z,Z)-9,12-十八碳二烯酸（6.78%）、石竹烯（4.47%）、3,7,11,15-四甲基-2-十六烯-1-醇（2.71%）、叶绿醇（2.58%）、十四酸（2.48%）、(E)-9-十八碳烯酸（2.39%）、油酸乙酯（2.31%）、十八醛（2.11%）、十六烷酸乙酯（1.95%）、(E)-9-十八碳烯酸

甲酯（1.73%）、亚油酸乙酯（1.53%）、9,12-十八碳二烯酸甲酯（1.37%）、二十五碳烷（1.18%）、邻苯二甲酸丁基十一羟基酯（1.17%）、1,7,7-三甲基二环[2.2.1]-2-庚酮（1.14%）、二十九碳烷（1.08%）等。

【利用】全草药用，具有清热解毒、散血消炎的作用。

## 🌸 千里光

*Senecio scandens* Buch.-Ham. ex D. Don

| 菊科　千里光属 |
| --- |
| **别名：** 九里明、千里及、黄花母、九龙光、九岭光、蔓黄菀、箭草、青龙梗、木莲草、野菊花、天青红 |
| **分布：** 西藏、陕西、湖北、贵州、云南、广东、广西、江苏、浙江、安徽、四川、江西、福建、湖南、台湾等地 |

【形态特征】多年生攀缘草本。茎长2～5 m。叶片卵状披针形至长三角形，长2.5～12 cm，宽2～4.5 cm，顶端渐尖，基部宽楔形、截形、戟形，通常具齿，稀全缘，有时细裂或羽状浅裂，具1～3对较小的侧裂片；上部叶变小，披针形。头状花

序有舌状花，多数，在茎枝端排列成复聚伞圆锥花序；具苞片，小苞片通常1～10，线状钻形。总苞圆柱状钟形，具外层苞片；苞片约8，线状钻形。总苞片12～13，线状披针形，有缘毛状短柔毛。舌状花8～10；舌片黄色，长圆形，具3细齿；管状花多数；花冠黄色，长7.5 mm；裂片卵状长圆形，有乳头状毛。瘦果圆柱形，长3 mm，被柔毛；冠毛白色。花期8月至翌年4月。

【生长习性】生于山坡、疏林下、林边、路旁、沟边草丛中，海拔50～3200 m。适应性较强，耐干旱，又耐潮湿，对土壤条件要求不严，以砂质壤土及黏壤土生长较好。

【精油含量】水蒸气蒸馏干燥全草的得油率为0.12%～0.17%。

【芳香成分】全草：周欣等（2001）用水蒸气蒸馏法提取的贵州贵阳产千里光阴干带根全草精油的主要成分为：植醇（10.85%）、十六烷酸（6.41%）、4-乙烯基苯酚（5.87%）、十三烷（4.86%）、十二烷（3.68%）、(Z,Z)-9,12-十八碳二烯酸（3.07%）、(Z,Z,Z)-9,12,15-十八碳三烯酸（2.39%）、L-4-萜品醇（2.29%）、十四（碳）烷（2.24%）、吉玛烯D（2.07%）、3-环己烯-1-甲醇（1.99%）、b-金合欢烯（1.97%）、α-紫穗槐烯（1.49%）、芳樟醇（1.43%）、新植二烯（1.37%）、亚油酸乙酯（1.35%）、T-紫穗槐醇（1.31%）、6,10,14-三甲基-2-十五烷酮（1.15%）、细辛脑（1.13%）、十六烷酸乙酯（1.13%）、顺-γ-红没药烯（1.02%）等。何忠梅等（2010）用同法分析的吉林通化产野生千里光干燥全草精油的主要成分为：棕榈酸（21.45%）、α-石竹烯（19.50%）、石竹烯氧化物（14.22%）、亚油酸（13.66%）、α-金合欢烯（8.10%）、菲（1.74%）、六氢法呢基丙酮（1.70%）、(Z)-9,17-十八二烯醛（1.64%）、反式-2-十一烯-1-醇（1.36%）、6-异丙烯基-4,8a-二甲基-樟脑-2-醇（1.35%）、4,7-二甲基-1-(1-甲乙基)-樟脑（1.32%）、十四酸（1.27%）、异芳香树烯环氧化合物（1.25%）、邻苯二甲酸（1.11%）等。

花：甘秀海等（2011）用同时水蒸气蒸馏法提取的贵州贵阳产千里光新鲜花精油主要成分为：(E)-罗勒烯（14.60%）、橙花叔醇（13.57%）、α-蒎烯（12.95%）、(Z)-罗勒烯（11.67%）、2-萘胺（6.98%）、2,6,6-三甲基双环[3.1.1]庚-2-烯（3.82%）、γ-榄香烯（2.64%）、石竹烯（2.22%）、水杨酸甲酯（2.07%）、二十八烷（2.02%）、正十七烷（1.86%）、三十烷（1.77%）、二十烷（1.57%）、十六烷（1.48%）、(3E)-3-二十碳烯（1.42%）、十五烷酸（1.20%）、9-十八碳炔酸（1.12%）等。

【利用】全草入药，有清热解毒、明目、止痒的功效，用于风热感冒、目赤肿痛、泄泻痢疾、皮肤湿疹疮疖。

## 新疆千里光
*Senecio jacobaea* Linn.

菊科　千里光属
别名：羽叶千里光
分布：新疆、江苏

【形态特征】多年生根状茎草本。高30～100 cm。下部茎叶全形长圆状倒卵形，长达15 cm，宽3～4 cm，具钝齿或大头羽状浅裂；顶生裂片大，卵形，具齿，侧生裂片3～4对，长圆状披针形，纸质，叶背被疏蛛丝状毛；中部茎叶羽状全裂，长8～10 cm，宽1～4 cm，基部有撕裂状耳；上部叶同形，但较小。头状花序有舌状花，多数，排列成顶生复伞房花序；具苞片和2～3线形小苞片。总苞宽钟状或半球形，具外层苞片；苞片2～6，线形；总苞片约13，长圆状披针形。舌状花12～15；舌片黄色，长圆形；管状花多数，花冠黄色。瘦果圆柱形，长2 mm，在舌状花无毛，而在管状花被柔毛。冠毛白色。花期5～7月。

【生长习性】生于疏林或草地。

【芳香成分】杨丽君等（2010）用水蒸气蒸馏法提取的吉林通化产新疆千里光全草精油的主要成分为：香橙烯氧化物-(2)（22.17%）、马兜铃烯环氧化物（11.25%）、石竹烯氧化物（7.56%）、7R,8R-8-羟基-4-亚异丙基-7-甲基双环[5.3.1]十一碳-1-烯（7.36%）、(-)-斯巴醇（6.01%）、香橙烯氧化物-(1)（5.35%）、异长叶-8-醇（4.44%）、别香树烯氧化物-(1)（4.21%）、十六酸甲酯（4.13%）、反式-长叶松香芹醇（3.05%）、5,5-二甲基-4-(3-甲基-1,3-丁二烯基)-1-氧螺[2.5]辛烷（2.65%）、6,10,14-三甲基-2-十五碳（2.63%）、八氢-4,4,8,8-四甲基-4a,7-亚甲基-4aH-萘[1,8a-b]环氧乙烯（2.01%）、异香橙烯环氧化物（1.92%）、柏木烯（1.67%）、3,7,11,15-四甲基-2-十六碳烯-1-醇（1.57%）、(8S)-1-甲基-4-异丙基-7,8-二羟基-螺-三环[4.4.0.0$^{5,9}$]癸-10,2′-环氧烷（1.49%）、1,7,7-三甲基-二环[2,2,1]庚-2-基醋酸酯（1.33%）、(Z,Z,Z)-9,12,15-十八烷三烯酸甲酯（1.23%）、顺式-2,3,4,4a,5,6,7,8-八氢-1,1,4a,7-四甲基-1H-苯并环庚烯-7-醇（1.19%）、(Z,Z)-9,12-十八烷

655

二烯酸甲酯（1.19%）等。刘瑜霞等（2018）用同法分析的湖北恩施产新疆千里光新鲜全草精油的主要成分为：1-甲基-5-亚甲基-8-(1-甲基乙基)-1,6-环癸二烯（32.78%）、叶绿醇（10.59%）、1-石竹烯（5.30%）、α-依兰油烯（4.98%）、1-羟基-1,7-二甲基-4-异丙基-2,7-环癸二烯（4.61%）、6,8-二甲基-9-亚甲基-3-(1-甲基乙基)双环[4.3.0]-2,7-壬二烯（3.85%）、罗勒烯（3.80%）、(Z)-丁香烯（3.52%）、(1S,顺)-4,7-二甲基-1-(1-甲基乙基)-1,2,3,5,6,8a-六氢化萘（3.46%）、β-榄香烯（2.40%）、十六酸（2.02%）、γ-榄香烯（1.73%）、1-十一烯（1.26%）、[S-(R*,S*)]-3-(1,5-二甲基-4-己烯基)-6-亚甲基环己烯（1.20%）等。

【利用】全草入药，有清热解毒、清肝明目的功效，治火毒炽盛、壅于肌表、痈疽疮疖、乳痈、肠痈、热毒疮疡、肝经热盛、头昏头痛、目赤肿痛、多泪多眵、口苦耳鸣。

# 乳苣

*Mulgedium tataricum* (Linn.) DC.

**菊科　乳苣属**

**别名：** 蒙山莴苣、紫花山莴苣、苦菜

**分布：** 辽宁、内蒙古、河北、陕西、甘肃、青海、新疆、河南、西藏

【形态特征】多年生草本，高15～60 cm。中下部茎叶长椭圆形或线形，长6～19 cm，宽2～6 cm，羽状浅裂或半裂或边缘有大锯齿，顶端钝或急尖，侧裂片2～5对，向两端渐小，顶裂片披针形或长三角形；向上的叶与中部茎叶同形或宽线形，渐小。全部叶质地稍厚。头状花序约含20枚小花，多数，在茎枝顶端狭或宽圆锥花序。总苞圆柱状或楔形；总苞片4层，中外层较小，卵形至披针状椭圆形，内层披针形或披针状椭圆形，苞片带紫红色。舌状小花紫色或紫蓝色，管部有白色短柔毛。瘦果长圆状披针形，稍压扁，灰黑色，长5 mm，宽约1 mm。冠毛2层，纤细，白色，长1 cm，微锯齿状。花果期6～9月。

【生长习性】生于河滩、湖边、草甸、田边、固定沙丘或砾石地，海拔1200～4300 m。

【芳香成分】任玉琳等（2003）用乙醇浸提法提取的内蒙古产乳苣全草精油的主要成分为：棕榈酸甲酯（23.76%）、9,12,15-十八碳三烯酸甲酯（6.55%）、十四烷酸甲酯

（5.81%）、十九（碳）烷（3.63%）、(Z,Z)-9,12-十八碳二烯酸（3.52%）、十七碳烷（3.38%）、三十六烷（3.19%）、新植二烯（3.04%）、正十六烷（3.03%）、2,6-双(1,1'-二甲基乙基)-4-甲基-苯酚（2.46%）、十八碳烷（2.22%）、十八烷酸甲基酯（2.10%）、二十碳烷（2.05%）、十五烷（1.63%）、二十三（碳）烷（1.38%）、四十三烷（1.32%）、6,10,14-三甲基-2-十五烷酮（1.28%）等。

【利用】嫩叶浸泡去苦味后，可炒食。

# 山牛蒡

*Synurus deltoides* (Ait.) Nakai

**菊科　山牛蒡属**

**分布：** 黑龙江、吉林、辽宁、河北、内蒙古、河南、浙江、安徽、江西、湖北、四川

【形态特征】多年生草本，高0.7～1.5 m。叶柄长，有狭翼，叶片心形、卵形或戟形，长10～26 cm，宽12～20 cm，基部心形或戟形或平截，边缘有粗大锯齿，半裂或深裂，向上的叶渐小，边缘有锯齿或针刺。叶面绿色，粗糙，有节毛，叶背灰白色，被密厚的绒毛。头状花序大，生枝顶或单生茎顶。总苞球形，直径3～6 cm。总苞片多层多数，通常13～15层，向内层渐长，有时变紫红色。内层上部有稠密短糙毛。小花全部为两性，管状，花冠紫红色，长2.5 cm，花冠裂片三角形。瘦果长椭圆形，浅褐色，长7 mm，宽约2 mm，果缘边缘细锯齿。冠毛褐色，多层，基部连合成环；冠毛刚毛糙毛状。花果期6～10月。

【生长习性】生于山坡林缘、林下或草甸，海拔550～

2200 m。

【精油含量】超临界萃取干燥地上部分的得油率为1.57%。

【芳香成分】李红梅等（2007）用超临界$CO_2$萃取法提取的吉林长白山产山牛蒡干燥地上部分精油的主要成分为：羽扇醇（38.48%）、乙酸羽扇-20(29)-烯-3-醇酯（19.80%）、四十四烷（18.45%）、齐墩果-12-烯-3-酮（6.18%）、5-烯-3-豆甾醇（4.17%）等。

【利用】全草药用，有清热利尿及抗癌等作用，用于治疗尿路感染和各种癌症。可作为草绿色着色剂。嫩叶可作为蔬菜食用。

# 蛇目菊
*Sanvitalia procumbens* Lam.

**菊科　蛇目菊属**

**别名：** 天山雪菊、昆仑雪菊、冰山雪菊、高寒香菊、血菊、小波斯菊、金钱菊、孔雀菊

**分布：** 新疆、香港

【形态特征】一年生草本，高达50 cm，茎平卧或斜升多少被毛；叶菱状卵形或长圆状卵形，长1.2～2.5 cm，全缘，少有具齿，两面被疏贴短毛。头状花序单生于茎、枝顶端，径约1 cm；总苞片被毛，外层总苞片基部软骨质，上部草质；雌花约10～12个，舌状，黄色或橙黄色，顶端具3齿；两性花暗紫色，顶端5齿裂；托片膜质，长圆状披针形，麦秆黄色；雌花瘦果扁压，三棱形，顶端具3芒刺；两性花瘦果三棱形至扁，暗褐色，顶端有2刺芒或无刺芒，边缘有狭翅，外面有白色瘤状突起或无小瘤而成细纵肋。

【生长习性】喜阳光充足，略耐半阴。耐寒力强，耐干旱，耐瘠薄，不择土壤，肥沃土壤易徒长倒伏。凉爽季节生长较佳，忌酷热。

【精油含量】水蒸气蒸馏干燥花序的得油率为1.77%。

【芳香成分】张彦丽等（2010）用水蒸气蒸馏法提取的新疆昆仑山产蛇目菊干燥花序精油的主要成分为：苧烯（63.50%）、3-蒈烯（7.05%）、β-对伞花烃（5.23%）、姜烯（2.45%）、芹菜脑（1.65%）、桧烯（1.45%）、香芹醇（1.40%）、蒎烯（1.33%）、马鞭草烯醇（1.30%）、石竹烯（1.28%）、香芹酮（1.02%）等。

【利用】园林栽培供观赏，也适合用做花篮装饰花。

# 藿香蓟
*Ageratum conyzoides* Linn.

**菊科　藿香蓟属**

**别名：** 白花草、白花香草、白花臭草、白毛苦、胜红蓟、胜红药、咸虾花、柠檬菊、七星菊、猫屎草、脓泡草、消炎草、广马草、水丁药、鱼眼草、油贴贴果、重阳草、绿升麻、臭炉草

**分布：** 江西、福建、广东、广西、云南、贵州、四川等地

【形态特征】一年生草本，高10～100 cm。叶对生，有时上部互生，常有腋生的不发育的叶芽。中部茎叶卵形或椭圆形或长圆形，长3～8 cm，宽2～5 cm；自中部叶向上向下及腋生小枝上的叶渐小。全部叶基部钝或宽楔形，顶端急尖，边缘圆锯齿，两面被白色稀疏的短柔毛且有黄色腺点。头状花序4～18个在茎顶排成通常紧密的伞房状花序；花序径1.5～3 cm。总苞钟状或半球形，宽5 mm。总苞片2层，长圆形或披针状长圆形，长3～4 mm，边缘撕裂。花冠长1.5～2.5 mm，檐部5裂，淡紫色。瘦果黑褐色，5棱，长1.2～1.7 mm，有白色稀疏细柔毛。冠毛膜片5或6个，长圆形；全部冠毛膜片长1.5～3 mm。花果期全年。

【生长习性】由低海拔到2800 m的地区都有分布，生山谷、山坡林下或林缘、河边或山坡草地、田边或荒地上。喜温暖、阳

光充足的环境。对土壤要求不严。不耐寒，在酷热下生长不良。

【精油含量】水蒸气蒸馏全草的得油率为0.15%～0.89%，新鲜叶的得油率为0.55%，阴干叶的得油率为1.21%～1.32%，新鲜花序的得油率为0.65%；有机溶剂萃取新鲜叶的得油率为3.09%。

【芳香成分】叶：朱慧等（2011）用水蒸气蒸馏法提取的广东潮州产藿香蓟新鲜叶精油的主要成分为：石竹烯（23.40%）、早熟素Ⅰ（17.66%）、(Z)-乙酸-3-己烯-1-醇酯（12.14%）、早熟素Ⅱ（9.51%）、1-乙烯基-1-甲基-2-(1-甲基乙烯基)-4-(1-乙缩醛甲基)环己烷（4.71%）、倍半水芹烯（4.24%）、(Z)-7,11-二甲基-3-亚甲基-1,6,10-十二碳三烯（3.86%）、莰烯（3.10%）、[S-(E,E)]-1～5-甲烯基-8-(1-甲基乙基)-1,6-环己烷（3.10%）、左旋乙酸冰片酯（2.12%）、反式-2-己烯醛（2.11%）、1,2,3,4,4a,5,6,8a-八氢-7-甲基-4-亚甲基-1-(1-甲基乙基)-萘（1.96%）、1-己醇（1.32%）、3,7,7-三甲基双环-[4.1.0]-二庚烯（1.01%）等。

全草：郭占京等（2009）用水蒸气蒸馏法提取的广西南宁产藿香蓟阴干全草精油的主要成分为：早熟素Ⅱ（43.29%）、石竹烯（24.48%）、α-荜澄茄油烯（10.18%）、倍半水芹烯（8.32%）、早熟素Ⅰ（7.77%）、金合欢烯（2.58%）、大根香叶烯D（2.00%）、大根香叶烯B（1.87%）、α-丁香烯（1.70%）、(+)-表-双环倍半水芹烯（1.26%）、杜松二烯（1.00%）等。季梅等（2013）用同时蒸馏萃取法提取的云南瑞丽产藿香蓟新鲜地上部分精油的主要成分为：6,7-二甲氧基-2,2-二甲基-2H-1-苯并吡喃（34.28%）、7-甲氧基-2,2-二甲基-2H-1-苯并吡喃（29.63%）、β-石竹烯（12.81%）、大香叶烯D（4.77%）、双环大香叶烯（1.39%）、β-倍半水芹烯（1.24%）等。

花：叶雪梅等（2010）用水蒸气蒸馏法提取的浙江温州产藿香蓟新鲜花序精油的主要成分为：7-甲氧基-2,2-二甲基-2H-1-苯并吡喃(早熟素Ⅰ)（52.66%）、2,2-二甲基-6,7-二甲氧杂萘(早熟素Ⅱ)（27.62%）、石竹烯（7.41%）、α-石竹烯（2.91%）、[S-(E,E)]-1-甲基-5-亚甲基-8-(1-甲基乙基)-1,6-环癸二烯（2.04%）、γ-榄香烯（1.78%）、[3aS-(3aα,3bβ,4β,7α,7aS*)]-4-(1-甲基乙基)-八氢-7-甲基-3-亚甲基-1H-环戊[1,3]环丙[1,2]苯（1.10%）、[S-(R*,S*)]-6-亚甲基-3-(1,5-二甲基-4-己烯)（1.08%）等。

【利用】常用来配置花坛和地被，也可盆栽观赏，切花插瓶或制作花篮。全草药用，有清热解毒、祛风止痛、止血、排石的功效，用于治乳蛾、咽喉痛、泄泻、胃痛、崩漏、肾结石、湿疹、鹅口疮、痈疮肿毒、下肢溃疡、中耳炎、外伤出血；民间用全草治感冒发热、疔疮湿疹、外伤出血、烧烫伤等。

## ❁ 石胡荽

*Centipeda minima* (Linn.) A. Br. et Ascher.

菊科　石胡荽属

别名：鹅不食草、鹅不食、白珠子草、白地茜、地芫荽、地胡椒、地杨梅、大救驾、杜网草、二郎戟、鸡肠草、连地稗、猫沙、满天星、野园荽、沙飞草、三节剑、三牙钻、山胡椒、球子草、小救驾、猪屎草、猪屎潦、砂药草、通天窍、雾水沙、小拳头、铁拳头、散星草、蚊子草

分布：黑龙江、吉林、辽宁、河北、河南、山东、湖南、湖北、江苏、浙江、安徽、江西、四川、贵州、福建、台湾、广东、广西等地

【形态特征】一年生小草本。茎多分枝，高5～20 cm，匍匐状，微被蛛丝状毛或无毛。叶互生，楔状倒披针形，长7～18 mm，顶端钝，基部楔形，边缘有少数锯齿，无毛或背面微被蛛丝状毛。头状花序小，扁球形，直径约3 mm，单生于叶腋，无花序梗或极短；总苞半球形；总苞片2层，椭圆状披针形，绿色，边缘透明膜质，外层较大；边缘花雌性，多层，花冠细管状，长约0.2 mm，淡绿黄色，顶端2～3微裂；盘花两性，花冠管状，长约0.5 mm，顶端4深裂，淡紫红色，下部有明显的狭管。瘦果椭圆形，长约1 mm，具4棱，棱上有长毛，无冠状冠毛。花果期6～10月。

【生长习性】生于路旁、荒野阴湿地。

【精油含量】水蒸气蒸馏全草的得油率为0.10%~0.30%；同时蒸馏萃取干燥全草的得油率为1.05%~1.20%；超临界萃取全草的得油率为1.73%~9.38%。

【芳香成分】张雅琪等（2011）用水蒸气蒸馏法提取的浙江产石胡荽全草精油的主要成分为：反式-乙酸菊花烯酯（42.18%）、2,4,4-三甲基-二环[3.2.0]-6-庚烯-2-醇（6.85%）、石竹烯氧化物（4.42%）、2-(2-甲基呋喃基)-5-甲基-呋喃（3.76%）、棕榈酸（3.55%）、2-甲基-5-(1-甲基乙基)-苯酚（3.53%）、丙酸-2,3,7-三甲基-2,6-辛二烯酯（2.97%）、3,7-二甲基-2,6-辛二烯-1-醇（2.93%）、麝香草酚（2.88%）、α-荜草烯（2.29%）、1-甲基-5-(1-甲基乙基)-环己烯（1.95%）、马兜铃烯（1.82%）、1,2-苯二甲酸二(2-甲基丙基)酯（1.40%）、2-乙基-4-甲苯基甲醚（1.40%）、(E)-4-(2,4,4-三甲基二环[4.1.0]-3,2-庚烯基)-3-丁烯-2-酮（1.39%）、α-依兰烯（1.26%）、β-桉叶油醇（1.22%）等。

【利用】全草入药，能通窍散寒、祛风利湿、散瘀消肿，主治鼻炎、跌打损伤等症。傣药全株治感冒鼻塞，急、慢性鼻炎，过敏性鼻炎，百日咳，慢性支气管炎，蛔虫病，跌打损伤，风湿关节痛，牛皮癣。

# ✿ 高山蓍
*Achillea alpina* Linn.

菊科　蓍属
别名：羽衣草、蚰蜒草、锯齿草
分布：东北、内蒙古、河北、山西、宁夏、甘肃等地

【形态特征】多年生草本，具短根状茎。茎高30~80 cm，被伏柔毛。叶条状披针形，长6~10 cm，宽7~15 mm，篦齿状羽状浅裂至深裂，基部裂片抱茎；裂片条形或条状披针形，尖锐，边缘有锯齿或浅裂，顶端有软骨质尖头，叶面疏生长柔毛，叶背毛较密，上部叶渐小。头状花序多数，集成伞房状；总苞宽矩圆形或近球形，直径4~7 mm；总苞片3层，覆瓦状排列，宽披针形至长椭圆形，中间草质，绿色，边缘膜质，褐色，疏生长柔毛；托片和内层总苞片相似。边缘舌状花6~8朵，舌片白色，宽椭圆形，顶端3浅齿；管状花白色，冠檐5裂。瘦果宽倒披针形，长2 mm，宽1.1 mm，扁，有淡色边肋。花果期7~9月。

【生长习性】常见于山坡草地、灌丛间、林缘。对气候适应性强，耐寒，喜向阳。

【精油含量】水蒸气蒸馏新鲜全草的得油率为0.04%。

659

【芳香成分】薛晓丽等（2016）用水蒸气蒸馏法提取的吉林省吉林市产高山蓍新鲜全草精油的主要成分为：乙酸龙脑酯（19.88%）、3-蒈烯（16.22%）、石竹烯（15.69%）、2-(苯基甲氧基)丙酸甲酯（4.52%）、β-月桂烯（3.11%）、β-蒎烯（2.98%）、杜松烯（2.70%）、异松油烯（2.67%）、葎草烯（2.58%）、(-)-莰烯（2.38%）、D-柠檬烯（2.28%）、γ-榄香烯（1.50%）、β-可巴烯（1.34%）等。

【利用】全草入药，具有抗菌消炎、解毒消肿、活血、止痛的功能，治疗气虚体弱、视物昏花等症。茎叶可提取精油，作调香原料。

## 🌸 蓍

*Achillea* millefolium Linn.

| | |
|---|---|
| 菊科　蓍属 | |
| 别名： | 西洋花蓍、欧蓍、洋蓍草、千叶蓍、锯草 |
| 分布： | 全国各地 |

【形态特征】多年生草本，具匍匐根茎。高40～100 cm。叶披针形、矩圆状披针形或近条形，长5～7 cm，宽1～1.5 cm，2～3回羽状全裂，一回裂片多数，末回裂片披针形至条形，顶端具软骨质短尖，叶面密生凹入的腺体，多少被毛，叶背被长柔毛。下部叶和营养枝的叶长10～20 cm，宽1～2.5 cm。头状花序多数，密集成直径2～6 cm的复伞房状；总苞矩圆形或近卵形，疏生柔毛；总苞片3层，覆瓦状排列，椭圆形至矩圆形，

背中间绿色，边缘膜质，棕色或淡黄色；托片矩圆状椭圆形，膜质，背面散生黄色闪亮的腺点，上部被短柔毛。边花5朵；舌片近圆形，白色、粉红色或淡紫红色；盘花两性，管状，黄色，5齿裂，外面具腺点。瘦果矩圆形，长约2 mm，淡绿色，有狭的淡白色边肋。花果期7～9月。

【生长习性】生于湿草地、荒地及铁路沿线。适应性强，对土壤及气候条件要求不严。日照充足及半阴地均可生长，喜排水良好、富含腐殖质及石灰质的砂质壤土。喜阳光充足的环境，也耐半阴，耐寒性强，喜温暖、湿润。

【精油含量】水蒸气蒸馏茎的得油率为0.09%，叶的得油率为0.04%，花的得油率为1.85%。

【芳香成分】侯卫等（1999）用水蒸气蒸馏法提取的全草精油的主要成分为：薁（26.90%）、丁香油酚（9.21%）、水杨酸（8.08%）、L-樟脑（5.05%）、1,8-桉叶油素（5.01%）、l-柠檬烯（4.52%）、l-α-蒎烯（4.15%）、d-α-蒎烯（4.08%）、石竹烯（3.20%）、l-龙脑（3.10%）、β-蒎烯（3.01%）、缬草酸（2.78%）、异缬草酸（2.56%）、千叶蓍内酯（2.56%）、侧柏酮（2.05%）、龙脑乙醇酯（2.03%）、β-榄香烯（1.91%）、α-榄香烯（1.87%）、油酸（1.86%）、亚油酸（1.76%）、豆甾醇（1.55%）、谷甾醇（1.14%）、乙酰母菊素（1.01%）等。

【利用】各地庭园常有栽培，布置花镜或作切花之用，亦可为疏林地被。全草入药，有止血、杀菌、净化、发汗、驱风、滋补强身的功效。花可治疗湿疹及过敏性鼻炎。叶、花可提取精油，花精油可治伤风、流行性感冒及关节炎。茎叶可作调香原料。

## ❀ 云南蓍

*Achillea wilsoniana* Heimerl. ex Hand.-Mazz.

菊科　蓍属

**别名:** 白花一枝蒿、西南蓍草、一枝蒿、土一支蒿、蓍草、飞天蜈蚣、野一枝蒿、蜈蚣草、刀口药

**分布:** 云南、四川、贵州、湖南、湖北、山西、河南、陕西、甘肃等地

【形态特征】多年生草本。高35～100 cm。中部叶矩圆形,长4～6.5 cm,宽1～2 cm,二回羽状全裂,一回裂片多数,椭圆状披针形,二回裂片少数,下面的较大,披针形,有少数齿,上面的较短小,齿端具白色软骨质小尖头,叶上疏生柔毛和凹入的腺点,叶背被较密的柔毛。头状花序多数,集成复伞房花序;总苞宽钟形或半球形,直径4～6 mm;总苞片3层,覆瓦状排列,外层短,卵状披针形,中层卵状椭圆形,内层长椭圆形,有褐色膜质边缘,被长柔毛;托片披针形,舟状,具膜质透明边缘,背部稍带绿色,被少数腺点,上部疏生长柔毛。边花6～16朵;舌片白色,偶有淡粉红色边缘,具少数腺点;管状花淡黄色或白色,管部具腺点。瘦果矩圆状楔形,长2.5 mm,宽约1.1 mm,具翅。花果期7～9月。

【生长习性】生于山坡草地或灌丛中。

【精油含量】水蒸气蒸馏干燥全草的得油率为0.10%。

【芳香成分】马克坚等(1997)用水蒸气蒸馏法提取的云南大理产云南蓍干燥全草精油的主要成分为:反-β-金合欢烯(20.21%)、d-杜松烯(8.15%)、柠檬烯(8.12%)、β-蒎烯(7.84%)、1,4-二甲基-7-乙基薁(5.73%)、t-α-杜松醇(5.45%)、c-α-杜松醇(3.89%)、橙花叔醇(3.04%)、β-丁香烯(2.69%)、α-木罗烯(2.63%)、Δ4-莕烯(2.36%)、榧素(2.18%)、对-聚伞花素(1.89%)、广藿香烷(1.45%)、γ-杜松烯(1.40%)、α-蒎烯(1.35%)、松油烯-4-醇(1.22%)、棕榈酸(1.20%)等。

【利用】全草药用,解毒消肿,止血止痛,健胃。

## ❀ 鼠麴草

*Gnaphalium affine* D. Don.

菊科　鼠麴草属

**别名:** 鼠曲草、清明菜、追骨风、黄花曲草、佛耳草、白头菜、爪老鼠、鼠耳草、田艾、菠菠草

**分布:** 台湾、华东、华中、华南、西南、西北、华北各地

【形态特征】一年生草本。高10～40 cm或更高。叶匙状倒披针形或倒卵状匙形，长5～7 cm，宽11～14 mm，上部叶长15～20 mm，宽2～5 mm，基部渐狭，稍下延，顶端圆，具刺尖头，两面被白色棉毛。头状花序径2～3 mm，在枝顶密集成伞房花序，花黄色至淡黄色；总苞钟形；总苞片2～3层，金黄色或柠檬黄色，膜质，外层倒卵形或匙状倒卵形，背面基部被棉毛，内层长匙形；花托中央稍凹入。雌花多数，花冠细管状，花冠顶端扩大，3齿裂。两性花较少，管状，檐部5浅裂，裂片三角状渐尖。瘦果倒卵形或倒卵状圆柱形，长约0.5 mm，有乳头状突起。冠毛粗糙，污白色，基部联合成2束。花期1～4月，8～11月。

【生长习性】多生于低海拔干地或湿润草地上，尤以稻田最常见。喜温暖湿润环境。土壤从砂土到黏土、从酸性土到碱性土均能良好的生长，土壤pH是4.0～8.2，适生于湿润的丘陵和山坡草地、河湖滩地、溪沟岸边、路旁、田埂、林缘、疏林下、无积水的水田中。

【精油含量】水蒸气蒸馏干燥全草的得油率为0.30%～0.48%，新鲜全草的得油率为0.08%～0.50%。

【芳香成分】黄爱芳等（2009）用水蒸气蒸馏法提取的浙江温州产鼠麹草干燥全草精油的主要成分为：石竹烯（62.43%）、à-石竹烯（23.17%）、橙花叔醇（2.60%）、十一酸（2.49%）、1-辛烯-3-醇（2.37%）、(9E,12E,15E)-9,12,15-十八三烯-1-醇（2.11%）、氧化石竹烯（1.53%）、(9Z,12Z)-9,12-十八二烯-1-醇（1.04%）等。陈乐等（2014）用同法分析的湖南长沙县产鼠麹草干燥全草精油的主要成分为：香橙烯（22.63%）、2-十五烷酮（15.46%）、石竹烯氧化物（10.25%）、正十六酸（8.69%）、肉豆

蔻醛（7.20%）、α-石竹烯（4.52%）、石竹烯（4.28%）、β-金合欢烯（3.77%）、丁香酚（3.17%）、9,17-十八碳二烯醛（2.33%）、β-瑟林烯（1.82%）、顺-乙酸(13,14-环氧基)-11～1-乙酸（1.66%）、6,10,14-三甲基-5,9,13-十五碳三烯-2-酮（1.27%）、十二醛（1.17%）等。吕晴等（2008）用同时蒸馏萃取法提取的贵州产鼠麹草新鲜全草精油的主要成分为：丁香油酚（4.83%）、反-石竹烯（4.41%）、棕榈酸（4.17%）、(-)-β-榄香烯（4.11%）、α-松油醇（3.60%）、二十五烷（2.38%）、α-雪松醇（2.32%）、α-荜草烯（2.25%）、芳樟醇（2.20%）、十七烷（2.20%）、α-古芸烯（2.05%）、2-乙烯基-1,4-二甲基苯（1.96%）、十八烷（1.95%）、十六醛（1.86%）、十九烷（1.78%）、表-双环倍半水芹烯（1.65%）、2,6,10,14-四甲基-十六烷（1.52%）、十四烷酸（1.46%）、7-辛烯-4-醇（1.46%）、α-亚麻酸甲酯（1.39%）、d-杜松烯（1.36%）、二十烷（1.36%）、十四烷（1.26%）、二十三烷（1.23%）、6,10,14-三甲基-2-十五酮（1.20%）、2,6,10,14-四甲基-十五烷（1.10%）、γ-古芸烯（1.07%）等。

【利用】全草入药，具有镇咳祛痰、祛风湿、降血压等作用，用于治咳嗽、痰喘、风湿痹痛，为镇咳、祛痰、治气喘和支气管炎以及非传染性溃疡、创伤的寻常用药，内服还有降血压疗效。茎叶可作为蔬菜食用。是温性中生牧草。

## 🌸 细叶鼠麹草

*Gnaphalium japonicum* Thunb.

| 菊科 | 鼠麹草属 |
|---|---|
| 别名： | 白背鼠麹草、细叶鼠曲草、白背鼠曲草、地火草 |
| 分布： | 长江流域以南各地，北达河南、陕西 |

【形态特征】一年生细弱草本。高8～27 cm。基生叶呈莲座状，线状剑形或线状倒披针形，长3～9 cm，宽3～7 mm，基部渐狭，顶端具短尖头，叶面绿色，疏被棉毛，叶背白色，厚被白色棉毛；茎叶少数，线状剑形或线状长圆形，长2～3 cm，宽2～3 mm；花序下面有3～6片线形或披针形小叶。头状花序少数，径2～3 mm，在枝端密集成球状，作复头状花序式排列，花黄色；总苞近钟形，径约3 mm；总苞片3层，带红褐色，外层宽椭圆形，中层倒卵状长圆形，内层线形。雌花多数，花冠丝状。两性花少数，花冠管状，檐部5浅裂。瘦果纺锤状圆柱形，长约1 mm，密被棒状腺体。冠毛粗糙，白色。花期1～5月。

【生长习性】见于低海拔的草地或耕地上，喜阳。

油率为0.87%，叶的得油率为0.73%，花蕾的得油率为2.91%，花的得油率为1.30%，花托的得油率为0.36%。

【精油含量】水蒸气蒸馏干燥全草的得油率为0.70%

【芳香成分】陈乐等（2014）用水蒸气蒸馏法提取的湖南长沙县产细叶鼠麴草干燥全草精油的主要成分为：正十六碳酸（6.61%）、β-金合欢烯（5.12%）、1-三十七烷醇（5.12%）、石竹烯（4.26%）、肉豆蔻醛（4.19%）、α-石竹烯（3.76%）、正十六酸（3.76%）、石竹烯氧化物（3.31%）、十七烷（3.20%）、顺-乙酸(13,14-环氧基)-11-烯-1-乙酸（2.87%）、十四酸甲酯（2.65%）、1,2-苯二甲酸二甲酯（2.17%）、香橙烯（2.13%）、γ-古芸烯（2.12%）、9,17-十八碳二烯醛（1.65%）、2-十五烷酮（1.19%）等。

【利用】民间用全草入药，用于治疗咳嗽、痰喘、风湿痹痛等。

## ❀ 大花金挖耳

*Carpesium macrocephalum* Franch. et Sav.

菊科　天名精属

别名：大烟锅草、香油罐、千日草、神灵草、仙草
分布：东北、华北地区、陕西、甘肃、四川

【形态特征】多年生草本。茎高60～140 cm。叶片广卵形至椭圆形，长15～20 cm，宽10～15 cm，先端锐尖，基部骤然收缩成楔形，边缘具重牙齿，齿端有腺体状胼胝，叶面深绿色，叶背淡绿色，两面均被短柔毛，中部叶椭圆形至倒卵状椭圆形，先端锐尖，基部略呈耳状，半抱茎，上部叶长圆状披针形。头状花序单生于茎端及枝端；苞叶多枚，椭圆形至披针形，长2～7 cm，叶状，边缘有锯齿。总苞盘状，直径2.5～3.5 cm，外层苞片叶状，披针形，两面密被短柔毛，中层长圆状条形，内层匙状条形。两性花筒状，长4～5 mm，向上稍宽，冠檐5齿裂，雌花较短，长3～3.5 mm。瘦果长5～6 mm。

【生长习性】生于山坡灌丛及混交林边。

【精油含量】水蒸气蒸馏阴干根的得油率为0.98%，茎的得

【芳香成分】根：王俊儒等（2008）用水蒸气蒸馏法提取的陕西秦岭产大花金挖耳阴干根精油的主要成分为：桉烷-5,11(13)-二烯-8,12-内酯（39.15%）、1(22),7(16)-二环氧三环[20.8.0.0$^{7,16}$]三十碳烷（29.39%）、10-乙酰氧基-8,9-环氧麝香草酚异丁酸酯（10.68%）、1,8,15,22-二十三碳四炔（10.48%）、1,4-二甲氧基-叔丁苯（6.75%）、大根香叶烯（2.69%）、异-2,3-环氧香橙烯（2.68%）、2-甲氧基-4-甲基-异丙苯（2.26%）、神圣亚麻醇（1.04%）等。

茎：王俊儒等（2008）用水蒸气蒸馏法提取的陕西秦岭产大花金挖耳茎精油的主要成分为：桉烷-5,11(13)-二烯-8,12-内酯（35.42%）、大根香叶烯（16.09%）、1,8,15,22-二十三碳四炔

（8.73%）、10-乙酰氧基-8,9-环氧麝香草酚异丁酸酯（5.76%）、1,4-二甲氧基-叔丁苯（3.75%）、(1R)-2,2-二甲基-3-亚甲基-二环[2.2.1]庚烷（3.09%）、Z,Z,Z-4,6,9-十九碳三烯（2.29%）、2-叔丁基-4-羟基苯甲醚（1.54%）、邻苯二甲酸丁基环己酯（1.03%）等。

叶：王俊儒等（2008）用水蒸气蒸馏法提取的陕西秦岭产大花金挖耳阴干叶精油的主要成分为：大根香叶烯（13.51%）、(4Z,7Z,10Z,13Z,16Z,19Z)-4,7,10,13,16,19-二十二碳六烯酸甲酯（10.02%）、2-甲氧基-3-(2-丙烯基)苯酚（5.96%）、2-氧化别香橙烯（4.63%）、1,4-二甲氧基-叔丁苯（3.63%）、6,9-十八碳二炔酸甲酯（3.54%）、桉烷-5,11(13)-二烯-8,12-内酯（3.42%）、4-甲基-2-乙基-1-戊烯（3.33%）、1,2,3,6-四甲基-二环[2.2.2]-2,5-辛二烯（3.21%）、(Z,Z,Z)-9,12,15-十八碳三烯酸乙酯（2.50%）、2,5-十八碳二炔酸甲酯（2.47%）、邻苯二甲酸二异丁酯（2.14%）、24,25-二羟维生素D3（2.08%）、顺-1,2-二氢儿茶酚（2.00%）、2-甲氧基-4-甲基-异丙苯（1.70%）、[1R-(1α,3aα,4α,7α)]-1,2,3,3a,4,5,6,7-八氢-1,4-二甲基-7-(1-甲基乙烯基)甘菊环烃（1.38%）、(Z,Z,Z)-9,12,15-十八碳三烯酸-2,3-二羟基丙酯（1.29%）、(1R)-2,2-二甲基-3-亚甲基-二环[2.2.1]庚烷（1.27%）、2-叔丁基-4-羟基苯甲醚（1.18%）、巨大戟新萜醇12-乙酸酯（1.14%）、6,8,8-三甲基-2-亚甲基三环[5.2.2.0$^{1,6}$]-3-十一碳醇（1.09%）等。

花：王俊儒等（2008）用水蒸气蒸馏法提取的陕西秦岭产大花金挖耳阴干花精油的主要成分为：(E,E,E)-3,7,11,15-四甲基-1,3,6,10,14-十六碳五烯（22.37%）、(4Z,7Z,10Z,13Z,16Z,19Z)-4,7,10,13,16,19-二十二碳六烯酸甲酯（21.96%）、羊角拗醇（11.79%）、(5Z,8Z,11Z,14Z,17Z)-5,8,11,14,17-二十碳五烯酸甲酯（10.23%）、(5α)-3-乙基-3-羟基雄甾-17-酮（2.45%）、桉烷-5,11(13)-二烯-8,12-内酯（2.36%）、(5Z,8Z,11Z,14Z)-5,8,11,14-二十碳四烯酸甲酯（2.20%）、维生素a醛（2.10%）、苯二甲酸2,7-二甲基-5-辛炔-7-烯-4-醇,异丁醇酯（1.35%）、新戊酸-6-柠檬烯酯（1.28%）、10,13-十八碳二炔酸甲酯（1.14%）等；阴干花托精油的主要成分为：桉烷-5,11(13)-二烯-8,12-内酯（23.56%）、(E,E,E)-3,7,11,15-四甲基-1,3,6,10,14-十六碳五烯（23.04%）、1,8,15,22-二十三碳四炔（10.12%）、(4Z,7Z,10Z,13Z,16Z,19Z)-4,7,10,13,16,19-二十二

碳六烯酸甲酯（5.81%）、1,4-二甲氧基-叔丁苯（4.58%）、(-)-异喇叭烯（2.93%）、4,11-环十三碳二炔醚（2.86%）、大根香叶烯（2.19%）、(5α)-3-乙基-3-羟基雄甾-17-酮（1.71%）、2-叔丁基-4-羟基苯甲醚（1.58%）、(8S,13)-柏木二醇（1.39%）等。冯俊涛等（2007）用同法分析的花蕾精油的主要成分为：(E,E)-3,7,11,15-四甲基-1,6,10,14-十六烷四烯（15.33%）、甲苯（11.32%）、3,5,14,19-四羟基-强心甾-20(22)-烯（6.00%）、2-乙氧基四氢呋喃（5.44%）、3,4,4a,7,8,8a-六氢-7-甲基-3-甲烯基-(3-丁基酮)（4.26%）、[3aR-(3a,7a,8a)]-2H-环庚烷并呋喃-2-酮（3.51%）、桉烷-5(14),11(13)-二烯-8,12b-内酯（2.61%）、2,6,10-三甲基-十四碳烷（2.41%）、(Z,Z)-9,12-亚油酸甲酯（2.40%）、3,13,16,20-四乙酰基-3-脱氧-3,16-二羟基-12-脱氧佛波醇（2.38%）、(5a)-3-乙基-3-羟基-孕甾烷-17-酮（2.37%）、3-乙基-5-(2-乙基丁基)十八碳烷（2.24%）、4-甲基-3-戊烯-2-酮（2.00%）、四十四碳烷（1.98%）、棕榈酸（1.51%）、十七碳烷（1.47%）、17-三十五碳烷烯（1.36%）、二十碳烷（1.15%）、十六碳烷（1.13%）、Z-5-甲基-6-二十一烷烯-11-酮（1.03%）等。

【利用】全草入药，有凉血、散瘀、止血的功效，用于治跌打损伤、外伤出血；东北民间用作治吐血。花及果实可提取精油。

## ✿ 天名精

*Carpesium abrotanoides* Linn.

菊科　天名精属

**别名：**臭草、地菘、杜牛膝、莿薽、豕首、麦句姜、虾蟆蓝、鹤薽、鹤虱草、蚵蚾草、天芜菁、天蔓菁、天门精、玉门精、𪓰颅、蟾蜍兰、葵松、鹿活草、皱面草、皱面地菘草、母猪芥、活鹿草、土牛膝、鸡踝子草、野烟、山烟、野叶子烟、癞格宝草、癞蜥草、癞头草、癞蛤蟆草、挖耳草

**分布：**华东、华南、华中、西南各地及河北、陕西等地

【形态特征】多年生粗壮草本。高60～100 cm。茎下部叶广椭圆形或长椭圆形，长8～16 cm，宽4～7 cm，先端钝或锐尖，基部楔形，叶面深绿色，叶面粗糙，叶背淡绿色，密被短柔毛，有细小腺点，边缘具钝齿，齿端有腺体状胼胝体；茎上部叶长椭圆形或椭圆状披针形。头状花序多数，生茎端及沿茎、枝生于叶腋，成穗状花序式排列，茎端的具苞叶2～4枚，腋生的无苞叶或具1～2枚甚小的苞叶。总苞钟球形，基部宽，上端稍收缩，成熟时开展成扁球形，直径6～8 mm；苞片3层，外层较短，卵圆形，具缘毛，背面被短柔毛，内层长圆形。雌花狭筒状，长1.5 mm，两性花筒状，长2～2.5 mm。瘦果长约3.5 mm。

【生长习性】生于村旁、路边荒地、溪边及林缘，垂直分布可达海拔2000 m。

【精油含量】水蒸气蒸馏干燥全草的得油率为0.80%，种子的得油率为0.15%。

【芳香成分】陈乐等（2011）用水蒸气蒸馏法提取的湖南长沙产天名精干燥全草精油的主要成分为：异丁酸香叶酯（9.24%）、δ-杜松烯（8.91%）、3,7,11,15-四甲基-2-十六碳烯-1-醇（7.26%）、反式橙花叔醇（6.71%）、正十六烷酸（4.16%）、丙酸香叶酯（4.02%）、α-杜松醇（3.40%）、正二十烷（1.84%）、亚麻酸（1.80%）、异戊酸芳樟酯（1.66%）、2-叔丁基-1,4-二甲氧基苯（1.54%）、表蓝桉醇（1.50%）、氧化石竹烯（1.50%）、2-亚甲基-5-(1-甲基乙烯基)-8-甲基-双环癸烷（1.47%）、可巴烯（1.15%）、麝香草酚醋酸酯（1.07%）等。

【利用】全草药用，有清热、化痰、解毒、杀虫、破瘀、止血的功效，主治乳蛾、喉痹、急慢惊风、牙痛、疔疮肿毒、痔瘘、皮肤痒疹、毒蛇咬伤、虫积、血瘕、吐血、衄血、血淋、创伤出血。果实入药，称"南鹤虱"，主治蛔虫病、蛲虫病、绦虫病、虫积腹痛。全草水浸液可做农药，杀青菜虫、地老虎、守瓜虫等。

# 甜叶菊

*Stevia rebaudiana* (Bertoni) Hemsl.

| 菊科　甜叶菊属 |
| --- |
| **别名：** 甜菊、甜草、糖草 |
| **分布：** 我国有引种栽培 |

【形态特征】多年生草本，株高约1 m。根肥大，约有50～60条，长可达25 cm。茎直立，基部稍木质化，上部柔嫩，密生短柔毛。叶对生或茎上部互生，披针形，边缘有浅锯齿，两面被短茸毛，叶脉三出。头状花序小，总苞筒状，总苞片5～6层，近等长；花平坦，秃净；小花全部两性，管状，花冠白色，檐部稍扩大，分裂，聚药雄蕊5枚；子房下位，1室，具一胚株。瘦果线形，稍扁平，成熟后褐色。花期7～11月，果期12月。

【生长习性】喜温暖湿润的环境，生长适温20～30 ℃，超过30 ℃生长受抑制，能耐-5 ℃的低温。适应性强，丘陵、平原、山区均可生长，怕干旱，忌渍，耐盐力强。属于对光照敏感性强的短日照植物。

【芳香成分】詹家芬等（2008）用固相微萃取法提取的叶精油的主要成分为：反式-α-香柠檬烯（19.59%）、β-蒎烯（16.42%）、石竹烯氧化物（4.45%）、三醋酸甘油酯（4.37%）、2-甲基丁酸己酯（3.99%）、β-榄香烯（3.53%）、β-波旁老鹳

草烯（2.62%）、β-桉叶烯（2.39%）、2-甲基丁酸-2-甲基丁酯（2.10%）、α-蒎烯（2.00%）、α-姜黄烯（1.97%）、反式-β-法呢烯（1.89%）、β-没药烯（1.74%）、芳樟醇（1.49%）、2,2-二甲基丙酸庚酯（1.43%）、反式-石竹烯（1.42%）、β-法呢烯（1.31%）、别香橙烯（1.23%）、γ-依兰油烯（1.21%）等。夏延斌等（2013）用同法分析的湖南怀化产甜叶菊干燥叶精油的主要成分为：石竹烯（24.77%）、α-香柠檬烯（8.78%）、β-榄香烯（8.59%）、α-葎草烯（6.44%）、(E)-β-金合欢烯（5.85%）、反式-橙花叔醇（3.14%）、甘香烯（3.11%）、氧化石竹烯（2.14%）、(-)-β-红没药烯（1.23%）、β-蒎烯（1.02%）等。

【利用】叶中含甜菊糖苷，为天然甜味剂，有治疗糖尿病、控制血糖、降低血压、抗肿瘤、抗腹泻、提高免疫力、促进新陈代谢等作用，对控制肥胖症、调节胃酸、恢复神经疲劳有很好的功效，对心脏病、小儿龋齿等也有显著疗效。普遍被用作矫味剂，常用于食品保鲜和药品防霉。是很好的饲料原料。残渣可作为有机肥料改良培肥土壤。

## ❀ 南茼蒿
*Chrysanthemum segetum* Linn.

菊科　茼蒿属
分布：全国各地

【形态特征】光滑无毛或几光滑无毛，高20～60 cm。茎直立，富肉质。叶椭圆形、倒卵状披针形或倒卵状椭圆形，边缘有不规则的大锯齿，少有成羽状浅裂的，长4～6 cm，基部楔形，无柄。头状花序单生茎端或少数生茎枝顶端，但不形成伞房花序，花梗长5 cm。总苞径1～2 cm。内层总苞片顶端膜质扩大几成附片状。舌片长达1.5 cm。舌状花瘦果有2条具狭翅的侧肋，间肋不明显，每面3～6条，贴近。管状花瘦果的肋约10条，等形等距，椭圆状。花果期3～6月。

【生长习性】半耐寒性蔬菜，在冷凉温和，土壤相对湿度保持在70%～80%的环境下，有利于生长。

【精油含量】水蒸气蒸馏阴干全草的得油率为0.05%～0.07%。

【芳香成分】吴照华等（1994）用水蒸气蒸馏法提取的阴干全草精油的主要成分为：芳樟醇（19.40%）、β-紫罗兰酮（14.40%）、对苯（12.30%）、α-苯氧基苯甲醛（6.90%）、对-烯丙基苯甲醛（6.30%）、丁香酚（5.30%）等。

【利用】是南方各地重要的春季蔬菜之一。全草和种子药用，能和脾胃、利小便、消痰饮、治肝气不舒、偏坠气痛、小便不利。

## ❀ 茼蒿
*Chrysanthemum coronarium* Linn.

菊科　茼蒿属
别名：蓬蒿、春菊、蒿子秆、菊花菜、蒿菜、艾菜
分布：全国各地

【形态特征】光滑无毛或几光滑无毛。茎高达70 cm，不分枝或自中上部分枝。基生叶花期枯萎。中下部茎叶长椭圆形或

长椭圆状倒卵形，长8～10cm，无柄，二回羽状分裂。一回为深裂或几全裂，侧裂片4～10对。二回为浅裂、半裂或深裂，裂片卵形或线形。上部叶小。头状花序单生茎顶或少数生茎枝顶端，但并不形成明显的伞房花序，花梗长15～20cm。总苞径1.5～3cm。总苞片4层，内层长1cm，顶端膜质扩大成附片状。舌片长1.5～2.5cm。舌状花瘦果有3条突起的狭翅肋，肋间有1～2条明显的间肋。管状花瘦果有1～2条椭圆形突起的肋，及不明显的间肋。花果期6～8月。

【利用】嫩茎叶可作蔬菜和调味品，小花可装饰食物。根、茎、叶、花都可作药用，有清血、养心、降压、润肺、清痰的功效，可辅助治疗脾胃不和、二便不利及咳嗽痰多等诸症。提取物具有良好的杀螨活性。花园栽培供观赏。

## ❀ 白背兔儿风
*Ainsliaea pertyoides* Franch. var. *albo-tomentosa* Beauver

| 菊科　兔儿风属 |
| --- |
| **别名：** 叶下花 |
| **分布：** 云南、四川 |

【生长习性】生于潮湿、肥沃的土壤，向阳光处。属于半耐寒性蔬菜，对光照要求不严，一般以较弱光照为好。属短日照蔬菜，在冷凉温和、土壤相对湿度保持在70%～80%的环境下有利于其生长。

【精油含量】水蒸气蒸馏风干全草的得油率为0.05%～0.07%。

【芳香成分】程霜等（2001）用水蒸气蒸馏法提取的山东聊城产茼蒿全草精油的主要成分为：4-甲基-2-戊烯（41.17%）、4-甲基-2,3-二氢呋喃（17.70%）、β-蒎烯（14.83%）、苯甲醛（7.31%）、2-烯基醇（3.66%）、2-甲基-1,3-戊二烯（2.70%）、3,7-二甲基1,3,6-辛三烯（1.80%）、2-烯己醛（1.50%）、7,11-二甲基-1,6,10-月桂三烯（1.40%）、2-甲基-4-戊烯醛（1.05%）等。

【形态特征】多年生草本。高50～120 cm，茎被红褐色糙伏毛或微糙硬毛。叶互生，二列，卵形或卵状披针形，生于茎上的长6.5～11 cm，宽3～5.5 cm，生于枝上的长2.5～5 cm，宽1～2.2 cm，顶端渐尖，基部心形，边缘具胼胝状细尖齿，叶背面厚被短绒毛杂以长柔毛。头状花序具3朵花，单生于叶腋或2～6复聚集成腋生的总状花序；总苞圆筒形，直径约3 mm，总苞片约6层，外层卵形，中层卵状披针形，最内层狭长圆形至长圆形。花全部两性；花冠管状，白色，檐部5深裂。瘦果近纺锤形，具8条粗的纵棱，密被绢毛。冠毛白色，羽毛状，基部联合。花期11月至翌年1月及3～6月。

【生长习性】生于阔叶林下、疏林荫处或湿润的石缝中，海拔1700～2500 m。

【精油含量】水蒸气蒸馏干燥全草的得油率为0.22%。

【芳香成分】李翔等（2006）用水蒸气蒸馏法提取的四川成都产白背兔儿风干燥全草精油的主要成分为：(+/-)-5-表-十氢二甲基甲乙烯基萘酚（14.70%）、β-甜没药烯（8.67%）、β-榄香烯（6.38%）、α-藿香萜烯（5.24%）、匙叶桉油烯醇（4.45%）、α-愈创木烯（3.65%）、十六(烷)酸（3.34%）、γ-榄香烯（3.23%）、环己基乙酸苯酯（3.19%）、麝香草酚（2.98%）、β-倍半水芹烯（2.93%）、环十七烷（2.74%）、β-石竹烯（2.66%）、氧化石竹烯（2.53%）、(+)-α-莎草酮（1.85%）、5-异丙基-2-甲基-苯酚（1.67%）、Berkhearadulen（1.65%）、2,4-二特丁基苯酚（1.59%）、β-蛇床烯（1.45%）、亚油酸（1.37%）、α-蛇床烯（1.32%）、α-葎草烯（1.12%）、β-桉叶醇（1.09%）等。

【利用】全草药用，有止血、止痛等效能，治外伤出血、关节痛、胃痛等。

## 🌸 细穗兔儿风
*Ainsliaea spicata* Vaniot

菊科　兔儿风属
分布：云南、贵州、四川、广东、广西、湖北

【形态特征】多年生草本。茎花莛状，高25～55 cm，被黄褐色丛卷毛。叶聚生于茎的基部，莲座状，纸质，倒卵形或倒卵状圆形，长3～10 cm，宽2～6 cm，顶端圆，基部钝或稍渐狭，边缘具胼胝体状细尖齿及缘毛，两面被疏柔毛，叶背较密而稍带苍白；苞叶长圆形或钻状，长5～15 mm，宽1～4 mm。头状花序具花3朵，单生或数个聚生，复排成穗状花序；总苞圆筒形；总苞片约6层，外层质硬，卵形，中层长圆形或近椭圆形，顶端红色，有小尖头，最内层狭椭圆形。花全部两性；花冠管状，长约13 mm。瘦果倒锥形，具10纵棱，长约4 mm，密被白色粗毛。冠毛黄褐色，羽毛状。花期4～6月及9～10月。

【生长习性】生于草地、林缘或松林、杂木林中，海拔1100～2000 m。

【芳香成分】罗艺萍等（2009）用有机溶剂萃取法提取的云南普洱产细穗兔儿风干燥全草精油的主要成分为：1,3,4,5,6,7-六氢-2,5,5-三甲基-2H-2,4a-桥亚乙基萘（4.82%）、2-甲基-2-(4-甲基-3-丙-2-基戊-3-烯-1-炔基)环丁酮（3.90%）、(-)-异丁香烯（3.00%）、正壬烷（1.57%）、α-愈创烯（1.32%）、3-甲基-8-亚甲基-5-(丙-1-烯-2-基)-2,3,3a,4,5,6,7,8a-八氢-1H-甘菊

环（1.18%）、柏木烯-V6（1.18%）、4(14)，11-桉叶二烯（1.09%）等。

【利用】全草为民族草药，治肾盂肾炎、急慢性肾炎、尿路感染、气管炎、肺结核咯血、咳嗽、产后腹痛、神经痛、寒痛。彝药根治产后腹痛、小儿高热、呕吐。

## 心叶兔儿风
*Ainsliaea bonatii* Beauverd

菊科　兔儿风属

分布：云南、贵州等地

【形态特征】多年生草本，高35～95 cm。茎单一，花莛状。基生叶密集呈莲座状，纸质，圆形或阔卵形，长5～11 cm，宽4～10 cm，顶端圆、钝或短尖，基部心形，常具2耳，边缘有细尖齿；茎生叶极少，卵状披针形，长1～2.5 cm，宽0.4～1 cm，具短柄及狭翅。头状花序具3～4朵花，3～6个密集成束，再作穗状花序式排列，近叶状苞叶长7～10 mm，宽1～3 mm，具齿；总苞圆筒形，长13～14 mm，直径约3 mm；总苞片5～6层，边缘带紫红色，外层卵形，中层近椭圆形，最内层线形。花全部两性，花冠管状，长约17 mm。瘦果近圆柱形，长约5 mm，被贴生的粗毛。冠毛1层，离生，肉桂色，羽毛状。花期10～11月。

【生长习性】生于山坡林下或荫湿的水沟边，海拔1200～1950 m。

【芳香成分】普建新等（2004）用95%工业乙醇提取，氯仿萃取的云南香格里拉产心叶兔儿风干燥全草精油的主要成分为：9-β-乙酰氧基-3-β-3,5-α-..,8-三甲基三环[6,3,1,0$^{1,5}$]十二烷（55.49%）、4-桉叶烯-11-醇（12.44%）、2-羟基-4,11-桉叶烷二烯（3.37%）、9-β-乙酰氧基-4-羟基-3,4,8-三甲基-5-α-H-三环[6,3,1,0$^{1,5}$]十二烷（3.18%）、4,7,7-三甲基-3-(1-甲基乙烯基)-4-乙烯基-环己烷甲醇（3.00%）、澳檀醇（2.55%）、亚油酸乙酯（2.44%）、2-乙酰氧基-3-羟基-4,11-桉叶二烯（1.69%）、正辛烷（1.23%）等。

【利用】根入药，有祛风除湿等效能，民间常用以治疗腰、膝关节痛。

## 杏香兔儿风
*Ainsliaea fragrans* Champ.

菊科　兔儿风属

别名：白走马胎、巴地虎、朝天一柱香、大种巴地香、倒拔千金、肺形草、红金交杯、金边兔耳、金茶匙、毛马香、毛鹿含草、牛皮菜、牛眼珠草、扑地金钟、忍冬草、山蝴蝶、天青地白、兔耳草、兔耳箭、兔耳一枝箭、兔耳金边草、铜调羹、铁交杯、通天草、小鹿衔、银茶匙、月下红、橡皮草、一枝香、猪心草

分布：江苏、浙江、安徽、江西、福建、台湾、湖北、四川、湖南、广东、广西等地

【形态特征】多年生草本。茎单一，花葶状，高25～60 cm。叶聚生于茎基部，莲座状或呈假轮生，厚纸质，卵形、狭卵形或卵状长圆形，长2～11 cm，宽1.5～5 cm，顶端钝或具一小的凸尖头，基部深心形，全缘或具小齿，有缘毛，叶背被较密的长柔毛。头状花序通常有小花3朵，排成总状花序，苞叶钻形；总苞圆筒形，直径3～3.5 mm；总苞片约5层，背部有纵纹，有时顶端带紫红色，外1～2层卵形，中层近椭圆形，最内层狭椭圆形。花全部两性，白色，具香气。瘦果棒状圆柱形或近纺锤形，栗褐色，略压扁，长约4 mm，被8条显著的纵棱，被长柔毛。冠毛多数，淡褐色，羽毛状，基部联合。花期11～12月。

【生长习性】生于山坡灌木林下或路旁、沟边草丛中，海拔30～850 m。

【芳香成分】葛菲等（2007）用水蒸气蒸馏法提取的江西九江产杏香兔儿风花前期干燥全草精油的主要成分为：1,2,3,5,6,7,8,8a-八氢-1,8a-二甲基-7-(1-异丙烯基)-萘（22.54%）、反-石竹烯（11.27%）、β-荜澄茄油烯（10.36%）、α-愈创木烯（7.97%）、α-石竹烯（6.90%）、1-乙烯基-1-甲基-2,4-双丙烯酰胺-(1-甲基噻吩甲基)环己烷（5.76%）、(Ⅱ)-石竹烯（4.75%）、新异长叶烯（3.99%）、β-倍半水芹烯（2.49%）、十六烷酸（1.92%）、石竹烯环氧化物（1.49%）、γ-荜澄茄醇（1.26%）、2,3,4,4a,5,6-六氢-1,4a-二甲基-7-(异丙烯基)萘（1.02%）等。

【利用】全草药用，有清热、解毒、利尿、散结等功效，治肺病吐血、跌打损伤、湿热黄疸、水肿、痈疽肿毒、瘰疬等。

## 🌸 兔儿伞

*Syneilesis aconitifolia* (Bunge) Maxim.

| 菊科 | 兔儿伞属 |
|---|---|
| 别名 | 七里麻、一把伞、南天扇、伞把草、贴骨伞、破阳伞、铁凉伞、雨伞草、雨伞菜、帽头菜、龙头七 |
| 分布 | 东北、华北、华中地区，陕西、甘肃、贵州 |

【形态特征】多年生草本。高70～120 cm，茎紫褐色。叶通常2；盾状圆形，直径20～30 cm，掌状深裂；裂片7～9，每裂片再次2～3浅裂；小裂片线状披针形，边缘具锐齿，初时反折呈闭伞状，后开展成伞状，叶面淡绿色，叶背灰色；叶柄基部抱茎；中部叶较小，直径12～24 cm；裂片通常4～5。其余的叶呈苞片状，披针形，向上渐小。头状花序多数，在茎端密集成复伞房状，宽6～7 mm；具数枚线形小苞片；总苞筒状，长9～12 mm，宽5～7 mm，有3～4小苞片；总苞片1层，5，长圆形。小花8～10，花冠淡粉白色，长10 mm。瘦果圆柱形，长5～6 mm，具肋；冠毛污白色或变红色，糙毛状。花期6～7月，果期8～10月。

【生长习性】生于山坡荒地、林缘或路旁，海拔500～1800 m。喜温暖、湿润及阳光充足的环境。耐半阴、耐寒、耐瘠。生长适温15～22 ℃。不择土壤，以疏松、肥沃的壤土为佳。

【芳香成分】许亮等（2007）用水蒸气蒸馏法提取的辽宁千山产兔儿伞干燥全草精油的主要成分为：7,11-二甲基-3-亚甲基-1,6,10-十二（碳）三烯（15.24%）、反-Z-α-环氧化防风根烯（12.84%）、α-防风根醇（6.40%）、4-(2-甲基环己基-1-烯基)-丁-2-烯醛（4.68%）、1-十一（碳）烯（4.31%）、十氢-α,α,4α-三甲基-8-甲烯基-2-萘甲醇（3.18%）、α-石竹烯（3.10%）、十氢-3α-甲基-6异丙基-环丁烷[1,2；3,4]并二环戊烯（2.86%）、大根香叶烯D（2.79%）、1-乙烯基-1-甲基-2,4-二(1-甲基乙烯基)-环己烷（2.16%）、1,5,5,8-甲基-12-氧杂二环[9.1.0]十二（碳）-3,7-二烯（2.06%）、4,11,11-三甲基-8-亚甲基-二环[7.2.0]十一（碳）-4-烯（1.60%）、3,7,11-三甲基-2,6,10-十二（碳）三烯-1-醇（1.57%）、氧化香树烯（1.56%）、α-荜澄茄油烯（1.52%）、正癸酸异丙酯（1.40%）、3-蒈烯（1.34%）、9,12-十八二烯醛（1.29%）、环氧化异香树烯（1.25%）、1,1-二甲基-2-(2,4-戊二烯基)-环丙烷（1.20%）、2,6,6-三甲基-2-环己烷-1-甲醛（1.15%）、1-甲基-4-(2-甲基环氧乙基)-7-氧杂二环[4.1.0]庚烷（1.14%）、顺-Z-α-环氧化防风根烯（1.13%）、2-甲基-3亚甲基-2-(4-甲基-3-戊烯基)二环[2.2.1]庚烷（1.06%）、2-十五（碳）炔-1-醇（1.02%）等。

【利用】根及全草入药，具祛风除湿、解毒活血、消肿止痛的功效，可治风湿麻木、肢体疼痛、跌打损伤、月经不调、痛经、痈疽肿毒、瘰疬、痔疮。嫩苗或嫩叶可作蔬菜食用。

# 三裂叶豚草
*Ambrosia trifida* Linn.

菊科　豚草属
**别名**：豚草
**分布**：东北地区

【形态特征】一年生粗壮草本，高50～170 cm。叶对生，有时互生，下部叶3～5裂，上部叶3裂或不裂，裂片卵状披针形或披针形，顶端急尖或渐尖，边缘有锐锯齿，两面被短糙伏毛。雄头状花序多数，圆形，径约5 mm，在枝端密集成总状花序。总苞浅碟形，绿色；总苞片结合，被疏短糙毛。每个头状花序有20～25不育的小花；小花黄色，长1～2 mm，花冠钟形，有5紫色条纹。雌头状花序在雄头状花序下面上部的叶状苞叶的腋部聚作团伞状，具一个无被能育的雌花。总苞倒卵形，长6～8 mm，宽4～5 mm，顶端具圆锥状短嘴，嘴部以下有5～7肋，顶端有瘤或尖刺。瘦果倒卵形，藏于坚硬的总苞中。花期8月，果期9～10月。

【生长习性】常见于田野、路旁或河边的湿地。适应各种不同肥力、酸碱度土壤，以及不同的温度、光照等自然条件。

【精油含量】水蒸气蒸馏新鲜花序的得油率为1.00%。

【芳香成分】吕怡兵等（1999）用水蒸气蒸馏法提取的吉林长春产三裂叶豚草新鲜花序精油的主要成分为：3-甲基庚烷（7.36%）、四氢化吡咯（7.34%）、3-乙基-1-辛烯（5.99%）、四氢化-2-甲基呋喃（5.16%）、3-甲基-1-丁醇（4.91%）、2,3-二氢-3-甲基呋喃（4.17%）、3,4-二甲基己烷（4.16%）、3-甲基-2-戊酮（3.69%）、1,8-萜二烯（3.49%）、2,4-二甲基己烷（3.01%）、3-甲基己烷（2.65%）、2-丁醇（2.22%）、3-乙基-3-甲基-1-戊烯（1.89%）、3-亚甲基戊烷（1.88%）、4-甲基-环己酮（1.40%）、2-戊醇（1.03%）、1-辛烯（1.03%）等。

【利用】为入侵杂草。

## 🌸 豚草

*Ambrosia* artemisiifolia Linn.

菊科　豚草属

**别名:** 艾叶破布草、豕草
**分布:** 东北至长江流域各地

【形态特征】一年生草本，高20～150 cm。下部叶对生，二次羽状分裂，裂片狭小，长圆形至倒披针形，全缘，叶面深绿色，叶背灰绿色，被密短糙毛；上部叶互生，羽状分裂。雄头状花序半球形或卵形，径4～5 mm，在枝端密集成总状花序。总苞宽半球形或碟形；总苞片全部结合，边缘具波状圆齿，稍被糙伏毛。花托具刚毛状托片；每个头状花序有10～15个不育的小花；花冠淡黄色，上部钟状，有宽裂片。雌头状花序叶腋单生，或2～3个密集成团伞状，有1个无被能育的雌花，总苞闭合，具结合的总苞片，倒卵形或卵状长圆形，顶端有圆锥状嘴部，有4～6个尖刺。瘦果倒卵形。花期8～9月，果期9～10月。

【生长习性】路旁杂草，适应性极强。

【精油含量】水蒸气蒸馏风干枝叶的得油率为0.05%。

【芳香成分】杨逢建等（2005）用水蒸气蒸馏法提取的吉林长春产豚草风干枝叶精油的主要成分为：1,8-二甲基-4-(1-甲基乙烯基)-螺[4,5]癸-7-烯（38.67%）、2-戊醇（14.33%）、2,6,6-三甲基-双环[3,1,1]庚-2-烯（7.21%）、十氢-环丁[1,2,3,4]双环戊烯（6.25%）、依兰烯（4.71%）、1,7,7-三甲基-双环[2,2,1]庚-2-烯（4.39%）、2-甲基-5-(1-甲基乙基)-双环[3,1,0]己-2-烯（4.01%）、4,11,11-三甲基-8-亚甲基双环[7,2,0]十一碳-2-烯（2.46%）、1-甲基-4-(5-甲基-1-甲基)环己烯（1.94%）、2,4a,5,6,7,8,9,9a-八氢-3,5,5-三甲基-1H-苯并环庚烯（1.79%）、2,6-二甲基-6-(4-甲基-3-戊烯基)双环[3,1,1]庚-2-烯（1.77%）、6,6-二甲基-2-亚甲基-双环[3,1,1]庚烷（1.64%）、1,2,4a,5,6,8a-六氢-4,7-dim-萘（1.54%）、双环[2,2,1]庚-2-烯、1,7,7-三甲基酸（1.43%）、3,7-二甲基-1,3,6-辛三烯（1.28%）、α-莒澄茄油烯（1.01%）、α-白檀油烯醇（1.00%）等。

【利用】为入侵杂草。

## 🌸 侧茎橐吾

*Ligularia pleurocaulis* (Franch.) Hand.-Mazz.

菊科　橐吾属

**别名:** 侧茎垂头菊
**分布:** 四川、云南

【形态特征】多年生灰草本。根肉质，近纺锤形。高25～100 cm，上部及花序被白色蛛丝状毛。丛生叶与茎基部叶叶鞘常紫红色，叶片线状长圆形至宽椭圆形，长8～30 cm，宽1～7 cm，先端急尖，全缘，基部渐狭；茎生叶小，椭圆形至线形。圆锥状总状花序或总状花序长达20 cm；苞片披针形至线形，长达8 cm；头状花序多数，辐射状；小苞片线状钻形；总苞陀螺形，总苞片7～9，2层，卵形或披针形。舌状花黄色，舌片宽椭圆形或卵状长圆形，长7～14 mm，宽3～6 mm，管部长约2 mm；管状花多数，长5～6 mm，管部长约1 mm，冠毛白色与花冠等长。瘦果倒披针形，长3～5 mm，具肋，光滑。花果期7～11月。

【生长习性】生于海拔3000～4700 m的山坡、溪边、灌丛及草甸。

【精油含量】水蒸气蒸馏干燥全草的得油率为0.40%。

【芳香成分】涂永勤等（2006）用水蒸气蒸馏法提取的四川石渠产侧茎橐吾干燥全草精油的主要成分为：[1S]-2,6,6-三甲基二环[3.1.1]-2-庚烯（11.30%）、1,3,3-三甲基-2-乙烯基-环己烯（5.65%）、1,8a-二甲基-7-[1-甲基乙烯基]-1,2,3,5,6,7,8,8a-八氢萘（5.48%）、正十六烷酸（4.16%）、4a,5-二甲基-3-[1-甲基亚乙基]-[4-芳基，顺]-2[3H]-4,4a,5,6,7,8-六氢化-萘酮（3.34%）、

1S-[1-甲基-1-乙烯基-2,4-双[1-甲基乙烯基]-环己烷（2.95%）、4,11,11-三甲基-8-亚甲基-二环[7.2.0]-4-十一碳烯（2.85%）、α,α,4-三甲基-苯甲醇（2.73%）、反式松香芹醇（2.69%）、4-甲基-3-[1-甲基亚乙基]-环己烯（2.09%）、7,11-二甲基-3-亚甲基-ss-1,6,10-十二碳三烯（2.04%）、[1S]-7,7-二甲基-1-溴甲基-二环[2.1.1]庚酮（1.81%）、1-壬炔（1.73%）、十八烷（1.24%）、α-法呢烯（1.23%）、3,7-二甲基-1,6-辛二烯-3-醇（1.15%）、4,6,6-三甲基-2-[3-甲基-1,3-丁二烯基]-3-氧杂三环[5.1.0.0$^{2,4}$]辛烷（1.12%）、2-甲基-6-庚烯-3-醇（1.10%）、[E,E]-1,9-环十六碳二烯（1.02%）等。

【利用】全草藏药入药，具有清热、解毒、止痛的功效，临床用于治疗感冒发烧、血热、胆病、胆囊炎、化脓性发烧、胃痛、头痛、炭疽病等。

# ❁ 长白山橐吾
*Ligularia jamesii* (Hemsl.) Kom.

**菊科　橐吾属**

**别名：** 单头橐吾、单花橐吾、东北橐吾

**分布：** 辽宁、吉林、内蒙古

【形态特征】多年生草本。高30～60 cm，上部被白色蛛丝状柔毛。丛生叶与茎下部叶三角状戟形，长3.5～9 cm，基部宽7～10 cm，先端急尖或渐尖，边缘有尖锯齿，两侧裂片外展，披针形，全缘或2～3深裂，小裂片长达25 cm，叶面及边缘被黄色短毛；茎中部叶鞘膨大，抱茎，叶片卵状箭形，较小；茎

上部叶披针形，苞叶状，多数，长达3 cm，近全缘。头状花序辐射状，单生，直径5～7 cm；小苞片线状披针形；总苞宽钟形，长15～17 mm，宽至15 mm，总苞片约13个，披针形，背部被白色蛛丝状毛。舌状花13～16，黄色，舌片线状披针形；管状花长10～11 mm，冠毛淡黄色。瘦果圆柱形，长约7 mm。花果期7～8月。

【生长习性】生于海拔300～2500 m的林下、灌丛及高山草地。

【精油含量】水蒸气蒸馏干燥叶的得油率为0.37%。

【芳香成分】董然等（2009）用水蒸气蒸馏法提取的吉林长白产长白山橐吾干燥叶精油的主要成分为：石竹烯氧化物（50.00%）、植物醇（15.63%）、Z-α-反式-香柠檬醇（8.37%）、环戊甲酸-3-异丙叉-龙脑酯（7.02%）、7-亚甲基-2,4,4-三甲基-2-乙烯基-双环[4.3.0]壬烷（5.43%）、3,7-二甲基-6-辛烯-1-醇甲酸酯（3.42%）、正十六酸（2.58%）、石竹烯（2.17%）等。

【利用】根及根状茎药用，可宣肺利气、镇咳祛痰。

# 东饿洛橐吾

*Ligularia tongolensis* (Franch.) Hand.-Mazz.

| 菊科 | 橐吾属 |
|---|---|
| 分布： | 西藏、云南、四川 |

【形态特征】多年生草本。高20～100 cm，被蛛丝状柔毛。丛生叶与茎下部叶卵状心形或卵状长圆形，长3～17 cm，宽2.5～12 cm，先端钝，边缘具细齿，基部浅心形，稀近平截，两面被有节短柔毛；茎中上部叶与下部叶同形，向上渐小，鞘膨大，长达10 cm，被有节短柔毛。伞房状花序开展，长达20 cm，稀头状花序单生；苞片和小苞片线形，较短；头状花序1～20，辐射状，总苞钟形，长5～10 mm，宽5～7 mm，总苞片7～8，2层，长圆形或披针形，内层边缘褐色宽膜质。舌状花5～6，黄色，舌片长圆形；管状花多数，冠毛淡褐色，与花冠等长。瘦果圆柱形，长约5 mm，光滑。花果期7～8月。

【生长习性】生于海拔2140～4000 m的山谷湿地、林缘、林下、灌丛及高山草甸。

【精油含量】水蒸气蒸馏干燥全草的得油率为0.40%。

【芳香成分】涂永勤等（2008）用水蒸气蒸馏法提取的四川小金产东饿洛橐吾干燥全草精油的主要成分为：[1aR-[1aα,4aβ,7α,7aβ,7bα]]-1,3,7-三甲基-4-亚甲基-十氢-1H-环丙薁（8.28%）、9,12,15-十八碳三烯-1-醇（6.08%）、愈创醇（4.09%）、[1aR-[1aα,4aα,7β,7aβ,7bα]]-1,1,7-三甲基-4-亚甲基-十氢-1H-环丙薁-7-醇（4.09%）、桉叶-4[14],11-二烯（3.55%）、石竹烯氧化物（2.86%）、香树烯氧化物（2.50%）、4,8a-二甲基-6-异丙烯基-1,2,3,5,6,7,8,8a-八氢萘-2-醇（2.35%）、雅槛蓝树油烯（2.27%）、β-桉叶油醇（2.13%）、β-雪松烯（1.99%）、β-水芹烯（1.98%）、[S]-1-甲基-4-[5-甲基-1-亚甲基-4-己烯-环己烯（1.94%）、β-马榄烯（1.86%）、榄香醇（1.84%）、荜澄茄烯醇（1.82%）、[2R-顺]-α,α,4a,8-四甲基-1,2,3,4,4a,5,6,7-八氢-2-甲醇萘（1.71%）、4,11,11-三甲基-8-亚甲基-二环[7.2.0]十一-4-烯（1.50%）、1,6-二甲基-4-[1-甲基乙基]-1,2,3,4,4a,7-六氢萘（1.38%）、4-[1-甲基乙基]-1-环己烯-1-甲醛基（1.36%）、α-古芸香（1.26%）、2-甲基-4-[2,6,6-三甲基-环己-1-烯基]-丁-2-烯-1-醇（1.26%）、顺-1,2-二乙烯基-4-[1-甲基乙缩醛基]-环己烷（1.19%）、桉叶-3,7[11]-二烯蛇床-3,7[11]-二烯（1.12%）、[1R*,3E,7E,11R*]]-1,5,5,8-四甲基-12-氧杂双环[9.1.0]十二-3,7-二烯（1.10%）、4-[2,2-二甲基-6-亚甲基环己基]丁醛（1.05%）、油醇（1.04%）等。

【利用】全草药用，有润肺止咳、行气散寒的功效，用于治风寒束肺、咳嗽有痰、寒凝气滞的胸腹疼痛及胃寒作痛、呕吐清水等症。

# 复序橐吾

*Ligularia jaluensis* Kom.

| 菊科 | 橐吾属 |
|---|---|
| 别名： | 多序橐吾、东北熊疏 |
| 分布： | 吉林、辽宁、内蒙古 |

【形态特征】多年生草本。高达150 cm，被白色蛛丝状毛和褐色短柔毛。丛生叶及茎下部叶基部鞘状，三角形或卵状三角形，长8～20 cm，基部宽7～22 cm，先端急尖，边缘具浅三角状齿，齿间被短毛，基部心形或近平截，叶背有乳突状短毛；茎中上部叶较小，基部鞘状抱茎，叶片三角形或长圆形。圆锥状总状花序或有时为总状花序长达50 cm；苞片线形，长约5 mm；头状花序多数，辐射状；小苞片钻形或缺如；总苞钟形或杯状，长10～11 mm，宽8～15 mm，总苞片8～12，2层，长圆形，背部黑绿色，内层具宽膜质边缘。舌状花5～7，黄色，舌片椭圆形；管状花多数，冠毛白色。瘦果光滑。花期7～9月。

【生长习性】生于海拔450～1000 m的草甸子及林缘。

【精油含量】水蒸气蒸馏干燥叶的得油率为0.37%，干燥花的得油率为1.33%。

【芳香成分】叶：董然等（2010）用水蒸气蒸馏法提取的吉林临江产复序橐吾干燥叶精油的主要成分为：4-蒈烯（27.09%）、金合欢醇乙酸酯（14.93%）、β-蒎烯（14.24%）、D-柠檬烯（10.51%）、顺-2-甲基-5-(1-甲基乙烯基)-2-环己烯-1-醇

（9.01%）、α-金合欢烯（4.30%）、α-杜松醇（4.16%）、石竹烯氧化物（2.31%）、α-葎草烯（2.04%）、α-蒎烯（1.65%）、石竹烯（1.60%）、3,7-二甲基-6-辛烯-1-醇甲酸酯（1.11%）等。

花：朱梅等（2013）用水蒸气蒸馏法提取的吉林敦化产复序橐吾干燥花精油的主要成分为：4-莒烯（26.53%）、D-柠檬烯（13.33%）、1-甲苯基乙酮（7.23%）、α,α,4-三甲基-3-环己烯-1-甲醇（6.38%）、β-水芹烯（5.70%）、顺-1,1,4,8-四甲基-4,7,10-环癸三烯（3.39%）、α-蒎烯（3.22%）、4,11,11-三甲基-8-亚甲基二环[7.2.0]-十一烷（2.97%）、2-甲基-5-异丙基-二环[3.1.0]2-己烯（2.14%）、3,7二甲基-1,3,7-辛三烯（1.97%）、β-蒎烯（1.85%）、1-甲基-4-(1-甲基乙基)-1,4-环己二烯（1.80%）、6,6-二甲基-2-亚甲基双环-[3.1.1]环庚烷（1.34%）、α-杜松醇（1.31%）、异松油烯（1.30%）、石竹烯氧化物（1.26%）、α-松油醇（1.21%）、2,6-二甲基-6-(4-甲基-3-戊烯基)-二环[3.1.1]-2-庚烯（1.06%）、(4αR)-4α-甲基-1-亚甲基-7-异丙基反十氢化萘（1.04%）、1,5,5,8-四甲基-12-氧杂双环[9.1.0]-3,7-十二碳二烯（1.03%）等。

【利用】根及根茎作"紫菀"入药，有润肺、下气、祛痰、止咳的功效。嫩叶是长白山区朝鲜族群众喜食的山野菜种类。花用开水冲泡代茶饮。是长白山地区秋季良好的湿地观赏植物。

# ❀ 黑苞橐吾

*Ligularia melanocephala* (Franch.) Hand.-Mazz.

菊科　橐吾属
分布：云南、四川

【形态特征】多年生灰绿色草本。高达100 cm，上部及花序被褐色短毛。丛生叶和茎基部叶具宽翅状短柄和膨大的鞘，叶片长圆形、卵形或宽卵形，长14~28 cm，宽9.5~11 cm，先端钝，边缘有小齿，基部心形至宽楔形；茎中上部叶长圆形至披针形，先端钝或急尖，基部耳状抱茎。总状花序长30~40 cm；苞片线形，长达3.5 cm，向上渐短；头状花序多数，辐射状；小苞片钻形；总苞陀螺形，黑灰色，长5~8 mm，宽约5 mm，总苞片7~8,2层，卵状披针形或披针形，先端急尖或渐尖。舌状花8~12，黄色，舌片长圆形或椭圆形；管状花多数，冠毛黄白色。瘦果圆柱形，长达7 mm，具突起的肋，光滑。花果期8~9月。

【生长习性】生于海拔3400~3850 m的林缘、林下及草坡。
【精油含量】水蒸气蒸馏干燥全草的得油率为0.40%。
【芳香成分】涂永勤等（2009）用水蒸气蒸馏法提取的四川小金产黑苞橐吾干燥全草精油的主要成分为：[E,E,E]-3,7,11,15-四甲基-1,3,6,10,14-十六碳五烯（5.19%）、2-[1-环戊-1-烯基-1-甲基乙基]环戊酮（4.38%）、[1S-[1α,3aβ,4α,8aβ]]-4,8,8-三甲基-9-亚甲基-十氢-1,4-甲醇薁（4.10%）、D-柠檬烯（4.02%）、[2R-[2α,4aα,8aβ]]-十氢-α,α,4a-三甲基-8-亚甲基-2-甲醇基萘（3.93%）、正-三十四烷（3.49%）、3-[1,1-二甲基丙-2-烯-7-羟基香豆素（3.03%）、石竹烯氧化物（2.72%）、5β,7β-H,10α-11-桉叶烯-1α-醇（2.66%）、4[10]崖柏烯（2.56%）、[5aα,9aβ,9bβ]-5,5a,6,7,8,9,9a,9b-八氢-6,6,9a-三甲基萘并[1,2-c]呋喃-1-[3]（2.14%）、顺-3,7-二甲基-1,3,6-辛三烯（1.87%）、1-甲基-4-

（1-甲基乙基）苯（1.70%）、正十六烷酸（1.64%）、愈创醇（1.56%）、1-氯十八烷（1.52%）、[2R-顺式]-1,2,3,4,4a,5,6,7-八氢-α,α,4a,8-四甲基-2-甲醇基萘（1.51%）、β-水芹烯（1.43%）、[1aR-(1aα,4aα,7β,7aβ,7bα)]-1,1,7-三甲基-4-亚甲基-1H-十氢环丙奠-7-醇（1.42%）、4-甲基-1-(1-甲基乙基)-3-环己烯-1-醇（1.41%）、2,4,5,6,7,7a-六氢-4,4,7a-三甲基-2-异丙基苯并呋喃-6-醇（1.37%）、石竹烯（1.15%）、β-蒎烯（1.14%）、刺柏脑（1.03%）等。

## 🌸 黄帚橐吾

*Ligularia virgaurea* (Maxim.) Mattf.

菊科　橐吾属
分布：西藏、云南、四川、青海、甘肃

【形态特征】多年生灰绿色草本。高15～80 cm。丛生叶和茎基部叶具翅，翅全缘或有齿，基部具鞘，紫红色，叶片卵形、椭圆形或长圆状披针形，长3～15 cm，宽1.3～11 cm，先端钝或急尖，全缘至有齿，基部楔形，有时近平截，突然狭缩；茎生叶小，卵形、卵状披针形至线形，先端急尖至渐尖，常筒状抱茎。总状花序长4.5～22 cm；苞片线状披针形至线形，长达6 cm，向上渐短；头状花序辐射状，常多数；小苞片丝状；总苞陀螺形或杯状，长7～10 mm，总苞片10～14,2层，长圆

形或狭披针形。舌状花5～14，黄色，舌片线形；管状花多数，冠毛白色。瘦果长圆形，长约5 mm，光滑。花果期7～9月。

【生长习性】生于海拔2600～4700 m的河滩、沼泽草甸、阴坡湿地及灌丛中。

【精油含量】水蒸气蒸馏根及根茎的得油率为0.002%。

【芳香成分】根（根茎）：王晓丽等（2014）用水蒸气蒸馏法提取的重庆南川产黄帚橐吾根及根茎精油的主要成分为：2-戊基呋喃（8.18%）、己酸（7.08%）、[E]-2-辛烯醛（5.47%）、辛酸（5.03%）、[E,E]-2,4-癸二烯醛（4.50%）、蘑菇醇（3.74%）、壬酸（2.99%）、苯乙醛（2.60%）、壬醛（2.25%）、γ-十二内酯（1.82%）、芹菜脑（1.65%）、辛醛（1.62%）、2-十一烯醛（1.56%）、3-乙基-2-甲基-1,3-己二烯（1.46%）、[E]-2-癸烯醛（1.17%）、十八烷（1.11%）、[E]-4-[2,6,6-三甲基-1-环己烯-1-基]-3-丁烯-2-酮（1.04%）、二十烷（1.01%）等。

全草：马瑞君等（2005）用水蒸气蒸馏法提取的甘肃甘南产黄帚橐吾干燥全草精油的主要成分为：2-甲基-庚烷（9.84%）、3-甲基-庚烷（8.25%）、庚烷（7.93%）、4-甲基-1-异丙基-双环[3,1,0]己-2-烯（7.79%）、3-甲基-己烷（6.38%）、2-甲基-己烷（5.54%）、D-苧烯（4.70%）、辛烷（4.10%）、2,4-二甲基-己烷（3.68%）、2,3-二甲基-己烷（1.64%）、3-莰烯（1.60%）、1-甲基-4-异丙基-苯（1.46%）、甲基环己烷（1.14%）、α-蒎烯（1.02%）等。

【利用】全草药用，有清热解毒、健脾和胃的功效，主治发热、肝胆之热、呕吐、胃脘痛。

## 🌸 箭叶橐吾

*Ligularia sagitta* (Maxim.) Mattf.

菊科　橐吾属
分布：西藏、宁夏、山西、河北、甘肃、内蒙古、陕西、青海、四川

【形态特征】多年生草本。高25～70 cm。丛生叶与茎下部叶具狭翅，翅全缘或有齿，被白色蛛丝状毛，基部鞘状，叶片箭形、戟形或长圆状箭形，长2～20 cm，基部宽1.5～20 cm，先端钝或急尖，边缘具小齿；茎中部叶鞘状抱茎，叶片箭形或

卵形，较小；最上部叶披针形至狭披针形，苞叶状。总状花序长6.5～40cm；苞片狭披针形或卵状披针形，长6～15mm，宽至7mm，先端尾状渐尖；头状花序多数，辐射状；小苞片线形；总苞钟形或狭钟形，长7～10mm，宽4～8mm，总苞片7～10,2层，长圆形或披针形。舌状花5～9，黄色，舌片长圆形；管状花多数，冠毛白色。瘦果长圆形，长2.5～5mm，光滑。花果期7～9月。

【生长习性】生于海拔1270～4000m的水边、草坡、林缘、林下及灌丛。

【芳香成分】李莉等（2003）用水蒸气蒸馏-乙醚萃取法提取的青海门源产箭叶橐吾新鲜全草精油的主要成分为：4-甲基-1-异丙基-R-3-环己烯-1-醇（15.47%）、α-杜松醇（5.68%）、2-甲基丁烯酸（5.00%）、反-β-松油醇（4.07%）、二十五烷（3.77%）、6.10,14-三甲基-2-十五酮（3.42%）、tau-依兰油醇（3.11%）、三十烷（2.37%）、十四烷（2.28%）、十六醛（2.27%）、十二烷（2.18%）、顺-β-松油醇（2.08%）、邻苯二酸二丁酯（1.94%）、1-甲基-4-异丙基-反式-2-环己烯-1-

醇（1.66%）、1,2,3,5,6,7,8a-八氢-1,8a-二甲基-7-异丙烯-[1S-(1α,7α,8aα)]-萘烯（1.54%）、α,α,4-三甲基-3-环己烯-1-甲醇（1.50%）、α-甲基-1-甲烯基-7-(1-异丙基)-4αR-反-十氢萘（1.50%）、4,7-二甲基-1-异丙基-(1S,顺)-1,2,3,5,6,8a-六氢萘烯（1.39%）、[1aR-(1aα,7α,7aα,7bα)]-1a,2,3,5,6,7,7a,7b-八氢-1,1,7,7a-四甲基-1H-环丙烷并萘烯（1.33%）、[1R-(1α,7β,8aα)]-1,2,3,5,6,7,8,8a-八氢-1,8a-二甲基-7-(1-甲基乙烯基)-萘烯（1.27%）、1-甲基-4-异丙基-顺式-2-环己烯-1-醇（1.24%）、1-甲基-4-异丙基苯（1.19%）、6S-2,3,8,8-四甲基三环[5.2.2¹,⁶]十一炭-2-烯（1.18%）、2,6,10,14-四甲基-十六烷（1.03%）、1,1,7-三甲基-4-甲烯基-[1aR-(1aα,4aα,7β,7aβ,7βα)]-十氢-1H-环戊甘菊环-7-醇（1.01%）等。

【利用】根、幼叶、花均可药用，根可润肺化痰、止咳；幼叶用于催吐；花序可清热利湿、利胆退黄。藏药根、叶外用治疮疖，内服催吐。

## ❀ 康定橐吾
*Ligularia kangtingensis* S. W. Liu

菊科　橐吾属
分布：四川

【形态特征】多年生草本。高25～30cm，上部及花序被白色蛛丝状柔毛。丛生叶与茎基部叶肾形，长2～3.3cm，宽4.5～6cm，先端圆形，边缘具整齐的小浅齿，齿端有软骨质小尖头，叶纸质；茎生叶1，与基部者同形，较小，基部膨大鞘状。头状花序辐射状，4～5，排列成疏松的伞房状花序；苞片舟形，长1.6～4cm，宽0.6～1.2cm，近全缘；小苞片线形，长达12mm；总苞钟形，长8～10mm，口部宽10～12mm，总苞片10～12,2层，披针形，黑褐色。舌状花黄色，舌片线形；管状花多数，长6～7 mm，管部与檐部等长，冠毛黄白色与花冠等长。瘦果（未熟）光滑。花期8月。

【生长习性】生于海拔3980 m的草坡。

【精油含量】水蒸气蒸馏干燥全草的得油率为0.18%。

【芳香成分】田进等（2012）用水蒸气蒸馏法提取的四川康定产康定橐吾干燥全草精油的主要成分为：β-桉叶烯（15.53%）、佛术烯（11.00%）、吉玛烯B（5.58%）、4-亚甲基-1-(1-甲基乙基)-二环[3.1.0]-己烷-3-醇乙酸酯（5.45%）、β-榄香烯（4.67%）、3-甲基戊酸（3.85%）、香芹酚（2.61%）、(+)-δ-桉叶烯（2.36%）、表-六氢-二甲基异丙基萘（2.33%）、β-桉叶醇（2.09%）、(+)-β-古芸烯（2.08%）、α-绿叶烯（1.88%）、桉叶烷-3,7(11)-二烯（1.84%）、exo-isocomphanone（1.75%）、10-表-γ-桉叶油醇（1.52%）、绿花白千层醇（1.48%）、杜松二烯（1.46%）、α-古芸烯（1.40%）、白菖烯（1.37%）、δ-杜松烯（1.35%）、艾莫烷（1.14%）、(+)-γ-古芸烯（1.07%）等。

## 🌸 离舌橐吾
*Ligularia veitchiana* (Hemsl.) Greenm.

菊科　橐吾属
别名：棕色桦头草
分布：云南、四川、贵州、湖北、甘肃、陕西

【形态特征】多年生草本。高60～120 cm。丛生叶和茎下部叶具窄鞘，叶片三角状或卵状心形，长7～17 cm，宽12～26 cm，先端圆形或钝，边缘有尖齿，基部近戟形；茎中上部叶与下部者同形，较小，鞘膨大，全缘。总状花序长13～40 cm；苞片宽卵形至卵状披针形，长0.8～3 cm，宽达24 cm，向上渐小，全缘或上半部有齿，干时浅红褐色；头状花序多数，辐射状；小苞片狭披针形至线形；总苞钟形或筒状钟形，长8～15 mm，宽5～8 mm，总苞片7～9,2层，长圆形。舌状花6～10，黄色，舌片狭倒披针形；管状花多数，长9～15 mm，檐部裂片先端被密的乳突，冠毛黄白色，有时污白色。瘦果（未熟）光滑。花期7～9月。

【生长习性】生于海拔1400～3300 m的河边、山坡及林下。

【精油含量】水蒸气蒸馏根及根茎的得油率为0.88%～2.60%。

【芳香成分】朱慧等（2004）用水蒸气蒸馏法提取的湖北神农架产离舌橐吾根及根茎精油的主要成分为：1a,2,3,5,6,7,7a,7b-八氢-1,1,7,7a-四甲基-[1aR-(1aα,7α,7aα,7bα)]-1H-环丙[a]萘（60.13%）、1,2,3,4,4a,5,6,8a-八氢-4a,8-二甲基-2-(1-甲基亚乙基)-(4aR-反式)-萘（8.69%）、十氢-α,α,4a-三甲基-8-亚甲基-[2R-(2α,4aα,8aα)]-2-萘甲醇（2.72%）、1,2,3,5,6,7,8,8a-十氢-1,8a-二甲基-7-(1-甲基乙烯基)，[1S-(1α,7α,8aα)]-萘（1.26%）、6S-2,3,8,8-四甲基三环[5.2.2.0$^{1,6}$]-2-十一烯（1.08%）等。

【利用】根及根状茎药用，有润肺降气、祛痰止咳、活血祛瘀的功效。

## 🌸 南川橐吾
*Ligularia nanchuanica* S. W. Liu

菊科　橐吾属
分布：四川

【形态特征】多年生草本。高达112 cm，被密的黄色短柔毛。丛生叶和茎下部叶基部具窄鞘，叶片卵状心形或卵状肾形，长4～9 cm，宽5～11 cm，先端钝圆或急尖，有小尖头，边缘具波状齿，齿端有软骨质小尖头，两侧裂片近圆形，长4～6 cm，边缘有大齿，叶面被密的黄色短柔毛；茎中上部叶与下部叶同形，较小，鞘膨大。圆锥状总状花序长达53 cm，被黄色短柔毛；苞片线状披针形，长达2 cm，向上渐小；头状花序多数，盘状；小苞片线形；总苞狭钟形，长8～11 mm，宽4～5 mm，总苞片8,2层，披针形或狭披针形，背部被黄色短柔毛。小花多数，长7～8 mm，冠毛黄色。瘦果（未熟）光滑。花期8月。

【生长习性】生于海拔1320～2040 m的草坪和荒地。

【精油含量】水蒸气蒸馏根及根茎的得油率为0.002%。

【芳香成分】王晓丽等（2014）用水蒸气蒸馏法提取的重庆南川产南川囊吾根及根茎精油的主要成分为：1,2,3,3a,8,8a-六氢-5-甲氧基-3α,8-二甲基-吡咯并吲哚（23.79%）、1-甲基-4-[5-甲基-1-亚甲基-4-己烯基]-环己烯（8.26%）、10S,11S-雪松烷-3[12],4-二烯（6.12%）、4-乙酰基-3-甲基-1-苯基-2-吡唑啉-5-酮（4.47%）、石竹烯（3.01%）、1',8'-二羟基-3',6'-二甲基-2'-萘乙酮（2.86%）、β-蒎烯（2.43%）、1,2,3,3a,4,5,6,7-八氢-1,4-二甲基-7-[1-甲基乙烯基]-薁（2.34%）、α-蒎烯（2.29%）、1a,2,3,4,4a,5,6,7b-八氢-1,1,4,7-四甲基-1H-环丙基[e]薁（2.01%）、α-石竹烯（1.76%）、1,2,3,5,6,7,8,8a-八氢-1,8a-二甲基-7-[1-甲基乙烯基]-萘（1.75%）、3,7-二甲基-1,6-辛二烯-3-乙醇（1.72%）、水芹烯（1.70%）、3-[1,5-二甲基-4-己烯基]-6-亚甲基-环己烯（1.60%）、α-金合欢烯（1.55%）、2,3,4,4a,5,6,7,8-八氢-α,α,4α,8-四甲基-2-萘甲醇（1.47%）、1,2,3,4,4a,5,6,8a-八氢-4α,8-二甲基-2-[1-甲基乙烯基]-萘（1.46%）、[Z]-7,11-二甲基-3-亚甲基-1,6,10-十二三烯（1.37%）、1-亚乙基-八氢-7α-甲基-1H-茚（1.23%）、2-甲氧基-4-甲基-1-[1-甲基乙基]-苯（1.18%）、2,6,6,9-四甲基-二乙哌啶二酮-9-烯（1.14%）、1a,2,3,3a,4,5,6,7b-八氢-1,1,3α,7-四甲基-1H-环己萘（1.07%）、1,2,3,4,5,6,7,8-八氢-1,4-二甲基-7-[1-甲基亚乙基]-薁（1.05%）等。

## 🌸 千花囊吾

*Ligularia myriocephala* Ling ex S. W. Liu

菊科　囊吾属

分布：西藏

【形态特征】多年生草本。高达100 cm，上部被白色蛛丝状毛。丛生叶和茎下部叶柄有翅，基部具鞘，叶片长圆形，长22～25 cm，宽12～18 cm，先端近圆形，边缘有整齐的齿，基部楔形，下面被有节短柔毛；茎中部叶与下部者同形，较小，具柄，基部膨大，鞘状，鞘长8～10 cm，舟状抱茎；上部叶披针形。大型复伞房状花序长达40 cm，分枝极多，被密的褐色短柔毛；苞片披针形，小苞片线形；头状花序多而小，盘状，总苞陀螺形，基部尖，长4～6 mm，总苞片5,2层，卵状长圆形，宽约2 mm，背部被密短柔毛。小花5，全部管状，长5～6 mm，冠毛

淡黄色。瘦果椭圆形，长5～6 mm，黑褐色。花果期7～8月。

【生长习性】生于海拔2600～4300 m的草地及林缘。

【芳香成分】魏小宁等（2002）用水蒸气蒸馏法提取的西藏灵芝产千花囊吾干燥全草精油的主要成分为：正十六烷酸（10.65%）、樟脑（7.01%）、桉叶油素（5.48%）、4-甲基-1-(1-甲基乙基)-3-环己烯-1-醇（5.05%）、(E)-9-十八碳烯酸（4.21%）、(Z,Z)-9,12-十八碳烯酸（3.72%）、1a,2,3,3a,4,5,6,7b-八氢-1,1,3a,7-四甲基-1H-环丙基[a]萘（2.26%）、[2R-(2α,4aα,8aβ)]-十氢-α,α,4a-三甲基-8-亚甲基-2-萘甲醇（2.14%）、[2R-(2α,4aα,8aβ)]-1,2,3,4,4a,5,6,8a-八氢-α,α,4a,8-四甲基-2-萘甲醇（1.82%）、1-十七碳烯（1.29%）、十二烷（1.21%）、6-乙烯基四氢-2,2,6-三甲基-2H-吡喃-3-醇（1.17%）等。

【利用】全草民间入药，具有清热解毒、祛痰止咳等功效，用于治疗龙热病、脾热病、白喉、皮肤病等。

## 全缘橐吾
*Ligularia mongolica* (Turcz.) DC.

菊科　橐吾属
**别名：** 蒙古橐吾、大舌花、马蹄叶、山白菜
**分布：** 东北、华北各地

【形态特征】多年生灰绿色或蓝绿色草本，全株光滑。高30～110 cm。丛生叶与茎下部叶柄基部具狭鞘，叶片卵形、长圆形或椭圆形，长6～25 cm，宽4～12 cm，先端钝，全缘，基部楔形；茎中上部叶长圆形或卵状披针形，基部半抱茎。总状花序密集，近头状，长2～4 cm，或下部疏离，长达16 cm；苞片和小苞片线状钻形，长不逾10 mm；头状花序多数，辐射状；总苞狭钟形或筒形，长8～10 mm，宽4～5 mm，总苞片5～6，2层，长圆形。舌状花1～4，黄色，舌片长圆形，长10～12 mm；管状花5～10，长8～10 mm，檐部楔形，基部渐狭，冠毛红褐色。瘦果圆柱形，褐色，长约5 mm，光滑。花果期5～9月。

【生长习性】生于海拔1500 m以下的沼泽草甸、山坡、林间及灌丛。

【精油含量】水蒸气蒸馏干燥叶的得油率为0.18%。

【芳香成分】董然等（2010）用水蒸气蒸馏法提取的吉林和龙产全缘橐吾干燥叶精油的主要成分为：Z-9-十八烷烯醛（23.93%）、α-法呢烯（10.43%）、α-金合欢烯（9.95%）、石竹烯（9.38%）、植物醇（8.39%）、[1α-(1α,4α,7β,7αβ,7bα)]-1,1,4,7-四甲基-1H-十氢环丙薁-4-醇（8.38%）、α-杜松醇（6.13%）、正十六酸（5.38%）、异石竹烯（2.11%）、5,7-二甲基-八氢香豆素（1.94%）、1,2-环氧十六烷（1.06%）等。

【利用】叶片是延边地区广泛食用的特色野菜，朝鲜族人民还将其加工成盐渍品或速冻品食用。根及根茎做"紫菀"入药，有润肺、下气、祛痰、止咳的功能。

## 蹄叶橐吾
*Ligularia fischeri* (Ledeb.) Turcz.

菊科　橐吾属
**别名：** 马蹄叶、山紫菀、硬紫菀、土紫菀、蹄叶紫菀、马蹄紫菀、细须毛紫菀、川紫菀
**分布：** 四川、新疆、江西、湖北、贵州、湖南、安徽、浙江、河南、甘肃、陕西、华北、东北地区

【形态特征】多年生草本。高80～200 cm，上部及花序被黄褐色短柔毛。丛生叶与茎下部叶基部鞘状，肾形，长10～30 cm，宽13～40 cm，先端圆形，有时具尖头，边缘有锯齿，两侧裂片近圆形；茎中上部叶鞘膨大，叶片肾形，长4.5～5.5 cm，宽5～6 cm。总状花序长25～75 cm；苞片草质，卵形或卵状披针形，下部者长达6 cm，宽至2 cm，向上渐小，先端具短尖，边缘有齿；头状花序多数，辐射状；小苞片狭披针形至线形；总苞钟形，长7～20 mm，宽5～14 mm，总苞

片8～9,2层，长圆形。舌状花5～9，黄色，舌片长圆形，长15～25 mm；管状花多数，长10～17 mm，冠毛红褐色。瘦果圆柱形，长6～11 mm，光滑。花果期7～10月。

【生长习性】生于海拔100～2700 m的水边、草甸子、山坡、灌丛、林缘及林下。喜半阴、稍湿润的环境。耐寒、在腐殖质的土壤及砂质壤土中生长良好，一般的土壤也能生长。

【精油含量】水蒸气蒸馏根及根茎的得油率为0.02%～3.00%，全草的得油率为0.37%。

【芳香成分】根（根茎）：王晓丽等（2014）用水蒸气蒸馏法提取的重庆南川产蹄叶橐吾根及根茎精油的主要成分为：1-十九烯（14.66%）、[1S]-6,6-二甲基-2-亚甲基-二环庚烷（7.19%）、α-蒎烯（5.08%）、6-[(Z)-1-丁烯基]-1,4-环庚二烯（4.73%）、[E]-9-十八烯醇（3.70%）、环十六烷（3.11%）、1,2,3,4-四甲基吡啶-5-亚甲基-1,3-环戊二烯（2.30%）、1-十六醇（2.22%）、1-甲氧基-4-甲基-2-[1-甲基乙基]-苯（1.98%）、1a,2,3,5,6,7,7a,7b-八氢-1,1,7,7α-四甲基-1H-环丙萘（1.70%）、1-十七醇（1.46%）、二十碳二烯酸甲酯（1.31%）、油醇（1.00%）等。

全草：董然等（2010）用水蒸气蒸馏法提取的吉林敦化产蹄叶橐吾全草精油的主要成分为：α-金合欢烯（29.53%）、石竹烯（15.80%）、α-法呢烯（14.90%）、3,7-二甲基-6-辛烯-1-醇甲酸酯（4.93%）、1S-1-甲基-1-乙烯基-2,4-[1-甲基乙烯基]-环戊烷（2.40%）、植物醇（2.17%）、α-蒎烯（1.53%）等；吉林安图产有毛蹄叶橐吾全草精油的主要成分为：3,7,11-三甲基-2,6,10-十二烷三烯-1-醇乙酸酯（金合欢醇乙酸酯）（25.18%）、植物醇（16.23%）、石竹烯氧化物（12.64%）、石竹烯（7.43%）、双环[7,7,0]十六碳-1(9)-烯（3.57%）、乙酸香茅酯（2.47%）等。

【利用】根及根茎做"紫菀"入药，有润肺、下气、祛痰、止咳的功能。嫩叶可作蔬菜食用。

## ❀ 网脉橐吾
*Ligularia dictyoneura* (Franch.) Hand.-Mazz.

| 菊科 | 橐吾属 |
|---|---|
| 别名： | 岩天麻、山紫菀 |
| 分布： | 云南、四川 |

【形态特征】多年生灰绿色草本。高33～124 cm。丛生叶柄有狭翅，叶片卵形、长圆形或近圆形，长8～30 cm，宽5～21 cm，先端圆形，边缘有锯齿或仅有软骨质小齿，基部心形，叶革质；茎中下部叶倒卵形或卵形，长7～16 cm，宽4～11 cm，先端钝，边缘有齿，基部半抱茎或下部者鞘状抱茎；茎上部叶卵状披针形至线形。总状花序长达30 cm，幼时密集近头状；苞片及小苞片线形，长不逾10 mm；头状花序多数，辐射状；总苞陀螺形或近钟形，长6～9 mm，宽4～5 mm，总苞片6～8,2层，长圆形。舌状花黄色，4～6，舌片长圆形，长6～20 mm；管状花多数，长5～6 mm，冠毛黄白色。瘦果（未熟）光滑。花期6～9月。

【生长习性】生于海拔1900～3600 m的水边、林下、灌丛及山坡草地。

【精油含量】水蒸气蒸馏新鲜根的得油率为0.30%。

【芳香成分】陈于澍等（1986）用水蒸气蒸馏法提取的云南丽江产网脉橐吾新鲜根精油的主要成分为：月桂烯（48.82%）、莳萝烯（16.14%）、柠檬烯（3.64%）、β-蒎烯（2.69%）等。

【利用】根入药，有宣肺理气、镇咳祛痰的功效，主治感冒、咳嗽。

# 狭苞橐吾
*Ligularia intermedia* Nakai

菊科　橐吾属

**别名：**山紫菀

**分布：**云南、四川、贵州、湖北、湖南、河南、甘肃、陕西、华北、东北地区

【形态特征】多年生草本。高达100 cm，上部被白色蛛丝状柔毛。丛生叶与茎下部叶基部具狭鞘，叶片肾形或心形，长8～16 cm，宽12～23.5 cm，先端钝或有尖头，边缘具整齐的有小尖头的三角状齿或小齿；茎中上部叶与下部叶同形，较小，鞘略膨大；茎最上部叶卵状披针形，苞叶状。总状花序长22～25 cm；苞片线形或线状披针形，下部者长达3 cm，向上渐短；头状花序多数，辐射状；小苞片线形；总苞钟形，长8～11 mm，宽4～5 mm，总苞片6～8，长圆形。舌状花4～6，黄色，舌片长圆形，长17～20 mm，管部长达7 mm；管状花7～12，长10～11 mm，冠毛紫褐色，有时白色。瘦果圆柱形，长约5 mm。花果期7～10月。

【生长习性】生于海拔120～3400 m的水边、山坡、林缘、林下及高山草原。耐阴。

【精油含量】水蒸气蒸馏法提取根及根茎的得油率为0.8%。

【芳香成分】朱梅等（2013）用索氏法提取的吉林长白产狭苞橐吾干燥花精油的主要成分为：n-十六酸（22.32%）、n-十四酸（8.30%）、十八碳酸（6.77%）、(Z,Z)-9,12-十八碳二烯（6.29%）、(E)-9-十八碳烯酸（4.46%）、9-甲基十九烷

（3.46%）、(Z,Z,Z)-9,12,15-十八碳（2.50%）、2,6-二叔丁基对甲基苯酚（2.04%）、邻苯二甲酸二丁酯（1.92%）、石竹烯氧化物（1.47%）、辛酸（1.37%）、十七烷（1.07%）、双（三甲基硅基）-巯基乙酸（1.06%）、植醇（1.05%）等。

【利用】根及根状茎入药，有润肺化痰、止咳平喘的功效。是难得的耐阴观花宿根植物。

# ❀ 掌叶橐吾

*Ligularia przewalskii* (Maxim.) Diels

**菊科　橐吾属**

**分布：** 产四川、青海、甘肃、宁夏、陕西、山西、内蒙古、江苏

【形态特征】多年生草本。高30～130 cm。丛生叶与茎下部叶基部具鞘，叶片轮廓卵形，掌状4～7裂，长4.5～10 cm，宽8～18 cm，裂片3～7深裂，中裂片二回3裂，小裂片边缘具条裂齿；茎中上部叶少而小，掌状分裂，常有膨大的鞘。总状花序长达48 cm；苞片线状钻形；头状花序多数，辐射状；总苞狭筒形，长7～11 mm，宽2～3 mm，总苞片3～7,2层，线状长圆形，具褐色睫毛。舌状花2～3，黄色，舌片线状长圆形，长达17 mm，管部长6～7 mm；管状花常3个，长10～12 mm，冠毛紫褐色。瘦果长圆形，长约5 mm，具短喙。花果期6～10月。

【生长习性】生于海拔1100～3700 m的河滩、山麓、林缘，林下及灌丛。

【精油含量】水蒸气蒸馏根及根茎的得油率为0.006%。

【芳香成分】根（根茎）：王晓丽等（2014）用水蒸气蒸馏法提取的重庆南川产掌叶橐吾根及根茎精油的主要成分为：1,2,3,3a,8,8a-六氢-5-甲氧基-3α,8-二甲基-吡咯并吲哚（13.49%）、α-水芹烯（4.80%）、[1S]-6,6-二甲基-2-亚甲基-二环庚烷（4.49%）、新异长叶烯（3.97%）、β-水芹烯（3.85%）、蛇床烯（3.79%）、1,2,4,5-四甲基吡啶-苯（3.29%）、2,4,5,6,7,8-六氢-1,4,9,9-四甲基-3H-3a,7-亚甲基甘菊环烃（3.21%）、2-异丙烯基-4α,8-二甲基-1,2,3,4,4a,5,6,8a-八氢萘（2.84%）、α,α,4-三甲基-3-环己烯-1-甲醇（2.74%）、4-乙酰基-3-甲基-1-苯基-2-吡唑啉-5-酮（2.56%）、α-蒎烯（2.20%）、1,2,3,5,6,7,8,8a-八氢-1,8α-二甲基-7-[1-甲基乙烯基]-萘（2.20%）、6S-2,3,8,8-四甲基-二乙哌啶二酮-2-烯（1.70%）、石竹烯（1.55%）、表圆线藻烯（1.17%）等。

全草：马瑞君等（2005）用水蒸气蒸馏法提取的甘肃甘南产掌叶橐吾干燥全草精油的主要成分为：己烷（12.82%）、2-甲基-戊烷（11.18%）、甲基环戊烷（6.61%）、3-甲基-戊烷（6.41%）、2-甲基-己烷（3.53%）、3-甲基-己烷（2.81%）、1-甲氧基-4-丙烯基-苯（2.03%）、2-甲基-3-苯基丙醛（1.83%）、4-亚甲基-(1-异丙基)-双环[3.1.0]己烷（1.39%）、庚烷（1.19%）等。

【利用】根、幼叶、花序药用，根可润肺、止咳、化痰；幼叶催吐；花序可清热利湿、利胆退黄。蒙药主治麻疹不透、痈肿。

# ❀ 孔雀草

*Tagetes patula* Linn.

**菊科　万寿菊属**

**别名：** 万寿菊、杨梅菊、臭菊、红黄草、小万寿菊、西番菊、臭菊花、缎子花

**分布：** 全国各地有栽培

【形态特征】一年生草本，高30～100 cm，茎直立，通常近基部分枝，分枝斜开展。叶羽状分裂，长2～9 cm，宽1.5～3 cm，裂片线状披针形，边缘有锯齿，齿端常有长细芒，齿的基部通常有1个腺体。头状花序单生，径3.5～4 cm，花序梗长5～6.5 cm，顶端稍增粗；总苞长1.5 cm，宽0.7 cm，长椭圆形，上端具锐齿，有腺点；舌状花金黄色或橙色，带有红色斑；舌片近圆形长8～10 mm，宽6～7 mm，顶端微凹；管状花花冠黄色，长10～14 mm，与冠毛等长，具5齿裂。瘦果线形，基部缩小，长8～12 mm，黑色，被短柔毛，冠毛鳞片状，其中1～2个长芒状，2～3个短而钝。花期7～9月。

【生长习性】生于海拔750～1600 m的山坡草地、林中。喜阳光，但在半阴处栽植也能开花。对土壤要求不严，选排水良好、向阳地块。

【精油含量】水蒸气蒸馏根的得油率为1.00%，全草的得油率为0.09%～0.10%。

【芳香成分】根：陈红兵等（2007）用水蒸气蒸馏法提取的山西太谷产孔雀草根精油的主要成分为：邻苯二甲酸丁酯(2-乙基)乙酯（22.63%）、α-松油醇（17.34%）、2-己烯醛（12.92%）、2,5-二环戊烯基环戊酮（10.20%）、庚醛（8.65%）、2-呋喃甲醛（7.81%）、β-松油醇（6.05%）、2-甲基-5-异丙基-苯酚（5.03%）、胡椒酮（4.65%）、顺丁烯二酰亚胺（4.07%）等。

全草：孙凌峰（1989）用水蒸气蒸馏法提取的山西太谷产

孔雀草全草精油的主要成分为：β-松油醇（43.69%）、胡椒烯酮（16.17%）、胡椒酮（4.67%）、桃金娘醛（3.57%）、α-松油醇（3.35%）、1,8-桉叶油素（3.23%）、乙基苯乙醇（2.26%）、香芹酚（1.95%）、异胡椒烯酮（1.79%）、黄樟素（1.25%）、2-环戊叉基环戊酮（1.17%）等。胡建安（1992）用同法分析的全草精油的主要成分为：2-蒈烯（50.98%）、β-水芹烯（18.86%）、β-石竹烯（3.56%）、α-香柠檬烯（2.74%）、二氢香芹酮（1.96%）、万寿菊酮（1.91%）、反-八氢化-3a-甲基-2H-茚-2-酮（1.39%）、桃金娘烯醇（1.03%）等。

【利用】全草入药，有清热解毒、止咳的功效，用于治风热感冒、咳嗽、痢疾、肋腺炎、乳痈、疖肿、牙痛、口腔炎、目赤肿痛。为花坛、庭院的主体花卉，适宜盆栽、地栽、花坛和做切花。花可用于染色。根的分泌液可以抑制土壤中的线虫的繁殖。

# ❀ 万寿菊
*Tagetes erecta* Linn.

菊科　万寿菊属

别名：臭芙蓉、万盏灯、金菊、金花菊、金鸡菊、黄菊、红花、蜂窝菊、孔雀草、千寿菊、芙蓉菊

分布：全国各地有栽培

【形态特征】一年生草本，高50～150 cm。茎直立，粗壮，具纵细条棱，分枝向上平展。叶羽状分裂，长5～10 cm，宽4～8 cm，裂片长椭圆形或披针形，边缘具锐锯齿，上部叶裂片的齿端有长细芒；沿叶缘有少数腺体。头状花序单生，径5～8 cm，花序梗顶端棍棒状膨大；总苞长1.8～2 cm，宽1～1.5 cm，杯状，顶端具齿尖；舌状花黄色或暗橙色；长2.9 cm，舌片倒卵形，长1.4 cm，宽1.2 cm，基部收缩成长爪，顶端微弯缺；管状花花冠黄色，长约9 mm，顶端具5齿裂。瘦果线形，基部缩小，黑色或褐色，长8～11 mm，被短微毛；冠毛有1～2个长芒和2～3个短而钝的鳞片。花期7～9月。

【生长习性】喜温暖阳光充足的环境，稍耐早霜和半阴，耐湿，耐干旱，怕高温和水涝，以肥沃、疏松和排水良好的砂质壤土为宜。生长适宜温度为15～25 ℃，花期适宜温度为18～20 ℃，要求空气相对温度在60%～70%，冬季温度不低于5 ℃。

【精油含量】水蒸气蒸馏茎的得油率为0.05%～0.10%，叶的得油率为为0.09%～0.60%，花的得油率为0.12%～0.54%；同时蒸馏萃取茎的得油率为2.90%，叶的得油率为3.50%，花的得油率为3.70%；有机溶剂萃取根的得油率为3.50%～11.69%，茎的得油率为1.20%，叶的得油率为7.62%，花的得油率为0.40%～1.47%；超临界萃取花的得油率为9.70%；微波萃取花的得油率为1.58%。

【芳香成分】茎：回瑞华等（2009）用同时蒸馏萃取法提取的辽宁千山产万寿菊干燥茎精油的主要成分为：1-环己基-2-甲基-丙烯-2-酮（4.95%）、苄醇（4.30%）、3,7-二甲基-2,6-辛二烯-醛（3.95%）、3-环己烯-1-甲醇（3.82%）、3,7-二甲基-1,6-辛二烯-3-醇（3.25%）、3-甲基-6-(1-甲基亚乙基)-2-环

庚烯-1-酮（2.90%）、环己醇（2.65%）、柠檬烯（2.46%）、苯乙醛（2.40%）、4,11,11-三甲基-8-亚甲基-二环[7.2.0]十一碳-4-烯（2.39%）、3-甲基-6-(1-甲基乙基)-2-环己烯-1-酮（2.20%）、十六酸（2.05%）、氧化别香橙烯（1.92%）、β-水芹烯（1.68%）、1-乙氧基-3-己烯（1.46%）、1-甲基-1,4-环己二烯（1.34%）、匙叶桉油烯醇（1.30%）、壬醛（1.25%）、4-(2,6,6-三甲基环己烯基)-3-丁烯-2-酮（1.23%）、氧化石竹烯（1.13%）、3,7-二甲基-2,6-辛二烯-1-醇（1.06%）、α-松油醇（1.06%）等。

叶：李健等（2010）用水蒸气蒸馏法提取的黑龙江产万寿菊新鲜叶精油的主要成分为：异松油烯（37.02%）、2-异丙基-5-甲基-3-环己烯-1-酮（14.08%）、柠檬烯（13.08%）、β-罗勒烯（8.78%）、石竹烯（4.18%）、1-十六炔（3.73%）、反式-β-罗勒烯（2.99%）、6,6-二甲基-双环[3.1.1]庚-2-烯-2-甲醇（1.95%）、γ-榄香烯（1.72%）、1,3,8-对-薄荷三烯（1.54%）、1-亚甲基-4-(1-甲乙烯)环己烷（1.05%）等。

花：李健等（2010）用水蒸气蒸馏法提取的黑龙江产万寿菊新鲜花精油主要成分为：异松油烯（32.91%）、α-罗勒烯（11.18%）、柠檬烯（10.87%）、石竹烯（7.46%）、β-月桂烯（5.64%）、反-β-罗勒烯（5.34%）、2-异丙基-5-甲基-3-环己烯-1-酮（2.52%）、γ-榄香烯（2.45%）、吉玛烯D（2.39%）、(+)-4-蒈烯（1.99%）、新松脂酸（1.35%）、β-芳樟醇（1.28%）、植烷（1.04%）等。司辉等（2016）用同法分析的干燥花精油的主要成分为：冰片烯（18.31%）、(-)-氧化石竹烯（16.09%）、石竹烯（13.41%）、1-甲基-4-(1-甲基乙烯基)-苯（10.14%）、斯巴醇（5.67%）、α-荜澄茄烯（2.70%）、1-甲氧基-4-(1-丙烯基)-苯（2.41%）、α-异丁酸松油酯（2.20%）、4-(1-甲乙基)-苯甲醇（2.04%）、橙花叔醇（1.31%）、4-甲基-1-(1-甲乙基)-3-环己烯基-1-醇（1.25%）、α-紫穗槐烯（1.25%）、1-水芹烯（1.15%）、香叶基丙酮（1.03%）、α-杜松醇（1.00%）等。

【利用】是一种常见的园林绿化花卉，用来点缀花坛、广场、布置花丛、花境和培植花篱，也可作盆栽或作切花。花可以食用。全株均可药用，根可解毒消肿，用于治上呼吸道感染、百日咳、支气管炎、眼角膜炎、咽炎、口腔炎、牙痛；外用治腮腺炎、乳腺炎、痈疮肿毒；叶用于治痈、疮、疖、疔，无名肿毒；花序可平肝解热、祛风化痰，用于治头晕目眩、头风眼痛、小儿惊风、感冒咳嗽、顿咳、乳痛、疟腮；花清热解毒，化痰止咳。茎、叶和花精油为香料工业重要原料之一。

# 🌼 莴苣

*Lactuca sativa* Linn.

菊科　莴苣属

别名：生菜

分布：全国各地

【形态特征】一年生或二年草本，高25～100 cm。基生叶及下部茎叶倒披针形或椭圆形，长6～15 cm，宽1.5～6.5 cm，顶端急尖、短渐尖或圆形，基部心形或箭头状半抱茎，边缘波状或有细锯齿，向上的渐小，与基生叶同形或披针形，花序分枝上的叶极小，卵状心形，基部心形或箭头状抱茎，全缘。头状花序多数，在茎枝顶端排成圆锥花序。总苞卵球形，长1.1 cm，宽6 mm；总苞片5层，最外层宽三角形，外层三角形或披针形，中层披针形至卵状披针形，内层线状长椭圆形。舌状小花约15枚。瘦果倒披针形，长4 mm，宽1.3 mm，压扁，浅褐色，顶端急尖成细丝状喙。冠毛2层，纤细，微糙毛状。花果期2～9月。

【生长习性】种子发芽适宜温度为15～20℃，幼苗生长适宜温度为15～20℃，种子发芽要见点阳光。喜冷凉环境，既不耐寒，又不耐热。耐旱力颇强，土壤pH以5.8～6.6为宜。对土壤表层水分状态反应极为敏感，需保持土壤湿润。需肥量较大，宜在有机质丰富、保水保肥的黏质壤土或壤土中生长。

【精油含量】水蒸气蒸馏根的得油率为0.03%。

【芳香成分】根：王丽君等（1999）用水蒸气蒸馏法提取的根精油的主要成分为：二十四烷（15.59%）、9-十八烯酸（8.68%）、二十五烷（4.38%）、三十五烷（4.22%）、二十七烷（4.11%）、二十八烷（4.11%）、二十六烷（4.00%）、硬脂酸（3.69%）、二十三烷（3.02%）、二十二烷（2.97%）、十七烷（2.64%）、芘（2.50%）、2,6-双(1,1-二甲基乙基)-2,5-环己烯-1,4-二酮（2.40%）、十五烷（2.19%）、十九烷（2.00%）、十四酸（1.82%）、1,3-二环己烷基丁烷（1.81%）、1,2-苯二羧酸二异乙酯（1.76%）、十六烷（1.57%）、菲（1.48%）、1-丁基-1-苯基戊醇（1.32%）、4,8,8-三甲基-9-甲撑-1,4-十氢甲撑薁（1.19%）、1-十八硫醇（1.06%）等。

叶：赵春芳等（2000）用水蒸气蒸馏法提取的新鲜茎叶精油的主要成分为：菲（8.49%）、1,2-苯二羧酸(2-甲基丙基)酯（8.31%）、(E)-3-二十碳烯（6.98%）、二十烷（5.89%）、芘（5.03%）、4-十八碳烯（3.82%）、2,6,10,14-四甲基正十六烷（3.48%）、苯并噻唑（3.22%）、十六酸（3.06%）、二十二烷酸甲酯（3.02%）、2,6,10,14-四甲基正十五烷（3.01%）、1-氯二十七烷（2.87%）、9-甲基蒽（2.05%）、4,8,8-三甲基-9-甲撑-1,4-十氢甲撑薁（2.04%）、2-乙基乙酸（2.01%）、十六酸甲酯（1.97%）、苯乙酰胺（1.97%）、1-十八碳烯（1.89%）、2,6,10-

三甲基十二烷（1.62%）、咔唑（1.53%）、二苯乙炔（1.40%）、十一烷基环己烷（1.31%）、四氢环戊菲（1.29%）、丁酸丁酯（1.28%）、苯乙基醇（1.27%）、1-二十碳烯（1.25%）、[Z]-9-十八烯-2-乙醇醚（1.23%）、三亚苯（1.18%）、邻苯二羧酸双(2-乙基己基)酯（1.10%）、乙基环二十二烷（1.03%）等。

果实：徐芳等（2011）用水蒸气蒸馏法提取的新疆米泉产莴苣干燥成熟果实精油的主要成分为：正己醇（36.31%）、正己醛（13.71%）、反式-2-辛烯-1-醇（8.09%）、2-正戊基呋喃（4.41%）、反式-2-庚烯-1-醇（3.01%）、顺式-4-癸烯醛（2.95%）、正戊醇（2.70%）、反式-2-壬烯醛（2.30%）、反式-2-辛烯醛（1.82%）、γ-壬内酯（1.47%）、十六烷酸（1.39%）、反式-4-壬烯醛（1.36%）、1-辛烯-3-醇（1.20%）、环辛醇（1.03%）、5-戊基-3H-呋喃-2-酮（1.01%）等。

【利用】是一种常见的蔬菜。

## 🌸 莴笋

*Lactuca sativa* Linn. var. *angustana* Irish. ex Bremer

菊科　莴苣属
别名：茎用莴苣、莴苣笋、嫩茎莴苣、莴苣茎
分布：全国各地

【形态特征】一年生或二年草本，高25～100 cm。茎直立，单生，全部茎枝白色。基生叶及下部茎叶大，倒披针形、椭圆形或椭圆状倒披针形，长6～15 cm，宽1.5～6.5 cm，基部心形或箭头状半抱茎，边缘波状或有细锯齿，向上的渐小，圆锥花序分枝下部的叶及分枝上的叶极小，卵状心形，无柄，基部心形或箭头状抱茎，边缘全缘，无毛。头状花序多数或极多数，在茎枝顶端排成圆锥花序。总苞果期卵球形，长1.1 cm，宽6 mm；总苞片5层，顶端急尖。舌状小花约15枚。瘦果倒披针形，长4 mm，宽1.3 mm，压扁，浅褐色，喙细丝状，长约4 mm。冠毛2层，纤细，微糙毛状。花果期2～9月。

【生长习性】对土壤的酸碱性反应敏感，适合在微酸性的土壤中种植。根系对氧气要求较高，土壤以砂壤土、壤土为佳。

【精油含量】水蒸气蒸馏花的得油率为5.65%。

【芳香成分】茎：杨晰等（2010）用固相微萃取法提取的甘肃兰州产莴笋新鲜肉质茎挥发油的主要成分为：己醇（23.75%）、己醛（16.57%）、3-己烯醛（11.74%）、α-蒎烯（1.77%）、5-己烯醛（1.77%）、(Z)-2-庚烯醛（1.62%）、3,7-二甲基-1,6-辛二烯-3-醇醋酸酯（1.31%）、柠檬烯（1.24%）、樟脑（1.08%）、十六烷（1.08%）、棕榈酸异丙酯（1.08%）、莰烯（1.03%）、(E)-2-辛烯醛（1.03%）等。

花：郭华等（2006）用同时蒸馏萃取法提取的山东临沂产莴笋干燥花精油的主要成分为：正十六酸（24.03%）、十二(烷)酸（16.20%）、十四酸（6.44%）、壬醛（4.54%）、6,10,11-三甲基-2-十五烷酮（4.30%）、蒽（4.26%）、苯乙醛（4.25%）、2-戊基-呋喃（1.49%）、二十烷（1.18%）、(E)-2-庚烯醛（1.16%）、5,6,7,7a-四氢化-1,1,7a-三甲基-2(4H)-苯并呋喃酮（1.10%）、1-(2,6,6-三甲基-1,3-环己二烯-1-基)-2-丁烯-1-酮（1.09%）等。

【利用】肉质茎是常见蔬菜，可鲜食，也可晒干盐渍、酱制等。叶也可作为蔬菜食用。

## 🌸 腺梗豨莶

*Siegesbeckia pubescens* Makino

**菊科　豨莶属**

**别名：** 毛豨莶、棉苍狼、珠草

**分布：** 吉林、辽宁、河北、山西、河南、甘肃、陕西、江苏、浙江、安徽、江西、湖北、四川、贵州、云南、西藏、甘肃、宁夏

【形态特征】一年生草本。茎直立，高30～110 cm，被开展的灰白色长柔毛和糙毛。基部叶卵状披针形，花期枯萎；中部叶卵圆形或卵形，开展，长3.5～12 cm，宽1.8～6 cm，基部宽楔形，下延成具翼的柄，先端渐尖，边缘有尖头状粗齿；上部叶渐小，披针形或卵状披针形；叶两面被平伏短柔毛。头状花序径约18～22 mm，枝端排列成圆锥花序；总苞宽钟状；总苞片2层，叶质，背面密生腺毛，外层线状匙形或宽线形，内层卵状长圆形。舌状花花冠管部长1～1.2 mm，舌片先端2～3齿裂，有时5齿裂；两性管状花长约2.5 mm，冠檐钟状，先端4～5裂。瘦果倒卵圆形，4棱，顶端有灰褐色环状突起。花期5～8月，果期6～10月。

【生长习性】生于山坡、山谷林缘、灌丛林下的草坪中、河谷、溪边、河槽潮湿地、旷野、耕地边等处也常见，海拔160～3400 m。

【芳香成分】高辉等（2000）用水蒸气蒸馏法提取的吉林抚松产腺梗豨莶阴干地上部分精油的主要成分为：(1α,4aα,8aα)-1,2,3,4,4a,5,6,8a-八氢-7-甲基-4-亚甲基-1-(1-甲乙基)-萘（19.17%）、2-羟基-4-异丙基-2,4,6-环庚三烯-1-酮（11.00%）、4,11,11-三甲基-8-亚甲基-二环[7,2,0]十一碳-4-烯（8.32%）、2,6-二甲基-6-(4-甲基-3-戊烯基)-二环[3,1,1]庚-2-烯（4.99%）、(3R-反)-3-甲基-6-(1-甲乙基)-环己烯（4.87%）、(1α,4aα,8aα)-1,2,4a,5,6,8a-六氢-4,7-二甲基-1-(1-甲基)-萘（4.82%）、(1S-顺)-1,2,3,4,5,8a-六氢-4,7-二甲基-1-(1-甲乙基)-萘（4.55%）、[1R-(1α,2β,4aβ,8aα)]-十氢-4a-甲基-8-亚甲基-2-(1-甲乙基)-1-萘醇（3.79%）、3,7-二甲基-(E)-2,6-辛二烯-1-醇（2.06%）、(1aα,4aα,7β,7aβ,7bα)-十氢-1,1,7-三甲基-4-亚甲基-(+)-1H-环丙[e]薁-7-醇（1.81%）等。

【利用】根药用，治风湿顽痹、腰膝酸楚、外感伤风热泻、头风、带下、烫伤、狂犬咬伤；蒙药主治风湿痹痛、骨节疼痛、四肢麻木、腰膝无力、高血压病、半身不遂、急性肝炎、疟疾、痈疮肿毒、风疹、湿疮、外伤出血。苗药等全草治风湿性关节疼痛、劳伤、骨折。

# ❀ 下田菊

*Adenostemma lavenia* (Linn.) O. Kuntze

菊科　下田菊属

**别名：** 白龙须、水胡椒、风气草、汗苏麻、猪耳朵叶、胖婆娘、红脸大汉、水苦菜、冬秧温、肿见消

**分布：** 江苏、浙江、安徽、福建、台湾、广东、广西、江西、湖南、贵州、四川、云南等地

【形态特征】一年生草本，高30～100 cm。茎单生。中部的茎叶长椭圆状披针形，长4～12 cm，宽2～5 cm，顶端急尖或钝，基部宽或狭楔形，有狭翼，边缘有圆锯齿；上部和下部的叶渐小。头状花序小，在假轴分枝顶端排列成伞房状或伞房圆锥状花序。总苞半球形，长4～5 mm，宽6～10 mm。总苞片2层，狭长椭圆形，质地薄，绿色，顶端钝，外层苞片大部合生，外面被白色稀疏长柔毛。花冠长约2.5 mm，下部被粘质腺

毛，有5齿，被柔毛。瘦果倒披针形，长约4 mm，宽约1 mm，顶端钝，基部收窄，被腺点，熟时黑褐色。冠毛约4枚，棒状，基部结合成环状，顶端有棕黄色的粘质的腺体分泌物。花果期8～10月。

【生长习性】生于水边、路旁、柳林沼泽地、林下及山坡灌丛中，海拔460～2000 m。

【精油含量】水蒸气蒸馏地上部分的得油率为0.10%。

【芳香成分】杨永利等（2007）用水蒸气蒸馏、两相溶剂萃取法提取的广东潮州产下田菊地上部分精油的主要成分为：β-荜澄茄油烯（32.62%）、石竹烯（24.97%）、γ-榄香烯（5.53%）、α-石竹烯（3.97%）、α-恰米烯（3.57%）、双环[4.3.0]-7-亚甲基-2,4,4-三甲基-2-乙烯基-壬烷（3.41%）、γ-萜品烯（3.07%）、γ-依兰油烯（2.91%）、d-柠檬烯（2.57%）、α-蒎烯（2.49%）、2-莕烯（2.28%）、β-月桂烯（1.60%）、3,7-二甲基-(E,Z,E)-1，3,6-辛三烯（1.50%）、4,7-二甲基-1-(1-甲基乙基)-1α,2,4aβ,5,6,8aα-六氢萘（1.48%）、杜松醇（1.30%）等。

【利用】全草药用，有清热利湿、解毒消肿的功效，用于治感冒高热、支气管炎、咽喉炎、扁桃体炎、黄疸型肝炎；外用治痈疖疮疡、蛇咬伤；民间还用于治风湿关节痛、牙痛、乳痈、肺炎、胃炎、痈疖水毒。傣药用根茎治胃炎。壮药用全草治牛疔疮、毒疮。

# ❀ 线叶菊

*Filifolium sibiricum* (Linn.) Kitam.

菊科　线叶菊属

**别名：** 兔毛蒿、西伯利亚艾菊、疔毒花、兔子毛、惊草、荆草

**分布：** 黑龙江、吉林、辽宁、内蒙古、河北、山西

【形态特征】多年生草本。茎丛生，密集，高20～60 cm，有条纹。基生叶有长柄，倒卵形或矩圆形，长20 cm，宽5～6 cm，茎生叶较小，互生，全部叶2～3回羽状全裂；末次

菊科

裂片丝形，长达4 cm，宽达1 mm，无毛，有白色乳头状小凸起。头状花序在茎枝顶端排成伞房花序，花梗长1～11 mm；总苞球形或半球形，直径4～5 mm，无毛；总苞片3层，卵形至宽卵形，边缘膜质，顶端圆形，背部厚硬，黄褐色。边花约6朵，花冠筒状，压扁，顶端稍狭，具2～4齿，有腺点。盘花多数，花冠管状，黄色，长约2.5 mm，顶端5裂齿，下部无狭管。瘦果倒卵形或椭圆形稍压扁，黑色，腹面有2条纹。花果期6～9月。

【生长习性】主要生于山坡、草地。属于温带耐寒植物，喜湿润，能耐寒冷。

【精油含量】水蒸气蒸馏干燥全草的得油率为0.52%。

【芳香成分】王栋等（1986）用水蒸气蒸馏法提取的黑龙江产线叶菊阴干全草精油的主要成分为：牻牛儿醇醋酸酯（15.70%）、异龙脑醋酸酯（9.70%）、β-蒎烯（8.30%）、桃金娘烯醛（7.50%）、4-(3-环己烯-1)-3-丁酮-2（7.30%）、α-姜黄烯（4.20%）、柠檬烯（2.10%）、罗勒烯（1.42%）、α-反-β-佛手烯（1.40%）等。

【利用】为中等或劣等饲用植物。全草入药，有清热解毒、抗菌消炎、安神镇惊、调经止血的功效，主治传染病高热、心悸、失眠、神经衰弱、月经不调；外用治痈肿疮疡、下肢慢性溃疡、中耳炎及其他外科化脓性感染疾病。

## 🌼 银香菊

*Santolina chamaecyparissus* Linn.

**菊科　神圣亚麻属**
**别名：** 银灰菊、香锦菊
**分布：** 长江以南部分地区有栽培

【形态特征】银香菊为常绿多年生草本，株高50 cm，枝叶密集，新梢柔软，具灰白柔毛，叶银灰色，在遮阴和潮湿环境叶片淡绿色。花黄色。花朵黄色，如纽扣，花期6～7月。

【生长习性】喜光，耐热，忌土壤湿涝。耐干旱、耐瘠薄、耐高温。

【精油含量】水蒸气蒸馏带花新鲜植株的得油率为1.38～2.05 mL·kg$^{-1}$。

【芳香成分】刘禹卿等（2007）用水蒸气蒸馏法提取的上海产银香菊盛花期新鲜带花植株精油的主要成分为：月桂烯（44.41%）、蒿酮（21.91%）、异倍半萜烯化酮（19.91%）、β-水芹烯（16.59%）、桧烯（4.78%）、β-蒎烯（4.07%）、蒿醇（2.13%）、樟脑（1.61%）、斯巴醇（1.31%）、桧烯水合物（1.00%）等。

【利用】为近年来流行的花境材料，运用于花境、岩石园、花坛、低矮绿篱。

## 🌸 黄腺香青

*Anaphalis aureopunctata* Lingelsh et Borza

| 菊科　香青属 |
| --- |
| 分布: 青海、甘肃、陕西、山西、河南、四川、湖北、湖南、广东、广西、贵州、云南 |

【形态特征】有匍匐枝。高20～50 cm。莲座状叶宽匙状椭圆形，常被密棉毛；下部叶匙形或披针状椭圆形，长5～16 cm，宽1～6 cm；中部叶稍小，下延成翅，边缘急尖，有尖头；上部叶小，披针状线形；叶面被腺毛，叶背被蛛丝状毛及腺毛。头状花序多数密集成复伞房状。总苞钟状或狭钟状，长5～6 mm，径约5 mm；总苞片约5层，外层浅或深褐色，卵圆形，被棉毛；内层白色或黄白色，雄株宽圆形，雌株钝或稍尖，最内层匙形或长圆形，有爪。花托有缝状突起。雌株有多数雌花，中央有3～4个雄花；雄株全部雄花或有3～4个雌花。花冠长3～3.5 mm。瘦果长达1 mm，被微毛。花期7～9月，果期9～10月。

【生长习性】生于林下、林缘、草地、河谷、泛滥地及石砾地，海拔1700～3600 m。

【精油含量】水蒸气蒸馏新鲜全草的得油率为0.83%。

【芳香成分】卢金清等（2011）用水蒸气蒸馏法提取的湖北神农架产黄腺香青新鲜全草精油的主要成分为：4(14),11-桉叶二烯（8.57%）、α-红没药醇（8.34%）、6,10,14-三甲基-2-十五烷酮（5.96%）、邻苯二甲酸二异丁酯（5.51%）、[1aR-(1aα,4β,4aβ,7α,7aβ)]-十氢-1,1,4,7-四甲基-4aH-环丙[e]奥-4a-醇（2.80%）、氧化石竹烯（2.51%）、十五烷酸（2.39%）、(Z,E)-3,7,11-三甲基-1,3,6,10-十二烷四烯（2.34%）、α-芹子烯（2.31%）、肉豆蔻酸（2.23%）、1,2,4a,5,6,8a-六氢-4,7-二甲基-1-(1-甲乙基)-萘（2.16%）、喇叭茶醇（1.86%）、5-甲基-2-异丙基-9-甲烯基-双环[4.4.0]癸-1-烯（1.62%）、大牻牛儿烯D（1.57%）、[4aR-(4aα,7β,8aα)]-八氢-4a,8a-二甲基-7-(1-甲乙基)-1(2H)-萘（1.50%）、芳-香姜黄烯（1.25%）、异植物醇（1.13%）、别香橙烯（1.02%）等。

【利用】是鄂西北土家族的民间常用药，全草入药，具有清热解毒、利湿消肿的功效，可用于口腔炎、小儿惊风、疮毒、赤白痢、水肿、蛇咬伤等症。

## 🌸 铃铃香青

*Anaphalis hancockii* Maxim

| 菊科　香青属 |
| --- |
| 别名: 铃铃香、铜钱花、陵零香、零零香青 |
| 分布: 青海、甘肃、陕西、山西、河北、四川、西藏 |

【形态特征】匍枝有鳞片状叶和莲座状叶丛。高5～35 cm。莲座状叶与茎下部叶匙状或线状长圆形，长2～10 cm，宽0.5～1.5 cm；中部及上部叶直立，常贴附于茎上，线形，或线状披针形，边缘平，顶端有膜质枯焦状长尖头；全部叶薄质，两面被蛛丝状毛及头状具柄腺毛，边缘被灰白色蛛丝状长毛。头状花序9～15个，在茎端密集成复伞房状。总苞宽钟状，长

8～9 mm，稀11 mm，宽8～10 mm；总苞片4～5层；外层卵圆形，红褐色或黑褐色；内层长圆披针形，顶端尖，上部白色；最内层线形，有爪部。花序托有繸状毛。雌株头状花序有多层雌花，中央有1～6个雄花；雄株头状花序全部有雄花。花冠长4.5～5 mm。瘦果长圆形，长约1.5 mm，被密乳头状突起。花期6～8月，果期8～9月。

【生长习性】生于亚高山山顶及山坡草地，海拔2000～3700 m。

【精油含量】有机溶剂萃取干燥花序浸膏的得膏率为12.00%。

【芳香成分】杨丽莉等（1998）用有机溶剂萃取法提取的山西五台山产铃铃香青干燥花序浸膏的主要成分为：棕榈酸甲酯（14.00%）、正二十四烷（10.70%）、月桂酸甲酯（8.80%）、正二十三烷（7.80%）、棕榈酸乙酯（7.50%）、月桂酸乙酯（7.20%）、法呢烷基丙酮（4.60%）、正二十五烷（4.60%）、亚油酸乙酯（2.80%）、2,2-甲基庚烷（2.70%）、十四酸乙酯（1.20%）等。

【利用】是著名香料植物之一，全株可以提取精油。在山西（五台山）常用为枕垫的填充物。

## 🌼 香青
*Anaphalis sinica* Hance

菊科　香青属

别名：翅茎香青、通肠香、萩

分布：四川、广西、湖北、湖南、江西、安徽、江苏、浙江

【形态特征】高20～50 cm。中部叶长圆形，倒披针长圆形或线形，长2.5～9 cm，宽0.2～1.5 cm，基部渐狭成翅，顶端渐尖或急尖，有短小尖头；上部叶较小，披针状线形或线形，叶面被蛛丝状棉毛，或叶背或两面被厚棉毛并常杂有腺毛。莲座状叶被密棉毛。头状花序多数，密集成复伞房状或多次复伞房

状。总苞钟状或近倒圆锥状，长4～6 mm，宽4～6 mm；总苞片6～7层，外层卵圆形，浅褐色，被蛛丝状毛，内层舌状长圆形，乳白色或污白色；最内层长椭圆形，有爪部。雌株有多层雌花，中央有1～4个雄花；雄株花托有繸状短毛。花冠长2.8～3 mm。瘦果长0.7～1 mm，被小腺点。花期6～9月，果期8～10月。

【生长习性】生于低山或亚高山灌丛、草地、山坡和溪岸，海拔400～2000 m。

【精油含量】水蒸气蒸馏全草的得油率为0.21%。

【芳香成分】滑艳等（2003）用水蒸气蒸馏法提取的甘肃兰州产香青全草精油的主要成分为：石竹烯（22.64%）、1,1,4,8-四甲基-顺-4,7,10-环十一烷三烯（4.57%）、2-乙基-1-己醇（3.51%）、萜品-4-醇（3.38%）、石竹烯氧化物（3.06%）、樟脑（3.02%）、β-桉叶烯（2.47%）、二苯胺（2.14%）、1,2,3,4,4a,5,6,8a-八氢-2-萘甲醇（2.08%）、苯甲醇（2.06%）、α-松油醇（1.96%）、1,2,3,4,4a,5,6,8a-八氢萘（1.74%）、苯乙醇（1.71%）、十六烷酸乙酯（1.68%）、己酸（1.41%）、α-郁金烯（1.41%）、6-甲基-5-庚烯-2-酮（1.32%）、2-甲基-丁酸（1.32%）、1,2,3,5,6,8a-六氢萘（1.22%）、1-(2-甲氧基-1-丙基)-4-甲基-苯（1.18%）、龙脑（1.08%）、2,6-二甲基-6-(4-甲基)二环[3.1.1]庚二烯（1.04%）等。

【利用】全草入药，有解表祛风、消炎止痛、镇咳平喘的功效，用于治感冒头痛、咳嗽、慢性气管炎、急性胃肠炎、痢疾。全草可提取精油，用于调配花香型香精。

## 🌼 珠光香青
*Anaphalis margaritacea* (Linn.) Benth. et Hook. f.

菊科　香青属

别名：山萩、黄腺香青、珠光、香青、香蒿棉、大叶白头翁

分布：浙江、四川、湖南、湖北、广西、福建、云南、青海、西藏、陕西、甘肃等地

【形态特征】高30～100 cm。中部叶线形或线状披针形，长5～9 cm，宽0.3～1.2 cm，基部稍狭或急狭，多少抱茎，边缘平，顶端渐尖，有小尖头；上部叶渐小，有长尖头；全部叶稍革质，叶面被蛛丝状毛，叶背被厚棉毛。头状花序多数，在茎和枝端排列成复伞房状。总苞宽钟状或半球状，长5～8 mm，径8～13 mm；总苞片5～7层，基部多少褐色，上部白色，外

层卵圆形，被棉毛，内层卵圆至长椭圆形，最内层线状倒披针形，有爪部。花托蜂窝状。雌株有多层雌花，中央有3～20雄花；雄株有雄花或有极少数雌花。花冠长3～5mm。瘦果长椭圆形，长0.7mm，有小腺点。花果期8～11月。

【生长习性】生于海拔300～3400m的半高山或低山草地，山沟及路旁。

【精油含量】水蒸气蒸馏全草的得油率为0.28%～0.59%，鲜花得油率为0.04%～0.05%；超临界萃取干燥全草的得油率为4.10%。

【芳香成分】孙彬等（2001）用水蒸气蒸馏法提取的甘肃榆中产珠光香青干燥地上部分精油的主要成分为：喇叭茶醇（25.73%）、百里酚（10.57%）、α-杜松醇（4.56%）、氧化石竹烯（4.09%）、表-二环倍半水芹烯（3.06%）、2-甲氧基-3-(2-丙烯基)-苯酚（2.72%）、苯乙酮（2.31%）、二-(2-甲基丙基)-1,2-苯二甲酸酯（2.16%）、4a-香木兰烯醇（1.82%）、5,6,7,7a-四氢-4,4,7a-三甲基-苯并呋喃（1.74%）、3-苯基-2-丁酮（1.72%）、正十六烷酸（1.45%）、蒽（1.38%）、正己酸（1.15%）、δ-杜松烯（1.07%）、1,2,3,4,4a,7,8,9a-八氢-1,6-二甲基-4-(1-甲基乙基)-萘酚（1.01%）等。

【利用】带根全草入药，具清热解毒、祛风通络、驱虫的功效，用于治感冒、牙痛、痢疾、风湿关节痛、蛔虫病；外用治刀伤、跌打损伤、颈淋巴结结核等。全草可提取精油，用于烟草的加香和调配香精。常栽培供观赏用。

# 向日葵
*Helianthus annuus* Linn.

| 菊科 | 向日葵属 |
|---|---|
| 别名：丈菊、葵花 | |
| 分布：全国各地 | |

【形态特征】一年生高大草本。茎直立，高1～3m，粗壮，被白色粗硬毛。叶互生，心状卵圆形或卵圆形，顶端急尖或渐尖，有三基出脉，边缘有粗锯齿，两面被短糙毛，有长柄。头状花序极大，径约10～30cm，单生于茎端或枝端，常下倾。总苞片多层，叶质，覆瓦状排列，卵形至卵状披针形，顶端尾状渐尖，被长硬毛或纤毛。花托平或稍凸、有半膜质托片。舌状花多数，黄色、舌片开展，长圆状卵形或长圆形，不结实。管状花极多数，棕色或紫色，有披针形裂片，结果实。瘦果倒卵形或卵状长圆形，稍扁压，长10～15mm，有细肋，常被白色短柔毛，上端有2个膜片状早落的冠毛。花期7～9月，果期8～9月。

【生长习性】原产热带，但对温度的适应性较强，是喜温又耐寒的作物。为短日照作物，喜欢充足的阳光，有很强的向光性。对土壤要求较低，在各类土壤上均能生长，有较强的耐盐碱能力，较强的抗旱性和耐涝性。宜选向阳、排水良好的地块栽培。

【精油含量】水蒸气蒸馏干燥根的得油率为1.00%，新鲜花盘的得油率为0.29%。

【芳香成分】根：肖冰梅等（2012）用水蒸气蒸馏法提取的辽宁产向日葵干燥根精油的主要成分为：棕榈酸（16.26%）、白菖烯（12.17%）、环木菠萝烯醇乙酸酯（10.33%）、甲氧基-4-丙-1-丙烯基-1-苯（6.53%）、β-红没药烯（6.40%）、氧杂双环-三环三十烷（5.51%）、(2S)-1,3,4,5,6,7-六氢-1,1,5,5-四甲基甲烷烯（4.26%）、十八碳二烯酸（4.06%）、顺式-澳白檀醇（3.49%）、十八烯酸油酸（2.55%）、3,3,5,6,7-五甲基-2-茚酮（2.28%）、白菖油萜环氧化物（2.14%）、异丙烯基-二甲基-八氢化萘-2-醇（1.90%）、异丙烯基-二甲基-八氢化萘-2-醇（1.85%）、顺式棕榈油酸（1.71%）、十八碳二烯醛（1.69%）、E-环氧金合欢烯（1.33%）、庚基乙酰苯（1.33%）、肉豆蔻醛（1.18%）、扁枝烯（1.15%）、十五烷酸（1.00%）等。

花：张玲玲等（2017）用水蒸气蒸馏法提取的广东广州产向日葵新鲜花盘精油的主要成分为：α-蒎烯（21.95%）、桧烯（15.66%）、β-蒎烯（4.03%）、大根香叶烯D（3.62%）、白菖油萜（3.29%）、4-松油醇（2.68%）、柠檬烯（2.20%）、Z-马鞭草烯醇（1.73%）、β-榄香烯（1.31%）、α-侧柏烯（1.29%）、莰烯（1.21%）、γ-萜品烯（1.20%）、醋酸异冰片（1.10%）等。

种子：朱萌萌等（2014）用同时蒸馏萃取法提取的种皮精油的主要成分为：棕榈酸（43.25%）、2,6-二叔丁基对甲基苯酚（17.34%）、邻苯二甲酸二辛酯（11.61%）、癸酸乙酯（8.35%）、马鞭草烯酮（2.74%）、马鞭草烯醇（2.73%）、硬脂酰胺（2.37%）、4-庚基苯乙酮（2.19%）、亚油酸（1.80%）、α-蒎烯（1.39%）、乙基苯（1.22%）等；种仁精油的主要成分：2,6-二叔丁基对甲基苯酚（45.91%）、癸酸乙酯（20.71%）、邻苯二甲酸二辛酯（15.31%）、乙基苯（3.47%）、α-蒎烯（2.63%）、棕榈酸（2.51%）、己醛（2.20%）、对二甲苯（2.18%）、贝壳杉烯类化合物（1.73%）、苯乙烯（1.17%）、硬脂酰胺（1.07%）等。

【利用】为重要的油料作物，种子可炒食，可榨油供食用，也可作软膏的基础药，油渣可以做饲料。花托、茎秆、花穗、果壳等可作饲料及工业原料。种子、花盘、茎叶、茎髓、根、花等均可入药，根可清热利湿、行气止痛，可治疗淋症尿频、尿急、尿痛、胃脘疼痛；茎叶可疏风清热、清肝明目，可治疗高血压、眼红目赤、泪多；茎髓可健脾和湿止带，可作利尿消炎剂，治疗白带清稀、腰膝酸软、淋症、前列腺炎；花可清热解毒、消肿止痛，可治疗疮痈疖肿、乳腺炎；果盘（花托）有降血压作用；花盘有清热化痰、凉血止血的功效，可治疗功能性子宫出血、哮喘、痛经、头痛、头晕；种子有驱虫止痢的功效。可用于修复土壤。栽培观赏用，也可作切花用。

# 小甘菊

*Cancrinia discoidea* (Ledeb.) Poljak.

| 菊科 | 小甘菊属 |
|---|---|
| 别名： | 小甘菊、木秋、草甘菊 |
| 分布： | 甘肃、新疆、西藏等地 |

【形态特征】二年生草本，高5～20cm。茎自基部分枝，被白色棉毛。叶灰绿色，被白色棉毛至几无毛，长圆形或卵形，长2～4cm，宽0.5～1.5cm，二回羽状深裂，裂片2～5对，每个裂片又2～5深裂或浅裂，少有全部或部分全缘，末次裂片卵形至宽线形，顶端钝或短渐尖。头状花序单生，但植株有少数头状花序；总苞直径7～12mm；总苞片3～4层，草质，长3～4mm，外层少数，线状披针形，顶端尖，几无膜质边缘，内层较长，线状长圆形，边缘宽膜质；花托明显凸起，锥状球形；花黄色，花冠长约1.8mm，檐部5齿裂。瘦果长约2mm，具5条纵肋；冠状冠毛长约1mm，膜质，5裂，分裂至中部。花果期4～9月。

【生长习性】生于海拔400～2000m的山坡、荒地和戈壁地区。适应早期湿润而后期干旱的特殊生活环境，具有一定耐旱性。

【精油含量】水蒸气蒸馏干燥全草的得油率为1.00%。

【芳香成分】李奇峰等（2009）用水蒸气蒸馏法提取的云南贡山产小甘菊干燥全草精油的主要成分为：桧醇（6.40%）、乙酸松油酯（4.14%）、α-萜品醇（3.07%）、1-十八烯（2.25%）、(Z,E)-α-金合欢烯（1.80%）、β-石竹烯（1.41%）等。

【利用】全草有疏风散热、明目消肿、败毒抗癌、清热祛湿等作用。可以应用于园林绿化中。

# 抱茎小苦荬

*Ixeridium sonchifolium* (Maxim.) Shih

| 菊科 | 小苦荬属 |
|---|---|
| 别名： | 苦碟子、抱茎苦荬菜、满天星、苦荬菜、秋苦荬菜、盘尔草、鸭子食 |
| 分布： | 辽宁、河北、山西、内蒙古、陕西、甘肃、山东、江苏、浙江、河南、湖北、四川、贵州 |

【形态特征】多年生草本，高15～60cm。基生叶莲座状，匙形、长倒披针形或长椭圆形，长3～15cm，宽1～3cm，或不分裂，边缘有锯齿，或大头羽状深裂，近圆形，边缘有锯齿，侧裂片3～7对，半椭圆形、三角形或线形，边缘有小锯齿；中

下部茎叶长椭圆形、匙状椭圆形、倒披针形或披针形，羽状浅裂或半裂，向基部扩大，心形或耳状抱茎；上部茎叶心状披针形，全缘，向基部心形或圆耳状扩大抱茎；头状花序在茎枝顶端排成伞房花序或伞房圆锥花序，舌状小花约17枚。总苞圆柱形，长5～6 mm；总苞片3层，外层卵形或长卵形，内层长披针形。舌状小花黄色。瘦果黑色，纺锤形，长2 mm，宽0.5 mm，有10条钝肋，有小刺毛，向上渐尖成细丝状喙。冠毛白色，微糙毛状。花果期3～5月。

【生长习性】生于山坡或平原路旁、林下、河滩地、岩石上或庭院中，海拔100～2700 m。

【芳香成分】齐晓丽等（2006）用水蒸气蒸馏法提取的吉林长春产抱茎小苦荬新鲜全草精油的主要成分为：6,10,14-三甲基-2-十五烷酮（33.98%）、二十一烷（26.04%）、十九烷（11.32%）、二十三烷（6.43%）、6,10,14-三甲基-5,9,13-十五碳三烯-2-酮（2.75%）、二十七烷（2.71%）、1-十八烯（2.21%）、3-十六烯（1.21%）、2,6,10-三甲基-十二烷（1.14%）、乙基环十二烷（1.01%）等。

【利用】全草入药，有清热解毒、凉血、活血的功效。

## 🌣 蓼子朴
*Inula salsoloides* (Turcz.) Ostenf.

| 菊科　旋覆花属 |
| --- |
| 别名：黄喇嘛、秃女子草、山猫眼、沙旋覆花 |
| 分布：新疆、内蒙古、青海、甘肃、陕西、河北、山西、辽宁 |

【形态特征】亚灌木，有疏生膜质尖披针形，长达20 mm，宽达4 mm的鳞片状叶。茎平卧、斜升或直立，高达45 cm。叶披针状或长圆状线形，长5～10 mm，宽1～3 mm，全缘，基部常心形或有小耳，半抱茎，边缘平或稍反卷，顶端钝或稍尖，稍肉质，叶背有腺及短毛。头状花序径1～1.5 cm，单生于枝端。总苞倒卵形，长8～9 mm；总苞片4～5层，线状卵圆状至长圆状披针形，渐尖，干膜质，基部常稍革质，黄绿色，有缘毛，外层渐小。舌状花浅黄色，椭圆状线形，长约6 mm，顶端有3个细齿；管状花花冠长约6 mm，上部狭漏斗状。冠毛白色。瘦果长1.5 mm，被腺和疏粗毛，有长毛。花期5～8月，果期7～9月。

【生长习性】生于干旱草原、半荒漠和荒漠地区的戈壁滩地、流砂地、固定沙丘、湖河沿岸冲积地、黄土高原的风沙地和丘陵顶部，海拔500～2000 m。耐干旱。

【精油含量】超临界萃取干燥花的得油率为12.28%。

【芳香成分】全草：赵堂（2013）用水蒸气蒸馏法提取的宁夏中卫产蓼子朴阴干全草精油的主要成分为：8-亚异丙基二环[4.3.0]-2-壬酮（13.92%）、二乙醇缩乙醛（10.38%）、二乙二醇缩乙二醛（10.30%）、邻丙酰基苯甲酸甲酯（10.08%）、肉豆蔻酸（8.03%）、邻苯二甲酸二乙酯（7.38%）、异戊酸（5.18%）、邻苯二甲酸二甲酯（4.93%）、2-甲基丁酸（4.45%）、苯甲醇

（4.38%）、十五酸内酯（3.33%）、苯乙醇（2.38%）、硬脂酸（2.31%）、香叶醇（1.65%）、邻苯二甲酸二丁酯（1.46%）、3-甲基-4-(2,2-二甲基-6-亚甲基亚环己基)丁酮（1.17%）、邻苯二甲酸二异丁酯（1.15%）、香芹酚（1.11%）等。

花：牛东玲等（2018）用超临界$CO_2$萃取法提取的宁夏中宁产蓼子朴阴干花精油的主要成分为：香草醛（30.35%）、3-己烯酸（11.85%）、氯甲基-9-氯十一酸酯（11.72%）、3-己烯酸乙酯（7.71%）、麝香草酚（3.51%）、苯乙酸乙酯（3.48%）、1-甲基-3,3-二甲基-环丙烯（3.26%）、甲基-4-己酸甲酯（3.08%）、(-)-石竹烯氧化物（2.56%）、反式-1,2,3,3a,4,7a-六氢-7a-甲基-5H-吲哚-5-酮（1.87%）、二氢猕猴桃(醇酸)内酯（1.86%）、2-甲氧基-4-乙烯基苯酚（1.57%）、己酸（1.56%）、己醛二缩醛（1.56%）、δ-杜松萜烯（1.44%）、肉桂酸乙酯（1.36%）、苯乙酸（1.35%）、丁香醛（1.33%）、己酸乙酯（1.14%）等。

【利用】良好的固沙植物。花及全草入药，用于治疗外感发热、小便不利、痈疮肿毒和湿疹等，是治疗脉管炎的主药。属于低等的饲用植物。

## ❀ 欧亚旋覆花

*Inula britanica* Linn.

菊科　旋覆花属
**别名：**大花旋覆花、旋覆花
**分布：**东北地区，内蒙古、新疆、河北等地

【形态特征】多年生草本。茎直立，单生或2～3个簇生，高20～70 cm。基部叶长椭圆形或披针形，长3～12 cm，宽1～2.5 cm；中部叶长椭圆形，长5～13 cm，宽0.6～2.5 cm，基部宽大，心形或有耳，半抱茎，顶端尖或稍尖，有浅或疏齿，稀近全缘，下面被密伏柔毛，有腺点；上部叶渐小。头状花序1～5个，生于茎端或枝端，径2.5～5 cm。总苞半球形，径1.5～2.2 cm，长达1 cm；总苞片4～5层，外层线状披针形，有腺点和缘毛，常反折；内层披针状线形。舌状花舌片线形，黄色，长10～20 mm。管状花冠有三角披针形裂片；冠毛1层，白色。瘦果圆柱形，长1～1.2 mm，有浅沟，被短毛。花期7～9月，果期8～10月。

【生长习性】生于河流沿岸、湿润坡地、田埂和路旁。

【精油含量】水蒸气蒸馏的干燥头状花序的得油率为0.42%。

【芳香成分】查建蓬等（2005）用水蒸气蒸馏法提取的山西运城产欧亚旋覆花干燥头状花序精油的主要成分为：十八烯-[9,12]-酸（4.80%）、2,3,4,5-四氢-1-苯并庚英-3-醇（4.28%）、环氧丁香烯（3.46%）、4-甲基-2,6-二叔丁基苯酚（3.44%）、1R,4S,7S,8R,11R-2,2,4,8-四甲基三环[5,3,1,0$^{4,11}$]十一烷-7-醇（3.20%）、丁香烯（3.09%）、3-(1,1-二甲基乙基)-4-甲氧基苯酚（2.75%）、1,2,3,4,4a,5,6,8a-八氢-7-甲基-4-亚甲基-1-(1-甲基乙基)-萘（2.67%）、α-芹子烯（2.60%）、2,6,10,14-四甲基十六烷（2.29%）、1,2,3,5,6,7,8,8a-八氢-1,8a-二甲基-7-(1-甲基乙基)-萘烯（2.29%）、十六烷酸（2.00%）、2-甲基-2-[2-(2,6,6-三甲基-3-亚甲基-1-环己烯)-乙烯基]-[1,3]-二氧戊烷（1.94%）、植醇（1.92%）、4-(2,6,6-三甲基-1-环己烯)-3-丁烯基-2-酮

（1.77%）、5,7-二甲基-1,2,3,4-去氢萘（1.90%）、β-马啊里烯（1.76%）、6-异丙烯基-4,8a-二甲基-1,2,3,5,6,7,8,8a-八氢-萘-2-醇（1.62%）、十五烷酸（1.36%）、胡椒烯（1.35%）、β-人参烯（1.35%）、桉芳萜烷二醇（1.17%）、五环[8,4,0,0$^{3,7}$,0$^{4,14}$,0$^{6,11}$]十四烷（1.15%）、异植醇（1.12%）、1,1,4,8-四甲基-4,7,10-环十一三烯（1.07%）、10,14-二甲基-十五-2-酮（1.04%）、3,7-二甲基-1,6-辛二烯-3-醇（1.02%）等。

【利用】是一种传统的中草药，全草入药，用于止咳消痰，治胁下胀满、大腹水肿，去头目风、泄散风寒。

## ❀ 土木香

*Inula helenium* Linn.

菊科　旋覆花属
**别名：**青木香、藏木香、木香、祁木香、黄花菜、旋复花
**分布：**新疆、西藏、青海、四川、甘肃、陕西、河北、湖北等地

【形态特征】多年生草本，根状茎块状。高60～250 cm。基部叶和下部叶长30～60 cm，宽10～25 cm；叶片椭圆状披针形，边缘有齿，顶端尖，叶面被糙毛，叶背被密茸毛；中部叶卵圆状披针形或长圆形，长15～35 cm，宽5～18 cm，基部心形，半抱茎；上部叶较小，披针形。头状花序少数，径6～8 cm，排列成伞房状花序；花序梗为多数苞叶所围裹；总苞5～6层，外层宽卵圆形，被茸毛，内层长圆形，背面有疏毛，有缘毛，最内层

线形。舌状花黄色；舌片线形，长2～3cm，宽2～2.5mm；管状花长约9～10mm，有披针形裂片。冠毛污白色，有具细齿的毛。瘦果四面形或五面形，有棱和细沟，长3～4mm。花期6～9月。

【生长习性】生于河边、田边等潮湿处，海拔1800～2000m。喜光照强烈的湿润环境，耐涝不耐旱。植株耐寒性较强，在-15℃左右的低温下也能正常越冬。对土壤要求不高，宜选向阳、湿润、土壤肥沃的地块栽培。

【精油含量】水蒸气蒸馏干燥根的得油率为0.90%～2.10%，全草的得油率为2.42%；超临界萃取干燥根的得油率为4.20%。

【芳香成分】根：陈飞龙等（2011）用水蒸气蒸馏法提取的河北产土木香干燥根精油的主要成分为：土木香内酯（49.21%）、异土木香内酯（39.42%）、二氢土木香内酯（2.17%）等。

全草：刘应泉等（1994）用水蒸气蒸馏法提取的河北安国产土木香全草精油的主要成分为：土木香内酯（48.25%）、异土木香内酯（33.04%）、异土青木香烯酮（3.17%）、木香烯内酯（1.37%）等。

【利用】根入药，有健脾和胃、调气解郁、止痛安胎的功效，用于治胸胁、脘腹胀痛，呕吐泻痢，胸胁挫伤，岔气作痛，胎动不安。根可作为蔬菜食用。花可提取精油、浸膏、净油，调制的香精用于制酒、饮料、香水、化妆品。根精油，有镇静、杀菌、退烧和驱虫的作用，可作为消炎药、抗微生物制剂、防腐剂、祛痰剂、止咳剂、消化调补剂、除臭剂、驱虫剂（体内）、发汗剂、杀菌剂、神经镇静剂、兴奋剂、健胃剂、滋补剂等。是家庭观赏植物。

## ❀ 显脉旋覆花
*Inula nervosa* Wall.

菊科　旋覆花属
别名：威灵仙、威灵菊、黑威灵、黑根、黑根药、草威灵、小黑药、云威灵、铁脚威灵仙、铜脚威灵、乌根草、乌草根
分布：四川、云南、贵州、广西

【形态特征】多年生草本。茎高20～70cm，被黄褐色长硬毛。叶椭圆形、披针形或倒披针形，基部叶较小；中下部叶长5～10cm，宽2～3.5cm，有锯齿，上部急狭，顶端稍尖，两面有糙毛；上部叶小。头状花序在枝端单生或少数排列成伞房状，径1.5～2.5cm；总苞半球形，长6～8mm；总苞片4～5层，外层椭圆披针形，被长糙毛，最外层常椭圆状或线状披针

形，内层线状披针形，顶端紫红色，近膜质，有柔毛和缘毛。舌状花舌片白色，长8～9 mm，线状椭圆形；管状花花冠长5～6.5 mm，黄色，有尖卵圆三角形裂片；冠毛白色，后稍带黄色。瘦果圆柱形，有细沟，长2～2.5 mm，被绢毛。花期7～10月，果期9～12月。

【生长习性】生于海拔1200～2100 m地区杂木林下、草坡和湿润草地。

【精油含量】水蒸气蒸馏根茎的得率为2.30%。

【芳香成分】李付惠等（2007）用水蒸气蒸馏法提取的云南新平产显脉旋覆花根茎精油的主要成分为：丁酸百里香酚酯（74.45%）、百里香酚（9.39%）、戊酸百里香酚酯（5.03%）、β-红没药烯（1.05%）等。

【利用】根供药用，有祛风湿、通经络、消积止痛和滋补的功效，治胃痛甚效。根茎精油可用于配制香料，做防腐剂、杀菌剂、肝功能试剂和化妆品的稳定剂等。

尖或渐尖，边缘有小尖头状疏齿或全缘，叶背有疏伏毛和腺点；上部叶渐狭小，线状披针形。头状花序径3～4 cm，多数或少数排列成疏散的伞房花序。总苞半球形，径13～17 mm，长7～8 mm；总苞片约6层，线状披针形，近等长，有缘毛；内层渐尖，有腺点和缘毛。舌状花黄色；舌片线形，长10～13 mm；管状花花冠长约5 mm；冠毛1层，白色。瘦果长1～1.2 mm，圆柱形，有10条沟，顶端截形，被疏短毛。花期6～10月，果期9～11月。

【生长习性】生于山坡路旁、湿润草地、河岸和田埂上，海拔150～2400 m。

【精油含量】水蒸气蒸馏干燥头状花序的得油率为0.30%。

【芳香成分】李增春等（2007）用乙醚萃取浓缩、水蒸气蒸馏法提取的内蒙古产旋覆花干燥头状花序精油的主要成分为：邻苯二甲酸二丁基酯（16.30%）、β-水芹烯（8.74%）、4-甲氧基-6-(2-丙烯基)-1,3-二氧杂苯并环戊烯（8.37%）、β-蒎烯（8.34%）、3-丙烯基-6-甲氧基苯酚（7.72%）、1R-α-蒎烯（7.19%）、3-溴苯酚（4.21%）、(1S)-6,6-二甲基-2-亚甲基二环[3.1.1]庚烷（2.72%）、4-甲基-1-(1-甲基乙基)-二环[3.1.0]-2-烯（2.60%）、桉油精（2.43%）、1S-α-蒎烯（2.30%）、4-甲基-1-(1-甲基乙基)-3-环己烯基-1-醇（2.19%）、龙脑（2.05%）、1,7,7-三甲基二环[2.2.1]庚-2-酮（2.03%）、D-苧烯（1.81%）、十八碳烷（1.29%）、1-甲基-4-(1-甲基乙基)-苯（1.26%）、2-氨基-3-甲基丁-2-烯腈（1.17%）、樟脑（1.04%）、正二十一碳烷

# 🌸 旋覆花

*Inula japonica* Thunb.

**菊科　旋覆花属**

**别名：** 金钱花、金钱菊、金福花、金佛花、金盏花、金佛草、夏菊、六月菊、复花、小黄花、伏花

**分布：** 东北、华北、西北、华东、华中及浙江、江苏、四川、贵州、福建、广东等地

【形态特征】多年生草本。茎高30～70 cm。基部叶常较小；中部叶长圆形，长圆状披针形或披针形，长4～13 cm，宽1.5～4 cm，基部多少狭窄，常有圆形半抱茎的小耳，顶端稍

（1.02%）等。

【利用】根及叶供药用，治刀伤、疔毒、平喘镇咳；花是健胃祛痰药，也治胸中丕闷、胃部膨胀、暖气、咳嗽、呕逆等。

## 🌸 羊耳菊

*Inula cappa* (Buch.-Ham.) DC.

---

菊科　旋覆花属

**别名：** 白牛胆、白面风、白背风、白面猫子骨、八面风、冲天白、大力王、大茅香、毛柴胡、毛舌头、毛山肖、叶下白、山白芷、小茅香、猪耳风、牛耳风、羊耳风、绵毛旋覆花、天鹅绒、蜡毛香、壮牛浪

**分布：** 浙江、江西、福建、湖南、广东、广西、贵州、四川、云南等地

【形态特征】亚灌木。茎高70～200 cm，全部被污白色或浅褐色绢状或棉状密茸毛。下部叶长圆形或长圆状披针形；中部叶长10～16 cm，上部叶渐小；全部叶基部圆形或近楔形，顶端钝或急尖，边缘有小尖头状细齿或浅齿。头状花序倒卵圆形，宽5～8 mm，多数密集于茎和枝端成聚伞圆锥花序；被绢状密茸毛。有线形的苞叶。总苞近钟形，长5～7 mm；总苞片约5层，线状披针形，外层较内层短。小花长4～5.5 mm；边缘的小花舌片短小，有3～4裂片，或无舌片而有4个退化雄蕊；中央的小花管状，上部有三角卵圆形裂片；冠毛污白色。瘦果长圆柱形，长约1.8 mm，被白色长绢毛。花期6～10月，果期8～12月。

【生长习性】生于亚热带和热带低山和亚高山的湿润或干燥丘陵地、荒地、灌丛或草地，在酸性土、砂土和黏土上都常见，海拔500～3200 m。

【精油含量】水蒸气蒸馏新鲜根的得油率为0.49%。

【芳香成分】姚波等（2008）用水蒸气蒸馏法提取的云南安宁产羊耳菊新鲜根精油的主要成分为：百里香酚丁酸酯（52.11%）、百里香酚（17.34%）、香芹酚丁酸酯（10.31%）、百里香酚戊酸酯（1.06%）等。刘胜贵等（2009）用同法提取的湖南通道产羊耳菊新鲜根精油的主要成分为：3-甲基-5-异丙基-甲基氨基甲酸酚酯（74.37%）、11,14-二十碳二烯酸乙酯（9.50%）、2,2-二甲基丙酸-2-[1,1-二甲基乙基]酚酯（7.59%）、

[1R-(1R*,4Z,9S*)]-4,11,11-三甲基-8-亚甲基-二环[7.2.0]-4-十一碳烯（2.07%）、(E,E,E)-2,6,6,9-四甲基-1,4,8-十一碳环三烯（1.39%）等。

【利用】全草或根供药用，有散寒解表、祛风消肿、行气止痛的功效，用于治风寒感冒、咳嗽、神经性头痛、胃痛、风湿腰腿痛、跌打肿痛、月经不调、白带、血吸虫病。在广西中兽医用治牛的痢疾。

## 🌸 总状土木香

*Inula racemosa* Hook. f.

---

菊科　旋覆花属

**别名：** 藏木香、木香

**分布：** 新疆、四川、青海、甘肃、西藏等地

【形态特征】多年生草本。根状茎块状。茎高60～200 cm。基部和下部叶椭圆状披针形，有具翅的长柄，长20～50 cm，宽10～20 cm；中部叶长圆形或卵圆状披针形，或有深裂片，基部宽或心形，半抱茎；上部叶较小。头状花序少数或较多数，径5～8 cm，无或有长0.5～4 cm的花序梗，排列成总状花序。总苞宽2.5～3 cm，长0.8～2.2 cm；总苞片5～6层，外层叶质，宽达7 mm；内层较外层约长2倍；最内层干膜质；形状和毛茸与上种同。舌状花的舌片线形，长约2.5 cm，宽1.5～2 mm，顶端有3齿；管状花长9～9.5 mm。冠毛污白色，长9～10 mm，有40余个具微齿的毛。瘦果与上种同，无毛。花期8～9月，果期9月。

【生长习性】生于水边荒地、河滩、湿润草地，海拔700～1500 m。

【精油含量】水蒸气蒸馏干燥根的得油率为2.50%。

**【芳香成分】**杨月琴等（2008）用水蒸气蒸馏法提取的根精油的主要成分为：异-榄香烯（30.77%）、桉叶油二烯5,11(13)-内酯-8,12（19.89%）、异-喇叭烯（10.78%）、桉叶油二烯4,11(13)-内酯-8,12（10.49%）、桉叶油二烯（5.04%）、杜松二烯（4.77%）、雪松烯（3.61%）、十七碳三烯（3.12%）、异丁酸-柠檬酯（2.59%）、十六碳四烯（1.80%）、异-红没药烯（1.55%）、十五烯-1（1.49%）、十六碳三烯（1.40%）、α-香柠檬烯（1.29%）等。

**【利用】**根为藏族习用药材，有健脾和胃、调气解郁、止痛安胎的功效，用于治胸胁、脘腹腹痛，呕吐泻痢，胸胁挫伤，岔气作痛，胎动不安。

苞片4层，外层卵形或披针形，中内层椭圆形。全部苞片边缘白色或带浅褐色膜质，顶端圆或钝，麦秆黄色。边缘雌花5个，花冠长2 mm，细管状，顶端3～5齿。瘦果长约1 mm。花果期6～10月。

**【生长习性】**生于荒漠及荒漠草原，海拔550～4400 m。抗旱性较强。

## 🌸 灌木亚菊

*Ajania fruticulosa* (Ledeb.) Poljak

**菊科　亚菊属**
**分布：**甘肃、内蒙古、陕西、青海、新疆、西藏

**【形态特征】**小半灌木，高8～40 cm。中部茎叶圆形、扁圆形、三角状卵形、肾形或宽卵形，长0.5～3 cm，宽1～2.5 cm，二回掌状或掌式羽状3～5分裂。一、二回全部全裂。中上部和中下部的叶掌状3～4全裂或有时掌状5裂，或全部茎叶3裂。末回裂片线钻形、宽线形、倒长披针形，宽0.5～5 mm，顶端尖或圆或钝，灰白色或淡绿色，被短柔毛。头状花序小，在枝端排成伞房花序或复伞房花序。总苞钟状，直径3～4 mm。总

【芳香成分】张永红等（2006）用水蒸气蒸馏-乙醚萃取法提取的甘肃兰州产灌木亚菊新鲜地上部分精油的主要成分为：1,7,7-三甲基-双环庚-2-酮（12.83%）、桉叶油索（9.94%）、十氢-α,α,4a-三甲基-8-亚甲基-2-甲醇萘（6.46%）、δ-芹子烯（6.31%）、二苯胺（6.05%）、1,2,3,4,4a,5,6,8a-八氢-α,α,4a,8-四甲基-2-甲醇萘（5.90%）、对二甲苯（5.08%）、间二甲苯（4.29%）、6-乙烯基四氢-2,2,6-三甲基-2H-吡喃-3-醇（4.20%）、4-甲基-1-异丙基-3-环己烯-1-醇（3.60%）、6,6-二甲基-双环庚-2-烯-2-甲醇（3.24%）、1,2,4a5,6,8a-六氢-4,7-二甲基-1-异丙基萘（1.95%）、1-羟甲基-2-甲基-1-环己烯（1.88%）、α-萜品醇（1.87%）、乙基苯（1.43%）、6-乙烯基二氢-2,2,6-三甲基-2H-吡喃-3(4H)-酮（1.43%）、琼脂螺醇（1.20%）、顺-β-萜品醇（1.01%）等。

【利用】藏药全草入药，具有清肺热、止咳、清热解毒等功效，用于治疗肺热咳嗽、惊风、风湿麻木、阑尾炎等。

## 🌸 铺散亚菊

*Ajania khartensis* (Dunn) Shih

| 菊科　亚菊属 |
| --- |
| 别名：蒿阿仲 |
| 分布：宁夏、甘肃、青海、四川、云南、西藏 |

【形态特征】多年生铺散草本，高10～20 cm。叶圆形、半圆形、扇形或宽楔形，长0.8～1.5 cm，宽1～1.8 cm，或更小，长2～3 mm，宽3.5～5 mm，二回掌状或几掌状3～5全裂。末回裂片椭圆形。花序下部的叶和下部或基部的叶通常3裂。灰白色，被密厚或稠密的顺向贴伏的短柔毛或细柔毛。头状花序稍大，在茎顶排成直径2～4 cm的伞房花序，少有植株带单生头状花序的。总苞宽钟状，直径6～10 mm。总苞片4层，外层披针形或线状披针形、中内层宽披针形、长椭圆形至倒披针形。苞片外面被柔毛，边缘褐色宽膜质。边缘雌花6～8个，细管状或近细管状，顶端3～4钝裂或深裂齿。瘦果长1.2 mm。花果期7～9月。

【生长习性】生于山坡，海拔2500～5300 m。

【精油含量】水蒸气蒸馏新鲜全草的得油率为0.21%。

【芳香成分】张兴旺等（2010）用水蒸气蒸馏法提取的青海玛多产铺散亚菊新鲜全草精油的主要成分为：[1S-(1α,4β,5α)]-4-甲基-1-[1-甲基乙基]-二环[3.1.0]己烯-3-酮（32.42%）、樟脑（15.73%）、[1S]-3,7,7-三甲基-二环[4.1.0]-3-庚烯（9.39%）、1-甲基4·甲基乙基-1,4-环己二烯（7.99%）、4-甲基-1-[1-甲基乙基]-二环[3.1.0]-3-己烯-2-酮（6.50%）、α-侧柏酮（6.09%）、[Z]-1,2,4-三甲基-5-[1-丙烯基]-苯（5.97%）、4-亚甲基-1-[1-甲基乙基]-二环[3.1.0]-2-己烯（1.11%）、1-甲基-4-甲基乙基苯（1.59%）、[Z]-3,7-二甲基-1,3,6-辛三烯（1.54%）、莰烯（1.38%）、α-蒎烯（1.01%）等。达洛嘉等（2016）用超临界$CO_2$萃取法提取的青海互助产铺散亚菊干燥全草精油的主要成分为：亚麻油酸（20.15%）、棕榈酸（8.99%）、谷甾醇（4.00%）、(Z)-7-十二碳烯-1-醇乙酸酯（4.00%）、豆甾醇-4-烯-3-酮（3.81%）、1,19-二十碳二烯（3.81%）、角鲨烯（3.08%）、山嵛酸（2.92%）、白桦酯醇（2.76%）、花生酸（2.10%）、环氧鲨烯（1.99%）、1,21-二十二碳二烯（1.77%）等。

【利用】全草药用，藏药主要用于治疗肺热症。

## 🌸 细裂亚菊

*Ajania przewalskii* Poljak.

| 菊科　亚菊属 |
| --- |
| 别名：青亚菊、细裂青亚菊 |
| 分布：四川、青海、甘肃、宁夏等地 |

【形态特征】多年生草本，高35～80 cm，匍茎生褐色卵形的鳞苞。叶二回羽状分裂，宽卵形、卵形，长2～5 cm，宽1.5～4 cm。一、二回全部全裂。一回侧裂片2～4对；末回裂片线状披针形或长椭圆形，宽0.5～3 mm。接花序下部的叶渐小。叶面绿色，叶背灰白色，被稠密短柔毛。头状花序小，多数在茎枝顶端排成大型复伞房花序、圆锥状伞房花序或伞房花序。总苞钟状，直径2.5～3 mm。总苞片4层，外层卵形或披针形，外面被微毛；中内层椭圆形至倒披针形或披针形。全部苞片边缘褐色膜质。边缘雌花4～7个，花冠细管状，顶端3裂。中央两性花细管状。全部花冠外面有腺点。瘦果长0.8 mm。花果期7～9月。

【生长习性】生于草原、山坡林缘或岩石上，海拔2804～4500 m。抗旱性较强。

【精油含量】水蒸气蒸馏全草的得油率为0.26%。

【芳香成分】朱亮锋等（1993）用水蒸气蒸馏法提取的细

裂亚菊全草精油的主要成分为：1,8-桉叶油素（26.68%）、樟脑（11.35%）、α-侧柏酮（5.33%）、龙脑（5.13%）、顺式-辣薄荷醇（3.43%）、桃金娘烯醇（2.88%）、α-松油醇（1.47%）、松油醇-4（1.04%）、α-侧柏酮异构体（1.03%）等。

## 🌸 细叶亚菊
*Ajania tenuifolia* (Jacq.) Tzvel.

菊科　亚菊属
别名：细叶菊艾
分布：甘肃、四川、西藏、青海

【形态特征】多年生草本，高9～20 cm。匍茎上生宽卵形浅褐色的苞鳞。叶二回羽状分裂，半圆形、三角状卵形或扇形，长、宽1～2 cm。一回侧裂片2～3对。末回裂片长椭圆形或倒披针形，顶端钝或圆。自中部向下或向上叶渐小。叶面淡绿色，被稀疏的长柔毛，或稍白色或灰白色而被较多的毛，叶背白色

或灰白色，被稠密的顺向贴伏的长柔毛。头状花序少数在茎顶排成直径2～3 cm的伞房花序。总苞钟状，直径约4 mm。总苞片4层，外层披针形，被稀疏的短柔毛，中内层椭圆形至倒披针形。边缘雌花7～11个，细管状，花冠长2 mm，顶端2～3齿裂。两性花冠状，长约3～4 mm。全部花冠有腺点。花果期6～10月。

【生长习性】生于山坡草地，海拔2000～4580 m。
【精油含量】水蒸气蒸馏全草的得油率为0.30%～0.50%。
【芳香成分】朱亮锋等（1993）用水蒸气蒸馏法提取的青海海北产细叶亚菊全草精油的主要成分为：樟脑（31.72%）、1,8-桉叶油素（12.87%）、反式-乙酸菊酯（7.90%）、龙脑（5.05%）、松油醇-4（3.41%）、α-松油醇（2.90%）、香芹酚（2.05%）、α-蒎烯（1.60%）、莰烯（1.10%）等。

【利用】藏药茎枝入药，治痈疖、肾病、肺病；全株治咽喉病、炭疽、虫病、溃疡病。

## 🌸 新疆亚菊
*Ajania fastigiata* (C. Winkl.) Poljak.

菊科　亚菊属
分布：新疆

【形态特征】多年生草本，高30～90 cm。中部茎叶宽三角状卵形，长3～4 cm，宽2～3 cm，二回羽状全裂。一回侧裂片2～3对；末回裂片长椭圆形或倒披针形，宽1～2 mm。上部叶渐小，接花序下部的叶通常羽状分裂。叶灰白色，被稠密贴伏的短柔毛。头状花序多数，在茎顶或枝端排成稠密的复伞房花序。总苞径钟状，直径2.5～4 mm，麦秆黄色，有光泽。总苞片4层，外层线形，长2.5～3.5 mm，基部被微毛，中内层椭圆

形或倒披针形，长3~4mm。全部苞片边缘膜质，白色，顶端钝。边缘雌花约8个，花冠细管状，顶端3齿裂。两性花花冠长1.8~2.5mm。瘦果长1~1.5mm。花果期8~10月。

【生长习性】生于草原及半荒漠和林下，海拔900~2260m。

【精油含量】水蒸气蒸馏干燥地上部分的得油率为0.81%。

【芳香成分】刘伟新等（2005）用水蒸气蒸馏法提取的新疆乌鲁木齐产新疆亚菊干燥地上部分精油的主要成分为：桉树脑（38.53%）、松油醇-4（10.31%）、樟脑（7.94%）、2,2,6-三甲基-2-环己烯-1-羧醛（7.87%）、甲氧基乙烯（7.68%）、菊烯基乙酸酯（5.72%）、α-松油醇（2.93%）、对伞花素（2.61%）、桃金娘烯基乙酯（1.88%）、β-侧柏酮（1.65%）、顺式-桧萜醇（1.51%）、反式-氧化苧烯（1.50%）、γ-萜品烯（1.45%）、(E)-6,10-二甲基-5,9-十一碳二烯-2-酮（1.19%）、癸酸甲酯（1.06%）等。

【利用】为中等质量牧草。

## 🌸 华北鸦葱

*Scorzonera albicaulis* Bunge

**菊科　鸦葱属**

**别名：**笔管草、白茎鸦葱

**分布：**黑龙江、吉林、辽宁、内蒙古、河北、山西、陕西、山东、江苏、安徽、浙江、河南、湖北、贵州

【形态特征】多年生草本，高达120cm。茎基被棕色的残鞘。基生叶与茎生叶同形、线形、宽线形或线状长椭圆形，宽0.3~2cm，边缘全缘，极少有浅波状微齿，基生叶基部鞘状扩

大，抱茎。头状花序在茎枝顶端排成伞房花序，花序分枝长或排成聚伞花序而花序分枝短或长短不一。总苞圆柱状，花期直径1cm；总苞片约5层，外层三角状卵形或卵状披针形，中内层椭圆状披针形、长椭圆形至宽线形。舌状小花黄色。瘦果圆柱状，长2.1cm，有多数高起的纵肋，向顶端渐细成喙状。冠毛污黄色，羽毛状，羽枝蛛丝毛状，上部为细锯齿状，基部连合成环，整体脱落。花果期5~9月。

【生长习性】生于山谷或山坡杂木林下或林缘、灌丛中，或生荒地、火烧迹或田间，海拔250~2500m。属耐阴植物。

【芳香成分】根：赵瑞建等（2010）用水蒸气蒸馏法提取的山东威海产华北鸦葱新鲜根精油的主要成分为：正十五烷酸（62.18%）、亚油酸（17.55%）、2-丙酰基苯甲酸甲酯（6.91%）、棕榈酸三甲基硅基酯（4.62%）、亚麻醇（4.31%）、邻苯二乙酸二乙酯（2.53%）、2,4-癸二烯醛（1.30%）等。

茎叶：赵瑞建等（2010）用水蒸气蒸馏法提取的山东威海产华北鸦葱新鲜茎叶精油的主要成分为：正十六烷酸（47.95%）、亚麻酸乙酯（8.72%）、亚油酸（7.24%）、亚油酸三甲基硅基酯（6.91%）、正二十烷（5.60%）、2-丙酰基苯甲酸甲酯（3.38%）、棕榈酸三甲基硅基酯（3.37%）、正四十烷（1.85%）、18-三甲基硅氧基亚油酸甲酯（1.37%）、正三十四烷（1.32%）、正三十五烷（1.25%）、7,3',4'-三甲氧基槲皮素（1.19%）等。

楔形收窄；叶肉质，灰绿色。头状花序单生于茎端，或茎生2枚头状花序，成聚伞花序状排列，含19枚舌状小花。总苞狭圆柱状，宽约0.6 mm；总苞片4～5层，外层卵形、宽卵形，中层长椭圆形或披针形，内层线状披针形。舌状小花黄色，偶见白色。瘦果圆柱状，长5～7 mm，淡黄色，有多数高起纵肋。冠毛白色，羽毛状，羽枝蛛丝毛状，仅顶端微锯齿状。花果期4～8月。

花：赵瑞建等（2010）用水蒸气蒸馏法提取的山东威海产华北鸦葱新鲜花精油的主要成分为：邻苯二甲酸二甲酯（54.05%）、正十七烷酸（7.34%）、对苯二甲酸二甲酯（5.72%）、硝呋妥因（4.45%）、邻苯二甲酸乙酯烯丙酯（2.92%）、十四甲基环七硅氧烷（2.44%）、间苯二甲酸二甲酯（2.25%）等。

【利用】根、嫩茎叶可作蔬菜食用。

【生长习性】生于盐化草甸、盐化沙地、盐碱地、干湖盆、湖盆边缘、草滩及河滩地，海拔50～2790 m。生长地的土壤pH一般是7.5～8.0，产盐的地点或盐湖边缘均有分布。在排水良好的盐土上生长繁茂。

【精油含量】水蒸气蒸馏干燥全草的得油率为0.16%。

【芳香成分】王斌等（2007）用索氏法提取的山东产蒙古鸦葱干燥全草精油的主要成分为：三十一烷（34.75%）、何帕-22(29)-烯-3β-醇（21.47%）、二十烷（8.51%）、2-氧代十八烷基乙醇（6.34%）、1-碘十八碳烷（5.35%）、1-氯二十七烷（4.11%）、二十二烷（3.36%）、二十四烷（3.29%）、二十一烷（2.44%）、二十八烷（1.00%）等。

## 蒙古鸦葱

*Scorzonera mongolica* Maxim.

菊科　鸦葱属

别名：羊角菜、羊犄角

分布：辽宁、河北、山西、陕西、宁夏、甘肃、青海、新疆、山东、河南

【形态特征】多年生草本，高5～35 cm。茎基部被鞘状残遗。基生叶长椭圆形或线状披针形，长2～10 cm，宽0.4～1.1 cm，顶端渐尖，基部渐狭成柄，柄基鞘状扩大；茎生叶披针形、长椭圆形或线状长椭圆形，顶端急尖或渐尖，基部

【利用】幼嫩茎叶是优质饲料。

# 野茼蒿
*Crassocephalum crepidioides* (Benth.) S. Moore

菊科　野茼蒿属
别名：一点红、野青菜、野木耳菜、安南菜、假茼蒿、野塘蒿、野地黄菊、革命菜
分布：江西、福建、湖南、湖北、广东、广西、贵州、云南、四川、西藏

【形态特征】直立草本，高20～120 cm，茎有纵条棱，无毛叶膜质，椭圆形或长圆状椭圆形，长7～12 cm，宽4～5 cm，顶端渐尖，基部楔形，边缘有不规则锯齿或重锯齿，或有时基部

羽状裂。头状花序数个在茎端排成伞房状，直径约3 cm，总苞钟状，长1～1.2 cm，基部截形，有数枚不等长的线形小苞片；总苞片1层，线状披针形，等长，宽约1.5 mm，具狭膜质边缘，顶端有簇状毛，小花全部管状，两性，花冠红褐色或橙红色，檐部5齿裂，花柱基部呈小球状，分枝，顶端尖，被乳头状毛。瘦果狭圆柱形，赤红色，有肋，被毛；冠毛极多数，白色，绢毛状，易脱落。花期7～12月。

【生长习性】常见于山坡路旁、水边、灌丛中或水沟旁阴湿地上，海拔300～1800 m。

【精油含量】水蒸气蒸馏干燥全草的得油率为0.20%。

【芳香成分】曾祥燕等（2016）用水蒸气蒸馏法提取的广西桂东产野茼蒿干燥全草精油的主要成分为：植醇（15.13%）、亚麻酸甲酯（6.00%）、α-石竹烯（4.83%）、6,10,14-三甲基-2-十五烷酮（4.64%）、6,10,14-三甲基-2-十五烷酮（4.23%）、葎草烯环氧化物Ⅱ（3.67%）、珀珇烯（3.21%）、3-二十炔（3.11%）、棕榈酸甲酯（3.07%）、3,7,11,15-四甲基己烯-1-醇（2.91%）、石竹烯（2.62%）、石竹烯氧化物（2.59%）、反亚油酸甲酯（2.19%）、亚油酸甲酯（2.10%）、δ-荜澄茄油烯（1.81%）、(E)-β-金合欢烯（1.74%）、τ-杜松醇（1.28%）、油酸酰胺（1.23%）、二十四烷（1.19%）、β-榄香烯（1.08%）等；广西桂南产野茼蒿干燥全草精油的主要成分为：珀珇烯（28.07%）、α-石竹烯（20.29%）、石竹烯（9.61%）、葎草烯环氧化物Ⅱ（7.09%）、吉玛烯（4.98%）、δ-荜澄茄油烯（4.36%）、β-榄香烯（4.18%）、石竹烯氧化物（4.04%）、β-月桂烯（2.70%）、(E)-β-

金合欢烯（2.41%）、芳樟醇（2.35%）、3,7,11,15-四甲基己烯-1-醇（2.35%）、反式-α-香柑油烯（2.03%）、γ-萜品烯（1.50%）、莎草烯（1.50%）、1R-α-蒎烯（1.25%）等。陶晨等（2012）用固相微萃取法提取的贵州贵阳产野茼蒿新鲜全草精油的主要成分为：月桂烯（61.61%）、牻牛儿烯D（6.48%）、α-葎草烯（6.29%）、β-菲兰烯（5.76%）、反式罗勒烯（3.35%）、E-E-α-金合欢烯（3.19%）、香兰烯（2.59%）、二十四烷（2.16%）、α-可巴烯（1.89%）、β-榄香烯（1.23%）、牻牛儿烯B（1.16%）、β-丁香烯（1.13%）。

【利用】全草入药，有健脾消肿、清热解毒的功效，治消化不良、感冒发热、痢疾、肠炎、尿路感染、营养不良性水肿、乳腺炎。嫩叶是一种味美的野菜。

## 🌸 小一点红

*Emilia prenanthoidea* DC.

| 菊科　一点红属 |
| --- |
| **别名：** 细红背叶、耳挖草 |
| **分布：** 贵州、云南、广东、广西、浙江、福建 |

【形态特征】一年生草本，茎直立或斜升，高30～90 cm。基部叶小，倒卵形或倒卵状长圆形，顶端钝，基部渐狭成长柄，全缘或具疏齿；中部茎叶长圆形或线状长圆形，长5～9 cm，宽1～3 cm，顶端钝或尖，抱茎，箭形或具宽耳，边缘具波状齿，叶面绿色，叶背有时紫色，上部叶小线状披针形。头状花序在茎枝端排列成疏伞房状；总苞圆柱形或狭钟形，长8～12 mm，宽5～10 mm；总苞片10，长12 mm，长圆形，宽1～2 mm，短于小花，边缘膜质。小花花冠红色或紫红色，长10 mm，管部细，檐部5齿裂，裂片披针形。瘦果圆柱形，长约3 mm，具5肋，无毛；冠毛丰富，白色，细软。花果期5～10月。

【生长习性】生山坡路旁、疏林或林中潮湿处，海拔550～2000 m。

【芳香成分】赵超等（2010）用固相微萃取技术提取的贵州贵阳产小一点红新鲜嫩枝叶精油的主要成分为：β-月桂烯（51.18%）、3,7,11,15-四甲基-2-十六烯-1-醇（21.55%）、β-水芹烯（8.42%）、n-十六酸（2.48%）、胡椒烯（1.09%）、丁香烯（1.07%）等。

【利用】全株药用，有清热解毒、活血祛瘀的功效，主治跌打损伤、红白痢、疮疡肿毒。

## 🌸 一点红

*Emilia sonchifolia* (Linn.) DC.

| 菊科　一点红属 |
| --- |
| **别名：** 叶下红、羊蹄草、红背叶、红背果、红头草、野木耳菜、花古帽、牛奶奶、片红青、紫背叶 |
| **分布：** 云南、贵州、四川、湖北、湖南、江苏、浙江、安徽、广西、广东、福建、贵州、江西、海南、台湾 |

【形态特征】一年生草本。高25～40 cm。叶质较厚，下部叶密集，大头羽状分裂，长5～10 cm，宽2.5～6.5 cm，顶生裂片宽卵状三角形，顶端钝或近圆形，具齿，侧生裂片通常1对，

长圆形或长圆状披针形，顶端钝或尖，具波状齿，叶面深绿色，叶背常变紫色，两面被短卷毛；中部茎叶较小，卵状披针形或长圆状披针形，基部箭状抱茎；上部叶线形。头状花序长8~14 mm，通常2~5，在枝端排列成疏伞房状；总苞圆柱形，长8~14 mm，宽5~8 mm；总苞片1层，8~9，长圆状线形或线形，黄绿色。小花粉红色或紫色，长约9 mm。具5深裂瘦果圆柱形，长3~4 mm，具5棱，肋间被微毛；冠毛白色。花果期7~10月。

【生长习性】常生于山坡荒地、田埂、路旁，海拔800~2100 m。喜温暖湿润气候，生长适温20~30 ℃，对土壤要求不严格，常生于疏松、湿润之处，但较耐旱、耐瘠，能于干燥的荒坡上生长，不耐渍，忌土壤板结。

【精油含量】水蒸气蒸馏全草的得油率为0.25%。

【芳香成分】潘小姣等（2008）用水蒸气蒸馏法提取的广西南宁产一点红全草精油的主要成分为：刺参烯酮（42.09%）、石竹烯氧化物（18.84%）、丁香烯（4.41%）、1,5,9,9-四甲基-1,4,7-三烯-环十一烷（2.64%）、γ-榄香烯（2.12%）、姜黄烯（1.52%）等。

【利用】全草药用，有消炎、止痢的功效，主治腮腺炎、乳腺炎、小儿疳积、皮肤湿疹等症；民间也用于预防流感，治感冒发烧、咽喉肿痛、肾炎、肝炎、结肠炎、宫颈炎、痢疾；外用治疗疮、跌打损伤、毒蛇咬伤。嫩茎叶常作野菜食用。可作栽培观赏用。

## 🌸 加拿大一枝黄花
*Solidago canadensis* Linn.

菊科　一枝黄花属
**别名：** 大叶七星剑、大败毒、美洲一枝黄花、土泽兰、黄花马兰、黄花细辛、黄莺、黄花儿、红柴胡、野黄菊、金边菊、肺痛草、金柴胡、小白龙须、满山黄、麒麟草、金棒草
**分布：** 各大公园有栽培逸为野草

【形态特征】多年生草本，有长根状茎。茎直立，高达2.5 m。叶披针形或线状披针形，长5~12 cm。头状花序很小，长4~6 mm，在花序分枝上单面着生，多数弯曲的花序分枝与单面着生的头状花序，形成开展的圆锥状花序。总苞片线状披针形，长3~4 mm。边缘舌状花很短。

【生长习性】主要生长在河滩、荒地、公路两旁、农田边、

农村住宅四周。喜凉爽湿润和阳光充足环境，耐寒、耐干旱、耐半阴，怕积水，宜肥沃、疏松和排水良好的砂质壤土。

【精油含量】水蒸气蒸馏新鲜根的得油率为0.24%，全草的得油率为0.08%~0.30%，新鲜茎的得油率为0.20%，新鲜叶的得油率为0.46%；超临界萃取全草的得油率为0.78%。

【芳香成分】根：范若静等（2012）用静态顶空萃取法提取的上海产加拿大一枝黄花新鲜根挥发油的主要成分为：柠檬烯（38.35%）、β-蒎烯（14.33%）、α-蒎烯（12.45%）、γ-古芸烯（8.61%）、β-榄香烯（2.87%）、表双环倍半水芹烯（1.67%）、月桂烯（1.40%）、α-胡椒烯（1.19%）、脱氢香橙烯（1.16%）、桧烯（1.09%）等。

茎：范若静等（2012）用静态顶空萃取法提取的上海产加拿大一枝黄花新鲜茎挥发油的主要成分为：α-蒎烯（25.19%）、β-蒎烯（24.75%）、表双环倍半水芹烯（10.65%）、柠檬烯（7.08%）、桧烯（5.87%）、3-蒈烯（3.76%）、月桂烯（3.73%）、α-萜品烯（2.86%）、已醛（1.51%）、4-萜品醇（1.25%）、萜品油烯（1.14%）等。

叶：竺锡武等（2009）用水蒸气蒸馏法提取的浙江杭州产加拿大一枝黄花新鲜叶精油的主要成分为：异大香叶烯 D（44.24%）、龙脑乙酸酯（6.91%）、β-杜松烯（6.30%）、T-依兰醇（3.78%）、γ-依兰烯（3.25%）、柠檬烯（3.12%）、α-蒎烯（2.26%）、γ-杜松烯（2.14%）、石竹烯（2.09%）、T-杜松醇（2.04%）、α-依兰烯（2.01%）、(+)-δ-杜松烯（1.39%）、β-波旁烯（1.26%）、δ-榄香烯（1.20%）、β-蒎烯（1.05%）等。

全草：王开金等（2006）用水蒸气蒸馏法提取的浙江杭州产加拿大一枝黄花花前期新鲜全草精油的主要成分为：(+)-大根香叶烯 D（28.64%）、α-蒎烯（15.08%）、柠檬烯（11.80%）、2,2,7,7-四甲基三环[6.2.1.0$^{1,6}$]十一烷-4-烯-3-酮（6.86%）、β-崖柏烯（6.56%）、β-水芹烯（6.40%）、乙酸冰片酯（6.03%）、α-松油醇（4.78%）、β-蒎烯（4.68%）、β-榄香烯（3.52%）、α-古芸烯（2.64%）、α-杜松烯（2.16%）、荜澄茄油烯（1.85%）、石竹烯（1.80%）、α-杜松醇（1.79%）、可巴烯（1.60%）等。

【利用】供观赏，可作花坛背景和切花。全草入药，有疏风清热、解毒消肿的功效，用于祛痰、消炎、利尿、镇静及降低胆固醇，还可治疗肾脏及膀胱疾病、咳嗽和气喘等。引种后逸生成恶性杂草，被称为生态杀手。

# 🌼 一枝黄花

*Solidago decurrens* Lour.

菊科　一枝黄花属

别名：百条根、百根草、朝天一柱香、大败毒、大叶七星剑、钓鱼秆柴胡、黄花草、黄花一枝香、黄花马兰、黄花细辛、黄柴胡、黄花仔、黄花儿、红胶苦菜、红柴胡、见血飞、金锁钥、金柴胡、老虎尿、六叶七星剑、满山草、满山黄、粘糊菜、千根癀、破布叶、洒金花、山厚合、山边半枝香、蛇头王、蛇头黄、铁金拐、土细辛、土泽兰、小柴胡、小白龙须、苤子草、野黄菊、一支枪、一支箭、一枝香、竹叶柴胡

分布：江苏、浙江、安徽、江西、四川、贵州、湖南、湖北、广东、广西、云南、陕西、台湾等地

【形态特征】多年生草本，高9～100 cm。中部茎叶椭圆形、长椭圆形、卵形或宽披针形，长2～5 cm，宽1～2 cm，下部楔形渐窄，有具翅的柄，仅中部以上边缘有细齿或全缘；向上叶渐小；下部叶与中部茎叶同形。全部叶质地较厚，叶两面、沿脉及叶缘有短柔毛或叶背无毛。头状花序较小，长6～8 mm，宽6～9 mm，多数在茎上部排列成紧密或疏松的长6～25 cm的总状花序或伞房圆锥花序，少有排列成复头状花序的。总苞片4～6层，披针形或披狭针形，顶端急尖或渐尖，中内层长5～6 mm。舌状花舌片椭圆形，长6 mm。瘦果长3 mm，无毛，极少有在顶端被稀疏柔毛的。花果期4～11月。

【生长习性】生于阔叶林缘、林下、灌丛中及山坡草地上，海拔565～2850 m。喜凉爽湿润的气候，耐寒，宜栽种于肥沃疏松、富含腐殖质、排水良好的砂质土壤中。

【精油含量】水蒸气蒸馏阴干叶的得油率为0.17%。

【芳香成分】叶：竺锡武等（2007）用水蒸气蒸馏法提

取的浙江桐庐产一枝黄花新鲜叶精油的主要成分为：δ-榄香烯（21.73%）、石竹烯（10.88%）、β-榄香烯（6.92%）、β-杜松烯（6.30%）、4,4,11,11-四甲基-7-四环-[6.2.1.0³·⁸0³·⁹]-十一醇（6.16%）、(E)-β-金合欢烯（5.75%）、β-人参烯（4.57%）、γ-依兰烯（3.24%）、异大香叶烯D（2.99%）、一枝蒿烯（2.34%）、[2R-(2α,4aα,8aβ)]-1,2,3,4,4a,5,6,8a-八氢-4a,8-二甲基-2-(1-异丙基)-萘（1.68%）、(S)-6-乙烯基-6-甲基-1-异丙基-3-(1-异亚丙基)-环己烯（1.53%）、石竹烯氧化物（1.32%）、(+)-δ-杜松烯（1.26%）、β-桉叶烯（1.04%）、6-异丙烯基-4,8a-二甲基-1,2,3,5,6,7,8,8a-八氢化萘-2-醇（1.01%）等。梁利香等（2016）用同法分析的安徽合肥产野生一枝黄花花期阴干叶精油的主要成分为：(1α,4aα,8aα)-1,2,3,4,4a,5,6,8a-八氢-7-甲基-4-亚甲基-1-(1-异丙基)-萘（40.18%）、香橙烯（10.39%）、D-柠檬烯（10.18%）、2-甲基-5-(1-异丙基)-双环[3.1.0]己-2-烯（5.33%）、2-异丙基-5-甲基-9-亚甲基-双环[4.4.0]正癸烯（4.56%）、桧烯（4.15%）、白菖烯（4.06%）、1S-顺-1,2,3,5,6,8a-六氢化-4,7-二甲基-1-(1-异丙基)-萘（3.30%）、莰烯（2.84%）、[S-(E,E)]-1-甲基-5-亚甲基-8-(1-异丙基)-1,6-环癸二烯（2.75%）、(1S-内环)-1,7,7-三甲基-二环[2.2.1]庚烷-2-醇乙酸酯（2.60%）、榄香烯（1.97%）、β-波旁烯（1.54%）、(3R-反式)-4-乙烯基-4-甲基-3-(1-甲基乙烯基)-1-(1-异丙基)-环己烯（1.39%）、Z,Z,Z-1,5,9,9-四甲基-1,4,7-环十一碳三烯（1.37%）、β-蒎烯（1.16%）等。

全草：叶其蓁等（2012）用水蒸气蒸馏法提取的浙江温州产一枝黄花新鲜茎叶精油的主要成分为：(-)-斯巴醇（25.95%）、δ-榄香烯（12.00%）、4-亚甲基-6-(1-亚丙烯基)-环辛烯（4.36%）、斯巴醇（4.02%）、β-榄香烯（3.84%）、(4aα,5α,8α)-4,4a,5,8-四氢-5,8-二甲基-5,8-环氧-3H-2-苯并呋喃（3.46%）、α-布藜烯（3.44%）、2-甲基-3-(3-甲基-2-丁烯)-2-(4-甲基-3-戊烯)-氧杂环丁烷（2.93%）、氧化香橙烯（2.90%）、柳酸苄酯（2.75%）、臭蚁醛（2.74%）、7-(1,3-二甲基-1,3-丁二烯基)-1,6,6-三甲基-3,8-二氧杂三环[5.1.0.0²·⁴)]辛烷（2.46%）、4-乙基-3,4-二甲基-2-环己烯-1-酮（2.24%）、(+)-γ-古芸烯（2.12%）、石竹素（2.04%）、茴香偶姻（1.89%）、橙花叔醇（1.88%）、L-1-p-薄荷烯（1.81%）、4-异丙烯基-4,7-二甲基-1-氧杂螺[2.5]辛烷（1.53%）、n-棕榈酸（1.29%）、3-己烯-1-醇苯甲酸酯（1.19%）、1,5-二甲基-2,6-二亚甲基-环辛烷（1.10%）、长叶烯醛（1.07%）等。

花：叶其蓁等（2012）用水蒸气蒸馏法提取的浙江温州产一枝黄花新鲜花序精油的主要成分为：(-)-斯巴醇（22.4%）、δ-榄香烯（16.77%）、β-榄香烯（6.19%）、柳酸苄酯（4.69%）、石竹素（4.55%）、香树烯（3.72%）、(E,E)-10-(1-甲基亚乙基)-3,7-环癸二烯-1-酮（3.09%）、2-甲基-3-(3-甲基-2-丁烯)-2-(4-甲基-3-戊烯)-氧杂环丁烷（2.81%）、苯甲酸苄酯（2.47%）、反式-4,5-环氧-菖烷（2.46%）、(-)-蛇麻烯氧化物II（2.10%）、(4R,S)-4-异丙基-反式-双环[4.3.0]-2-壬烯-8-酮（2.09%）、4,6,6-三甲基-2-(3-甲基丁烷-1,3-二烯)-3-氧杂三环[5.1.0.0²·⁴]辛烷（1.89%）、细辛脑（1.81%）、4-亚甲基-6-(1-亚丙烯基)-环辛烯（1.74%）、(+)-γ-古芸烯（1.51%）、2,2,6-三甲基-1-(2-甲基-环丁基-2-烯)-庚-4,6-二烯-3-酮（1.43%）、环氧异香橙烯（1.31%）、n-棕榈酸（1.23%）、1,3-二乙基-5-甲基-苯（1.00%）等。

【利用】全草入药，能疏风清热、抗菌消炎，用于治感冒、急性咽喉炎、扁桃体炎、疮疖肿毒、肝癌、宫颈癌、白血病，并有降压作用；主治毒蛇咬伤、痈、疖等。用于园林观赏，可作花境、花丛、切花。

## ❀ 灰白银胶菊

*Parthenium argentatum* A. Gray.

| 菊科 | 银胶菊属 |
|---|---|
| 别名： | 银胶菊 |
| 分布： | 南方常有栽培 |

【形态特征】多年生草本或亚灌木状。茎高30～70 cm。叶披针形、匙形或椭圆形，连柄长4～7 cm，宽0.7～1.8 cm，基部渐狭，顶端短尖，边缘有疏齿或深裂成1～4对裂片，两面密被银灰色绒毛。头状花序较多，径约6 mm，在茎枝顶端排成较密伞房花序；总苞阔钟状，径约6 mm；总苞片2层，各5个，外层叶状，绿色，卵形，背面被灰白色短柔毛，内层近圆形，中间绿色，边缘白色，具细齿和被腺状短柔毛。舌状花1层，5个，淡黄色，长约2 mm，舌片卵形，顶端2裂；管状花较多，有乳头状突起。雌花瘦果略扁，倒圆锥形，长约3 mm，宽1.5～1.8 mm，干时黑色，疏具腺点。冠毛2，刺芒状。花期4～8月。

【生长习性】喜生长在石灰质渗透性良好的砂壤土杂有大量碎石块的地方，一般生长在海拔1200～2100 m的半干旱高原地区，在多石、石灰质土壤中广泛生长。极耐干旱，耐寒，生长适温15～30 ℃。喜强光照和温暖气候，在年降雨量250～700 mm、土质疏松、排水良好的环境生长较好。

【精油含量】水蒸气蒸馏新鲜叶的得油率为1.00%。

【芳香成分】朱信强等（1989）用水蒸气蒸馏法提取的湖北武汉产灰白银胶菊新鲜叶精油的主要成分为：α-蒎烯（22.82%）、1,8-桉叶油素（22.06%）、β-蒎烯（20.78%）、乙酸龙脑酯（10.14%）、桧烯（6.18%）、莰烯（4.56%）等。

【利用】全株可用于提取橡胶。具有观赏价值。有利于改善半干旱地区的生态环境。

# ❁ 银胶菊

*Parthenium hysterophorus* Linn.

菊科　银胶菊属
分布：广东、广西、贵州、云南、海南、福建、香港、台湾

【形态特征】一年生草本。茎高0.6～1 m。下部和中部叶二回羽状深裂，全形卵形或椭圆形，连柄长10～19 cm，宽6～11 cm，羽片3～4对，卵形，小羽片卵状或长圆状，常具齿，两面被毛；上部叶羽裂，裂片线状长圆形，全缘或具齿，或有时指状3裂。头状花序多数，径3～4 mm，在茎枝顶端排成伞房

花序；总苞宽钟形或近半球形，径约5 mm，长约3 mm；总苞片2层，各5个，外层较硬，卵形，背面被短柔毛，内层较薄，几近圆形，上部被短柔毛。舌状花1层，5个，白色，长约1.3 mm。管状花多数，长约2 mm。雌花瘦果倒卵形，干时黑色，长约2.5 mm，被疏腺点。冠毛2，鳞片状，长圆形。花期4～10月。

【生长习性】生于旷地、路旁、河边及坡地上，海拔90～1500 m。

【芳香成分】叶：甘甲甲等（2016）用动态顶空吸附法提取的云南元阳产银胶菊新鲜叶挥发油的主要成分为：β-蒎烯（30.40%）、月桂烯（17.20%）、莰烯（10.00%）、α-蒎烯（6.90%）、香桧烯（6.00%）、β-水芹烯（3.90%）、大香叶烯（2.60%）、1,8-桉叶素（1.80%）、十四烷（1.60%）、异长叶烯（1.60%）、罗勒烯（1.50%）、β-石竹烯（1.30%）、6-甲基-5-庚烯-2-酮（1.20%）、壬醛（1.20%）、十二烷（1.20%）、癸醛（1.00%）、异十三烷（1.00%）等。

花：甘甲甲等（2016）用动态顶空吸附法提取的云南元阳产银胶菊新鲜花挥发油的主要成分为：月桂烯（27.50%）、莰烯（15.60%）、β-蒎烯（12.00%）、α-蒎烯（6.50%）、罗勒烯（3.80%）、大香叶烯（2.60%）、壬醛（2.40%）、香桧烯（2.30%）、β-水芹烯（2.00%）、β-石竹烯（2.00%）、4-羟基-4-甲基-2-戊酮（1.90%）、1,8-桉叶素（1.90%）、α-金合欢烯（1.90%）、异长叶烯（1.80%）、十四烷（1.60%）、己醛（1.40%）、癸醛（1.40%）、3-辛酮（1.30%）、三环烯（1.20%）、芳樟醇（1.20%）、紫丁香醇（1.10%）、十二烷（1.00%）等。

【利用】为外来入侵植物，有毒。全株可用于提取橡胶。

# ❁ 菊叶鱼眼草

*Dichrocephala chrysanthemifolia* DC.

菊科　鱼眼草属
别名：白顶草、鸡眼草
分布：云南、贵州、四川、西藏

【形态特征】一年生草本。叶长圆形或倒卵形，长3～5 cm，宽0.8～2 cm，羽状半裂、深裂或浅裂；侧裂片2～3对，长圆形或披针形或三角状披针形，下部叶的侧裂片较小或锯齿状；茎上部的叶渐小，紧接花序下部的叶线形，全缘或有1～2对细尖齿。叶基部扩大，圆耳状抱茎，两面被白色柔毛。头状花序球

形或长圆状，直径达7mm，单生于茎枝上部的叶腋处，近总状花序式排列；有1～3个线形或披针形苞叶；总苞片1～2层，边缘白色膜质。外围雌花多层，花冠紫色，短漏斗形，长0.7mm；中央两性花少数，管状，长约1mm，上部4～5裂齿，外面有稀疏黏质黄色腺点和柔毛。瘦果压扁，倒披针状，边缘脉状加厚。

【生长习性】生于海拔2900m的山坡路旁草丛中。

【精油含量】水蒸气蒸馏新鲜全草的得油率为0.30%。

【芳香成分】吴海凤等（1993）用水蒸气蒸馏法提取的云南昆明产菊叶鱼眼草新鲜全草精油的主要成分为：柠檬烯（11.64%）、β-蒎烯（9.22%）、4,11,11-三甲基-二环[7.2.0]十一碳-4-烯（4.70%）、榄香烯（3.68%）、4-甲叉基-1-异丙基-环己烯（2.77%）、4-甲氧基-6-丙烯基-1,3-苯二酚（2.67%）、3-甲基-6-异丙烯基-环己烯（2.57%）、莰烯（2.50%）、2,4-二甲基叉基-1-甲基-7-异丙基-八氢-1H（2.08%）、1-甲基-4-异丙烯基-环己烯（1.87%）、α-石竹烯（1.77%）、α-蒎烯（1.76%）、6,6-二甲基-3-甲叉基-二环[3.1.1]庚烷（1.74%）、4-甲基-1-异丙基-二环[3.1.0]-2-己烯（1.73%）、十氢薁（1.25%）、1-甲基-3-异丙基苯（1.17%）、3,7-二甲基-1,6-辛二烯-3-醇（1.14%）、2-羟基-5-甲基苯乙酮（1.03%）等。

【利用】全草入药，有清热解毒、祛风明目的功效，用于治肝炎、小儿消化不良、小儿感冒高烧、风热咳嗽、泄泻、疟疾、牙痛、夜盲症、疮疡、蛇咬伤。

## ❀ 小鱼眼草

*Dichrocephala benthamii* C. B. Clarke

| 菊科　鱼眼草属 |
| --- |
| **别名：** 鱼眼菊、星宿草、白顶草、小馒头草、蛆头草、地胡椒、地细辛、翳子草 |
| **分布：** 贵州、云南、湖北、广西、四川等地 |

【形态特征】一年生草本，高6～35cm。叶倒卵形、长倒卵形、匙形或长圆形。中部茎叶长3～6cm，宽1.5～3cm，羽裂

或大头羽裂，侧裂片1～3对，向下渐收窄，基部扩大，耳状抱茎。自中部向上或向下的叶渐小，匙形或宽匙形，边缘深圆锯齿。有时全部叶较小，匙形，长2～2.5cm，宽约1cm。头状花序小，扁球形，径约5mm，生枝端，排成伞房花序或圆锥状伞房花序。总苞片1～2层，长圆形，边缘锯齿状微裂。花托半圆球形突起，顶端平。外围雌花多层，白色，花冠卵形或坛形，长0.6～0.7mm。中央两性花少数，黄绿色，花冠管状。瘦果压扁，光滑倒披针形，边缘脉状加厚。花果期全年。

【生长习性】生于山坡与山谷草地、河岸、溪旁、路旁或田边荒地，海拔1350～3200m。

【精油含量】水蒸气蒸馏全草的得油率为0.50%。

【芳香成分】何骞等（2007）用水蒸气蒸馏法提取的小鱼眼草全草精油的主要成分为：α,α.4-三甲基-环己-3-烯-1-甲醇（6.66%）、苯甲醛（5.68%）、α-杜松醇（4.33%）、苯乙烯醇（2.90%）、一枝蒿烯（2.89%）、正十六酸（2.86%）、苯甲酸乙酯（2.78%）、苯乙醇（1.73%）、顺式-2-甲基-5-异丙基-环己-2-烯-1-醇（1.62%）、2-异丙基-5-甲基-9-亚甲基-双环[4.4.0]十一-1-烯（1.62%）、4,4,8-三甲基三环[6,3,1,0$^{1,5}$]十二烷-2,9-二元醇（1.46%）、2-硝基苯酚（1.42%）、α-甲基-α-[4-甲基-3-戊烯基]环氧乙烷甲醇（1.34%）、二十烷（1.23%）、2,5-二甲基-2,4-己二烯（1.19%）、苯乙醛（1.13%）等。

【利用】全草药用，有清热解毒、祛风明目的功效，用于治肝炎、小儿消化不良、小儿感冒高烧、肺炎、痢疾、疟疾、牙痛、夜盲症；外用治疮疡、蛇咬伤、皮炎、湿疹、子宫脱垂、脱肛。

## ❀ 鱼眼草

*Dichrocephala auriculata* (Thunb.) Druce

| 菊科　鱼眼草属 |
| --- |
| **别名：** 口疮叶、馒头草、地苋菜、胡椒草、山胡椒菊、茯苓草、蚯蛆草、泥鳅菜 |
| **分布：** 云南、四川、贵州、陕西、湖北、湖南、广东、广西、浙江、福建、台湾 |

【形态特征】一年生草本，高12～50cm。叶卵形、椭圆形或披针形；中部茎叶长3～12cm，宽2～4.5cm，大头羽裂，顶裂片宽大，宽达4.5cm，侧裂片1～2对，基部渐狭成具翅的柄。自中部向上或向下的叶渐小同形；基部叶通常不裂，常卵形。全部叶边缘重粗锯齿或缺刻状，少有圆锯齿的，叶两面被稀疏的短柔毛。中下部叶的叶腋通常有不发育的叶簇或小枝。头状花序小，球形，直径3～5mm，在枝端或茎顶排列成伞房状花序或伞房状圆锥花序。总苞片1～2层，膜质，长圆形或长圆状披针形。外围雌花多层，紫色，花冠极细，线形；中央两性花黄绿色，少数。瘦果压扁，倒披针形，边缘脉状加厚。花果期全年。

【生长习性】生于山坡、山谷阴处或阳处，或山坡林下，或平川耕地、荒地或水沟边。海拔200～2000m。

【芳香成分】全草：陈青等（2011）用固相微萃取技术提取的贵州贵阳产鱼眼草茎叶挥发油的主要成分为：邻苯二甲酸二异丁酯（28.25%）、α-红没药醇（9.18%）、β-蒎烯（8.44%）、邻苯二甲酸正丁异辛酯（6.90%）、香橙烯（5.18%）、α-瑟林烯（5.07%）、大香叶烯D（3.95%）、[2-甲基-l-2-(4-甲基-3-戊烯基)环丙基]甲醇（2.72%）、2-甲基-3Z,13Z-十八碳二烯醇（2.21%）、2,6-二甲基-1,5,7-辛三烯（1.84%）、9,10-二溴十五烷（1.59%）、14Z-13-甲基-14-二十九碳烯（1.25%）、反式香叶基丙酮（1.10%）、5-异丙烯基-3,3-二甲基-1-环戊烯（1.09%）、二十烷（1.02%）等。

花：陈青等（2011）用固相微萃取技术提取的贵州贵阳产鱼眼草花挥发油的主要成分为：大香叶烯-D（35.71%）、β-蒎烯（15.35%）、β-顺式罗勒烯（10.95%）、2,4-二异丙基-1-甲基-乙烯基环己烷（6.64%）、γ-榄香烯（3.90%）、α-石竹烯（3.13%）、二十二酰胺（2.88%）、3-丙烯-1-异丙基-4-甲基-4-乙烯基-1-环己烯（2.79%）、α-人参烯（2.26%）、6,6-二甲基-2-亚甲基-二环[3.1.1]庚烷（1.55%）、(R)-1-甲基-5-(1-甲基乙烯基)环己烯（1.53%）、α-瑟林烯（1.34%）、α-蒎烯（1.03%）、乙酸龙脑酯（1.03%）等。

【利用】全草供药用，有活血调经、解毒消肿的功效，适用于治月经不调、扭伤肿痛、毒蛇咬伤、疔毒。嫩茎叶可作野菜食用。

# 白头婆
*Eupatorium japonicum* Thunb.

**菊科　泽兰属**
**别名：** 泽兰、圆梗泽兰、达尔马提亚雏菊、日泽兰、小泽兰、孩儿菊、六月霜、六月雪、白花莲、麻秆消、麻婆娘
**分布：** 黑龙江、吉林、辽宁、山东、山西、陕西、河南、江苏、浙江、湖北、湖南、安徽、江西、广东、四川、云南、贵州等地

【形态特征】多年生草本，高50～200 cm。叶对生，质地稍厚；中部茎叶椭圆形或披针形，长6～20 cm，宽2～6.5 cm，基部宽或狭楔形，顶端渐尖；中部向上及向下的叶渐小；全部茎

叶两面粗涩，被皱波状柔毛及黄色腺点，边缘有粗锯齿。头状花序在茎顶或枝端排成紧密的伞房花序，花序径通常3～6 cm。总苞钟状，长5～6 mm，含5个小花；总苞片覆瓦状排列，3层；外层极短，披针形；中层及内层长椭圆形或长椭圆状披针形；苞片绿色或带紫红色。花白色或带红紫色或粉红色，花冠长5 mm，外面有较稠密的黄色腺点。瘦果淡黑褐色，椭圆状，长3.5 mm，5棱，被多数黄色腺点；冠毛白色。花果期6～11月。

【生长习性】生长于海拔120～2900 m的密疏林下、灌丛中、山坡草地、水湿地和河岸水旁。适应性强，不择土壤。

【精油含量】水蒸气蒸馏全草的得油率为0.01%～0.09%。

【芳香成分】韩淑萍等（1993）用水蒸气蒸馏法提取的陕西凤县产白头婆全草精油的主要成分为：丁香烯氧化物（11.60%）、反式-丁香烯（10.64%）、月桂烯（8.68%）、反式-β-法呢烯（4.41%）、莰烯（3.95%）、α-水芹烯（3.83%）、g-榄香烯（3.32%）、β-蒎烯（2.72%）、对-聚伞花素（1.90%）、α-法呢烯（1.32%）、β-罗勒烯-Y（1.08%）、d-荜澄茄烯（1.00%）等。

【利用】全草药用，可消热消炎。茎叶可提取精油，作皂用的调香原料。园林中可丛植或作花镜配置。

# 大麻叶泽兰
*Eupatorium cannabinum* Linn.

**菊科　泽兰属**
**分布：** 江苏、浙江

【形态特征】多年生草本，高50～150 cm。叶对生；中下部茎叶三全裂；中裂片大，长6～11 cm，宽2～3 cm，长椭圆形或长披针形，基部楔形，顶端渐尖或长渐尖，侧生裂片小。上部茎叶渐小，三全裂或不分裂。全部茎叶两面粗涩，质地稍厚，被稀疏白色短柔毛及腺点，边缘有锯齿。头状花序多数在茎顶及枝端排成复伞房花序，花序径5～8 cm。总苞钟状，长6 mm，含3～7朵小花；总苞片9～10个，2～3层，覆瓦状排列；外层短，卵状披针形；中内层苞片渐长，披针形，顶端染紫红色。花紫红色、粉红色或淡白色，花冠长约5 mm，外被黄色腺点。瘦果黑褐色，圆柱状，长3 mm，5棱，散布黄色腺点；冠毛白色。

【生长习性】生于小山山顶、山坡草丛或村落竹林内。

【精油含量】水蒸气蒸馏全草的得油率为0.01%。

【芳香成分】韩淑萍等（1993）用水蒸气蒸馏法提取的北京

产大麻叶泽兰全草精油的主要成分为：2-异丙基-5-甲基茴香醚（27.59%）、冰片烯（8.40%）、β-罗勒烯-Y（2.38%）、对-聚伞花素（2.36%）、β-甜没药烯（1.38%）、丁香烯氧化物（1.31%）、d-荜澄茄烯（1.25%）、蛇床烯（1.12%）等。

【利用】全草药用，具清暑、辟秽、化湿的功效，治夏季伤暑、发热头痛、湿邪内蕴、脘痞不饥、口苦苔腻等。

## 🌸 多须公

*Eupatorium chinense* Linn.

| 菊科　泽兰属 |
|---|
| **别名**：华泽兰、广东土牛膝、六月霜、六月雪、白头翁、斑骨相思、白花姜、秤杆草、野升麻、对叶蒿 |
| **分布**：浙江、福建、安徽、湖北、湖南、广东、广西、云南、四川、贵州 |

【形态特征】多年生草本，或小灌木或半小灌木状，高70～200 cm。叶对生；中部茎叶卵形，长4.5～10 cm，宽3～5 cm，基部圆形，顶端渐尖或钝，叶两面被白色短柔毛及黄色腺点，中部向上及向下的茎叶渐小，边缘有圆锯齿。头状花序多数在茎顶及枝端排成大型复伞房花序，径达30 cm。总苞钟状，长约5 mm，有5个小花；总苞片3层，覆瓦状排列；外层卵形，外面被短柔毛及腺点；中层及内层苞片渐长，长椭圆形，上部及边缘白色、膜质，背面有黄色腺点。花白色、粉色或红色；花冠长5 mm，外面被稀疏黄色腺点。瘦果淡黑褐色，椭圆状，长3 mm，有5棱，散布黄色腺点。花果期6～11月。

【生长习性】生于山谷、山坡林缘、林下、灌丛或山坡草地上，村舍旁及田间间或有之，海拔800～1900 m。

【精油含量】水蒸气蒸馏叶的得油率为0.13%，全草的得油率为0.01%，茎、根的得率为0.04%。

【芳香成分】根：李小玲等（2001）用超临界$CO_2$萃取法提取的根精油的主要成分为：5,5,9-三甲基三环[7.2.2.0$^{1,6}$]-6,10-十三碳二烯（22.05%）、亚油酸乙酯（8.38%）、棕榈酸（7.57%）、邻苯二甲酸二丁酯（5.70%）、3-十五烷基苯酚（4.29%）、2-甲基-2-丁烯酸（3.38%）、邻苯二甲酸二异丁酯（3.18%）、3,5,5,9-四甲基-6,7,8,9-四氢-5H-苯并环庚烯-1-醇（2.66%）、2,3-二氰基-5-甲基-7-苯基-1,4,6H-二氮杂（2.15%）、硬脂酸（1.54%）、2-甲基-2-丙烯酸（1.53%）、2-异丙烯基-5-乙

酰基-2,3-二氢苯并呋喃（1.40%）、硬脂酸乙酯（1.11%）等。

**全草**：韩淑萍等（1993）用水蒸气蒸馏法提取的陕西凤县产多须公全草精油的主要成分为：丁香烯氧化物（14.40%）、反式-丁香烯（12.20%）、g-荜澄茄烯（3.50%）、橙花叔醇（2.74%）、蛇床烯（2.30%）、α-荜澄茄醇（1.70%）等。

【利用】全草有毒，以叶为甚，但有消肿止痛的功能，可外敷治痈肿疮疖，毒蛇咬伤。根可入药，有祛风、止咳之效，民间用以治疗哮喘，跌打损伤、脚痛及脚气。园艺盆栽用。

## 🌸 飞机草

*Eupatorium odoratum* Linn.

| 菊科　泽兰属 |
|---|
| **别名**：紫茎泽兰、美洲泽兰、香泽兰 |
| **分布**：海南、云南 |

【形态特征】多年生草本。茎高1～3 m。叶对生，卵形、三角形或卵状三角形，长4～10 cm，宽1.5～5 cm，质地稍厚，两面粗涩，被长柔毛及红棕色腺点，基部平截或浅心形或宽楔形，顶端急尖，边缘有圆锯齿或全缘或三浅裂状，花序下部的叶小，常全缘。头状花序在茎顶或枝端排成伞房状或复伞房状花序，花序径常3～13 cm。总苞圆柱形，长1 cm，宽4～5 mm，约含20朵小花；总苞片3～4层，覆瓦状排列，外层苞片卵形，外面被短柔毛，顶端钝，向内渐长，中层及内层苞片长圆

形，顶端渐尖；全部苞片麦秆黄色。花白色或粉红色，花冠长5 mm。瘦果黑褐色，长4 mm，5棱，沿棱有短柔毛。花果期4～12月。

【生长习性】生于低海拔的丘陵地、灌丛中及稀树草原上，多见于干燥地、森林破坏迹地、垦荒地、路旁、住宅及田间。适应能力极强，干旱、瘠薄的荒坡隙地，甚至石缝和楼顶上都能生长。

【精油含量】水蒸气蒸馏鲜叶的得油率为0.50%，干燥全草的得油率为0.12%～0.25%；超临界萃取干燥全草的得油率为0.93%～1.58%。

【芳香成分】凌冰等（2003）用水蒸气蒸馏法提取的海南儋州产飞机草干燥全草精油的主要成分为：反式-石竹烯（16.22%）、δ-杜松烯（15.53%）、α-可巴烯（11.32%）、氧化石竹烯（9.42%）、大根香叶烯D（4.86%）、α-蛇麻烯（4.23%）、α-依兰油烯（3.17%）、正十六烷（2.78%）、十九（碳）烷（2.54%）、正十八烷（2.44%）、十七碳烷（2.32%）、α-白菖考烯（2.21%）、二十碳烷（2.14%）、α-紫穗槐烯（2.13%）、芳樟醇（1.84%）、正二十一碳烷（1.55%）、4-甲基-4-乙烯基-3-异丙烯基环己烯（1.54%）、3-乙基甲基苯（1.32%）、α-蒎烯（1.20%）、1,3,5-三甲基苯（1.12%）、马鞭草烯酮（1.00%）等。

【利用】全草药用，有小毒，有散瘀消肿、止血、杀虫的功效，外用于跌打肿痛、外伤出血、旱蚂蟥叮咬出血不止、疮疡肿毒。全草可用于杀蚂蟥。可作绿肥。为外来入侵物种，是恶性有毒杂草。

# ✿ 假臭草
*Eupatorium catarium* Veldkamp

菊科　泽兰属

**别名：** 猫腥菊

**分布：** 原产于南美洲20世纪80年代在中国香港首次被发现，近年来在广东、海南、福建、澳门、台湾等地广泛分布

【形态特征】一年生草本，全株被长柔毛，茎直立，高0.3～1 m，多分枝。叶对生，卵圆形至菱形，长2.5～6 cm，宽1～4 cm，具腺点；边缘齿状，先端急尖，基部圆楔形，具三脉；边缘明显齿状，每边5～8齿。叶柄长0.3～2 cm。头状花序生于茎、枝端，总苞钟形，长7～10 mm，宽4～5 mm，总苞片4～5层，小花25～30，蓝紫色；花冠长3.5～4.8 mm。瘦果长2～3 mm，黑色，条状，具3～4棱。种子长2～3 mm，宽约0.6 mm，顶端具一圈白色冠毛。花果期全年。

【生长习性】具有很强的入侵性，生长在荒坡、荒地、滩涂、林地、果园。喜较湿润及阳光充足的环境，适应性强，对土壤及水分条件要求不严。

【精油含量】水蒸气蒸馏新鲜全草的得油率为0.17%，新鲜花的得油率为0.12%。

【芳香成分】全草：刘园等（2015）用水蒸气蒸馏法提取的海南海口产假臭草新鲜全草精油的主要成分为：2,6-二叔丁基-4-甲基苯酚（35.83%）、4-乙烯基-2-甲氧基苯酚（6.60%）、α-荜澄茄醇（5.87%）、表二环倍半水芹烯（5.37%）、乙苯（3.29%）、全反式角鲨烯（2.77%）、3Z-己烯醇（2.41%）、大根香叶烯D（2.13%）、油酰胺（1.54%）、2,3-二氢苯并呋喃（1.11%）等。罗花彩等（2016）用同法提取的福建福州产假臭草阴干全草精油的主要成分为：1-石竹烯（8.91%）、[S-(E,E)]-8-异丙基-5-亚甲基-1-甲基-1,6-环十碳二烯（8.28%）、石竹烯氧化物（6.96%）、(-)-匙叶桉油烯醇（6.81%）、左旋-α-蒎烯（5.73%）、2-异丙基-5-甲基-9-亚甲基-二环[4.4.0]十烯（5.62%）、α-荜澄茄醇（4.05%）、7-甲氧基-2,2-二甲基-2H-1-苯并吡喃（2.27%）、4-异丙基甲苯（1.96%）、柠檬烯（1.91%）、顺-1,5,9,9-四甲基-1,4,7-环十一碳三烯（1.73%）、1-甲基-4-异丙基-1,4-环己二烯（1.51%）、β-月桂烯（1.23%）等。

花：惠阳等（2014）用水蒸气蒸馏法提取的海南海口产假臭草新鲜花精油的主要成分为：[S-(E,E)]-1-甲基-5-亚甲基-8-(1-甲基乙基)-1,6-环癸二烯（31.98%）、石竹烯（11.75%）、己酸（6.25%）、3-甲基戊酸（6.10%）、α-荜澄茄醇（4.37%）、二叔丁基对羟基甲苯（3.98%）、4-乙烯基-2-甲氧基苯酚（3.48%）、α-石竹烯（2.57%）、2-蒈烯（1.62%）、叶绿醇（1.69%）、(E,Z)-α-法呢烯（1.16%）等。

【利用】外来入侵杂草。

## 🌸 林泽兰
*Eupatorium lindleyanum* DC.

**菊科　泽兰属**

**别名:** 假臭草、野马追、猫腥菊、尖佩兰、白鼓钉、升麻、土升麻、路边升麻、秤杆升麻

**分布:** 除新疆外，全国各地

【形态特征】多年生草本，高30～150 cm。中部茎叶长椭圆状披针形或线状披针形，长3～12 cm，宽0.5～3 cm，不分裂或三全裂，质厚，基部楔形，顶端急尖，两面粗糙，被短粗毛及腺点；中部向上与向下的叶渐小；边缘有犬齿。头状花序多数在茎顶或枝端排成伞房花序，径2.5～6 cm，或复伞房花序，径达20 cm。总苞钟状，含5个小花；总苞片覆瓦状排列，约3层；外层苞片短，披针形或宽披针形，中层及内层苞片渐长，长椭圆形或长椭圆状披针形；苞片绿色或紫红色。花白色、粉红色或淡紫红色，花冠长4.5 mm，外面散生腺点。瘦果黑褐色，长3 mm，椭圆状，5棱，散生腺点；冠毛白色。花果期5～12月。

【生长习性】生于山谷阴处水湿地、林下湿地或草原上，海拔200～2600 m。

【精油含量】水蒸气蒸馏新鲜全草的得油率为0.01%，干燥全草的得油率为0.20%，干燥花蕾的得油率为0.80%。

【芳香成分】全草：汤丽昌等（2011）用水蒸气蒸馏法提取的海南海口产林泽兰新鲜全草精油的主要成分为：大牻牛儿烯D（23.63%）、石竹烯（14.95%）、α-杜松醇（8.00%）、

6-亚甲基-1,5,5-三甲基-环己烯（6.79%）、(+)-表-双环倍半水芹烯（6.02%）、1α,4aα,8aα-7-甲基-4-甲烯基-1-异丙基-1,2,3,4,4a,5,6,8a-八氢萘（4.52%）、γ-松油烯（3.71%）、1,1,4,8-四甲基-4,7,10-(顺,顺,顺)-十一碳三烯（3.28%）、羟基匹格列酮（3.08%）、3-甲基戊酸（2.95%）、4-蒈烯（2.20%）、1S-反-4,7-二甲基-1-异丙基-1,2,3,5,6,8a-六氢萘（2.19%）、9-亚甲基-5-甲基-2-异丙基-1-烯二环[4.4.0]癸烷（1.87%）、喇叭茶萜醇（1.83%）、1S-(1α,2β,3β)-1-甲基-1-乙烯基-2,4-二异丙烯基环己烷（1.75%）、匙桉醇（1.75%）、氧化石竹烯（1.70%）、(Z)-5,11,14,17-二十四烯酸甲酯（1.50%）、3R-反-4-甲基-4-乙烯基-3-异丙烯基-1-异丙基-环己烯（1.20%）、叶绿醇（1.20%）、D-柠檬烯（1.12%）、棕榈酸（1.12%）、1,7,7-三甲基二环[2,2,1]庚-2-乙酸酯（1.10%）等。

花：陈健等（2006）用水蒸气蒸馏法提取的江苏盱眙产林泽兰干燥花蕾精油的主要成分为：石竹烯氧化物（10.08%）、1,4-二甲基-7-(1-甲基乙基)薁（7.24%）、异戊巴比妥（7.17%）、6,10,14-三甲基-2-十五烷酮（5.14%）、棕榈酸（4.33%）、7,11-二甲基-3-亚甲基-1,6,10-十二碳三烯（3.12%）、石竹烯（3.08%）、十五酸（2.44%）、1,2,3,5,6,8a-六氢-4,7-萘（2.40%）、1,6-二甲基-4-(1-甲基)-萘（1.81%）、4-甲基-α-苯基-苯甲醇（1.49%）、1,2,4a,5,8,8a-六氢-4-萘（1.47%）、百里香酚（1.40%）、(+)-表-二环-倍半水芹烯（1.12%）、2-亚甲基-5-(1-甲基)-二环[5.3.0]癸烷（1.11%）、α-依兰油烯（1.08%）等。

【利用】枝叶入药，有发表祛湿、和中化湿的功效，用于治慢性支气管炎、痰多咳喘；贵州民间用于治疟疾、感冒。

## 🌸 佩兰
*Eupatorium fortunei* Turcz.

**菊科　泽兰属**

**别名:** 兰、水香、水泽兰、都梁香、大泽兰、燕尾香、香水兰、香草、孩儿菊、千金草、省头草、女兰、醒头草、石瓣、针尾凤、兰草、小泽兰、鸡骨香、八月白、失力草、铁脚升麻、秤杆升麻、驳骨兰

**分布:** 河北、陕西、山东、江苏、上海、安徽、浙江、江西、福建、湖北、湖南、广东、广西、云南、四川、贵州

【形态特征】多年生草本，高40～100 cm。中部茎叶较大，三全裂或三深裂；中裂片较大，长椭圆形或倒披针形，长5～10 cm，宽1.5～2.5 cm，顶端渐尖，侧生裂片较小，上部的茎叶常不分裂；或全部茎叶不裂，披针形、长椭圆状披针形或长椭圆形，长6～12 cm，宽2.5～4.5 cm。边缘有粗齿或不规则的细齿。中部以下茎叶渐小。头状花序多数在茎顶及枝端排成复伞房花序，花序径3～10 cm。总苞钟状，长6～7 mm；总苞片2～3层，覆瓦状排列，外层短，卵状披针形，中内层苞片渐长，长椭圆形；苞片紫红色。花白色或带微红色，花冠长约5 mm。瘦果黑褐色，长椭圆形，5棱，长3～4 mm；冠毛白色。花果期7～11月。

【生长习性】生于路边灌丛及山沟路旁。喜温暖、湿润气候，气温低于19 ℃时生长缓慢，25～30 ℃时生长迅速。耐寒，怕旱，怕涝，生长后期耐旱能力强。对土壤要求不严，以疏松肥沃、排水良好的砂质壤土栽培为宜。

【精油含量】水蒸气蒸馏全草的得油率为0.13%~2.00%，干燥茎的得油率为0.38%；同时蒸馏萃取全草的得油率为2.73%；超临界萃取全草的得油率为1.42%~2.71%；微波萃取全草的得油率为2.11%~3.76%；有机溶剂萃取新鲜叶片的得油率为0.24%；超声波萃取干燥茎的得油率为0.55%。

【芳香成分】茎：刘杰等（2011）用水蒸气蒸馏法提取的干燥茎精油的主要成分为：α-石竹烯（47.14%）、β-蛇床烯（7.50%）、α-雪松醇（5.72%）、百里香酚（3.54%）、6-甲基香豆素（3.33%）、α-雪松烯（3.27%）、（14β,20β,22R,25R)-3β-羟基-5α-螺甾-8-烯-11-酮（3.19%）、石竹烯氧化物（3.12%）、α-松油烯（2.84%）、2,3,4,5-四甲基苄醇（1.81%）、α-水芹烯（1.76%）、姜烯（1.63%）、β-石竹烯（1.58%）、顺,顺,顺-9,12,15-十八碳三烯酸（1.51%）、1,2-去氢日柏酮（1.07%）等。

全草：吴秀华等（2009）用水蒸气蒸馏法提取的全草精油的主要成分为：α-石竹烯（10.35%）、α-蛇麻烯（8.11%）、橙花叔醇（4.72%）、麝香草酚（4.14%）、石竹烯氧化物（3.69%）、萘酮（3.30%）、肉桂酸乙酯（2.45%）、对-伞花烃（2.38%）、蒎烯（2.34%）、α-香柑油烯（2.34%）、α-金合欢烯（1.28%）、α-愈创木烯（1.22%）、α-松油醇（1.21%）等。王消冰等（2016）用同法分析的干燥地上部分精油的主要成分为：棕榈酸（23.71%）、油酸（7.43%）、亚油酸（6.80%）、硬脂酸（1.81%）、氧化石竹烯（1.21%）、百里香酚（1.13%）等。

【利用】全草入药，有解热清暑、化湿健胃、止呕的作用，用于治湿浊中阻、脘痞呕恶、口中甜腻、口臭、多涎、暑湿表症、头胀胸闷、黄疸。全草可提取精油供药用。花芳香，阴干后可作为入浴剂。嫩茎叶可做成渣豆腐或嫩豆腐食用。

## ❀ 破坏草

*Eupatorium coelestinum* Linn.

菊科　泽兰属

别名：紫茎泽兰、解放草、细升麻、花升麻、飞机草、黑棵棵、马鹿草、大黑草

分布：云南、广西、海南、四川、西藏、贵州、重庆、湖北、台湾等

【形态特征】多年生草本，高30~90 cm。叶对生，质地薄，卵形、三角状卵形或菱状卵形，长3.5~7.5 cm，宽1.5~3 cm，两面被稀疏的短柔毛，叶背及沿脉的毛稍密，基部平截或稍心形，顶端急尖，边缘有粗大圆锯齿；接花序下部的叶波状浅齿或近全缘。头状花序多数在茎枝顶端排成伞房花序或复伞房花序，花序径2~4 cm或可达12 cm。总苞宽钟状，长3 mm，宽4 mm，含40~50个小花；总苞片1层或2层，线形或线状披针形，长3 mm，顶端渐尖。花托高起，圆锥状。管状花两性，淡紫色，花冠长3.5 mm。瘦果黑褐色，长1.5 mm，长椭圆形，5棱，无毛无腺点。冠毛白色，纤细，与花冠等长。花果期4~10月。

【生长习性】生于海拔1200 m以下的潮湿地或山坡路旁，有时可依树而上，或在空旷荒野可独自形成成片群落。适应能力极强，干旱、瘠薄的荒坡隙地，甚至石缝和楼顶上都能生长。

【精油含量】水蒸气蒸馏干燥地上部分的得油率为0.35%。

【芳香成分】杨铁耀等（1999）用水蒸气蒸馏法提取的云

南产破坏草干燥地上部分精油的主要成分为：1,6-二甲基-4-异丙基-1,2,3,4,4a,7,8,8a-八氢萘酚-[1]（7.57%）、1,1,7,7a-四甲基-1,1a,4,5,6,7,7a,7b-八氢化-2H-环丙基-α-萘酮-[2]（3.74%）、2-亚甲基-3,6-二甲基-6-乙烯基-2,4,5,6,7,7a-六氢化-5-苯并呋喃乙酸甲酯（2.78%）、4-甲基-1-(1,5-二甲基-4-己烯基)-苯（2.41%）、5-甲基-2-异丙基酚（2.12%）、6-亚甲基-3,8,8-三甲基-八氢-亚甲基-[1h，3a,7]（1.46%）等。

【利用】外来入侵杂草，植株有毒。

# 🌸 紫茎泽兰
*Eupatorium adenophorum* Hort. Berol. ex Kunth

**菊科　泽兰属**
**别名：** 破坏草、解放草、飞机草
**分布：** 云南、西藏、广西、贵州、四川、台湾

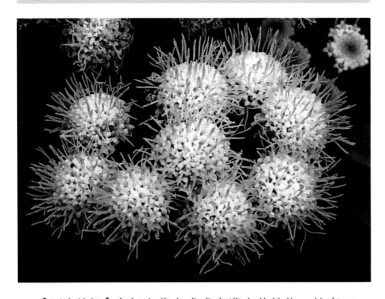

【形态特征】多年生草本或成半灌木状植物。株高30～200cm，分枝对生、斜上，茎紫色、被白色或锈色短柔毛。叶对生，叶片质薄，卵形、三角形或菱状卵形，叶面绿色，叶背色浅，两面被稀疏的短柔毛，叶面及叶脉处毛稍密，基部平截或稍心形，顶端急尖，基出三脉，边缘有稀疏粗大而不规则的锯齿，在花序下方则为波状浅锯齿或近全缘。头状花序小，直径可达6mm，在枝端排列成复伞房或伞房花序，总苞片三四

层，约含40～50朵小花，管状花两性，白色，花药基部钝。子实瘦果，黑褐色。每株可年产瘦果1万粒左右，藉冠毛随风传播。花期11月至翌年4月，果期3～4月。

【生长习性】生命力强，适应性广，耐贫瘠。干旱、瘠薄的荒坡隙地，甚至石缝和楼顶上都能生长。

【精油含量】水蒸气蒸馏法提取叶或全草的得油率为0.20%～4.84%，干燥全草的得油率为0.87%，种子的得油率为0.76%；索氏法提取叶的得油率为7.17%～12.63%，种子的得油率为3.70%。

【芳香成分】叶：张红玉等（2011）用水蒸气蒸馏法提取的云南昆明产紫茎泽兰新鲜叶片精油的主要成分为：α-红没药醇（7.19%）、1,7,7-三甲基-二环庚-2-乙酸乙酯（4.85%）、八氢-7-甲基-3-亚甲基-4-(1-甲基乙基)-1H-环戊二烯-环丙基苯（2.98%）、莰烯（2.11%）、[1R-(1α,3α,4β)]-4-乙烯基-α,α,4-三甲基-3-(1-异丙烯基)-环己甲醇（2.01%）、(S)-1-甲基-4-(5-甲基-1-甲又-4-己烯)-环己烯（2.00%）、2-甲基己烷（1.31%）、α-水芹烯（1.29%）、3-(1,5～2甲基-4-己烯基)-6-亚甲基-环己烯（1.27%）、1,1a,4,5,6,7,7a,7b-八氢-1,1,7,7a-四甲基-H-环丙[a]萘-2-酮（1.15%）、3-甲基己烷（1.13%）、4-莰烯（1.01%）等。

全草：阿芳等（2007）用水蒸气蒸馏法提取的新鲜全草精油的主要成分为：δ-杜松烯（10.32%）、3-甲氧基苯甲醛（7.25%）、10,12-十八碳二炔酸（5.80%）、二十三烷（4.27%）、

α-红没药醇（4.22%）、(-)-乙酸冰片酯（3.87%）、马兜铃醇（3.60%）、β-红没药烯（3.30%）、杜松-1,4-烯（3.09%）、1,4,5,6,7,7a-六氢茚-2-酮（2.84%）、1,2,3,4,4a,7-六氢萘（2.45%）、反-β-金合欢烯（1.74%）、异长叶烯-5-酮（1.60%）、3-戊基-4,5-甲亚甲基吡唑啉（1.44%）、顺-α-红没药烯（1.43%）、(+)-环异洒剔烯（1.42%）、二-外-雪松烯（1.19%）、朱栾倍半萜（1.16%）、水芹烯（1.14%）、1,2,3,4,4a,8a-六氢萘（1.13%）、1,4-二氢-2,3-萘二酮（1.10%）、β-石竹烯（1.09%）、香柠檬烯（1.06%）等。

种子：田宇等（2007）用水蒸气蒸馏法提取的四川西昌产紫茎泽兰种子精油的主要成分为：四(1-甲基-亚乙烯基)-环丁烷（24.52%）、库贝醇（13.13%）、氧化石竹烯（5.09%）、4,6-二异亚丙基-8,8-二甲基-双环[5.1.0]辛-2-酮（2.34%）、1-冰片（1.35%）、环氧异香橙烯（1.22%）等。

【利用】强入侵性物种。可以制造成沼气、碳棒，或粉碎后作为燃料。经过复合菌种处理，好氧发酵后可作为饲料原料配成饲料喂猪。可生产刨花板。是一种天然的黄色染料，染出的布料有特别的驱除蚊虫及消炎功效。全草可提取精油，用于香料；还可生产木糖醇。提取液可作为杀虫剂、杀菌剂、植物生长调节剂等。可作为食用菌培养料。全草药用，有疏风解表、调经活血、解毒消肿的功效，治风热感冒，温病初起的发热，月经不调，闭经、崩漏，无名肿毒，热毒疮疡，风疹瘙痒。

# 栉叶蒿

*Neopallasia pectinata* (Pall.) Poljak.

**菊科　栉叶蒿属**
**别名：**蓖栉蒿、恶臭蒿、粘蒿、桑泽
**分布：**黑龙江、吉林、辽宁、内蒙古、河北、山西、陕西、甘肃、宁夏、青海、新疆、四川、云南、西藏

【形态特征】一年生草本。茎直立，高12～40 cm，常带淡紫色，被白色绢毛。叶长圆状椭圆形，栉齿状羽状全裂，裂片线状钻形，单一或有1～2同形的小齿，有时具腺点，下部和中部茎生叶长1.5～3 cm，宽0.5～1 cm，或更小，上部和花序下的叶变短小。头状花序卵形或狭卵形，长3～5 mm，单生或数个集生于叶腋，多数头状花序排成穗状或狭圆锥状花序；总苞片宽卵形，草质，外层稍短；内层较狭。边缘的雌性花3～4个，花冠狭管状，全缘；中心花两性，9～16个，花托下部4～8个能育，全部两性花花冠5裂，有时带粉红色。瘦果椭圆形，长1.2～1.5 mm，深褐色，具细沟纹，在花托下部排成一圈。花果期7～9月。

【生长习性】生于荒漠、河谷砾石地及山坡荒地，生于壤质或黏壤质土壤上。

【芳香成分】王雪芬等（2008）用水蒸气蒸馏法提取的陕西宁陕产栉叶蒿新鲜全草精油的主要成分为：大香叶烯D（7.34%）、α-桉叶醇（5.65%）、丁香烯环氧物（5.12%）、樟脑（4.29%）、α-花柏烯（3.93%）、反-侧柏酮（3.87%）、匙叶桉油烯醇（3.17%）、石竹烯（2.43%）、绿花白千层醇（2.41%）、δ-杜松烯（2.32%）、α-荜澄茄醇（1.72%）、α-葎草烯（1.64%）、肉豆蔻酸（1.57%）、α-金合欢烯（1.42%）、β-榄香烯（1.42%）、乙酸冰片酯（1.17%）、棕榈酸（1.10%）、7-甲氧基香豆素（1.07%）、β-金合欢烯（1.01%）等。

【利用】地上部分入药，有清肝利胆、消炎止痛的功效，治急性黄疸型肝炎、头痛、头晕；蒙药治口苦、黄疸、发热、肝胆热症、"协日"头痛、不思饮食、上吐下泻。

## 🌸 肿柄菊

*Tithonia diversifolia* A. Gray

| 菊科　肿柄菊属 |
| --- |
| 别名：假向日葵、黄斑肿柄菊、墨西哥向日葵、太阳菊、王爷葵、五爪金英 |
| 分布：原产墨西哥我国广东、云南有引种栽培 |

【形态特征】一年生草本，高2～5 m。茎直立，有粗壮的分枝，被稠密的短柔毛或通常下部脱毛。叶卵形或卵状三角形或近圆形，长7～20 cm，3～5深裂，有长叶柄，上部的叶有时不分裂，裂片卵形或披针形，边缘有细锯齿，叶背被尖状短柔

毛，沿脉的毛较密，基出三脉。头状花序大，宽5～15 cm，顶生于假轴分枝的长花序梗上。总苞片4层，外层椭圆形或椭圆状披针形，基部革质；内层苞片长披针形，上部叶质或膜质，顶端钝。舌状花1层，黄色，舌片长卵形，顶端有不明显的3齿；管状花黄色。瘦果长椭圆形，长约4 mm，扁平，被短柔毛。花果期9～11月。

【生长习性】在大小河流两侧、公路旁、荒野山坡、村寨附近、农田周围、丢荒地、向阳林窗等地常见，海拔100～2000 m。为喜光植物，分布地区的最冷月平均气温大于8.4 ℃，年平均气温大于16.0 ℃，分布区年降雨量在800 mm以上。

【芳香成分】叶：季梅等（2013）用同时蒸馏萃取法提取的云南瑞丽产肿柄菊新鲜叶精油的主要成分为：α-蒎烯（48.66%）、柠檬烯（22.87%）、香桧烯（8.84%）、β-石竹烯（4.94%）、3-己烯-1-醇（1.40%）、α-胡椒烯（1.10%）、莰烯（1.09%）等。

全草：李晓霞等（2013）用水蒸气蒸馏法提取的海南儋州产肿柄菊全草精油的主要成分为：α-蒎烯（63.82%）、柠檬烯（7.07%）、β-石竹烯（4.85%）、双环大香烯（2.95%）、香桧烯（2.78%）、斯巴醇（2.70%）、(Z)-2-己烯-1-醇（1.36%）等。

【利用】民间茎叶或根入药，有清热解毒、消暑利水的功效，用于治疗急慢性肝炎、B型肝炎、黄疸、膀胱炎、青春痘、痈肿毒疮、糖尿病等。有着潜在饲料的开发价值。

## 🌸 淡紫松果菊

*Echinacea pallida* Britton

| 菊科　紫松果菊属 |
| --- |
| 别名：白松果菊、淡白松果菊 |
| 分布：北京、辽宁、山东有引种栽培 |

【形态特征】多年生草本。株高40～60 cm。叶近簇生于茎基部，连叶柄长8～35 cm，叶片宽披针形，先端急尖，全缘，长4～25 cm，宽1～3.5 cm，两面疏生白色刚毛，叶缘处较密。花莛单一自基部生出，花序球形，直径2.5～3 cm。花序下有数轮披针状总苞片，边缘具较密刚毛。边花舌状淡浅紫色，15～18朵，长4～5.5 cm，先端不裂或浅二裂片倒卵楔形，先端长喙尖，全长1.5～1.8 cm，对折，喙尖红紫色；盘花多数，花萼四方形，先端不规则四齿裂，花冠长筒状，粉白色；花药

5个，褐色，伸出花冠；子房下位，花柱近顶端1/3处分成2叉，亮紫色，外侧生有紫色毛，内侧深紫色。瘦果具4棱。

【生长习性】较喜充足的光照、耐高温、耐干旱。适应性强，对土壤的要求不严，一般选择通风良好、阳光充足、土质肥厚的砂壤土进行栽培。

【芳香成分】姚兴东等（2004）用乙醇萃取法提取的淡紫松果菊干燥根精油的主要成分为：N-异丁基-[2E,4Z,8Z,10E]-十二碳四烯酰胺（26.00%）、4-[乙基苯]-2-丁酮（15.00%）、N,N-二乙基-4,5-二甲氧基-2-甲基苯甲酰胺（14.00%）、正-异丁基十一碳-2[E]-烯-8,10-二炔酰胺（10.00%）、1,2-苯二甲酸丁酯（6.00%）、亚油酸（5.00%）、2-亚氨基-5-(4-氨基-2-甲氧苯基)环庚三烯酮（3.00%）、2,3-二氢-3,5-二羟基-6 4H-吡喃-4-酮（2.00%）、2-外-(1-氧杂环己-2-基氧)双环[2,2,1]庚-5-烯（2.00%）等。

【利用】全草具有很强的免疫增强作用与抗炎作用。

## 🌸 狭叶松果菊

*Echinacea angustifolia* DC.

| 菊科　紫松果菊属 |
|---|
| 别名：狭叶紫锥菊 |
| 分布：北京、辽宁、山东有引种栽培 |

【形态特征】多年生草本。主根长圆柱形，直径约1m。植株高不超过60cm，茎不分枝。叶披针形，边花紫色伸展，花粉黄色。

【生长习性】较喜充足的光照、耐高温、耐干旱。适应性

强，对土壤的要求不严，一般选择通风良好、阳光充足、土质肥厚的砂壤土进行栽培。

【芳香成分】根：姚兴东等（2004）用乙醇萃取法提取的干燥根精油的主要成分为：环十二烯（59.00%）、四环[4,3,2,0^{2,9},0^{3,5}]十一碳-7,10-二烯-4-醇（17.00%）、螺[4,5]癸烷或9-辛二炔（12.00%）、1[7],4,8-邻薄荷三烯（5.00%）、1-(3-丁烯基)环丁苯（3.00%）、1-十二碳烯-3-炔（1.00%）、4-甲基-5-壬酮（1.00%）、己二酸二辛酯（1.00%）、2,3-二氢-3,5-二羟基-6-甲基-4H-吡喃-4-酮（1.00%）等。

叶：姚兴东等（2004）用乙醇萃取法提取的叶精油的主要成分为：9,12-十八碳二烯酸（27.00%）、1,2-苯二甲酸二丁酯+棕榈酸（24.00%）、己二酸二辛酯（15.00%）、2,2-二甲基-1-丙醇（11.00%）、2,3-二氢-3,5-二羟基-6-甲基-4H-吡喃-4-酮（8.00%）、1[S],4[S]-二羟基-对-薄荷-2-酮（7.00%）、5-甲基己醇（4.00%）、植醇（4.00%）等。

【利用】全草具有很强的免疫增强作用与抗炎作用。

## 🌸 紫松果菊

*Echinacea purpurea* (Linn.) Moench

| 菊科　紫松果菊属 |
|---|
| 别名：紫锥菊、紫锥花、松果菊、紫花松果菊 |
| 分布：北京、辽宁、山东有引种栽培 |

【形态特征】为多年生草本植物。株高60～150cm，全株具粗毛，茎直立；基生叶卵形或三角形，茎生叶卵状披针形，叶柄基部稍抱茎；头状花序单生于枝顶，或数朵聚生，花径达10cm，舌状花紫红色，管状花橙黄色。头状花序盘心花黑紫色，盘边（瓣状）舌状花玫瑰紫色。栽培变种有大花种、红花种、白花橙心和白花绿心种。花期夏秋季。

【生长习性】耐寒，耐热，生长粗健。生长在阳光充足干燥的地方，具有一定的耐旱能力。

【精油含量】水蒸气蒸馏根的得油率为0.20%。

【芳香成分】根：曾栋等（2010）用水蒸气蒸馏法提取的湖南产紫松果菊干燥根精油的主要成分为：1,11-十二烷二烯（14.29%）、n-十六酸（11.34%）、1-甲基-5-亚甲基-8-(1-甲基乙基)-1,6-环癸二烯（5.22%）、1-十三碳烯（5.12%）、1,2,3,5,6,8a-六氢化-4,7-二甲基-1-(1-甲基乙基)-萘（3.72%）、α-杜松醇（2.93%）、摩勒醇（2.48%）、(1α,4aβ,8aα)-1,2,3,4,4a,5,6,8a-八氢化-7-甲基-4-亚甲基-1-(1-甲基乙基)-萘（1.29%）、1-十六醇（1.29%）、9,12-亚油酸甲酯（1.21%）、苍术醇（1.20%）等。

全草：王知斌等（2017）用水蒸气蒸馏法提取的紫松果菊干燥地上部分精油的主要成分为：匙叶桉油烯醇（4.79%）、（4aS,7S)-2,3,4,4a,5,6,7,8-八氢-1,1,4a,7-四甲基-1H-苯并环庚烯-7-醇（3.72%）、4,5-环氧-4,11,11-三甲基-8-亚甲基双环[7.2.0]十一烷（2.67%）、4-异丙-1,6-二甲萘（1.45%）、(1R,4Z,9S)-4,11,11-三甲基-8-亚甲基-双环[7.2.0]十一碳-4-烯（1.44%）、(4R,4aS,6R)-4,4a,5,6,7,8-六氢-4,4a-二甲基-6-(1-甲基乙烯基)-2(3H)-萘酮（1.27%）、6,10,14-三甲基-2-十五酮（1.17%）、(1R,3E,7E,11R)-1,5,5,8-四甲基-12-氧杂二环[9.1.0]十二碳-3,7-二烯（1.16%）等。姚兴东等（2004）用乙醇萃取法提取的干燥地上部分精油的主要成分为：9,12-十八碳二烯

酸（35.00%）、1,2-苯二甲酸二丁酯（27.00%）、大根香叶烯D（13.00%）、2,4-癸二烯醛（7.00%）、9,12-十八碳二烯酸-2,3-二羟基丙酯（7.00%）、3,7,11,15-四甲基植醇或2-十六碳烯-1-醇（4.00%）、2,3-二氢-3,5-二羟基-6-甲基-4H-吡喃-4-酮（3.00%）、2,6-双(1,1-二甲基乙基)-2,5-环己二烯-1,4-二酮（1.00%）等。

花：曾栋等（2010）用顶空固相微萃取法提取的湖南产紫松果菊干燥花精油的主要成分为：2,6-二叔丁基对甲基苯酚（9.50%）、十六酸甲酯（2.39%）、2,3,4,4a,5,6,7,8-八氢化-1,1,4a,7-四甲基-1H-苯并环庚-7-醇（2.37%）、9,12-亚油酸甲酯（2.36%）、2-羟基-4-甲氧基苯乙酮（2.14%）、十七烷（1.98%）、十八烷（1.65%）、1,6,7-三甲基-萘（1.57%）、十九烷（1.56%）、[2R-(2α,4aα,8aβ)]-十氢-α,α,4a-三甲基-8-亚甲基-2-萘甲醇（1.54%）、十六烷（1.38%）等。

【利用】全草可作为免疫调节剂及免疫刺激素，有抗病毒、抗真菌、消炎、促进发汗、解毒的作用，用于治外伤、抗过敏等。根或茎药用，主要用于普通感冒、咳嗽、支气管炎的治疗。作为花卉栽培供观赏。

## 🌸 红冠紫菀
*Aster handelii* Onno

| 菊科　紫菀属 |
| --- |
| 别名：陆眉 |
| 分布：云南、四川 |

【形态特征】多年生草本。茎高15～35 cm，被长毛，基部有枯叶残片。下部叶与莲座状叶同形，匙形或长圆状匙形，长1.5～4 cm，宽0.5～1.4 cm，下部渐狭成具翅的柄，全缘，顶端近圆形；中部叶长圆披针形或线形，长2～4 cm，宽

0.3～0.8 cm，基部半抱茎，顶端尖或钝；上部叶渐狭小；全部叶质稍厚，两面被白色密粗毛，叶背沿脉及边缘被长毛。头状花序在茎端单生，径4～5.5 cm。总苞半球状；总苞片2层，长圆状线形，被长密毛。舌状花30～40个，舌片浅蓝紫色，长15～25 mm，宽2～2.5 mm。管状花长约6 mm，裂片外面有短毛。冠毛1层，红褐色，有极多数细糙毛。瘦果长圆形，稍扁，被密绢毛。花果期7～9月。

【生长习性】生于高山或亚高山草坝和干旱草地。海拔3000～3500 m。

【精油含量】水蒸气蒸馏干燥花序的得油率为0.50%。

【芳香成分】涂永勤等（2005）用水蒸气蒸馏法提取的四川石渠产红冠紫菀干燥花序精油的主要成分为：匙叶桉油烯醇（8.17%）、1-甲基-4-[甲基乙基]环己烯（6.56%）、吉玛烯B（6.12%）、吉玛烯D（5.99%）、4,11,11-三甲基-亚甲基-双环[7.2.0]-4-十一碳烯（5.07%）、2,6,6-三甲基-双环[3.1.1]-2-庚烯（4.83%）、石竹烯氧化物（3.14%）、喇叭茶萜醇（2.72%）、α-杜松醇（2.36%）、α-石竹烯（2.48%）、杜松烯（2.26%）、橙花叔醇（2.10%）、4-甲基-1-(1-甲基乙基)-3-环己烯-1-醇（2.00%）、4-亚甲基-1-(1-甲基乙基)-双环[3.1.0]正己烷（1.99%）、3,7-二甲基-1,3,7-辛三烯（1.99%）、α,α,4-三甲基-1-甲醇基-3-环己烯（1.84%）、1a,2,3,4,4a,5,6,7b-八氢-1,1,4,7-四甲基-1H-环丙薁（1.69%）、β-月桂烯（1.67%）、[1S-(1α,2β,4β)]-1-甲基-1-乙烯基-2,4-双(1-甲基乙烯基)-环己烷（1.39%）、3,7-二甲基-1,6-辛二烯-3-醇（1.36%）等。

【利用】藏药以花及花序入药，具有清热、解毒、解痉、干脓血等功能，治瘟病时疫、流行性感冒、邪热、发烧、痉挛、食物中毒等。

## 🌸 灰枝紫菀
*Aster poliothamnus* Diels

| 菊科　紫菀属 |
| --- |
| 别名：陆穹 |
| 分布：青海、西藏、甘肃、四川 |

【形态特征】丛生亚灌木，高40～100 cm。茎帚状。中部叶长圆形或线状长圆形，长1～3 cm，宽0.2～0.8 cm，全缘，基部稍狭或急狭，顶端钝或尖，边缘平或稍反卷；上部叶小，椭圆形；全部叶叶面被短糙毛，叶背被柔毛，两面有腺点。头状花

序在枝端密集成伞房状或单生；有疏生的苞叶。总苞宽钟状，长5～7 mm，径5～7 mm；总苞片4～5层，覆瓦状排列，外层卵圆或长圆状披针形，外面被密柔毛和腺点；内层近革质，上部草质且带红紫色，有缘毛。舌状花10～20个，淡紫色，舌片长圆形；管状花黄色，长5～6 mm。冠毛污白色。瘦果长圆形，长2～2.5 mm，常一面有肋，被白色密绢毛。花期6～9月，果期8～10月。

【生长习性】生于山坡、溪岸，海拔1800～3300 m。

【芳香成分】涂永勤等（2006）用水蒸气蒸馏法提取的四川石渠产灰枝紫菀干燥花及花序精油的主要成分为：1a,2,3,4,4a,5,6,7b-八氢-1,1,4,7-四甲基-1H-环丙薁（14.89%）、吉玛烯D（10.60%）、匙叶桉油烯醇（8.21%）、1-甲基-5-亚甲基-8-(1-甲基乙基)-1,6-环癸二烯（7.40%）、(1S)-2,6,6-三甲基-双环[3.1.1]-2-庚烯（5.08%）、2,2-二亚甲基-二环[2.2.1]庚烷（4.45%）、(+)-α-萜品醇（3.17%）、[1R-(1α,4β,4aβ,8aα)]-1,2,3,4,4a,7,8,8a-八氢-1,6-二甲基-4-(1-甲基乙基)-1-萘酚（2.82%）、(E)-3,7,11-三甲基-1,6,10-辛三烯-3-醇（2.73%）、3,7,11-三甲基-2,6,10-十二烷三烯-1-醇（2.21%）、(E)-(1S-顺)-1,2,3,5,6,8a-六氢-4,7-二甲基-1-(1-甲乙基)-萘（1.52%）、n-十六酸（1.50%）、( ± )-3,7-二甲基-1,6-辛二烯-3-醇（1.49%）、α-杜松醇（1.48%）、6-甲基-3,5-庚二烯-2-酮（1.44%）、3,7-二甲基-1,3,7-辛三烯（1.16%）、2,6-二甲基-(4-甲基-3-戊烯基)-二环[3.1.1]庚-2-烯（1.05%）、4-甲基-1-(1-甲乙基)-3-环己烯-1（1.04%）、喇叭茶醇（1.02%）等。

【利用】全草药用，有清热解表的功效，主治流行性感冒、发热。

# 🌸 三脉紫菀

*Aster ageratoides* Turcz.

| 菊科 | 紫菀属 |
|---|---|
| 别名： | 野白菊花、山白菊、山雪花、白升麻、三脉叶马兰、鸡儿肠、换肺草 |
| 分布： | 我国东北部、北部、东部、南部至西部、西南部及西藏南部 |

【形态特征】多年生草本。茎高40～100 cm，有棱及沟，被毛。下部叶脱落；中部叶椭圆形或长圆状披针形，长5～15 cm，宽1～5 cm，急狭成楔形具宽翅的柄，顶端渐尖，边缘有3～7对锯齿；上部叶渐小，全部叶纸质，叶面被短糙毛，叶背浅色被短柔毛常有腺点。头状花序径1.5～2 cm，排列成伞房或圆锥伞房状。总苞倒锥状或半球状，径4～10 mm，长3～7 mm；总苞片3层，覆瓦状排列，线状长圆形，上部绿色或紫褐色，有短缘毛。舌状花约10余个，舌片线状长圆形，紫色，浅红色或白色，管状花黄色，长4.5～5.5 mm。冠毛浅红褐色或污白色。瘦果倒卵状长圆形，灰褐色，长2～2.5 mm，被短粗毛。花果期7～12月。

【生长习性】生于林下、林缘、灌丛及山谷湿地，海拔100～3350 m。

【芳香成分】元文君等（2015）用水蒸气蒸馏法提取的江西永新产三脉紫菀全草精油的主要成分为：石竹烯氧化物（18.38%）、[1R-(1R*,3E,7E,11R*)]-环氧化蛇麻烯II

（8.01%）、十六烷酸（4.59%）、石竹烯/双环倍半萜类化合物（3.57%）、蛇麻烯（3.16%）、6,10,14-三甲基-2-十五烷酮/植酮（2.51%）、柏木脑（2.35%）、[1S-(1α,2β,4β)]-β-榄香烯（2.28%）、[2R-(2α,4aα,8aβ)]-1,2,3,4,4a,5,6,8a-八氢-4a,8-二甲基-2-(1-甲基乙烯基)-萘（1.70%）、2,3,5,6,7,8,8a-八氢-6-异丙烯基-4,8a-二甲基-1-萘-2-醇（1.51%）、匙叶桉油烯醇（1.32%）、桉叶油醇（1.19%）等。

【利用】带根全草药用，有清热解毒、利尿止血的功效，用于治咽喉肿痛、咳嗽痰喘、乳蛾、疟腮、乳痈、小便淋痛、痈疖肿毒、外伤出血；瑶药全草治急性肠炎；蒙药治风热感冒、头痛、咽喉肿痛、咳嗽、胸痛、疔疮肿毒，外用治虫蛇咬伤、烫火伤；傈僳药全草治疗上呼吸道感染、支气管炎、扁桃体炎、腮腺炎、肝炎、泌尿系统感染，外用治痈疖肿毒、外伤出血。常作花坛、花境和地被布置，也可作盆栽或切花。

# 🌸 狭叶三脉紫菀

*Aster ageratoides* Turcz. var. *gerlachii* (Hce) Chang

| 菊科 | 紫菀属 |
|---|---|
| 别名： | 南岭紫菀 |
| 分布： | 广东、贵州 |

【形态特征】茎上部被微糙毛。叶线状披针形，长5～8 cm，宽0.7～1 cm，有浅锯齿，两端渐尖，薄纸质，叶面被疏粗毛，叶背近无毛。总苞片上端绿色。舌状花白色。

【生长习性】常生于林下、林缘、灌丛及山谷湿地。

【精油含量】水蒸气蒸馏全草的得油率为0.22%～0.30%。

【芳香成分】朱亮峰等（1993）用水蒸气蒸馏法提取的广东韶关产狭叶三脉紫菀全草精油的主要成分为：β-荜澄茄烯（15.09%）、g-榄香烯（4.59%）、d-杜松醇（2.94%）、α-榄香烯（2.86%）、β-榄香烯（1.60%）、d-榄香烯（1.49%）、a-罗勒烯（1.39%）、d-杜松烯（1.36%）、d-杜松烯（1.36%）、β-马榄烯（1.33%）、β-石竹烯（1.27%）、a-古芸烯（1.23%）等。

【利用】可作花坛、花境和地被布置，也可作盆栽或切花。

## 紫菀

*Aster tataricus* Linn. f.

菊科　紫菀属

别名：辫紫菀、山紫菀、青牛舌头花、山白菜、驴夹板菜、驴耳朵菜、青菀、还魂草

分布：河北、安徽、黑龙江、吉林、辽宁、内蒙古、河南、湖北、山西、陕西、甘肃等地

【形态特征】多年生草本。茎高40～50 cm，基部有枯叶残片，有棱及沟，被疏粗毛。基部叶长圆状或椭圆状匙形，连柄长20～50 cm，宽3～13 cm，边缘有锯齿；下部叶匙状长圆形，常较小，下部狭成具宽翅的柄，渐尖，边缘有密锯齿；中部叶长圆形或长圆披针形；上部叶狭小；全部叶厚纸质，两面被毛。头状花序多数，径2.5～4.5 cm，在茎和枝端排列成复伞

房状；苞叶线形。总苞半球形，长7～9 mm，径10～25 mm；总苞片3层，线形或线状披针形。舌状花约20余个；舌片蓝紫色；管状花长6～7 mm。瘦果倒卵状长圆形，紫褐色，长2.5～3 mm，上部被疏粗毛。冠毛污白色或带红色。花期7～9月，果期8～10月。

【生长习性】生于海拔400～2000 m的低山阴坡湿地、山顶和低山草地及沼泽地。喜温暖湿润气候环境。耐涝、怕干旱、耐寒性较强。

【芳香成分】杨滨等（2008）用水蒸气蒸馏法提取的紫菀干燥根及根茎精油的主要成分为：1-乙酰基-反式-2-烯-4,6-癸二炔（53.22%）、n-癸酸（11.12%）、十六酸（5.73%）、顺-9,顺-12-亚油酸（3.92%）、(-)-斯巴醇（1.08%）、六氢法呢基丙酮（1.06%）等。

【利用】栽培供观赏。根药用，有温肺、下气、消痰、止咳的功效，治风寒咳嗽气喘、虚劳咳吐脓血、喉痹、小便不利。

## 翠云草

*Selaginella uncinata* (Desv.) Spring.

卷柏科　卷柏属

别名：龙须、蓝草、剑柏、蓝地柏、地柏叶、伸脚草、绿绒草、烂皮蛇

分布：安徽、重庆、福建、广东、广西、贵州、湖北、湖南、江西、陕西、四川、香港、云南、浙江

【形态特征】土生，主茎长50～100 cm或更长，自近基部羽状分枝，禾秆色，先端鞭形，侧枝5～8对，2回羽状分枝。叶交互排列，二型，草质，具虹彩，全缘，具白边，主茎上的叶较大，绿色。腋叶较大，肾形，或略心形，3 mm×4 mm；分枝上的腋叶宽椭圆形或心形，2.2～2.8 mm×0.8～2.2 mm。中叶不对称，侧枝上的叶卵圆形，1.0～2.4 mm×0.6～1.0 mm，近覆瓦状排列，长渐尖，基部钝，侧叶不对称，分枝上的长圆形，2.2～3.2 mm×1.0～1.6 mm，先端急尖或具短尖头，下侧基部圆形。孢子叶穗紧密，四棱柱形，单生于小枝末端，5.0～25 mm×2.5～4.0 mm；孢子叶一形，卵状三角形，先端渐尖，龙骨状；大孢子叶分布于孢子叶穗下部。大孢子灰白色或暗褐色；小孢子淡黄色。

【生长习性】生于海拔40～1000 m的山谷林下，多腐殖质土壤或溪边阴湿杂草中以及岩洞内、湿石上或石缝中。喜温暖湿润的半阴环境。

【精油含量】水蒸气蒸馏晾干全草的得油率为0.30%。

【芳香成分】鲁曼霞等（2009）用水蒸气蒸馏法提取的广西产翠云草晾干全草精油的主要成分为：正癸烷（11.20%）、乙基环己烷（5.12%）、丁基羟基甲苯（4.04%）、1,2-苯二羧酸二异辛酯（3.66%）、2,7,10-三甲基-十二烷（3.63%）、正二十六碳烷（3.51%）、3-蒈烯（3.02%）、2-(1-氧代丙基)-苯甲酸（2.97%）、邻苯二甲酸二甲酯（2.91%）、1,2,4-双(1-甲基-1-苯乙基)苯酚（2.82%）、2,6-双(1,1-二甲基乙基)-4,4-二甲基环己基-2,5-二烯-1-酮（2.69%）、十七碳烷（2.56%）、1,1,3-三甲基环己烷（2.54%）、十五烷（2.53%）、邻苯二甲酸二丁酯（2.51%）、十一烷（2.41%）、石竹烯（2.41%）、5-甲基-2-(1-甲基乙基)环己醇（2.25%）、对二甲苯（2.19%）、正二十一碳烷（2.17%）、1,2-二甲苯（2.03%）、1-乙基-4-甲基环己烷（1.96%）、正二十八烷（1.85%）、正十三烷基环己烷（1.84%）、2,6,10,15-四甲基十七烷（1.71%）、7-甲基十六烷（1.69%）、2,21-二甲基二十二烷（1.69%）、正二十一碳烷（1.53%）、1-二十一烷基甲酸酯（1.46%）、3,7-二甲基-1,6-辛二烯-3-醇（1.36%）、6,6-二甲基-2-亚甲基二环[3.1.1]庚烷（1.31%）、1,2,3-三甲基苯（1.30%）、罗汉柏烯（1.06%）、3-辛醇（1.04%）、正二十三醇（1.02%）等。

【利用】属小型观叶植物，适于家厦居室盆栽观赏。全草入药，有清热利湿、止血、止咳的功效，用于治急性黄疸型传染性肝炎、胆囊炎、肠炎、痢疾、肾炎水肿、泌尿系感染、风湿关节痛、肺结核咯血；外用治疖肿、烧烫伤、外伤出血、跌打损伤。

# 垫状卷柏

*Selaginella pulvinata* (Hook. et Grev.) Maxim.

卷柏科　卷柏属

别名：还魂草、九死还魂草、万年松、长生不死草、石松、岩花、一把抓

分布：山西、北京、重庆、福建、甘肃、广西、贵州、河北、河南、江西、辽宁、陕西、四川、台湾、西藏、云南

【形态特征】土生或石生，旱生复苏植物，呈垫状。根托长2～4 cm，密被毛，和茎及分枝形成树状主干，高数cm。主茎羽状分枝，禾秆色或棕色；侧枝4～7对，2～3回羽状分枝。叶全部交互排列，二型，质厚，主茎上的叶略大，绿色或棕色，边缘撕裂状。分枝上的腋叶对称，卵圆形到三角形，2.5 mm×1.0 mm，具睫毛。小枝上的叶斜卵形

或三角形，2.8～3.1 mm×0.9～1.2 mm，覆瓦状排列，先端具芒，基部平截，具簇毛。侧叶不对称，小枝上叶距圆形，2.9～3.2 mm×1.4～1.5 mm，先端具芒，全缘，基部呈撕裂状，下侧边缘内卷。孢子叶穗紧密，四棱柱形，单生于小枝末端，10～20 mm×1.5～2.0 mm；孢子叶一形，具睫毛；大孢子叶分布于孢子叶穗下部。大孢子黄白色或深褐色；小孢子浅黄色。

【生长习性】常见于石灰岩上，海拔100～4250 m。

【精油含量】水蒸气蒸馏干燥全草的得油率为2.85%；酶法提取干燥全草的得油率为5.85%。

【芳香成分】回瑞华等（2006）用水蒸气蒸馏萃取法提取的辽宁千山产垫状卷柏干燥全草精油的主要成分为：8H-雪松烷醇（39.50%）、正己醇（9.70%）、石竹烯（5.21%）、绿花醇（4.75%）、1,1,4,8-四甲基-4,7,10-环十一三烯（4.33%）、石竹烯氧化物（4.33%）、2,6-二叔丁基对甲酚（4.20%）、(+)-4-蒈烯（3.27%）、4-(1,1-二甲基乙基)-1,2-苯二醇（3.26%）、罗汉柏烯（3.22%）、1,2,3,4,5,6,7,8-八氢化-1,4,9,9-四甲基-4,7-桥亚甲基甘菊环（2.58%）、1,5,5,8-四甲基-12-氧二环[9.1.0]十二-3,7-二烯（1.96%）、4-(2,6,6-三甲基-1-环己-1-烯基)-3-丁烯-2-酮（1.82%）、1,2,3,5,6,8a-六氢化-4,7-二甲基-1-(1-甲基乙基)萘（1.38%）、2,6,6-三甲基双环[3.1.1]庚-2-烯（1.13%）、5,6,7,7a-四氢化-4,4,7a-三甲基-2(4H)-苯并呋喃酮（1.05%）、十六烷（1.00%）等。

【利用】全草入药，有通经散血、止血生肌、活血祛瘀、消炎退热的功效，用于治闭经、子宫出血、胃肠出血、尿血、外伤出血、跌打损伤、骨折、小儿高热惊风。

# 江南卷柏

*Selaginella moellendorffii* Hieron.

卷柏科　卷柏属

别名：石柏、岩柏草、黄疸卷柏

分布：云南、安徽、重庆、福建、甘肃、广东、广西、贵州、海南、河南、湖南、湖北、江苏、陕西、四川、浙江、台湾、香港

【形态特征】土生或石生，高20～55 cm。根托生于茎基，密被毛。主茎中上部羽状分枝，禾秆色或红色；侧枝5～8对，2～3回羽状分枝，小枝较密。叶交互排列，二型，草纸或纸质，具白边。主茎上的叶一形，绿色、黄色或红色，三角形，鞘状或紧贴，边缘有细齿。主茎上的腋叶卵形或阔卵形，分枝上的

腋叶卵形，1.0~2.2 mm×0.4~1.0 mm，边缘有细齿。中叶不对称，小枝上的叶卵圆形，0.6~1.8 mm×0.3~0.8 mm，覆瓦状排列，边缘有细齿。侧叶不对称，2~3 mm×1.2~1.8 mm，分枝上的侧叶卵状三角形，1.0~2.4 mm×0.5~1.8 mm，边缘有细齿。孢子叶穗四棱柱形，单生于小枝末端，5.0~15 mm×1.4~2.8 mm；孢子叶一形，卵状三角形，边缘有细齿，先端渐尖，龙骨状；大孢子浅黄色；小孢子橘黄色。

【生长习性】生于岩石缝中，海拔100~1500 m。抗旱性强。生命力极强，大火烧过遇雨仍能复活。5℃能安全越冬。喜疏松、排水良好的砂质土壤。

【精油含量】水蒸气蒸馏阴干全草的得油率为0.81%。

【芳香成分】程存归等（2005）用水蒸气蒸馏法提取的浙江金华产江南卷柏阴干全草精油的主要成分为：正二十八烷（19.85%）、正二十一烷（6.66%）、17-三十五烯（4.00%）、2,6,10,14-四甲基-十六烷（3.36%）、二十六烷（3.26%）、二十九烷（3.00%）、正二十四烷（2.83%）、正二十五烷（2.50%）、正二十三烷（2.43%）、正十八烷（2.03%）、正十七烷基环己烷（1.83%）、三十四烷（1.67%）、三十一烷（1.23%）、8-己基-十五烷（1.20%）、正二十三烷醇（1.17%）、4-甲基-十六烷（1.03%）、十七烷（1.00%）、正二十烷（1.00%）、11-丁基-二十二烷（1.00%）、11-癸基-二十四烷（1.00%）、9-辛基-二十六烷（1.00%）、(Z)-9-二十三烯（1.00%）等。

【利用】全草药用，能清热利尿、活血消肿，用于治急性传染性肝炎、胸胁腰部挫伤、全身浮肿、血小板减少。可做园林绿化、盆栽、盆景山石配置、盆景造型、切花陪叶等。

## 🌸 卷柏

*Selaginella tamariscina* (P. Beauv.) Spring

卷柏科 卷柏属

别名：还魂草、九死还魂草、万年松、石柏、岩柏草、黄疸卷柏

分布：安徽、北京、重庆、福建、贵州、广西、广东、海南、湖北、湖南、河北、河南、江苏、江西、吉林、辽宁、内蒙古、青海、陕西、山东、四川、台湾、香港、云南、浙江

【形态特征】土生或石生，复苏植物，呈垫状。根托密被毛，和茎及分枝形成主干。主茎羽状分枝或不等二叉分枝，禾

秆色或棕色；侧枝2~5对，2~3回羽状分枝。叶全部交互排列，二型，质厚，具白边，边缘有细齿。主茎上的叶略大，覆瓦状排列，绿色或棕色。分枝上的腋叶对称，卵形，卵状三角形或椭圆形，0.8~2.6 mm×0.4~1.3 mm，黑褐色。中叶不对称，小枝上的椭圆形，1.5~2.5 mm×0.3~0.9 mm，覆瓦状排列，先端具芒。侧叶不对称，小枝上的侧叶卵形到三角形或距圆状卵形，相互重叠，1.5~2.5 mm×0.5~1.2 mm，边缘呈撕裂状，反卷。孢子叶穗四棱柱形，单生，12~15 mm×1.2~2.6 mm；孢子叶一形，卵状三角形，先端有尖头或具芒；大孢子叶在孢子叶穗两面排列。大孢子浅黄色，小孢子橘黄色。

【生长习性】常见于石灰岩上，海拔60~2100 m。抗旱力极强，耐瘠薄。要求疏松、排水良好的砂质壤土。在温暖环境中生长良好，20℃左右为最适温度。植株越冬温度不低于0℃。喜半阴。

【芳香成分】杜成智等（2014）用水蒸气蒸馏法提取的广东产卷柏干燥全草精油的主要成分为：棕榈酸（34.97%）、亚油酸（33.08%）、丁香酚（10.08%）、柏木脑（5.11%）、佛术烯（1.99%）、氧杂环十七烷-3-酮（1.96%）、肉豆蔻酸（1.48%）、植酮（1.41%）、植物醇（1.18%）等。

【利用】全草入药，具有活血通经、化瘀止血的功效，用于治经闭痛经、癥瘕痞块、跌扑损伤、吐血、崩漏、便血、脱肛。有观赏价值，盆栽或配置成山石盆景观赏。

## 🌸 深绿卷柏

*Selaginella doederleinii* Hieron.

卷柏科 卷柏属

别名：生根卷柏、石上柏、大叩菜、梭罗草、地梭罗、金龙草、龙鳞草

分布：安徽、重庆、福建、广东、贵州、广西、湖南、海南、江西、四川、台湾、香港、云南、浙江

【形态特征】土生，高25~45 cm。根托被毛。主茎羽状分枝，禾秆色；侧枝3~6对，2~3回羽状分枝。叶全部交互排列，二型，纸质。主茎上的叶均较分枝上的大。主茎上的腋叶卵状三角形，分枝上的腋叶对称，狭卵圆形到三角形，1.8~3.0 mm×0.9~1.4 mm，边缘有细齿。中叶边缘有细齿，先端具芒或尖头，分枝上的中叶卵状椭圆形或窄卵

形，1.1～2.7 mm×0.4～1.4 mm，覆瓦状排列，背部明显龙骨状隆起，先端具尖头或芒，边缘具细齿。侧叶不对称，分枝上的侧叶长圆状镰形，紧密，2.3～4.4 mm×1.0～1.8 mm，边缘有细齿。孢子叶穗四棱柱形，单个或成对生于小枝末端，5～30 mm×1-2 mm；孢子叶一形，卵状三角形，边缘有细齿，龙骨状；孢子叶穗上大、小孢子叶相间排列。大孢子白色，小孢子橘黄色。

【生长习性】林下土生，海拔200～1350 m。

【精油含量】水蒸气蒸馏晾干全草的得油率为0.38%。

【芳香成分】鲁曼霞等（2009）用水蒸气蒸馏法提取的广西产深绿卷柏晾干全草精油的主要成分为：正二十八烷（13.98%）、9-辛基-二十六烷（12.94%）、正二十六碳烷（11.80%）、1,2-苯二羧酸二异辛酯（6.74%）、正癸烷（5.65%）、1,2,4-双(1-甲基-1-苯乙基)苯酚（5.33%）、乙基环己烷（3.97%）、1,2-二甲苯（1.98%）、丁基羟基甲苯（1.97%）、正二十一碳烷（1.79%）、2,21-二甲基二十二烷（1.56%）、2,7,10-三甲基-十二烷（1.48%）、3-蒈烯（1.37%）、十七碳烷（1.37%）、2-(1-氧代丙基)-苯甲酸（1.35%）、十五烷（1.33%）、十一烷（1.28%）、2,6-双(1,1-二甲基乙基)-4,4-二甲基环己基-2,5-二烯-1-酮（1.27%）、邻苯二甲酸二丁酯（1.23%）、对二甲苯（1.17%）、邻苯二甲酸二甲酯（1.17%）、1,1,3-三甲基环己烷（1.15%）、5-甲基-2-(1-甲基乙基)环己醇（1.13%）、石竹烯（1.08%）等。

【利用】全草药用，有消炎解毒、驱风消肿、止血生肌的功效，用于治风湿疼痛，风热咳喘，肝炎，乳蛾，痈肿溃疡，烧、烫伤。

# ❀ 兖州卷柏
*Selaginella involvens* (Sw.) Spring

**卷柏科 卷柏属**

**分布：**湖南、香港、安徽、重庆、福建、甘肃、广东、广西、贵州、海南、河南、湖北、江西、陕西、四川、台湾、西藏、云南

【形态特征】石生，高15～65 cm。主茎羽状分枝，禾秆色，侧枝7～12对，2～3回羽状分枝。叶交互排列，二型，纸质或较厚，主茎上的长圆状卵形或卵形，鞘状，边缘有细齿，腋叶三角形；分枝上的腋叶对称，卵圆形到三角形，1.1～1.6 mm×0.4～1.1 mm，边缘有细齿。中叶边缘有细齿，先端具芒或尖头，基部平截或斜或一侧有耳，分枝上的中叶卵状三角形或卵状椭圆形，覆瓦状排列，背部略呈龙骨状，具长尖头或短芒，边缘具细齿。侧叶不对称，分枝上的侧叶卵圆形到三角形，排列紧密，1.4～2.4 mm×0.4～1.4 mm，先端尖，边缘具细齿。孢子叶穗四棱柱形，单生，5.0～15 mm×1.0～1.4 mm；孢子叶一形，卵状三角形，边缘具细齿，锐龙骨状；大、小孢子叶相间排列。大孢子白色或褐色，小孢子橘黄色。

【生长习性】生于岩石上，或偶在林中附生树干上，海拔450～3100 m。

【精油含量】水蒸气蒸馏晾干全草的得油率为0.24%。

【芳香成分】鲁曼霞等（2009）用水蒸气蒸馏法提取的广西产兖州卷柏晾干全草精油的主要成分为：正癸烷（12.06%）、4-甲基-1-(1-甲基乙基)-3-环己烯-1-醇（5.88%）、乙基环己烷（5.22%）、2,7,10-三甲基-十二烷（4.53%）、正二十一碳烷（4.46%）、2,6-双(1,1-二甲基乙基)-4,4-二甲基环己基-2,5-二烯-1-酮（4.01%）、5-甲基-2-(1-甲基乙基)环己醇（3.88%）、十五烷（3.81%）、十七碳烷（3.16%）、3-蒈烯（3.12%）、十一烷（2.93%）、1,2-二甲苯（2.80%）、双环[2.2.1]庚烷-2-酮（2.71%）、邻苯二甲酸二丁酯（2.53%）、石竹烯（2.48%）、对二甲苯（2.37%）、1-乙基-4-甲基环己烷（2.23%）、邻苯二甲酸二甲酯（1.92%）、正十三烷基环己烷（1.92%）、2,6,10,15-

四甲基-十七烷（1.69%）、1,2,3-三甲基苯（1.54%）、罗汉柏烯（1.51%）、1-二十一烷基甲酸酯（1.34%）、1,1,3-三甲基环己烷（2.12%）、正二十三醇（1.07%）等。

【利用】全草药用，有清热凉血、利水消肿、清肝利胆、化痰定喘、止血的功效，用于治急性黄疸，肝硬化腹水，咳嗽痰喘，风热咳喘，崩漏，瘰疬，疮痈，烧、烫伤，狂犬咬伤，外伤出血。

## 🌸 小驳骨

*Gendarussa vulgaris* Ness

**爵床科　驳骨草属**

**别名：** 逼迫树、驳骨丹、驳骨消、驳骨草、大驳骨、大驳骨丹、大接骨草、大叶驳骨草、大还魂、大驳节、接骨草、接骨木、救命王、鸭公青、鸭仔花、十月青、黑叶接骨草、裹篱樵、小接骨、尖尾凤

**分布：** 台湾、福建、广东、香港、海南、广西、云南

【形态特征】多年生草本或亚灌木，直立，高约1m；茎圆柱形，节膨大，枝多数，对生，嫩枝常深紫色。叶纸质，狭披针形至披针状线形，长5～10cm，宽5～15mm左右，顶端渐尖，基部渐狭，全缘；中脉粗大，侧脉每边6～8条，呈深紫色或有时侧脉半透明；叶柄长在10mm以内，或上部的叶有时近无柄。穗状花序顶生，下部间断，上部密花；苞片对生，在花序下部的1或2对呈叶状，比萼长，上部的小，披针状线形，比萼短，内含花2至数朵；萼裂片披针状线形，长约4mm，无毛或被疏柔毛；花冠白色或粉红色，长1.2～1.4cm，上唇长圆状

卵形，下唇浅3裂。蒴果长1.2cm，无毛。花期春季。

【生长习性】见于村旁或路边的灌丛中。喜欢湿润的气候环境。

【精油含量】水蒸气蒸馏全草的得油率为0.42%～0.79%。

【芳香成分】苏玲等（2009）用水蒸气蒸馏法提取的广西南宁产小驳骨全草精油的主要成分为：植物醇（39.21%）、植物酮（10.98%）、1-辛烯-3-醇（2.84%）、广藿香醇（2.68%）、α-紫罗兰酮（2.20%）、三十四烷（1.60%）、二十四烷（1.32%）、二十五烷（1.26%）、α-榄香烯（1.12%）、二十八烷（1.11%）、二十二烷（1.06%）、二十一烷（1.01%）等。

【利用】茎叶药用，有祛风止痛、续筋接骨的功效，用于治疗跌打损伤、筋伤骨痛、血瘀经闭、产后腹痛。

## 🌸 穿心莲

*Andrographis paniculata* (Burm. f.) Nees

**爵床科　穿心莲属**

**别名：** 一见喜、印度草、榄核莲、春莲秋柳、苦胆草、金香草、金耳钩、苦草、万病仙草、日行千里

**分布：** 福建、广东、海南、广西、云南、江苏、陕西

【形态特征】一年生草本。茎高50～80cm，4棱，下部多分枝，节膨大。叶卵状矩圆形至矩圆状披针形，长4～8cm，宽1～2.5cm，顶端略钝。花序轴上叶较小，总状花序顶生和腋生，集成大型圆锥花序；苞片和小苞片微小，长约1mm；花萼裂片三角状披针形，长约3mm，有腺毛和微毛；花冠白色而小，下

唇带紫色斑纹，长约12 mm，外有腺毛和短柔毛，2唇形，上唇微2裂，下唇3深裂，花冠筒与唇瓣等长；雄蕊2，花药2室，一室基部和花丝一侧有柔毛。蒴果扁，中有一沟，长约10 mm，疏生腺毛；种子12粒，四方形，有皱纹。

【生长习性】喜高温湿润气候。喜阳光充足、喜肥。种子发芽和幼苗生长期适温为25～30 ℃，气温下降到15～20 ℃时生长缓慢；气温降至8 ℃左右，生长停滞；遇0 ℃左右低温或霜冻，植株全部枯萎。以肥沃、疏松、排水良好的酸性和中性砂壤土栽培为宜，pH8.0的碱性土仍能正常生长。

【精油含量】超临界萃取干燥地上部分的得膏率为4.50%～4.85%。

【芳香成分】葛发欢等（2002）用超临界$CO_2$萃取法提取的干燥地上部分浸膏的主要成分为：脱水穿心莲内酯（7.47%～29.92%）、穿心莲内酯（2.64%～13.03%）等。

【利用】茎、叶入药，有清热解毒、凉血、消肿的功效，用于治感冒发热、咽喉肿痛、口舌生疮、顿咳劳嗽、泄泻痢疾、热淋涩痛、痈肿疮疡、毒蛇咬伤。

# 狗肝菜

*Dicliptera chinensis* (Linn.) Nees

**爵床科　狗肝菜属**
**别名**：猪肝菜、羊肝菜、青蛇菜、青蛇仔、华九头狮子草、野青仔、六角英、路边青、土羚羊
**分布**：福建、台湾、广东、海南、广西、香港、澳门、云南、贵州、四川

【形态特征】草本，高30～80 cm；茎具6条钝棱和浅沟，节常膨大膝曲状。叶卵状椭圆形，顶端短渐尖，基部阔楔形或稍下延，长2～7 cm，宽1.5～3.5 cm，纸质，绿深色，两面近无毛或叶背脉上被疏柔毛；花序腋生或顶生，由3～4个聚伞花序组成，每个聚伞花序有1至少数花，有2枚总苞状苞片，总苞片阔倒卵形或近圆形，大小不等，长6～12 mm，宽3～7 mm，顶端有小凸尖，被柔毛；小苞片线状披针形，长约4 mm；花萼裂片5，钻形，长约4 mm；花冠淡紫红色，长约10～12 mm，外面被柔毛，2唇形，上唇阔卵状近圆形，全缘，有紫红色斑点，下唇长圆形，3浅裂。蒴果长约6 mm，被柔毛，具种子4粒。

【生长习性】生于海拔1800 m以下疏林下、溪边、路旁。喜温暖湿润气候，冬天生长缓慢，在荫蔽条件下生长更好。对土壤要求不严格。

【芳香成分】康笑枫等（2003）用水蒸气蒸馏法提取

的全草精油的主要成分为：2-羟基-3-(1-丙烯基)-1,4-萘二酮（16.86%）、石竹烯（13.61%）、植醇（10.36%）、柏木烯（5.96%）、2,6,6,9-四甲基-三环[5.4.0.0$^{2,8}$]十一碳-9-烯（5.00%）、紫苏醛（4.40%）、α-萜品醇（3.93%）、1,7,7-三甲基-二环[2.2.1].庚烷-2-酮（3.58%）、2-甲基-1,7,7-三甲基二环[2.2.1]庚基-2-巴豆酸酯（2.81%）、3,7,11-三甲基-1,6,10-十二碳三烯-3-醇（2.77%）、反式-Z-α-环氧甜没药烯（2.56%）、α-石竹烯（2.28%）、4,4-二甲基-四环[6.3.2.0$^{2,5}$.0$^{1,8}$]十三烷-9-醇（1.78%）、顺式氧化柠檬烯（1.69%）、6,10-二甲基2-十一酮（1.66%）、桉叶油醇（1.52%）、β-金合欢烯（1.41%）、3,7,11-三甲基-2,6,10-十二碳三烯-1-醇（1.19%）、4-甲基-1-(1-甲基乙基)-3-环己烯-1-醇（1.12%）、乙酸龙脑酯（1.07%）等。

【利用】全草药用，具有清热解毒、凉血利尿的功效，常用于治感冒高热、斑疹发热、流行性乙型脑炎、风湿性关节炎、眼结膜炎、小便不利；外用治带状疱疹、疖肿。嫩茎叶可作野菜食用。

## ❀ 观音草

*Peristrophe baphica* (Spreng.) Bremek.

| 爵床科　观音草属 |
| --- |
| 别名：染色九头狮子草、蓝茶、红丝线、红丝线草、红兰草、野靛青、紫蓝、白牛膝、小泽兰、辣子七、围苞草、水牛膝、盖膝草、土苋菜、麻牛膝、爵卿、香苏、赤眼老母草、赤眼、小青草、蜻蜓草 |
| 分布：海南、广东、广西、湖南、湖北、福建、江西、江苏、上海、贵州、云南 |

【形态特征】多年生直立草本，高可达1 m；枝多数，对生，具5～6钝棱和同数的纵沟，小枝被褐红色柔毛，老枝具淡褐色皮孔。叶卵形或有时披针状卵形，顶端短渐尖至急尖，基部阔楔尖或近圆，全缘，长3～7.5 cm，宽1.5～3 cm，纸质，干时黑紫色。聚伞花序，由2或3个头状花序组成；总苞片2～4枚，阔卵形、卵形或椭圆形，不等大，顶端急尖，基部楔形，

干时黑紫色或稍透明，被柔毛；花萼小，长4.5～5 mm，裂片披针形，被柔毛；花冠粉红色，长3～5 cm，被倒生短柔毛，冠管直，宽约1.5 mm，喉部稍内弯，上唇阔卵状椭圆形，顶端微缺，下唇长圆形，浅3裂。蒴果长约1.5 cm，被柔毛。花期冬春季。

【生长习性】生于海拔500～1000 m的路旁、草地或林下。

【精油含量】水蒸气蒸馏阴干地上部分的得油率为0.10%。

【芳香成分】叶：蒋小华等（2012）用水蒸气蒸馏法提取的广西桂林产观音草新鲜叶精油的主要成分为：反式植醇（43.29%）、橙花叔醇（7.07%）、石竹烯（4.91%）、亚麻酸甲酯（3.81%）、植酮（3.74%）、棕榈醛（3.50%）、棕榈酸甲酯（3.22%）、α-石竹烯（2.62%）、γ-榄香烯（2.39%）、1-辛烯-3-醇（2.32%）、2,5-二甲基吡嗪（2.09%）、(E)-β-金合欢烯（2.02%）、荜澄茄烯（1.93%）、3-辛醇（1.63%）、脱氢-α-紫罗烯（1.56%）、三甲基吡嗪（1.39%）、植醇同分异构体（1.34%）、亚油酸甲酯（1.25%）、2-乙基-6-甲基吡嗪（1.03%）等。

全草：谢运昌等（2008）用水蒸气蒸馏法提取的广西宜州产观音草阴干地上部分精油的主要成分为：香豆素（53.66%）、1-辛烯-3-醇（10.00%）、二氢香豆酮（9.18%）、反-3-己烯-1-醇（5.85%）、邻甲苯甲醛（5.37%）、对乙烯基愈创木酚（3.96%）、3-辛醇（3.86%）、苯甲醇（1.69%）、芳樟醇（1.22%）等。

【利用】嫩枝和叶可提取染料。全草和根均供药用，根能破瘀止痛，主治劳伤瘀血、月经不调、痛经等症；带根全草能消肿、止痛、解毒，主治蛇咬伤、疮疖、疔毒，多用为镇痛药，治胃肠疼痛、溃疡、咽喉肿痛、风湿痛、打伤、瘰疬等症；民间用于治疗糖尿病、高血压等症。全草也可制农药。可作芳香剂。

## ❀ 九头狮子草

*Peristrophe japonica* (Thunb.) Bremek.

| 爵床科　观音草属 |
| --- |
| 别名：接长草、接骨草、万年青、土细辛、铁焊椒、绿豆肯、王灵仁、辣叶青药、尖惊药、天青菜、金钗草、项开口、蛇舌草、化痰青、四季青、三面青、菜豆青、铁脚万年青、九节篱、咳风尘、晕病药、红丝线草、野青仔、肺痨草 |
| 分布：河南、安徽、江苏、浙江、江西、福建、湖北、广东、广西、湖南、重庆、贵州、云南 |

【形态特征】草本，高20～50 cm。叶卵状矩圆形，长5～12 cm，宽2.5～4 cm，顶端渐尖或尾尖，基部钝或急尖。花

序顶生或腋生于上部叶腋，由2～10聚伞花序组成，每个聚伞花序下托以2枚总苞状苞片，一大一小，卵形，几倒卵形，长1.5～2.5 cm，宽5～12 mm，顶端急尖，基部宽楔形或平截，全缘，羽脉明显，内有1至少数花；花萼裂片5，钻形，长约3 mm；花冠粉红色至微紫色，长2.5～3 cm，外疏生短柔毛，2唇形，下唇3裂；雄蕊2，花丝细长，伸出，花药被长硬毛，2室叠生，一上一下，线形纵裂。蒴果长1～1.2 cm，疏生短柔毛，开裂时胎座不弹起，上部具4粒种子，下部实心；种子有小疣状突起。

【生长习性】喜生于温暖湿润的林下或溪沟边，低山及平坝地区，低海拔广布。

【芳香成分】蒋小华等（2014）用水蒸气蒸馏法提取的广西桂林产九头狮子草干燥全草精油的主要成分为：植酮（19.82%）、甲基丁香酚（3.96%）、β-石竹烯（3.75%）、3-甲基-2-(3,7,11-三甲基十二烷基)呋喃（3.64%）、肉豆蔻醚（3.08%）、3,4-二乙基-联苯（2.74%）、2-戊基呋喃（2.73%）、氧化石竹烯（2.69%）、香附酮（2.58%）、6E,8E-巨豆三烯酮（2.47%）、植醇（2.45%）、1-辛烯-3-醇（2.44%）、6Z,8E-巨豆三烯酮（2.22%）、广藿香醇（2.20%）、3-甲基-2-十五烷基-噻吩（2.05%）、邻苯二甲酸二异丁酯（2.04%）、顺式六氢化-8a-甲基-1,8-(2H，5H)萘二酮（1.90%）、荜澄茄油烯醇（1.79%）、芳樟醇（1.75%）、脱氢蜂斗菜酮（1.75%）、环氧异香橙烯（1.71%）、3,7,11-三甲基-十二醇（1.59%）、薄荷醇（1.52%）、δ-杜松醇（1.52%）、香芹烯酮（1.45%）、菲（1.44%）、α-杜松醇（1.42%）、α-石竹烯（1.37%）、β-紫罗酮（1.32%）、β-桉叶醇（1.22%）、龙脑（1.20%）、香叶基丙酮（1.16%）、香柠檬烯（1.15%）、油酸（1.08%）、1-辛烯-3-酮（1.02%）、邻苯二甲酸

丁酯（1.00%）等。

【利用】全草药用，有祛风清热、凉肝定惊、散瘀解毒的功效，主治感冒发热、肺热咳喘、肝热目赤、小儿惊风、咽喉肿痛、痈肿疔毒、乳痈、聤耳、瘰疬、痔疮、蛇虫咬伤、跌打损伤。嫩叶可用于熟紫米饭。

# ❀ 灵枝草

*Rhinacanthus nasutus* (Linn.) Lindau

**爵床科　灵枝草属**

**别名：**白鹤灵芝、癣草、仙鹤灵芝草

**分布：**广西、广东、海南、台湾、云南

【形态特征】多年生直立草本或亚灌木。叶椭圆形或卵状椭圆形，顶端短渐尖或急尖，有时稍钝头，基部楔形，边全缘或稍呈浅波状，长2～11 cm，宽8～30 mm，纸质，叶面被疏柔毛或近无毛，叶背被密柔毛；主茎上叶较大。圆锥花序由小聚伞花序组成，顶生或有时腋生；花序轴通常2或3回分枝，通常3出，密被短柔毛；苞片和小苞片长约1 mm；花萼内外均被茸毛，裂片长约2 mm；花冠白色，长2.5 cm或过之，被柔毛，上唇线状披针形，比下唇短，顶端常下弯，下唇3深裂至中部，冠檐裂片倒卵形，近等大，花丝无毛，花粉粒长球形，极面观为钝三角形；花柱和子房被疏柔毛。蒴果未见。

【生长习性】生于海拔700 m左右的灌丛或疏林下。

【芳香成分】王乃平等（2008）用水蒸气蒸馏法提取的阴干叶精油的主要成分为：植醇（61.50%）、6,10,14-三甲基-2-十五烷酮（6.79%）、2-甲氧基-4-乙烯苯酚（4.98%）、(Z,Z,Z)-9,12,15-三烯十八酸甲酯（3.43%）、1-十九烯（2.98%）、9-甲基十九烷（2.89%）、二十一烷（2.64%）、二十烷（1.03%）等。

【利用】肉质根和叶捣烂与柠檬汁混和可治轮癣和其他的皮肤病；叶的汁液可去汗疣；根可解毒蛇咬伤；枝、叶治肺结核、咳嗽、高血压。

## 🌸 糯米香

*Semnostachya menglaensis* H. P. Tsui

爵床科　糯米香属
分布：云南

【形态特征】草本，高0.5～1m。枝4棱形，干时有糯米香气。叶对生，不等大，叶片长椭圆形或卵形，长达18.5cm，宽6cm，先端急尖，基部楔形下延，两面疏被短糙状毛，叶面钟乳体明显，边缘具圆锯齿。穗状花序单生；苞片线状匙形，长10mm，宽2mm，两面疏被短柔毛及白色小凸起，边缘被柔毛及腺毛；小苞片线形，两面被短柔毛；萼片5，近相等，线形，两面被疏短柔毛；苞片、小苞片及萼片有纵向排列的钟乳体；花冠新鲜时白色，干后粉红色或紫色，冠管长10mm，冠檐裂片近圆形，径5.3mm。蒴果圆柱形，长1.4cm，先端急尖，被短腺毛。种子椭圆形，长3mm，宽2mm。

【生长习性】生于蔽光的林边草地、低山沟谷密林下或石灰岩山脚密林下。
【芳香成分】张彦军等（2015）用顶空固相微萃取法提取的海南兴隆产糯米香阴干叶精油的主要成分为：2-丙酰基-3,4,5,6-四氢吡啶（43.89%）、2-丙酰基-1,4,5,6-四氢吡啶（37.06%）、哌啶-2-甲酸乙酯（5.88%）、2-乙酰基-3,4,5,6-四氢吡啶（5.27%）、丙酰基吡啶（1.73%）等。

【利用】全草药用，有清热解毒、养颜抗衰、补肾健胃的功效，能治疗小儿疳积和妇女白带等疾病。全草可提取精油，供调配香精。可作茶叶配料。

## 🌸 鸭嘴花

*Adhatoda vasica* Nees

爵床科　鸭嘴花属
别名：野靛叶、大还魂、鸭子花、大驳骨、大驳骨消、大接骨、牛舌兰、龙头草、大叶驳骨兰
分布：上海、广东、广西、海南、澳门、香港、云南等地

【形态特征】大灌木，高达1～3m；枝灰色，有皮孔。叶纸质，矩圆状披针形至披针形，或卵形或椭圆状卵形，长15～20cm，宽4.5～7.5cm，顶端渐尖，有时稍呈尾状，基部阔楔形，全缘，背面被微柔毛。茎叶揉后有特殊臭气。穗状花序卵形或稍伸长；花梗长5～10cm；苞片卵形或阔卵形，长1～3cm，宽8～15mm，被微柔毛；小苞片披针形，稍短于苞片，萼裂片5，矩圆状披针形，长约8mm；花冠白色，有紫色条纹或粉红色，长2.5～3cm，被柔毛，冠管卵形，长约6mm；药室椭圆形，基部通常有球形附属物不明显。蒴果近木质，长约0.5cm，上部具4粒种子，下部实心短柄状。

【生长习性】多生长于疏林或灌丛中等较湿润和阴凉的地方。喜温暖，耐寒力较低，忌霜冻。
【精油含量】水蒸气蒸馏干燥茎叶的得油率为0.19%。
【芳香成分】孙赟等（2013）用水蒸气蒸馏法提取的云南西双版纳产鸭嘴花干燥茎叶精油的主要成分为：植醇（16.44%）、6,10,14-三甲基-2-十五烷酮（5.99%）、3,3-二甲基环己酮（4.87%）、丁香酚（3.37%）、β-紫罗兰酮（2.25%）、2-甲氧基-4-乙烯基苯酚（1.60%）、巨豆三烯酮（1.57%）、角鲨烯（1.10%）等。

【利用】全株入药，有祛风活血、散瘀止痛、接骨的功效，用于治骨折、扭伤、风湿关节痛、腰痛、跌打损伤、续筋骨、祛风止痛、祛痰。嫩茎叶、嫩梢可做蔬菜食用。也作绿篱。

## 🌸 槲树

*Quercus dentata* Thunb.

**壳斗科　栎属**

**别名:** 柞栎、柞树、菠萝叶、菠萝栎、橡树、青岗、金鸡树、大叶波罗

**分布:** 黑龙江、吉林、辽宁、河北、山西、陕西、甘肃、山东、江苏、安徽、浙江、台湾、河南、湖北、湖南、四川、贵州、云南等地

【形态特征】落叶乔木，高达25 m，树皮暗灰褐色，深纵裂。芽宽卵形，密被黄褐色绒毛。叶片倒卵形或长倒卵形，长10～30 cm，宽6～20 cm，顶端短钝尖，叶面深绿色，基部耳形，叶缘波状裂片或粗锯齿，叶背密被灰褐色星状绒毛，侧脉每边4～10条，托叶线状披针形，长1.5 cm。雄花序生于新枝叶腋，长4～10 cm，花数朵簇生；雌花序生于新枝上部叶腋，长1～3 cm。壳斗杯形，包着坚果1/2～1/3，连小苞片直径2～5 cm，高0.2～2 cm；小苞片革质，窄披针形，长约1 cm，反曲或直立，红棕色，外面被褐色丝状毛。坚果卵形至宽卵形，直径1.2～1.5 cm，高1.5～2.3 cm。花期4～5月，果期9～10月。

【生长习性】生于海拔50～2700 m的杂木林或松林中。为强阳性树种，喜光，稍耐阴。耐寒，抗虫，抗烟尘及有害气体。耐旱、抗瘠薄，适宜生长于排水良好的砂质壤土，在石灰性土、盐碱地及低湿涝洼处生长不良。

【芳香成分】茎：吴章文等（1999）用XAD-4树脂吸附法提取的北京产槲树新鲜木材香气的主要成分为：肉桂烯（29.30%）、α-蒎烯（27.35%）、二甲基苯（7.72%）、癸烷（6.59%）、柠檬烯（3.60%）、β-月桂烯（2.10%）、β-蒎烯（2.02%）、三甲基苯（1.76%）、1,8-桉叶油素（1.44%）、十五烷（1.38%）、莰烯（1.32%）、龙脑（1.00%）等。

叶：吴章文等（1999）用XAD-4树脂吸附法提取的北京产槲树新鲜叶片香气的主要成分为：α-蒎烯（33.73%）、肉桂烯（30.32%）、二甲基苯（7.63%）、柠檬烯（6.26%）、β-月桂烯（4.26%）、癸烷（2.85%）、三甲基苯（1.79%）、丙基苯（1.40%）、β-蒎烯（1.39%）、莰烯（1.37%）、异松油烯（1.08%）等。

【利用】群众有用叶代替笼布蒸馒头、包粽子的习惯，或用作食品包装材料。叶可养柞蚕。壳斗及树皮可提栲胶。坚果脱涩后可供食用。种子可提取淀粉，供酿酒、制粉条或作饲料。叶药用，治吐血、衄血、血痢、血痔、淋病。树皮药用，治恶疮、瘰疬、痢疾、肠风下血。园林栽培供观赏。木材供建筑、枕木、地板、器具和机械等用，亦可培养香菇。

## 🌸 辽东栎

*Quercus wutaishanica* Mayr

**壳斗科　栎属**

**别名:** 辽东柞、柴树、青冈、杠木、小叶青冈、青冈柳、柴树

**分布:** 黑龙江、吉林、辽宁、内蒙古、河北、山西、陕西、宁夏、甘肃、青海、山东、河南、四川等地

【形态特征】落叶乔木，高达15 m，树皮灰褐色，纵裂。幼枝绿色，老时灰绿色，具淡褐色圆形皮孔。叶片倒卵形至长倒卵形，长5～17 cm，宽2～10 cm，顶端圆钝或短渐尖，基部窄圆形或耳形，叶缘有5～7对圆齿，叶面绿色，叶背淡绿色。雄花序生于新枝基部，长5～7 cm，花被6～7裂，雄蕊通常8；雌花序生于新枝上端叶腋，长0.5～2 cm，花被通常6裂。壳斗浅杯形，包着坚果约1/3，直径1.2～1.5 cm，高约8 mm；小苞片长三角形，长1.5 mm，扁平微突起，被稀疏短绒毛。坚果卵形至卵状椭圆形，直径1～1.3 cm，高1.5～1.8 cm，顶端有短绒毛；果脐微突起，直径约5 mm。花期4～5月，果期9月。

【生长习性】常生于海拔600～2500 m的山地阳坡、半阳坡、山脊上。喜温，耐寒、耐旱、耐瘠薄。

【芳香成分】茎：周敬林等（2017）用乙醇浸提-石油醚萃取法提取的辽宁沈阳产辽东栎干燥树皮精油的主要成分为：邻苯二甲酸二丁酯（35.60%）、己二酸二异辛酯（15.68%）、

二十七烷（5.34%）、甘油脂肪酸酯（4.18%）、N-二十九烷（4.00%）、反式角鲨烯（2.86%）、二十五烷（2.12%）、油酸酰胺（1.51%）、棕榈酸甲酯（1.21%）、十一烷（1.15%）、2,6-二叔丁基对甲酚（1.14%）、1-二十醇（1.12%）、二十烷（1.03%）等。

**叶**：周敬林等（2017）用乙醇浸提-石油醚萃取法提取的辽宁沈阳产辽东栎干燥叶精油的主要成分为：邻苯二甲酸二丁酯（39.86%）、4-羟基-4-甲基-2-戊酮（15.38%）、1-二十醇（9.73%）、己二酸二(2-乙基己)酯（8.51%）、叶绿醇（7.08%）、11,14,17-顺-二十碳三烯酸甲酯（5.01%）、油酸酰胺（2.25%）等。

**【利用】**木材供建筑、枕木、地板等用。叶可饲柞蚕。种子可酿酒或作饲料。果实、壳斗、树皮、根皮入药，果实可健脾止泻、收敛止血；壳斗可收敛、止血、止泻；树皮及根皮可收敛、止泻，主治脾虚腹泻、久痢、痔疮出血、脱肛便血、子宫出血、白带、恶疮、痈肿。

# ❀ 麻栎
*Quercus acutissima* Carruth.

| | |
|---|---|
| **壳斗科　栎属** | |

**别名：**栎、橡碗树
**分布：**辽宁、河北、山西、山东、江苏、安徽、浙江、江西、福建、河南、湖北、湖南、广东、海南、广西、四川、贵州、云南等地

**【形态特征】**落叶乔木，高达30 m，胸径达1 m，树皮深灰褐色，深纵裂。老枝灰黄色，具淡黄色皮孔。冬芽圆锥形，被柔毛。叶片形态多样，通常为长椭圆状披针形，长8～19 cm，宽2～6 cm，顶端长渐尖，基部圆形或宽楔形，叶缘有刺芒状锯齿，叶片两面同色，幼时被柔毛。雄花序常数个集生于当年生枝下部叶腋，有花1～3朵，花柱30壳斗杯形，包着坚果约1/2，连小苞片直径2～4 cm，高约1.5 cm；小苞片钻形或扁条形，向外反曲，被灰白色绒毛。坚果卵形或椭圆形，直径1.5～2 cm，高1.7～2.2 cm，顶端圆形，果脐突起。花期3～4月，果期翌年9～10月。

**【生长习性】**生于海拔60～2200 m的山地阳坡。喜光，对土壤条件要求不严，耐干旱、瘠薄，亦耐寒。宜酸性土壤，亦适石灰岩钙质土。抗污染、抗尘土、抗风能力都较强。

**【芳香成分】茎**：周敬林等（2017）用乙醇浸提-石油醚萃取法提取的辽宁沈阳产麻栎干燥树皮精油的主要成分为：邻苯二甲酸二丁酯（61.17%）、己二酸二(2-乙基己)酯（12.12%）、氰乙酸叔丁酯（6.18%）、油酸酰胺（4.61%）、1-二十二烯（2.37%）、叶绿醇（1.81%）、亚油酸（1.64%）、角鲨烯（1.64%）、硬脂酸（1.54%）、十六碳酰胺（1.04%）等。王慧等（2012）用顶空固相微萃取法提取的云南产麻栎木材挥发油的主要成分为：糠醛（20.54%）、乙酸（9.77%）、丙烯酸丁酯（4.17%）、壬醛（3.25%）、葵醛（2.56%）、己醛（1.91%）、苯乙烯（1.36%）、雪松醇（1.21%）、丁酸丁酯（1.09%）、(Z)-2-壬烯醛（1.06%）等。

**叶**：周敬林等（2017）用乙醇浸提-石油醚萃取法提取的辽宁沈阳产麻栎干燥叶精油的主要成分为：邻苯二甲酸

二丁酯（45.11%）、己二酸二(2-乙基己)酯（11.38%）、叶绿醇（8.71%）、9,12,15-十八烷三烯酸甲酯（5.67%）、维生素E（3.43%）、油酸酰胺（1.97%）、(1R)-(+)-顺-蒎烷（1.59%）、1-十六炔（1.38%）、1-二十二烯（1.30%）、二十五烷（1.09%）、4-羟基-4-甲基-2-戊酮（1.06%）等。

【利用】果实、树皮、叶入药，树皮有收敛、止泻的功效，主治久泻痢疾；果实有解毒消肿的功效，治乳腺炎。种子可酿酒和作饲料，油制肥皂；可提取淀粉作饲料和工业用。壳斗、树皮可提取栲胶。木材供建筑、枕木、车船、家具、桥梁、地板、机械等用材，可以种植香菇和木耳。叶可饲柞蚕。可作庭荫树、行道树，也是营造防风林、防火林、水源涵养林的乡土树种。

# 🌸 蒙古栎

*Quercus mongolica* Fisch. ex Ledeb.

**壳斗科　栎属**

**别名：** 蒙栎、柞栎、柞树、橡树

**分布：** 黑龙江、吉林、辽宁、内蒙古、山东、山西、河北等地

【形态特征】落叶乔木，高达30 m，树皮灰褐色，纵裂。幼枝紫褐色，有棱。顶芽长卵形，微有棱，芽鳞紫褐色，有缘毛。叶片倒卵形至长倒卵形，长7～19 cm，宽3～11 cm，顶端短钝尖或短突尖，基部窄圆形或耳形，叶缘7～10对钝齿或粗齿。雄花序生于新枝下部，长5～7 cm；花被6～8裂；雌花序生于新枝上端叶腋，长约1 cm，有花4～5朵，通常只1～2朵发育，花被6裂，壳斗杯形，包着坚果1/3～1/2，直径1.5～1.8 cm，高0.8～1.5 cm，壳斗外壁小苞片三角状卵形，呈半球形瘤状突起，密被灰白色短绒毛，边缘呈流苏状。坚果卵形至长卵形，直径

1.3～1.8 cm，高2～2.3 cm，果脐微突起。花期4～5月，果期9月。

【生长习性】生于海拔200～2100 m的山地，常在阳坡、半阳坡形成小片纯林或混交林。喜温暖湿润气候，也能耐一定寒冷和干旱，茎叶生长的适宜温度为23～30 ℃。对土壤要求不严，酸性、中性或石灰岩的碱性土壤上都能生长，耐瘠薄，不耐水湿。

【精油含量】水蒸气蒸馏果实的得油率为0.13%。

【芳香成分】叶：王耀辉等（2006）用水蒸气蒸馏法提取的吉林产蒙古栎新鲜叶精油的主要成分为：二十七烷（18.89%）、

3-甲氧基-1,2-丙二醇（16.05%）、二十三烷（15.81%）、二十五烷（13.24%）、二十烷（4.40%）、二十一烷甲酯（3.70%）、8,11,14-二十碳三烯酸（3.32%）、二十八烷（3.25%）、二十四烷（2.69%）、二十六烷（2.28%）、2,6-二特丁基对甲酚（2.22%）、6,10,14-三甲基-2-十五碳酮（2.00%）、二十二烷（1.23%）等。

果实：黎勇等（1997）用水蒸气蒸馏法提取的黑龙江伊春产蒙古栎果实精油的主要成分为：正十八烷（11.96%）、正十九烷（11.45%）、正十七烷（8.28%）、正二十烷（7.53%）、2,3-二甲基-1,4-己二烯（5.75%）、正十六烷（5.34%）、3-庚烯-2-酮（4.29%）、正二十一烷（4.11%）、顺-9-十八烯-1-醇（3.60%）、7-己基-十三烷（3.43%）、2,6,10,14-四甲基-十六烷（3.29%）、1,2,3,3a,4,5,6,7-八氢-α,α,3,8-四甲基-5-荧甲醇（3.08%）、2-甲基-十七烷（2.68%）、7-乙基-2-甲基-4-十一醇（2.58%）、正二十二烷（2.41%）、1,3-二甲基-1H-吡唑（2.34%）、2-甲基-十八烷（2.31%）、2,6,10,14-四甲基-十五烷（2.27%）、1-十六醇（1.93%）、2-呋喃甲醇（1.66%）、2,6,10,14-四甲基-十七烷（1.61%）、2-氧代丙酸（1.44%）、正十五烷（1.38%）、4-甲基-1-戊烯-3-酮（1.33%）等。

【利用】是营造防风林、水源涵养林及防火林的优良树种。园林中可作园景树或行道树。木材可供车船、建筑、坑木等用材，压缩木可供作机械零件。叶可饲柞蚕。种子可酿酒、作饲料或提取淀粉。树皮入药，有收敛止泻及治痢疾之效。

# ❀ 栗
*Castanea mollissima* Blume

壳斗科　栗属
别名：板栗、魁栗、毛栗、凤栗
分布：除青海、宁夏、新疆、海南外，全国各地

【形态特征】高达 20 m 的乔木，胸径 80 cm，冬芽长约 5 mm，小枝灰褐色，托叶长圆形，长 10～15 mm，被疏长毛及鳞腺。叶椭圆至长圆形，长 11～17 cm，宽稀达 7 cm，顶部短至渐尖，基部近截平或圆，或两侧稍向内弯而呈耳垂状，常一侧偏斜而不对称，新生叶的基部常狭楔尖且两侧对称，叶背被星芒状伏贴绒毛或因毛脱落变为几无毛；叶柄长 1～2 cm。雄花序长 10～20 cm，花序轴被毛；花 3～5 朵聚生成簇，雌花 1～5 朵发育结实，花柱下部被毛。成熟壳斗的锐刺有长有短，有疏

有密，密时全遮蔽壳斗外壁，疏时则外壁可见，壳斗连刺径 4.5～6.5 cm；坚果高 1.5～3 cm，宽 1.8～3.5 cm。花期 4～6 月，果期 8～10 月。

【生长习性】见于平地至海拔 2800 m 的山地。适应性强，抗旱抗涝，耐瘠薄。适于在年均温 10～17 ℃，生长期的日均温 10～20 ℃，冬季温度在 -25 ℃ 以内，开花期适温为 17～27 ℃，果实增大期平均气温在 20 ℃ 以上的地区生长。年降雨量在 500～1000 mm 的地方最适合。喜光，生育期间要求充足的光照。适宜在含有机质较多通气良好的砂壤土上生长，适宜的 pH 范围为 4～7，最适为 5～6 的微酸性土壤。

【精油含量】水蒸气蒸馏干燥花的得油率为 0.62%；微波辅助水蒸气蒸馏干燥花的得油率为 0.65%；超临界萃取干燥花的得油率为 1.16%。

【芳香成分】叶：闫争亮等（2012）用同时蒸馏萃取法提取的云南永仁产栗新鲜叶精油的主要成分为：3-己烯-1-醇（33.98%）、3-己烯乙酸酯（14.66%）、壬醛（5.63%）、橙花叔醇（5.08%）、香叶醇（4.80%）、芳樟醇（2.70%）、水杨酸甲酯（2.33%）、α-桉叶油醇（1.95%）、2-癸烯醛（1.82%）、苯甲醇（1.61%）、苯乙醛（1.41%）、γ-松油烯（1.11%）、α-芹子烯（1.11%）、2,6,6-三甲基-1,3-环己二烯-1-甲醛（1.04%）、1-辛醇（1.02%）、苯乙酮（1.00%）等。

花：魏宾等（2014）用水蒸气蒸馏法提取分析了河北迁西产不同品种栗新鲜雄性花序精油的成分，'紫珀'的主要成分为：α-甲基苯甲醇丙酸酯（39.97%）、3-己烯-1-醇（14.78%）、橙花醇（14.35%）、苯乙酮（7.32%）、壬醛（5.16%）、芳樟醇（3.06%）、α-苯乙醇（2.82%）、苯甲醇（2.39%）、苯乙

醛（2.05%）、二十四烷（1.26%）、金合欢烯（1.06%）等；'燕龙'的主要成分为：α-甲基苯甲醇丙酸酯（35.82%）、橙花醇（18.38%）、3-己烯-1-醇（12.26%）、苯乙酮（8.84%）、壬醛（4.99%）、二十四烷（4.24%）、芳樟醇（3.38%）、金合欢烯（2.49%）、苯甲醇（2.10%）、苯乙醛（1.59%）、壬醇（1.44%）等；'燕魁'的主要成分为：α-甲基苯甲醇丙酸酯（23.63%）、橙花醇（16.22%）、3-己烯-1-醇（12.95%）、3-甲基-1-戊醇（11.51%）、壬醛（10.92%）、芳樟醇（9.04%）、苯乙酮（5.02%）、十一醛（2.56%）、α-松油醇（1.79%）、二十四烷（1.73%）、水杨酸甲酯（1.36%）等；'早丰'的主要成分为：α-甲基苯甲醇丙酸酯（25.26%）、橙花醇（16.16%）、3-己烯-1-醇（14.97%）、苯乙酮（13.31%）、3-甲基-1-戊醇（9.65%）、壬醛（5.63%）、芳樟醇（4.74%）、壬醇（1.49%）、二十四烷（1.38%）、十一醛（1.33%）、苯乙醛（1.30%）、α-苯乙醇（1.25%）、苯甲醇（1.13%）等。

果实：许剑平等（2004）用水蒸气蒸馏法提取的新鲜内果皮（仁衣）精油的主要成分为：3-甲基-2-丁醇（32.02%）、邻苯二甲酸二乙酯（18.06%）、E-3-苯基-2-丙烯酸（6.89%）、十六碳酸乙酯（5.23%）、2,5-己二酮（3.60%）、苯甲酸（3.44%）、乙基环己烷（3.41%）、邻苯二甲酸二异丁酯（2.98%）、邻苯二甲酸二丁酯（2.97%）、三丁基磷酸酯（2.93%）、1,1-二乙氧基乙烷（2.58%）、邻苯二甲酸二甲酯（2.13%）、十八碳酸乙酯（1.86%）等。梁建兰等（2013）用有机溶剂萃取法提取分析了河北唐山产不同品种栗新鲜果仁的精油成分，'大板红'的主要成分为：1-羟基-2-丙酮（16.39%）、2-羟基-γ-丁酸酮（10.06%）、乙酸（5.29%）、5-羟甲基-2-呋喃甲醛（4.84%）、1,3-二羟基丙酮二聚体（4.57%）、4-羟基-2,5-二甲基-3(2H)-呋喃酮（2.76%）、2,4,5-咪唑啉三酮（1.21%）等；'迁优一号'的主要成分为：乙酸（14.65%）、5-羟甲基-2-呋喃甲醛（9.27%）、2-羟基-γ-丁酸酮（8.28%）、1,3-二羟基丙酮二聚体（8.20%）、4-羟基-2,5-二甲基-3(2H)-呋喃酮（2.48%）、2,3-二氢-3,5-二羟基-6-甲基-4H-吡喃-4-酮（1.75%）、糠醛（1.60%）、甲酸（1.21%）、2-呋喃甲醇（1.19%）、丁内酯（1.11%）等；'紫珀'的主要成分为：乙酸（14.23%）、2-羟基-γ-丁酸酮（7.97%）、5-羟甲基-2-呋喃甲醛（7.61%）、1,3-二羟基丙酮二聚体（7.32%）、环丁醇（2.80%）、4-羟基-2,5-二甲基-3(2H)-呋喃酮（2.40%）、乙基-α-D-吡喃葡萄糖苷（1.39%）、亚油酸（1.34%）、糠醛（1.28%）、2,3-二氢-3,5-二羟基-6-甲基-4H-吡喃-4-酮（1.26%）、2-(羟甲基)-3,7-二氧双环[4.1.0]庚烷-4,5-二醇（1.26%）、甲酸（1.20%）等。王圣仪等（2018）用顶空固相微萃取法提取的河北迁西产'早丰'栗新鲜果实香气的主要成分为：肉豆蔻酸异丙酯（34.67%）、萘（8.34%）、癸醛（8.02%）、壬醛（5.82%）、丁酸丁酯（5.17%）、丙酸-2-甲基-1-(1,1-二甲基乙基)-2-甲基-1,3-丙烷乙二基酯（4.46%）、2,6～2-(1,1-二甲基乙基)-4-(1-酸)苯酚（3.95%）、香叶基丙酮（3.90%）、5,6,7-三甲氧基-1～2,3-二氢-1-茚酮（3.82%）、1-十二醇（3.67%）、甲氧基苯基肟（2.63%）、丙酸-2-甲基-2,2-二甲基-1-(2-羟基-1-甲基乙基)-丙酯（2.54%）、棕榈酸甲酯（2.52%）、正辛醇（2.33%）、邻苯二甲酸,丁基-2-庚酯（2.03%）、正十九烷（1.51%）、2,4,6-三甲基-辛烷（1.42%）、邻苯二甲酸-5-甲基-2-己基-十七烷基酯（1.40%）、正癸醇（1.06%）等。

【利用】栗实为坚果，既可生食、炒食和煮食，又能制成糕点、糖果等，还可如菜肴。木材为优质材。壳斗及树皮富含没食子类鞣质。叶可作蚕饲料。各部分均可入药，根或根皮可行气止痛、活血调经，主治疝气偏坠、牙痛、风湿痹痛、月经不调等症；叶有清肺止咳、解毒消肿的功效，可做收敛剂，治百日咳、肺结核、咽喉肿痛、肿毒、漆疮；总苞可清热散结、化痰、止血、治丹毒、瘰疬痰核、百日咳、中风不语、便血；花或花序可清热燥湿、止血、散结，治泄泻、痢疾、带下、便血、瘰疬、瘿瘤；外果皮可降逆化痰、清热散结、止血，治反胃、消渴、咳嗽多痰、百日咳、腮腺炎、瘰疬、便血；内果皮可散结下气、养颜，治骨鲠、瘰疬、反胃、面有皱纹；种仁可益气健脾、补肾强筋、活血消肿、止血，治脾虚泄泻、反胃呕吐、脚膝酸软、筋骨折伤肿痛、瘰疬、吐血、衄血、便血。

## ❀ 苦槛蓝
*Myoporum bontioides* (Sieb. et Zucc.) A. Gray

**苦槛蓝科　苦槛蓝属**
**别名：**苦槛盘、海菊花
**分布：**浙江、广东、广西、海南、福建、台湾、香港

【形态特征】常绿灌木，高1～2 m。小枝具叶痕，淡褐色。叶互生；叶片软革质，稍多汁，狭椭圆形、椭圆形至倒披针状椭圆形，长5～10 cm，宽1.5～3.5 cm，先端急尖或短渐尖，常

具小尖头，全缘，基部渐狭。聚伞花序具2～4朵花，或为单花，腋生。花萼5深裂，裂片卵状椭圆形或三角状卵形，长4～5mm，先端急尖，质厚，微具腺点。花冠漏斗状钟形，檐直径约3cm，略反曲，5裂，白色，有紫色斑点；筒长12～15mm；裂片长8mm，卵形至宽长圆形，先端钝圆。核果卵球形，长1～1.5cm，先端有小尖头，熟时紫红色，多汁，干后具5～8条纵棱，内含5～8个种子。花期4～6月，果期5～7月。

【生长习性】生于海滨潮汐带以上沙地或多石地灌丛中。具有很强的耐霜冻、耐干旱、耐盐碱和耐火能力。适合于半干旱地区和沿海平原沙地种植。

【精油含量】水蒸气蒸馏叶的得油率为0.16%，枝叶的得油率为0.36%。

【芳香成分】何庭玉等（2005）用水蒸气蒸馏法提取的广东雷州产苦槛蓝叶精油的主要成分为：1-甲基-5-羧酸-螺[2.3]己烷·盖基醚（20.18%）、4-甲基-1-(5-甲基-2,3,4,5-四氢-5-[2,3′-双呋喃基])-2-戊酮（16.73%）、4-甲基-3-异丙基苯酚（6.89%）、1-辛烯-3-醇（6.63%）、γ-榄香烯（4.93%）、3,7,11-三甲基-2,6,10-十二碳三烯-1-醇（4.50%）、α-石竹烯（3.19%）、1-[5-(3-呋喃基)四氢-2-甲基-2-呋喃基]-4-甲基-3-戊烯-2-酮（2.24%）、1-甲基-1-乙烯基-2,4-二(1-甲基乙烯基)环己烷（1.80%）、1-甲基-5-亚甲基-8-(1-甲基乙基)-1,6-环癸二烯（1.72%）、(-)-斯巴醇（1.68%）、(E)-2-己烯-1-醇（1.43%）、(+)-绿花白千层醇（1.27%）、6-甲基-2,4-庚二酮（1.26%）、(1S-顺)-4,7-二甲基-1-(1-甲基乙基)-1,2,3,5,6,8a-6H-萘（1.01%）等。

【利用】根药用，可治疗肺病及湿病。茎叶可为解毒剂，有解诸毒之效。精油可用作香料。

供庭园观赏。可用于固定砂质土壤，防止水土流失。可用作蜜源植物。

## 牛耳朵
*Chirita eburnea* Hance

苦苣苔科　唇柱苣苔属

别名：石三七、石虎耳、爬面虎、山金兜菜、岩青菜

分布：广西、广东、湖南、湖北、四川、贵州

【形态特征】多年生草本，具粗根状茎。叶均基生，肉质；叶片卵形或狭卵形，长3.5～17cm，宽2～9.5cm，顶端微

尖或钝，基部渐狭或宽楔形，全缘，两面均被贴伏的短柔毛。聚伞花序不分枝或一回分枝，每花序有1～17花；苞片2，对生，卵形、宽卵形或圆卵形，长1～4.5cm，宽0.8～2.8cm，密被短柔毛。花萼长0.9～1cm，5裂达基部，裂片狭披针形，宽2～2.5mm，外面被短柔毛及腺毛，内面被疏柔毛。花冠紫色或淡紫色，有时白色，喉部黄色，长3～4.5cm，两面疏被短柔毛，与上唇2裂片相对有2纵条毛。蒴果长4～6cm，粗约2mm，被短柔毛。花期4～7月。

【生长习性】生于石灰山林中石上或沟边林下，海拔100～1500m。适应能力较强，不耐高温严寒。

【芳香成分】陈文娟等（2009）用石油醚萃取法提取的广西桂林产牛耳朵新鲜全草精油的主要成分为：亚油酸乙酯（10.86%）、油酸乙酯（9.46%）、十四烷酸乙酯（9.15%）、β-谷甾醇（6.99%）、n-棕榈酸（4.89%）、2-甲基-9,10-蒽醌二酮（4.78%）、全顺-2,6,10,15,19,23-六甲基-2,6,10,14,18,22-二十四烷六烯（4.34%）、(Z,Z)-9,12十八碳二烯酸（4.21%）、2,2'-双异亚丙基-3-甲基苯并呋喃（3.64%）、(Z,Z)-9,17-十八二烯醛（2.82%）、十七烷酸乙酯（2.81%）、[S-(R*,S*)]-2,10-二甲基-二十五烷酸甲酯（2.32%）、(Z,Z)-2-甲基-3,13-十八碳二烯醇（2.13%）、γ-生育酚（1.90%）、4～2-氨甲酰基-2-氰基-乙烯胺-安息香酸乙酯（1.89%）、十八碳二烯酸乙酯（1.52%）、9-乙基-十六烯酸酯（1.51%）、2-(1-羟乙基)-1,6-二甲基-呋喃并[2,3-H]香豆素（1.51%）、十三烷酸（1.11%）、1,2-苯二甲酸-2-乙基己基酯（1.07%）、十六烷酸乙酯（1.07%）等。

【利用】民间全草供药用，有清肺止咳等效。根茎药用，有清肺、止血、解毒的功效，治肺结核。嫩叶可作蔬菜食用。

## 吊石苣苔
*Lysionotus pauciflorus* Maxim.

苦苣苔科　吊石苣苔属

别名：白棒头、巴岩草、产后茶、大姜豆、地枇杷、肺红草、蜂子花、瓜子菜、瓜子草、黑乌骨、接骨生、千锤打、山泽兰、石花、石吊兰、石豇豆、石三七、岩泽兰、石杨梅、小泽兰、岩罗汉、岩头三七、岩豇豆、岩茶、岩石兰、竹勿刺

分布：云南、江苏、浙江、安徽、江西、福建、台湾、湖北、湖南、广东、广西、四川、贵州、陕西

【形态特征】小灌木。茎长7～30 cm。叶3枚轮生，有时对生；叶片革质，形状变化大，线形、线状倒披针形、狭长圆形或倒卵状长圆形，少有为狭倒卵形或长椭圆形，长1.5～5.8 cm，宽0.4～2 cm，顶端急尖或钝，基部钝、宽楔形或近圆形，边缘有少数牙齿或小齿，有时近全缘。花序有1～5花；苞片披针状线形，长1～2 mm。花萼长3～5 mm，5裂达或近基部；裂片狭三角形或线状三角形。花冠白色带淡紫色条纹或淡紫色，长3.5～4.8 cm；筒细漏斗状，长2.5～3.5 cm；上唇长约4 mm，2浅裂，下唇长10 mm，3裂。蒴果线形，长5.5～9 cm，宽2～3 mm。种子纺锤形，长0.6～1 mm，毛长1.2～1.5 mm。花期7～10月。

【生长习性】生于丘陵或山地林中或阴处石崖上或树上，海拔300～2000 m。

【芳香成分】李计龙等（2011）用有机溶剂-水蒸气蒸馏法提取的贵州遵义产吊石苣苔全草精油的主要成分为：芳樟醇（13.94%）、1-辛烯-3-醇（7.28%）、己醛（4.17%）、苯乙醛（3.16%）、2-羟基苯甲酸甲基酯（2.96%）、3-辛醇（2.90%）、二异丁基邻苯二甲酸酯（2.68%）、反式-金合欢烯（2.61%）、香叶基丙酮（2.44%）、2-正戊基呋喃（2.40%）、α-松油醇（2.39%）、反式-2-己烯醛（2.23%）、六氢假紫罗兰酮（2.23%）、反式芳樟醇氧化物（1.81%）、植醇（1.80%）、壬醛（1.71%）、乙烯戊酮（1.68%）、(+)-香橙烯（1.62%）、芳-姜黄烯（1.49%）、β-姜黄酮（1.44%）、橙花叔醇（1.42%）、β-紫罗兰酮（1.34%）、γ-依兰油烯（1.28%）、正庚醛（1.20%）、香叶醇（1.13%）、(+)-桥-二环倍半水芹烯（1.11%）、(+)-新异胡薄荷醇（1.03%）、3-苯基-2-丙烯酸乙酯（1.00%）等。

【利用】全草入药，有清热利湿、祛痰止咳、消积止痛、活血调经的功效，主治咳嗽、支气管炎、风湿性关节炎、痢疾钩端螺旋体病、小儿疳积、崩带、烫伤、劳伤；用于治肺热咳嗽、吐血、痢疾、跌打损伤、月经不调、崩漏、带下病。

# 🌼 红花芒毛苣苔
*Aeschynanthus moningeriae* (Merr.) Chun

苦苣苔科　芒毛苣苔属
别名：红花苦苣藤
分布：广东、海南

【形态特征】小灌木。茎长1～2 m。叶对生；叶片纸质，狭椭圆形、椭圆形、稀长圆形或狭长圆形，长7～12 cm，宽1.8～5.2 cm，顶端渐尖，基部宽楔形或楔形，全缘。花序具长梗，有5～7花；苞片对生，宽卵形，长约6 mm。花萼长约4 mm，5裂近基部，裂片长方状卵形，宽2.5～3 mm，顶端圆形。花冠红色，下唇有3条暗红色纵纹，长约3.5 cm，内面有稀疏短柔毛；筒长约3.4 cm，上部粗6 mm，下部粗4 mm；上唇长约6 mm，2浅裂，下唇近等长，3深裂，裂片狭卵形。蒴果线形，长12～28 cm，无毛。种子纺锤形，长约0.8 mm，每端各有1根长2.8～5 mm的毛。花期9月至翌年1月。

【生长习性】生于山谷林中或溪边石上，海拔800～1200 m。

【芳香成分】王广华等（2010）用固相微萃取法提取的海南三亚产红花芒毛苣苔干燥茎叶挥发油的主要成分为：[2R-(2à,4aà,8aá)]-4a,8-二甲基-2-(1-甲基乙烯基)-1,2,3,4,4a,5,6,8a-八氢化萘（12.80%）、2-呋喃甲醛（9.04%）、D-柠檬油精（8.14%）、4a,8-二甲基-2-(1-甲基乙烯基)-1,2,3,4,4a,5,6,7-八氢化萘（7.35%）、3-羟基-1辛烯（6.03%）、2-己烯醛（5.14%）、[4aR-(4aà,7à,8aá)]-4a-甲基-1-亚甲基-7-(1-甲基乙烯基)十二氢化萘（4.18%）、[1S-(1à,7à,8aà)]-1,8a-二甲基-7-(1-甲基乙烯基)-1,2,3,5,6,7,8,8a-八氢化萘（3.19%）、

[1S-(1à,2á,4á)]-1-甲基-1-乙烯基-2,4-二(1-甲基乙烯基)环己烷（3.18%）、庚基过氧化氢（3.07%）、1-甲基丁基环氧乙烷（2.28%）、2-甲基-2羟基丙腈（2.07%）、柏木烯（1.85%）、甲基丁二酸-二(1-甲基丙基)酯（1.80%）、香木兰烯（1.75%）、1-氯代十四烷（1.75%）、4,5-脱氢异长叶烯（1.68%）、十六烷（1.61%）、戊醛（1.55%）、棕榈酸（1.37%）、2-戊基呋喃（1.15%）、3,7-二甲基-3-羟基-1,6辛二烯（1.09%）、木香烃内酯（1.09%）、3-氢大马酮（1.08%）、5-甲基己醛（1.04%）等。

【利用】全草药用，具有显著的抑菌、抗炎、抗病毒、止咳、祛痰、平喘及抗蛇毒活性，对于各种炎症、咳喘、疮疖、风湿、跌打、烫伤、蛇虫咬伤及妇科疾病都有较好的疗效。

## 🌸 臭椿

*Ailanthus altissima* (Mill.) Swingle

| |
|---|
| 苦木科　臭椿属 |
| **别名：** 椿皮、椿根皮、樗白皮、樗根皮、臭椿皮、大果臭椿 |
| **分布：** 除黑龙江、吉林、新疆、青海、宁夏、甘肃、海南外，全国各地 |

【形态特征】落叶乔木，高可达20余m，树皮平滑而有直纹。叶为奇数羽状复叶，长40～60 cm，有小叶13～27；小叶对生或近对生，纸质，卵状披针形，长7～13 cm，宽2.5～4 cm，先端长渐尖，基部偏斜，截形或稍圆，两侧各具1或2个粗锯齿，齿背有腺体1个，叶面深绿色，叶背灰绿色，柔碎后具臭味。圆锥花序长10～30 cm；花淡绿色；萼片5，覆瓦状排列，裂片长0.5～1 mm；花瓣5，长2～2.5 mm，基部两侧被硬粗毛。翅果长椭圆形，长3～4.5 cm，宽1～1.2 cm；种子位于翅的中间，扁圆形。花期4～5月，果期8～10月。

【生长习性】喜生于向阳山坡或灌丛中，海拔100～2000 m。能耐干旱及盐碱，对有毒气体的抗性较强。喜光，不耐阴。适应性强，除黏土外，各种土壤和中性、酸性及钙质土都能生长，在石灰岩地区生长良好，适生于深厚、肥沃、湿润的砂质土壤，pH适宜范围为5.5～8.2。耐寒，耐旱，不耐水湿。在年平均气温12～15 ℃、年降雨量550～1200 mm范围内最适生长。

【精油含量】水蒸气蒸馏干燥根皮的得油率为0.15%，果实的得率为2.10%；超临界萃取干燥果实的得油率为12.60%。

【芳香成分】根：娄方明等（2011）用水蒸气蒸馏法提取的干燥根皮精油的主要成分为：(+)-斯巴醇（11.59%）、顺-α-可巴烯-8-醇（8.37%）、α-胡椒烯（5.87%）、Δ-杜松烯（5.76%）、α-荜澄茄油烯（4.40%）、双环大根叶烯（3.89%）、tau-木罗醇（3.79%）、α-杜松醇（3.77%）、Δ-榄香烯（3.10%）、桉烷-4(14),11-二烯（3.10%）、香叶烯D（2.52%）、(+)-β-愈创木烯（2.40%）、Δ-古芸烯（2.40%）、β-榄香烯（1.94%）、绿花倒提壶醇（1.79%）、樟脑（1.59%）、1,2,3,4,4a,5,6,8a-八氢-7-甲基-4-亚甲基-1-(1-甲基乙基)-萘（1.40%）、γ-桉叶烯（1.22%）、Δ-芹子烯（1.17%）、α-依兰油烯（1.16%）、石竹烯（1.13%）、2-异

丙基-5-甲基-9-甲基-双环[4.4.0]十二-1-烯（1.11%）、异匙叶桉油醇（1.01%）等。

叶：李大鹏等（2013）用同时蒸馏萃取法提取的北京产臭椿新鲜叶精油的主要成分为：石竹烯（13.77%）、水杨基（邻羟苄基）酸甲酯（12.34%）、1,3-二(1-甲基乙基)-1,3-环戊二烯（12.07%）、(Z)-3,7-二甲基-1,3,6-辛三烯（11.76%）、α-法呢烯（6.96%）、(E,Z)-2,6-二甲基-2,4,6-辛三烯（6.24%）、1-甲基-4-(1-甲基乙基)-1,4-环己二烯（4.37%）、β-月桂烯（3.61%）、1-甲基-5-亚甲基-8-(1-甲基乙基)-1,6-环癸二烯（3.50%）、(E)-3,7-二甲基-1,3,6-辛三烯（3.24%）、2,5,5-三甲基-1,3,6-庚三烯（2.61%）、(E)-3-己烯基酯丁酸（2.48%）、2-异丙基-5-甲基-9-亚甲基-二环[4.4.0]癸-1-烯（2.33%）、(S)-1-甲基-4-(5-甲基-1-亚甲基-4-己烯基)环己烯（2.33%）、β-蒎烯（1.36%）、6,6-二甲基-2-亚甲基-二环[3.1.1]庚烷（1.10%）、α-荜澄茄油烯（1.09%）、1-乙烯基-1-甲基-2,4-二(1-甲基乙烯基)环己烷（1.02%）等。姬晓悦等（2018）用顶空固相微萃取法提取的江苏南京产臭椿新鲜叶精油的主要成分为：乙酸叶醇酯（88.77%）、叶醇（9.03%）等。

果实：吕金顺等（2003）用水蒸气蒸馏法提取的甘肃天水产臭椿果实精油的主要成分为：亚油酸（19.17%）、蓖麻酸甲酯（12.80%）、E-油酸（8.31%）、蓖麻油酸（6.21%）、棕榈酸（4.62%）、二十八烷（3.93%）、23-羟基麦角甾烷（3.48%）、二十五烷（3.27%）、麦角甾烷-22-甲基-23-酮（3.11%）、麦角甾烷-24-甲基-23-酮（2.72%）、胆甾烷（2.68%）、2,21-二甲基二十二烷（2.48%）、二十六烷（2.25%）、10-甲基二十烷（2.00%）、28～17α( H)-何帕烷（1.96%）、二十三烷（1.59%）、2-甲基二十三烷（1.26%）、麦角甾烷-23-酮（1.12%）、麦角甾烷-28-醇（1.10%）、2,6,11-三甲基二十烷（1.02%）、2,6,10,14-四甲基十六烷（1.02%）等。

【利用】木材是桥梁、建筑和家具制作的优良用材，也是造纸的优质原料。茎皮纤维制人造棉和绳索。茎皮含树胶。叶可以饲养樗蚕。叶浸出液可作土农药。种子可榨油，残渣可作肥料。树皮、根皮、果实均可入药，有小毒，具有清热燥湿、收涩止带、止泻、止血的功效，用于治痢疾、便血、淋病、疟疾、哮喘等。叶不能食用。是良好的观赏树和行道树，是水土保持和盐碱地绿化的好树种，也用做嫁接红叶椿的砧木。

# 苦树
*Picrasma quassioides* (D. Don) Benn.

**苦木科　苦树属**
**别名**：苦木、苦楝树、苦檀木、苦皮树、黄楝树、熊胆树
**分布**：黄河流域及其以南各地

【形态特征】落叶乔木，高达10余m；树皮紫褐色，平滑，有灰色斑纹，全株有苦味。叶互生，奇数羽状复叶，长15～30 cm；小叶9～15，卵状披针形或广卵形，边缘具不整齐的粗锯齿，先端渐尖，基部楔形，托叶披针形。花雌雄异株，组成腋生复聚伞花序；萼片小，通常5，偶4，卵形或长卵形，外面被黄褐色微柔毛，覆瓦状排列；花瓣与萼片同数，卵形或阔卵形，两面中脉附近有微柔毛；雄花中雄蕊长为花瓣的2倍，与萼片对生，雌花中雄蕊短于花瓣；花盘4～5裂；心皮2～5，分离，每心皮有1胚珠。核果成熟后蓝绿色，长6～8 mm，宽5～7 mm，种皮薄，萼宿存。花期4～5月，果期6～9月。

【生长习性】生于海拔1400～2400 m的湿润山谷、山地杂木林中。

【芳香成分】枝：杨再波等（2011）用微波辅助顶空固相微萃取技术提取的苦树枝精油的主要成分为：枯茗醇（15.42%）、β-甜没药烯（12.73%）、α-佛手柑油烯（10.00%）、反-β-金合欢烯（7.99%）、反式-丁香烯（5.53%）、(-)-石竹烯氧化物（4.31%）、α-荜草烯（2.97%）、3,4-二乙基苯酚（2.83%）、β-倍半水芹烯（2.55%）、α-雪松烯（2.48%）、β-蛇床烯（1.85%）、十五烷（1.81%）、大根香叶烯D（1.79%）、β-古芸烯（1.67%）、β-橄榄烯（1.67%）、δ-杜松烯（1.39%）、(-)-苦木烯环氧化物II（1.28%）、β-榄香烯（1.25%）、3-叔丁基-1,2-二甲氧基苯（1.12%）、(+)-β-柏木萜烯（1.03%）等。

叶：杨再波等（2011）用微波辅助顶空固相微萃取技术提取的苦树叶片精油的主要成分为：枯茗醇（10.73%）、反-β-金合欢烯（8.30%）、α-佛手柑油烯（7.85%）、β-甜没药烯（7.15%）、反式-丁香烯（7.02%）、(-)-石竹烯氧化物（5.09%）、α-荜草烯（3.40%）、α-雪松烯（2.96%）、大根香叶烯D（2.29%）、麝香草酚（1.82%）、β-蛇床烯（1.80%）、β-倍半水芹烯（1.79%）、δ-杜松烯（1.78%）、橙花醇（1.65%）、(-)-苦木烯环氧化物II（1.44%）、十五烷（1.34%）、β-橄榄烯（1.34%）、3,4-二乙基苯酚（1.30%）、香芹酚（1.22%）、香叶醛（1.21%）、β-古芸烯（1.19%）、γ-古芸烯（1.08%）、香芹酚甲醚（1.07%）、

香橙烯（1.04%）、(+)-β-柏木萜烯（1.02%）、β-榄香烯（1.02%）等；叶柄精油的主要成分为：枯茗醇（10.81%）、反式-丁香烯（6.56%）、α-佛手柑油烯（6.30%）、麝香草酚（6.19%）、β-甜没药烯（6.14%）、香芹酚（5.20%）、反-β-金合欢烯（5.09%）、2,4-二（三甲氧基硅）-6,7-次甲二氧基-2H-1,4-苯并噁嗪-3-酮（4.45%）、(-)-石竹烯氧化物（4.07%）、3,4-二乙基苯酚（2.96%）、α-葎草烯（2.50%）、α-雪松烯（2.11%）、β-古芸烯（1.69%）、橙花叔醇（1.67%）、δ-杜松烯（1.56%）、β-橄榄烯（1.53%）、β-月桂烯（1.51%）、大根香叶烯D（1.39%）、β-榄香烯（1.32%）、β-蛇床烯（1.27%）、β-倍半水芹烯（1.20%）、(+)-斯巴醇（1.16%）等。

【利用】木材供制器材。树皮及根皮入药，有毒，能泻湿热、杀虫治疥；为园艺上著名农药，多用于驱除蔬菜害虫。嫩叶可作蔬菜食用。

# 🌸 牛筋果

*Harrisonia perforata* (Blanco) Merr.

**苦木科　牛筋果属**

别名：弓刺、连江簕

分布：福建、广东、海南

【形态特征】近直立或稍攀缓的灌木，高1～2 m，枝条上叶柄的基部有一对锐利的钩刺。叶长8～14 cm，有小叶5～13，叶轴在小叶间有狭翅；小叶纸质，菱状卵形，长2～4.5 cm，宽1.5～2 cm，先端钝急尖，基部渐狭而成短柄，叶面沿中脉被短柔毛，叶背无毛或中脉上有少许短柔毛，边缘有钝齿，有时全缘。花数至10余朵组成顶生的总状花序，被毛；萼片卵状三角形，长约1 mm，被短柔毛，花瓣白色，披针形，长5～6 mm；雄蕊稍长于花瓣，花丝基部的鳞片被白色柔毛；花盘杯状；子房4～5室，4～5浅裂。果肉质，球形或不规则球形，直径1～1.5 cm，无毛，成熟时淡紫红色。花期4～5月，果期5～8月。

【生长习性】常见于低海拔的灌木林和疏林中。

【芳香成分】梁正芬等（2009）用石油醚萃取法提取的海南昌江产牛筋果实精油的主要成分为：顺-9,12-十八碳二烯醇（12.35%）、棕榈酸（9.66%）、Z-9,17-十八碳烯醛（8.97%）、亚油酸（7.97%）、油酸乙酯（5.81%）、β-谷甾醇（4.88%）、亚油酸乙酯（4.11%）、棕榈酸乙酯（3.36%）、β-丁香烯（3.05%）、豆甾醇（1.83%）等。

【利用】根药用，有清热截疟的功效，常用于疟疾。叶有清热解毒的功能，用于眼痛。

# 🌸 鸦胆子

*Brucea javanica* (Linn.) Merr.

**苦木科　鸦胆子属**

别名：老鸦胆、苦榛子、苦参子、鸦胆、鸦蛋子、解苦楝、小苦楝

分布：福建、台湾、广东、广西、海南、云南

【形态特征】灌木或小乔木；嫩枝、叶柄和花序均被黄色柔毛。叶长20～40 cm，有小叶3～15；小叶卵形或卵状披针形，长5～13 cm，宽2.5～6.5 cm，先端渐尖，基部宽楔形至近圆形，通常略偏斜，边缘有粗齿，两面均被柔毛；小叶长4～8 mm。花组成圆锥花序，雄花序长15～40 cm，雌花序长约为雄花序的一半；花细小，暗紫色，直径1.5～2 mm；雄花萼片被微柔毛，长0.5～1 mm，宽0.3～0.5 mm；花瓣长1～2 mm，宽0.5～1 mm；雌花萼片与花瓣与雄花同。核果1～4，分离，长卵形，长6～8 mm，直径4～6 mm，成熟时灰黑色，干后有网纹，外壳硬骨质而脆，种仁黄白色，卵形，有薄膜，味极苦。花期夏季，果期8～10月。

【生长习性】生于海拔950～1000 m的旷野或山麓灌丛中或疏林中及路旁向阳处。喜温暖湿润气候，不耐寒，耐干旱、瘠薄。以选向阳、疏松肥沃、富含腐殖质的砂质壤上栽培为宜。

【精油含量】超临界萃取干燥果实的得油率为9.59%。

【芳香成分】汪洪武等（2011）用水蒸气蒸馏法提取的干燥成熟果实精油的主要成分为：(+)-4-蒈烯（13.40%）、β-香叶烯（11.96%）、黄樟脑（11.46%）、丁香油酚甲醚（6.84%）、2,6-二甲氧基甲苯（4.76%）、甲基胡椒酚（3.31%）、己醇（3.13%）、柠檬烯（3.12%）、α-芹子烯（3.03%）、二十烷（2.65%）、3-蒈烯（2.16%）、薄荷烯醇（2.07%）、丁香烯（1.97%）、肉豆蔻醚（1.48%）、1,2,3-三甲氧基-5-甲苯（1.35%）、叔丁基苯（1.35%）、4,6-二甲基十二烷（1.32%）、β-蒎烯（1.29%）、β-榄香烯（1.28%）、α-水芹烯（1.15%）、优香芹酮（1.11%）、乙苯（1.02%）等。

【利用】种子入药，有清热解毒、止痢疾等功效，能治痢、抗疟，用于治疗久痢、休息痢、疟疾。

## 蜡梅

*Chimonanthus praecox* (Linn.) Link

**蜡梅科　蜡梅属**

**别名：** 臭蜡梅、大叶蜡梅、荷花蜡梅、干枝梅、狗蝇梅、狗矢蜡梅、黄梅、黄梅花、黄金茶、金梅、腊梅、蜡花、蜡梅花、蜡木、拉木、素心蜡梅、馨口蜡梅、麻木柴、梅花、岩子桑、香梅、石凉茶、铁筷子、铁钢叉、瓦鸟柴、唐梅

**分布：** 山东、江苏、安徽、浙江、福建、江西、湖南、湖北、河南、陕西、四川、贵州、云南、广西、广东等地

【形态特征】落叶灌木，高达4 m；幼枝四方形，老枝近圆柱形，灰褐色，有皮孔；鳞芽通常着生于第2年生的枝条叶腋内，芽鳞片近圆形，覆瓦状排列，外面被短柔毛。叶纸质至近革质，卵圆形、椭圆形至卵状椭圆形，有时长圆状披针形，长5～25 cm，宽2～8 cm，顶端急尖至渐尖，有时具尾尖，基部急尖至圆形。花着生于第2年生枝条叶腋内，先花后叶，芳香，直径2～4 cm；花被片圆形、长圆形、倒卵形、椭圆形或匙形，长5～20 mm，宽5～15 mm，内部花被片比外部短，基部有爪。果托近木质化，坛状或倒卵状椭圆形，长2～5 cm，直径1～2.5 cm，具有钻状披针形的被毛附生物。花期11月至翌年3月，果期4～11月。

【生长习性】生于山地林中。喜光，略耐阴。较耐寒，在不低于-15 ℃时能安全越冬。耐干旱，忌水湿，但仍以湿润土壤为好。最宜浓厚肥沃、排水良好的砂壤土。怕风。

【精油含量】水蒸气蒸馏干燥根的得油率为0.40%，茎的得油率为0.05%，茎皮的得油率为0.30%，叶的得油率为0.85%～1.24%，花的得油率为0.02%～0.62%；同时蒸馏萃取新鲜花的得油率为0.57%，干燥花的得油率为0.71%；超临界萃取花的得油率为1.18%。

【芳香成分】根：高源等（2011）用水蒸气蒸馏法提取的贵州贵阳产蜡梅干燥细根精油的主要成分为：棕榈酸（38.50%）、亚油酸（17.00%）、油酸（14.59%）、α-杜松醇（9.03%）氧化石竹烯（5.65%）、十五酸（1.57%）、T-依兰油醇（1.20%）、9-十六烯酸（1.13%）等

茎：周赢等（2011）用水蒸气蒸馏法提取的茎精油的主要成分为：蓖麻油酸（13.43%）、棕榈酸（8.84%）、氧化石竹烯（8.36%）、α-杜松醇（8.35%）、油酸（6.60%）、β-石竹烯（5.79%）、6-杜松萜烯（3.55%）、1,8-桉树脑（2.70%）、T-依兰油醇（2.25%）、α-可巴烯（2.18%）、α-蒎烯（1.76%）、α-白菖考烯（1.71%）、硬脂酸（1.34%）、β-蒎烯（1.25%）、茨

醇（1.21%）、α-荜草烯（1.16%）、草烯氧化物（1.11%）、γ-杜松萜烯（1.00%）等；茎皮精油的主要成分为：1,8-桉树脑（10.45%）、α-杜松醇（6.97%）、β-石竹烯（6.54%）、棕榈酸（5.96%）、蓖麻油酸（4.82%）、氧化石竹烯（4.79%）、α-水芹烯（4.50%）、6-杜松萜烯（4.37%）、r-伞花烃（4.25%）、β-蒎烯（4.04%）、α-可巴烯（3.14%）、t-斯巴醇（2.74%）、α-荜草烯（2.50%）、异香橙烯（2.41%）、T-依兰油醇（2.31）、油酸（2.25%）、莰醇（2.13%）、α-去二氢菖蒲烯（1.86%）、α-白菖考烯（1.86%）、橙花椒醇（1.27%）、里哪醇（1.11%）、香橙烯（1.08%）等。

**叶：**竺叶青等（1987）用水蒸气蒸馏法提取的上海产蜡梅营养期叶精油的主要成分为：龙脑（8.75%）、异龙脑（7.12%）、桉叶素（2.61%）等。樊美余等（2017）用顶空固相微萃取法提取的蜡梅新鲜叶精油的主要成分为：乙酸芳樟酯（27.79%）、石竹烯（14.44%）、大根香叶烯D（6.52%）、β-榄香烯（5.88%）、β-月桂烯（4.67%）、γ-榄香烯（3.30%）、乙酸香叶酯（2.47%）、1,2,3,4,6,8a-六氢-1-异丙基-4,7-二甲基-萘（2.20%）、(-)-马兜铃烯（2.13%）、α-反式罗勒烯（1.90%）、α-石竹烯（1.69%）、2,6-二叔丁基对甲酚（1.33%）、乙酸橙花酯（1.17%）、β-水芹烯（1.14%）、4(10)-侧柏烯（1.02%）等。

**花：**杜永芹等（2013）用水蒸气蒸馏法提取分析了上海产不同品种蜡梅新鲜花的精油成分。其中，'古蜡梅'的主要成分为：石竹烯（31.94%）、β-荜澄茄油萜（16.11%）、β-榄香烯（12.51%）、双环大牻牛儿烯（9.69%）、δ-杜松萜烯（3.80%）、β-杜松萜烯（3.53%）、氧化石竹烯（3.10%）、芳樟醇（2.59%）、τ-杜松醇（1.88%）、(+)-表-双环倍半水芹烯（1.66%）、β-顺-罗勒烯（1.52%）、1,4-杜松二烯（1.43%）、δ-榄香烯（1.28%）、β-侧柏烯（1.17%）、橙花叔醇（1.13%）等；'花蝴蝶'的主要成分为：β-荜澄茄油萜（14.43%）、榄香醇（13.17%）、双环大牻牛儿烯（9.88%）、β-榄香烯（9.11%）、α-杜松醇（8.74%）、δ-杜松萜烯（8.37%）、τ-杜松醇（4.46%）、石竹烯（4.25%）、γ-桉叶油醇（2.81%）、芳樟醇（2.71%）、十九烷（1.49%）、十七烷（1.36%）、9-十九烯（1.36%）、γ-杜松萜烯（1.28%）、顺-9-二十三烯（1.17%）、δ-榄香烯（1.05%）、二十三烷（1.04%）等；'扬州黄'的主要成分为：β-荜澄茄油萜（19.43%）、榄香醇（11.31%）、α-杜松醇（10.95%）、δ-杜松萜烯（9.89%）、β-

榄香烯（9.84%）、石竹烯（8.95%）、τ-杜松醇（8.21%）、双环大牻牛儿烯（5.24%）、γ-桉叶油醇（2.21%）、氧化石竹烯（1.99%）、β-杜松萜烯（1.60%）、卡拉烯（1.32%）、橙花叔醇（1.24%）、α-金合欢烯（1.09%）等；'111-4蜡梅'的主要成分为：石竹烯（25.80%）、榄香醇（17.45%）、芳樟醇（14.29%）、β-榄香烯（7.59%）、τ-杜松醇（4.69%）、β-顺-罗勒烯（4.37%）、γ-桉叶油醇（3.97%）、δ-杜松萜烯（3.62%）、α-杜松醇（3.59%）、双环大牻牛儿烯（3.35%）、氧化石竹烯（2.54%）、β-杜松萜烯（1.98%）、壬醛（1.43%）、(+)-表-双环倍半水芹烯（1.33%）、α-可巴烯（1.15%）、δ-榄香烯（1.12%）、橙花叔醇（1.03%）等。张姝等（2017）用水蒸气蒸馏法提取分析了上海产不同品种蜡梅干燥花瓣精油的成分。其中，'古蜡梅'的主要成分为：(-)-β-石竹烯（9.05%）、γ-榄香烯/异构体（7.57%）、(-)-γ-杜松萜烯（7.54%）、β-榄香烯（6.46%）、(1aR,4S,4aS,7R,7aS,7bS)-1,1,4,7-四甲基十氢-1H-环丙并[e]薁-4-醇（4.19%）、β-杜松萜烯（3.49%）、(-)-反式-丁香烯（2.78%）、α-石竹烯（2.65%）、(+)-雪松醇（2.51%）、α-法呢烯（2.39%）、香榧醇（2.02%）、n-二十五烷（2.00%）、橙花叔醇（1.96%）、2-[(1R,3S,4S)-3-异丙烯基-4-甲基-4-乙烯基环己基]-2-丙醇（1.71%）、亚麻酸甲酯（1.54%）、(13Z)-13-芥酸酰胺（1.49%）、n-二十七烷（1.36%）、1,1,4,7-四甲基十氢-4aH-环丙并[e]薁-4a-醇（1.33%）、(+)-α-长叶蒎烯（1.25%）、油酸酰胺（1.23%）、亚油酸（1.10%）、n-十九烷（1.07%）、n-二十一烷（1.02%）、1,1,6-三甲基-1,2-二氢萘（1.01%）、(-)-β-石竹烯环氧化物/异构体（1.01%）等；'花蝴蝶'的主要成分为：2-[(1R,3S,4S)-3-异丙烯基-4-甲基-4-乙烯基环己基]-2-丙醇（10.40%）、γ-榄香烯/异构体（9.25%）、(+)-雪松醇（7.63%）、(-)-γ-杜松萜烯（6.46%）、β-榄香烯（4.63%）、β-杜松萜烯（3.66%）、(-)-β-石竹烯（2.66%）、匙叶桉油烯醇（2.50%）、橙花叔醇/异构体（2.49%）、(+)-γ-桉叶油醇/异构体（2.38%）、(+)-胡萝卜醇（1.35%）、橙花叔醇（2.31%）、n-二十五烷（1.96%）、亚油酸（1.57%）、(Z)-9-二十三烯（1.46%）、(-)-反式-丁香烯（1.33%）、(-)-β-石竹烯环氧化物/异构体（1.31%）、1-二十二烷醇（1.27%）、1-二十二烷醇（1.17%）、n-二十七烷（1.17%）、(+)-α-长叶蒎烯（1.11%）、Z-13-十八碳烯-1-醇乙酸酯（1.11%）、α-石竹烯（1.10%）、(-)-别香橙烯/异构体（1.09%）等；'扬州黄'的主要成分为：(-)-γ-杜松萜烯（9.60%）、香榧醇（7.08%）、(-)-β-石竹烯（6.78%）、β-杜松萜烯（6.38%）、β-榄香烯（5.47%）、γ-榄香烯/异构体（4.13%）、(1aR,4S,4aS,7R,7aS,7bS)-1,1,4,7-四甲基十氢-1H-环丙并[e]薁-4-醇（2.72%）、(+)-喇叭烯（2.18%）、n-二十五烷（1.81%）、(-)-反式-丁香烯（1.73%）、α-石竹烯（1.71%）、橙花叔醇（1.69%）、橙花叔醇/异构体（1.67%）、α-多罗醇（1.57%）、(+)-γ-桉叶油醇/异构体（1.56%）、(+)-胡萝卜醇（1.39%）、α-法呢烯（1.24%）、1-异丙基-4,7-二甲基-1,2,4a,5,6,8a-六氢萘/异构体（1.23%）、(-)-α-荜澄茄油烯（1.00%）、n-二十七烷（1.00%）等。李琛等（2016）用超临界$CO_2$萃取法提取的湖北竹山产野生'狗牙'蜡梅新鲜花精油的主要成分为：壬醛（12.10%）、芳樟醇（9.15%）、罗勒烯（7.73%）、2-硝基乙醇（6.80%）、β-榄香烯（5.36%）、(-)-异丁香烯（3.55%）、桧烯（3.42%）、(-)-斯巴醇（3.49%）、甲苯（3.15%）、γ-榄香烯（2.38%）、玷㶸烯（2.23%）、大牻牛儿烯D

（1.92%）、（S）-1,2-丙二醇（1.86%）、庚醛（1.75%）、1,7,7-三甲基-双环[2.2.1]庚-2-基酯乙酸（1.43%）、δ-荜澄茄烯（1.30%）、壬酸（1.26%）、（3β,4α）-4-甲基-胆甾-8.24-二烯-3-醇（1.25%）、正辛醛（1.22%）、4-萜烯醇（1.20%）、α-布藜烯（1.20%）、正辛醇（1.18%）、邻-异丙基苯（1.12%）等。蔡宝国等（2016）用顶空固相微萃取法提取的上海产'鄢陵蜡梅'新鲜花香气的主要成分为：苯甲醇（15.72%）、桂醇（13.81%）、乙酸苄酯（9.10%）、榄香醇（8.58%）、反-β-罗勒烯（6.88%）、丁香酚（5.92%）、香叶烯D（4.39%）、癸酸（4.16%）、己醛（3.24%）、乙酸桂酯（2.26%）、桧烯（2.15%）、桂醛（2.10%）、α-水芹烯（1.97%）、柳酸甲酯（1.86%）、δ-杜松烯（1.62%）、邻伞花烃（1.53%）、芳樟醇（1.48%）、异戊烯醇（1.03%）等。郑瑶青等（1990）以XAD-4树脂为吸附剂，用循环吹气吸附法采集的河南鄢陵产'磬口蜡梅'鲜花头香的主要成分为：罗勒烯（64.30%）、芳樟醇（15.10%）、乙酸苯甲酯（5.66%）、邻苯二甲酸特丁基酯（5.63%）、水杨酸甲酯（1.56%）等。

种子：刘志雄等（2008）用超临界$CO_2$萃取法提取的湖南吉首产蜡梅种子精油的主要成分为：蜡梅碱（51.88%）、正-三十五烷（11.49%）、蜡梅二碱（11.43%）、癸二酸（9.67%）、1,1-二乙氧基-3,7-二甲基-2,6-辛二烯（3.40%）、亚油酸甲酯（3.38%）、2,13-二（十八烯）-1-醇（2.90%）、β-榄香烯（1.90%）、3-十六炔（1.82%）、十六烷酸甲酯（1.78%）、氧化石竹烯（1.49%）、正十六(烷)酸（1.48%）、斯巴醇（1.07%）等。

【利用】是冬季赏花的理想名贵花木，广泛地应用于城乡园林绿化。花浸膏、头香为高级香料，是良好的抗菌剂、空气清新剂和调香剂。根、叶可药用，有理气止痛、散寒解毒的功效，治跌打、腰痛、风湿麻木、风寒感冒、刀伤出血。根、茎为镇咳止喘药。花为名贵药材，能解暑生津、顺气止咳，用于治暑热心烦、口渴、百日咳、肝胃气痛、水火烫伤；花浸入生油中，可治疗水火烫伤。果实古称土巴豆，有毒，可以做泻药，不可误食。花可入菜，也可作糖钱和甜点馅料。

# 🌸 柳叶蜡梅
*Chimonanthus salicifolius* Hu

**蜡梅科　蜡梅属**

**分布：** 江西、安徽、浙江

【形态特征】灌木，幼枝条四方形，老枝近圆柱形，被微毛。叶近革质，线状披针形或长圆状披针形，长2.5～13 cm，宽1～2.5 cm，两端钝至渐尖，叶面粗糙，无毛，叶背浅绿色，被不明显的短柔毛，叶缘及脉上被短硬毛；叶柄长3～6 mm，被微毛。花单朵腋生，小，有短梗；花被片、雄蕊和心皮与山蜡梅特征相同。花期8～10月。

【生长习性】生于山地林中。耐旱怕涝，喜肥。

【精油含量】水蒸气蒸馏叶的得油率为0.85%～2.04%；超声辅助水蒸气蒸馏干燥叶的得油率为1.09%；超临界萃取叶的得油率为3.68%。

【芳香成分】茎：沐方芳等（2013）用水蒸气蒸馏法提取的安徽黄山产野生柳叶蜡梅茎精油的主要成分为：亚油酸（11.96%）、棕榈酸（11.38%）、(-)-β-杜松烯（5.10%）、桉叶油醇（4.89%）、大根香叶烯D（4.84%）、β-石竹烯

（4.16%）、（1α,4aα,8aα）-1,2,4a,5,6,8a-六氢-4,7-二甲基-1-异丙基-萘（2.91%）、樟脑（2.43%）、石竹烯氧化物（2.23%）、1,2,3,5,6,7,8,8a-八氢-1-甲基-6-亚甲基-4-(1-甲基乙基)-萘（1.67%）、α-石竹烯（1.63%）、α-松油醇（1.62%）等。

叶：欧阳婷等（2010）用水蒸气蒸馏法提取的浙江丽水产柳叶蜡梅干燥叶精油的主要成分为：反式-(+)-5-蒈烷醇（61.45%）、α-蒎烯（5.42%）、(Z)-2-(3,3-二甲基亚环己烯基)乙醇（4.80%）、1,4-对蓋二烯（2.12%）、罗勒烯（1.84%）、石竹烯（1.66%）、(Z)-2-(3,3-二甲基亚环己烯基)乙醇（1.58%）、3,4-二甲基苯甲醇（1.54%）、α-松油醇（1.52%）、β-蒎烯（1.28%）、1,2,3,4,5,6,7,8八氢化-α,α-3,8-四甲基-5-奥甲醇（1.20%）、β-荜澄茄油烯（1.10%）等。周婧等（2013）用超声辅助水蒸气蒸馏法提取的安徽黄山产野生柳叶蜡梅干燥叶精油的主要成分为：桉树脑（28.46%）、龙脑（10.45%）、δ-杜松烯（4.04%）、α-蒎烯（4.07%）、α-萜品醇（4.02%）、大根香叶烯D（3.89%）、α-荜澄茄醇（3.73%）、β-石竹烯（2.83%）、3,7,11,11-四甲基二环[8.1.0]-2,6-十一碳烷二烯（2.47%）、莰烯（1.88%）、D-柠檬烯（1.59%）、(+)-4-蒈烯（1.51%）、α-水芹烯（1.46%）、β-蒎烯（1.26%）、α-月桂烯（1.18%）、α-石竹烯（1.09%）等。樊美余等（2017）用顶空固相微萃取法提取的新鲜叶挥发油的主要成分为：1,8-桉叶素（32.21%）、β-水芹烯（14.28%）、3-(4,8-二甲基-3,7-壬二烯)呋喃（7.10%）、樟脑（5.31%）、α-蒎烯（4.70%）、乙酸龙脑酯（4.49%）、石竹烯（4.40%）、莰烯（3.91%）、α-荜澄茄油烯（3.70%）、D-柠檬烯（3.51%）、β-月桂烯（2.14%）、O-甲基异丙基苯（2.03%）、β-蒎烯（1.41%）、β-罗勒烯（1.27%）等。

花：徐萌等（2016）用顶空固相微萃取法提取的浙江杭州产柳叶蜡梅干燥花精油的主要成分为：四甲基环癸二烯甲醇（29.95%）、α-月桂烯（14.22%）、桉叶素（11.58%）、杜松-1(10), 4-二烯（9.86%）、黑蚁素（5.95%）、石竹烯氧化物（4.50%）、6-异丙烯基-4,8a-二甲基-1,2,3,5,6,7,8,8a-八氢-2-萘酚（3.40%）、斯巴醇（3.18%）、石竹烯（3.05%）、β-桉叶醇（2.68%）、乙酸龙脑酯（2.51%）、大根香叶烯D-4-醇（2.10%）、大根香叶烯D（2.05%）、α-乙酸松油酯（1.98%）、(1R,3E,7E,11R)-1,5,5,8-四甲基-12-环己烷[9.1.0]十二-3,7-二烯（1.80%）、异香橙烯环氧化物（1.62%）、葎草烯（1.57%）、乙酸芳樟酯（1.20%）、顺-菖蒲烯（1.18%）、β-榄香烯（1.04%）等。

【利用】畲族民间草药，叶制成的香风茶、石凉茶具有祛风散寒的功效，对防治感冒、喉咙肿痛、肠胃不适、慢性气管炎等有较好的疗效。园林观赏作物。

# 🌸 山蜡梅

*Chimonanthus nitens* Oliv.

**蜡梅科　蜡梅属**

**别名：**铁筷子、臭蜡梅、岩马桑、秋蜡梅、毛山茶、小坝王、亮叶蜡梅、香风茶、野蜡梅、雪里花、鸡卵果

**分布：**安徽、浙江、江苏、江西、福建、湖北、湖南、广西、云南、贵州、陕西等地

【形态特征】常绿灌木，高1～3 m；幼枝四方形，老枝近圆柱形。叶纸质至近革质，椭圆形至卵状披针形，少数为长圆状披针形，长2～13 cm，宽1.5～5.5 cm，顶端渐尖，基部钝至急尖，叶面略粗糙，有光泽，基部有不明显的腺毛。花小，直径7～10 mm，黄色或黄白色；花被片圆形、卵形、倒卵形、卵状披针形或长圆形，长3～15 mm，宽2.5～10 mm，外面被短柔毛；雄蕊长2 mm，花丝短，被短柔毛，花药卵形，向内弯，比花丝长，退化雄蕊长1.5 mm；心皮长2 mm，基部及花柱基部被疏硬毛。果托坛状，长2～5 cm，直径1～2.5 cm，口部收缩，成熟时灰褐色，被短绒毛，内藏聚合瘦果。花期10月至翌年1月，果期4～7月。

【生长习性】生于山地疏林中或石灰岩山地。

【精油含量】水蒸气蒸馏新鲜根的得油率为1.53%，新鲜茎的得油率为0.58%，新鲜叶的得油率为0.14%，干燥叶的得油率为0.89%～2.80%，新鲜果皮的得油率为0.07%；热回流法提取叶的得油率为2.47%～3.83%。

【芳香成分】根：王明丽等（2010）用水蒸气蒸馏法提取的贵州贵阳产山蜡梅新鲜根精油的主要成分为：桉树脑（25.29%）、4-萜品烯（13.07%）、芳樟丙酸（10.50%）、L-樟脑（7.72%）、油酸（6.98%）、龙脑（4.17%）、桧烯（4.10%）、石竹烯氧化物（2.72%）、δ-杜松烯（2.48%）、γ-松油烯（2.31%）、十六酸（2.13%）、内乙酸冰片酯（1.19%）、α-松油烯（1.19%）等。

茎：王明丽等（2010）用水蒸气蒸馏法提取的贵州贵阳产山蜡梅新鲜茎精油的主要成分为：龙脑（31.24%）、α-杜松醇（13.27%）、桉树脑（12.87%）、石竹烯氧化物（10.21%）、γ-古芸烯（3.32%）、内乙酸冰片酯（3.12%）、广藿香醇（2.36%）、胡萝卜醇（2.21%）、葎草烯氧化物（2.05%）、莰烯（2.02%）、4-萜品烯（1.01%）等。

叶：王明丽等（2010）用水蒸气蒸馏法提取的贵州贵阳产山蜡梅新鲜叶精油的主要成分为：榄香脑（23.42%）、β-桉叶油醇（8.30%）、α-桉叶油醇（7.19%）、γ-桉叶油醇（7.02%）、石竹烯氧化物（4.31%）、α-杜松醇（4.03%）、十六酸（3.03%）、橙花叔醇（2.28%）、匙叶桉油烯醇（1.60%）、异匙叶桉油烯醇（1.60%）、苯二甲酸（1.43%）、胡萝卜醇（1.41%）、油酸（1.36%）、乙酸金合欢酯（1.28%）、长叶醛（1.24%）、α-去二氢菖蒲烯（1.15%）等。樊美余等（2017）用顶空固相微萃取法提取的新鲜叶挥发油的主要成分为：1,8-桉叶素（36.84%）、α-蒎烯（10.06%）、α-荜澄茄油烯（10.02%）、3-(4,8-二甲基-3,7-壬二烯)呋喃（8.24%）、β-榄香烯（4.22%）、β-蒎烯（4.14%）、喇叭烯氧化物-(1)（3.55%）、石竹烯（3.16%）、β-月桂烯（2.25%）、4(10)-侧柏烯（2.19%）、α-榄香烯（2.19%）、大根香叶烯D（1.71%）、乙酸松油酯（1.66%）、胡椒烯（1.23%）、α-石竹烯（1.16%）等。

花：徐萌等（2016）用顶空固相微萃取法提取的浙江杭州产山蜡梅干燥花挥发油的主要成分为：四甲基环癸二烯甲醇（30.68%）、α-月桂烯（18.87%）、桉叶素（11.78%）、杜

松-1(10)，4-二烯（8.36%）、荜草烯（4.64%）、α-水芹烯（4.01%）、石竹烯氧化物（3.89%）、6-异丙烯基-4,8a-二甲基-1,2,3,5,6,7,8,8a-八氢-2-萘酚（3.18%）、石竹烯（2.92%）、β-桉叶醇（2.83%）、乙酸龙脑酯（2.56%）、黑蚁素（2.48%）、(1R,3E,7E,11R)-1,5,5,8-四甲基-12-环己烷[9.1.0]十二-3,7-二烯（2.04%）、大根香叶烯D（1.84%）、α-乙酸松油酯（1.75%）、α-蒎烯（1.68%）、乙酸芳樟酯（1.48%）、异香橙烯环氧化物（1.27%）、大根香叶烯D-4-醇（1.22%）、β-榄香烯（1.14%）等。

果实：王明丽等（2010）用水蒸气蒸馏法提取的贵州贵阳产山蜡梅新鲜果皮精油的主要成分为：石竹烯氧化物（55.28%）、荜草烯氧化物（10.88%）、δ-杜松烯（4.34%）、胡萝卜醇（3.23%）、桉树脑（2.10%）、芳樟醇（1.87%）、橙花叔醇（1.19%）、龙脑（1.16%）等。

【利用】是良好的园林绿化植物。根可药用，治跌打损伤、风湿性关节痛、劳伤咳嗽、寒性胃痛、感冒头痛、疔疮毒疮等。叶药用，有清热解毒，祛风解表的功效，用于治中暑，咳嗽痰喘，胸闷，蚊、蚁叮咬，预防感冒。花药用，有疏风散寒、芳香化湿、辟秽的功效，用于治风寒感冒、咳嗽痰喘、食欲不振。

## 🌸 突托蜡梅

*Chimonanthus grammatus* M. C. Liu

**蜡梅科　蜡梅属**

**分布：** 江西

【形态特征】分类学界有的作为独立的种，有的作为山蜡梅的变种。叶片卵状椭圆形，长卵形。花黄色，花被多片呈螺旋状排列，带蜡质。果托表面具极为隆起的网纹，花被片25～27枚，叶片宽大。叶背淡绿色，不具白粉；侧脉、网脉在上面均微突起，而不下陷。

【生长习性】喜光，耐寒，耐旱。

【精油含量】水蒸气蒸馏叶的得油率为0.73%。

【芳香成分】叶：刘易鑫等（2011）用水蒸气蒸馏法提取的江西安远产突托蜡梅盛花期叶精油的主要成分为：(E)-3-(4,8-二甲基-3,7-壬二烯基)-呋喃（13.81%）、乙酸冰片酯（12.66%）、1,2,3,6-四甲基-双环[2.2.2]辛-2-烯（7.06%）、四氢澳洲茄胺（5.93%）、喇叭烯醇（5.32%）、丁酸芳樟酯（5.09%）、8,8-二甲基-9-亚甲基-1,5-环十一碳二烯（3.38%）、异戊酸-4,7-二甲基-1,6-辛二烯-3-酯（3.38%）、莰烯（3.25%）、4-亚甲-1-甲基-2-(2-甲基-1-丙-1-烯基)-1-乙烯基-环庚烷（3.19%）、环氧化长叶蒎烯（2.89%）、乙酸香叶酯（2.26%）、二氢-(-)-新丁子香烯(I)（2.13%）、(Z)-3,7-二甲基-1,3,6-辛三烯（2.12%）、α-荜草烯（1.97%）、(+)-ε-二环倍半水芹烯（1.90%）、(1S-顺)-1,2,3,5,6,8a-六氢-4,7-二甲基-1-异丙基-萘（1.80%）、石竹烯（1.50%）、1R-α-蒎烯（1.49%）、2R-乙酰氧甲基-1,3,5-三甲基-4 c-(3-甲基-2-丁-1-烯基)1 c-环己醇（1.31%）、桉油精（1.12%）、[S-(E,E)]-1-甲基-5-亚甲基-8-异丙基-1,6-环癸二烯（1.10%）、[1S-(1α,3β,5α)]-4-亚甲基-1-乙丙烯基-双环[3.1.0]己-3-醇（1.08%）、1,2,3,4,4a,7-六氢-1,6-二甲基-4-异丙烯基-萘（1.03%）、β-月桂烯（1.03%）等。樊美余等（2017）用顶空固相微萃取法提取的新鲜叶挥发油的主要成分为：大根香叶烯

D（37.22%）、1,8-桉叶素（18.27%）、β-月桂烯（8.63%）、石竹烯（5.91%）、(1α,3α,5α)-1,5-二乙烯基-3-甲基-2-甲基烯环己烷（3.52%）、α-石竹烯（3.30%）、2,6-二叔丁基对甲酚（2.97%）、β-榄香烯（2.54%）、(1S,2R)-2-异丙烯基-1-乙烯基-对-薄荷-3-烯（2.45%）、α-蒎烯（1.34%）、β-罗勒烯（1.24%）、依兰烯（1.07%）、γ-榄香烯（1.04%）等。

花：徐萌等（2016）用顶空固相微萃取法提取的浙江杭州产突托蜡梅干燥花挥发油的主要成分为：黑蚁素（49.87%）、异香橙烯环氧化物（19.92%）、桉叶素（5.30%）、大根香叶烯D（3.96%）、石竹烯（3.67%）、顺-菖蒲烯（2.87%）、杜松-1(10)，4-二烯（2.60%）、荜草烯（2.57%）、乙酸芳樟酯（1.88%）、(1R,2S,6S,7S,8S)-8-异丙基-1-甲基-3-三环亚甲基[4.4.0.0$^{2,7}$]癸烷（1.81%）、石竹烯氧化物（1.66%）、β-桉叶醇（1.61%）、大根香叶烯D-4-醇（1.56%）、乙酸龙脑酯（1.49%）、莰烯（1.40%）、异石竹烯（1.25%）、α-月桂烯（1.24%）等。

【利用】栽培供观赏。产地养鱼户常将叶抛入鱼塘中用以防治鱼病发生。

## 🌸 西南蜡梅

*Chimonanthus campanulatus* R. H. Chang et C. S. Ding

**蜡梅科　蜡梅属**

**别名：** 蜡木、素心蜡梅、荷花蜡梅、麻木柴、瓦乌柴、梅花、石凉茶、黄金茶、黄梅花、磬口蜡梅、腊梅、狗蝇梅、狗矢蜡梅、大叶蜡梅

**分布：** 云南、贵州、四川

【形态特征】常绿灌木，高2～6 m。形态似山蜡梅，但叶片窄长、果托特大为其特点，花期11月至翌年1月。

【生长习性】生长于海拔300～700 m的地区，常生于山地林中。喜温暖湿润的气候。

【精油含量】水蒸气蒸馏叶的得油率为0.72%～0.85%。

【芳香成分】刘力等（1995）用水蒸气蒸馏法提取的浙江临安产西南蜡梅新鲜叶精油的主要成分为：1,8-桉叶油素（18.41%）、β-蒎烯（7.61%）、龙脑（5.74%）、异龙脑（3.53%）、樟脑（1.67%）、莰烯（1.57%）等。

【利用】栽培供观赏。

# 浙江蜡梅
*Chimonanthus zhejiangensis* M. C. Liu.

**蜡梅科　蜡梅属**
**分布：**浙江，福建

【形态特征】常绿灌木，株高1.5～2.5 m，叶卵状披针形，叶面粗糙，有光泽，具浓郁香味。与山蜡梅近似，但花被片15～19枚，内花被片长披针形，不具宽菱形，先端狭长渐尖，全缘；叶先端渐尖而不是狭窄锐尖或尾尖状，网脉在叶面通常下凹，叶背不具白粉。花较小，花板窄尖，淡黄色。花瓣尖，淡黄色。花期为10月至翌年1月。

【生长习性】生于海拔900 m以下丘陵山地灌丛中。
【精油含量】水蒸气蒸馏干燥叶的得油率为2.59%。
【芳香成分】叶：欧阳婷等（2010）用水蒸气蒸馏法提取的浙江丽水产浙江蜡梅干燥叶精油的主要成分为：1,4-桉叶素（46.20%）、(Z)-2,6,10-三甲基-1,5,9-十一烯（9.71%）、1,1-二甲基-3,4-二异丙烯基-环己烷（7.42%）、三辛胺（6.44%）、α-丙酸萜品酯（4.01%）、α-蒎烯（3.92%）、石竹烯（2.57%）、1,1,4,7-四甲基-1H-环丙基[e]-甘葡环烃（2.39%）、1-甲基-4-亚甲烯基-1-乙烯基-2-(1-异丙烯基)-环庚烷（2.03%）、β-蒎烯（1.42%）、框素（1.19%）、顺式-1,1-二甲基-2,4-二异丙烯基-环己烷（1.11%）等。樊美余等（2017）用顶空固相微萃取法提取的浙江蜡梅新鲜叶挥发油的主要成分为：1,8-桉叶素（27.89%）、

喇叭烯氧化物-(1)（10.61%）、石竹烯（6.84%）、乙酸龙脑酯（6.24%）、α-蒎烯（5.94%）、α-荜澄茄油烯（5.78%）、β-榄香烯（4.10%）、乙酸香叶酯（2.58%）、3-(4,8-二甲基-3,7-壬二烯)呋喃（2.29%）、莰烯（2.21%）、α-榄香烯（2.01%）、β-蒎烯（1.96%）、大根香叶烯D（1.90%）、α-石竹烯（1.75%）、D-柠檬烯（1.52%）、乙酸松油酯（1.48%）、β-月桂烯（1.47%）、胡椒烯（1.42%）、4(10)-侧柏烯（1.07%）等。

花：徐萌等（2016）用顶空固相微萃取法提取的浙江杭州产浙江蜡梅干燥花挥发油的主要成分为：四甲基环癸二烯甲醇（27.68%）、α-月桂烯（14.47%）、桉叶素（13.87%）、杜松-1(10)，4-二烯（9.98%）、葎草烯（6.52%）、黑蚁素（4.68%）、石竹烯（4.27%）、6-异丙烯基-4,8a-二甲基-1,2,3,5,6,7,8,8a-八氢-2-萘酚（3.52%）、大根香叶烯D-4-醇（3.36%）、大根香叶烯D（3.20%）、石竹烯氧化物（2.52%）、β-桉叶醇（2.38%）、乙酸龙脑酯（2.33%）、(1R,3E,7E,11R)-1,5,5,8-四甲基-12-环己烷[9.1.0]十二-3,7-二烯（1.76%）、α-蒎烯（1.73%）、异香橙烯环氧化物（1.66%）、荜澄茄油烯醇（1.62%）、斯巴醇（1.30%）等。

【利用】畲族民间常用叶治疗感冒、咽喉肿痛诸症。同时用叶炒制石凉茶。栽培供观赏。

【生长习性】原产于北美。

【芳香成分】刘力等（1995）用水蒸气蒸馏法提取的浙江临安产美国蜡梅新鲜叶精油的成分为：异龙脑（0.98%）、1,8-桉叶油素（0.63%）、樟脑（0.57%）、龙脑（0.46%）、芳樟醇（0.23%）、莰烯（0.15%）、α-蒎烯（0.12%）、β-蒎烯（0.05%）、柠檬烯（0.03%）等。

【利用】栽培供观赏。

## ❀ 夏蜡梅

*Calycanthus chinensis* Chang et S. Y. Chang

**蜡梅科　夏蜡梅属**

**别名：** 牡丹木、夏梅、大叶柴、腊木、黄梅花、黄枇杷、大叶棠、夏腊梅

**分布：** 浙江

【形态特征】高1～3 m；树皮灰白色或灰褐色，皮孔凸起；芽藏于叶柄基部之内。叶宽卵状椭圆形、卵圆形或倒卵形，长11～26 cm，宽8～16 cm，两侧略不对称，全缘或有不规则的细齿，叶面略粗糙。花直径4.5～7 cm；有苞片5～7个；花被片螺旋状着生于杯状或坛状的花托上，外面的花被片12～14，倒卵形或倒卵状匙形，白色，边缘淡紫红色，有脉纹，内面的花被片9～12，顶端内弯，椭圆形，上部淡黄色，下部白色，内面基部有淡紫红色斑纹。果托钟状或近顶口紧缩，密被柔毛，顶端有14～16个披针状钻形的附生物；瘦果长圆形，长1～1.6 cm，直径5～8 mm，被绢毛。花期5月中下旬，果期10月上旬。

## ❀ 美国蜡梅

*Calycanthus floridus* Linn.

**蜡梅科　蜡梅属**

**分布：** 江西

【形态特征】高1～4 m；幼枝、叶两面和叶柄均密被短柔毛；木材有香气。叶椭圆形、宽楔圆形、长圆形或卵圆形，长5～15 cm，宽2～6 cm，叶面粗糙，叶背苍绿色。花红褐色，直径4～7 cm，有香气；花被片线形至长圆状线形、线状倒卵形至椭圆形，长2～4 cm，宽3～8 mm，两面被短柔毛，内面的花被片通常较短小；雄蕊10～15，有时达20，通常为12或13，花药长圆形至线状长圆形；退化雄蕊15～25，线状披针形；心皮长圆形，被短柔毛，花柱丝状伸出。果托长圆状圆筒形至梨形、椭圆状或圆球状，长2～6 cm，直径1～3 cm，被短柔毛，老渐无毛，顶口收缩，内有瘦果5～35个。花期5～7月。

【生长习性】生于海拔600～1000 m的山地沟边林荫下。属于较为耐阴的树种。不耐干旱与瘠薄，但比较耐寒。喜温暖湿润环境，怕烈日暴晒。在疏松肥沃、排水良好的土壤中生长良好，生长期要保持土壤湿润。

【精油含量】水蒸气蒸馏干燥叶的得油率为0.06%。

【芳香成分】倪士峰等（2003）用水蒸气蒸馏法提取的浙江杭州产夏蜡梅干燥叶精油的主要成分为：2,3,4,5-四氢-2-甲基-1-H-1,5-苯二氮（28.80%）、四甲基环癸二烯甲醇（12.26%）、大根香叶酮（5.30%）、2-甲氧基-4-乙烯基苯酚（5.27%）、γ-桉叶油醇（3.98%）、龙脑乙酸酯（3.31%）、α-桉叶油醇（1.78%）、α-金合欢烯（1.35%）、大根香叶烯（1.06%）等。

【利用】园林栽培供观赏，也可盆栽。花药用有解暑、清热、理气、止咳等功效。花和根可治胃痛。民间用叶入药，用于防治感冒和流行性感冒。

# 🌸 辣木
*Moringa oleifera* Lam.

**辣木科　辣木属**

**别名：** 鼓槌树、山葵树、象腿树
**分布：** 广东、云南、海南、台湾

【形态特征】乔木，高3～12 m；树皮软木质；枝有明显的皮孔及叶痕，小枝有短柔毛；根有辛辣味。叶通常为3回羽状复叶，长25～60 cm，在羽片的基部具线形或棍棒状稍弯的腺体，叶柄基部鞘状；羽片4～6对；小叶3～9片，薄纸质，卵形、椭圆形或长圆形，长1～2 cm，宽0.5～1.2 cm，叶背苍白色；小叶柄基部的腺体线状，有毛。花序广展，长10～30 cm；苞片小，线形；花白色，芳香，直径约2 cm，萼片线状披针形，有短柔毛；花瓣匙形。蒴果细长，长20～50 cm，直径1～3 cm，下垂，3瓣裂，每瓣有肋纹3条；种子近球形，径约8 mm，有3棱，每棱有膜质的翅。花期全年，果期6～12月。

【生长习性】适应性强，喜光，耐旱，耐瘠，耐热，在年雨量500～3000 mm，气温12～40 ℃，土壤pH4.5～8的条件下均

能正常开花结果，适宜在海拔600 m以下种植。忌积水，耐轻霜和40 ℃以上高温，适宜生长温度是25～35 ℃。

【精油含量】水蒸气蒸馏新鲜叶的得油率为0.53%；有机溶剂浸提新鲜叶的得油率为0.88%；石油醚热提种子的得油率为25.50%；超临界萃取种子的得油率为30.80%。

【芳香成分】根：陈荣荣等（2014）用同时蒸馏萃取法提取的广东韶关产辣木干燥根精油的主要成分为：苯乙腈（36.94%）、苯甲醛（18.21%）、异硫氰酸苄酯（15.96%）、叔丁基-1-甲基-3氢-吲哚-2-酮（5.67%）、棕榈酸（3.63%）、亚油酸（3.44%）、糠醛（2.34%）、甲苯（1.85%）、异硫氰酸甲氧基甲酯（1.34%）、异丁酸乙酯（1.14%）等。

茎：陈荣荣等（2014）用同时蒸馏萃取法提取的广东韶关产辣木干燥茎精油的主要成分为：苯甲醛（15.69%）、苯乙腈（12.81%）、棕榈酸（9.47%）、油酰胺（9.27%）、亚油酸（7.91%）、叔丁基-1-甲基-3氢-吲哚-2-酮（7.09%）、异硫氰酸苄酯（4.64%）、甲苯（3.85%）、异硫氰酸甲氧基甲酯（2.72%）、邻苯二甲酸二乙酯（2.05%）、糠醛（1.88%）、2,2'-亚甲基双-(4-甲基-6-叔丁基苯酚)（1.58%）、邻苯二甲酸正丁异辛酯（1.52%）等。

叶：陈荣荣等（2014）用同时蒸馏萃取法提取的广东韶关产辣木干燥叶精油的主要成分为：苯乙醛（14.52%）、棕榈酸（13.91%）、油酰胺（7.95%）、6,10,14-三甲基-2-十五烷酮（7.46%）、植物醇（5.98%）、二十五烷（4.78%）、亚麻酸（4.44%）、棕榈酸甲酯（3.41%）、2,2'-亚甲基双-(4-甲基-6-叔丁基苯酚)（3.08%）、2-甲基十八烷（2.74%）、甲苯（2.56%）、异硫氰酸甲氧基甲酯（2.03%）、苯甲醛（1.90%）、β-紫罗酮（1.82%）、亚麻醇（1.71%）、邻苯二甲酸正丁异辛酯（1.57%）、十六碳酰胺（1.56%）、2-己烯醛（1.52%）、二氢猕猴桃内酯（1.41%）、香叶基香叶醇（1.41%）、异丁酸乙酯（1.39%）、5,6-二甲基-2-苯并咪唑啉酮（1.07%）等。蔡彩虹等（2016）用水蒸气蒸馏法提取的海南澄迈产辣木新鲜叶精油的主要成分为：棕榈酸（38.63%）、叶绿醇（6.09%）、棕榈酸乙酯（4.87%）、十六醛（4.62%）、二十七烷（4.31%）、二十五烷（3.86%）、二十九烷（3.12%）、棕榈酸甲酯（2.87%）、亚麻酸乙酯（2.16%）、亚麻酸甲酯（2.09%）、十九烷（1.81%）、亚油酸乙酯（1.50%）、β-紫罗酮（1.36%）、2,6-二（叔丁基)-4-羟基-4-甲基-2,5-环己二烯酮（1.01%）等。饶之坤等（2007）用石油醚萃取法提取的云南元阳产辣木干燥叶精油的主要成分为：乙醛乙基腙（22.84%）、2-甲基丙酸乙酯（15.04%）、2-羟基四氢呋喃（13.96%）、3-甲基丁酸乙酯（10.38%）、丁酸（3.88%）、丁酸乙酯（3.59%）、2-羟基四氢化吡喃（3.20%）、4-羟基丁酸（3.04%）、1,3-二氧杂环己烷（2.34%）、2,3-二羟基丙醛（2.32%）、丁酸酐（1.70%）、3-甲基丁酸（1.09%）等。袁明焱等（2018）用丙酮浸泡，正己烷萃取法提取的云南德宏产辣木新鲜叶精油的主要成分为：β-谷甾醇（14.24%）、维生素E（8.46%）、24-亚丙基胆甾-5-烯-3-醇（7.17%）、9Z,12Z,15Z-三烯-1-十八醇（4.20%）、新植二烯（3.75%）、菜油甾醇（3.37%）、β-香树素（3.33%）、二十二碳烯酰胺（2.36%）、二十九烷（2.35%）、二十七烷（2.10%）、4,8-二甲氧基-3-甲基-2(1H)-奎诺酮（1.59%）、2-十六烷基环氧乙烷（1.42%）、3,7,11,15-四甲基-2Z-烯-1-十六醇（1.39%）、二十五烷（1.31%）、4,13,14,17-四甲基-4,8,12,16-十八碳四烯醛（1.27%）、豆甾醇（1.10%）等。

【利用】种子油是优良的食用和化妆品、香料原料，也是防腐剂或润滑油的优良原料。栽培供观赏。根、叶和嫩果可食用。

## 🌸 蝴蝶兰
*Phalaenopsis aphrodite* Rchb. f.

兰科　蝴蝶兰属
**别名：** 蝶兰、台湾蝴蝶兰
**分布：** 台湾、广东

【形态特征】茎很短，常被叶鞘所包。叶片稍肉质，常3～4枚或更多，叶面绿色，叶背紫色，椭圆形或镰刀状长圆形，长10～20 cm，宽3～6 cm，先端锐尖或钝，基部楔形或有时歪斜，具短而宽的鞘。花序侧生于茎的基部，长达50 cm；花序柄被数枚鳞片状鞘；花序轴常具数朵花；花苞片卵状三角形，长3～5 mm；花白色，栽培品种花色多样；中萼片近椭圆形，长2.5～3 cm，宽1.4～1.7 cm；侧萼片歪卵形；花瓣菱状圆形，长2.7～3.4 cm，宽2.4～3.8 cm；唇瓣3裂，基部具长爪；侧裂片直立，倒卵形，长2 cm，先端圆形或锐尖，基部收狭，具红色斑点或细条纹；中裂片似菱形，先端渐狭并具2条长卷须。花期4～6月。

【生长习性】生于低海拔的热带和亚热带的丛林树干上。喜暖畏寒，生长适温为15～20 ℃，低于5 ℃容易死亡。最适宜的相对湿度范围为60%～80%。

【芳香成分】杨淑珍等（2008）用顶空固相微萃取法提取的'翠友美人'蝴蝶兰花瓣香气的主要成分为：L-沉香醇

（58.65%）、3,7-二甲基-1,3,7-辛三烯（33.33%）、桧烯（1.99%）、α-胡椒烯（1.44%）、α-香叶烯（1.03%）等；'小男孩'花瓣香气的主要成分为：3,7-二甲基-1,3,7-辛三烯（43.74%）、橙花醇（23.16%）、乙酸橙花醇酯（14.73%）、2,6,10,14-四甲基-十五烷（4.22%）、十九烷（3.47%）、2,6,10-三甲基-十四烷（1.80%）、邻苯二甲酸二异丁酯（1.77%）、十六烷（1.23%）、3,5,24-三甲基四十烷（1.03%）等。张莹等（2012）用同法分析的'夕阳红'蝴蝶兰新鲜花香气的主要成分为：胡椒烯（20.91%）、甲酸己酯（14.36%）、己烷（10.01%）、3-己烯-1-醇（8.80%）、正己醛（4.22%）、3-甲基-戊烷（3.94%）、甲基-环戊烷（3.35%）、4,7-二甲基-1-(1-甲基乙基)-1,2,3,5,6,8a-六氢化萘（2.65%）、壬醛（2.02%）等。

【利用】栽培供观赏。

## 🌸 金线兰

*Anoectochilus roxburghii* (Wall.) Lindl.

**兰科　开唇兰属**

**别名：** 金线莲、花叶开唇兰、金蚕、金石松、树草莲、鸟人参、金线虎头蕉、金线入骨消

**分布：** 福建、浙江、福建、湖南、江西、台湾、广西、广东、海南、贵州、四川、西藏、云南

【形态特征】植株高8～18 cm。根状茎匍匐，肉质。茎肉质，具2～4枚叶。叶片卵圆形或卵形，长1.3～3.5 cm，宽0.8～3 cm，叶面暗紫色或黑紫色，具金红色带有绢丝光泽的网

脉，叶背淡紫红色，先端近急尖或稍钝，基部近截形或圆形，骤狭成柄；叶柄基部扩大成抱茎的鞘。总状花序具2～6朵花，长3～5 cm；花序梗具2～3枚鞘苞片；花苞片淡红色，卵状披针形或披针形，长6～9 mm，宽3～5 mm，先端长渐尖；花白色或淡红色；萼片背面被柔毛，中萼片卵形，凹陷呈舟状；侧萼片偏斜的近长圆形或长圆状椭圆形；花瓣近镰刀状，与中萼片等长；唇瓣长约12 mm，基部具距，裂片近长圆形或近楔状长圆形，中部收狭成长4～5的爪，两侧具6～8条流苏状细裂条，内侧具2枚肉质的胼胝体。花期8～12月。

【生长习性】生于海拔50～1600 m的常绿阔叶林下或沟谷阴湿处。宜种植于空气流通的环境。喜阴，忌阳光直射，喜湿润，忌干燥，15～30 ℃最宜生长。适合采用富含腐殖质的砂质壤土，微酸性的松土或含铁质的土壤，pH以5.5～6.5为宜。

【精油含量】水蒸气蒸馏新鲜全草的得油率为0.06%～0.08%。

【芳香成分】韩美华等（2006）用水蒸气蒸馏法提取的海南东方产金线兰新鲜全草精油的主要成分为：正十六烷酸（25.22%）、(Z,Z)-9,12-十八碳二烯酸（15.35%）、(Z,Z,Z)-9,12,15-十八碳三烯酸甲酯（13.64%）、(Z,Z)-9,12-十八碳二烯酸甲酯（6.47%）、十五烷酸（4.83%）、11,14,17-二十碳三烯酸甲酯（4.42%）、棕榈酸甲酯（3.83%）、6,10,14-三甲基-2-十五烷酮（3.40%）、十二酸酐（2.26%）、十四烷酸（1.97%）、叶绿醇（1.18%）、(Z)-11-棕榈烯酸（1.02%）等。陈焰等（2012）用同法分析的福建产组培金线兰新鲜全草精油的主要成分为：十六羧酸甲酯（47.98%）、棕榈酸（20.57%）、亚油酸（6.17%）、亚麻酸甲酯（4.07%）、2-十二酮（3.73%）、棕榈酸甲

酯（1.57%）、己酸（1.32%）、9,12-十八碳二烯酸（1.20%）、2-呋喃酮（1.12%）、十四酸（1.02%）等。

【利用】全草民间药用，有清热凉血、解毒消肿、润肺止咳的功效，用于治咯血、咳嗽痰喘、小便涩痛、消渴、乳糜尿、小儿急惊风、对口疮、心脏病、毒蛇咬伤。

## 春兰

*Cymbidium goeringii* (Rchb. f.) Rchb. f.

兰科　兰属

别名：朵兰、扑地兰、幽兰、朵朵香、草兰

分布：陕西、甘肃、江苏、安徽、浙江、江西、福建、台湾、河南、湖北、湖南、广东、广西、四川、贵州、云南

【形态特征】地生植物；假鳞茎较小，卵球形，包藏于叶基之内。叶4～7枚，带形，长20～60 cm，宽5～9 mm。花序具单朵花，极罕2朵；花苞一般长4～5 cm；花通常为绿色或淡褐黄色而有紫褐色脉纹，有香气；萼片近长圆形至长圆状倒卵形，长2.5～4 cm，宽8～12 mm；花瓣倒卵状椭圆形至长圆状卵形，长1.7～3 cm；唇瓣近卵形，长1.4～2.8 cm，不明显3裂；侧裂片直立，具小乳突，在内侧各有1个肥厚的皱褶状物；中裂片较大，强烈外弯，上面亦有乳突，边缘略呈波状；唇盘上2条纵褶片从基部上方延伸中裂片基部以上，上部向内倾斜并靠合，多少形成短管状。蒴果狭椭圆形，长6～8 cm，宽2～3 cm。

花期1～3月。

【生长习性】生于多石山坡、林缘、林中透光处，海拔300～3000 m。半阴性植物，喜凉爽、湿润和通风透风，忌酷热、干燥和阳光直晒。要求土壤排水良好、含腐殖质丰富、呈微酸性。一般生长适温为15～25 ℃。

【芳香成分】方永杰等（2013）用固相微萃取法提取的贵州产野生春兰新鲜花挥发油的主要成分为：橙花叔醇（52.87%）、1,9-癸二炔（39.40%）、β-金合欢烯（4.89%）、E,E-α-金合欢烯（2.85%）等。魏丹等（2012）用同法分析的浙江杭州产春兰新鲜花香气的主要成分为：十二烷（14.75%）、5-丁基-5-乙基-6(5H)-亚胺基-2,4(1H，3H)-嘧啶二酮（12.09%）、2-(2-羟乙氧基)-醋酰胺（11.98%）、正十四烷（7.81%）、2-叔丁基-4-甲基-5-氧代-[1,3]二氧五环-4-羧酸（4.21%）、崖柏醇（3.37%）、4-甲基咪唑-2,5-二乙醇（1.99%）、氧代癸基羟胺（1.90%）、2-甲基-2-乙基-3-羟基丙酸己酯（1.63%）、二氢香芹醇（1.56%）、(Z)-3,7-二甲基-1,3,6-十八烷三烯（1.29%）、2-叔丁基-3-甲基-4-硝基丁酸甲酯（1.28%）、1,3,5-环辛三烯（1.25%）、丁醇醛（1.13%）等。陈君梅等（2016）用同法分析的陕西杨凌产春兰样品1新鲜花香气的主要成分为：顺式-à-香柑油烯（36.27%）、3-乙基-2-甲基-1,3-己二烯（13.33%）、(E)-2-辛烯醛（10.75%）、2-壬烯醛（3.37%）、己醛（2.44%）、3-甲氧基-5-甲酚（2.26%）、4,5-二甲基-2-庚烯-3-醇（1.77%）、2,4-壬二烯醛（1.68%）、(E,E)-2,6-壬烯醛（1.38%）、(E)-2-庚烯醛（1.30%）、2,4-庚二烯醛（1.26%）等；样品2新鲜花香气的主要成分为：3-乙基-2-甲基-1,3-己二烯（24.25%）、(E)-2-辛烯醛（17.66%）、2-壬烯醛（6.02%）、9-氧杂二环[4.2.1]-7-壬烯-3-

酮（4.56%）、己醛（4.01%）、顺式-à-香柑油烯（3.61%）、(E)-2-庚烯醛（2.40%）、(E,E)-2,6-壬二烯醛（2.33%）、(E,E)-2,4-癸二烯醛（2.28%）、壬醛（1.85%）等；样品3新鲜花香气的主要成分为：(E)-2-辛烯醛（26.95%）、3-乙基-2-甲基-1,3-己二烯（24.27%）、3-甲氧基-5-甲酚（8.34%）、2-壬烯醛（5.23%）、2,4-壬二烯醛（3.80%）、4-甲基-2,4,6-环庚三烯-1-酮（3.77%）、4,5-二甲基-2-庚烯-3-醇（3.19%）、2,4-辛二烯（3.19%）、己醛（2.98%）、(E)-2-庚烯醛（2.94%）、环氧癸烷（1.94%）、(E)-2-辛烯-1-醇（1.03%）等。

【利用】主要用作观赏。花可食，可作菜肴配料。

### 蕙兰
*Cymbidium faberi* Rolfe

**兰科　兰属**
**分布**：陕西、甘肃、安徽、浙江、江苏、福建、台湾、河南、湖北、湖南、广东、广西、四川、贵州、云南、西藏

【形态特征】地生草本；假鳞茎不明显。叶5～8枚，带形，直立性强，长25～80 cm，宽4～12 mm，叶脉透亮，边缘常有粗锯齿。花葶近直立或稍外弯，长35～80 cm，被多枚长鞘；总状花序具5～11朵或更多的花；花苞片线状披针形，最下面的1枚长于子房，中上部的长1～2 cm；花常为浅黄绿色，唇瓣有紫红色斑，有香气；萼片近披针状长圆形或狭倒卵形，长

2.5～3.5 cm，宽6～8 mm；花瓣与萼片相似，常略短而宽；唇瓣长圆状卵形，长2～2.5 cm，3裂；侧裂片直立，具小乳突或细毛；中裂片较长，强烈外弯，有明显、发亮的乳突，边缘常皱波状。蒴果近狭椭圆形，长5～5.5 cm，宽约2 cm。花期3～5月。

【生长习性】生于湿润但排水良好的透光处，海拔700～3000 m。生长适宜温度为15～25 ℃，夏天不超过38 ℃，冬天不低于-5 ℃，是最耐寒耐高温的兰花。对生长期空气湿度的要求为70%～80%。耐干旱，需保持湿润，较喜光，夏季阳光最强烈时需遮阴60%左右，其他季节可不遮阴。

【芳香成分】冯立国等（2009）用顶空固相微萃取法提取的江苏扬州产蕙兰花香气的主要成分为：二苯硫醚（38.63%）、视黄醇（5.75%）、二苯甲酮（5.73%）、二苯砜（4.87%）、非洲桧素（3.47%）、11-苯基-10-二十一烯（3.42%）、十六烷（3.19%）、5,6-环氧-4-甲基-[2-丙炔基]-三环[7,4,0,0$^{3,8}$]十三-12-烯-2-酮（2.93%）、异戊酸橙花醇酯（2.62%）、邻苯二甲酸二异丁酯（2.61%）、2,6,10-三甲基-十四烷（2.59%）、维生素A乙酸酯（2.55%）、2-羟基-3-烯丙基-5-叔丁基-联苯（2.17%）、3,4,7,8-四[1-甲基乙烯]-1,5-环辛二烯（1.71%）、8,9-脱氢-9-甲酰-环异长叶烯（1.69%）、14-异丙基-3,7,11-三甲基-1,3,6,10-环十四碳四烯（1.44%）、十九烷（1.37%）、2-十六烷醇（1.30%）、佛波醇（1.26%）等。魏丹等（2012）用同法分析的浙江杭州产蕙兰新鲜花香气的主要成分为：桉油精（14.49%）、(E)-4-己基葵烯-6-炔（8.97%）、4-环亚己基-三环[5.2.1.0$^{2,6}$]葵烷（8.10%）、3-甲基-4-(2,6,6-三甲基-1-环己烯基-1)-3-丁烯-2-酮（7.28%）、正十四烷（6.76%）、茉莉酸甲酯（5.80%）、α-崖柏烯（4.16%）、1,2-二甲基-3-(异丙烯基)环戊醇（3.78%）、2-己基-1-辛醇(2-乙基-1-十二醇)（3.42%）、金合欢醇（3.34%）、1-[3,3-二甲基-2-(3-甲基-1,3-二丁烯基)-环己烷基]-2-氢-苯乙酮（3.22%）、2-丙基-1-庚醇（2.84%）、α-松油醇（2.75%）、壬醛（2.62%）、4-异丙基-7-甲基-6-亚甲基-2-辛烯酸甲酯（2.38%）、2,9-二甲基-十二-5-烯-3,7-二炔（2.36%）、α-柏木烯（2.04%）、2-羟基-1,1,10-三甲基-6,9-双氧萘烷（1.83%）、(Z)-b-金合欢烯（1.43%）、S-甲基-N-(2-甲基-3-氧代丁基)-二硫代氨甲酸酯（1.27%）、冬青油烯（1.20%）、α-蒎烯（1.01%）等。陈君梅等（2016）用同法分析的陕西杨凌产蕙兰样品1新鲜花香气的主要成分为：(E)-橙花叔醇（61.96%）、二十二碳六烯酸（8.12%）、[1à,2à(Z)]-茉莉酸甲酯（7.53%）、顺式-á-金合欢烯（2.40%）、茉莉酸甲酯（1.52%）、2,6-二叔丁基-4-甲基苯酚（1.22%）、邻苯二甲酸二异丁酯（1.17%）、3,5-二甲氧基溴苄（1.05%）等；样品2的主要成分为：磷酸三丁酯（7.95%）、(Z,E)-α-金合欢烯（7.86%）、二十二碳六烯酸（5.14%）、à-金合欢烯

（4.26%）、2,6-二甲基-6-(4-甲基-3-戊烯基)双环[3.1.1]庚-2-烯（4.06%）、邻苯二甲酸二异丁酯（2.94%）、(1à,4aá,8aà)-7-甲基-4-亚甲基-1-(1-异丙基)八氢萘（2.47%）、顺式-á-金合欢烯（1.96%）、á-罗勒烯（1.67%）、(E)-橙花叔醇（1.56%）、3,5-二甲氧基溴苄（1.51%）、罗汉柏烯（1.18%）、姜黄烯（1.12%）等；样品3新的主要成分为：á-罗勒烯（24.44%）、二十二碳六烯酸（9.48%）、磷酸三丁酯（8.66%）、[1à,2à(Z)]-茉莉酸甲酯（4.26%）、邻苯二甲酸二异丁酯（3.63%）、(Z,E)-α-金合欢烯（3.30%）、(1à,4aá,8aà)-7-甲基-4-亚甲基-1-(1-异丙基)八氢萘（2.56%）、茉莉酸甲酯（2.45%）、à-金合欢烯（2.37%）、2,6-二甲基-6-(4-甲基-3-戊烯基)双环[3.1.1]庚-2-烯（2.33%）、顺式-á-金合欢烯（2.13%）、3,5-二甲氧基溴苄（1.74%）、2,6-二叔丁基-4-甲基苯酚（1.08%）等；样品4的主要成分为：2,6-二甲基-6-(4-甲基-3-戊烯基)双环[3.1.1]庚-2-烯（24.32%）、白菖烯（14.28%）、罗汉柏烯（7.06%）、á-罗勒烯（6.45%）、顺式-á-金合欢烯（5.68%）、姜黄烯（5.39%）、3,7-二甲基-1,6-辛二烯-3-醇（2.02%）、邻苯二甲酸二异丁酯（1.39%）等；样品5的主要成分为：白菖烯（28.85%）、(Z,E)-α-金合欢烯（6.07%）、姜黄烯（4.71%）、顺式-á-金合欢烯（2.32%）、(E)-橙花叔醇（2.10%）、(1à,4aá,8aà)-7-甲基-4-亚甲基-1-(1-异丙基)八氢萘（2.00%）、十六烷（1.26%）等；样品6的主要成分为：(1à,4aá,8aà)-7-甲基-4-亚甲基-1-(1-异丙基)八氢萘（36.89%）、(E)-橙花叔醇（5.54%）、顺式-á-金合欢烯（2.29%）、2,6-二叔丁基-4-甲基苯酚（2.07%）、十四烷（1.77%）、十六烷（1.76%）、十五烷（1.58%）、十三烷（1.20%）、2-己基-1-辛醇（1.02%）等。

【利用】主要用作盆栽观赏。根皮入药，有小毒，有润肺止咳、杀虫的功效，用于治久咳、蛔虫病、头虱。

## 🌸 建兰
*Cymbidium ensifolium* (Linn.) Sw.

兰科　兰属
**别名：**四季兰
**分布：**安徽、浙江、江西、福建、台湾、湖南、海南、广东、广西、四川、贵州、云南

【形态特征】地生植物；假鳞茎卵球形，包藏于叶基之内。叶2～6枚，带形，长30～60 cm，宽1～2.5 cm，前部边缘有时有细齿。花葶一般短于叶；总状花序具3～13朵花；最下面1枚花苞片长可达1.5～2 cm，其余的长5～8 mm；花常有香气，色泽变化较大，通常为浅黄绿色而具紫斑；萼片近狭长圆形或狭椭圆形，长2.3～2.8 cm，宽5～8 mm；侧萼片常向下斜展；花瓣狭椭圆形或狭卵状椭圆形，长1.5～2.4 cm，宽5～8 mm，近平展；唇瓣近卵形，长1.5～2.3 cm，略3裂；侧裂片直立，多少围抱蕊柱，上面有小乳突；中裂片较大，卵形，外弯，边缘波状，亦具小乳突。蒴果狭椭圆形，长5～6 cm，宽约2 cm。花期通常为6～10月。

【生长习性】生于疏林下、灌丛中、山谷旁或草丛中，海拔600～1800 m。喜温暖湿润和半阴环境，耐寒性差，最宜生长温度15～30 ℃，35 ℃以上生长不良，越冬温度不低于3 ℃。怕强光直射，不耐水涝和干旱，宜种植于空气流通的环境和疏松肥沃、排水良好的腐叶上，喜微酸性的松土或含铁质的土壤，pH以5.5～6.5为宜。

【芳香成分】刘运权等（2011）用顶空固相微萃取法提取的广东广州产建兰原生种花香气的主要成分为：十六酸（20.87%）、4-十八烷基对氧氮己环（7.10%）、5-乙基-3,12-二氧代三环[4.4.2.0^{1,6}]十二烷-4-酮（6.94%）、十八酸（6.84%）、

肉豆蔻酸异丙酯（6.51%）、9-十八烯酸（6.26%）、十四酸（4.52%）、2-十一醛（3.07%）、4-(环十二烷基甲基)对氧氮己环（2.87%）、2-甲氧基苯并噻嗯[2,3-C]喹啉-6(5H)-酮（2.50%）、十四醛（1.94%）、十八醛（1.68%）、3-氧代-2-戊烯基-2-环戊基)乙酸甲酯（1.66%）、6-氯-n-乙基-1,3,5-三嗪-2,4-二胺（1.50%）、12,15-十八碳二烯酸甲酯（1.31%）、邻苯二甲酸二月桂基酯（1.08%）、1,1'-[1-(2,2-二甲基丁基)-1,3-丙烷二烯基二环己烷（1.07%）等；'铁骨素'的主要成分为：十六酸（18.67%）、肉豆蔻酸异丙酯（13.15%）、9-十八碳烯酸（8.24%）、壬醛（7.80%）、十八酸（5.52%）、癸醛（5.36%）、2-羟基-N-(2-吗啉代乙基)-4-苯基丁酰胺（4.15%）、3-氧代-2-(2-戊烯基)-环戊烷酸甲酯（3.32%）、十四酸（3.01%）、12-氧杂三环[4.4.3.0$^{1,6}$]十三烷-3,11-二酮（2.20%）、4-十八烷基对氧氮己环（2.13%）、9-十六碳烯酸（1.99%）、辛醛（1.94%）、à-桉叶烯（1.56%）、二(2-甲基丙基)-1,2-苯二酸酯（1.53%）、反式-2-十一烯-1-醇（1.42%）等；'金丝凤尾素'的主要成分为：3-氧代-2-(2-戊烯基)-环戊烷酸甲酯（19.19%）、5-乙基-3,12-二氧代三环[4.4.2.0$^{1,6}$]十二烷-4-酮（14.87%）、十六酸（8.82%）、12-氧杂三环[4.4.3.0$^{1,6}$]十三烷-3,11-二酮（8.02%）、3-氧代-2-(2-戊烯)-环戊烷酸甲酯（7.59%）、9-十八烯酸（3.63%）、肉豆蔻酸异丙酯（2.68%）、2,2,4,4,6,8,8-七甲基壬烷（1.99%）、二(2-甲基丙基)-1,2-苯二酸酯（1.98%）、十四酸（1.66%）、6-甲基十八烷（1.66%）、癸醛（1.16%）、2,3-二苯基-5-(4-甲氧基苯基)吡咯（1.14%）等。杨慧君等（2011）用同法分析的北京产'小桃红'建兰花香气的主要成分为：茉莉酸甲酯（21.56%）、茉莉酮酸甲酯（19.63%）、金合欢醇（10.71%）、4,7,10,13,16,19-二十二碳六烯酸甲酯（9.20%）、反-3-氧代-2-(顺-2-戊烯基)-环戊乙酸甲酯（8.40%）、丁二酸-甲基-双(1-甲基丙基)酯（6.86%）、己二酸二异丁酯（2.28%）、丁二酸二异丁酯（1.97%）、苯甲酸苄酯（1.90%）、2-甲基-3-羟基-2,4,4-三甲基丙酸戊酯（1.83%）、3-氧代-2-(2-戊炔基)-环戊基乙酸甲酯（1.73%）、丙酸-2-甲基-1-(1,1-二甲基乙基)-2-甲基-1,3-二丙酯（1.69%）、酞酸二丁酯（1.63%）、1-甲基-4-(5-甲基-1-亚甲基-4-己烯)-环己烯（1.47%）、2,2,4-三甲基-1,3-戊二醇二异丁酸酯（1.05%）等。

【利用】主要用作盆栽观赏。花可供食，也可作菜肴配料。全草药用，有滋阴润肺、止咳化痰、活血、止痛的功效，用于治血滞经闭、经行腹痛、产后瘀血腹痛、顿咳、肺痨咳嗽、咯血、肾虚、风湿痹痛、头晕、腰疼、小便淋痛、带下病。根药用，有滋阴清肺、化痰止咳的功效。花药用，有理气、宽中、明目的功效，用于治久咳、胸闷、泄泻、青盲内障。

## ❀ 墨兰
*Cymbidium sinense* (Jackson ex Andr.) Willd.

**兰科　兰属**

**别名**：报春兰、丰岁兰、报岁兰

**分布**：安徽、江西、福建、台湾、广东、海南、广西、四川、贵州、云南

【形态特征】地生植物；假鳞茎卵球形，包藏于叶基之内。叶3～5枚，带形，近薄革质，暗绿色，长45～110 cm，宽1.5～3 cm。花葶略长于叶；总状花序具10～20朵或更多的花；

最下面1枚花苞片长于1 cm，其余的长4～8 mm；花色泽变化较大，常为暗紫色或紫褐色具浅色唇瓣，另有黄绿色、桃红色或白色，一般有较浓的香气；萼片狭长圆形或狭椭圆形，长2.2～3.5 cm，宽5～7 mm；花瓣近狭卵形，长2～2.7 cm，宽6～10 mm；唇瓣近卵状长圆形，宽1.7～3 cm，不明显3裂；侧裂片具乳突状短柔毛；中裂片较大，外弯，有类似的乳突状短柔毛，边缘略波状。蒴果狭椭圆形，长6～7 cm，宽1.5～2 cm。花期10月至次年3月。

【生长习性】生于林下、灌木林中或溪谷旁湿润但排水良好的荫蔽处，海拔300～2000 m。喜阴，忌强光，要求荫蔽的环境，盛夏遮阴要求到85%。喜温暖，忌严寒，生长温度白天20～25 ℃，夜间15～18 ℃。喜湿，忌燥。

【芳香成分】李杰等（2016）用同时蒸馏萃取法提取的广东广州产'企黑'墨兰新鲜花蕾精油的主要成分为：二十五烷（22.75%）、棕榈酸（21.65%）、亚油酸（18.51%）、二十三烷（13.29%）、二十七烷（10.47%）、己醛（6.10%）、(E)-2-庚烯醛（4.40%）、2-正戊基呋喃（4.27%）、反式-2,4-癸二烯醛（4.12%）、二十四烷（3.30%）、二十七烷醇（3.01%）、1,2,3,4-四氢-1,1,6-三甲基萘（2.61%）、二十六烷（2.49%）、二十四烷醇（2.21%）、苯乙醛（2.20%）、(E,E)-2,4-庚二烯醛（1.19%）、苯甲醇（1.12%）、壬醛（1.12%）、茶香螺烷（1.11%）、反-2-辛烯醛（1.07%）、二十一烷（1.07%）、二十八烷（1.07%）等；新鲜盛花期花精油的主要成分为：二十五烷（11.77%）、二十七烷（5.91%）、二十三烷（5.75%）、1,2,3,4-四氢-1,1,6-三甲基萘（5.34%）、4-甲基苯酚（4.77%）、棕榈酸（2.62%）、壬醛（2.14%）、茶香螺烷（2.07%）、亚油酸（2.06%）、二十四烷（1.83%）、二十六烷（1.60%）、β-紫罗兰酮（1.56%）、二十四烷醇（1.17%）等。朱亮锋等（1993）用树脂吸附法收集的广东广州产墨兰鲜花头香的主要成分为：β-紫罗兰酮（17.18%）、2,4-二甲基-3-戊酮（11.00%）、3-甲基-3-戊醇（8.70%）、二氢-β-紫罗兰酮（8.20%）、2,6-二叔丁基对甲酚（7.78%）、十一烷（6.75%）、α-罗勒烯（5.67%）、乙酸苯甲酯（3.60%）、庚烷（3.21%）、2,4-二甲基-3-戊醇（3.07%）、癸烷（2.08%）、玷㶸烯（1.96%）、顺式，反式-金合欢醇（1.82%）、芳樟醇（1.80%）、苯甲酸甲酯（1.47%）、3-苯基丙醛（1.26%）、3,4-二甲基己醇（1.12%）等。

【利用】主要用作盆栽观赏，花枝也用于插花观赏。花浸膏、精油为高级香料，用于高级化妆品。

## ❀ 齿瓣石斛
*Dendrobium devonianum* Paxt.

兰科　石斛属
别名：紫皮石斛
分布：广西、贵州、云南、西藏

【形态特征】茎下垂，稍肉质，长50～100 cm，干后常淡褐色带污黑。叶纸质，二列互生，狭卵状披针形，长8～13 cm，宽1.2～2.5 cm，先端长渐尖，基部具抱茎的鞘；叶鞘常具紫红色斑点。总状花序数个，每个具1～2朵花；花序柄基部具2～3枚干膜质的鞘；花苞片膜质，卵形，长约4 mm；花质地薄，具香气；中萼片白色，上部具紫红色晕，卵状披针形，长约2.5 cm，宽9 mm；侧萼片与中萼片同色，基部稍歪斜；萼囊近球形，长约4 mm；花瓣与萼片同色，卵形，长2.6 cm，宽1.3 cm，先端近急尖，基部收狭为短爪，边缘具短流苏；唇瓣白色，前部紫红色，近圆形，边缘具复式流苏，上面密布短毛。花期4～5月。

【生长习性】生于海拔达1850 m的山地密林中树干上。喜阴凉，喜温暖、潮湿，以年降雨量1000 mm以上、半阴半阳的环境，1月平均气温高于8℃的亚热带深山老林中生长为佳，适宜生长温度为15～28℃，适宜生长的空气湿度为60%以上，对土肥要求不甚严格，野生多在疏松且厚的树皮或树干上生长，有的也生长于石缝中。要求根部通透性好。

【芳香成分】曲继旭等（2018）用顶空固相微萃取法提取的湖北产齿瓣石斛干燥花精油的主要成分为：头孢噻肟（16.76%）、乙醛（13.90%）、偶氮甲烷（12.07%）、十六烷（3.05%）、2,6-二叔丁基对甲酚（1.62%）、乙醚（1.53%）等。

【利用】栽培供观赏，可作切花，也可盆栽观赏。茎药用，有滋阴益胃、生津除烦的功效，用于治热病伤津、口干烦渴、病后虚弱、肺痨、食欲不振。

## 🌸 叠鞘石斛
*Dendrobium aurantiacum* Rchb. f. var. *denneanum* (Kerr) Z. H. Tsi

兰科　石斛属
分布：海南、广西、贵州、云南

【形态特征】茎圆柱形，通常长25～35 cm，干后淡黄色或黄褐色。叶革质，线形或狭长圆形，长8～10 cm，宽1.8～4.5 cm，先端钝并且微凹或有时近锐尖而一侧稍钩转，基部具鞘；叶鞘紧抱于茎。总状花序长5～14 cm，常1～3朵花；花序柄基部套迭3～4枚鞘；鞘纸质，浅白色，杯状或筒状，长5～20 mm；花苞片膜质，浅白色，舟状，长1.8～3 cm，宽约5 mm，先端钝；花橘黄色；中萼片长圆状椭圆形，长2.3～2.5 cm，宽1.1～1.4 cm，先端钝，全缘；侧萼片长圆形，基部稍歪斜；萼囊圆锥形，长约6 mm；花瓣椭圆形或宽椭圆状倒卵形，长2.4～2.6 cm，宽1.4～1.7 cm，先端钝，全缘；唇瓣近圆形，上面具一个大的紫色斑块，上面密布绒毛，边缘具不整齐的细齿。花期5～6月。

【生长习性】生于海拔600～2500 m的山地疏林中树干上。

【精油含量】水蒸气蒸馏干燥茎的得油率为0.20%。

【芳香成分】茎：许莉等（2014）用水蒸气蒸馏法提取的四川万安叠鞘石斛干燥茎精油的主要成分为：二十一烷（6.70%）、二十八烷（6.05%）、9-辛基-十七烷（5.15%）、二十四烷（4.80%）、二十烷（4.62%）、十七烷（3.97%）、(E,E)-2,4-葵二烯醛（2.84%）、十五烷基环己烷（1.76%）、1-二十六碳烯（1.57%）、2,2'-亚甲基双-(4-甲基-6-叔丁基苯酚)（1.51%）、二十五烷（1.33%）、环己基十九烷（1.24%）、1-二十七烷醇

（1.04%）等。

花：李文静等（2015）用水蒸气蒸馏法提取的云南普洱产叠鞘石斛干燥花精油的主要成分为：亚油酸（23.81%）、二十三烷（13.09%）、棕榈酸（7.71%）、二十一烷（5.13%）、二十五烷（4.37%）、α-亚麻酸（2.68%）、二十七烷（2.39%）、硬脂酸（1.89%）、二十四烷（1.57%）、二十九烷（1.23%）、肉豆蔻酸（1.20%）等。

【利用】茎入药，用于治热病伤津、口干烦渴、病后虚热、肺结核、黄水疮、咳嗽、肾盂肾炎、肾结石、泌尿道感染。

## 🌸 鼓槌石斛
*Dendrobium chrysotoxum* Lindl.

兰科　石斛属
别名：金弓石斛
分布：云南

【形态特征】茎直立，肉质，纺锤形，长6～30 cm，中部粗1.5～5 cm，具多数圆钝的条棱，干后金黄色，近顶端具2～5枚叶。叶革质，长圆形，长达19 cm，宽2～3.5 cm或更宽，先端急尖而钩转，基部收狭。总状花序近茎顶端发出，长达20 cm；花序轴疏生多数花；花序柄基部具4～5枚鞘；花苞片小，膜质，卵状披针形，长2～3 mm，先端急尖；花质地厚，金黄色，稍带香气；中萼片长圆形，长1.2～2 cm，中部宽5～9 mm；侧萼片与中萼片近等大；萼囊近球形；花瓣倒卵形，等长于中萼片，宽约为萼片的2倍，先端近圆形；唇瓣的颜色比萼片和花瓣深，近肾状圆形，长约2 cm，宽2.3 cm。花期3～5月。

【生长习性】生于海拔520～1620 m的阳光充足的常绿阔叶林中树干上或疏林下岩石上。喜阴凉、喜温暖、潮湿，以在年降雨量1000 mm以上、半阴半阳的环境、1月平均气温高于8℃的亚热带深山老林中生长为佳，适宜生长温度为15～28℃，适宜生长空气湿度为60%以上。对土肥要求不甚严格，要求根部通透性好。

【精油含量】水蒸气蒸馏干燥花的得油率为0.47%。

【芳香成分】朱亮锋等（1993）用水蒸气蒸馏法提取的花精油的主要成分为：乙酸辛酯（17.60%）、莰烯-3（15.82%）、香茅醇（10.30%）、苯甲醛（10.07%）、苯乙醛（8.19%）、3,7-二甲基-1,3,7-辛三烯（7.58%）、戊基环丙烷（6.48%）、龙脑（4.94%）、薁（2.75%）、1,7,7-三甲基二环[2.2.1]庚-2-烯（1.11%）等。李崇晖等（2015）用顶空固相微萃取法提取的海南儋州产鼓槌石斛新鲜花香气的主要成分为：3-莰烯（84.61%）、乙酸辛酯（6.62%）、苯乙醛（2.73%）、甲酸辛酯（2.40%）、(1R)-(+)-α-蒎烯（1.30%）等。李文静等（2015）用同法分析的云南普洱产鼓槌石斛干燥花香气的主要成分为：棕榈油酸（54.11%）、亚油酸（14.07%）、棕榈酸（6.37%）、Z-11-十四烯酸（4.23%）、二十三烷（2.05%）、二十五烷（1.91%）、油酸（1.44%）等。曲继旭等（2018）用同法提取的云南产鼓槌石斛干燥花香气的主要成分为：乙醛（27.25%）、偶氮甲烷（11.16%）、甲基醚（3.73%）、头孢噻肟（3.59%）、2,6-二叔丁基对甲酚（2.30%）、丁氧硫氰醚（2.25%）、2,6,10-三甲基十五烷（1.85%）、硫化丙烯（1.79%）、植烷（1.58%）、甲酸异戊酯（1.13%）等。

【利用】名贵观赏芳香植物。茎药用，有养阴生津、止渴、润肺的功效，用于治热病伤津、口干烦渴、病后虚热。

## ❀ 罗河石斛

*Dendrobium lohohense* T. Tang et F. T. Wang

**兰科　石斛属**
**分布：** 湖北、湖南、广东、广西、四川、贵州、云南

【形态特征】茎质地稍硬，圆柱形，长达80 cm，粗3～5 mm，干后金黄色，具数条纵条棱。叶薄革质，二列，长圆形，长3～4.5 cm，宽5～16 mm，先端急尖，基部具抱茎的鞘，叶鞘干后松松抱茎。花蜡黄色，稍肉质，总状花序减退为单朵花，侧生于具叶的茎端或叶腋，直立；花苞片蜡质，阔卵形，长约3 mm，先端急尖；花开展；中萼片椭圆形，长约15 mm，宽9 mm，先端圆钝；侧萼片斜椭圆形，比中萼片稍长，但较窄，先端钝；萼囊近球形，长约5 mm；花瓣椭圆形，长17 mm，宽约10 mm，先端圆钝；唇瓣不裂，倒卵形。蒴果椭圆状球形，长4 cm，粗1.2 cm。花期6月，果期7～8月。

【生长习性】生于海拔980～1500 m的山谷或林缘的岩石上。

【芳香成分】李崇晖等（2015）用顶空固相微萃取法提取的海南儋州产罗河石斛新鲜花挥发油的主要成分为：水杨酸甲酯（57.45%）、D-柠檬烯（22.42%）、[1aR-(1aα,4α,4aβ,7bα)]-1a,2,3,4,4a,5,6,7b-八氢-1,1,4,7-四甲基-1H-环丙基[e]薁（5.61%）、[1S-(1α,7α,8aβ)]-1,2,3,5,6,7,8,8a-八氢-1,4-二甲基-7-(1-甲基乙烯基)-薁（3.89%）、螺旋[3.5]壬-1-酮（2.81%）、α-愈创木烯（2.05%）、1,4-二甲氧基苯（1.26%）、4-苯基-2-丁酮

（1.25%）等。

【利用】茎药用，有滋阴养胃、清热生津的功效。

## 美花石斛
*Dendrobium loddigesii* Rolfe

兰科　石斛属
**别名：** 环草石斛、粉花石斛
**分布：** 广西、广东、海南、贵州、云南

【形态特征】茎柔弱，常下垂，长10～45 cm，粗约3 mm，干后金黄色。叶纸质，二列，互生，舌形，长圆状披针形或稍斜长圆形，长2～4 cm，宽1～1.3 cm，先端锐尖而稍钩转，基部具鞘；叶鞘膜质。花白色或紫红色，每束1～2朵侧生于老茎上部；花序柄基部被1～2枚短杯状膜质鞘；花苞片膜质，卵形，长约2 mm；中萼片卵状长圆形，长1.7～2 cm，宽约7 mm；侧萼片披针形，长1.7～2 cm，宽6～7 mm，先端急尖，基部歪斜；萼囊近球形，长约5 mm；花瓣椭圆形，与中萼片等长，宽8～9 mm，先端稍钝，全缘；唇瓣近圆形，直径1.7～2 cm，上面中央金黄色，周边淡紫红色，稍凹，边缘具短流苏，两面密布短柔毛。花期4～5月。

【生长习性】生于海拔400～1500 m的山地林中树干上或林下岩石上。喜阴凉，喜温暖、潮湿，以在年降雨量1000 mm以上、半阴半阳的环境、1月平均气温高于8 ℃的亚热带深山老林中生长为佳，适宜生长温度为15～28 ℃，适宜生长空气湿度为60%以上，对土肥要求不甚严格，要求根部通透性好。

【精油含量】水蒸气蒸馏干燥茎的得油率为0.40%。

【芳香成分】刘建华等（2006）用有机溶剂萃取-水蒸气蒸馏提取的干燥茎精油的主要成分为：壬醛（13.77%）、己醛（7.78%）、芳樟醇（7.58%）、β-蛇床烯（6.81%）、3-己烯醛（4.63%）、辛醛（4.48%）、薄荷醇（3.69%）、1-辛醇（3.39%）、庚醛（2.75%）、1-己醇（2.59%）、2-己烯醛（2.36%）、白菖油萜（1.62%）、癸醛（1.35%）、橙花叔醇（1.34%）、苯乙醛（1.29%）、樟脑（1.29%）、1-壬醇（1.27%）、6,10,14-三甲基-2-十五烷酮（1.14%）、2-辛醛（1.07%）等。

【利用】可盆栽供观赏，也可作切花。茎药用，有益胃生津、滋阴清热的功效，用于治阴伤津亏、口干烦渴、食少干呕、病后虚热、目睹不明。

## 密花石斛
*Dendrobium densiflorum* Lindl.

兰科　石斛属
**分布：** 广东、海南、广西、西藏

【形态特征】茎棒状或纺锤形，长25～40 cm，粗达2 cm，干后淡褐色；叶常3～4枚，近顶生，革质，长圆状披针形，长8～17 cm，宽2.6～6 cm，先端急尖。总状花序从茎上端发出，下垂，密生许多花，花序柄基部被2～4枚鞘；花苞片纸质，倒卵形，长1.2～1.5 cm，宽6～10 mm，先端钝；花开展，萼片和花瓣淡黄色；中萼片卵形，长1.7～2.1 cm，宽8～12 mm，先端钝，全缘；侧萼片卵状披针形，近等大于中萼片，先端近急尖，全缘；萼囊近球形，宽约5 mm；花瓣近圆形，长1.5～2 cm，宽1.1～1.5 cm，基部收狭为短爪，中部以上边缘具啮齿；唇瓣金黄色，圆状菱形，长1.7～2.2 cm，宽达2.2 cm，先端圆形，基部具短爪。花期4～5月。

【生长习性】生于海拔420～1000 m的常绿阔叶林中树干上或山谷岩石上。喜阴凉，喜温暖、潮湿，以在年降雨量1000 mm以上、半阴半阳的环境、1月平均气温高于8 ℃的亚热带深山老林中生长为佳，适宜生长温度为15～28 ℃，适宜生长空气湿度为60%以上，对土肥要求不甚严格，要求根部通透性好。

【芳香成分】李崇晖等（2015）用顶空固相微萃取法提取的海南儋州产密花石斛新鲜花挥发油的主要成分为：2-亚甲基-4,8,8-三甲基-4-乙烯基-双环[5.2.0]壬烷（82.01%）、α-法呢烯（4.70%）、2-甲基-2-丙烯酸己酯（2.61%）、三氯乙酸十一碳-10-烯酯（2.38%）、3,7,11,15-四甲基-2-十六碳烯-1-醇（1.55%）、2-十五烷酮（1.54%）、Z,Z,Z-1,5,9,9-四甲基-1,4,7-环十一碳三烯（1.30%）等。

【利用】可盆栽供观赏，也可作切花。

## 球花石斛
*Dendrobium thyrsiflorum* Rchb. f.

**兰科　石斛属**
**分布：** 云南

【形态特征】茎长12～46 cm，粗7～16 mm，黄褐色，有纵棱。叶3～4枚互生，革质，长圆形或长圆状披针形，长9～16 cm，宽2.4～5 cm，先端急尖。总状花序侧生于老茎上端，长10～16 cm，密生许多花，具3～4枚纸质鞘；花苞片浅白色，纸质，倒卵形，长10～15 mm，宽5～13 mm，先端圆钝；花质地薄，萼片和花瓣白色；中萼片卵形，先端钝，全缘；侧萼片稍斜卵状披针形，先端钝，全缘；萼囊近球形；花瓣近圆形，长14 mm，宽12 mm，先端圆钝，基部具长约2 mm的爪；唇瓣金黄色，半圆状三角形，先端圆钝，基部具长约3 mm的爪，上面密布短绒毛，背面疏被短绒毛；爪的前方具1枚倒向的舌状物。花期4～5月。

【生长习性】生于海拔1100～1800 m的山地林中树干上。喜阴凉，喜温暖、潮湿，以在年降雨量1000 mm以上、半阴半阳的环境、1月平均气温高于8℃的亚热带深山老林中生长为佳，适宜生长温度为15～28℃，适宜生长空气湿度为60%以上，对土肥要求不甚严格，要求根部通透性好。

【芳香成分】崔娟等（2013）用水蒸气蒸馏法提取的云南孟连产球花石斛干燥花精油的主要成分为：亚油酸（51.82%）、

亚麻酸（10.06%）、棕榈酸（9.28%）、8-羟基-4,7-二甲基香豆素（4.73%）、硬脂酸（4.58%）、二十三烷（4.49%）、6,7-二甲氧基香豆素6（3.08%）、二十五烷（2.02%）、豆甾醇（1.51%）、二十四烷（1.16%）、亚油酸乙酯（1.11%）等。

【利用】可盆栽供观赏，也可作切花。茎药用，常作为商品石斛的代用品。花作为花茶饮用。

## 石斛
*Dendrobium nobile* Lindl.

**兰科　石斛属**
**别名：** 林兰、禁生、杜兰、吊兰花、金钗石斛、仙斛兰韵、不死草、还魂草、紫紫仙株、吊兰、金钗花
**分布：** 台湾、湖北、香港、海南、贵州、广西、四川、广东、云南、西藏

【形态特征】茎肉质状肥厚，长10～60 cm，粗达1.3 cm，干后金黄色。叶革质，长圆形，长6～11 cm，宽1～3 cm，先端钝且不等侧2裂，具抱茎的鞘。总状花序长2～4 cm，具1～4朵花；基部被数枚筒状鞘；花苞片膜质，卵状披针形，长6～13 mm；花大，白色带淡紫色先端或唇盘上具1个紫红色斑块，有时全体淡紫红色；中萼片长圆形，长2.5～3.5 cm，宽1～1.4 cm；侧萼片相似于中萼片，基部歪斜；萼囊圆锥形，长6 mm；花瓣多少斜宽卵形，长2.5～3.5 cm，宽1.8～2.5 cm，先端钝，基部具短爪，全缘；唇瓣宽卵形，长2.5～3.5 cm，宽2.2～3.2 cm，基部两侧具紫红色条纹并且收狭为短爪，边缘具

短的睫毛，两面密布短绒毛。花期4～5月。

【生长习性】生于海拔480～1700 m的山地林中树干上或山谷岩石上。喜温暖、潮湿和半阴环境。生长季节保持潮湿和半阴，冬季适当干燥和较强的阳光。越冬温度10 ℃以上。以在年降雨量1000 mm以上、空气湿度大于80%、1月平均气温高于8 ℃的亚热带深山老林中生长为佳。对土肥要求不甚严格。

【精油含量】水蒸气蒸馏干燥茎的得油率为0.56%。

【芳香成分】茎：黄小燕等（2010）用水蒸气蒸馏法提取的贵州赤水产3年生石斛新鲜茎精油主要成分为：桉叶油素（18.68%）、β-蒎烯（7.31%）、莰烯（5.76%）、蒈烯（5.38%）、罗汉柏烯（5.13%）、樟脑（3.38%）、雪松烯（2.05%）、环丁烷（1.81%）、β-芳樟醇（1.68%）、咪唑（1.41%）、雪松醇（1.41%）、甲安菲他明（1.32%）、碘化百里香酚（1.28%）、罗勒烯（1.19%）、龙脑（1.11%）等。

花：郑家欢等（2016）用水蒸气蒸馏法提取的贵州赤水产石斛干燥花精油主要成分为：反式-2-庚烯醛（12.89%）、2-正戊基呋喃（11.61%）、α-雪松醇（8.71%）、芳樟醇（7.60%）、乙烯基戊酮（4.35%）、反式-2-辛烯醛（4.09%）、甲基胡椒酚（4.02%）、1-辛醇（3.61%）、反式-石竹烯（2.98%）、壬烯醛（2.78%）、亚油酸甲酯（2.77%）、二氢食用西番莲素Ⅰ（2.69%）、茶螺烷A（2.34%）、2-己烯醛（2.03%）、辛醛（1.92%）、庚醛（1.54%）、壬酸乙酯（1.48%）、14-甲基十五烷酸甲酯（1.39%）、二氢食用西番莲素Ⅱ（1.31%）、绿叶烯（1.28%）、茶螺烷B（1.25%）、柠檬烯（1.20%）、海松二烯（1.04%）等。曲继旭等（2018）用顶空固相微萃取法提取的贵州产石斛干燥花精油的主要成分为：乙醇（16.06%）、正己烷

（5.97%）、顺-2,3-二甲基-环丁酮（4.22%）、1,1'-(2-甲基-1-亚丙烯基)双-苯（3.71%）、十二烷（3.27%）、十三烷（3.09%）、甲氧基乙酸丁酯（2.51%）、柏木脑（2.49%）、β-石竹烯（1.94%）、双戊烯（1.54%）、异山梨醇二甲基醚（1.48%）、雪松烯（1.48%）、冰片（1.45%）、壬醛（1.29%）、十四烷（1.23%）、石斛碱（1.11%）、十一烷（1.10%）、γ-广藿香烯（1.02%）等。

【利用】茎入药，有滋阴养胃、清热生津、益肾、壮筋骨等作用。盆栽供观赏，或用于切花观赏。茎可作菜肴食用，常用于煲汤、炖肉。花、茎可代茶饮。茎精油供药用，具有滋阴养胃、清热解酒、润肺止咳、生津止渴的功效。

## ❀ 铁皮石斛

*Dendrobium officinale Kimura et Migo*

**兰科　石斛属**

**别名：**耳环石斛、黑节草、云南铁皮、铁皮斗、铁皮枫斗

**分布：**安徽、浙江、陕西、山西、河南、福建、广东、广西、云南、贵州、四川

【形态特征】茎长9～35 cm，粗2～4 mm，互生3～5枚叶；叶二列，纸质，长圆状披针形，长3～7 cm，宽9～15 mm，先端钝并且多少钩转，基部下延为抱茎的鞘，边缘和中肋常带淡紫色；叶鞘常具紫斑。总状花序从老茎上发出，具2～3朵花；具2～3枚短鞘；花序轴弯曲；花苞片干膜质，浅白色，卵形，长5～7 mm，先端稍钝；萼片和花瓣黄绿色，长圆状披针形，长约1.8 cm，宽4～5 mm，先端锐尖；侧萼片基部较宽阔，宽约1 cm；萼囊圆锥形，长约5 mm，末端圆形；唇瓣白色，基部

具1个绿色或黄色的胼胝体，卵状披针形，比萼片稍短，中部反折，两侧具紫红色条纹，边缘多少波状。花期3～6月。

【生长习性】生于海拔达1600 m的山地半阴湿的岩石上。喜温暖湿润气候和半阴半阳的环境，不耐寒。适宜在凉爽、湿润、空气畅通的环境生长。

【芳香成分】根：付涛等（2015）用水蒸气蒸馏法提取的浙江宁波产试管苗铁皮石斛新鲜根精油的主要成分为：亚油酸（29.23%）、棕榈酸（25.72%）、l-(+)-抗坏血酸-2,6-二棕榈酸酯（12.48%）、1,54-二溴-五十四碳烷（10.80%）、十五烷酸（7.99%）、二十七烷（3.54%）、二十六碳烯（2.83%）、十四烷酸（1.46%）、2,2'-亚甲基双-(4-甲基-6-叔丁基苯酚)(1.38%)、17-三十五碳烯（1.02%）等。

茎：付涛等（2015）用水蒸气蒸馏法提取的浙江宁波产试管苗铁皮石斛新鲜茎精油的主要成分为：亚油酸（22.75%）、棕榈酸（16.51%）、十五烷酸（7.40%）、α-荜澄茄醇（5.04%）、3-脱氧雌二醇（4.64%）、松烷醇（4.20%）、β-杜松萜烯（3.72%）、肉豆蔻酸（2.86%）、榄香醇（2.70%）、l-(+)-抗坏血酸-2,6-二棕榈酸酯（2.61%）、桃柘酚（2.57%）、9(11)-去氢睾酮（2.51%）、松柏烯（2.27%）、α-依兰油烯（1.61%）、γ-杜松萜烯（1.54%）、α-甘油亚油酸酯（1.42%）、月桂酸（1.36%）、异水菖蒲酮（1.20%）、二十八烷（1.19%）、β-桉叶油醇（1.14%）、脱氢松香酸（1.07%）等。杨柳等（2013）用正己烷回流提取后再减压蒸馏法提取的云南普洱产铁皮石斛干燥茎精油的主要成分为：乙

二酸二辛酯（21.12%）、22,23-二氢豆甾醇（11.09%）、二十五烷（10.13%）、亚油酸甲酯（5.85%）、γ-谷甾醇（4.13%）、十五烷酸（3.86%）、油酸甲酯（3.69%）、三十烷（3.45%）、豆甾醇（3.14%）、棕榈酸甲酯（3.08%）、硬脂酸甲酯（2.82%）、亚油酸（2.67%）、1,8-二羟基-3-甲基-9,10-蒽醌（2.38%）、二十九烷（1.76%）、油菜甾醇（1.65%）、植醇（1.60%）、对映-海松-8(14),15-二烯（1.35%）、二十三烷（1.23%）、鱼鲨烯（1.06%）等。

叶：付涛等（2015）用水蒸气蒸馏法提取的浙江宁波产试管苗铁皮石斛新鲜叶精油的主要成分为：亚油酸（45.54%）、棕榈酸（37.40%）、十五烷酸（11.04%）、二十七烷（1.43%）、十四烷酸（1.39%）等。邵进明等（2014）用固相微萃取法提取的贵州习水产铁皮石斛新鲜叶精油的主要成分为：柠檬油精（38.00%）、顺式-3-己烯醇（25.39%）、乙基苄醚（5.71%）、顺式-3-己烯基乙酸酯（4.62%）、乙酸甲酯（3.74%）、二硫化碳（2.42%）、壬醛（1.92%）、1-己醇（1.73%）、6-甲基-5-庚烯-2-酮（1.38%）、2-戊基呋喃（1.23%）等。

全草：康联伟等（2011）用固相微萃取技术提取的带根全草精油的主要成分为：反-2-辛烯醛（29.96%）、β-紫罗兰酮（15.78%）、芳樟醇（5.36%）、壬醛（4.39%）、β-环柠檬醛（3.40%）、正癸醛（3.14%）、十四烷（2.95%）、香叶基丙酮（2.82%）、顺-3-十六烯（2.58%）、莺尾酯（1.94%）、臭樟脑（1.80%）、2,6,10,14-四甲基-十六烷（1.59%）、十二烷（1.44%）、十八烷（1.16%）等。

花：霍昕等（2008）用有机溶剂萃取-水蒸气蒸馏法提取的浙江杭州产铁皮石斛干燥花精油的主要成分为：壬醛（9.21%）、桉叶-5,11-二烯-8,12-交酯（5.55%）、反-2-癸烯醛（4.63%）、2,3-脱氢-1,8-叶油素（4.39%）、正二十五烷（4.03%）、α-柏木醇（3.69%）、异土木香内酯（3.65%）、反式-2-庚醛（3.60%）、2,4-癸二烯醛（2.14%）、β-佛尔酮（2.03%）、正二十三烷（1.89%）、2,6-二叔丁基-4-亚甲基-2,5-己二烯-1-酮（1.82%）、2,6,11-三甲基十二烷（1.64%）、7,9-二叔丁基-1-氧杂螺[4,5]-6,9-二烯-2,8-二酮（1.57%）、十六烷（1.49%）、γ-松油烯（1.30%）、雅槛蓝烯（1.28%）、十五烷（1.10%）、2-戊基呋喃（1.01%）等。李文静等（2015）用水蒸气蒸馏法提取的云南普洱产铁皮石斛干燥花精油的主要成分为：壬酸甘油二酯（21.76%）、三辛酸甘油酯（15.51%）、癸酸甘油三酯（14.14%）、二十四烷（1.79%）、二十六烷（1.72%）、二十二烷（1.56%）、二十烷（1.47%）、反式-八氢-4a,7,7-三甲基-2(1H)萘酮（1.42%）、二十八烷（1.21%）、十八烷（1.15%）、二十五烷（1.08%）等。曲继旭等（2018）用顶空固相微萃取法提取的浙江产铁皮石斛干燥花精油的主要成分为：乙醛（26.64%）、正丁基异氰酸乙酸酯（10.99%）、偶氮甲烷（10.04%）、头孢噻肟（5.35%）、壬醛（4.19%）、丁氧硫氰醚（3.98%）、蘑菇醇（1.99%）、2,2,4-三甲基-1,3-戊二醇二异丁酸酯（1.85%）、三丙二醇甲醚（1.61%）、辛基癸酸酯（1.27%）、2,6,10-三甲基十二烷（1.20%）等。

【利用】茎药用，能滋肾阴，兼能降虚火，适用于肾阴亏虚之目暗不明、筋骨痿软及阴虚火旺、骨蒸劳热等症；也用于小儿发热、目赤肿痛、虚火牙痛；可用于治疗肝炎、胆囊炎、胆结石等肝胆疾病。茎可鲜吃或炖汤，有强阴益精、开胃健脾的功效。

# 细茎石斛

*Dendrobium moniliforme* (Linn.) Sw.

**兰科　石斛属**

**别名：** 铜皮石斛、清水山石斛、台湾石斛

**分布：** 陕西、甘肃、安徽、浙江、江西、福建、台湾、河南、湖南、广东、广西、贵州、四川、云南

【形态特征】茎长10~20 cm或更长，粗3~5 mm。叶数枚，二列，常互生，披针形或长圆形，长3~4.5 cm，宽5~10 mm，先端钝且稍不等侧2裂，基部下延为抱茎的鞘；总状花序2至数个，通常具1~3花；花苞片干膜质，浅白色带褐色斑块，卵形，长3~8 mm，宽2~3 mm，先端钝；花黄绿色、白色或白色带淡紫红色；萼片和花瓣相似，卵状长圆形或卵状披针形，长1~2.3 cm，宽1.5~8 mm；侧萼片基部歪斜；萼囊圆锥形，长4~5 mm，宽约5 mm；花瓣通常比萼片稍宽；唇瓣白色、淡黄绿色或绿白色，带淡褐色或紫红色至浅黄色斑块，卵状披针形，基部楔形，3裂；侧裂片半圆形；中裂片卵状披针形。花期3~5月。

【生长习性】生于海拔590~3000 m的阔叶林中树干上或山谷岩壁上。喜阴凉，喜温暖、潮湿的环境。以在年降雨量1000 mm以上、半阴半阳的环境、1月平均气温高于8 ℃的亚热带深山老林中生长为佳。适宜生长温度为15~28 ℃，适宜生长空气湿度为60%以上。对土肥要求不甚严格，基质最好能通风透气滤水。

【精油含量】减压蒸馏新鲜花的得油率为0.15%。

【芳香成分】张倩倩等（2011）用水蒸气蒸馏法提取的安徽霍山产细茎石斛花精油的主要成分为：2,4,4-三甲基-二戊烯（11.17%）、5,5-二甲基-2-己烯（11.12%）、β-石竹烯（6.47%）、异土木香内酯（5.95%）、1,3,3-二甲基丁烯-1,1-二苯基（5.20%）、邻苯二甲酸二乙酯（4.70%）、2,2,4-三甲基-1-戊醇（4.23%）、2-甲基-N-苯基-2-丙烯（2.73%）、3-甲基丁醛（2.12%）、异长叶烯（2.03%）、反式-三甲基-2,4-二羟基苯甲酸（1.95%）、19-di-torulosol（1.84%）、6-甲基-十八烷（1.80%）、5-甲基-2-(1-甲基乙基)-环己醇（1.67%）、十氢-1,4-二甲基-5-辛基萘（1.53%）、3-甲基-1-异丁氧基环己烯（1.45%）、正十二烷（1.43%）、庚二酮（1.32%）、莰烯（1.18%）、3,4,4-三甲基-2-己烯（1.15%）、2,4,4-三乙基-1-己烯（1.15%）、丙烯酸丁酯（1.05%）、异丁醛（1.03%）等。张聪等（2017）用减压蒸馏法提取的云南保山产细茎石斛新鲜花精油的主要成分为：二十一烷（38.96%）、二十三烷（13.56%）、二十二烷（5.25%）、2-十七烷酮（2.07%）、二十五烷（1.82%）、二十七烷（1.62%）、棕榈酸（1.50%）、邻苯二甲酸二丁酯（1.24%）、角鲨烯（1.01%）等。

【利用】园艺栽培供观赏。茎药用，用于治疗热病伤津、痨伤咳血、口干烦渴、病后虚热、食欲不振。

# 细叶石斛

*Dendrobium hancockii* Rolfe

**兰科　石斛属**

**分布：** 陕西、甘肃、河南、湖北、湖南、广西、四川、贵州、云南

【形态特征】茎质地较硬，长达80 cm，粗2~20 mm，具纵槽或条棱，干后深黄色或橙黄色。叶通常3~6枚，互生，狭长圆形，长3~10 cm，宽3~6 mm，先端钝且不等侧2裂，具革质鞘。总状花序长1~2.5 cm，具1~2朵花；花苞片膜质，卵形，长约2 mm，先端急尖；花质地厚，稍具香气，金黄色，仅唇瓣侧裂片内侧具少数红色条纹；中萼片卵状椭圆形，长1~2.4 cm，宽3.5~8 mm，先端急尖；侧萼片卵状披针形，与中萼片等长，但稍较狭，先端急尖；萼囊短圆锥形，长约

5 mm；花瓣斜倒卵形或近椭圆形，与中萼片等长而较宽，先端锐尖，唇瓣长宽相等，1～2 cm，基部具1个胼胝体，中部3裂。花期5～6月。

【生长习性】生于海拔700～1500 m的山地林中树干上或山谷岩石上。喜阴凉，喜温暖、潮湿。以在年降雨量1000 mm以上、半阴半阳的环境、1月平均气温高于8℃的亚热带深山老林中生长为佳。适宜生长温度为15～28℃，适宜生长空气湿度为60%以上。对土肥要求不甚严格，基质最好能通风透气滤水。

【芳香成分】李崇晖等（2015）用顶空固相微萃取法提取的海南儋州产细叶石斛新鲜花精油的主要成分为：3-蒈烯（71.25%）、2-亚甲基-4,8,8-三甲基-4-乙烯基-双环[5.2.0]壬烷（18.93%）、1-(1-氧代丁基)-1,2-二氢吡啶（5.90%）、(1R)-(+)-α-蒎烯（1.76%）等。

【利用】盆栽供观赏。茎药用，有养阴益胃、生津止渴的功效，用于治热病伤津、口干烦渴、病后虚热、食欲不振。藏药茎用于治热症、诸病之呕吐症。

## 🌼 密花石豆兰
*Bulbophyllum odoratissimum* (J. E. Smith) Lindl.

兰科　石豆兰属
别名：果上叶、子上叶、石枣子、岩果
分布：福建、广东、广西、香港、四川、云南、西藏

【形态特征】根状茎被筒状膜质鞘。假鳞茎长2.5～5 cm，顶生1枚叶。叶革质，长圆形，长4～13.5 cm，宽0.8～2.6 cm。总状花序缩短呈伞状，常点垂，密生10余朵花；膜质鞘3～4枚，宽筒状，长8～10 mm；鞘口斜截形，淡白色；花苞片膜质，卵状披针形，长7～10 mm，淡白色；花初时萼片和花瓣白色，后中部以上变为橘黄色；萼片离生，质地较厚，披针形，两侧边缘内卷呈窄筒状或钻状；花瓣质地较薄，白色，近卵形或椭圆形，长1～2 mm，中部宽1～1.5 mm，先端稍钝；唇瓣橘红色，肉质，舌形，稍向外下弯，基部具短爪，先端钝，边缘具细乳突或白色腺毛，上面具2条密生细乳突的龙骨脊。花期4～8月。

【生长习性】生于海拔200～2300 m的混交林中树干上或山谷岩石上。喜阴，忌阳光直射；喜湿润，忌干燥；最宜生长温度15～30℃。应选用腐叶土或含腐殖质较多的山土，微酸性的松土或含铁质的土壤，pH以5.5～6.5为宜。

【芳香成分】盛世昌等（2011）用有机溶剂萃取-水蒸气蒸馏法提取的贵州兴义产密花石豆兰全草精油的主要成分为：油酸（25.08%）、Z-9-十八烯醛（18.08%）、二十三烷（6.34%）、棕榈酸（5.41%）、亚油酸甘油酯（4.95%）、二十五烷（4.33%）、

二十七烷（3.84%）、二十四烷（3.77%）、二十六烷（3.39%）、2,4-二叔丁基苯酚（3.26%）、二十八烷（3.10%）、1-十八烯酸单甘油酯（2.15%）、2,6,10,15-四甲基十七烷（1.84%）、十八烷（1.02%）等。

【利用】全草药用，有润肺化痰、舒筋活络、消肿的功效，用于治肺痨咯血、咳嗽痰喘、咽喉肿痛、虚热咳嗽、风火牙痛、头晕、疝气、小便淋沥、风湿筋骨痛、跌打损伤、骨折、刀伤。

# ❀ 细叶石仙桃
*Pholidota cantonensis* Rolfe.

| 兰科　石仙桃属 |
| --- |
| **别名**：果上叶 |
| **分布**：浙江、江西、福建、台湾、湖南、广东、广西、云南 |

【形态特征】根状茎直径2.5～3.5 mm，密被鳞片状鞘；假鳞茎狭卵形至卵状长圆形，长1～2 cm，宽5～8 mm，基部略收狭，顶端生2叶。叶线形或线状披针形，纸质，长2～8 cm，宽5～7 mm，先端短渐尖或近急尖，边缘常多少外卷，基部收狭成柄。总状花序通常具10余朵花；花苞片卵状长圆形；花白色或淡黄色，直径约4 mm；中萼片卵状长圆形，长3～4 mm，宽约2 mm，多少呈舟状，背面略具龙骨状突起；侧萼片卵形，斜歪，略宽；花瓣宽卵状菱形或宽卵形，长、宽各2.8～3.2 mm；唇瓣宽椭圆形，整个凹陷而成舟状，先端近截形或钝。蒴果倒

卵形，长6～8 mm，宽4～5 mm。花期4月，果期8～9月。

【生长习性】生于林中或荫蔽处的岩石上，海拔200～850 m。喜温暖、湿润气候，宜半阴而空气湿度大的环境，常生于山野间岩石上或其他树上。耐寒，不怕酷热，适应性强。可种于排灌条件较好的池塘、水沟、积水坑、水溪旁。

【芳香成分】廖彭莹等（2011）用水蒸气蒸馏法提取的细叶石仙桃阴干全草精油的主要成分为：棕榈酸（49.54%）、肉豆蔻酸（9.49%）、植酮（9.02%）、十五烷酸（4.25%）、月桂酸（2.65%）、1-(1,5-二甲基己基)-4-(4-甲基戊基)-环己烷（1.90%）、亚油酸（1.68%）、3-苯基-2-丁酮（1.60%）、棕榈酸乙酯（1.39%）、苯甲醛（1.18%）、邻苯二甲酸二丁酯（1.17%）等。

【利用】全草入药，具有养阴清肺、利湿消瘀等功效，用于治肺结核、眩晕头痛，咳嗽吐血、痢疾等。盆栽作室内观赏。

# ❀ 云南石仙桃
*Pholidota yunnanensis* Rolfe.

| 兰科　石仙桃属 |
| --- |
| **别名**：果上叶 |
| **分布**：广西、湖北、湖南、四川、贵州、云南 |

【形态特征】根状茎密被箨状鞘；假鳞茎近圆柱状，向顶端略收狭，长1.5～5 cm，宽6～8 mm，顶端生2叶。叶披针形，坚纸质，长6～15 cm，宽7～25 mm，先端略钝，基部渐狭成短柄。总状花序具15～20朵花；花苞片卵状菱形；花白色或浅肉色，径3～4 mm；中萼片宽卵状椭圆形或卵状长圆形，长3.2～3.8 mm，宽2～2.5 mm，稍凹陷，背面略有龙骨状突起；侧萼片宽卵状披针形，略狭，凹陷成舟状，有明显龙骨状突起；花瓣与中萼片相似，不凹陷，无龙骨状突起；唇瓣轮廓为长圆状倒卵形，略长，先端近截形或钝，近基部稍缢缩并凹陷成囊。蒴果倒卵状椭圆形，长约1 cm，宽约6 mm，有3棱。花期5月，果期9～10月。

【生长习性】生于林中或山谷旁的树上或岩石上，海拔1200～1700 m。喜温暖、湿润气候，宜半阴而空气湿度大的环境，常生于山野间岩石上或其他树上。耐寒，不怕酷热，适应性强。可种于排灌条件较好的池塘、水沟、积水坑、水溪旁。

【芳香成分】赵留存等（2013）用固相微萃取法提取的贵州

六盘水产云南石仙桃根状茎和假鳞茎精油的主要成分为：2,6-二叔丁基对甲酚（17.49%）、十六烷（10.48%）、石竹烯（3.57%）、柏木脑（3.54%）、二十烷（3.26%）、十五烷（2.29%）、芳樟醇（1.94%）、α-柏木烯（1.19%）、顺-α,α-5-三甲基-5-乙烯基四氢化呋喃-2-甲醇（1.18%）等。

【生长习性】生于疏林下，林中空地、林缘，灌丛边缘，海拔400～3200 m。喜凉爽、湿润环境，怕冻、怕旱、怕高温、怕积水。宜选腐殖质丰富、疏松肥沃、土壤pH5.5～6.0、排水良好的砂质壤土栽培。

【精油含量】水蒸气蒸馏块茎的得油率为0.23%～0.35%；有机溶剂回流块茎的得油率为0.39%～0.62%；微波萃取块茎的得油率为1.32%～1.78%。

【利用】假鳞茎药用，有滋阴润肺、祛风除湿、镇痛、生肌的功效，用于治肺热咳嗽、痰中带血、风湿骨痛、消化不良、腹痛、痈疮肿毒。是室内观赏植物。

# ❀ 天麻
*Gastrodia elata* Blume

**兰科　天麻属**
**别名：** 赤箭、离母、定风草、木浦、明天麻、定风草根、白龙皮
**分布：** 吉林、辽宁、内蒙古、河北、山西、甘肃、江苏、浙江、江西、四川、云南、陕西、贵州、湖北、湖南、安徽、台湾、河南、西藏等地

【形态特征】植株高30～200 cm；根状茎椭圆形至近哑铃形，长8～12 cm，直径3～7 cm，被许多三角状宽卵形的鞘。茎直立，无绿叶，下部被数枚膜质鞘。总状花序长5～50 cm，通常具30～50朵花；花苞片长圆状披针形，长1～1.5 cm，膜质；花扭转，橙黄色、淡黄色、蓝绿色或黄白色；萼片和花瓣合生成的花被筒长约1 cm，近斜卵状，具5枚裂片，筒的基部向前方凸出；外轮裂片卵状三角形，先端钝；内轮裂片近长圆形，较小；唇瓣长圆状卵圆形，长6～7 mm，宽3～4 mm，3裂，基部有一对肉质胼胝体，上部离生，上面具乳突，边缘有短流苏。蒴果倒卵状椭圆形，长1.4～1.8 cm，宽8～9 mm。花果期5～7月。

【芳香成分】关萍等（2008）用水蒸气蒸馏法提取的贵州大方产不同品种天麻块茎精油成分，其中'红天麻'的主要成分为：2,3,5,6-四甲基吡嗪（25.33%）、2-戊基呋喃（11.97%）、E,E-2,4-癸二烯醛（8.66%）、苯甲醛（3.70%）、1-甲乙醚十六烷酸（2.39%）、苯乙醛（2.32%）、3-辛烯-2-酮（2.17%）、对二甲苯（1.73%）、辛烯-3-醇（1.40%）、庚烯醛（1.29%）等；'绿天麻'的主要成分为：亚油酸乙酯（15.44%）、苯乙烯（10.35%）、棕榈酸乙酯（10.07%）、苯甲醛（5.68%）、1-甲氧基-4-甲基-苯（5.68%）、1-甲乙醚十六烷酸（4.94%）、油酸乙酯（4.07%）、α-雪松烯（3.93%）、对甲酚（2.84%）、5-甲基-2-苯基-2-己烯醛（2.47%）、2,3,5,6-四甲基吡嗪（2.43%）、苯乙醛（2.41%）、β-吡喃酮烯（2.36%）、肉桂酸乙酯（2.12%）、2-甲氧基-4-甲基-苯甲醛（1.58%）、棕榈酸（1.46%）、萜品烯-4-醇（1.04%）等；'乌天麻'的主要成分为：4-甲基-苯酚（20.41%）、苯乙烯（12.61%）、1-甲乙醚十六烷酸（8.84%）、芳香醚（6.04%）、苯乙醛（5.38%）、对二甲苯（3.19%）、苯甲醛（3.12%）、2-戊基呋喃（2.26%）、棕榈酸乙酯（2.22%）、α-雪松醇（2.02%）、柠檬烯（1.98%）、亚油酸甲酯（1.96%）、1-辛烯-3-醇（1.14%）、棕榈酸甲酯（1.02%）等。熊汝琴等（2014）用同法分析云南昭通产不同品种天麻干燥干燥块茎精油成分，其中'乌天麻'的主要成分为：γ-谷甾醇（36.64%）、亚麻油酸（18.36%）、n-十六烷酸（8.03%）、豆甾烷-3,5-二烯（3.65%）、角鲨烯（3.06%）、二十烷（1.08%）等；'红天麻'的主要成分为：γ-谷甾醇（40.23%）、亚麻油酸（24.23%）、n-十六烷酸（7.93%）、豆甾烷-3,5-二烯（1.86%）、角鲨烯（1.23%）等；'黄天麻'的主要成分为：γ-谷甾醇（36.28%）、亚麻油酸（23.90%）、n-十六烷酸（8.60%）、豆甾烷-3,5-二烯（2.68%）、角鲨烯（2.08%）、γ-生育酚（1.72%）等；'绿天麻'干的主要成分为：γ-谷甾醇（38.03%）、亚麻油酸（25.12%）、n-十六烷酸（10.15%）、豆甾烷-3,5-二烯（2.19%）、角鲨烯（1.35%）等。

【利用】根茎入药，有息风、定惊的功效，治眩晕眼黑、头风头痛、肢体麻木、半身不遂、语言蹇涩、一切中风、小儿惊痫动风等。

# ❀ 文心兰

*Oncidium* Sharry Baby

**兰科　天麻属**
**分布:** 我国有零星栽培

【形态特征】假球茎大且硬质；叶片呈尖头广椭圆形；叶片在高温季节或地区易发生生理病害于叶面产生黑色斑点。花茎长约70～90 cm；分枝性高；花梗纤细柔软；先端下垂。萼片及花瓣为红褐色；唇瓣颜色变化大；花径2.5 cm；花具有浓郁的巧克力香味。花期全年。

【生长习性】喜温暖气候，适应强烈阳光照射和通风透气良好的环境，喜排水良好的基质。

【芳香成分】张莹等（2011）用固相微萃取法提取的'香水'文心兰盛花期新鲜花挥发油的主要成分为：3,7-二甲基-1,3,6-辛三烯（61.58%）、（顺）-3,7-二甲基-2,6-辛二烯-1-醇（12.42%）、3,7-二甲基-1,6-辛二烯-3-醇（10.57%）、（反）-2-丁烯酸-2-亚甲基环丙基-2-基酯（2.75%）、α-蒎烯（1.36%）、（顺,反）-3,7,11-三甲基-1,3,6,10-十二碳四烯（1.31%）、4-甲基-1-(1-甲基乙基)-双环己-2-烯（1.21%）、己醛（1.14%）、6-甲基-5-庚烯-2-酮（1.14%）等。

【利用】栽培供观赏，可作切花。

## 流苏虾脊兰
*Calanthe alpina* Hook. F. ex Lindl.

兰科　虾脊兰属

别名：高山虾脊兰、羽唇根节兰

分布：陕西、甘肃、台湾、四川、云南、西藏

【形态特征】植株高达50 cm。假鳞茎短小，狭圆锥状，粗约7 mm，密被残留纤维。假茎具3枚鞘。叶3枚，椭圆形或倒卵状椭圆形，长11～26 cm，宽3～9 cm，先端圆钝并具短尖或锐尖，基部收狭为鞘状短柄。总状花序长3～12 cm，疏生

3～10余朵花；花苞片狭披针形，长约1.5 cm；萼片和花瓣白色带绿色先端或浅紫堇色，先端急尖或渐尖呈芒状；中萼片近椭圆形，长1.5～2 cm，中部宽5～6 mm；侧萼片卵状披针形，较宽；花瓣狭长圆形至卵状披针形，长12～13 mm，中部宽4～4.5 mm；唇瓣浅白色，后部黄色，前部具紫红色条纹，半圆状扇形。蒴果倒卵状椭圆形，长2 cm，粗约1.5 cm。花期6～9月，果期11月。

【生长习性】生于海拔1500～3500 m的山地林下和草坡上。喜阴，忌阳光直射，喜湿润，忌干燥。适宜生长温度15～30 ℃。应选用腐叶土或含腐殖质较多的山土，微酸性的松土或含铁质的土壤，pH以5.5～6.5为宜。

【精油含量】水蒸气蒸馏假鳞茎的得油率为0.99%，叶的得油率为0.48%。

【芳香成分】假鳞茎：姜祎等（2015）用水蒸气蒸馏法提取的陕西城固产流苏虾脊兰假鳞茎精油的主要成分为：亚油酸（55.16%）、正十六酸（25.70%）、肉豆蔻酸（5.08%）、联环己烷（1.09%）等。

叶：姜祎等（2015）用水蒸气蒸馏法提取的陕西城固产流苏虾脊兰叶精油的主要成分为：4-乙烯基-2-甲氧基苯酚（60.33%）、十八-9-炔酸（14.56%）、正十六酸（13.10%）、正十五酸（1.50%）、植酮（1.10%）、邻苯二甲酸二己酯（1.01%）等。

【利用】假鳞茎和根入药，具有清热解毒的作用，用于治慢性咽炎、肝炎、胃溃疡。栽培可供观赏。

# 香荚兰
*Vanilla planifolia* Andr.

**兰科　香荚兰属**

**别名:** 香子兰、香果兰、香草兰、华尼拉、香草、香兰、墨西哥香荚兰、扁叶香草兰

**分布:** 云南、广西、广东、福建、海南有栽培

【形态特征】多年生攀缘藤本,长10~25 m。叶互生,近无柄,长椭圆形或宽披针形,先端渐尖或急尖,长8.5~25 cm,宽2.5~8 cm。总状花序,腋生,由20朵以上组成,绿色或黄绿色;花萼和花瓣窄倒披针形,唇瓣窄,喇叭状,短小,具小圆齿裂片。蒴果,三角形,长5~8 cm。种子黑色,细小花,略呈圆形,平均长0.31 mm,数量多达几百到几万粒。花期3~6月。

【生长习性】属热带植物,要求温暖湿润,雨量充沛的生长环境,生长适温为21~32 ℃。一年当中需要有两个月的干旱期,以利于开花。要求富含腐殖质、疏松、排水良好的酸性土壤,pH6.0~6.5为宜。适应性强,极耐阴。

【精油含量】水蒸气蒸馏干燥果实的得油率为0.35%~1.43%;超临界萃取干燥果实的得油率为8.36%;微波超声协同萃取干燥果实的净油得率为5.18%。

【芳香成分】任洪涛等(2007)用同时蒸馏萃取法提取的云南产香荚兰果实精油的主要成分为:2,3,5,6-四甲基苯酚(9.25%)、香草醛(8.09%)、愈创木酚(7.93%)、大茴香醛(5.05%)、二十五烷(4.81%)、2-甲氧基-4-甲基苯酚(4.01%)、二十四烷(3.67%)、二十一烷(3.23%)、二十二烷(3.10%)、邻苯二甲酸二丁酯(2.79%)、(Z)-二十三碳-9-烯(2.54%)、二十五烯(2.23%)、辛醇(1.30%)、二十三烷(1.29%)、桂酸甲酯(1.28%)、棕榈酸乙酯(1.18%)、亚油酸乙酯(1.17%)、壬醛(1.10%)等。董智哲等(2014)用同法分析的海南万宁产香荚兰果实精油的主要成分为:4-羟基-3-甲氧基苯甲醛(89.29%)、十六酸(1.38%)等。徐飞等(2013)用微波超声协同萃取法提取的干燥果实净油的主要成分为:亚油酸(23.17%)、香兰素(12.61%)、棕榈酸(6.20%)、9,12-十八烷二烯酸乙酯(5.30%)、1-甲基-2吡咯烷酮(4.63%)、(Z)-9,17-十八二烯醛(2.54%)、1,2-苯二甲酸,单(2-乙基己基)酯(1.71%)、9-二十六碳烯(1.54%)等。

【利用】果实可提取精油,用于食品的配香原料,也可用于化妆品业、烟草的调香。果实药用,具有强心、补脑、健胃、

解毒、驱风、增强肌肉力量的功效，用来治疗癫病、忧郁症、阳痿、虚热和风湿病。是室内绿化装饰的优良观叶植物，是插花的配叶材料。

## 羊耳蒜

*Liparis japonica* (Miq.) Maxim.

兰科　羊耳蒜属

**分布：**黑龙江、吉林、辽宁、内蒙古、河北、山西、陕西、甘肃、山东、河南、四川、贵州、云南、西藏

【形态特征】地生草本。假鳞茎卵形，长5～12 mm，直径3～8 mm，外被白色的薄膜质鞘。叶2枚，卵形、卵状长圆形或近椭圆形，膜质或草质，长5～16 cm，宽2～7 cm，先端急尖或钝，边缘皱波状或近全缘，基部收狭成鞘状柄；鞘状柄长3～8 cm。总状花序具数朵至10余朵花；花苞片狭卵形，长2～5 mm；花通常淡绿色，有时为粉红色或带紫红色；萼片线状披针形，长7～9 mm，宽1.5～2 mm，先端略钝；侧萼片稍斜歪；花瓣丝状，长7～9 mm，宽约0.5 mm；唇瓣近倒卵形，长6～8 mm，宽4～5 mm，先端具短尖，边缘稍有细齿或近全缘，基部逐渐变狭。蒴果倒卵状长圆形，长8～13 mm，宽4～6 mm。花期6～8月，果期9～10月。

【生长习性】生于林下、灌丛中或草地荫蔽处，海拔1100～2750 m。

【芳香成分】刘杰书等（2010）用超声波乙醚萃取法提取的湖北咸丰产羊耳蒜干燥全草精油的主要成分为：藜芦嗪（19.15%）、2,3-二氢-苯并呋喃（10.96%）、(Z,Z,Z)-2,3-二羟基丙酯-9,12,15-十八碳三烯酸（9.55%）、十六烷酸（5.81%）、(Z,Z)-9,12-十八烷二烯酸（2.93%）、1-苯基-3-甲基-2-氮杂芴（2.58%）、5-甲氧基-2-硝基-10H-吖啶-9-酮（1.68%）、5-甲基-2-呋喃甲醛（1.64%）、硬脂酸（1.31%）、顺丁烯二酐（1.26%）、植醇（1.25%）等。

【利用】带根全草药用，具有活血止血、消肿止痛的功效，常用于治崩漏、产后腹痛、白带过多、扁桃体炎、跌打损伤、烧伤。地上茎酊剂有解热作用。根茎外用治烧伤、肿瘤、坏疽等。

## 毛唇芋兰

*Nervilia fordii* (Hancve.) Schltr.

兰科　芋兰属

**别名：**半边伞、独脚天葵、独叶莲、独脚莲、福氏芋兰、假天麻、磨地沙、青天葵、青莲、天葵、芋兰、山米子、提心吊胆、铁帽子、小胖药、珍珠草、珍珠叶、猪姆耳、坠千斤、马蹄、毛唇齿芋兰、入地珍珠、水肿药、肖天葵

**分布：**广东、香港、广西、四川

【形态特征】块茎圆球形，直径10～15 mm。叶1枚，在花凋谢后长出，淡绿色，质地较薄，干后带黄色，心状卵形，长5 cm，宽约6 cm，先端急尖，基部心形，边缘波状。花葶高15～30 cm，下部具3～6枚筒状鞘；总状花序具3～5朵花；花苞片线形，反折；花半张开；萼片和花瓣淡绿色，具紫色脉，近等大，长10～17 mm，宽2～2.5 mm，线状长圆形，先端钝或急尖；唇瓣白色，具紫色脉，倒卵形，长8～13 mm，宽6.5～7 mm，凹陷，内面密生长柔毛，顶部的毛尤密集成丛，基部楔形，前部3裂；侧裂片三角形，先端急尖，直立，围抱蕊柱；中裂片横的椭圆形，先端钝。花期5月。

【生长习性】生于海拔220～1000m的山坡或沟谷林下阴湿处。

【芳香成分】杜勤等（2005）用水蒸气蒸馏法提取的广东翁源产毛唇芋兰干燥叶精油的主要成分为：3,5,6,7-四

氢-3,3,4,5,5,8-六甲基-S-Indacen-l(2H)-酮（13.55%）、4-乙烷基-顺-3-硫代环[4.4.0]癸烷（6.54%）、4-甲基-N-(2-氧-2-苯乙基)苯磺酰胺（6.33%）、植醇（6.32%）、Δ-杜松醇（4.54%）、β-紫罗兰酮（4.43%）、石竹烯氧化物（4.13%）、n-棕榈酸（3.88%）、2-十三烷酮（3.37%）、2-乙烷基环己胺，N-[2-氯乙烯亚丙基-N-氧化物](2.62%)、1,2-甘油二棕榈酸酯（2.39%）、α-紫罗兰酮（2.06%）、9,12,15-十八碳三烯酸甲酯（1.87%）、1,2,3,4-四氢-4,9-二甲基吖啶（1.73%）、6,10,14-三甲基-2-十五烷酮（1.71%）、棕榈酸乙烷基酯（1.66%）、(Z,Z)-9,12-十八碳二烯酸甲酯（1.56%）、4-[1,1-二甲基乙基]-2,6-二硝基-苯酚（1.54%）、7,8,15,16-四甲基-1,9-二氧环十六碳-4,13-二烯-2,10-二酮（1.54%）、六氢-4-[2-甲基-2-丙烯基]-2,2,4-三甲基环丙醛并环戊二烯-1,3-二烯（1.44%）、黄藤内酯（1.29%）、o-苯甲基-L-丝氨酸（1.20%）、1-十八碳烯（1.19%）、金合欢基丙酮（1.13%）、广藿香醇（1.03%）等。

【利用】全草药用，有清肺止咳、健脾消积、镇静止痛、清热解毒、散瘀消肿的功效，用于治肺痨咳嗽、咯血、痰喘、小儿疳积、小儿肺热咳喘、胃痛、精神病、跌打肿痛、口疮、咽喉肿。

# ❀ 喜树

*Camptotheca acuminata* Decne.

**蓝果树科　喜树属**

别名：旱莲木、旱莲、旱莲子、千丈树、水栗、水桐树、天梓树、野芭蕉、水漠子

分布：江苏、浙江、福建、江西、湖北、湖南、四川、贵州、广东、广西、云南等地

【形态特征】落叶乔木，高达20余m。树皮纵裂。冬芽腋生，锥状，有4对卵形的鳞片，有短柔毛。叶互生，纸质，矩圆状卵形或矩圆状椭圆形，长12～28 cm，宽6～12 cm，顶端短锐尖，基部近圆形或阔楔形，全缘，叶背疏生短柔毛。头状花序近球形，直径1.5～2 cm，常由2～9个头状花序组成圆锥花序，顶生或腋生，通常上部为雌花序，下部为雄花序。花杂性，同株；苞片3枚，三角状卵形，长2.5～3 mm，两面有短柔毛；花萼杯状，5浅裂，边缘睫毛状；花瓣5枚，淡绿色，矩圆形或矩圆状卵形，外面密被短柔毛。翅果矩圆形，长2～2.5 cm，两侧具窄翅，干燥后黄褐色，头状果序近球形。花期5～7月，果期9月。

【生长习性】常生于海拔1000 m以下的林边或溪边。喜温暖湿润，不耐严寒和干燥。适宜在年平均温度13～17℃、年降雨量1000 mm以上的地区生长。对土壤酸碱度要求不严，在酸性、中性、碱性土壤中均能生长。较耐水湿。

【精油含量】水蒸气蒸馏树枝的得油率为1.00%，叶的得油率为0.60%，果实的得油率为1.60%，种子的得油率为0.35%。

【芳香成分】枝：高玉琼等（2008）用水蒸气蒸馏法提取的贵州贵阳产喜树树枝精油的主要成分为：桦木醇（26.71%）、棕榈酸（9.75%）、壬醛（6.42%）、1-己醇（4.70%）、4-松油醇（2.50%）、辛醇（1.64%）、β-芹子烯（1.41%）、E,E-2,4-癸二烯醛（1.31%）、间-麝香草酚（1.23%）、β-榄香烯（1.05%）等。

叶：高玉琼等（2008）用水蒸气蒸馏法提取的贵州贵阳产喜树叶精油的主要成分为：顺式-3-己烯醇（20.72%）、(E)-2-己烯醛（16.51%）、壬醛（10.90%）、顺式-3-己烯-1-乙酸酯（8.89%）、1-己醇（8.40%）、(E)-2-己烯-1-醇（7.16%）、己醛（5.00%）、水杨酸甲酯（4.42%）、顺式-3-己烯丁酸酯（1.65%）、苯甲醛（1.23%）、贝壳杉-16-烯（1.10%）、庚醛（1.02%）等。

果实：高玉琼等（2008）用水蒸气蒸馏法提取的贵州贵阳产喜树果实精油的主要成分为：壬醛（6.85%）、(E)-氧化芳樟醇（5.12%）、桦木醇（4.26%）、4-松油醇（3.80%）、(E)-水合桧烯（2.52%）、顺式-芳樟醇氧化物（2.52%）、棕榈酸（1.84%）、E,E-2,4-癸二烯醛（1.77%）、己醛（1.72%）、1-己醇（1.67%）、对-薄荷-2-烯-1-醇（1.61%）、丁香酚（1.58%）、间-麝香草

酚（1.57%）、2,4-庚二烯醛（1.40%）、γ-松油烯（1.26%）、(Z)-2-壬烯醛（1.18%）、顺式-水合桧烯（1.08%）、E-2-癸烯醛（1.08%）、樟脑（1.06%）、辛醇（1.04%）等。

种子：于涛等（1999）用水蒸气蒸馏法提取的四川金堂产喜树种子精油的主要成分为：反-芳樟醇氧化物（8.94%）、苯乙醇（8.81%）、顺-芳樟醇氧化物（7.11%）、大牻牛儿烯D（5.16%）、环[2.2.1]庚-2,5-二烯-7-醇（4.57%）、3,7-二甲基-1,6-辛二烯-3-醇（3.73%）、β-甜没药烯（3.52%）、六甲基环三硅氧烷（3.19%）、β-石竹烯（2.46%）、α-菖蒲二烯（2.30%）、苯甲醛（2.11%）、α-姜黄烯（1.87%）、α-佛手柑油烯（1.59%）、香橙烯醇（1.46%）、1,5-二异丁烯基-3,3-二甲基环[3.1.0]己烷-2-酮（1.40%）、正十七烷（1.34%）、6,10,14-三甲基-2-十五烷酮（1.28%）、环氧石竹烯（1.27%）、环[4.2.0]辛-3,7-二烯-7,8-二（二氧）二（三甲基）硅烷（1.23%）、异丙基-4-甲基己-2-烯醛（1.12%）、2-甲基3-十一碳烯（1.06%）、3,5-二叔丁基-4-羟基甲苯（1.02%）等。

【利用】果实、根、树皮、树枝、叶均可入药，具有抗癌、清热杀虫的功能。主治胃癌、结肠癌、直肠癌、膀胱癌、慢性粒细胞性白血病和急性淋巴细胞性白血病；外用治牛皮癣。叶主治痈疮疖肿、疮痈初起；树皮治牛皮癣；果实可抗癌，散结，破血化瘀，用于多种肿瘤，如胃癌、肠癌、绒毛膜上皮癌、淋巴肉瘤等。木材可做胶合板、火柴、牙签、包装箱、绘图板、室内装修、日常用具、家具及造纸原料。果实可榨油，供工业用。可为庭园树或行道树。

## 鞑靼滨藜
*Atriplex tatarica* Linn.

| 藜科　滨藜属 |
| --- |
| 分布：新疆、青海、甘肃 |

【形态特征】一年生草本，高20～80 cm。茎苍白色，下部茎皮薄片状剥落。叶片宽卵形、三角状卵形，矩圆形至宽披针形，长2～7 cm，宽1～4 cm，边缘具不整齐缺刻状或浅裂状锯齿，先端急尖或短渐尖，具半透明的刺芒状短尖头，基部宽楔形至楔形，叶面绿色，叶背灰白色，有密粉，有时两面均有粉而近于同色。花簇生于叶腋，并于茎和枝的上部集成穗状圆锥状花序；雄花花被倒圆锥形，5深裂；雌花的苞片果时菱状卵形至卵形，下部的边缘合生，靠基部的中心部黄白色，有时有少数疣状附属物，边缘多少有齿。胞果扁，卵形或近圆形；果皮白色，膜质。种子直径1.5～2.5 mm，黄褐色至红褐色。花果期7～9月。

【生长习性】生于海拔400～1750 m的盐生荒漠、盐碱荒地、沼泽地、湖渠边、河岸阶地、砾质荒漠及草原化荒漠等处。

【精油含量】水蒸气蒸馏全草的得油率为0.11%；索氏法提取全草的得油率为0.30%。

【芳香成分】Janar Jenis1等（2010）用水蒸气蒸馏法提取的新疆阿勒泰产鞑靼滨藜全草精油的主要成分为：茴香脑（45.84%）、正二十七烷（9.28%）、羟基吲哚（6.81%）、α-羟基-2-甲基丙基苯乙酸酯（4.03%）、甲苯（2.74%）、正二十六烷（2.26%）、2-乙炔醇-1（2.16%）、4(14)，11-二烯桉素（2.02%）、正二十五烷（1.57%）、辛烷（1.30%）、β-紫罗兰酮（1.30%）、2,5-二甲基己烷（1.18%）、3,4-二甲基环己醇（1.17%）、茴香醛（1.13%）、柠檬酸（1.03%）等。

【利用】为中等牧草。

## 地肤
*Kochia scoparia* (Linn.) Schrad.

| 藜科　地肤属 |
| --- |
| 别名：地麦、落帚、扫帚苗、扫帚菜、孔雀松、绿帚、观音菜 |
| 分布：全国各地 |

【形态特征】一年生草本，高50～100 cm。茎有多数条棱。叶为平面叶，披针形或条状披针形，长2～5 cm，宽3～7 mm，先端短渐尖，基部渐狭入短柄，边缘有疏生的锈色绢状缘毛；茎上部叶较小。花两性或雌性，通常1～3个生于上部叶腋，构成疏穗状圆锥状花序，花下有时有锈色长柔毛；花被近球形，淡绿色，花被裂片近三角形；翅端附属物三角形至倒卵形，有时近扇形，膜质，边缘微波状或具缺刻。胞果扁球形，果皮膜质，与种子离生。种子卵形，黑褐色，长1.5～2 mm，稍有光泽。花期6～9月，果期7～10月。

【生长习性】生于田边、路旁、荒地等处。适应性较强，喜

温、喜光、耐干旱，不耐寒，对土壤要求不严格，较耐碱性土壤。以肥沃、疏松、含腐殖质多的壤土为宜。

【精油含量】水蒸气蒸馏干燥成熟果实的得油率为11.50%。

【芳香成分】杨敏等（2003）超临界 $CO_2$ 萃取法提取的地肤干燥成熟果实精油的主要成分为：9,12-十八碳二烯酸（40.06%）、9-十八碳烯酸（12.53%）、十六碳烯酸乙酯（9.45%）、十六碳烯酸甲酯（7.68%）、9-十八碳烯酸甲酯（5.76%）、9,12,15-十八碳三烯酸（4.74%）、亚油酸（盐）乙酯（3.37%）、十六碳酸甲酯（3.36%）、十八碳烯酸（3.15%）、9-十六碳烯酸（3.02%）、9-十八碳烯酸乙酯（1.60%）、十八碳酸（1.17%）、10-十八碳烯酸甲酯（1.16%）等。

【利用】果实药用，有清湿热、利小便的功效，治尿痛、尿急、小便不利、淋病、带下、疝气、风疹、疮毒、疥癣、阴部湿痒；外用治皮肤癣及阴囊湿疹。园林中用于花坛、花境、花丛、花群供观赏。嫩茎叶可作蔬菜食用。春老叶可做饲料。种子可榨油，供食用及工业用。

## ❀ 藜

*Chenopodium album* Linn.

**藜科　藜属**

**别名：** 灰藜、灰菜、落藜、胭脂菜、灰蓼头草、灰条

**分布：** 全国各地

【形态特征】一年生草本，高30～150 cm。茎直立，粗壮，具条棱及绿色或紫红色色条，多分枝；枝条斜升或开展。叶片

菱状卵形至宽披针形，长3～6 cm，宽2.5～5 cm，先端急尖或微钝，基部楔形至宽楔形，有时嫩叶的叶面有紫红色粉，叶背多少有粉，边缘具不整齐锯齿；叶柄与叶片近等长，或为叶片长度的1/2。花两性，花簇于枝上部排列成或大或小的穗状圆锥状或圆锥状花序；花被裂片5，宽卵形至椭圆形，背面具纵隆脊，有粉，先端或微凹，边缘膜质；雄蕊5，花药伸出花被，柱头2。果皮与种子贴生。种子横生，双凸镜状，直径1.2～1.5 mm，边缘钝，黑色，有光泽，表面具浅沟纹；胚环形。花果期5～10月。

【生长习性】生于低海拔的路旁、旷野、田间。适应性强，耐酸碱，适于肥沃而疏松土壤。

【芳香成分】吴月红等（2007）用水蒸气蒸馏法提取的吉林长春产藜干燥全草精油的主要成分为：3,7,11,15-四甲基-2-十六碳烯-1-醇（56.77%）、六氢化法呢基丙酮（9.51%）、β-紫罗兰酮（4.21%）、亚麻酸甲酯（3.29%）、13-甲基十五碳酸甲酯（1.73%）等。

【利用】全草药用，有微毒，有清热、利湿、杀虫的功效，治痢疾、腹泻、湿疮痒疹、毒虫咬伤。幼苗可作蔬菜食用。全草可作饲料用。有些地区用果实代"地肤子"药用。种子可榨油，供制肥皂及其他工业用。

# ❀ 土荆芥
*Chenopodium ambrosioides* Linn.

藜科　藜属

别名：白有黄、川芎、臭苋、臭杏、臭草、臭蒿、臭藜藿、臭沙虫芥、香藜草、藜荆芥、鹅脚草、鸭脚草、红泽兰、天仙草、钩虫草、火油根、虎骨香、虱子草、狗咬癀

分布：福建、江西、湖南、浙江、江苏、广东、广西、台湾、四川等地

【形态特征】一年生或多年生草本，高50～80 cm，有强烈香味。茎直立，多分枝，有色条及钝条棱；枝通常细瘦，有短柔毛并兼有具节的长柔毛，有时近于无毛。叶片矩圆状披针形至披针形，先端急尖或渐尖，边缘具稀疏不整齐的大锯齿，基部渐狭具短柄，叶面平滑无毛，叶背有散生油点并沿叶脉稍有毛，下部的叶长达15 cm，宽达5 cm，上部叶逐渐狭小而近全缘。花两性及雌性，通常3～5个团集，生于上部叶腋；花被裂

片5，较少为3，绿色，果时通常闭合。胞果扁球形，完全包于花被内。种子横生或斜生，黑色或暗红色，平滑，有光泽，边缘钝，直径约0.7 mm。花期和果期的时间都很长。

【生长习性】喜生于村旁、路边、河岸等处。喜温暖干燥气候，喜阳光，宜选向阳和较干旱地区栽培。以肥沃疏松、排水良好的砂质壤土为佳。

【精油含量】水蒸气蒸馏全草的得油率为0.05%～0.80%，风干叶的得油率为1.64%，风干花序的得油率为4.02%，果实的得油率为0.90%～2.48%；超临界萃取全草的得油率为7.92%。

【芳香成分】叶：陈利军等（2014）用水蒸气蒸馏法提取的河南信阳产土荆芥自然风干叶精油的主要成分为：驱蛔素（34.43%）、2-蒈烯（23.57%）、α-松油烯（23.39%）、3-甲基-4-异丙基酚（5.38%）、麝香草酚（5.37%）、p-伞花烃（4.71%）、邻苯二甲酸异丁基辛酯（2.27%）等。

全草：魏辉等（2010）用水蒸气蒸馏法提取的福建新店产土荆芥生长期全草精油的主要成分为：对-聚伞花素（49.60%）、α-松油烯（26.81%）、异驱蛔素（8.16%）、二丁基羟基甲苯（1.17%）、2,5-二甲基-3-己炔-2,5-二醇（1.03%）等。熊秀芳等（1999）用同法分析的湖北武汉产土荆芥新鲜全草精油的主要成分为：薄荷醇（31.33%）、α-松油烯（13.21%）、香芹盖烯醇（8.53%）、对伞花烃（8.34%）、1,8-桉叶油素（7.42%）、2-癸-3-酮（4.44%）、阿特酮（3.11%）、百里香酚（2.88%）、香芹

酚（2.80%）、樟脑（2.41%）、2,2-二甲基-3-癸烯（1.88%）、β-月桂烯（1.73%）、桧烯（1.47%）等。朱亮锋等（1993）用同法分析的广东广州产土荆芥全草精油的主要成分为：乙酸松油-4-酯（81.62%）、驱蛔素（6.24%）、对伞花烃（1.88%）、α-松油烯（1.62%）等。

花：陈利军等（2014）用水蒸气蒸馏法提取的河南信阳产土荆芥自然风干花序精油的主要成分为：驱蛔素（40.28%）、2-莰烯（28.16%）、α-松油烯（15.82%）、p-伞花烃（7.70%）、3-甲基-4-异丙基酚（2.97%）、麝香草酚（2.92%）等。

果实：李植飞等（2013）用水蒸气蒸馏法提取的广西桂林产土荆芥果实精油的主要成分为：3-异丙基-6-甲基-7-氧杂双环[4.1.0]庚-2-酮（66.93%）、1-甲基-4-(1-甲基己烯基)环己烯（15.67%）、邻甲基异丙苯（12.96%）、瑞香草酚（1.03%）等。陈利军等（2015）用同法分析的河南信阳产土荆芥阴干成熟果实精油的主要成分为：2-莰烯（48.19%）、驱蛔素（27.60%）、α-松油烯（8.13%）、p-伞花烃（7.04%）、3-甲基-4-异丙基酚（4.47%）、麝香草酚（3.53%）等。杨再波等（2010）用同法分析的贵州都匀产土荆芥阴干果实精油的主要成分为：α-异松油烯（60.44%）、驱蛔素（15.57%）、对-聚伞花素（12.76%）、α-松油烯（4.51%）、棕榈酸（1.93%）、桉油精（1.21%）、[1S-(1α,3α,5α)]-6,6-二甲基-2-亚甲基-双环[3.1.1]庚-3-醇（1.08%）等。

【利用】带果穗全草药用，有毒，有祛风消肿、杀虫止痒的功效，用于驱钩虫、蛔虫和蛲虫，治皮肤湿疹、脚癣、瘙痒，杀蛆虫。全草精油具杀虫、驱虫、抗菌、抗氧化等活性，可作为生物农药使用。

# 甜菜
*Beta* vulgaris Linn.

| 藜科　甜菜属 |
| --- |
| 别名：恭菜、红菜头 |
| 分布：全国各地 |

【形态特征】二年生草本，根圆锥状至纺锤状，多汁。茎直立，多少有分枝，具条棱及色条。基生叶矩圆形，长20～30 cm，宽10～15 cm，具长叶柄，叶面皱缩不平，略有光泽，叶背有粗壮凸出的叶脉，全缘或略呈波状，先端钝，基部楔形、截形或略呈心形；叶柄粗壮，下面凸，上面平或具槽；茎生叶互生，较小，卵形或披针状矩圆形，先端渐尖，基部渐狭入短柄。花2～3朵团集，果时花被基底部彼此合生；花被裂片条形或狭矩圆形，果时变为革质并向内拱曲。胞果下部陷在硬化的花被内，上部稍肉质。种子双凸镜形，直径2～3 mm，红褐色，有光泽；胚环形，苍白色；胚乳粉状，白色。花期5～6月，果期7月。

【生长习性】为喜温作物，但耐寒性较强。喜冷凉湿润，耐高温、低温，耐肥，耐盐碱。土壤pH以中性或弱碱性为好。在深而富含有机质的松软土壤上生长良好。对强酸性土壤和低硼敏感。块根生育期的适宜平均温度为19℃以上。

【精油含量】水蒸气蒸馏干燥叶的得油率为0.05%。

【芳香成分】于颖颖等（2012）用水蒸气蒸馏法提取的黑龙江绥化产甜菜干燥叶精油的主要成分为：十六烷酸乙酯（18.32%）、6,10,14-三甲基-2-十五烷酮（14.37%）、9,12,15-十八碳三烯酸乙酯（5.25%）、7-乙基-1,3,5-环庚三烯（5.21%）、植醇（5.07%）、3,7,11,15-四甲基-2-十六碳烯-1-醇（5.00%）、D-甘露糖十七烷基-1,2,3,4,5-五醇（2.41%）、1,3,8-p-蓋三烯（2.22%）、十八烷（2.21%）、4-氯-2-甲基苯氧基乙酸（1.84%）、十六烷酸乙酯/十四烷酸乙酯（1.80%）、4-(2,6,6-三甲基-2-环己烯-1-基)-2-丁酮（1.49%）、(E)-6,10-二甲基-5,9-十一烷二烯-2-酮（1.40%）、十七烷（1.36%）、(1R,2S)-环己烷基-2-羧基-2-烯丙基-3-甲基-1-醇甲酯（1.28%）、十二甲基环己硅氧烷（1.24%）、(R)-5,6,7,7a-四氢-4,4,7a-三甲基-2(4H)-苯并呋喃（1.02%）等。

【利用】块根为制糖原料。块根、茎叶是理想的绿色饲料。茎叶可以作为绿肥还田。制糖残渣加工成为甜菜粕用于饲料。

叶用种的叶可作为蔬菜食用。食用种的块根可食用。可作为观赏植物。

## 红花青藤
*Illigera rhodantha* Hance

**莲叶桐科　青藤属**
**别名：** 三叶青藤、毛青藤
**分布：** 广东、广西、云南

【形态特征】藤本。茎具沟棱，幼枝被金黄褐色绒毛，指状复叶互生，有小叶3；叶柄长4～10 cm，密被金黄褐色绒毛。小叶纸质，卵形至倒卵状椭圆形或卵状椭圆形，长6～11 cm，宽3～7 cm，先端钝，基部圆形或近心形，全缘。聚伞花序组成的圆锥花序腋生，狭长，较叶柄长，密被金黄褐色绒毛，萼片紫红色，长圆形，外面稍被短柔毛，长约8 mm；花瓣与萼片同形，稍短，玫瑰红色；雄蕊5，长6～9 mm，被毛；附属物花瓣状，膜质，先端齿状，背部张口状，具柄；花盘上腺体5，小。果具4翅，翅较大的舌形或近圆形，长2.5～3.5 cm，小的长0.5～1 cm。花期6～11月，果期12月至翌年4～5月。

【生长习性】生于海拔100～2100 m的山谷密林或疏林灌丛中。喜温暖、湿润气候。需适度荫蔽，稍耐寒，宜选择土层深厚肥沃的砂壤土种植。
【芳香成分】刘兰军等（2011）用水蒸气蒸馏法提取的广

西南宁产红花青藤干燥地上部分精油的主要成分为：棕榈酸（11.83%）、芳樟醇（8.22%）、反式石竹烯（4.80%）、二十二烷（3.21%）、金合欢醇乙酸酯（3.03%）、α-松油醇（2.89%）、杜松烯（2.76%）、6,10,14-三甲基-十五烷-2-酮（2.73%）、环己烯（2.53%）、(-)-4-萜品醇（2.50%）、1-甲基-3-(1-异丙烯基)-环己烯（2.46%）、(R)-3,7-二甲基-1,6-辛二烯-3-醇（1.91%）、1,1,4,7-四甲基-1H-环丙烯并[e]薁（1.67%）、十四醛（1.57%）、反-1-甲基-4-(1-丙烯基)-2-环己烯-1-醇（1.56%）、苯甲醇（1.48%）、茴香脑（1.48%）、反式-橙花叔醇（1.36%）、顺-α,α-5-三甲基-5-乙烯基四氢化呋喃-2-甲醇（1.20%）、β-紫罗酮（1.13%）、香叶基丙酮（1.10%）、苯甲醛（1.09%）、氰化苄（1.07%）、α-紫罗酮（1.06%）、β-环柠檬醛（1.01%）、中氮茚（1.01%）等。

【利用】全株入药，有祛风散瘀、消肿止痛的功效，用于治风湿性关节炎、跌打肿痛、小儿麻痹后遗症。

## 香青藤
*Illigera aromatica* S. Z. Huang et S. L. Mo

**莲叶桐科　青藤属**
**别名：** 吹风散、黑吹风
**分布：** 广西

【形态特征】木质藤本，全株具浓烈的芳香味，枝条绿色，有纵向条纹，老茎灰棕色，直径达10 cm，栓皮厚约4～8 mm，纵裂。叶互生，3小叶，小叶近圆形，长5～11.5 cm，宽4～9.5 cm，近革质，顶端短尖，基部圆形，叶面绿色，叶背淡绿色，仅脉腋有髯毛，侧生小叶较小，基部偏斜。聚伞圆锥花序比叶短，长约 5～10 cm，腋生或顶生；花红色；苞片长圆形，长约 2 mm，宽 1 mm，被短柔毛；萼管长 2 mm，密被短柔毛，萼片 5 枚，卵状披针形，长 10 mm，宽 3 mm，里面密被腺毛；花瓣 5 枚，和萼片相似，长 8 mm，宽 2.5 mm，里面密被腺毛；花丝、花柱密被腺毛。果未见。

【生长习性】生于石灰岩山地的疏林中或林缘。

【精油含量】水蒸气蒸馏干燥藤茎的得油率为0.10%。

【芳香成分】莫善列等（2006）用水蒸气蒸馏法提取的广西靖西产香青藤干燥藤茎精油的主要成分为：α-桉叶油醇（12.64%）、β-水芹烯（6.24%）、对-伞花烃（6.04%）、α-红没药烯（5.40%）、α-水芹烯（4.63%）、α-蒎烯（4.41%）、β-蒎烯（4.23%）、τ-桉叶油醇（3.59%）、α-没药醇（3.55%）、正十六酸（3.06%）、杜松-1(10),4-二烯（2.70%）、顺,顺-亚油酸（2.35%）、长叶蒎烯（2.17%）、(-)-斯巴醇（2.00%）、莰烯（1.67%）、α-松油醇（1.58%）、α-桉叶烯（1.56%）、(+)-长叶烯（1.36%）、(Z)-9,17-十八碳二烯醛（1.28%）等。

【利用】藤茎药用，具有祛风活血等功效，用治于风湿骨痛、跌打损伤、肥大性脊椎炎等症，对解痉镇痛、降温和局麻有显著功效。

# 🌸 川楝
*Melia toosendan* Sieb. et Zucc.

| 楝科 | 楝属 |
|---|---|
| **别名：** | 土仙丹、川楝子、金铃子 |
| **分布：** | 四川、贵州、湖南、湖北、甘肃、云南等地 |

【形态特征】乔木，高 10 余 m；幼枝密被褐色星状鳞片，老时无，暗红色，具皮孔，叶痕明显。2 回羽状复叶长 35～45 cm，每 1 羽片有小叶 4～5 对；具长柄；小叶对生，膜质，椭圆状披针形，长 4～10 cm，宽 2～4.5 cm，先端渐尖，基部楔形或近圆形，全缘或有不明显钝齿。圆锥花序聚生于小枝顶部之叶腋内，密被灰褐色星状鳞片；萼片长椭圆形至披针形，长约 3 mm，两面被柔毛，外面较密；花瓣淡紫色，匙形，长 9～13 mm，外面疏被柔毛；花盘近杯状。核果大，椭圆状球形，长约 3 cm，宽约 2.5 cm，果皮薄，熟后淡黄色；核稍坚硬，6～8 室。花期 3～4 月，果期 10～11 月。

【生长习性】生于海拔500～2100 m的杂木林和疏林内或平坝、丘陵地带湿润处，常栽培于村旁附近或公路边。喜温暖湿润气候，喜阳，不耐荫蔽，在海拔1000 m以下均可生长。以选阳光充足、土层深厚、疏松肥沃的砂质壤土上栽培为宜。

【精油含量】水蒸气蒸馏果实的得油率为0.06%～0.26%；石油醚萃取果实的得油率为0.67%。

【芳香成分】花：魏萍等（2014）用水蒸气蒸馏法提取的陕西西安产川楝新鲜花精油的主要成分为：二十烷（31.07%）、反-(+)-橙花叔醇（14.69%）、二十八烷（8.41%）、四十四烷（6.97%）、3,7,11-三甲基十二烷-1-醇（6.59%）、十六烷酸-1,1-二甲基乙酯（6.32%）、十六烷酸-(2-甲基)-丙基酯（5.69%）、叶绿醇（4.56%）、3,7,11-三甲基十二烷-3-醇（3.03%）、十六烷酸环己酯（2.48%）、吲哚（2.34%）、1,4-二甲氧基苯（2.11%）、1-氯十八烷（2.08%）、脱氧胆酸甲基酯（1.68%）、2-甲基二十烷（1.24%）等；干燥花精油的主要成分为：苯乙醇（24.63%）、十六酸（23.50%）、二十九烷（13.09%）、苯甲醇（8.64%）、斯巴醇（4.97%）、二十烷（3.76%）、L-抗坏血酸-2,6-二棕榈酸酯（3.33%）、二十一烷（2.11%）、三十六烷（1.94%）、6,10,14-三甲基-2-十五烷酮（1.68%）、苯甲醛（1.62%）、(Z,Z)-9,12-十八烷二烯酸甲酯（1.07%）等。

果实：孙毅坤等（2004）用水蒸气蒸馏法提取的果实精油的主要成分为：己酸（19.63%）、亚麻酸乙酯（6.45%）、棕榈酸（6.44%）、棕榈酸乙酯（4.61%）、亚油烯酸乙酯（4.28%）、亚麻酸（2.93%）、油酸（2.72%）、异龙脑（2.32%）、己醇（1.67%）、己酸甲酯（1.31%）、1,1′-二环己烷（1.26%）、β-谷甾醇（1.18%）、龙脑（1.16%）等。

【利用】果实、树皮及根皮入药，有舒肝、行气止痛、驱虫的功效，用于治胸胁、脘腹胀痛、疝痛、虫积腹痛；果实有小毒，有泻火、止痛、杀虫的功效，主治胃痛、虫积腹痛、疝痛、痛经等。树皮和根皮有杀虫作用，可治蛔虫病。木材是家具、建筑、农具、舟车、乐器等良好用材。

# 🌸 楝
*Melia azedarach* Linn.

| 楝科 | 楝属 |
|---|---|
| **别名：** | 楝树、苦楝、苦楝芽、紫花树、森树、翠树、哑巴树 |
| **分布：** | 黄河以南各地 |

【形态特征】落叶乔木，高达 10 余 m；树皮灰褐色，纵裂。分枝广展，小枝有叶痕。叶为 2～3 回奇数羽状复叶，长

20～40 cm；小叶对生，卵形、椭圆形至披针形，顶生一片通常略大，长3～7 cm，宽2～3 cm，先端短渐尖，基部楔形或宽楔形，多少偏斜，边缘有钝锯齿。圆锥花序约与叶等长；花芳香；花萼5深裂，裂片卵形或长圆状卵形，先端急尖，外面被微柔毛；花瓣淡紫色，倒卵状匙形，长约1 cm，两面均被微柔毛，通常外面较密。核果球形至椭圆形，长1～2 cm，宽8～15 mm，内果皮木质，4～5室，每室有种子1颗；种子椭圆形。花期4～5月，果期10～12月。

【生长习性】生长在低海拔向阳旷地、路旁或疏林中，能耐潮湿碱土。喜光，不耐庇荫；喜温暖湿润气候，耐寒力不强。对土壤要求不严，在酸性、中性、钙质土及盐碱土中均能生长。稍耐干旱，瘠薄，也能生于水边，以深厚、肥沃、湿润处生长最好。

【精油含量】水蒸气蒸馏干燥树皮的得油率为0.12%，干燥叶的得油率为0.24%，阴干花的得油率为0.10%，干燥果皮的得油率为0.02%。

【芳香成分】根：杨烨等（2013）用水蒸气蒸馏法提取的贵州麻江产楝干燥根皮精油的主要成分为：α-可巴烯（18.06%）、δ-荜澄茄烯（7.49%）、β-菖蒲二烯（4.40%）、α-荜澄茄油萜（4.26%）、香树烯（4.26%）、(1S)-1,2,3,4,4aβ,7,8,8aβ-八氢-1,6-二甲基-4β-异丙基-1-萘酚（4.18%）、(Z,Z,Z)-7,10,13-十六碳三烯醛（3.66%）、棕榈醛（3.55%）、α-杜松醇（3.37%）、(E)-α-红没药烯（3.12%）、棕榈酸（1.83%）、双环牻牛儿烯（1.77%）、

β-荜澄茄油萜（1.65%）、β-广藿香烯（1.37%）、9,12-十八碳二烯醛（1.25%）、α-紫穗槐烯（1.20%）、罗汉柏烯（1.03%）、α-佛手柑油烯（1.01%）等。

茎：杨烨等（2013）用水蒸气蒸馏法提取的贵州麻江产楝干燥树皮精油的主要成分为：棕榈酸（38.57%）、油酸（7.18%）、9-十六烯酸（5.42%）、亚油酸（4.57%）、肉豆蔻酸（3.71%）、己醛（2.44%）、月桂酸（2.39%）、硬脂酸（2.11%）、芳姜黄烯（1.95%）、(Z,Z,Z)-7,10,13-十六碳三烯醛（1.60%）、十五烷酸（1.45%）、邻苯二甲酸二丁酯（1.41%）、(1S)-1,2,3,4,4aβ,7,8,8aβ-八氢-1,6-二甲基-4β-异丙基-1-萘酚（1.30%）、9,12-十八碳二烯醛（1.27%）、十六-7,11-二烯-1-醇（1.18%）、棕榈醛（1.11%）等。白成科等（2008）用同法分析的陕西西安产楝干燥树皮精油的主要成分为：3,8-二甲基十一烷（9.25%）、4,6-二甲基十二烷（9.13%）、十七烷（6.88%）、3-乙基-3-甲基庚烷（5.94%）、2,4-双(1,1-双甲基乙基)苯酚（5.00%）、3,7-二甲基壬烷（3.81%）、十五烷（3.69%）、降植烷（3.31%）、十二烷（2.75%）、斯巴醇（2.56%）、2,3,6,7-四甲基-辛烷（2.44%）、2,5-二甲基-3-己酮（2.31%）、丁酸丁酯（2.31%）、十六烷（2.04%）、3,7-二甲基癸烷（1.94%）、6-甲基-1-庚醇（1.88%）、二十九烷（1.75%）、2,4,4-三甲基己烷（1.69%）、3-甲基-3-乙基-癸烷（1.63%）、4,4-二甲基辛烷（1.56%）、2-丙基-1-戊醇（1.44%）等。

枝：杨烨等（2013）用水蒸气蒸馏法提取的贵州麻江产楝干燥枝皮精油的主要成分为：棕榈酸（27.18%）、斯巴

醇（9.74%）、双环牻牛儿烯（5.26%）、芳姜黄烯（3.98%）、(1S)-1,2,3,4,4aβ,7,8,8aβ-八氢-1,6-二甲基-4β-异丙基-1-萘酚（2.71%）、油酸（2.39%）、石竹烯氧化物（2.30%）、己醛（2.02%）、(Z,Z,Z)-7,10,13-十六碳三烯醛（1.86%）、亚油酸（1.82%）、肉豆蔻酸（1.69%）、α-杜松醇（1.61%）、棕榈醛（1.58%）、δ-荜澄茄烯（1.57%）、异斯巴醇（1.55%）、α-可巴烯（1.44%）、γ-荜澄茄烯（1.36%）、β-石竹烯（1.33%）、9-十六烯酸（1.26%）、表蓝桉醇（1.20%）、月桂酸（1.19%）、9,12-十八碳二烯醛（1.01%）、α-雪松醇（1.00%）等。

**叶**：雷福成等（2010）用水蒸气蒸馏法提取的河南信阳产棟干燥叶精油的主要成分为：石竹烯氧化物（31.08%）、二环大根香叶烯（15.43%）、石竹烯（9.11%）、(S)-6-乙烯基-6-甲基-1-(1-甲基乙基)-3-(1-甲基亚甲基)-环己烯（8.72%）、8,9-脱氢-环异长叶烯（6.78%）、[1aR-(1aα,4aα,7β,7aβ,7bα)]-十氢-1,1,7-三甲基-4-亚甲基-1H-环丙[e]奥-7-醇（5.35%）、[1S-(1α,2β,4β)]-1-乙烯基-1-甲基-2,4-二(1-甲基乙烯基)-环己烷（2.93%）、1,5,5-三甲基-6-亚甲基-环己烯（2.90%）、异石竹烯（2.52%）、顺-Z-α-环氧红没药烯（2.32%）、[S-(Z)]-3,7,11-三甲基-1,6,10-十二碳三烯-3-醇（1.67%）、[1S-(1α,7α,8aα)]-1,2,3,5,6,7,8,8a-八氢-1,8a-二甲基-7-(1-甲基乙烯基)-萘（1.57%）等。

**花**：刘韶等（2010）用水蒸气蒸馏法提取的湖南长沙产棟阴干花精油的主要成分为：6,10,14-三甲基-2-十五烷酮（10.92%）、(Z)-3,7,11-三甲基-1,6,10-辛三烯-3-醇（10.71%）、苯甲醚（5.36%）、(E)-3,7,11-三甲基-1,6,10-辛三烯-3-醇（4.86%）、十六酸（4.58%）、壬醛（4.14%）、(R)-3,7-二甲基-6-辛烯-1-醇（2.78%）、(-)-斯巴醇（2.79%）、氧化石竹烯（2.58%）、雪松醇（2.58%）、7-n-二十六烷（2.29%）、氧代环十七烷-2-酮（1.99%）、二十一烷（1.99%）、十六酸甲酯（1.83%）、己醛（1.44%）、4,11,11-三甲基-8-亚甲基-二环[7.2.0]十一-4-烯（1.36%）、(E)-2-十三烯醛（1.31%）、1,1-二甲氧基-己烷（1.27%）、5-n-丁基十六烷（1.23%）、十八烷（1.20%）、二(2-甲基丙基)-1,2-苯二羧酸酯（1.18%）、2-甲基二十烷（1.14%）、二十八烷（1.14%）、二十烷（1.02%）等。

**果实**：王祥培等（2010）用水蒸气蒸馏法提取的贵州天柱产棟干燥成熟果实精油的主要成分为：己酸（19.56%）、亚油酸（13.90%）、棕榈酸（10.63%）、油酸（5.15%）、β-珀耙烯（5.13%）、十四烷醛（4.80%）、1-己烯醇（3.84%）、十八碳

烷酸（3.34%）、正己醛（2.05%）、己酸己酯（1.83%）、β-榄香烯（1.79%）、月桂酸（1.72%）、壬酸（1.59%）、壬酮（1.47%）等。白成科等（2008）用同法分析的陕西西安产棟干燥果皮精油的主要成分为：棕榈酸（27.65%）、3,7,11,15-四甲基-2-十六烷醇（11.28%）、己酸（6.94%）、邻苯二甲酸-丁基-8-甲基壬基酯（5.83%）、油酸甲酯（5.47%）、肉豆蔻酸（5.00%）、叶绿醇（4.78%）、二十四烷（2.35%）、三十六烷（1.92%）、6,10,14-三甲基-2-十五烷酮（1.82%）、8,11-十八二烯酸甲酯（1.46%）、4,6-二甲基十二烷（1.40%）、棕榈酸乙酯（1.30%）、2,3,5,8-四甲基癸烷（1.19%）、甘香烯（1.19%）、2,6,10,15-四甲基十七烷（1.13%）、斯巴醇（1.01%）等。

【利用】木材是建筑、高级家具、木雕、乐器等的优良用材。从叶、枝、皮和果的皮肉中分离、提炼出的棟素可用于生产牙膏、肥皂、洗面奶、沐浴露等产品。树皮、叶可提取制烤胶。树皮纤维可制人造棉及造纸。花可提取芳香油。果核、种子可榨油，可制油漆、润滑油和肥皂，也可炼制油漆。果肉含岩藻糖，可用于酿酒。适宜作庭荫树和行道树。树皮、叶和果实入药，有驱虫、止痛和收敛的功效，用于治蛔虫病、虫积腹痛、疥癣瘙痒。在农村广泛用作农药。

## ❀ 麻棟
*Chukrasia tabularis* A. Juss.

| 棟科 | 麻棟属 |
| --- | --- |
| **别名**： | 白椿、阴麻树、白皮香椿 |
| **分布**： | 广东、广西、云南、西藏 |

【形态特征】乔木，高达25 m；老茎树皮纵裂，具苍白色的皮孔。叶通常为偶数羽状复叶，长30～50 cm，小叶10～16枚；小叶互生，纸质，卵形至长圆状披针形，先端渐尖，基部圆形，偏斜。圆锥花序顶生；苞片线形，早落；花长约1.2～1.5 cm，有香味；萼浅杯状，高约2 mm，裂齿短而钝，外面被极短的微柔毛；花瓣黄色或略带紫色，长圆形，长1.2～1.5 cm，外面中部以上被稀疏的短柔毛。蒴果灰黄色或褐色，近球形或椭圆形，长4.5 cm，宽3.5～4 cm，顶端有小凸尖，表面粗糙而有淡褐色的小疣点；种子扁平，椭圆形，直径5 mm，有膜质的翅，连翅长1.2～2 cm。花期4～5月，果期7月至翌年1月。

【生长习性】生于海拔380～1530 m的山地杂木林或疏林中。喜光树种，幼树耐阴，抗寒性较强，喜欢花岗岩母质风化的砖红壤性土，对水肥条件要求较高，喜欢生长在土层深厚、肥沃、湿润、疏松的立地。

【精油含量】水蒸气蒸馏叶的得油率为0.21%。

【芳香成分】周静等（2004）用水蒸气蒸馏法提取的广东广州产麻楝叶精油的主要成分为：石竹烯（13.94%）、δ-荜澄茄烯（8.88%）、珐呫烯（8.67%）、δ-榄香烯（7.66%）、α-榄香烯（7.66%）、α-法呢烯（5.95%）、γ-榄香烯（5.94%）、2-异丙基-5-甲基-9-亚甲基双环[4.4.0]癸烯（5.05%）、大根香叶烯D（3.65%）、6-蛇床（芹子）烯-4-醇（3.32%）、(-)-β-荜澄茄烯N（2.82%）、异喇叭烯（2.32%）、α-荜澄茄油烯（2.16%）、Z,Z,Z-1,5,9,9-四甲基-1,4,7-环十一碳三烯（2.14%）、τ-依兰烯（2.04%）、τ-古芸烯（1.70%）、tau-杜松醇（1.69%）、榄香烯（1.10%）、2-异丙基-5,9-二甲基-双环[4.4.0]十碳-1,9-二烯（1.08%）等。

【利用】木材为建筑、造船、家具等良好用材。根皮药用，有疏风清热的功效，主治感冒发热。

## 🌼 米仔兰
*Aglaia odorata* Lour.

**楝科　米仔兰属**

**别名：** 碎米兰、树兰、米兰、山胡椒、鱼子花兰、兰花米、暹罗花、鱼仔兰

**分布：** 广东、海南、福建、广西、贵州、云南、四川

【形态特征】灌木或小乔木；茎多小枝，幼枝顶部被星状锈色的鳞片。叶长5～16 cm，叶轴和叶柄具狭翅，有小叶3～5片；小叶对生，厚纸质，长2～11 cm，宽1～5 cm，顶端1片最大，先端钝，基部楔形。圆锥花序腋生，长5～10 cm，稍疏散无毛；花芳香，直径约2 mm；花萼5裂，裂片圆形；花瓣5，黄色，长圆形或近圆形，长1.5～2 mm，顶端圆而截平；雄蕊管略短于花瓣，倒卵形或近钟形，外面无毛，顶端全缘或有圆齿，花药5，卵形，内藏；子房卵形，密被黄色粗毛。果为浆果，卵形或近球形，长10～12 mm，初时被散生的星状鳞片，后脱落；种子有肉质假种皮。花期5～12月，果期7月至翌年3月。

【生长习性】常生于低海拔山地的疏林或灌木林中。喜温暖、湿润的气候，忌严寒，喜光，忌强阳光直射，稍耐阴。宜肥沃富有腐殖质、排水良好的壤土。

【精油含量】水蒸气蒸馏叶的得油率为0.65%～1.00%，新鲜花的得油率为0.23%～0.30%，干燥花的得油率为

0.50%～1.10%；超临界萃取花的得油率为2.40%～2.64%；有机溶剂萃取干燥花浸膏的得率为2.00%～3.00%。

【芳香成分】叶：石凤平等（1994）用水蒸气蒸馏法提取的云南西双版纳产米仔兰叶精油的主要成分为：蛇麻烯（33.38%）、β-丁香烯（21.56%）、α-玷理烯（8.28%）、双环大香叶烯（5.08%）、大香叶D异构体（2.80%）、罗汉柏二烯（2.44%）、丁香烯氧化物（2.00%）、δ-杜松烯（1.79%）、蛇麻烯氧化物（1.79%）、α-榄香烯（1.73%）、二氢苯丙酮酸甲酯（1.71%）、c-α-木罗烯（1.60%）、α-香柠檬烯（1.44%）、β-没药烯（1.08%）、c-γ-没药烯（1.02%）等。

花：石凤平等（1994）用水蒸气蒸馏法提取的云南西双版纳产米仔兰花精油的主要成分为：蛇麻烯（43.52%）、β-丁香烯（14.67%）、α-玷理烯（9.64%）、双环大香叶烯（7.27%）、大香叶D异构体（3.52%）、α-榄香烯（2.59%）、δ-杜松烯（1.97%）、c-α-木罗烯（1.93%）、二氢苯丙酮酸甲酯（1.71%）、c-γ-没药烯（1.56%）、α-香柠檬烯（1.44%）、蛇麻烯氧化物（1.43%）、β-没药烯（1.26%）、丁香烯氧化物（1.14%）、别香树烯（1.11%）等；

【利用】枝、叶入药，有活血散瘀、消肿止痛的功效，用于治疗跌打、骨折、痈疮等。花药用，有行气解郁的功效，用于治疗气郁胸闷、食滞腹胀。园林栽培供观赏，可用作盆栽。花可提取精油，用于食品、烟用和化妆品香精的高级调香原料，也是很好的定香剂。花用于熏制花茶。木材可供雕刻、家具等用。

## 🌸 四季米仔兰
*Aglaia duperreana* Pierre

| 棟科　米仔兰属 |
| --- |
| **别名**：米仔兰、米兰 |
| **分布**：广西、广东、福建有栽培 |

【形态特征】灌木或乔木，高2～12 m。奇数羽状复叶互生，有小叶3～5片；叶柄具狭翅，长1.5～2 cm；小叶对生，倒卵形，长2～4 cm，宽1～2 cm，先端近圆，基部渐狭而具关节，侧脉每边5～7；小叶柄近无，圆锥状花序腋生，长约与叶相等或稍超过；花杂性异株，黄色，极香，花柄与花近等长。

【生长习性】喜温暖，越冬最低夜间不低于10 ℃，在昼间

15 ℃以上。喜较强阳光。生长期间经常保持土壤湿润。需要疏松、肥沃的腐殖土或泥炭土、细沙土。

【精油含量】水蒸气蒸馏新鲜叶的得油率为0.11%，花的得油率为0.20%～0.40%。

【芳香成分】叶：向卓文等（2012）用水蒸气蒸馏法提取的广东罗浮山产四季米仔兰新鲜叶精油的主要成分为：愈创烯（44.00%）、2,4-丙烯基-1-乙烯基环己烷盖酯（11.72%）、γ-榄香烯（7.49%）、2,5,5-三甲基-1,3,6-庚三烯（6.23%）、大根香叶烯D（3.67%）、β-榄香烯（1.93%）、α-荜澄茄油烯（1.72%）、δ-荜澄茄烯（1.36%）、τ-古芸烯（1.12%）等。

花：朱亮锋等（1993）用水蒸气蒸馏法提取的花精油的主要成分为：反式-二氢金合欢醇（51.26%）、γ-依兰油烯（9.66%）、顺式-二氢金合欢醇（8.48%）、石竹烯（3.08%）、香树烯（1.80%）、β-愈创木烯（1.14%）、金合欢烯（1.22%）、β-甜没药烯（1.06%）等。

【利用】花常用以薰茶。适合常年栽种，供观赏。花精油可作调配皂用、化妆品香精的原料。

## 🌸 木果棟
*Xylocarpus granatum* Koenig

| 棟科　木果棟 |
| --- |
| **别名**：海柚 |
| **分布**：海南 |

【形态特征】乔木或灌木，高达5 m；枝灰色，平滑。叶长15 cm，圆柱状，叶柄长3～5 cm；小叶通常4片，对生，近革质，椭圆形至倒卵状长圆形，长4～9 cm，宽2.5～5 cm，先端圆形，基部楔形至宽楔形，边全缘，常呈苍白色。花组成疏散

的聚伞花序，复组成圆锥花序，聚伞花序有花1～3朵；花萼裂片圆形；花瓣白色，倒卵状长圆形，革质，长6mm；雄蕊管卵状壶形，顶端的裂片近圆形，微2裂，花药椭圆形，基部心形；花盘约与子房等长，基部收缩，顶端肉质，有条纹。蒴果球形，具柄，直径10～12cm，有种子8～12颗；种子有棱。花果期4～11月。

【生长习性】混生于浅水海滩的红树林中。

【精油含量】水蒸气蒸馏新鲜叶的得油率为0.23%，新鲜果实的得油率为0.19%。

【芳香成分】叶：杜士杰等（2007）用水蒸气蒸馏法提取的海南东寨港产木果楝新鲜叶精油的主要成分为：β-桉叶烯（14.66%）、δ-桉叶烯（9.57%）、α-松香烯（8.86%）、1-甲基-2,4-二(丙-1-烯-2-基)-1-乙烯基环己烷（7.48%）、顺-β-金合欢烯（5.34%）、(-)-异石竹烯（5.19%）、α-广藿香烯（4.92%）、(Z)-2-己烯醇（3.84%）、(E)-2-己烯醛（3.60%）、荜草烯（3.17%）、1-甲基-4-(6-甲基-5-庚烯-2-基)苯（3.14%）、α-佛手柑烯（3.04%）、香橙烯（2.77%）、δ-杜松烯（2.77%）、1-甲基-4-(6-甲基-1,5-庚二烯-2-基)环己-1-烯（2.44%）、β-杜松烯（2.36%）、8-异丙基-1,3-二甲基三环[4.4.0.0$^{2,7}$]十二-3-烯（2.10%）、正己醇（1.96%）、(Z)-7-甲基-4-(亚丙烷-2-基)二环[5.3.1]十一-1-烯-8-醇（1.59%）、1-甲基-3-[(1E)-1-丙烯基]金刚烷（1.39%）、(Z)-4-己烯醇（1.33%）、(E)-7,11,15-三甲基十六碳-2-烯-1-醇（1.32%）、6-甲基-2-(4-甲基环己烯-3-基)庚-5-烯-2-醇（1.17%）、(1E,5E)-1,4,4-三甲基-8-亚甲基环十一碳-1,5-二烯（1.09%）、糠醛（1.08%）等。

果实：杜士杰等（2007）用水蒸气蒸馏法提取的海南东寨港产木果楝新鲜果实精油的主要成分为：β-桉叶烯（23.18）、γ-桉叶烯（14.19%）、d-杜松烯（9.91%）、α-佛手柑烯（9.52%）、8-异丙基-2,4-二甲基-1,3a,3b,4,5,6,7,8-八氢环戊[1,3]环丙[1,2][7]环轮烯（7.39%）、δ-杜松烯（5.68%）、香橙烯（5.57%）、α-广藿香烯（3.80%）、β-香橙烯（3.73%）、γ-杜松烯（2.79%）、1,1,4,7-四甲基-十氢-1H-环丙[e]薁-4-醇（1.24%）、(-)-异石竹烯（1.22%）、4-异丙基-1,6-二甲基-1,2,3,4,4a,7-六氢萘（1.03%）等。

【利用】树皮含单宁。木材适为车辆、家具、农具、建筑等用材。

# 🌸 桃花心木
*Swietenia mahagoni* (Linn.) Jacq.

| 棟科 | 桃花心木属 |
|---|---|
| 别名： | 小叶桃花心木、西印度群岛桃花心木、美国红木、珐玛红木 |
| 分布： | 福建、台湾、广东、广西、海南、云南等地 |

【形态特征】常绿大乔木，高达25m以上，径可达4m，基部扩大成板根；树皮淡红色，鳞片状；枝条广展，平滑，灰色。叶长35cm，有小叶4～6对；小叶片革质，斜披针形至斜卵状披针形，长10～16cm，宽4～6cm，先端长渐尖，基部明显偏斜，一侧楔形，另一侧近圆形，全缘或有时具1～2个浅波状钝齿，叶面深绿色，叶背淡绿色。圆锥花序腋生，长6～15cm，具柄，有疏离而短的分枝；萼浅杯状，5裂，裂片短，圆形；花瓣白色，无毛，长3～4mm，广展。蒴果大，卵状，木质，直径约8cm，熟时5瓣裂；种子多数，长18mm，连翅长7cm。花期5～6月，果期10～11月。

【生长习性】属阳性深根性树种，喜温暖，喜阳光，较耐旱。对土壤要求不严，在干旱贫瘠的山坡能正常生长，在湿润深厚、肥沃和排水良好的土壤中生长良好。

【精油含量】水蒸气蒸馏茎的得油率为0.02%。

【芳香成分】向卓文等（2013）用水蒸气蒸馏法提取的广东广州产桃花心木茎精油的主要成分为：Z,Z,Z-1,5,9,9-四甲基-1,4,7-环十一碳三烯（20.35%）、(E)-3,7,11-三甲基-1,6,10-十二碳三烯-3-醇（17.27%）、4,11,11-三甲基-8-亚甲基-二环[7.2.0]十一碳-4-烯（10.89%）、石竹烯（5.54%）、α-荜澄茄油烯（4.22%）、3-乙基-1,5-辛三烯（3.48%）、[1R-(1R*,3E,7E,11R*)]-1,5,5,8-四甲基-12-氧杂二环[9.1.0]-3,7-十二碳二烯（2.63%）、氧化石竹烯（2.02%）、邻苯二甲酸二异丁酯（2.00%）、植醇（1.74%）、(Z)-3己烯-1-醇（1.23%）、(Z)-3-己烯-1-醇苯甲酸酯（1.21%）、(E)-(+/-)-3,7,11-三甲基-6,10-十二碳二烯（1.17%）、3,7,11-三甲基-1,6,10-十二碳三烯-3-醇（1.02%）等。

【利用】是优良的庭荫树和行道树。木材是世界有名的珍贵木材，为家具、橱柜、乐器制造的高级原料。

## 香椿
*Toona sinensis* (A. Juss.) Roem.

棟科　香椿属
别名：香椿树、椿芽树、红椿、椿树、椿阳树、椿甜树、椿花、椿、椿芽、毛椿、香椿铃、香铃子、香椿子、香椿芽
分布：全国各地

【形态特征】乔木；树皮粗糙，深褐色，片状脱落。叶具长柄，偶数羽状复叶，长30～50 cm或更长；小叶16～20，对生或互生，纸质，卵状披针形或卵状长椭圆形，长9～15 cm，宽2.5～4 cm，先端尾尖，基部一侧圆形，另一侧楔形，边全缘或有疏离的小锯齿，叶背常呈粉绿色。圆锥花序与叶等长或更长，小聚伞花序生于短的小枝上，多花；花长4～5 mm；花萼5齿裂或浅波状，外面被柔毛，且有睫毛；花瓣5，白色，长圆形，先端钝，长4～5 mm，宽2～3 mm。蒴果狭椭圆形，长2～3.5 cm，深褐色，有小而苍白色的皮孔，果瓣薄；种子基部通常钝，上端有膜质的长翅，下端无翅。花期6～8月，果期10～12月。

【生长习性】生于山地杂木林或疏林中。喜光，不耐阴。有一定的耐寒力，适宜在平均气温8～10 ℃的地区栽培。适宜生于深厚、肥沃、湿润的砂质壤土，在中性、酸性及钙质土上均生长良好，也能耐轻盐渍，较耐水湿。适宜的土壤pH为5.5～8.0。

【精油含量】水蒸气蒸馏嫩芽的得油率为0.72%～1.67%，嫩叶的得油率为0.11%，果实的得油率为0.50%～1.09%；超临界萃取干燥嫩芽的得油率为1.60%，干燥叶的得油率为0.50%。

【芳香成分】芽：杨慧等（2016）顶空固相微萃取法提取的河南登封产'红油香椿'新鲜嫩芽（5cm）香气的主要成分为：2,4-二甲基噻吩（19.77%）、2-己烯醛（16.83%）、(-)-异石竹烯（12.25%）、蛇麻烯-(v1)（7.49%）、2-巯基-3,4-二甲基-2,3-二氢噻吩（5.26%）、穿心莲内酯（3.88%）、香橙烯（2.65%）、4-亚环己基-3,3-二乙基-2-戊酮（2.64%）、去氢白菖烯（2.41%）、姜黄烯（2.28%）、1,7-二甲基-4-异丙烯基-二环[4.4.0]-6-烯-9-酯（2.05%）、苯甲醛（1.84%）、6-异丙基-1,4-二甲基萘（1.76%）、珀杷烯（1.65%）、2-甲基萘（1.64%）、α-荜澄茄油烯（1.50%）、8,9-脱氢-三环异长叶烯（1.47%）、β-芹子烯（1.45%）、α-雪松烯（1.35%）、4,4-二甲基-3-(3-甲基丁烯-3-亚乙基)-2-甲基苯烯

双环[4.1.0]庚烷（1.06%）等；河南中牟产'红油香椿'干燥嫩芽（15cm）香气的主要成分为：π-愈创木烯（13.76%）、紫罗酮（11.14%）、三十七烷醇（7.57%）、4,4,11,11-四甲基-7-四环[6.2.1.0³,⁸0³,⁹]十一醇（4.92%）、正十四烷（4.37%）、β-蛇床烯（4.34%）、β-马揽烯（4.31%）、2,4-二甲基噻吩（3.29%）、穿心莲内酯（2.71%）、叔十六硫醇（2.59%）、2-(4-甲基-6-(2,6,6-三甲基环己-1-烯)己烷-1,3,5-三烯基)环己-1-烯-1-甲醛（2.46%）、4,7,7a-三甲基-5,6,7,7a-四氢-2-(4H)-苯并呋喃酮（2.02%）、雪松烯（2.00%）、芳姜黄烯（1.84%）、2,6,10-三甲基十四烷（1.59%）、2-亚甲基-3-胆甾烷醇（1.32%）、2-丙烯基-4a,8-二甲基-1,2,3,4,4a,5,6,7-八氢萘（1.25%）、(-)-斯巴醇（1.13%）、异香澄烯环氧化物（1.10%）、α-愈创木烯（1.01%）等。张仕娜等（2005）用水蒸气蒸馏法提取的云南产香椿新鲜嫩芽和嫩叶精油的主要成分为：石竹烯（19.51%）、α-胡椒烯（8.30%）、α-杜松醇（7.64%）、τ-木罗醇（5.88%）、δ-杜松烯（3.89%）、金合欢醇异构体a（3.73%）、(Z,E)-3,7,11-三甲基-2,6,10-十二碳三烯-1-醇（3.72%）、α-桉叶烯（3.31%）、α-木罗烯（3.23%）、β-桉叶烯（3.18%）、[1aR-(1α,7α,7aα,7bα)]-1a,2,3,5,6,7,7a,7b-八氢-1,1,7,7a-四甲基1H-环丙[a]萘（2.96%）、(1α,4aα,8aα)-1,2,3,4,4a,5,6,8a-八氢-7-甲基-4-亚甲基-1-(1-甲乙基)-萘（2.60%）、α-石竹烯（1.78%）、香榧醇（1.57%）、[1R-(1α,4β,4aβ,8aβ)]-1,2,3,4,4a,7,8,8a-八氢-1,6-二甲基-4-(1-甲乙基)-1-萘醇（1.47%）、3,7,11-三甲基-2,6,10-十二碳三烯-1-醇（1.45%）、(E,E)-3,7,11-三甲基-2,6,10-十二碳三烯-1-醇乙酯（1.40%）、(Z,Z)-3,7,11-三甲基-2,6,10-十二碳三烯-1-醇乙酯（1.35%）、γ-杜松烯（1.22%）、2-己烯-1-醇（1.06%）、十六酸（1.00%）等。

茎：吴艳霞（2013）用同时蒸馏萃取法提取的茎精油的主要成分为：石竹烯（8.53%）、3,7,11-三甲基-2,6,10-十二碳三烯-1-醇乙酸酯（8.26%）、3,7,11-三甲基-2,6,10-十二碳三烯-1-醇（6.47%）、柯巴烯（5.44%）、(1S-顺)-1,2,3,5,6,8a-六氢-4,7-二甲基-1-(1-甲基乙基)-萘（3.95%）、1-(乙基硫)-2-甲基-1-丙烯（3.49%）、4-乙烯基-4-甲基-3-(1-甲基乙基)（2.39%）、γ-榄香烯（1.85%）、1-乙烯基-1-甲基-2,4-二(1-甲基乙烯基)-环己烷（1.76%）、1,6-二甲基-4-(1-甲基乙基)-1,2,3,4,4a,7,8,8a-八氢-1-萘酚（1.67%）、4,11,11-三甲基-8-亚甲基-二环[7.2.0]十一

碳-4-烯（1.32%）、α-石竹烯（1.21%）、7-甲基-4-亚甲基-1-(1-甲基乙基)-1,2,3,4,4a,5,6,8a-八氢萘（1.21%）、蛇床烷-6-烯-4-醇（1.16%）、(2aR,2aα,4aβ,8aS)- 2,2,4a- 三甲基 - 8 - 亚甲基十氢环丁基[c]茚（1.04%）、δ-蛇床烯（1.02%）等。

　　叶：李贵军等（2014）用水蒸气蒸馏法提取的嫩叶精油的主要成分为：正二十四烷（7.39%）、正二十烷（6.84%）、异石竹烯（3.95%）、正二十七烷（3.82%）、正二十六烷（3.62%）、正二十一烷（3.41%）、α- 荜澄茄醇（2.95%）、正十九烷（2.52%）、1-二十六烯（2.15%）、油酸（2.00%）、正二十二烷（1.85%）、正二十三烷（1.79%）、正十八烷（1.53%）、1-十九烯（1.49%）、依兰醇（1.48%）、正二十五烷（1.33%）、棕榈酸（1.19%）、β-人参烯（1.18%）、1-氯二十烷（1.15%）等。杨月云等（2016）用超声辅助萃取法提取的河南产香椿阴干叶精油的主要成分为：花生四烯酸乙酯（6.98%）、苯并噻唑（4.60%）、邻甲酚红（4.55%）、十五烷酸甲酯（4.28%）、正二十一烷（3.59%）、β-石竹烯（3.15%）、对二甲苯（3.02%）、苯甲酸己酯（2.87%）、邻苯二甲酸丁辛酯（2.86%）、2,4-二(1-苯乙基)苯酚（2.33%）、柠檬烯（2.24%）、十七酸甲酯（1.89%）、二十七烷（1.77%）、棕榈酸（1.63%）、二十六烷（1.58%）、长叶松酸（1.38%）、1-苯甲基异喹啉（1.28%）、N-甲基-邻苯二甲酰亚胺（1.14%）、7,10,13-二十碳三烯酸甲酯（1.12%）、1,2-戊二醇（1.11%）等。姬晓悦等（2018）用顶空固相微萃取法提取的江苏南京产香椿新鲜叶精油的主要成分为：乙酸叶醇酯（34.29%）、叶醇（33.50%）、石竹烯（6.33%）、3-己烯基丁酯（4.61%）、α-瑟林烯（4.38%）、β-瑟林烯（4.34%）、β-榄香烯（3.27%）、2-甲基-4-戊醛（2.50%）、葎草烯（1.02%）等。高鹦铭等（2016）用顶空固相微萃取法提取的福建福安产香椿新鲜叶挥发油的主要成分为：2,4-二甲基噻吩（18.52%）、1-去氢白菖烯（6.90%）、β-杜松烯（2.29%）、[1aR-(1aα,3aα,7bα)]-1a,2,3,3a,4,5,6,7b-八氢-1,1,3a,7-四甲基-1H-环丙[a]萘（2.26%）、β-榄香烯（1.88%）、4(14)，11-桉叶二烯（1.81%）、愈创蓝油烃（1.80%）、α-杜松醇（1.70%）、(3R-反式)-4-乙烯基-4-甲基-3-(1-异丙烯基)-1-(1-甲基乙基)-环己烯（1.64%）、白菖烯（1.58%）、1,2,4a,5,6,8a-六氢-4,7-二甲基-1-(1-甲基乙基)-萘（1.49%）、1,6-二甲基-4-(1-甲基乙基)-萘（1.42%）、2,6-双(1,1-二甲基乙基)-4-(1-丙酰基)苯酚（1.38%）、十二甲基环己硅氧烷（1.33%）、珂钯烯（1.20%）、双酚A（1.20%）、十甲基环五硅氧烷（1.19%）、1,2,4-三乙苯（1.12%）、依兰烯（1.03%）等。

　　花：高鹦铭等（2016）用顶空固相微萃取法提取的福建福安产香椿新鲜花精油的主要成分为：石竹烯（8.81%）、(1aR)-1aβ,2,3,3a,4,5,6,7bβ-八氢-1,1,3aβ,7-四甲基-1H-环丙[a]萘（7.88%）、珂钯烯（7.78%）、雅榄蓝烯（7.61%）、(-)-β-杜松烯（5.90%）、α-荜澄茄油烯（4.15%）、1,5,9,9-四甲基-Z,Z,Z-1,4,7-石竹烯（3.94%）、异丁子香烯（3.45%）、9,10-脱氢异长叶烯（3.20%）、1-去氢白菖烯（2.96%）、(1S-顺)-1,2,3,4-四氢-1,6-二甲基-4-(1-甲基乙基)-萘（2.03%）、表姜烯酮（1.85%）、(1α,4aα,8aα)-1,2,3,4,4a,5,6,8a-八氢-7-甲基-4-亚甲基-1-(1-甲基乙基)-萘（1.83%）、β-榄香烯（1.71%）、大根香叶烯B（1.65%）、2,4-二甲基噻吩（1.49%）、香树烯（1.47%）、异长叶烯（1.16%）、8,9-脱氢-环异长叶烯（1.05%）、1,2,4a,5,6,8a-六氢-4,7-二甲基-1-(1-甲基乙基)-萘（1.03%）、α-蒎烯（1.00%）等。

　　果实：邱琴等（2007）用水蒸气蒸馏法提取的山东沂水产‘西牟紫椿’香椿果实精油的主要成分为：雪松烯醇（10.64%）、δ-杜松醇（10.02%）、棕榈酸（6.96%）、α-杜松醇（5.38%）、长松香芹醇（5.31%）、石竹烯氧化物（5.21%）、法呢醇异构体（4.00%）、亚油酸（3.84%）、α-石竹烯（3.62%）、十六碳三烯（3.22%）、β-恰米烯（2.84%）、δ-杜松烯（2.75%）、橙花叔醇（2.69%）、法呢醇（2.54%）、β-桉叶烯（2.32%）、2,5,9-三甲基环十一-4,8-二烯酮（2.27%）、邻苯二甲酸一丁酯（1.61%）、喇叭烯（1.57%）、珂钯烯（1.51%）、β-榄香烯（1.43%）、β-石竹烯（1.42%）、α-古芸烯（1.38%）、去氢白菖烯（1.11%）、十八酸（1.04%）、澳白檀醇（1.01%）、8-羟基环异长叶烯（1.00%）等。董竞等（2013）用同时蒸馏萃取法提取的云南玉溪产香椿干燥果实精油的主要成分为：γ-芹子烯（9.08%）、α-芹子烯（8.39%）、大牻牛儿烯D（5.01%）、β-榄香烯（4.31%）、金合欢醇（3.52%）、反，反-西基乙酸（3.47%）、γ-榄香烯（3.20%）、β-荜澄茄油烯（2.58%）、6-芹子烯-4-醇（2.30%）、草蒿脑（1.70%）、γ-古芸烯（1.61%）、表双环倍半水芹烯（1.50%）、T-杉木醇（1.25%）、α-石竹烯（1.20%）、2,6-二甲基二环[3.2.1]辛烷（1.19%）、β-广藿香烯（1.14%）、β-杜松烯（1.11%）、α-榄香醇（1.06%）等。

　　种子：高鹦铭等（2016）用顶空固相微萃取法提取的福建福安产香椿新鲜种子精油的主要成分为：(-)-α-桉叶烯（15.37%）、10s，11s-雪松烷-3(12)，4-二烯（15.00%）、α-荜澄茄油烯（5.18%）、(-)-β-榄香烯（4.13%）、δ-杜松烯（3.87%）、1,2,4a,5,6,8a-六氢-4,7-二甲基-1-(1-甲基乙基)-萘（3.72%）、γ-

榄香烯（3.51%）、(-)-大根香叶烯D（2.89%）、(1α,4abβ,8aα)-1,2,3,4,4a,5,6,8a-八氢-7-甲基-4-亚甲基-1-(1-甲基乙基)-萘（2.42%）、γ-古芸烯（1.80%）、3,4-二甲基噻吩（1.66%）、(-)-α-杜松烯（1.29%）、α-杜松醇（1.29%）、(-)-桉油烯醇（1.06%）等。

【利用】根皮、叶、嫩枝及果实入药，有祛风利湿、止血止痛的功效，根皮有除热、燥湿、涩肠、止血、杀虫的功效，用于治痢疾、肠炎、泌尿道感染、便血、血崩、白带、风湿腰腿痛；叶及嫩枝有消炎、解毒、杀虫的功效，用于治痔疮、痢疾；果实有祛风、散寒、止痛的功效，用于治胃、十二指肠溃疡、慢性胃炎、泄泻、痢疾、胃痛。嫩芽作为蔬菜供食用。木材为家具、室内装饰品及造船的优良木材。树皮可造纸。为观赏及行道树种。叶精油作雪茄烟的赋香剂，可作佐料用，也可用于制造香皂、牙膏、香精和其他化妆品、中西药品、香烟等的配料。种子可榨油。

## 🌸 铁栎

*Amoora tsangii* (Merr.) X. M. Chen

| 楝科 | 崖摩属 |
|---|---|
| 别名: | 曾氏米仔兰 |
| 分布: | 海南 |

【形态特征】乔木，高可达20 m；小枝淡褐色，密被淡黄色鳞片。叶互生，长18～30 cm，叶柄和叶轴密被淡黄色鳞片；小叶5～9，互生，纸质，长椭圆形，长8～12 cm，宽2.5～4.5 cm，先端狭渐尖，基部一侧楔形，另一侧阔楔形或稍带圆形，偏斜。花杂性异珠，雄花的圆锥花序顶生或近顶生，长12～15 cm，总花梗、花梗和花萼均密被淡黄色小鳞片，总花梗、分枝和花梗与花萼均被淡黄色鳞片；花萼近杯状，直径1.5～2 mm，5裂，裂齿小，圆形，花瓣3或4枚，倒卵形，长2～3 mm，覆瓦状排列。蒴果球形或梨形，直径2.5～3 cm，基部收缩成柄，密被亮黄色鳞片。花期6～12月，果期7月至翌年2月。

【生长习性】常见于低海拔至中海拔的密林或疏林中。
【精油含量】水蒸气蒸馏新鲜叶的得油率为0.42%。

【芳香成分】张大帅等（2013）用水蒸气蒸馏法提取的海南三亚产铁栎新鲜叶精油的主要成分为：(1S-顺式)-1,2,4a,5,6,8a-六氢化-4,7-二甲基-1-(甲基乙基)-萘（8.16%）、(1S)-1,2,3,4,4aβ,7,8,8aβ-八氢-1,6-二甲基-4β-异丙基-1-萘酚（7.32%）、橙花叔醇（6.82%）、[1S-(1α,7α,8aβ)]-1,2,3,5,6,7,8,8a-八氢化-1,4-二甲基-7-(1-甲基乙烯基)奠（4.84%）、α-石竹烯（4.27%）、1,2,4a,5,6,8a-六氢化-4,7-二甲基-1-(甲基乙基)萘（3.66%）、单(2-乙基己基)-1,2-苯二甲酸酯（3.29%）、石竹烯氧化物（3.20%）、二苯胺（2.56%）、牻牛儿烯（2.13%）、[1R-(1α,3aβ,4α,7β)]-1,2,3,3a,5,6,7,8-八氢化-1,4-二甲基-7-(1-甲基乙烯基)奠（2.09%）、(1α,4aα,8aα)-1,2,4a,5,6,8a-六氢化-4,7-二甲基-1-(甲基乙基)-萘（2.01%）、叶绿醇（1.77%）、[1S-(1α,2β,4β)]-1-乙烯基-1-甲基-2,4-二(1-甲基乙基)环己烷（1.75%）、(Z)-3-己烯-1-醇（1.69%）、[1S-(1α,4α,7α)-1,2,3,4,5,6,7,8-八氢化-1,4-二甲基-7-(1-甲基乙烯基)奠（1.66%）、丁基异丁基-1,2-苯二甲酸酯（1.39%）、(1α,4aα,8aα)-1,2,3,4,4a,5,6,8a-八氢化-7-甲基-4-亚甲基-1-(1-甲基乙烯基)-萘（1.27%）、[S-(E,E)]-1-甲基-5-亚甲基-8-(1-甲基乙基)-1,6-环癸二烯（1.27%）、己醇（1.15%）、1,2,3,4,4a,7-六氢化-1,6-二甲基-4-(甲基乙基)-萘（1.03%）、[1aR-(1aα,4α,4aβ,7bα)]-1a,2,3,4,4a,5,6,7b-八氢化-1,1,4,7a-四甲基-1H-环丙烯并[e]-萘（1.02%）等。

【利用】木材可作建筑、造船和家具用材。地上部位在民间作为蠕虫药使用。

## 🌸 印楝

*Azadirachta indica* A. Juss.

| 楝科 | 印楝属 |
|---|---|
| 别名: | 印度楝 |
| 分布: | 云南、广东有栽培 |

【形态特征】是一种速生热带常绿乔木，树高10～20 m，分枝早、主干短、冠幅大，枝叶多而密集，根系发达，萌发力强。树形高大优美、生长迅速。羽状复叶，叶片无毛。果为核果，成熟后易脱落，种子千粒重105～347g。

【生长习性】是典型的热带树种，耐热，适生区在海拔1500 m以下，年均气温21～23℃，年均降雨量400～1500 mm。极度耐旱，能忍耐长达7～8个月的连续干旱。对土壤要求不严格，耐瘠薄，土壤pH5.9～10，不耐霜冻、盐碱和水淹。

【芳香成分】谭卫红等（2004）用水蒸气蒸馏法提取的种仁精油的主要成分为：丙基，反-丙烯基三硫化物（33.49%）、丙基，顺-丙烯基三硫化物（22.34%）、二丙烯基三硫化物（5.15%）、3-乙基-5-戊基-1,2,4-三硫代环戊烷（5.09%）、丙基，顺-丙烯基四硫化物（4.99%）、5-乙基-7-戊基-1,2,3,4,6-五硫代环庚烷（4.04%）、丙基，反-丙烯基四硫化物（2.96%）、丙基，反-丙烯基二硫化物（2.83%）、二烯丙基三硫化物（2.60%）、丙基，顺-丙烯基二硫化物（2.42%）、雪松烯（2.36%）、1,2,3,5,6,7,8,8a-8氢-1,8a二甲基-7-(1-甲基乙烯基)萘（2.16%）、丙基，烯丙基三硫化物（1.89%）、二丙基二硫化物（1.83%）、1-甲基-4-(5-甲基-1-亚甲基-4-己烯基)环己烯（1.70%）等。

【利用】叶和嫩枝经加工后可作为牙膏的添加剂。叶药用，可治疗溃疡、疮和伤口消毒。木材可用作雕刻、家具和建筑材料。种子可榨油，用来照明、取暖、制肥皂、机械润滑油、化妆品、牙膏和药品。种子和叶可用于制备避孕、治癌、抗炎、驱虫药物等。枯饼用作土壤增肥剂。果肉可作滋补强壮剂、治疟疾、通便、润肤和驱虫，还可治疗泌尿器官疾病、痔疮和皮肤病，也可供工业发酵用。从果实中分离出来的印楝素是绿色杀虫剂，几乎对所有的农业害虫都具有驱杀作用。对防风固沙、保持水土、涵养水源、净化空气、调节气候、防止干热地区沙漠化有极好的作用并能有效地改良土壤。可作为城市绿化和荒山绿化树种。

## 🌸 光茎大黄
*Rheum glabricaule* Sam.

**蓼科　大黄属**
**别名：** 屎大黄、猪屎黄
**分布：** 甘肃

【形态特征】植株高1 m，茎光滑无毛，基部直径约8 mm。茎生叶0～2片，基生叶大，叶片心状卵形，长11～25 cm，宽10～17 cm，顶端渐尖，全缘，叶面光滑无毛，叶背特别在叶脉上具短毛；叶柄较叶片长，光滑无毛；茎生叶较小叶柄短。圆锥花序较窄，分枝直，呈疏总状，光滑无毛；花梗丝状，长约2 mm，关节在下部；花被片近等大，卵形，长1.5～2 mm，背面淡绿色顶部及边缘紫色，花药圆卵状，紫色。果实距圆状卵形，长5～8 mm，紫红色，纵脉在翅的中部偏外侧。

【生长习性】生长在高海拔、潮湿阴冷的地区，生长在石崖旁草丛。

【精油含量】水蒸气蒸馏根的得油率为0.03%。

【芳香成分】王亚娟等（2006）用水蒸气蒸馏法提取的甘肃武都产光茎大黄根精油的主要成分为：棕榈酸乙酯（16.09%）、邻苯二甲酸乙酯（11.54%）、9-(E)-十八烷酸乙酯（10.03%）、棕榈酸（8.04%）、N-二十六烷酸（5.42%）、9,12-(Z,Z)-十八二烯酸（1.94%）、6-(Z)-十八烷酸（1.55%）、9-氧壬酸乙酯（1.30%）、1-甲基-2-苯基苯并咪唑（1.00%）等。

【利用】民间用根入药，具有清热解毒、凉血止血的功效，用于治热结便秘、腹胀及各种出血症。

## 🌸 鸡爪大黄
*Rheum tanguticum* Maxim. ex Regel

**蓼科　大黄属**
**别名：** 唐古特大黄、凉黄、代黄、香大黄、金木
**分布：** 甘肃、青海、西藏

【形态特征】高大草本，高1.5～2 m，根及根状茎粗壮，黄

色。茎粗，中空，具细棱线。茎生叶大型，叶片近圆形或及宽卵形，长30～60 cm，顶端窄长急尖，基部略呈心形，通常掌状5深裂，最基部一对裂片简单，中间3个裂片多为三回羽状深裂，小裂片窄长披针形，叶面具乳突或粗糙，叶背具密短毛；茎生叶较小，裂片多更狭窄；托叶鞘大型，以后多破裂，外面具粗糙短毛。大型圆锥花序，花小，紫红色稀淡红色；花被片近椭圆形，内轮较大，长约1.5 mm。果实矩圆状卵形到矩圆形，顶端圆或平截，基部略心形，长8～9.5 mm，宽7～7.5 mm，翅宽2～2.5 mm。种子卵形，黑褐色。花期6月，果期7～8月。

【生长习性】生于海拔1600～3000 m的高山沟谷中。喜凉爽、干燥气候，耐寒性强。宜在土层深厚、排水良好的砂质壤中栽植，以中性及微碱性土壤为宜。

【精油含量】水蒸气蒸馏根的得油率为0.03%。

【芳香成分】王雪峰等（1995）用水蒸气蒸馏法提取的青海西宁产鸡爪大黄根精油的主要成分为：棕榈酸（49.31%）、(Z,Z)-亚油酸（11.95%）、(Z,Z)-亚油酸甲酯（3.93%）、9-十六碳烯酸（3.92%）、(E,E)-亚油酸甲酯（3.80%）、十五酸（3.75%）、11-十八碳烯酸甲酯（2.67%）、十四酸（1.40%）、十二酸（1.35%）、乙酸里哪酯（1.34%）、(Z)-15-二十四碳烯酸甲酯（1.07%）、(Z)-乙酸-11-十四碳烯-1-酯（1.04%）等。

【利用】根状茎及根药用，用于治实热便秘、谵语发狂、食积痞满、里急后重、湿热黄疸、血瘀经闭、痈肿疔毒。茎、叶治培根病。

# 🌸 秦岭大黄

*Rheum qinlingense* Y. K. Yang, D. K. Zhang et J. K. Wu

**蓼科 大黄属**
**分布：**陕西

【形态特征】多年生高大草本，高达1.6 m。基生叶数枚丛生，叶片厚纸质，卵形或近圆形，长12～30 cm，宽11～38 cm；叶缘由波状向浅裂、半裂直至3～7掌裂，裂片边缘具粗疏锯齿。茎生叶常3～6枚，由下而上由2～3掌裂、半裂、浅裂、不裂和由大到小演化，叶片卵状椭圆形、椭圆形或矩圆形，长10～34 cm，宽7～29.5 cm。丛生托叶鞘多数，形态和大小多样，茎生托叶鞘筒状抱茎，长达16 cm，栗色。圆锥花序顶生，被细柔毛，苞片叶状，披针状椭圆形或矩圆形，长3.5～4.5 cm，宽1.5～2 cm；小苞片披针形或钻形，花绿色或绿色染淡黄色，较大，簇生密集，花被片6枚，罕12枚，2轮。瘦果3棱状矩圆形，长8.5～11 mm，宽7～8 mm，具翅，紫红色，具一条显著的黑线。种子近卵形，长3～4 mm。

【生长习性】生于秦岭海拔1200～2900 m的地带。

【芳香成分】胡军等（1997）用乙醇室温渗漉提取法提取的陕西太白县产秦岭大黄干燥根及根茎浸膏，经分馏塔分馏得到的精油的主要成分为：二十五烷（13.40%）、7-己基二十烷（12.38%）、二十四烷（10.26%）、9-辛基十七烷（9.50%）、N-苯基-1-萘胺（8.07%）、2,21-二甲基二十二烷（7.14%）、8,8-二戊基十七烷（7.04%）、十八烷（4.79%）、2,6,10,15-四甲基十七烷（2.76%）、2,6,10,15,19,23-六甲基二十四烷（2.61%）、1-碘十三烷（2.60%）、十七烷（2.60%）、邻苯二甲酸-(2-甲基)丙烯酯（2.20%）、二十七烷（1.44%）、十六烷（1.42%）、4,6,10,14-四甲基十五酸甲酯（1.17%）、十五烷（1.07%）等。

# 🌸 天山大黄

*Rheum wittrockii* Lundstr.

**蓼科 大黄属**
**分布：**新疆

【形态特征】高大草本，高50～100 cm。基生叶2～4片，叶片卵形到三角状卵形或卵心形，长15～26 cm，宽10～20 cm，顶端钝急尖，基部心形，边缘具弱皱波，叶背被白短毛；茎生叶2～4片，上部的1～2片叶腋具花序分枝，叶片较小长明显大于宽，叶柄亦较短；托叶鞘长4～8 cm，抱茎，外面被短毛。大型圆锥花序分枝较疏；花小，径约2 mm；花被白绿色，外轮3片稍小而窄长，内轮3片稍大，倒卵圆形或宽椭圆形，长约1.5 mm。果实圆形或矩圆形，长约12 mm，宽约14.5 mm，两端心形到深心形，翅宽，达4～5 mm，幼时红色，纵脉位于翅的中间。种子卵形，宽约6 mm。花期6～7月，果期8～9月。

【生长习性】生于海拔1200～2600 m山坡草地、林下或沟谷。喜凉爽、干燥气候，耐寒性强。宜在土层深厚、排水良好的砂质土壤中栽植，以中性及微碱性土壤为宜。

【精油含量】水蒸气蒸馏根及根茎的得油率为3.00%。

【芳香成分】敏德等（1998）用水蒸气蒸馏法提取的天山大黄根及根茎精油的主要成分为：乙醇（33.10%）、乙酸乙酯（3.57%）、棕榈酸（2.86%）、邻苯二甲酸二丁酯（2.62%）、4-甲基-乙醇-1（2.38%）、9-十八（碳）烯酸（1.69%）、正十二烷（1.19%）等。

【利用】根及根茎药用，有泻热通便、破积行瘀、散瘀止血的功效，用于治便秘、跌打损伤、外伤出血。

# 小大黄
*Rheum pumilum* Maxim.

**蓼科　大黄属**
**别名：** 大黄、次大黄、白大黄
**分布：** 甘肃、青海、四川、西藏等地

【形态特征】矮小草本，高10～25 cm。基生叶2～3片，叶片卵状椭圆形或卵状长椭圆形，长1.5～5 cm，宽1～3 cm，近革质，顶端圆，基部浅心形，全缘，叶背具稀疏白色短毛；茎生叶1～2片，通常叶部均具花序分枝，稀最下部一片叶腋无花序分枝，叶片较窄小近披针形；托叶鞘短，干后膜质，常破裂，光滑无毛。窄圆锥状花序，分枝稀而不具复枝，具稀短毛，花2～3朵簇生；花被不开展，花被片椭圆形或宽椭圆形，长1.5～2 mm，边缘为紫红色。果实三角形或角状卵形，长5～6 mm，最下部宽约4 mm，顶端具小凹，基部平直或稍内，翅窄。种子卵形，宽2～2.5 mm。花期6～7月，果期8～9月。

【生长习性】生于海拔2000～4500 m的山坡或灌丛下。喜冷凉气候，耐寒，忌高温。冬季最低气温为-10 ℃以下，夏季气温不超过30 ℃，无霜期150～180天，年雨量500～1000 mm左右。对土壤要求较严，一般以土层深厚、富含腐殖质、排水良好的壤土或砂质壤土最好，黏重酸性土和低洼积水地区不宜栽种。忌连作。

【芳香成分】王洪玲等（2016）用水蒸气蒸馏法提取的西藏昌都产小大黄干燥根精油的主要成分为：(Z,E)-2,13-十八烷二烯-1-醇（29.99%）、大黄酚（15.18%）、萘（13.98%）、棕榈酸（7.00%）、辛烷（6.51%）、4-甲基环己酮（4.12%）、间二甲苯（2.38%）、(+)-α-柏木萜烯（1.86%）、壬烷（1.80%）、γ-辛内酯（1.46%）、2-十七碳烯醛（1.46%）、十八醛（1.25%）等。

【利用】根药用，有泻实热、破积滞、下瘀血、消痈肿的功效，用于治食积停滞、脘腹胀痛、热结便秘、黄疸、经闭、症瘕、痈肿丹毒、跌打损伤、水火烫伤。产地多用于治疗小儿消化不良。

# 药用大黄
*Rheum officinale* Baill.

**蓼科　大黄属**
**别名：** 圆叶大黄、酸菜、川大黄、马蹄大黄、马蹄黄、南大黄、大黄、黄良、将军、西大黄、锦军、香大黄、生军
**分布：** 产陕西、四川、湖北、贵州、云南等地及河南西南部与湖北交界处

【形态特征】高大草本，高1.5～2 m。基生叶大型，叶片近圆形，直径30～50 cm，或长稍大于宽，顶端近急尖形，基部近心形，掌状浅裂，裂片大齿状三角形，叶背具淡棕色短

毛；茎生叶向上逐渐变小，上部叶腋具花序分枝；托叶鞘宽大，长可达15 cm，初时抱茎，后开裂，外面密被短毛。大型圆锥花序，分枝开展，花4~10朵成簇互生，绿色到黄白色；花被片6，内外轮近等大，椭圆形或稍窄椭圆形，长2~2.5 mm，宽1.2~1.5 mm，边缘稍不整齐。果实长圆状椭圆形，长8~10 mm，宽7~9 mm，顶端圆，中央微下凹，基部浅心形，翅宽约3 mm，纵脉靠近翅的边缘。种子宽卵形。花期5~6月，果期8~9月。

【生长习性】生于海拔1200~4000 m的山沟或林下。耐寒，但不耐过湿、高温和干燥，生长期间注意通风和保持根系周围湿润。

【芳香成分】麦蓝尹等（2016）水蒸气蒸馏法提取的根茎精油的主要成分为：右旋萜二烯（56.79%）等；溶剂（乙酸乙酯）萃取法提取药用大黄根茎精油的主要成分为：α-松油醇（15.90%）、邻苯二甲酸二异丁酯（6.96%）、杜鹃醇（4.29%）、丁酸乙酯（1.55%）、覆盆子酮（1.21%）等。

【利用】根状茎及根供药用，有泻热通便、凉血解毒、逐瘀通经的功效，用于治实热便秘、积滞腹痛、泻痢不爽、湿热黄疸、血热吐衄、目赤、咽喉痛、瘀血经闭、跌打损伤。作调料和蔬菜。还可以作染料、香料和酿酒工业的配料。

# 掌叶大黄
*Rheum palmatum* Linn.

**蓼科　大黄属**

**别名：** 葵叶大黄、北大黄、天水大黄、甘肃大黄、铨水大黄、礼县大黄、西宁大黄

**分布：** 陕西、甘肃、青海、四川、云南、西藏

【形态特征】高大粗壮草本，高1.5~2 m。叶片长宽近相等，长达40~60 cm，有时长稍大于宽，顶端窄渐尖或窄急尖，基部近心形，通常成掌状半5裂，每一大裂片又分为近羽状的

窄三角形小裂片，叶面粗糙到具乳突状毛，叶背及边缘密被短毛；茎生叶向上渐小；托叶鞘大，长达15 cm，内面光滑，外表粗糙。大型圆锥花序，分枝较聚拢，密被粗糙短毛；花小，通常为紫红色，有时黄白色；花被片6，外轮3片较窄小，内轮3片较大，宽椭圆形到近圆形，长1~1.5 mm。果实矩圆状椭圆形到矩圆形，长8~9 mm，宽7~7.5 mm，两端均下凹，翅宽约2.5 mm。种子宽卵形，棕黑色。花期6月，果期8月。果期果序的分枝直而聚拢。

【生长习性】生于海拔1500~4400 m的山坡或山谷湿地。喜凉爽气候，耐严寒，忌高温。冬季最低温度要在-10 ℃以上，夏季最高温度不超过30 ℃，年降雨量为55~1000 mm。生长适宜温度15~22 ℃。宜在疏松肥沃的砂质壤土中种植。黏性大、低洼积水地不宜种植。

【精油含量】水蒸气蒸馏根茎的得油率为0.03%。

【芳香成分】张丙生等（1992）用水蒸气蒸馏法提取的甘肃天水产掌叶大黄根茎精油的主要成分为：棕榈酸（38.13%）、亚油酸次之（10.43%）、芴氧（4.23%）、蒽（3.01%）、十五酸（3.00%）、十四酸（1.59%）、邻苯二甲酸二异丁酯（1.52%）、2,4-二羟基苯乙酮（1.39%）、邻甲氧基苯乙酮（1.13%）、甲氧基乙酰基苯酚（1.01%）等。

【利用】根及根茎入药，有泻下导滞、泻火凉血、行瘀破积、清热解毒的功效，治肠胃实热便秘、积滞腹痛、湿热下痢、黄疸、水肿、牙痛、血热吐衄、目赤咽痛、血瘀经闭、症瘕积聚、跌打损伤、肠痈腹痛、痈疮肿毒、烫火伤。

## ❀ 虎杖
*Reynoutria japonica* Houtt.

**蓼科　虎杖属**

**别名：** 大叶蛇总管、阴阳莲、酸筒杆、酸桶芦、大接骨、斑桩根、花斑竹、酸汤梗、斑杖根、黄地榆

**分布：** 华东、华中、华南地区，陕西、甘肃、四川、云南、贵州

【形态特征】多年生草本。茎直立，高1～2 m，具明显的纵棱，具小突起，散生红色或紫红斑点。叶宽卵形或卵状椭圆形，长5～12 cm，宽4～9 cm，近革质，顶端渐尖，基部宽楔形、截形或近圆形，边缘全缘，疏生小突起；托叶鞘膜质，偏斜，长3～5 mm，褐色，顶端截形，常破裂。花单性，雌雄异株，花序圆锥状，长3～8 cm，腋生；苞片漏斗状，长1.5～2 mm，顶端渐尖，每苞内具2～4花；花被5深裂，淡绿色，雄花花被片具绿色中脉。瘦果卵形，具3棱，长4～5 mm，黑褐色，有光泽，包于宿存花被内。花期8～9月，果期9～10月。

【生长习性】生于山坡灌丛、山谷、路旁、田边湿地，海拔140～2000 m。喜温暖、湿润性气候，对土壤要求不十分严格，低洼易涝地不能正常生长。耐旱力、耐寒力较强。

【精油含量】水蒸气蒸馏干燥根茎的得油率为0.45%～0.66%；纤维素酶法提取根茎的得油率为0.75%。

【芳香成分】根：汤洪波等（2010）用水蒸气蒸馏法提取的江西宜春产虎杖干燥根茎及根精油的主要成分为：1-甲基-4-苯甲基苯（17.47%）、3-甲基-二苯并噻吩（14.87%）、邻苯二甲酸二丁酯（11.81%）、2,8-二甲苯二苯并噻吩（7.99%）、十七酸乙酯（4.64%）、壬酸乙酯（3.29%）、2-甲基萘（3.12%）、联苯（1.89%）、二苯并噻吩（1.48%）、丁二酸二乙酯（1.43%）、

1,2-二甲基-2,1-萘酚（1.39%）、氧芴（1.28%）、2,3,6-三甲基萘（1.16%）、芴（1.10%）、庚酸（1.03%）等。

花：孙印石等（2012）用静态顶空萃取法提取的山东泰安产虎杖新鲜花香气的主要成分为：2-己烯酸甲酯（24.41%）、苯戊酮（16.30%）、4-己烯酸甲酯（7.71%）、顺-3-己烯酸甲酯（7.59%）、2-甲基-6-次甲基-1,7-辛二烯-3-醇（7.22%）、反-2-己烯酸甲酯（4.91%）、苯甲酰甲醛（4.69%）、4,4-二甲基-1,2-戊二烯（4.41%）、苯乙酮（4.33%）、乙酸-3-己烯酯（3.38%）、苯乙烯（2.11%）、罗勒烯（2.06%）、2,7-二甲基-2,6-辛二烯（1.52%）、乙酸己酯（1.49%）、反-2,6-二甲基-1,3,5,7-辛四烯（1.44%）、环庚三烯（1.37%）、2-乙烯基-1,1-二甲基-3-亚甲基-环己胺（1.19%）、乙酸丁酯（1.12%）等。

【利用】根茎和根药用，有祛风利湿、散瘀定痛、止咳化痰的功效，用于关节痹痛、湿热黄疸、热结便秘、烦渴、咳嗽痰多、经闭；外用疮疡肿毒、毒蛇咬伤、跌打损伤、水火烫伤，也可用于胆囊炎、胆石症、黄疸性肝炎等。根为一种黄色染料。

## ❀ 抱茎蓼

*Polygonum amplexicaule* D. Don

蓼科　蓼属

别名：血三七、红三七

分布：湖北、四川、云南、西藏

【形态特征】多年生草本。根状茎粗壮，紫褐色，长可达15 cm。茎直立，粗壮，分枝，高20~60 cm，通常数朵。基生叶卵形或卵形，长4~10 cm，宽2~5 cm，顶端长渐尖，基部心形，边缘脉端微增厚，稍外卷，叶面绿色，叶背淡绿色，有时沿叶脉具短柔毛；茎生叶长卵形，上部叶近无柄或抱茎；托叶鞘筒状，膜质，褐色，长2~4 cm，开裂至基部，无缘毛。总状花序呈穗状，紧密，顶生或腋生，长2~4 cm，直径1~1.3 cm；苞片卵圆形，膜质，褐色，具2~3花；花被深红色，5深裂，花被片椭圆形，长4~5 mm，宽2~2.5 mm。瘦果椭圆形，两端尖，黑褐色，有光泽，长4~5 mm。花期8~9月，果期9~10月。

【生长习性】生于山坡林下、山谷草地，海拔1000~3300 m。

【精油含量】水蒸气蒸馏新鲜全草的得油率为0.17%，花的得油率为0.56%。

【芳香成分】全草：刘存芳等（2007）用水蒸气蒸馏法提取的四川大巴山产抱茎蓼新鲜全草精油的主要成分为：石竹烯（16.98%）、3-己烯-1-醇（14.69%）、3-辛烯-3-醇（8.89%）、α-里哪醇（7.13%）、β-环柠檬醛（6.36%）、3-戊烯-2-酮（4.67%）、桉树脑（4.26%）、正十九烷（3.53%）、反-橙花叔醇（3.23%）、正己醇（3.01%）、2,5-二甲基-1,3-己二烯（2.81%）、α-萜品醇（2.72%）、呋喃甲醇（2.55%）、2-戊酮（2.51%）、里哪基-3-甲基丁酸酯（2.05%）、2-己烯醛（1.89%）、正庚醛（1.46%）、3-辛烯（1.12%）、三氯乙烯（1.05%）等。

花：田光辉等（2008）用水蒸气蒸馏法提取的四川大巴山产抱茎蓼花精油的主要成分为：石竹烯（12.01%）、3-己烯-1-醇（10.78%）、α-里哪醇（6.88%）、3-辛烯-3-醇（6.32%）、β-环柠檬醛（5.31）、桉树脑（3.77%）、荜澄茄醇（2.92%）、3-戊烯-2-酮（2.76%）、正己醇（2.22%）、2,5-二甲基-1,3-己

二烯（2.02%）、α-萜品醇（2.01%）、里哪基-3-甲基丁酸酯（1.98%）、反-橙花叔醇（1.98%）、呋喃甲醇（1.74%）、2-戊酮（1.69%）、3-辛醇（1.48%）、沉香螺醇（1.37%）、乙酸橙花叔丁酯（1.36%）、乙基苯（1.35%）、2-甲基丁酸芳樟酯（1.34%）、6,10,14-三甲基-2-十五酮（1.32%）、2-己烯醛（1.27%）、(-)-斯巴醇（1.26%）、乙酸乙酯（1.17%）、正庚醛（1.16%）、3-辛烯（1.11%）、α-杜松醇（1.05%）、α-水芹烯（1.03%）、蓝桉醇（1.03%）、β-紫罗兰酮（1.02%）、2,4-戊二酮（1.01%）、亚麻酸乙酯（1.01%）等。

【利用】根茎药用，有顺气解痉、散瘀止血、止痛生肌、抗菌消炎的功效，治疗泻痢、崩漏、痛经、胃痛、风湿痛、跌打损伤，外用止血。民间用全草治肠炎、痢疾、跌打损伤、劳伤。

# 中华抱茎蓼

*Polygonum amplexicaule* D. Don var. *sinense* Forb. et Hemsl ex Stew.

蓼科 蓼属
别名：血三七
分布：陕西、甘肃、湖南、湖北、四川、云南

【形态特征】本变种与原变种的区别在于花序稀疏，花被片狭椭圆形，长3～4 mm，宽1.5～2 mm。
【生长习性】生于山坡草地或林缘，海拔1200～3000 m。

【精油含量】水蒸气蒸馏新鲜全草的得油率为0.09%，干燥叶的得油率为2.33%。
【芳香成分】杨战军等（2007）用水蒸气蒸馏法提取的陕西太白山产中华抱茎蓼新鲜全草精油的主要成分为：邻苯二甲酸

二异丁酯（19.90%）、2,4-戊二酮（17.20%）、邻苯二甲酸二丁酯（11.70%）、3-甲基-2,3-二氢苯并呋喃（10.70%）、(Z)-9-硬脂酰胺（7.10%）、十六烷酰胺（3.50%）、对-二甲苯（3.30%）、2-乙基己基邻苯二甲酸丁酯（3.10%）、1-乙氧基戊烷（2.20%）、乙苯（1.90%）、α-里哪醇（1.90%）、里哪基-3-甲基丁酯（1.90%）、1,1-二乙氧基乙胺（1.70%）、α-紫罗兰酮-5,6-环氧化物（1.70%）、反式-橙花叔醇（1.20%）、植醇（1.20%）、6,10,14-三甲基-2-十五烷酮（1.10%）等。

【利用】根状茎药用，有顺气解痉、散瘀止血的功效，用于治胃痛、跌打损伤、骨折、劳伤腰痛、风湿疼痛，外用可止血。

# 萹蓄

*Polygonum aviculare* Linn.

蓼科 蓼属
别名：竹节草、乌蓼、扁竹蓼、扁竹、竹叶草
分布：全国各地

【形态特征】一年生草本。茎平卧、上升或直立，高10～40 cm，自基部多分枝，具纵棱。叶椭圆形，狭椭圆形或披针形，长1～4 cm，宽3～12 mm，顶端钝圆或急尖，基部楔形，边缘全缘，两面无毛，叶背侧脉明显；叶柄短或近无柄，基部具关节；托叶鞘膜质，下部褐色，上部白色，撕裂脉明显。花单生或数朵簇生于叶腋，遍布于植株；苞片薄膜质；花梗细，顶部具关节；花被5深裂，花被片椭圆形，长2～2.5 mm，绿色，边缘白色或淡红色；雄蕊8，花丝基部扩展；花柱3，柱头头状。瘦果卵形，具3棱，长2.5～3 mm，黑褐色，密被由小点组成的细条纹，无光泽，与宿存花被近等长或稍超过。花期5～7月，果期6～8月。

【生长习性】生于田边路、沟边湿地，海拔10～4200 m。对气候的适应性强，寒冷山区或温暖平坝都能生长。土壤以排水良好的砂质壤土较好。

【精油含量】水蒸气蒸馏阴干全草的得油率为0.67%；超临界萃取新鲜全草的得油率为1.32%；石油醚萃取干燥地上部分的得油率为0.72%。

状卵形，顶端渐尖，侧生裂片1～3对，下部叶叶柄具狭翅，基部有耳；托叶鞘膜质，筒状，松散，长约1 cm，有柔毛，顶端截形，具缘毛。花序头状，较小，直径5～7 mm，数个再集成圆锥状，顶生通常成对，花序梗具腺毛；苞片长卵形，边缘膜质；花梗细弱，比苞片短；花被5深裂，淡红色或白色，花被片长卵形，长3～3.5 mm。瘦果卵形，具3棱，长2～3 mm，黑褐色，无光泽，包于宿存花被内。花期4～8月，果期6～10月。

【芳香成分】郑旭东等（1999）用加压水蒸气蒸馏法提取的甘肃庆阳产萹蓄阴干全草精油的主要成分为：α-荭酮（8.29%）、芳樟醇（7.26%）、匙叶桉油烯醇（4.63%）、荭烯（4.04%）、2-(1-甲基乙烯基)-环己酮（3.18%）、3-壬烯-2-酮（2.57%）、香叶烯（2.46%）、香茅醇（2.24%）、异戊酸丁酯（2.11%）、芳樟醇氧化物（1.58%）、二十三烷（1.43%）、硬脂酸苄酯（1.42%）、棕榈酸苄酯（1.38%）、檀萜烯（1.28%）、二十烷-6-酮（1.10%）、2-甲基二十烷（1.09%）等。

【利用】全草入药，有利尿通淋、杀虫、止痒的功效，用于治热淋涩痛、小便短赤、虫积腹痛、皮肤湿疹、阴痒带下。嫩苗或嫩茎叶可作蔬菜食用。

## 🌸 赤胫散

*Polygonum runcinatum* Buch.-Ham. var. *sinense* Hemsl

**蓼科　蓼属**

**别名：** 花蝴蝶、蛇头蓼、血当归、土竭力、花脸荞、荞子连

**分布：** 河南、陕西、甘肃、浙江、安徽、台湾、湖北、湖南、广西、四川、贵州、云南、西藏

【形态特征】多年生草本。高30～60 cm，具纵棱，节部通常具倒生伏毛。叶羽裂，长4～8 cm，宽2～4 cm，叶基部通常具1对裂片，两面无毛或疏生短糙伏毛。顶生裂片较大，三角

【生长习性】生于山坡草地、山谷灌丛，海拔800～3900 m。喜光亦耐阴，耐寒、耐瘠薄。

【芳香成分】蔡泽贵等（2004）用水蒸气蒸馏法提取的贵州贵阳野生赤胫散全草精油的主要成分为：棉子油酸（22.17%）、亚（麻仁）油酸（14.19%）、棕榈酸（13.53%）、十八酸（4.26%）、花生酸（2.16%）、十六内酯（2.14%）、植醇（1.26%）、十五酸（1.22%）、山嵛酸（1.19%）等；人工种植赤胫散全草精油的主要成分为：棕榈酸（24.84%）、亚（麻仁）油酸（15.06%）、棉子油酸（12.47%）、植醇（9.95%）、十六内

酯（4.42%）、十五酸（3.08%）、肉豆蔻酸（2.08%）、十八酸（1.66%）、六氢金合欢基丙酮（1.54%）、异植醇（1.01%）等。

【利用】根状茎及全草入药，有清热解毒、活血止血的功效，用于治急性胃肠炎、吐血咯血、痔疮出血、月经不调、跌打损伤；外用治乳腺炎、痈疖肿毒。嫩茎叶可作蔬菜食用。

## 🌸 大海蓼

*Polygonum milletii* (Lévl.) Lévl.

**蓼科　蓼属**

**别名：** 太白蓼、大海拳参、大红粉、披针叶蓼

**分布：** 陕西、青海、四川、云南

【形态特征】多年生草本。茎直立，高30～50 cm，通常2～3条。基生叶披针形或长披针形，近革质，长10～20 cm，宽1.5～3 cm，顶端渐尖，基部楔形，沿叶柄下延成狭翅，边缘全缘，脉端增厚，外卷，叶面绿色，叶背淡绿色；茎生叶3～4，披针形，较小，具短柄或近无毛；托叶鞘筒状，膜质，下部绿色，下部褐色，顶端偏斜，开裂至中部，无缘毛。总状花序呈穗状，顶生，紧密，长2～4 cm，直径1～1.5 cm；苞片卵状披针形，膜质，褐色，顶端渐尖，长3～4 mm；花被紫红色，5深裂，花被片椭圆形，顶端钝，长4～5 mm。瘦果卵形，具3棱，褐色，有光泽，长3～4 mm，包于宿存花被内。花期7～8月，果期9～10月。

【生长习性】生于山坡草地、山顶草甸、山谷水边，海拔1700～3900 m。

【精油含量】水蒸气蒸馏新鲜全草的得油率为0.17%。

【芳香成分】梁波等（2006）用水蒸气蒸馏法提取的陕西太白山产大海蓼新鲜全草精油的主要成分为：对苯胺（15.70%）、(E)-3-己烯-1-醇（1.10%）等。

【利用】根状茎入药，为收敛、止血剂，主治痢疾、血崩、白带、吐血、外伤出血等症。

## 🌸 芳香蓼

*Polygonum odoratum* Lour.

**蓼科　蓼属**

**别名：** 香蓼

**分布：** 云南

【形态特征】一年生草本，植株具香味。茎，多分枝，密被开展的长糙硬毛及腺毛，高50～90 cm。叶卵状披针形或椭圆状披针形，长5～15 cm，宽2～4 cm，顶端渐尖或急尖，基部楔形，沿叶柄下延，两面被糙硬毛，叶脉上毛较密，边缘全缘，密生短缘毛；托叶鞘膜质，筒状，长1～1.2 cm，密生短腺毛及长糙硬毛，顶端截形，具长缘毛。总状花序呈穗状，顶生或腋生，长2～4 cm，花通常数个再组成圆锥状；苞片漏斗状，具长糙硬毛及腺毛，边缘疏生长缘毛，每苞内具3～5花；花被5深裂，淡红色，花被片椭圆形，长约3 mm。瘦果宽卵形，具3棱，黑褐色，长约2.5 mm，包于宿存花被内。花期7～9月，果期8～10月。

【生长习性】生长于路旁湿地、沟边草丛，海拔30～1900 m。

【芳香成分】周露等（2005）用水蒸气蒸馏法提取的云南德宏产芳香蓼全草精油的主要成分为：十二烷醛（46.95%）、癸醛（17.90%）、草蒿脑（4.91%）、石竹烯氧化物（3.24%）、癸醇（2.70%）、十二烷醇（2.41%）、十一烷醇（1.99%）、补身树醇（1.46%）、十一烷醛（1.17%）等。

【利用】茎叶入药，有理气除湿、健胃消食的功效，用于治胃气痛、消化不良、小儿疳积、风湿疼痛。嫩叶做各种肉类的调味品或直接凉拌后食用。

## 🌸 伏毛蓼

*Polygonum pubescens* Blume

**蓼科　蓼属**

**别名：** 旱蓼、辣蓼、柳草、蓼子草、斑蕉草、蝙蝠草

**分布：** 辽宁、陕西、甘肃，华东、华中、华南、西南地区

【形态特征】一年生草本。茎直立，高60～90 cm，疏生短硬伏毛，带红色。叶卵状披针形或宽披针形，长5～10 cm，宽1～2.5 cm，顶端渐尖或急尖，基部宽楔形，叶面绿色，中部具黑褐色斑点，两面密被短硬伏毛，边缘具缘毛；叶腋无闭花受精花。托叶鞘筒状，膜质，长1～1.5 cm，具硬伏毛，顶端截形，具粗壮的长缘毛。总状花序呈穗状，顶生或腋生，花稀疏，长7～15 cm；苞片漏斗状，绿色，边缘近膜质，具缘毛，每苞内具3～4花；花被5深裂，绿色，上部红色，密生淡紫色透明腺

点，花被片椭圆形，长3～4mm。瘦果卵形，具3棱，黑色，密生小凹点，长2.5～3mm，包于宿存花被内。花期8～9月，果期8～10月。

【生长习性】生于沟边、水旁、田边湿地，海拔50～2700m。

【芳香成分】刘信平等（2009）用水蒸气蒸馏法提取的湖北恩施产伏毛蓼新鲜全草精油的主要成分为：N-(2-乙胺）次乙亚胺（39.09%）、3,4,5,6-四氢邻苯二甲酸酐（11.96%）、3-己烯-1-醇（11.78%）、氢氯酸（5.47%）、2-甲基-2-叔丁基-1,3-二噻烷（4.78%）、1-甲基-7-氧代辛基-2-醛基-4,6-二甲氧基苯甲酸（4.57%）、噻吩并（3,2-e）苯呋喃（3.17%）、双十一烷基磷酸酯（2.75%）、9-乙基-菲（2.37%）、甲氢化二硫（2.06%）、1-溴-2,3,3-三氟环丙烯（1.97%）、2-[4-二甲氨基苯]3-羟基-4H-色烯-4-酮（1.54%）等。

【利用】全草入药，有除湿化滞、消肿止痛、杀虫止痒、抗微生物活性、抗氧化作用、抗衰老活性以及抗病毒作用等功效。

# ✿ 杠板归
*Polygonum perfoliatum* Linn.

**蓼科　蓼属**

**别名：** 白刍、白大老鸦酸、刺犁头、刺蓼、刺酸浆、大蜢脚、地葡萄、倒金钩、倒挂紫金钩、豆干草、方胜板、贯叶蓼、河白草、虎舌草、火炭藤、火轮箭、括耙草、急改索、鸡眼睛草、拦蛇风、拦路虎、老虎利、老虎刺、老虎芁、犁尖草、犁壁刺、犁头藤、犁壁藤、犁头刺藤、犁头草、犁头尖、烙铁草、龙仙草、猫爪刺、猫公刺、南蛇风、霹雳木、三角酸、三角藤、三角盐酸、三木棉、山荞麦、蛇倒退、蛇不过、蛇牙草、酸藤、水马铃、退血草、退西草、万病回春、五毒草、鱼尾花、鱼牙草、有刍犁牛草、有刺鸠饭草、有刺三角延酸、有刺鸠鹬饭、有刺粪箕笃、有刍火炭藤、月斑鸠

**分布：** 黑龙江、吉林、辽宁、河北、山东、河南、陕西、甘肃、江苏、浙江、安徽、江西、湖南、湖北、四川、贵州、福建、台湾、广东、海南、广西、云南

【形态特征】一年生草本。茎攀缘，多分枝，长1～2m，具纵棱，沿棱具稀疏的倒生皮刺。叶三角形，长3～7cm，宽2～5cm，顶端钝或微尖，基部截形或微心形，薄纸质，叶背沿叶脉疏生皮刺；叶柄与叶片近等长，具倒生皮刺，盾状着生于叶片的近基部；托叶鞘叶状，草质，绿色，圆形或近圆形，

穿叶，直径1.5～3cm。总状花序呈短穗状，顶生或腋生，长1～3cm；苞片卵圆形，每苞片内具花2～4朵；花被5深裂，白色或淡红色，花被片椭圆形，长约3mm，果时增大，呈肉质，深蓝色。瘦果球形，直径3～4mm，黑色，有光泽，包于宿存花被内。花期6～8月，果期7～10月。

【生长习性】生田边、路旁、山谷湿地，海拔80～2300m。

【芳香成分】张道英等（2017）用水蒸气蒸馏法提取的干燥地上部分精油的主要成分为：6,10,14-三甲基-十五烷酮（14.27%）、2-十一烷酮（10.21%）、2,3-丁二醇（9.77%）、n-十五烷酸（4.79%）、3,7,11,15-四甲基-2-十六碳烯醇（3.59%）、17-三十五碳烯（2.59%）、邻苯二甲酸二乙酯（2.37%）、月桂酸（2.08%）、3,7,11,15-四甲基-十六烷基乙酸酯（1.30%）、2-乙氧基-3-氯丁烷（1.27%）等；用固相微萃取法提取的干燥地上部分精油的主要成分为：戊醛（16.29%）、邻苯二甲酸二乙酯（16.28%）、己醛（12.92%）、2-甲基丁醛（6.82%）、2,4-葵二烯醛（6.32%）、2-辛基-呋喃（3.80%）、N-2-氰乙基苯磺酰胺（3.16%）、壬醛（3.07%）、3-甲基-1-庚醇（2.97%）、1-十一碳烯（2.33%）、二十五烷（2.23%）、2-丙基呋喃（1.98%）、1-十二烷醇（1.97%）、9-十八碳烯酸-1,2,3-丙三醇酯（1.91%）、肉桂醛（1.62%）、2,3-丁二酮（1.38%）、2-月桂烯醛（1.12%）等。赵超等（2009）用固相微萃取法提取的贵州贵阳产杠板归新鲜嫩枝叶精油的主要成分为：2-己醛（22.99%）、2-十一烷酮（15.10%）、3-甲基-环戊烯（11.78%）、苯甲醛（7.98%）、n-十六酸（6.90%）、n-葵酸（4.01%）、β-香茅醇（1.89%）、壬醛（1.82%）、戊烯二酸酐（1.69%）、十四烷酸（1.63%）、癸醛（1.30%）、2,4-己二烯醛（1.21%）、5,9,13-三甲基-4,8,12-十四碳

三烯醛（1.20%）、1-辛醇（1.19%）、3-己烯酸（1.08%）、2-甲基-4-戊烯醛（1.05%）等。

肥沃、湿润、疏松的土壤，也能耐瘠薄。喜水又耐干旱，适应性很强。要求光照充足。

【利用】地上部分入药，具有清热解毒、利水消肿、止咳的功效，用于治咽喉肿痛、肺热咳嗽、小儿顿咳、水肿尿少、湿热泻痢、湿疹、疖肿、蛇虫咬伤。

## 🌸 红蓼
*Polygonum orientale* Linn.

**蓼科　蓼属**

**别名：** 水蓼、水红花子、荭草、天蓼、东方蓼、狗尾巴花、红草、大红蓼、大毛蓼、游龙

**分布：** 除西藏外，全国各地

【形态特征】一年生草本。茎直立，粗壮，高1～2 m，上部多分枝，密被开展的长柔毛。叶宽卵形、宽椭圆形或卵状披针形，长10～20 cm，宽5～12 cm，顶端渐尖，基部圆形或近心形，全缘，密生缘毛，两面密生短柔毛；托叶鞘筒状，膜质，长1～2 cm，被长柔毛，具长缘毛，通常沿顶端具草质、绿色的翅。总状花序呈穗状，顶生或腋生，长3～7 cm，花通常数个再组成圆锥状；苞片宽漏斗状，长3～5 mm，草质，绿色，被短柔毛，边缘具长缘毛，每苞内具3～5花；花被5深裂，淡红色或白色；花被片椭圆形，长3～4 mm。瘦果近圆形，双凹，直径长3～3.5 mm，黑褐色，包于宿存花被内。花期6～9月，果期8～10月。

【生长习性】生于沟边湿地、村边路旁，海拔30～2700 m。喜温暖湿润环境。对土壤要求不严，适应各种类型的土壤，喜

【精油含量】水蒸气蒸馏干燥果实的得油率为0.61%。

【芳香成分】茎叶：赵红霞（2010）用共水蒸馏法提取的吉林省吉林市野生红蓼新鲜茎叶精油的主要成分为：丙烯基苯甲醚（73.90%）、丙烯基苯甲醚（8.36%）、4-甲氧基苯乙醛（2.76%）、丙烯基苯甲醚（1.41%）、1-甲基-4-异丙烯基-1-环己烯（1.18%）等。

果实：蔡玲等（2008）用水蒸气蒸馏法提取的江苏产红蓼干燥成熟果精油的主要成分为：异长叶烯（19.45%）、

7-溴十氢-4,8,8-三甲基-9-亚甲基-1,4-甲基茂并芳庚烷（14.61%）、1,4,4a,5,6,7,8,8a-八氢-2,5,5,8a-四甲基-1-萘甲醇（8.75%）、1,4,5,6,7,7a-六氢-4-甲基-7-(1-甲基乙基)-2H-茚-2-酮（6.88%）、香叶基丙酮（5.04%）、(Z,Z)-9,12-十八碳二烯酸（4.70%）、2,5,9-三甲基环十一-4,8-二烯酮（4.17%）、石竹烯氧化物（3.20%）、八氢-4a,7,7-三甲基-萘酮（2.29%）、正己醛（1.79%）、二十烷酸（1.10%）等。

【利用】适于观赏，用于绿化、美化庭园。茎叶入药，有小毒，有祛风除湿、清热解毒、活血、截疟的功效，用于治风湿痹痛、痢疾、腹泻、吐泻转筋、水肿、脚气、痈疮疔疖、蛇虫咬伤、小儿疳积疝气、跌打损伤、疟疾。果实入药，有活血、止痛、消积、利尿功效。嫩苗或嫩茎叶可作蔬菜食用。

## ❀ 火炭母

*Polygonum chinense* Linn.

| 蓼科　蓼属 |
| --- |
| 别名：火炭毛、乌炭子、山荞麦草、赤地利、老鼠蔗、为炭星、白饭草 |
| 分布：陕西、甘肃，华东、华中、华南、西南地区 |

【形态特征】多年生草本。茎直立，高70～100 cm，具纵棱，多分枝。叶卵形或长卵形，长4～10 cm，宽2～4 cm，顶端短渐尖，基部截形或宽心形，全缘，有时叶背沿叶脉疏生短柔毛，下部叶具叶柄，通常基部具叶耳，上部叶近无柄或抱茎；托叶鞘膜质，无毛，长1.5～2.5 cm，具脉纹，顶端偏斜。花序头状，通常数个排成圆锥状，顶生或腋生，花序梗被腺毛；苞片宽卵形，每苞内具1～3花；花被5深裂，白色或淡红色，裂

片卵形，果时增大，呈肉质，蓝黑色；雄蕊8，比花被短；花柱3，中下部合生。瘦果宽卵形，具3棱，长3～4 mm，黑色，包于宿存的花被。花期7～9月，果期8～10月。

【生长习性】生山谷湿地、山坡草地，海拔30～2400 m。

【芳香成分】林敬明等（2001）用超临界$CO_2$萃取法提取的火炭母全草精油的主要成分为：1,2-苯二羧酸（14.98%）、6,10,14-三甲基-2-三十五烷酮（14.09%）、1,2-苯二羧酸，双(2-甲基丙基)酯（11.01%）、十四酸（5.87%）、十五酸（5.86%）、十二烷酸（3.54%）、新植二烯（3.53%）、5,6,7,7a-四氢-4,4,7α-三甲基-2(4H)-苯并呋喃酮（3.20%）、(-)-黑燕麦内酯（2.27%）、14-十五碳烯酸（2.13%）、2-叔丁基-4-(2,4,4-三甲基戊-2-基)苯酚（2.02%）、羟基-6-胞嘧啶（1.98%）、十六酸（1.56%）、丁香醛（1.41%）、1-氧化物-N-(2-羟乙基)-3-甲基-2-喹喔啉甲酰胺（1.21%）、辛酸（1.06%）等。

【利用】地上部分入药，有清热解毒、利湿消滞、凉血止痒、明目退翳的功效，用于治痢疾、消化不良、肝炎、感冒、扁桃体炎、咽喉炎、白喉、百日咳、角膜云翳、乳腺炎、霉菌性阴道炎、白带、疖肿、小儿脓疱、湿疹、毒蛇咬伤。根状茎药用，可清热解毒、散瘀消肿。

## ❀ 蓼蓝

*Polygonum tinctorium* Ait.

| 蓼科　蓼属 |
| --- |
| 别名：蓝、靛青 |
| 分布：全国各地 |

【形态特征】一年生草本。茎直立，通常分枝，高50～80 cm。叶卵形或宽椭圆形，长3～8 cm，宽2～4 cm，干后呈暗蓝绿色，顶端圆钝，基部宽楔形，边缘全缘，具短缘毛，叶面无毛，叶背有时沿叶脉疏生伏毛；叶柄长5～10 mm；托叶鞘膜

质，稍松散，长1～1.5 cm，被伏毛，顶端截形，具长缘毛。总状花序呈穗状，长2～5 cm，顶生或腋生；苞片漏斗状，绿色，有缘毛，每苞内含花3～5；花梗细，与苞片近等长；花被5深裂，淡红色，花被片卵形，长2.5～3 mm；雄蕊6～8，比花被短；花柱3，下部合生。瘦果宽卵形，具3棱，长2～2.5 mm，褐色，有光泽，包于宿存花被内。花期8～9月，果期9～10月。

【生长习性】野生于旷野水沟边。

【精油含量】水蒸气蒸馏干燥叶的得油率为0.32%。

【芳香成分】刘福涛等（2010）用水蒸气蒸馏法提取的山东嘉祥产蓼蓝干燥叶精油的主要成分为：4-烯丙基-2-甲氧基苯酚（26.64%）、十六碳酸（7.93%）、3-甲基苯甲醛（6.27%）、3,7,11,15-四甲基-2-十六烯-1-醇（4.81%）、9,12,15-十八碳三烯酸-2,3-二羟基丙酯（4.31%）、3-氨基-2-环己烯-1-酮（3.24%）、6-甲基-2-羧酸吡啶（2.64%）、2,4-二甲基环己醇（2.32%）、4-甲基-5-氨基乙烯基-6-羟基-2-羧基-3-吡啶甲腈（2.26%）、6,10,14-三甲基-2-十五酮（2.00%）、3-(1-环己烯基)-2-丙烯醛（1.92%）、2,4-二甲基苯酚（1.66%）、2-甲基-5-(1-甲基乙烯基)环己醇（1.46%）、3,5-二羟基苯乙酮（1.43%）、苯甲醛（1.39%）、5,6-二氢-7,12-二甲基-5,6-二羟基苯丙蒽（1.05%）等。

【利用】叶供药用，有清热解毒、解热与杀菌的功效。叶可加工制成靛青，作染料。

# ❀ 毛蓼

*Polygonum barbatum* Linn.

| 蓼科　蓼属 |
| --- |
| 别名：四季青、水辣蓼、毛脉两栖蓼、冉毛蓼、荭草、毛辣蓼 |
| 分布：江西、江苏、浙江、安徽、福建、台湾、广西、广东、海南、湖南、湖北、四川、贵州、云南 |

【形态特征】多年生草本，根状茎横走；茎直立，粗壮，高40～90 cm，具短柔毛。叶披针形或椭圆状披针形，长7～15 cm，宽1.5～4 cm，顶端渐尖，基部楔形，边缘具缘毛，两面疏被短柔毛；叶柄长5～8 mm，密生细刚毛；托叶鞘筒状，长1.5～2 cm，密被细刚毛，顶端截形，缘毛粗壮，长1.5～2 cm。总状花序呈穗状，紧密，直立，长4～8 cm，顶生或腋生，通常数个组成圆锥状，稀单生；苞片漏斗状，具粗缘毛，每苞内具3～5花；花被5深裂，白色或淡绿色，花被片椭

圆形，长1.5～2 mm；雄蕊5～8；花柱3，柱头头状。瘦果卵形，具3棱，黑色，有光泽，长1.5～2 mm，包于宿存花被内。花期8～9月，果期9～10月。

【生长习性】生于水旁、田边、路边湿地及林下海拔20～1300 m。

【芳香成分】高黎明等（2001）用超临界$CO_2$萃取法提取的甘肃天祝产毛蓼全草精油的主要成分为：β-谷甾醇（15.75%）、桉叶油醇（3.70%）、异植醇（3.51%）、正十八烷（3.36%）、β-蒎烯（2.93%）、广藿香醇（2.33%）、十四碳酸乙酯（2.27%）、γ-生育酚（2.08%）、3β-羟基-5α-甾醇[17,16-b]-N-甲基吲哚（1.70%）、熊果酸（1.70%）、麦角香醇（1.19%）、二十六烷-6-酮（1.10%）、豆甾-4-烯-3-酮（1.08%）等。

【利用】全草入药，具有清热解毒，排脓生肌，活血，透疹的功效，主治外感发热，喉蛾，久疟，痢疾，泄泻，痈肿，疽、瘘、瘰疬溃破不敛，蛇虫咬伤，跌打损伤，风湿痹痛，麻疹不透。根有收敛作用，可治肠炎。种子为芳香剂，量大有催吐、泻下的功效。

# ❀ 水蓼

*Polygonum hydropiper* Linn.

| 蓼科　蓼属 |
| --- |
| 别名：白辣蓼、斑蕉草、卜蓄、川蓼、打竹、红辣蓼、红蓼子草、胡椒蓼、胡辣蓼、苦蓼、辣草、辣蓼、辣蓼草、辣花子、辣蒿、辣蓼子棵、辣子草、辣柳草、蓼子、蓼子草、蓼芽菜、梨同草、柳草、柳蓼、柳蓼草、蝙蝠草、蔷、蔷蓼、蔷虞、水流仙、水辣蓼、水胡椒、水公子、小叶辣蓼、细辣蓼、痛骨消、药蓼、竹叶菜、辛蓼、辛菜、虞蓼、泽蓼 |
| 分布：全国各地 |

【形态特征】一年生草本，高40～70 cm。叶披针形或椭圆状披针形，长4～8 cm，宽0.5～2.5 cm，顶端渐尖，基部楔形，全缘，具缘毛，被褐色小点，叶腋具闭花受精花；托叶鞘筒状，膜质，褐色，长1～1.5 cm，疏生短硬伏毛，顶端截形，具短缘毛，通常托叶鞘内藏有花簇。总状花序呈穗状，顶生或腋生，长3～8 cm，花稀疏；苞片漏斗状，长2～3 mm，绿色，边缘膜质，疏生短缘毛，每苞内具3～5花；花被5深裂，稀4裂，绿色，上部白色或淡红色，被黄褐色透明腺点，花被片椭圆形，长3～3.5 mm。瘦果卵形，长2～3 mm，双凸镜状或具3棱，

密被小点，黑褐色，无光泽，包于宿存花被内。花期5～9月，果期6～10月。

【生长习性】生于河滩、水沟边、山谷湿地，海拔50～3500 m。选向阳、排水良好的地块栽培。喜湿润，也能适应干燥的环境，对土壤肥力要求不高。

【精油含量】水蒸气蒸馏干燥全草的得油率为1.80%，新鲜全草的得油率为0.02%～0.04%，新鲜叶的得油率为0.11%；超临界萃取阴干叶的得油率为3.72%。

【芳香成分】叶：吴莉宇等（2007）用水蒸气蒸馏法提取的海南海口产水蓼新鲜叶精油的主要成分为：4-(2,6,6-三甲基-2-环己烯-1-基)-2-丁酮（28.78%）、四氢-2-(7-十七炔基氧基)-2H-吡喃（11.53%）、5-异亚丙基-6-亚甲基-3,6,9-三烯-2-酮（7.74%）、2-甲基-4-(2,6,6-三甲基环己-1-己烯)丁烯-2-烯-1-醇（4.49%）、2,6,6-三甲基-1-环己烯-1-丙醇（4.05%）、玉米黄素（3.49%）、八氢-8,8a-二甲基-2(1H)-萘酮（3.27%）、2,3,4,5-四甲基-三环[3.2.1.0$^{2,7}$]-3-辛烯（3.05%）、(E)-10-十七烯-8-炔酸甲酯（2.56%）、α-珀杷烯（2.09%）、反式-石竹烯（2.05%）、[1S-(1α,3α,3aα,4α,8α)]-十氢-1,5,5,8a-四甲基-4-甲醇奠-3-醇（1.84%）、9-脱氧-9 -X-乙酰氧基-3,8,12 -三-邻-ingol（1.33%）、7,3',4'-三甲氧基-槲皮酮（1.00%）等。

全草：姚祖凤等（1998）用水蒸气蒸馏法提取的湖南吉首产水蓼新鲜全草精油的主要成分为：1-菲兰烯（13.60%）、1-异丙烯基-3-甲基苯（7.22%）、姜烯（4.88%）、α-苎烯（4.47%）、β-石竹烯（3.76%）、α-蒎烯（3.62%）、γ-松油烯（3.36%）、反-α-香柠檬烯（2.70%）、α-葎草烯（2.45%）、9-十八碳烯酸甲酯（2.35%）、顺-α-红没药烯（2.29%）、β-榄香烯（2.17%）、AR-姜黄烯（2.08%）、苯甲醛（1.48%）、α-红没药醇（1.45%）、橙花叔醇（1.44%）、氧化石竹烯（1.40%）、油酸（1.35%）、反-β-罗勒烯（1.26%）、橙花醛（1.21%）、E,E-α-法呢烯（1.04%）、姜烯（1.01%）等。林聪明等（2012）用同法分析的贵州凯里产水蓼新鲜全草精油的主要成分为：β-红没药烯（19.00%）、补身树醇（15.25%）、十二醛（14.41%）、(3E)-3-甲基-4-(2,6,6-三甲基-2-环庚烯)-3-丁烯-2-醇（13.33%）、石竹烯氧化物（7.87%）、香柠檬醇（7.63%）、γ-榄香烯（3.43%）、正十四醇（2.49%）、1,3,8-对-薄荷三烯（1.66%）、羽毛柏烯（1.42%）、2,6-二甲基-2,4-庚二烯（1.03%）等。于晓亮等

（2018）用同法分析的贵州遵义5月份采收的水蓼干燥全草精油的主要成分为：1-(+)-抗坏血酸-2,6-二棕榈酸酯（17.96%）、亚麻酸（10.43%）、石竹烯氧化物（7.34%）、罗汉柏烯-13（5.02%）、异戊二烯环氧化物（4.33%）、辛辣木-7-烯-11-醇（4.03%）、4,4,6b-三甲基-2-(1-甲基乙烯基)-2H-环丙烷[g]苯并呋喃（4.00%）、甲基紫罗兰酮（3.64%）、橙花叔醇（3.06%）、植酮（2.88%）、石竹烯（2.07%）、1,5,5,8-四甲基-12-氧杂双环[9.1.0]十二碳-3,7-二酮（1.98%）、(R*,R*)-4-甲基-α-(1-甲基-2-丙烯基)-苯甲醇（1.89%）、(Z)-18-十八碳-9-烯醇化物（1.81%）、1,5,5,8a-四甲基-1,4-亚甲基奠-9-酮（1.74%）、蛇麻烯（1.59%）、1-羟基-4a,5-二甲基-3-(丙-2-亚基)-4,4a,5,6-四氢萘-2(3H)-酮（1.49%）、十氢三甲萘并呋喃酮（1.42%）、4,8-二烯基-5-羟基-石竹烯（1.38%）、顺式-法呢烯（1.37%）、植醇（1.37%）、香柑油烯（1.19%）、(1S,2R,5R)-2-甲基-5-((R)-6-甲基庚-5-烯-2-基)-双环[3.1.0]己-2-醇（1.18%）、2,5,5,8a-四甲基-6,7,8,8a-四氢-5H-萘-1-酮（1.15%）、2-((2S,4aR)-4a,8-二甲基-1,2,3,4,4a,5,6,7-八氢萘-2-基)-丙醇（1.13%）、十五烷酸（1.00%）等；11月份采收的水蓼干燥全草精油的主要成分为：甲基紫罗兰酮（13.07%）、(1aR,4aS,8aS)-4a,，8,8-三甲基-1,1a,4,4a,5,6,7,8-八氢环丙烷并[d]萘-2-甲醛（10.39%）、香柠檬烯（9.50%）、1,5,5,8a-四甲基-1,4-亚甲基奠-9-酮（7.34%）、1,1,4a,8-四甲基-2,3,4,4a,5,6,7,9a-八氢-1H-苯并[7]环庚烯-5-醇（5.81%）、红没药烯（5.08%）、石竹烯（5.06%）、长叶烯（4.65%）、异丁子香烯（4.61%）、7-表-顺式倍半萜烯水合物（2.99%）、1,1,4,7-四甲基十氢-1H-环丙并[e]奠-4-醇（2.64%）、(R*,R*)-4-甲基-α-(1-甲基-2-丙烯基)-苯甲醇（2.48%）、1,5,5,8-四甲基-12-氧杂双环[9.1.0]十二碳-3,7-二酮（2.44%）、顺式-法呢烯（2.08%）、6-表水菖蒲酮（1.95%）、香柠檬醇（1.68%）、2-甲基-3-亚甲基-2-(4-甲基-3-戊烯基)-双环[2.2.1]庚烷（1.43%）、榄香烯（1.16%）、2,3-二甲基-三环[2.2.1.0$^{2,6}$]庚烷-3-甲醇（1.02%）、植酮（1.00%）等。

【利用】地上部分入药，具有行滞化湿、散瘀止血、祛风止痒、解毒的功效，用于治湿滞内阻、脘闷腹痛、泄泻、痢疾、小儿疳积、崩漏、血滞经闭、痛经、跌打损伤、风湿痹痛、便血、外伤出血、皮肤瘙痒、湿疹、风疹、足癣、痈肿、毒蛇咬伤。果实药用，能利水、破瘀散结、治水肿、痈肿疮疡、蛇虫咬伤等。根药用，能祛风除湿、活血、解毒、治风湿骨痛、肠炎痢疾、月经不调等。嫩苗或嫩茎叶可作蔬菜食用。

## ✿ 头花蓼

*Polygonum capitatum* Buch-Ham. ex D. Don

**蓼科　蓼属**

**别名：**草石椒

**分布：**江西、湖南、湖北、四川、贵州、广东、广西、云南、西藏等地

【形态特征】多年生草本。茎匍匐，丛生，多分枝，疏生腺毛或近无毛，一年生枝近直立，具纵棱，疏生腺毛。叶卵形或椭圆形，长1.5～3 cm，宽1～2.5 cm，顶端尖，基部楔形，全缘，具腺毛，两面疏生腺毛，叶面有时具黑褐色新月形斑点；叶柄长2～3 mm，基部有时具叶耳；托叶鞘筒状，膜

质，长5~8 mm，松散，具腺毛，顶端截形，有缘毛。花序头状，直径6~10 mm，单生或成对，顶生；花序梗具腺毛；苞片长卵形，膜质；花梗极短；花被5深裂，淡红色，花被片椭圆形，长2~3 mm。瘦果长卵形，具3棱，长1.5~2 mm，黑褐色，密生小点，微有光泽，包于宿存花被内。花期6~9月，果期8~10月。

【生长习性】生于山坡、山谷湿地，常成片生长，海拔600~3500 m。为湿中生性植物，喜阴湿生境。适应性强，较耐寒。

【芳香成分】高玉琼等（2005）用水蒸气蒸馏法提取的贵州产头花蓼干燥全草精油的主要成分为：1-辛烯-3-醇（15.21%）、2-己烯醛（4.44%）、γ-古芸烯（4.22%）、2-庚烯醛（4.05%）、壬醛（3.28%）、长叶冰片（2.72%）、蓝桉醇（2.54%）、L-冰片（1.95%）、6-甲基-5-庚烯-2-酮（1.85%）、诺蒎酮（1.80%）、α-萜品油烯（1.79%）、萜品烯-4-醇（1.69%）、庚醛（1.60%）、早熟素 I（1.45%）、反-2-辛烯醛（1.33%）、2-戊基-呋喃（1.32%）、柠檬烯（1.28%）、1-辛烯-3-酮（1.20%）、辛醛（1.07%）、反-2-辛烯-1-醇（1.02%）、樟脑（1.02%）、二十三烷（1.01%）、6,10,14-三甲基-2-十五烷酮（1.01%）等。

【利用】全草入药，有清热凉血、利尿的功效，用于治泌尿系感染、痢疾、腹泻、血尿；外用治尿布疹、黄水疮。

## 🌸 西伯利亚蓼
*Polygonum sibiricum* Laxm.

| 蓼科 | 蓼属 |
|---|---|
| 别名： | 剪刀股、野茶、驴耳朵、牛鼻子、鸭子嘴 |
| 分布： | 黑龙江、吉林、辽宁、内蒙古、河北、山西、山东、河南、陕西、甘肃、宁夏、青海、新疆、安徽、湖北、江苏、四川、贵州、云南、西藏 |

【形态特征】多年生草本，高10~25 cm。根状茎细长。茎外倾或近直立，自基部分枝，无毛。叶片长椭圆形或披针形，无毛，长5~13 cm，宽0.5~1.5 cm，顶端急尖或钝，基部戟形或楔形，边缘全缘，叶柄长8~15 mm；托叶鞘筒状，膜质，上部偏斜，开裂，无毛，易破裂。花序圆锥状，顶生，花排列稀疏，通常间断；苞片漏斗状，无毛，通常每1苞片内具4~6朵花；花梗短，中上部具关节；花被5深裂，黄绿色，花被片长圆形，长约3 mm；雄蕊7~8，稍短于花被，花丝基部较宽，花柱3，较短，柱头头状。瘦果卵形，具3棱，黑色，有光泽，包于宿存的花被内或凸出。花果期6~9月。

【生长习性】生于路边、湖边、河滩、山谷湿地，砂质盐碱地，海拔30~5100 m。

【芳香成分】王洪玲等（2016）用水蒸气蒸馏法提取的西藏昌都产西伯利亚蓼干燥全草精油的主要成分为：植醇（35.81%）、植酮（13.28%）、萘（4.79%）、亚麻酸甲酯（3.46%）、正十八烷（3.18%）、正二十五烷（2.72%）、邻苯二甲酸二仲丁酯（2.54%）、邻苯二甲酸二丁酯（2.32%）、正二十一烷（2.29%）、亚油酸（2.05%）、异植醇（1.55%）、雪松醇（1.42%）等。

【利用】根茎入药，有疏风清热、利水消肿的功效，用于治目赤肿痛、皮肤湿痒、水肿、腹水。

## 🌸 香蓼
*Polygonum viscosum* Buch-Ham. ex D. Don

| 蓼科 | 蓼属 |
|---|---|
| 别名： | 粘毛蓼、水毛蓼、红杆蓼 |
| 分布： | 东北、华北、华中、华南地区，陕西、四川、云南、贵州 |

【形态特征】一年生草本，植株具香味。茎密被开展的长糙硬毛及腺毛，高50~90 cm。叶卵状披针形或椭圆状披针形，

长5～15 cm，宽2～4 cm，顶端渐尖或急尖，基部楔形，沿叶柄下延，两面被糙硬毛，全缘，密生短缘毛；托叶鞘膜质，筒状，长1～1.2 cm，密生短腺毛及长糙硬毛，顶端截形，具长缘毛。总状花序呈穗状，顶生或腋生，长2～4 cm，花通常数个再组成圆锥状，花序梗密被开展的长糙硬毛及腺毛；苞片漏斗状，具长糙硬毛及腺毛，疏生长缘毛，每苞内具3～5花；花被5深裂，淡红色，花被片椭圆形，长约3 mm。瘦果宽卵形，具3棱，黑褐色，长约2.5 mm，包于宿存花被内。花期7～9月，果期8～10月。

【生长习性】生于路旁湿地、沟边草丛，海拔30～1900 m。

【精油含量】水蒸气蒸馏开花期去花全草的得油率为3.60%；索氏法提取全草的得油率为1.33%。

【芳香成分】张德志等（1992）用水蒸气蒸馏法提取的吉林产香蓼全草精油的主要成分为：α-桉叶醇（15.36%）、反式-法呢醇（12.70%）、2,5-十八双炔酸甲酯（10.95%）、β-石竹烯醇（7.74%）、澳白檀醇（6.05%）、α-香附酮（5.64%）、α-杜松烯（5.52%）、樟脑烯（4.45%）、顺式-法呢醇（3.75%）、乙二酸二乙酯（3.73%）、芹子烯（3.03%）、β-法呢烯（3.02%）、β-红没药烯（2.35%）、δ-杜松烯（2.17%）、α-橙花叔醇（1.83%）、β-榄香烯（1.30%）、乙酸葛缕酯（1.25%）等。

【利用】茎叶入药，有理气除湿、健胃消食的功效，用于治胃气痛、消化不良、小儿疳积、风湿疼痛。叶片和嫩茎切碎后作调料。

## ❀ 珠芽蓼

*Polygonum viviparum* Linn.

**蓼科　蓼属**
**别名：** 山高粱、山谷子
**分布：** 东北、华北、西北、西南地区，河南

【形态特征】多年生草本。根状茎粗壮，弯曲，黑褐色，直径1～2 cm。茎直立，高15～60 cm，不分枝，通常2～4条自根状茎发出。基生叶长圆形或卵状披针形，长3～10 cm，宽0.5～3 cm，顶端尖或渐尖，基部圆形、近心形或楔形，两面无毛，边缘脉端增厚。外卷，具长叶柄；茎生叶较小披针形，近无柄；托叶鞘筒状，膜质，下部绿色，上部褐色，偏斜，开裂，无缘毛。总状花序呈穗状，顶生，紧密，下部生珠芽；苞

片卵形，膜质，每苞内具1～2花；花梗细弱；花被5深裂，白色或淡红色。花被片椭圆形，长2～3 mm。瘦果卵形，具3棱，深褐色，有光泽，长约2 mm，包于宿存花被内。花期5～7月，果期7～9月。

【生长习性】生于山坡林下、高山或亚高山草甸，海拔1200～5100 m。耐寒性强，在阳光充足的山地阳坡、低洼向阳沟谷、海拔较低的地区生长旺盛。对水分和土壤条件要求较严格，不耐干旱与瘠薄土壤，适生于潮湿、土层深厚且富含有机质的高山、亚高山草甸土上。

【精油含量】水蒸气蒸馏阴干全草的得油率为1.89%。

【芳香成分】李康兰等（1999）用水蒸气蒸馏法提取的甘肃天祝产珠芽蓼阴干全草精油的主要成分为：香茅醇（8.80%）、香叶醇（3.40%）、法呢醇乙酸酯（3.20%）、荜草烯（3.00%）、3-辛酮（2.90%）、3β-羟基-5α-甾醇[17,16-b]-N-甲基吲哚（2.60%）、α-桉醇（2.50%）、β-榄香烯（2.20%）、1-十四碳烯（1.58%）、1,3-二甲基吡啶[2,3-d]并嘧啶-2,4-(1H,3H)二酮（1.50%）、阿特酮（1.48%）、喇叭醇（1.42%）、7-乙基-3-甲基-2,6-十一碳二烯甲酯（1.26%）、5-甲基-2-呋喃醛（1.23%）、邻苯二甲酸丁酯（1.14%）、匙叶桉油烯醇（1.13%）、β-月桂烯（1.00%）等。

【利用】茎叶是家畜催肥抓膘的良质饲料。根状茎入药，有清热解毒、散瘀止血的功效，用于治扁桃体炎、咽喉炎、肠炎、痢疾、白带、崩漏、便血；外用治跌打损伤、痈疖肿毒、外伤出血。

# 金荞麦
*Fagopyrum dibotrys* (D. Don) Hara

蓼科　荞麦属

别名：天荞麦、赤地利、透骨消、苦荞头、苦荞麦、荞麦当归、荞麦三七、金锁银开、贼骨头、铁拳头、土茯苓、野南荞、铁掌头

分布：陕西，华东、华中、华南及西南地区

【形态特征】多年生草本。根状茎木质化，黑褐色。茎直立，高50～100 cm，分枝，具纵棱，无毛。有时一侧沿棱被柔毛。叶三角形，长4～12 cm，宽3～11 cm，顶端渐尖，基部近戟形，边缘全缘，两面具乳头状突起或被柔毛；叶柄长可达10 cm；托叶鞘筒状，膜质，褐色，长5～10 mm，偏斜，顶端截形。花序伞房状，顶生或腋生；苞片卵状披针形，顶端尖，边缘膜质，长约3 mm，每苞内具2～4花；花梗中部具关节，与苞片近等长；花被5深裂，白色，花被片长椭圆形，长约2.5 mm，雄蕊8，比花被短，花柱3，柱头头状。瘦果宽卵形，具3锐棱，长6～8 mm，黑褐色，无光泽，超出宿存花被2～3倍。花期7～9月，果期8～10月。

【生长习性】生于山谷湿地、山坡灌丛，海拔250～3200 m。适应性较强，喜温暖气候，在15～30 ℃的温度下生长良好，在-15 ℃左右地区栽培可安全越冬。适宜在肥沃疏松的砂壤土中种植。对土壤肥力、温度、湿度的要求较低，耐旱耐寒性强。适宜栽培在排水良好的高海拔、肥沃疏松的砂壤土中。

【芳香成分】李凤等（2013）用水蒸气蒸馏法提取的贵州产金荞麦干燥全草精油的主要成分为：α-萜品醇（11.72%）、桂酸乙酯（8.17%）、2-羟基-对茴香醛（7.79%）、萜品烯-4-醇（6.28%）、己醛（5.77%）、科绕魏素（5.38%）、茴香脑（5.22%）、芳樟醇（4.97%）、棕榈酸（4.83%）、1,8-桉叶素（4.12%）、胡椒酮（3.48%）、油酸（2.56%）、丹皮酚碱（2.16%）、苯甲醛（1.78%）、壬醛（1.76%）、2-苯基呋喃

（1.58%）、樟脑（1.50%）、邻苯二甲酸二异丁酯（1.36%）、榧烯醇（1.19%）、龙脑（1.09%）、雪松醇（1.07%）、2-萜品基乙酯（1.03%）等。

【利用】根茎药用，有清热解毒、活血消痈、祛风除湿的功效，主治肺痈、肺热咳喘、咽喉肿痛、痢疾、风湿痹症、跌打损伤、痈肿疮毒、蛇虫咬伤。嫩茎叶作主料或配料，可炒食或做汤。

## 苦荞麦

*Fagopyrum tataricum* (Linn.) Gaertn.

蓼科　荞麦属

**别名：** 鞑靼荞麦、菠麦、乌麦、花荞

**分布：** 东北、华北、西北、西南山区有栽培

【形态特征】一年生草本。茎直立，高30～70 cm，分枝，绿色或微逞紫色，有细纵棱，一侧具乳头状突起，叶宽三角形，长2～7 cm，两面沿叶脉具乳头状突起，下部叶具长叶柄，上部叶较小具短柄；托叶鞘偏斜，膜质，黄褐色，长约5 mm。花序总状，顶生或腋生，花排列稀疏；苞片卵形，长2～3 mm，每苞内具2～4花，花梗中部具关节；花被5深裂，白色或淡红色，花被片椭圆形，长约2 mm；雄蕊8，比花被短；花柱3，短，柱头头状。瘦果长卵形，长5～6 mm，具3棱及3条纵沟，上部棱角锐利，下部圆钝有时具波状齿，黑褐色，无光泽，比宿存花被长。花期6～9月，果期8～10月。

【生长习性】多生长于海拔500～3900 m的田边、路旁、山坡、河谷等地。喜凉爽湿润，不耐高温旱风，畏霜冻。开花结果最适宜温度为26～30 ℃。

【芳香成分】余丽等（2015）用同时蒸馏萃取法提取的安徽产苦荞麦粉精油的主要成分为：邻苯二甲酸二异丁酯（45.80%）、(Z,Z)-9,12-十八烷二烯酸（28.10%）、己二酸二(2-乙基己)酯（5.01%）、邻苯二甲酸二(2-乙基己)酯（2.65%）、n-十六烷酸（1.31%）、肉豆蔻酸（1.00%）等。王灼琛等（2014）用固相微萃取法提取分析了安徽枞阳产苦荞麦果实不同部位的挥发油成分，其中粉的主要成分为：苯甲醛（10.14%）、2-正戊基呋喃（8.27%）、甲氧基苯基肟（8.17%）、壬醛（7.12%）、2,6-双(1,1-二甲基)-4-(1-氧代丙基)酚（6.57%）、右旋萜二烯（6.04%）、萜品烯（4.63%）、萘（3.05%）、二苯并呋喃（2.83%）、十二烷（2.80%）、十六烷（2.55%）、香叶酸甲酯（2.35%）、十四烷（2.28%）、2,3,5-三甲基萘（2.05%）、芴（1.99%）、2,7-二甲基萘（1.76%）、α-松油烯（1.71%）、4-(乙酰苯基)苯甲烷（1.70%）、2-甲基萘（1.63%）、(Z)-6,10-二甲基-5,9-十一烷二烯-2-酮（1.56%）、十七烷（1.31%）、1,4,6-三甲基萘（1.30%）、2,6-二叔丁基苯醌（1.20%）、蒽（1.14%）、α-柏木烯（1.09%）、1,11-十二碳二烯（1.06%）、邻-异丙基苯（1.03%）、2-乙烯基萘（1.00%）等；壳的主要成分为：邻-异丙基苯（13.70%）、苯甲醛（7.72%）、甲氧基苯基肟（6.70%）、戊基环丙烷（5.18%）、苯乙醛（4.01%）、萘（3.91%）、罗汉柏烯（3.72%）、壬醛（3.68%）、六氢假紫罗酮（3.31%）、十六烷（3.10%）、间二甲苯（2.60%）、TPB, 1（2.48%）、6,10,14-三甲基-2-十五烷酮（2.46%）、1,2,4,5-四甲苯（2.28%）、β-环柠檬醛（2.08%）、β-柏木烯（1.99%）、香叶基丙酮（1.81%）、2-葵

酮（1.79%）、2,3-二氢-2,2,6-三甲基苯甲醛（1.68%）、(Z)-3,7-二甲基-2,6-辛二烯酸甲酯（1.54%）、三十一烷（1.50%）、癸醛（1.49%）、十四烷（1.46%）、十七烷（1.46%）、1,2-二氢-1,4,6-三甲基萘（1.39%）、α-依兰油烯（1.38%）、β-紫罗酮（1.13%）、芴（1.13%）、(+)-花侧柏烯（1.07%）、2,6,10,14-四甲基十六烷（1.02%）等；麸皮的主要成分为：苯乙醛（22.48%）、右旋萜二烯（15.06%）、1-壬醇（9.34%）、5-异丙基间甲苯甲基氨基甲酸酯（8.36%）、萜品烯（8.01%）、萘（6.13%）、(Z)-3,7-二甲基-2,6-辛二烯酸甲酯（5.48%）、十六烷（3.38%）、十二烷（3.16%）、α-柏木烯（2.41%）、α-依兰油烯（2.19%）、2-甲基萘（2.07%）、十四烷（1.99%）、2,6-二叔丁基对甲酚（1.81%）、异三十烷（1.75%）、二氢猕猴桃内酯（1.65%）、十七烷（1.48%）、(+)-α-长叶蒎烯（1.22%）等。

【利用】种子供食用或作饲料。块根入药，有理气止痛、健脾利湿的功效，用于治胃痛、消化不良、腰腿疼痛、跌打损伤。

# 🌸 荞麦

*Fagopyrum esculentum* Moench

**蓼科　荞麦属**
**别名:** 甜荞、乌麦、三角麦、花荞、荞子
**分布:** 全国各地

【形态特征】一年生草本。茎直立，高30～90 cm，上部分枝，绿色或红色，具纵棱，无毛或于一侧沿纵棱具乳头状突起。叶三角形或卵状三角形，长2.5～7 cm，宽2～5 cm，顶端渐尖，基部心形，两面沿叶脉具乳头状突起；托叶鞘膜质，短筒状，长约5 mm，顶端偏斜，易破裂脱落。花序总状或伞房状，顶生或腋生，花序梗一侧具小突起；苞片卵形，长约2.5 mm，绿色，边缘膜质，每苞内具3～5花；花被5深裂，白色或淡红色，花被片椭圆形，长3～4 mm；雄蕊8，花药淡红色；花柱3，柱头头状。瘦果卵形，具3锐棱，顶端渐尖，长5～6 mm，暗褐色，无光泽，比宿存花被长。花期5～9月，果期6～10月。

【生长习性】生于荒地、路边。短日性作物，喜凉爽湿润，不耐高温旱风，畏霜冻。开花结果最适宜温度为26～30 ℃。对土壤要求不严，要求土层疏松、土壤pH为6～7，碱性较重的土壤不宜种植。

【精油含量】石油醚回流萃取荞麦果实的得油率为2.15%。

【芳香成分】范铮等（2003）用石油醚回流萃取法提取的内蒙古杭锦后旗彦淖尔盟产荞麦果实精油的主要成分为：10,13-十八碳二烯酸（32.91%）、十六酸甲酯（20.04%）、8-十八碳烯酸（16.42%）、9-十八碳烯酸（8.04%）、11-二十碳烯酸（4.15%）、5-烯-3B-豆甾醇（3.38%）、二十二烷酸（2.44%）、二十烷酸（2.22%）、十八烷酸（2.19%）、二十四烷酸（1.44%）等。

【利用】果实供食用，可制成多种民间风味食品。籽粒、米糠、皮壳、秸秆和青贮都可作饲料。是中国三大蜜源作物之一。

种子药用，有开胃宽肠、下气消积的功效，治绞肠痧、肠胃积滞、慢性泄泻、噤口痢疾、赤游丹毒、痈疽发背、瘰疬、汤火灼伤。全草入药，治高血压、视网膜出血、肺出血。

【芳香成分】杨战军等（2007）用水蒸气蒸馏法提取的陕西太白山产翼蓼带花新鲜全草精油的主要成分为：表蓝桉醇（15.90%）、甲苯（8.60%）、反式-橙花叔醇（6.90%）、邻苯二甲酸二异丁酯（5.10%）、里哪基-3-甲基丁酯（4.90%）、大根香叶烯D（4.60%）、10-甲基乙酰基-(+)-3-蒈烯（4.50%）、3,5,5,9-四甲基-2,4α,5,6,7,8-六氢萘（3.20%）、1,5-二甲基-1-乙烯基-4-己烯-1-基（2.80%）、榄香烯（2.70%）、王草素（2.10%）、柏木-8,13二醇（2.10%）、α-杜松醇（1.90%）、1-乙氧基戊烷（1.90%）、8-羟基-2-辛内酯（1.70%）、(E)-2-己烯-1-醇（1.70%）、杜松烷-1(10),4-二烯（1.30%）、单(2-乙基己基)邻苯二甲酸（1.30%）、3-甲基-2,3-二氢苯并呋喃（1.20%）、库贝醇（1.20%）、十六酸（1.20%）等。

## ❀ 翼蓼

*Pteroxygonum giraldii* Damm. et Diels

**蓼科　翼蓼属**

**别名：**白药子、红药子、红要子、金荞仁、老驴蛋、荞麦蔓、荞麦七、荞麦头、山首乌、石天荞、何首乌

**分布：**河北、山西、河南、陕西、甘肃、湖北、四川

【形态特征】多年生草本。块根粗壮，近圆形，直径可达15 cm。茎攀缘，中空，具细纵棱，长可达3 m。叶2~4簇生，叶片三角状卵形或三角，长4~7 cm，宽3~6 cm，顶端渐尖，基部宽心形或戟形，叶面沿叶脉疏生短柔毛，具短缘毛；叶柄通常基部卷曲；托叶鞘膜质，宽卵形，顶端急尖，基部被短柔毛，长4~6 mm。花序总状，腋生，直立，长2~5 cm；苞片狭卵状披针形，淡绿色，长4~6 mm，通常每苞内具3花；花被5深裂，白色，花被片椭圆形，长3.5~4 mm。瘦果卵形，黑色，具3锐棱，沿棱具黄褐色膜质翅，基部具3个黑色角状附属物；果梗粗壮，长可达2.5 cm，具3个下延的狭翅。花期6~8月，果期7~9月。

【生长习性】生于山坡石缝，山谷灌丛，海拔600~2000 m。

【精油含量】水蒸气蒸馏带花新鲜全草的得油率为0.04%。

【利用】块根入药，能凉血、止血、祛湿解毒。

# 草苁蓉

*Boschniakia rossica* (Cham. et Schltdl.) Fedtsch. et Flerov.

| 列当科　草苁蓉属 |
| --- |

**别名**：不老草、苁蓉
**分布**：黑龙江、吉林、内蒙古

【形态特征】植株高15～35 cm，全体近无毛。叶密集生于茎近基部，三角形或宽卵状三角形，长、宽约为6～10 mm。花序穗状，圆柱形，长7～22 cm，直径1.5～2.5 cm；苞片1枚，宽卵形或近圆形，长5～8 mm，宽5～10 mm，边缘被短柔毛。花萼杯状，长5～7 mm，顶端不整齐地3～5齿裂；裂片狭三角形或披针形，不等长，边缘被短柔毛。花冠宽钟状，暗紫色或暗紫红色，筒膨大成囊状；上唇直立，近盔状，长5～7 mm，边缘被短柔毛，下唇极短，3裂，裂片三角形或三角状披针形，常向外反折。蒴果近球形，长8～10 mm，直径6～8 mm，2瓣开裂，斜喙状。种子椭圆球形，小，种皮具网状纹饰。花期5～7月，果期7～9月。

【生长习性】生于山坡、林下低湿处及河边，海拔1500～1800 m，常寄生于恺木属植物的根上。

【精油含量】水蒸气蒸馏全草的得油率为0.22%。

【芳香成分】李向高等（1985）用水蒸气蒸馏法提取的吉林长白山产草苁蓉全草精油的主要成分为：4-甲基-二环[2.2.2]-辛烷酸（44.90%）、1-苯基壬烷（8.06%）、薰衣草花醇（4.96%）、正十七烷（3.83%）、牻牛儿醇（2.36%）、顺式-8-盖烯（2.03%）、正己烷基乙烯醇（2.02%）、顺-石竹烯（1.99%）、蒲勒酮（1.69%）、正十四烷（1.63%）、正十八烷（1.15%）、二氢香芹酮（1.12%）等。

【利用】全草入药，为中药肉苁蓉的代用品，有补肾壮阳、润肠通便的功效，主治肾虚阳痿、腰关节冷痛、便秘等。

# 管花肉苁蓉

*Cistanche tubulosa* (Schenk) Wight

| 列当科　肉苁蓉属 |
| --- |

**别名**：观音柳、大芸、南疆大芸、红柳大芸、金笋、地精
**分布**：新疆、内蒙古

【形态特征】植株高60～100 cm，地上部分高30～35 cm。叶乳白色，干后变褐色，三角形，长2～3 cm，宽约5 mm，茎上部的渐狭为三角状披针形或披针形。穗状花序，长12～18 cm，直径5～6 cm；苞片长圆状披针形或卵状披针形，长2～2.7 cm，宽5～6.5 mm，边缘被柔毛；小苞片2枚，线状披针形或匙形，长1.5～1.7 cm，宽2.5 mm。花萼筒状，长1.5～1.8 cm，顶端5裂，乳白色，干后变黄白色，近等大，长卵状三角形或披针形。花冠筒状漏斗形，长4 cm，顶端5裂，裂片带紫色，干后变棕褐色，近等大，近圆形。蒴果长圆形，长1～1.2 cm，直径7 mm。种子多数，近圆形，干后变黑褐色，外面网状。花期5～6月，果期7～8月。

【生长习性】生于水分较充足的怪柳丛中及沙丘地，海拔1200 m；常寄生于柽柳属植物的根上。

【精油含量】水蒸气蒸馏新鲜肉质茎的得油率为0.10%。

【芳香成分】张勇等（1993）用水蒸气蒸馏法提取的新疆策勒产管花肉苁蓉新鲜肉质茎精油的主要成分为：棕榈酸（49.42%），亚油酸（42.02%）、十五烷酸（1.07%）等。

【利用】肉质茎可食用。肉质茎药用，有补肾壮阳、肾虚亏损、益精血、润肠通便的功效，常用于治疗男子阳痿、女子不孕、血崩、带下、腰膝冷痛、筋骨无力、血枯便秘等症。

## 🌸 肉苁蓉
*Cistanche deserticola* Ma

列当科　肉苁蓉属

别名：苁蓉、大芸、淡大芸、寸芸、甜苁蓉、淡苁蓉、地精

分布：内蒙古、新疆、甘肃、陕西、宁夏

【形态特征】高大草本，高40～160 cm，大部分地下生。叶宽卵形或三角状卵形，长0.5～1.5 cm，宽1～2 cm，上部的较稀疏并变狭。花序穗状，长15～50 cm，直径4～7 cm；苞片较长，卵状披针形、披针形或线状披针形；小苞片2枚，卵状披针形或披针形。花萼钟状，长1～1.5 cm，顶端5浅裂，裂片近圆形。花冠筒状钟形，长3～4 cm，顶端5裂，裂片近半圆形，边缘常稍外卷，淡黄白色或淡紫色，干后常变棕褐色。蒴果卵球形，长1.5～2.7 cm，直径1.3～1.4 cm，顶端常具宿存的花柱，2瓣开裂。种子椭圆形或近卵形，长约0.6～1 mm，外面网状，有光泽。花期5～6月，果期6～8月。

【生长习性】生于梭梭荒漠的沙丘，海拔225～1150 m；主要寄主有梭梭及白梭梭。喜生于轻度盐渍化的松软沙地上，一般生长在沙地或半固定沙丘、干涸老河床、湖盆低地等。适宜生长气候干旱，降雨量少，蒸发量大，日照时数长，昼夜温差大的地区。土壤以灰棕漠土、棕漠土为主。

【精油含量】水蒸气蒸馏肉质茎的得油率为3.50%。

【芳香成分】回瑞华等（2003）用同时蒸馏萃取法提取的内蒙古东胜产肉苁蓉肉质茎精油的主要成分为：丁香酚（83.60%）、苯甲醛（2.44%）、石竹烯（1.52%）、3-二十碳烯（1.15%）等。

【利用】肉质茎药用，有补肾阳、益精血、润肠道的功效，用于治肾阳虚衰、精血不足的阳痿、遗精、白浊、尿频余沥、腰痛脚弱、耳鸣目花、月经衍期、宫寒不孕、肠燥便秘。肉质茎可用于药膳。

## 盐生肉苁蓉
*Cistanche salsa* (C. A. Mey.) G. Beck

**列当科　肉苁蓉属**

**别名：** 大芸、苁蓉

**分布：** 内蒙古、甘肃、新疆

【形态特征】植株高10～45 cm。叶卵状长圆形，长约3～6 mm，宽4～5 mm，茎上部的渐狭，卵形或卵状披针形，长1.4～1.6 cm，宽6～8 mm。穗状花序长8～20 cm，直径5～7 cm；苞片卵形或长圆状披针形，长1～2 cm，宽6～8 mm，外面疏被柔毛，边缘密被黄白色长柔毛；小苞片2枚长圆状披针形，外面及边缘被稀疏柔毛。花萼钟状，淡黄色或白色，顶端5浅裂，裂片卵形或近圆形，近等大；花冠筒状钟形，长2.5～4 cm，筒近白色或淡黄白色，顶端5裂，裂片淡紫色或紫色，近圆形。蒴果卵形或椭圆形，具宿存的花柱基部，长1～1.4 cm，直径8～9 mm。种子近球形，直径0.4～0.5 mm。花期5～6月，果期7～8月。

【生长习性】生于荒漠草原带、荒漠区的湖盆低地及盐碱较重的地方，海拔700～2650 m。常见的寄主有盐爪爪、细枝盐爪爪、凸尖盐爪爪、红沙、珍珠柴、白刺和芨芨草等。

【精油含量】水蒸气蒸馏新鲜肉质茎的得油率为0.01%。

【芳香成分】堵年生等（1988）用水蒸气蒸馏法提取的新疆乌鲁木齐产盐生肉苁蓉新鲜肉质茎精油的主要成分为：邻苯二甲酸二丁酯（10.53%）、4-甲基-2,6-二叔丁基苯酚（7.79%）、邻苯二甲酸二异辛酯（6.29%）、二十三烷（6.28%）、二十七烷（5.81%）、2,4-二苯基吡咯（5.14%）、苯乙醛（4.14%）、二十五烷（4.00%）、苯乙醇（2.90%）、二十一烷（2.09%）、苯并噻唑（1.38%）、十九烷（1.25%）、二十四烷（1.23%）、二十九烷（1.14%）、二十二烷（1.09%）等。

【利用】全草入药，有温肾壮阳、润肠通便、补血的功效，主治阳痿遗精、腰膝冷痛、血虚便秘等症。

## 戟叶耳蕨
*Polystichum tripteron* (Kunze) Presl

**鳞毛蕨科　耳蕨属**

**别名：** 三叉耳蕨、三叶耳蕨

**分布：** 黑龙江、吉林、辽宁、河北、北京、陕西、甘肃、山东、江苏、安徽、浙江、江西、福建、河南、湖北、湖南、广东、广西、四川、贵州

【形态特征】高30～65 cm。根状茎先端连同叶柄基部密被披针形鳞片。叶簇生；叶柄连同叶轴和羽轴疏生披针形小鳞片；叶片戟状披针形，长30～45 cm，基部宽10～16 cm，具三枚椭圆披针形的羽片；侧生一对羽片较短小，羽状，有小羽片

5～12对；中央羽片远较大，一回羽状，有小羽片25～30对；小羽片互生，镰形，渐尖头，基部下侧斜切，上侧截形，具三角形耳状突起，边缘有粗锯齿或浅羽裂，顶端有小刺尖。叶草质，干后绿色，沿叶脉疏生卵状披针形或披针形的浅棕色小鳞片。孢子囊群圆形，生于小脉顶端；囊群盖圆盾形，边缘略呈啮蚀状。孢子椭圆形，周壁具褶皱，常连结成网状，薄而透明。

【生长习性】生于林下石隙或石上，海拔400～2300 m。

【芳香成分】根：姬志强等（2008）用顶空固相微萃取法提取的河南栾川产戟叶耳蕨根挥发油的主要成分为：十六醛（11.24%）、正十六酸（9.07%）、十六烷（6.31%）、2,6,10,14-四甲基-十五烷（6.05%）、十七烷（4.93%）、环十五烷（4.46%）、2-溴-十二烷（4.39%）、十五烷（3.93%）、[4R-(4α,4aα,6β)]-4,4a,5,6,7,8-六氢-4,4a-二甲基-6-(1-甲基乙烯基)-2(3H)-萘酮（3.72%）、6,10,14-三甲基-2-十五烷酮（3.58%）、邻苯二甲酸二异丁酯（3.49%）、2,6,10,14-四甲基-十六烷（3.38%）、(E)-4-(2,6,6-三甲基-1-环己-1-烯基)-3-丁烯-2-酮（2.88%）、二氢-5-戊基-2(3H)-呋喃酮（2.52%）、十四醛（2.42%）、丁羟基甲苯（2.37%）、十八烷（2.16%）、2H-1-苯并呋喃-2-酮（2.10%）、十六酸甲酯（2.08%）、环十四烷（1.98%）、5-戊基-1,3-苯二醇（1.64%）、4,8-二甲基-十一烷（1.62%）、邻苯二甲酸二正丁酯（1.58%）、5,6,7,7a-四氢-4,4,7a-三甲基-2(4H)-苯并呋喃酮（1.49%）、顺-9-十六烯醛（1.36%）、雪松醇（1.23%）、2-甲基-十五烷（1.16%）、2-甲基-十六烷（1.15%）、(E)-2-壬醛（1.12%）、(E)-6,10-二甲基-5,9-十一碳二烯-2-酮（1.09%）、十三烷（1.08%）等。

叶：姬志强等（2008）用顶空固相微萃取法提取的河南栾川产戟叶耳蕨叶挥发油的主要成分为：邻苯二甲酸二乙酯（9.85%）、(E)-4-(2,6,6-三甲基-2-环己-1-烯基)-3-丁烯-2-酮（9.32%）、6,10,14-三甲基-2-十五烷酮（8.25%）、(E)-4-(2,6,6-三甲基-1-环己-1-烯基)-3-丁烯-2-酮（8.05%）、氧杂环十七烷-2-酮（5.98%）、壬醛（5.62%）、十五烷（5.38%）、十六烷（5.38%）、卡巴烯（5.04%）、5,6,7,7a-四氢-4,4,7a-三甲基-2(4H)-苯并呋喃酮（4.27%）、十七烷（3.86%）、邻苯二甲酸二异丁酯（3.86%）、2,6,10,14-四甲基-十五烷（3.02%）、2H-1-苯并呋喃-2-酮（2.82%）、(E)-6,10-二甲基-5,9-十一碳二烯-2-酮（2.45%）、2-溴-十二烷（2.35%）、十三烷（2.18%）、癸醛（1.93%）、(E)-2-壬醛（1.57%）、2,6,10,14-四甲基-十六烷（1.52%）、邻苯二甲酸二正丁酯（1.27%）、十八烷（1.21%）等。

【利用】根及叶入药，治疗内热腹痛、痢疾、淋浊等。

## 🌸 大平鳞毛蕨

*Dryopteris bodinieri* (Christ) C. Chr.

鳞毛蕨科　鳞毛蕨属
别名：大羽鳞毛蕨
分布：湖南、四川、贵州、云南

【形态特征】高1 m或更高。根状茎密被宽披针形、棕色或褐棕色全缘鳞片。叶簇生；叶柄基部密被棕色或褐棕色披针形全缘鳞片，向上直达叶轴，被狭披针形、先端毛发状鳞片；叶片长圆披针形，长55～60 cm，宽36～40 cm，先端渐尖，奇数一回羽状；羽片6～10对，长圆披针形，长16～30 cm，中部宽

2.5～6 cm，先端短渐尖，边缘具缺刻状锯齿，顶端一片羽片与两侧的羽片同形，但较小。叶干后黄绿色，纸质，两面光滑；羽轴上面凹下，成一沟槽，背面凸起，侧脉羽状，最基部1～2对只达羽片中下部，其余可直达叶边，孢子囊群不整齐散布羽轴两侧，靠近羽轴，背生于侧脉中部，无囊群盖。

【生长习性】生于常绿阔叶林下，海拔1000～1800 m。

【芳香成分】根：姬志强等（2012）用固相微萃取法提取的云南西双版纳产大平鳞毛蕨根挥发油的主要成分为：壬醛（11.12%）、2,6-二叔丁基对甲苯酚（9.77%）、十六烷（8.48%）、十五烷（8.34%）、十四烷（7.68%）、2,6-二甲基-十七烷（7.23%）、十七烷（6.21%）、2-溴-十二烷（4.18%）、2,3,7-三甲基-癸烷（3.98%）、癸醛（3.89%）、十三烷（3.31%）、2,6,10,14-四甲基-十六烷（3.19%）、环十五烷（2.19%）、1,2-苯二甲酸二(2-甲基丙基)酯（2.17%）、十二烷（1.84%）、十八烷（1.83%）、雪松醇（1.64%）、2,6,10-三甲基-十二烷（1.63%）、丁酸丁酯（1.55%）、正十六酸（1.55%）、2-甲基-十五烷（1.49%）、6,10,14-三甲基-2-十五烷酮（1.38%）、3-甲基-十四烷（1.37%）、[1S-(1α,3aβ,4α,8β)]-十氢-4,8,8-三甲基-9-亚甲基-1,4-亚甲基薁（1.04%）等。

叶：姬志强等（2012）用固相微萃取法提取的云南西双版纳产大平鳞毛蕨叶挥发油的主要成分为：十六烷（6.87%）、十五烷（5.82%）、(E)-2-甲基-2-丁烯醛（4.95%）、6,7,8,9-四氢-1,2,3-三甲氧基-9-甲基-5H-苯并环庚烯（4.60%）、十七烷（4.53%）、6,10,14-三甲基-2-十五烷酮（4.23%）、2,6-二甲基-十七烷（4.07%）、2,6-二叔丁基对甲苯酚（4.04%）、2-溴-十二烷（4.03%）、十四烷（3.92%）、壬醛（3.25%）、(E)-6,10-

二甲基-5,9-十一碳二烯-2-酮（2.63%）、癸醛（2.10%）、十八烷（1.92%）、6-甲基-5-庚烯-2-酮（1.90%）、2,6,10,14-四甲基-十六烷（1.83%）、2,3,7-三甲基-癸烷（1.82%）、5,6,7,7a-四氢-4,4,7a-三甲基-2(4H)-苯并呋喃酮（1.80%）、1H-亚基-4-羧酸-2,3-双氢-1,1-二甲基-乙酯（1.61%）、角鲨烯（1.58%）、2H-1-苯并呋喃-2-酮（1.56%）、雪松醇（1.44%）、2-甲基-十五烷（1.35%）、2-丙烯基-环己烷（1.20%）、绿叶醇（1.16%）、环十五烷（1.09%）、2-甲基-丙酸-2-乙基-3-羟基己酯（1.07%）、2,6,11-三甲基-十二烷（1.06%）、己二酸双(2-甲基丙基)酯（1.05%）、2,2′,5,5′-四甲基-1,1′-联苯（1.02%）等。

## 阔鳞鳞毛蕨
*Dryopteris championii* (Benth.) C. Chr.

**鳞毛蕨科　鳞毛蕨属**

**分布：** 山东、江苏、浙江、江西、福建、河南、湖南、湖北、广东、香港、广西、四川、贵州、云南、西藏

【形态特征】高约50～80 cm。根状茎顶端及叶柄基部密被鳞片。叶簇生；鳞片阔披针形，顶端渐尖，边缘有尖齿；叶片卵状披针形，长约40～60 cm，宽约20～30 cm，二回羽状，小羽片羽状浅裂或深裂；羽片约10～15对，卵状披针形，基部略收缩，顶端斜向叶尖，小羽片约10～13对，披针形，基部浅心形至阔楔形，顶端钝圆并具细尖齿，边缘羽状浅裂至深裂，基部一对裂片明显最大；裂片圆钝头，顶端具尖齿。叶轴密被基部阔披针形，顶端毛状渐尖，边缘有细齿的棕色鳞片，羽轴具有较密的泡状鳞片。叶草质，干后褐绿色，孢子囊群大，在小羽片中脉两侧或裂片两侧各一行；囊群盖圆肾形，全缘。

【生长习性】分布于海拔500～2000 m的山地。

【芳香成分】根：姬志强等（2012）用固相微萃取法提取的河南栾川产阔鳞鳞毛蕨阴干根挥发油的主要成分为：十六烷（10.32%）、十五烷（9.36%）、十七烷（6.56%）、邻苯二甲酸二异丁酯（5.34%）、2,6,10,14-四甲基-十五烷（4.75%）、2-甲基-十六烷（4.51%）、b-紫罗兰酮（3.93%）、6,10,14-三甲基-2-十五烷酮（3.46%）、(R)-1-甲基-4-(1,2,2-三甲基环戊烷基)-苯（3.08%）、十四烷（2.76%）、6S-2,3,8,8-四甲基三环[5.2.2.0$^{1,6}$]十一碳-2-烯（2.73%）、十八烷（2.61%）、1,2,4a,5,6,8a-六

氢-4,7-二甲基-1-(1-甲基乙基)-萘（2.55%）、邻苯二甲酸二正丁酯（2.46%）、2-甲基-萘（2.45%）、2,6,10,14-四甲基-十六烷（2.08%）、2-甲基-十五烷（2.05%）、2-戊基-呋喃（1.86%）、邻苯二甲酸二乙酯（1.84%）、(E)-6,10-二甲基-5,9-十一碳二烯-2-酮（1.72%）、1-甲基-环十二碳烯（1.65%）、十六烷酸（1.61%）、环十二烷（1.46%）、1-环己基-2,2-双甲基-1-丙醇乙酸酯（1.44%）、环十四烷（1.44%）、柏木脑（1.24%）、2-甲氧基-4-甲基-1-(甲基乙基)-苯（1.23%）、(E)-2-壬醛（1.08%）等。

叶：姬志强等（2012）用固相微萃取法提取的河南栾川产阔鳞鳞毛蕨阴干叶挥发油的主要成分为：壬醛（7.50%）、邻苯二甲酸二异丁酯（7.50%）、邻苯二甲酸二乙酯（7.47%）、α-荜澄茄油烯（5.44%）、6,10,14-三甲基-2-十五烷酮（4.60%）、b-紫罗兰酮（4.23%）、十七烷（3.84%）、2-甲氧基-4-甲基-1-(甲基乙基)-苯（3.71%）、氧杂环十七烷-2-酮（3.67%）、庚醛（3.46%）、十六烷（3.26%）、4-乙酰基氧基乙酸（3.12%）、十五烷（3.00%）、十八烷（2.63%）、(E)-6,10-二甲基-5,9-十一碳二烯-2-酮（2.00%）、α-紫罗兰酮（1.82%）、2,6,10,14-四甲基-十五烷（1.71%）、5,6,7,7a-四氢-4,4,7a-三甲基-2(4H)-苯并呋喃酮（1.65%）、2,3,7-三甲基-癸烷（1.53%）、2-戊基-呋喃（1.43%）、6S-2,3,8,8-四甲基三环[5.2.2.0$^{1,6}$]十一碳-2-烯（1.37%）、2-甲基-十六烷（1.36%）、环十四烷（1.36%）、十三烷基环氧乙烷（1.34%）、2,6,10,14-四甲基-十六烷（1.23%）、十六烷酸（1.17%）、顺-六氢-8a-甲基-1,8(2H,5H)-萘双酮（1.13%）、癸醛（1.09%）、十四烷（1.08%）、3,5,5-三

甲基-2-环己烯-1-酮（1.06%）、十四烷酸（1.01%）等。

【利用】根状茎药用，有清热解毒、止咳平喘的功效，用于治感冒，气喘，便血，痛经，钩虫病，烧、烫伤。

## 🌸 浅裂鳞毛蕨

*Dryopteris sublaeta* Ching & Y. P. Hsu

**鳞毛蕨科　鳞毛蕨属**

**分布：** 河南

【形态特征】直立草本，根状茎粗短，横走。顶端密被鳞片。叶簇生，螺旋状排列，有柄，被同样的鳞片。叶脉分离，羽状，不达叶边。孢子囊群圆形。孢子表面有疣状突起或有阔翅状的周壁。

【生长习性】喜半阴湿润的凉爽环境。

【芳香成分】根：姬志强等（2015）用固相微萃取法提取的河南伏牛山产浅裂鳞毛蕨阴干根挥发油的主要成分为：2,2,2-三氯-乙酰胺（11.08%）、壬醛（7.21%）、十六醛（6.68%）、4-(1,2-二甲基-环戊-2-烯基)-丁酮（6.36%）、氧杂环十七-8-烯-2-酮（4.56%）、十六烷（4.50%）、丁羟基甲苯（4.25%）、十三烷（4.08%）、1-环己基-2,2-二甲基-1-丙醇乙酸酯（3.92%）、十五烷（3.88%）、十四烷（3.19%）、石竹烯（2.51%）、2,3,7-三甲基-癸烷（2.40%）、顺,顺-7,10-十六碳二醛（2.37%）、1,6-二甲基-萘（2.17%）、(E)-2-壬醛（2.15%）、十二烷（1.82%）、萘（1.67%）、2,6,10-三甲基-十五烷（1.41%）、十七烷（1.38%）、(E,E)-2,4-癸二醛（1.35%）、三环[4.3.1.1$^{3,8}$]十一烷-1-醇（1.32%）、5-甲基-2-(1-甲基乙基)-环己醇（1.29%）、癸醛（1.25%）、正十六酸（1.13%）、2,6,10,14-四甲基-十五烷（1.02%）等。

叶：姬志强等（2015）用固相微萃取法提取的河南伏牛山产浅裂鳞毛蕨阴干叶挥发油的主要成分为：壬醛（24.51%）、十六烷（6.57%）、氧杂环十七烷-2-酮（5.89%）、癸醛（4.52%）、十五烷（4.35%）、苯乙醛（3.75%）、石竹烯（3.27%）、十三烷（2.35%）、萘（2.34%）、2-戊基-呋喃（2.11%）、广藿香醇（1.97%）、1-辛醇（1.88%）、2-甲基-8-丙基-十二烷（1.86%）、十七烷（1.86%）、十四烷（1.85%）、辛醛（1.84%）、2-甲基-5-(1-甲基乙烯基)-环己醇（1.84%）、2,3,7-三甲基-癸烷（1.68%）、2,6,10,14-四甲基-十五烷（1.68%）、5-甲基-2-(1-甲基乙基)-环己醇（1.47%）、苯乙基乙醇（1.35%）、Z-9-十五碳烯基醇（1.28%）、6,10-二甲基-5,9-十一碳二烯-2-酮（1.21%）等。

【利用】河南作为贯众入药，临床用于治疗感冒发热、湿热斑疹、腮腺炎等疾病。

## 🌸 香鳞毛蕨

*Dryopteris fragrans* (Linn.) Schott

**鳞毛蕨科　鳞毛蕨属**

**分布：** 黑龙江、吉林、辽宁、河北、内蒙古等地

【形态特征】植株高约20～30 cm。根状茎顶端连同叶柄基部密被红棕色、膜质、卵圆形或卵圆披针形、边缘疏具锯齿的鳞片。叶簇生，叶柄禾秆色，有沟槽，密被红棕色鳞片和金黄

色腺体；叶片长圆披针形，长10～25 cm，中部宽约2～4 cm，先端短渐尖，向基部逐渐狭缩，二回羽状至三回羽裂；羽片约20对，披针形，钝尖至急尖头，下部数对狭缩呈耳状，羽状或羽状深裂；小羽片矩圆形，边缘具锯齿或浅裂。叶草质，干后叶面褐色，叶背棕色，沿叶轴与羽轴被亮棕色披针形鳞片和腺体。孢子囊群圆形，背生于小脉上；囊群盖膜质，圆形至圆肾形，边缘疏具锯齿，背面具腺体。孢子椭圆形，周壁具瘤状突起。

【生长习性】生于海拔700～2400 m的林下或高寒地区的滑石坡、森林中的碎石坡上和火山周围的岩浆缝隙中。

【精油含量】水蒸气蒸馏叶的得油率为0.23%～0.35%。

【芳香成分】张彦龙等（2006）用水蒸气蒸馏法提取的黑龙江五大连池产香鳞毛蕨干燥叶精油的主要成分为：乙二醇缩-3-丁烯醛（17.14%）、丁酸（12.91%）、绵马醇（5.44%）、1-丁基乙内酰脲（4.90%）、邻苯二甲酸丁酯异丁酯（4.44%）、二苯胺（4.25%）、3,4-二异丙基联苯（4.03%）、2,6-二甲基-3,5-庚二酮（2.87%）、2,3,4-三甲氧基乙酰苯酮（2.36%）、2-烯丙基-4-甲氧基-5-乙氧基苯酚（2.32%）、4-甲氧基-3-戊烯-2-酮（2.24%）、己酸（1.88%）、N,N′-二仲丁基对苯二氨（1.04%）等。

【利用】民间用根茎治疗各种皮肤病和关节炎，如牛皮癣、皮疹、皮炎、脚气和干癣等。

## ❀ 乌蕨
*Stenoloma chusanum* Ching

**鳞始蕨科 乌蕨属**
**别名：**大叶金花草、小叶野鸡尾、蜢蚱参、细叶凤凰尾、凤尾蕨、凤尾草、土黄连、尖奔仔
**分布：**长江以南和陕西、四川等地

【形态特征】植株高达65 cm。根状茎横走，密被赤褐色的钻状鳞片。叶近生，叶柄长达25 cm，禾秆色至褐禾秆色，叶面有沟；叶片披针形，长20～40 cm，宽5～12 cm，先端渐尖，四回羽状；羽片15～20对，互生，卵状披针形，长5～10 cm，宽2～5 cm，下部三回羽状；一回小羽片在一回羽状的顶部下有10～15对，近菱形，先端钝，基部不对称，楔形，一回羽状或基部二回羽状；二回（或末回）小羽片小，倒披针形，有齿牙，下部小羽片常再分裂成短而同形的裂片。叶坚草质，干后棕褐色。孢子囊群边缘着生，每裂片上1～2枚；囊群盖灰棕色，革质，半杯形，宽，与叶缘等长，近全缘或多少啮蚀，宿存。

【生长习性】生于林下或灌丛中阴湿地，海拔200～1900 m。
【精油含量】水蒸气蒸馏新鲜全草的得油率为0.01%。
【芳香成分】陶晨等（2006）用水蒸气蒸馏法提取的贵州都匀产乌蕨新鲜全草精油的主要成分为：芳樟醇（24.76%）、松油醇（7.24%）、香叶醇（6.06%）、己酸（5.13%）、肉桂冠醚（3.86%）、苯乙醛（3.75%）、d-橙花叔醇（3.70%）、十六烷酸（3.06%）、植醇（1.79%）、反式香叶醇（1.74%）、(E)-3-己烯酸

（1.62%）、苯乙醇（1.14%）、顺式-氧化芳樟醇（1.02%）、十六烷酸甲酯（1.01%）等。

【利用】全草入药，治感冒发热、咳嗽、扁桃体炎、腮腺炎、肝炎、痢疾、肠炎、白喉、咽喉痛、骨折、刀伤出血、食物中毒、农药中毒、毒蛇咬伤、烫火伤等；也用于胃癌、肠癌。宜植于林缘、墙脚或岩旁供观赏，亦可盆栽。可提取红色染料。

## ❀ 欧菱
*Trapa manshurica* Flerow

**菱科 菱属**
**别名：**短颈东北菱、东北菱
**分布：**吉林、辽宁

【形态特征】一年生浮水草本。茎肉质柔弱分枝。叶二型：浮水叶互生，三角状菱圆形至广菱形，长2.5～5 cm，宽3.5～6 cm，叶背密生淡褐色短毛，脉间有淡棕色斑块，边缘中上部具不整齐的圆齿或牙齿，中下部全缘，广楔形或近半圆形；沉水叶小，早落。花小、花柄长2 cm；萼筒4裂、萼片被短毛；花瓣4，白色；雄蕊4；子房半下位。果扁三角形，具4刺角，高1.5～1.8 cm，近锚状，果冠方形、微突起，不向外翻卷，果颈短而狭，高1.5～1.8 mm。其他特征同四角大柄菱。

【生长习性】生长在气候寒冷、土质肥沃的池塘河沼中。喜温暖及充足阳光。

【精油含量】水蒸气蒸馏果壳的得油率为0.07%；超临界萃取果实的得油率为0.95%～5.96%，种子的得油率为0.23%。

【芳香成分】果实：牛凤兰等（2010）用水蒸气蒸馏法提取的吉林大安产欧菱果实精油的主要成分为：邻苯二甲酸二异丁酯（41.58%）、邻苯二甲酸二丁酯（13.47%）、环状八元硫（3.81%）、十甲基十九烷（3.48%）、4,7,7-三甲基-2-羟基-三环[4,1,0]庚烷（3.26%）、2-甲氧基-5-乙酰氧基-二环[4,4]-3,8-癸二烯（2.93%）、十二酸-1-甲基乙基酯/棕榈酸异丙酯（2.51%）、4-十二烷基-4-丁内酯（2.50%）、1-环己烯-1-羧酸3,4,5-三[(三甲基-甲硅烷基)氧基]-三甲基甲硅烷酯（2.43%）、十四轮烯（2.28%）、1,5,5,8a-四甲基-2-亚甲基-丙醇-α-乙烯基十氢-α-萘（2.20%）、芘（1.95%）、甲烯基-2,2-二丙基-环丙烷（1.86%）、乙炔基-3-叔丁基-1-羟基-4-甲氧基环己烷（1.84%）、6-甲氧基吡啶（1.82%）、4,8-二甲基-二壬酸二甲酯（1.77%）、己二酸（1.59%）、2,6,6-三甲基-4-丙氧基-三环-[3,1,1]-2-庚烯（1.59%）、甲基-8,8-二氯-三环[4,2,0]辛烷-7-酮（1.55%）、丁二酸（1.43%）、8-烷基-8-辛烯醛（1.39%）、2-溴-二甲基丙二酸二乙酰（1.38%）、蒽(并三苯)（1.37%）等。梁睿等（2006）用同法分析的吉林大安产欧菱果皮精油的主要成分为：十六酸（15.56%）、莳萝脑（9.73%）、邻苯二甲酸二异丁酯（9.22%）、N-乙酰基-N，N'-1,2-二乙基乙酰胺（6.63%）、胆固醇（4.79%）、油酸（4.02%）、二十一烷（2.63%）、二十五烷（2.38%）、邻苯二甲酸二丁酯（2.33%）、壬酸（2.26%）、癸酮（2.10%）、11-烯十六酸（1.92%）、二十六烷（1.90%）、9-烯十八酸（1.79%）、邻苯二甲酸二(5-乙基)己酯（1.54%）、己酸（1.53%）、十六烷（1.43%）、十三烷（1.35%）、十七烷（1.29%）、十六酸乙酯（1.17%）、甲基萘（1.11%）、四十四烷（1.11%）、辛酸（1.02%）等。

种子：李静等（2011）用水蒸气蒸馏法提取的吉林大安产欧菱种子精油的主要成分为：(Z,Z)-9,12-十八碳二烯酸（47.17%）、棕榈酸（19.23%）、三甲基甲硅烷基甲醇（15.26%）、反式-5-甲基-2-(1-甲基乙基)-环己酮（1.58%）、(Z,Z)-9,12-十八碳二烯酸甲酯（1.38%）等。

【利用】果实药用，具有清暑解热、除烦止渴、益气健脾的功能。用于治疗胃溃疡、多发性疣赘及泄泻、脱肛、痔疮、黄水疮等。

# ❀ 菱

*Trapa bispinosa* Roxb.

菱科　菱属

别名：菱角、风菱、乌菱、菱实、薢茩、芰实、蕨攈

分布：全国各地

【形态特征】一年生浮水水生草本。根二型：着泥根细铁丝状；同化根羽状细裂。叶二型：浮水叶互生，聚生于茎的顶端，呈旋叠状镶嵌排列在水面成莲座状的菱盘，叶片菱圆形或三角状菱圆形，长3.5～4 cm，宽4.2～5 cm，叶面深亮绿色，叶背灰褐色或绿色，主侧脉密被淡灰色或棕褐色短毛，脉间有棕色斑块，叶边缘中上部具圆凹齿或锯齿，余部全缘，基部楔形或

近圆形；沉水叶小。花小，单生于叶腋两性；萼筒4深裂，外面被淡黄色短毛；花瓣4，白色。果三角状菱形，高2 cm，宽2.5 cm，表面具淡灰色长毛，2肩角直伸或斜举，刺角基部不明显粗大，内具1白种子。花期5～10月，果期7～11月。

【生长习性】生于湖湾、池塘、河湾。喜温暖湿润、阳光充足、不耐霜冻。开花结果期要求白天温度20～30 ℃，夜温15 ℃。

【芳香成分】朱才会等（2015）用水蒸气蒸馏法提取的干燥果皮精油的主要成分为：1-甲基-2-吡咯烷酮（63.99%）、正二十烷（6.08%）、正三十烷（5.91%）、邻苯二甲酸二丁酯（3.60%）、十六烷（3.01%）、2,6,10-三甲基-十五烷（2.35%）、5-对硝基苯基糠醛（1.97%）、4-甲基-十四烷（1.79%）、邻苯二甲

酸二(2-乙基己)酯（1.55%）、1-碘代十八烷（1.39%）、二十二烷酸甲酯（1.39%）、正二十一烷（1.13%）等；石油醚萃取法提取的干燥果皮精油的主要成分为：正二十四烷（36.10%）、棕榈酸（17.53%）、(Z,Z)-亚油酸（15.69%）、(Z,Z,Z)-亚麻酸乙酯（14.71%）、邻苯二甲酸二丁酯（9.61%）、1-甲基-2-吡咯烷酮（1.99%）、(+/-)-茉莉酸甲酯（1.68%）等。

【利用】果实可供食用，可酿酒。全株可作饲料。茎药用，用于治胃溃疡、多发性疣赘。叶药用，用于治小儿马牙疳、小儿头疮。果壳药用，有收敛止泻、解毒消肿的功效，用于治泄泻、痢疾、便血、胃溃疡；外用治痔疮、天泡疮、黄水疮、无名肿毒。果柄药用，用于治溃疡病、皮肤疣、胃癌、食道癌、子宫癌。

# 月见草

*Oenothera biennis* Linn.

**柳叶菜科　月见草属**

**别名：** 待霄草、山芝麻、月下香、夜来香、晚樱草、野芝麻
**分布：** 东北、华北、华东、西南各地有栽培

【形态特征】直立二年生粗壮草本，茎高50～200 cm。基生莲座叶倒披针形，长10～25 cm，宽2～4.5 cm，先端锐尖，基部楔形，边缘疏生浅钝齿。茎生叶椭圆形至倒披针形，长7～20 cm，宽1～5 cm，先端锐尖至短渐尖，基部楔形，边缘有疏钝齿，两面被毛。花序穗状；苞片叶状，椭圆状披针形，向

上变小，长1.5～9 cm，宽0.5～2 cm；花管长2.5～3.5 cm，黄绿色或带红色，被毛；萼片绿色，有时带红色，长圆状披针形，长1.8～2.2 cm，先端骤缩成尾状；花瓣黄色，宽倒卵形，长2.5～3 cm，宽2～2.8 cm。蒴果锥状圆柱形，长2～3.5 cm，径4～5 mm，绿色，具棱。种子暗褐色，棱形，长1～1.5 mm，径0.5～1 mm，具棱角，具注点。

【生长习性】常生于开旷荒坡路旁。耐寒力不强。喜排水良好的砂质壤土，充分日照之处。耐旱耐贫瘠，黑土、沙土、黄土、幼林地、轻盐碱地、荒地、河滩地、山坡地均适合种植。

【精油含量】石油醚浸提新鲜花的得膏率为0.31%～0.36%；超临界萃取种子的得油率为12.47%。

【芳香成分】全草：卢金清等（2011）用水蒸气蒸馏法提取的江西庐山产月见草全草精油的主要成分为：去氢香薷酮（89.02%）、棕榈酸（2.05%）、(Z,Z)-9,12-十八碳二烯酸（1.97%）、石竹烯（1.60%）等。

花：朱育芬等（1985）用石油醚萃取法提取的月见草新鲜含苞待放花蕾浸膏的主要成分为：芳樟醇（27.42%）、吲哚（25.61%）、二十三烷（7.95%）、二十五烷（4.61%）、二十一烷（3.67%）、邻氨基苯甲酸甲酯（2.93%）、松油醇-4(2.12%)、二氢猕猴桃内酯（1.90%）、邻苯二甲酸二丁酯（1.67%）、b-马榄烯（1.06%）等。刘国声等（1991）用江苏南京产月见草新鲜花浸膏再水蒸气蒸馏法提取的精油主要成分为：2-甲基-[1]-戊烯（27.10%）、3-甲基戊烷（11.20%）、棕榈酸乙酯（11.00%）、正二十三烷（7.67%）、2-甲基戊烷（6.91%）、芳樟醇（5.01%）、2,2-二甲基戊烷（2.50%）、反式-丁香烯（1.83%）、2,3-二甲基戊烷（1.71%）、b-甜没药烯（1.61%）、双氢猕猴桃交酯（1.34%）、正庚烷（1.20%）、2-甲基庚烷（1.01%）等。郑瑶青等（1989）用XAD-4树脂循环吸气吸附法吸附的吉林浑江产月见草鲜花头香的主要成分为：芳樟醇（65.00%）、1,5-二特丁基-3,3-二甲基-二环[3.1.0]-2-己酮（2.67%）、顺式-氧化芳樟醇（1.68%）、3,4-二氢-2,5-二甲基-2H-吡喃-2-甲醛（1.66%）、6-十一酮（1.55%）、反式-氧化芳樟醇（1.48%）、邻苯二甲酸二丁醚（1.41%）、壬酸（1.32%）、苯并噻唑（1.26%）等。

种子：罗婧等（2015）用水蒸气蒸馏法提取的吉林蛟河产月见草种子精油的主要成分为：棕榈酸乙酯（41.56%）、亚油酸乙酯（30.43%）、油酸乙酯（10.98%）、棕榈油酸乙酯（4.04%）、棕榈酸甲酯（2.34%）、亚油酸甲酯（2.24%）、反油酸乙酯（1.29%）、油酸甲酯（1.18%）等；用超临界$CO_2$萃取法提取的种子精油的主要成分为：β-谷甾醇（52.58%）、2,4-癸

二烯醛（8.01%）、柠檬醛（6.80%）、十六醛（4.33%）、十八醛（3.71%）、右旋柠檬烯（3.02%）、γ-亚麻酸（3.02%）、菜油甾醇（2.55%）、二十醇（1.58%）、鲨烯（1.44%）、亚麻醇（1.13%）等。

【利用】 根药用，有祛风湿、强筋骨、活血通络、息风平肝、消肿敛疮的功效，用于治风寒湿痹、筋骨酸软、胸痹心痛、中风偏瘫、虚风内动、小儿多动、风湿麻痛、腹痛泄泻、痛经、狐惑、疮疡、湿疹。常栽培观赏用。种子可榨油食用和药用。茎皮纤维可制绳。花精油和浸膏为重要的香料原料。叶和油渣是良好的饲料。

# 🌸 花锚

*Halenia corniculata* (Linn.) Cornaz

龙胆科　花锚属

别名：西伯利亚花锚、金锚

分布：陕西、山西、河北、内蒙古、辽宁、吉林、黑龙江

【形态特征】 一年生草本，高20～70 cm。茎近四棱形。基生叶倒卵形或椭圆形，长1～3 cm，宽0.5～0.8 cm，先端圆或钝尖，基部楔形，渐狭呈宽扁的叶柄；茎生叶椭圆状披针形或卵形，长3～8 cm，宽1～1.5 cm，先端渐尖，基部宽楔形或近圆形，全缘，有时粗糙密生乳突。聚伞花序顶生和腋生；花4数，直径1.1～1.4 cm；花萼裂片狭三角状披针形，长5～8 mm，宽1～1.5 mm，先端渐尖；花冠黄色、钟形，冠筒长4～5 mm，裂片卵形或椭圆形，长5～7 mm，宽3～5 mm，先端具小尖头，距长4～6 mm。蒴果卵圆形，淡褐色，长11～13 mm，顶端2瓣

开裂；种子褐色，椭圆形或近圆形，长1～1.4 mm，宽约1 mm。花果期7～9月。

【生长习性】 生于山坡草地、林下及林缘，海拔200～1750 m。喜温暖湿润环境，适应性较强。

【芳香成分】根：王梦等（2015）用同时蒸馏萃取法提取的云南新平产花锚阴干根精油的主要成分为：对二甲苯（46.40%）、邻二甲苯（19.09%）、乙苯（14.14%）、苯（3.62%）、芥酸酰胺（3.15%）、植酮（1.45%）、正十五醛（1.20%）、正十八醛（1.06%）等。

茎：阴干茎精油的主要成分为：对二甲苯（47.11%）、邻二甲苯（19.99%）、乙苯（15.47%）、芥酸酰胺（6.58%）、苯（4.29%）、双丙酮醇（1.00%）等。

叶：王梦等（2015）用同时蒸馏萃取法提取的云南新平产花锚阴干叶精油的主要成分为：对二甲苯（41.25%）、邻二甲苯（16.49%）、乙苯（12.58%）、芥酸酰胺（11.34%）、苯（3.48%）、植酮（2.37%）、正二十烷（2.01%）、正三十一烷（1.15%）等。

花：王梦等（2015）用同时蒸馏萃取法提取的云南新平产花锚阴干花精油的主要成分为：对二甲苯（44.15%）、邻二甲苯（17.87%）、乙苯（13.94%）、芥酸酰胺（11.68%）、苯（3.85%）、正二十烷（1.67%）等。

【利用】 全草入药，能清热、解毒、凉血止血，主治肝炎、脉管炎等症。在园林中常用作草地、绿地，点缀于草坪之中，亦可盆栽。

# 🌸 椭圆叶花锚

*Halenia elliptica* D. Don

龙胆科　花锚属

别名：藏茵陈

分布：西藏、云南、四川、贵州、青海、新疆、陕西、甘肃、山西、内蒙古、辽宁、湖南、湖北

【形态特征】 一年生草本，高15～60 cm。茎四棱形。基生叶椭圆形，长2～3 cm，宽5～15 mm，先端圆形或急尖呈钝头，基部渐狭呈宽楔形，全缘；茎生叶卵形、椭圆形、长椭圆

形或卵状披针形，长1.5～7 cm，宽0.5～3.5 cm，先端圆钝或急尖，基部圆形或宽楔形，全缘。聚伞花序腋生和顶生；花4数，直径1～1.5 cm；花萼裂片椭圆形或卵形，长3～6 mm，宽2～3 mm，常具小尖头；花冠蓝色或紫色，花冠筒长约2 mm，裂片卵圆形或椭圆形，长约6 mm，宽4～5 mm，先端具小尖头，距长5～6 mm。蒴果宽卵形，长约10 mm，直径3～4 mm，淡褐色；种子褐色，椭圆形或近圆形，长约2 mm，宽约1 mm。花果期7～9月。

【生长习性】生于高山林下及林缘、山坡草地、灌丛中、山谷水沟边，海拔700～4100 m。

【精油含量】水蒸气蒸馏干燥全草的得油率为0.56%。

【芳香成分】杨红澎等（2008）用水蒸气蒸馏法提取的青海西宁产椭圆叶花锚干燥全草精油的主要成分为：（全反）-2,6,10,15,19,23-六甲基-2,6,10,14,18,22-二十四六烯（13.01%）、亚麻酸乙酯（8.20%）、（顺，顺，顺）-9,12,15-十八碳三烯酸乙酯（6.02%）、十六烷酸（4.22%）、1,3,5-环庚三烯（3.49%）、（顺，顺）-9,12-十八碳二烯酸（2.11%）、豆甾-3,5-二烯（1.76%）、十九烷酸乙酯（1.60%）、2,4-二甲基己烷（1.42%）、十八烷酸乙酯（1.38%）、（反，反）-9,12-十八碳二烯酸（1.35%）、1,21-二十二碳二烯（1.28%）、二十四烷酸乙酯（1.25%）、十七烷酸乙酯（1.22%）、2-甲基庚烷（1.12%）、6,10,14-三甲基-2-十五烷酮（1.11%）、1,21-二十二碳二烯（1.02%）等。

【利用】全草入药，有清热利湿、平肝利胆的功效，用于治急性黄疸型肝炎、胆囊炎、胃痛、头晕头痛、牙痛等症。

## 粗茎秦艽
*Gentiana crassicaulis* Duthie ex Burk.

龙胆科　龙胆属

别名：粗茎龙胆

分布：西藏、云南、四川、贵州、青海、甘肃

【形态特征】多年生草本，高30～40 cm，基部被叶鞘包裹。莲座丛叶卵状椭圆形或狭椭圆形，长12～20 cm，宽4～6.5 cm，先端钝或急尖，基部渐尖，边缘微粗糙；茎生叶卵状椭圆形至卵状披针形，长6～16 cm，宽3～5 cm，先端钝至急尖，基部钝，边缘微粗糙，向上叶愈大，最上部叶密集呈苞叶状包被花序。花多数，在茎顶簇生呈头状；花萼筒长4～6 mm，一侧开

裂呈佛焰苞状，先端截形或圆形，萼齿1～5个；花冠筒部黄白色，冠檐蓝紫色或深蓝色，壶形，长2～2.2 cm，裂片卵状三角形，褶偏斜，边缘有细齿。蒴果内藏，椭圆形，长18～20 mm；种子红褐色，矩圆形，长1.2～1.5 mm，具细网纹。花果期6～10月。

【生长习性】生于山坡草地、山坡路旁、高山草甸、撂荒地、灌丛中、林下及林缘，海拔2100～4500 m。喜冷凉气候，有较强的耐寒性。对温度要求不严格，种子萌发时，必须有适宜的温度和一定的光照条件，苗期忌高温潮湿天气，耐旱能力较强。喜欢微酸性土壤。

【芳香成分】何希瑞等（2011）用超临界$CO_2$萃取法提取的粗茎秦艽干燥根精油的主要成分为：（2E,4E）-2,4-癸二烯醛（14.02%）、1-甲基-4-(1-甲基乙烯基)-苯（12.69%）、甲基-1,2-二氢-2-氧代喹啉-4-羧酸（7.86%）、6,7-二甲氧基-2,2-二甲基-2H-1-苯并吡喃（4.47%）、（E,E）-2,4-癸二烯醛（4.09%）、对苯二酚（3.98%）、(4aR-反式)-十氢-4a-甲基-1-亚甲基-7-(1-甲基亚乙基)-萘（3.95%）、1,7,7-三甲基-(1R)-二环[2.2.1]庚烷-2-酮（3.39%）、(+)-4-蒈烯（3.16%）、苯甲醛（2.81%）、1,2-二甲氧基-苯（2.65%）、E,Z-1,3,12-十九烷三烯（2.63%）、2-甲基-2-丁醛（2.41%）、百里酚（2.31%）、二十一烷（2.29%）、2-乙基己酯-氟代戊基丙酸（2.21%）、己醛（1.73%）、（E,E）-2,4-庚二烯醛（1.63%）、3,7,7-三甲基-(1S)-二环[4.1.0]庚-3-烯（1.62%）、1-辛烯-3-醇（1.58%）、1,4-环己烷二甲醇（1.57%）、4-(1-甲乙基)-苯甲醇（1.54%）、2-甲氧基-3-(1-甲乙基)-吡嗪（1.32%）、2,2-二甲基-1-氧代螺[2,5]辛烷-4-酮（1.30%）、1-己醇（1.28%）、1-乙氧基-2-甲基-苯（1.28%）、壬醛（1.18%）等。

【利用】根药用，有祛风湿、清湿热、止痹痛的功效，用于治风湿痹痛、筋脉拘挛、骨节烦痛、日晡潮热、小儿疳积发热。藏药花用于治胃肠炎、肝炎、胆囊炎等症。

## 管花秦艽
*Gentiana siphonantha* Maxim. ex Kusnez

龙胆科　龙胆属

别名：管花龙胆

分布：四川、青海、甘肃、宁夏

【形态特征】多年生草本，高10～25 cm，基部被叶鞘包裹。莲座丛叶线形，长4～14 cm，宽0.7～2.5 cm，先端渐尖，

基部渐狭，边缘粗糙；茎生叶与莲座丛叶相似，长3～8 cm，宽0.3～0.9 cm。花多数，簇生枝顶及上部叶腋中呈头状；花萼小，萼筒常带紫红色，长4～6 mm，一侧开裂或不裂，先端截形，萼齿不整齐，丝状或钻形，长1～3.5 mm；花冠深蓝色，筒状钟形，长2.3～2.6 cm，裂片矩圆形，长3.5～4 mm，先端钝圆，全缘，褶整齐或偏斜，狭三角形，长2.5～3 mm，先端急尖，全缘或2裂。蒴果椭圆状披针形，长14～17 mm，柄长6～7 mm；种子褐色，矩圆形或狭矩圆形，长1.1～1.5 mm，表面具细网纹。花果期7～9月。

【生长习性】生于干草原、草甸、灌丛及河滩等地，海拔1800～4500 m。

【芳香成分】沈杰等（2009）用乙醇回流法提取的西藏产管花秦艽干燥花精油的主要成分为：邻苯二甲酸二丁酯（29.64%）、二十三烷（8.84%）、二(2-甲基丙基)-1,2-苯二羧酸酯（7.30%）、二十七烷（7.10%）、二十九烷（5.72%）、二十五烷（5.41%）、二十二烷（3.16%）、2-乙基己基1,2-苯二羧酸丁酯（2.40%）、1,2-苯二羧酸二异辛酯（1.48%）等。

【利用】在甘肃根作为秦艽的习用品使用。

## 🌸 蓝玉簪龙胆
*Gentiana veitchiorum* Hemsl.

龙胆科　龙胆属
别名：邦见恩保、蓝花龙胆、丛生龙胆、双色龙胆
分布：西藏、云南、四川、青海、甘肃

【形态特征】多年生草本，高5～10 cm。叶先端急尖，边缘粗糙；莲座丛叶线状披针形，长30～55 mm，宽2～5 mm；茎

下部叶卵形，长2.5～7 mm，宽2～4 mm，中部叶狭椭圆形或椭圆状披针形，长7～13 mm，宽3～4.5 mm，上部叶宽线形或线状披针形，长10～15 mm，宽2～4 mm。花单生枝顶；萼筒常带紫红色，长1.2～1.4 cm；花冠上部深蓝色，下部黄绿色，具深蓝色条纹和斑点，狭漏斗形或漏斗形，长4～6 cm，裂片卵状三角形，褶宽卵形，长2.5～3.5 mm，先端钝，边缘啮蚀形。蒴果内藏，椭圆形或卵状椭圆形，长1.5～1.7 cm，先端渐狭，基部钝；种子黄褐色，矩圆形，长1～1.3 mm，具蜂窝状网隙。花果期6～10月。

【生长习性】生于山坡草地、河滩、高山草甸、灌丛及林下，海拔2500～4800 m。喜冷凉气候，有较强的耐寒性。对温度要求不严格，苗期忌高温潮湿天气。在较为湿润的土壤长生长良好，忌干旱。

【精油含量】水蒸气蒸馏干燥全草的得油率为0.60%。

【芳香成分】杨红澎等（2009）用水蒸气蒸馏法提取的青海产蓝玉簪龙胆干燥全草精油的主要成分为：正二十三烷（26.63%）、十六烷酸（6.55%）、2-甲基-二十二烷（5.81%）、正二十五烷（5.28%）、正十九烷（5.07%）、2-胺基-3-甲基-N氧化吡啶（3.26%）、5-甲基-2-呋喃-甲醛（2.91%）、2-甲氧基-4-乙烯基-苯酚（2.79%）、降姥鲛-2-酮（2.48%）、正二十七烷（1.83%）、2-植烯（1.79%）、正二十一烷（1.75%）、肉豆蔻酸（1.69%）、十四醇（1.43%）、正二十四烷（1.33%）、苯乙醛（1.15%）、亚油酸（1.14%）、α-亚麻酸（1.10%）、2-戊烯基-呋喃（1.07%）等。王萍娟等（2013）用乙醇回流法提取干燥全草浸膏再用同时蒸馏萃取法提取浸膏精油的主要成分为：正二十八烷（31.22%）、棕榈酸（22.14%）、7-己基-二十烷（11.63%）、[R-[R*,R*-(E)]]-3,7,11,15-四甲基-2-十六烯（7.59%）、正二十九烷（4.91%）、正十九烷（3.03%）、11-丁基-二十二烷（3.03%）、正二十一烷（2.73%）、邻苯二甲酸二辛酯（1.36%）、正二十四烷（1.32%）、六氢法呢基丙酮（1.25%）、异龙脑（1.18%）、樟脑（1.16%）、棕榈酸甲酯（1.16%）等。

【利用】全草入药，有清热解毒的功效，常用于治高热神

昏、黄疸肝炎、咽喉肿痛、目赤、淋浊。藏药用根治天花、气管炎、咳嗽；花治喉病、肺热病、中毒热病、疫疠热病。适宜作为花坛、花镜或盆花栽培供观赏。

# ❀ 龙胆

*Gentiana scabra* Bunge

**龙胆科　龙胆属**

**别名：** 胆草、苦胆草、龙胆草、草龙胆、山龙胆、地胆头、磨地胆、鹿耳草

**分布：** 内蒙古、黑龙江、吉林、辽宁、贵州、陕西、湖北、湖南、安徽、江苏、浙江、福建、广东、广西

【形态特征】多年生草本，高30～60 cm。花枝具条棱，棱上具乳突。枝下部叶膜质，淡紫红色，鳞片形，长4～6 mm，先端分离，中部以下连合成筒状抱茎；中、上部叶近革质，卵形或卵状披针形至线状披针形，长2～7 cm，宽0.4～3 cm，向上愈小，先端急尖，基部心形或圆形，叶面密生极细乳突。花多数，簇生枝顶和叶腋；苞片披针形或线状披针形，长2～2.5 cm；花萼筒倒锥状筒形或宽筒形，长10～12 mm，裂片线形或线状披针形；花冠蓝紫色，筒状钟形，长4～5 cm，裂片卵形或卵圆形，褶偏斜，狭三角形。蒴果内藏，宽椭圆形，长2～2.5 cm；种子褐色，线形或纺锤形，长1.8～2.5 mm，具宽翅。花果期5～11月。

【生长习性】生于山坡草地、路边、河滩、灌丛中、林缘及林下、草甸，海拔400～1700 m。喜温和凉爽气候，耐寒，地下部可忍受-25 ℃以下低温。忌强光。种子发芽要求较高的温湿度、适当的光照。生育适温20～28 ℃，夜间15 ℃。喜充足光照。水分要求适中。

【芳香成分】根：王梦等（2016）用水蒸气蒸馏法提取的云南新平产龙胆根精油的主要成分为：对二甲苯（36.32%）、芥酸酰胺（17.03%）、邻二甲苯（15.05%）、乙苯（11.74%）、苯（3.27%）、(1S,2S,3R,5S)-(-)-蒎烷二醇（1.15%）、双丙酮醇（1.01%）等。马学恩等（2011）用超临界$CO_2$萃取法提取的吉林长白山产龙胆干燥根精油的主要成分为：芳樟醇（52.46%）、萜烯醇（7.08%）、α-杜松醇（6.77%）、α-松油醇（3.64%）、香叶醇（2.34%）、1,2,3,5,6,8a-六氢-4,7-二甲基-1-(1-薄荷基乙基)-(1S-顺式)-萘（2.05%）、棕榈酸（1.62%）、反式斯巴醇（1.47%）、1-甲基-3-(1-薄荷基)-苯（1.27%）、18-(2-丙烯基)-1,4,7,10,13,16-六氧杂环十八烷（1.04%）等。

茎：王梦等（2016）用水蒸气蒸馏法提取的云南新平产龙胆茎精油的主要成分为：对二甲苯（28.24%）、苯（13.70%）、芥酸酰胺（13.57%）、邻二甲苯（11.44%）、乙苯（8.78%）、异松樟酮（5.73%）、对甲基苯基异丙醇（2.49%）、(1S,2S,3R,5S)-(-)-蒎烷二醇（2.41%）、反式松莰酮（1.66%）、2-亚甲基-5α-胆甾烷-3β-醇（1.62%）、O-异丙基甲苯（1.04%）等。

叶：王梦等（2016）用水蒸气蒸馏法提取的云南新平产龙胆叶精油的主要成分为：香叶基香叶醇（18.20%）、(1S,2S,3R,5S)-(-)-蒎烷二醇（8.97%）、(1R,2R,3S,5R)-(-)-蒎烷二醇（7.25%）、对二甲苯（5.52%）、2,6,10,10-四甲基氧杂螺[4.5]癸-3,6-二烯（4.74%）、顺-Z-α-环氧化红没药烯（3.10%）、

6-表-白菖醇（2.44%）、反式松莰酮（2.30%）、邻二甲苯（2.27%）、2-亚甲基-5α-胆甾烷-3β-醇（2.08%）、2,3-蒎烷二醇（1.92%）、芥酸酰胺（1.79%）、乙苯（1.74%）、肉豆蔻酸异丙酯（1.52%）、亚油酸异丙酯（1.43%）、硬尾醛（1.40%）、(1R)-(+)-诺蒎酮（1.32%）、松柏醛（1.20%）、桉油烯醇（1.19%）、(-)-反式松香芹醇（1.10%）、柠檬烯-6-醇特戊酸酯（1.07%）、碳十四烷（1.02%）、蒎酮酸（1.02%）等。

花：王梦等（2016）用水蒸气蒸馏法提取的云南新平产龙胆花精油的主要成分为：香叶基香叶醇（15.58%）、(1S,2S,3R,5S)-(-)-蒎烷二醇（9.63%）、(1R,2R,3S,5R)-(-)-蒎烷二醇（9.30%）、异松樟酮（7.18%）、对二甲苯（6.39%）、2,6,10,10-四甲基氧杂螺[4.5]癸-3,6-二烯（4.56%）、顺-Z-α-环氧化红没药烯（3.27%）、植酮（3.00%）、邻二甲苯（2.79%）、乙苯（2.14%）、2-亚甲基-5α-胆甾烷-3β-醇（2.04%）、2,3-蒎烷二醇（1.92%）、反式松莰酮（1.89%）、6-表-白菖醇（1.50%）、柠檬烯-6-醇特戊酸酯（1.46%）、对甲基苯基异丙醇（1.30%）、硬尾醛（1.21%）、新郁金二酮（1.19%）、α-松香芹酮（1.14%）、亚油酸异丙酯（1.12%）等。

【利用】根药用，有泻肝胆实火、除下焦湿热的功效，治肝经热盛、惊痫狂躁、乙型脑炎、头痛、目赤、咽痛、黄疸、热痢、痈肿疮疡、阴囊肿痛、阴部湿痒。

# ❀ 秦艽

*Gentiana macrophylla* Pall.

**龙胆科　龙胆属**

**别名：** 大叶龙胆、大叶秦艽、萝卜艽、秦纠、秦爪、秦胶、左扭、萝卡艽、左秦艽、西秦艽

**分布：** 东北地区，新疆、宁夏、陕西、山西、河北、内蒙古、四川、青海、甘肃、西藏

【形态特征】多年生草本，高30～60 cm，基部被叶鞘包裹。莲座丛叶卵状椭圆形或狭椭圆形，长6～28 cm，宽2.5～6 cm，先端钝或急尖，基部渐狭，边缘平滑；茎生叶椭圆状披针形或狭椭圆形，长4.5～15 cm，宽1.2～3.5 cm，先端钝或急尖，基部钝，边缘平滑。花多数，簇生枝顶呈头状或腋生作轮状；花萼筒膜质，黄绿色或有时带紫色，长3～9 mm，一侧开裂呈佛焰苞状，先端截形或圆形，萼齿4～5个；花冠筒部黄绿色，冠澹蓝色或蓝紫色，壶形，长1.8～2 cm，裂片卵形或卵圆形，褶三角形，长1～1.5 mm或截形，全缘。蒴果卵状椭圆形，长15～17 mm；种子红褐色，矩圆形，长1.2～1.4 mm，表面具细网纹。花果期7～10月。

【生长习性】生于河滩、路旁、水沟边、山坡草地、草甸、林下及林缘，海拔400～2400 m。喜凉爽湿润气候，耐寒，怕积水，忌强光。适宜在土层深厚、肥沃的壤土或砂壤土生长，积水涝洼盐碱地不宜栽培。发芽适温20℃左右。

【芳香成分】李勇慧等（2011）用水蒸气蒸馏法提取的秦艽根精油的主要成分为：羟甲香豆素（39.52%）、鲨烯（18.28%）、棕榈酸（8.90%）、邻苯二甲酸二异丁酯（4.96%）、邻苯二甲酸异辛酯（4.79%）、十八烯酸（3.65%）、红白金花内酯（3.40%）、萘（2.37%）、十四烷酸（1.97%）、1E-11，Z-13-十八碳三烯（1.68%）、α-甲基-α-乙烯基-2-呋喃乙醛（1.35%）、邻苯二甲酸丁基辛基酯（1.35%）、十八酸（1.18%）、己二酸二异丁酯（1.08%）等。

【利用】根入药，有祛风湿、清湿热、止痹痛的功效，用于治筋脉拘挛、骨节酸痛、日晡潮热、小儿疳积发热。

# ❀ 太白龙胆

*Gentiana apiata* N. E. Brown

龙胆科　龙胆属

别名：秦岭龙胆、茉苓草

分布：陕西

【形态特征】多年生草本，高10～15 cm，基部被叶鞘包围。叶大部基生，线状披针形，长1.5～8 cm，宽0.4～0.7 cm，先端钝，基部渐狭；茎生叶2～4对，狭椭圆形或线状披针形，长2～3.5 cm，宽0.3～0.6 cm，两端钝，向上渐小，最上部叶密集，苞叶状。花多数，顶生和腋生，聚成头状；花萼管状钟形，

长10～15 mm，萼筒膜质，不开裂或一侧开裂，裂片披针形或线形；花冠黄色，具多数蓝色斑点，漏斗形，长2～3 cm，裂片卵形，褶偏斜，截形或三角形，长1～1.5 mm，边缘有整齐的细齿。蒴果内藏，卵状椭圆形，长11～15 mm；种子黄褐色，矩圆形，长2～2.5 mm，具海绵状网隙。花果期6～8月。

【生长习性】生于山坡上、山顶，海拔1900～3400 m。喜冷凉气候，有较强的耐寒性。对温度要求不严格，苗期忌高温潮湿天气。喜欢微酸性土壤，一般在较肥沃的黑壤土生长发育良好。

【精油含量】微波辅助溶剂萃取干燥带花全草的得油率为3.38%；微波-超声波辅助溶剂萃取干燥带花全草的得油率为7.18%。

【芳香成分】许海燕等（2015）用微波辅助溶剂萃取法提取的陕西眉县产太白龙胆干燥带花全草精油的主要成分为：2,2'-亚甲基双（四-甲基-6-叔丁基)-苯酚（14.46%）、油酸（10.29%）、十八烯酸（9.04%）、棕榈酸（6.23%）、二十二烷（4.00%）、硬脂酸（3.48%）、十七烷（2.97%）、邻苯二甲酸丁基辛基酯（2.90%）、十四烷（2.65%）、二十四烷（2.52%）、甲基-紫罗兰酮（2.36%）、二十烷（2.16%）、十二烷（2.06%）、十六烷（2.04%）、十六烷（1.67%）、二十一烷（1.58%）、癸烷（1.36%）、二十烷（1.35%）、棕榈酸甲酯（1.26%）、4,8,12-三甲基-基甲基酮十三烷（1.22%）、十八烷（1.21%）、十九烷（1.05%）、邻苯二甲酸异辛酯（1.03%）等。

【利用】全草入药，有调经活血、清热明目、利小便的功效。适宜作为花坛、花镜或盆花。

# ❀ 云雾龙胆

*Gentiana nubigena* Edgew.

龙胆科　龙胆属

分布：西藏、四川、青海、甘肃

【形态特征】多年生草本，高8～17 cm，基部被叶鞘包围。叶大部分基生，线状披针形、狭椭圆形至匙形，长2～6 cm，宽0.4～1.1 cm，先端钝或钝圆，基部渐狭；茎生叶1～3对，狭椭圆形或椭圆状披针形，长1.5～3 cm，宽0.3～0.7 cm，先端钝。花1～3，顶生；花萼筒状钟形或倒锥形，长1.5～2.7 cm，萼筒具绿色或蓝色斑点，不开裂，狭矩圆形，长2～8.5 mm，先端钝；花冠上部蓝色，下部黄白色，具深蓝色条纹，漏斗形或狭

倒锥形，长3.5～6 cm，裂片卵形，褶偏斜，边缘具波状齿或啮蚀状。蒴果椭圆状披针形，长2～3 cm，两端钝；种子黄褐色，宽矩圆形或近圆形，长1.6～2 mm，表面具海绵状网隙。花果期7～9月。

【生长习性】生于沼泽草甸、高山灌丛草原、高山草甸、高山流石滩，海拔3000～5300 m。

【精油含量】水蒸气蒸馏干燥花的得油率为0.90%。

【芳香成分】杨红澎等（2014）用水蒸气蒸馏法提取的青海西宁产云雾龙胆干燥花精油的主要成分为：棕榈酸（12.62%）、呋喃醛（11.08%）、5-甲基-2-呋喃醛（7.26%）、环己烷（6.91%）、苯甲酸（6.50%）、正二十三烷（5.44%）、亚油酸（4.45%）、α-亚麻酸（3.23%）、正十八烷酸（2.61%）、乙酸乙酯（2.43%）、4-乙烯基-2-甲氧基苯酚（2.12%）、1-甲基亚乙基-环己烷（2.01%）、正二十五烷（1.94%）、苯乙醛（1.87%）、对甲氧酚（1.45%）、红百金花内酯（1.31%）、正二十七烷（1.27%）、异-二十三烷（1.18%）、正十九烷（1.16%）、2,3-二氢-苯并呋喃（1.13%）、降姥鲛酮-2(1.13%)、植烯（1.01%）、正二十一烷（1.00%）等。

【利用】花入药，主治胃炎、气管炎、尿道炎、阴道炎、阴痒及阴囊湿疹、天花及痘疹。

## 钻叶龙胆
*Gentiana haynaldii* Kanitz

**龙胆科　龙胆属**
分布：西藏、云南、四川、青海、湖北

【形态特征】一年生草本，高3～10 cm。叶革质，坚硬，先端具小尖头，边缘疏生短睫毛，下部叶边缘软骨质，中、上部叶基部边缘膜质，其余软骨质；基生叶卵形或宽披针形，长2.5～7 mm，宽1.5～2.5 mm；茎生叶线状钻形，长7～50 mm，宽1.5～2 mm，向上渐长。花单生于小枝顶端；花萼倒锥状筒形，长13～17 mm，萼筒膜质，裂片革质，坚硬，绿色，线状钻形，具短小尖头；花冠淡蓝色，喉部具蓝灰色斑纹，筒形，长16～30 mm，裂片卵形，具短小尖头，褶卵形，长2.5～4 mm。蒴果外露，狭矩圆形，长11～13 mm，边缘具狭翅；种子淡褐色，椭圆形或卵状椭圆形，长0.5～0.7 mm，有细网纹。花果期7～11月。

【生长习性】生于山坡草地、高山草甸及阴坡林下，海拔2100～4200 m。

【精油含量】水蒸气蒸馏干燥地上部分的得油率为0.50%。

【芳香成分】曹雨虹等（2013）用水蒸气蒸馏法提取的四川产钻叶龙胆干燥地上部分精油的主要成分为：棕榈酸（28.05%）、15-冠醚-5(14.29%)、二十二烷（10.19%）、二十九烷（6.82%）、3,7,11,15-四甲基-2-十六烯（6.25%）、肉豆蔻酸（5.96%）、二十四烷（5.46%）、叶绿醇（4.84%）、6,10,14-三甲基-2-十五烷酮（2.98%）、三十二烷（2.81%）、三十烷（2.05%）、3,7,11,15-四甲基-1-十六碳烯-3-醇（1.57%）、棕榈酸甲酯（1.18%）、十九烷（1.11%）、棕榈醛（1.03%）等。

【利用】适宜作为花坛、花镜或盆花。

## 川西獐牙菜
*Swertia mussotii* Franch.

**龙胆科　獐牙菜属**
别名：藏茵陈、桑斗
分布：四川、西藏、云南、青海、甘肃

【形态特征】一年生草本，高15～60 cm。茎四棱形，棱上有窄翅，枝有棱。叶卵状披针形至狭披针形，长8～35 mm，宽3～10 mm，先端钝，基部略呈心形，半抱茎。圆锥状复聚伞花序多花；花梗四棱形；花4数，直径8～13 mm；花萼绿色，长为花冠的1/2～2/3，裂片线状披针形或披针形，长4～7 mm，先端急尖，背面具明显的3脉；花冠暗紫红色，裂片披针形，长7～9 mm，先端渐尖，具尖头，基部具2个腺窝，腺窝沟状，狭矩圆形，深陷，边缘具柔毛状流苏。蒴果矩圆状披针形，长8～14 mm，先端尖；种子深褐色，椭圆形，长0.8～1 mm，表面具细网状突起。花果期7～10月。

【生长习性】生于山坡、河谷、林下、灌丛、水边，海拔1900～3800 m。

【芳香成分】张应鹏等（2009）用水蒸气蒸馏法提取的川西獐牙菜干燥全草精油的主要成分为：二十八烷（17.83%）、二十六烷（12.88%）、二十七烷（7.34%）、1-碘-十六烷（7.27%）、四十四烷（5.47%）、11-十烷基-二十一烷（5.47%）、醋酸乙酯（4.37%）、二十九烷（4.29%）、1-碘-十八烷（3.21%）、三十烷（3.17%）、2-十二烷氧基-乙醇（3.04%）、二十四烷（2.32%）、2-环己基-十一烷（2.19%）、Z-14-二十九烯（1.33%）、二十三烷（1.20%）、环二十四烷（1.14%）、1-氯十九烷（1.13%）等。

【利用】全草入药，有清肝利胆、退诸热的功效，用于治黄疸型肝炎、病毒性肝炎、血病。

## 大籽獐牙菜

*Swertia macrosperma* (C. B. Clarke) C. B. Clarke

龙胆科　獐牙菜属

分布：西藏、云南、四川、贵州、湖北、台湾、广西

【形态特征】一年生草本，高30～100 cm。茎四棱形，常带紫色。基生叶及茎下部叶匙形，连柄长2～6.5 cm，宽达1.5 cm，先端钝，全缘或有小齿，基部渐狭；茎中部叶矩圆形或披针形，长0.4～4.5 cm，宽0.3～1.5 cm，向上渐小，先端急尖，基部钝。圆锥状复聚伞花序多花；花5数，稀4数，小，直径4～8 mm；花萼绿色，裂片卵状椭圆形，先端钝；花冠白色或淡蓝色，裂片椭圆形，长4～8 mm，先端钝，基部具2个腺窝，腺窝囊状，矩圆形，边缘仅具数根柔毛状流苏。蒴果卵形，长5～6 mm；种子3～4个，较大，矩圆形，长1.5～2 mm，褐色，表面光滑。花果期7～11月。

【生长习性】生于河边、山坡草地、杂木林或竹林下、灌丛中，海拔1400～3950 m。

【芳香成分】李亮星等（2012）用顶空萃取法提取的云南新平产大籽獐牙菜阴干全草精油的主要成分为：糠醛（11.65%）、2-戊基呋喃（11.57%）、嘧啶（5.57%）、1,3,7-三乙基-3,7-二氢-8-甲基-1H-嘌呤-2,6-二酮（5.53%）、己醛（5.39%）、十六烷酸（4.67%）、1-甲基-4,5-二乙基-4-咪唑啉-2-酮（4.03%）、1,2,3,4-四氢-1,1,6-三甲基萘（3.39%）、2-甲基-3-

戊酮（2.49%）、苯甲醛（2.17%）、2,2-二甲氧基-1,2-二苯基乙酮（2.11%）、γ-松油烯（2.02%）、壬醛（1.97%）、乙酸甲酯（1.90%）、5-甲基糠醛（1.83%）、二十一烷（1.69%）、顺-水化香桧烯（1.66%）、4,6-二甲氧基-11-羟基-7,8,9,10-四氢化-并四苯-5,9,12-三酮（1.65%）、樟脑（1.52%）、2,3-二氢1,1,5,6-四甲基-1H-茚（1.51%）、新植二烯（1.41%）、三环辛烷苯（1.41%）、3-戊基-(2Z)-2,4-戊二烯-1-酮（1.29%）、棕榈酸甲酯（1.27%）、2,3-二氢-1,1,4,5-四甲基-1H-茚（1.12%）等。

【利用】民间全草药用，具有清热、解毒、健胃等功效。

## 西南獐牙菜

*Swertia cincta* Burk.

龙胆科　獐牙菜属

分布：云南、四川、贵州

【形态特征】一年生草本，高30～150 cm。基生叶花期凋谢；茎生叶披针形或椭圆状披针形，长2.5～7.5 cm，宽0.5～2 cm，先端渐狭，基部楔形。圆锥状复聚伞花序长达57 cm，多花，下部的花序分枝长达30 cm；花5数，下垂；花萼稍长于花冠，裂片卵状披针形，长9～15 mm，宽3～6 mm，先端渐尖，具短尾尖，边缘具长睫毛；花冠黄绿色，基部环绕着一圈紫晕，裂片卵状披针形，长7～14 mm，先端渐尖呈尾状，边缘具短睫毛，基部具1个马蹄形裸露腺窝，腺窝之上具2

个黑紫色斑点。蒴果卵状披针形，长 1.2～2.3 cm；种子矩圆形，黄色，长 0.9～1.1 mm，表面具细网状突起。花果期 8～11 月。

【生长习性】生于潮湿山坡、灌丛中、林下，海拔 1400～3750 m。

【芳香成分】茎：李亮星等（2012）用同时蒸馏萃取法提取的云南玉溪产西南獐牙菜阴干茎精油的主要成分为：2-(乙酰氧基)-1,4-苯二羧酸二甲基酯（9.21%）、四(1-甲基亚乙基)-环丁烷（5.85%）、L-芳樟醇（4.69%）、橙花酸（3.86%）、邻苯二甲酸二异辛酯（3.81%）、三十五烷（3.80%）、二十三烷（3.36%）、邻苯二甲酸二丁酯（3.33%）、獐牙菜醇（3.12%）、双环[3.2.1]辛-3-酮（2.62%）、丁基乙二醇酸丁酯（2.52%）、4-乙烯基-2-甲氧基-苯酚（2.39%）、1-三十二烷醇（2.11%）、1-甲基乙基偏-环己烷（1.89%）、2,4-己二烯醛（1.65%）、戊酸（1.53%）、L-α-松油醇（1.46%）、(Z)-9-羟基-4-甲基-7-壬烯酸内酯（1.43%）、香叶醇（1.36%）、2,4-二甲基苯氰酸酯（1.28%）、苯乙醛（1.22%）、2-甲氧基-4-(2-丙烯基)苯酚（1.20%）、植醇异构体（1.20%）、3-甲基-环戊醇（1.15%）、6,10,14-三甲基-十五烷酮（1.15%）、5,6,7,7a-四氢-4,4,7a-三甲基-2(4H)苯并呋喃酮（1.10%）、4-羟基-4-甲基-2-戊酮（1.05%）、(Z)-2-十五碳烯-4-炔（1.05%）等。

花：李亮星等（2012）用同时蒸馏萃取法提取的云南玉溪产西南獐牙菜花精油的主要成分为：三十五烷（7.27%）、二十三烷（7.07%）、邻苯二甲酸二异辛酯（6.37%）、獐牙菜醇（5.25%）、丁基乙二醇酸丁酯（4.35%）、双环[3.2.1]辛-3-酮（4.25%）、1-甲基乙基偏-环己烷（3.78%）、邻苯二甲酸二丁酯（3.75%）、二十五烷（3.70%）、L-芳樟醇（2.76%）、(Z)-2-

十五碳烯-4-炔（2.76%）、十九（碳）烷（2.37%）、1-三十二烷醇（2.23%）、3,3,6-三甲基-1,5-庚二烯-4-酮（2.12%）、3,4-二氢-1-含氧-1H-2-苯并吡喃-5-羧基醛（2.03%）、6,10,14-三甲基-十五烷酮（2.02%）、2,4-二甲基苯氰酸酯（1.88%）、5,6,7,7a-四氢-4,4,7a-三甲基-2(4H)苯并呋喃酮（1.81%）、4-乙烯基-2-甲氧基-苯酚（1.73%）、植醇异构体（1.60%）、二十六烷（1.54%）、二十烷（1.53%）等。

【利用】藏药全草药用，具有保肝、消炎、清热利胆、祛风除湿的功效。

## ❁ 印度獐牙菜

*Swertia chirayita* (Roxb.) Buch.-Ham. ex C. B. Clarke

| 龙胆科　獐牙菜属 |
| --- |
| 分布：喜马拉雅温带地区 |

【形态特征】茎圆形，绿褐色或黄绿色，茎中空，上部茎具棱。基部叶椭圆形，长约 5～10 cm，宽约 2～4 cm，全缘，叶柄呈鞘状下沿。茎生叶比基部叶小，先端急尖。大型圆锥花序，花黄绿色，四数，花冠略带紫脉。蒴果卵形，长约 6 mm。种子细小，棕黄色，卵圆形，表面具网状纹。气微，味极苦。

【生长习性】生于潮湿山坡、灌丛中、林下。

【精油含量】水蒸气蒸馏干燥全草的得油率为 0.36%。

【芳香成分】史高峰等（2004）用水蒸气蒸馏法提取的干燥全草精油的主要成分为：十六烷酸乙酯（19.54%）、4-(苯甲基)哌啶（11.72%）、油酸乙酯（7.82%）、丁基化羟基甲苯（6.70%）、亚油酸乙酯（5.80%）、丁二酸二乙酯（3.21%）、3a,6a-二氢-2(3H，4H)-环戊二烯并[b]呋喃酮（2.13%）、十八烷酸乙酯（1.47%）、十四烷酸乙酯（1.33%）、十五烷酸乙酯（1.21%）、(E)-11-十六碳烯酸乙酯（1.14%）、二十六碳烷（1.03%）等。

【利用】全草药用，有清肝利胆、退诸热的功效，用于治黄疸型肝炎、病毒性肝炎以及血病、胃病、退烧、缓泻、并有滋补作用。

## ❁ 獐牙菜

*Swertia bimaculata* (Sieb. et Zucc.) Hook. f. et Thoms. ex C. B. Clarke

| 龙胆科　獐牙菜属 |
| --- |
| 别名：大苦草、大车前、黑节苦草、黑药黄、走胆草、紫花青叶胆、蓑衣草、双点獐牙菜、当药、方茎牙痛草、凉荞、绿茎牙痛草、双斑獐牙菜、水红菜、蜉子草 |
| 分布：西藏、云南、贵州、四川、甘肃、陕西、山西、河北、河南、湖北、湖南、江西、安徽、江苏、浙江、福建、广东、广西 |

【形态特征】一年生草本，高 0.3～2 m。基生叶枯萎；茎生叶椭圆形至卵状披针形，长 3.5～9 cm，宽 1～4 cm，先端长渐尖，基部钝，最上部叶苞叶状。大型圆锥状复聚伞花序疏松，长达 50 cm，多花；花 5 数，直径达 2.5 cm；花萼绿色，裂片狭倒披针形或狭椭圆形，长 3～6 mm，先端渐尖或急尖，基部狭

缩，边缘具窄的白色膜质，常外卷；花冠黄色，上部具多数紫色小斑点，裂片椭圆形或长圆形，长1～1.5cm，先端渐尖或急尖，基部狭缩，中部具2个黄绿色、半圆形的大腺斑。蒴果狭卵形，长至2.3cm；种子褐色，圆形，表面具瘤状突起。花果期6～11月。

### 东京龙脑香

*Dipterocarpus retusus* Blume

龙脑香科　龙脑香属

**别名：** 云南龙脑香

**分布：** 云南、西藏

【**生长习性**】生于河滩、山坡草地、林下、灌丛中、沼泽地，海拔250～3000m。

【**芳香成分**】李亮星等（2012）用顶空法提取的云南新平产獐牙菜阴干全草精油的主要成分依次为：糠醛（14.93%）、2-戊基呋喃（11.83%）、1,3,7-三乙基-3,7-二氢-8-甲基-1H-嘌呤-2,6-二酮（8.25%）、己醛（6.28%）、4,6-二甲氧基-11-羟基-7,8,9,10-四氢化-并四苯-5,9,12-三酮（5.74%）、壬醛（5.67%）、十六烷酸（4.51%）、二十一烷（4.03%）、棕榈酸甲酯（2.85%）、三环辛烷苯（2.65%）、1,2,3,4-四氢-1,1,6-三甲基萘（2.28%）、辛醛（2.06%）、二十二烷（2.02%）、3-二十炔（1.94%）、5-甲基糠醛（1.92%）、表圆线藻烯（1.90%）、壬醇（1.89%）、苯甲醛（1.87%）、顺-水化香桧烯（1.82%）、2-二十四醇乙酸酯（1.64%）、亚丁基苯酞（1.59%）、2,4,5-三异丙基苯乙烯（1.52%）、芳姜黄酮（1.23%）、2,2-二甲氧基-1,2-二苯基乙酮（1.19%）、莰烯（1.18%）、酞酸二丁酯（1.11%）等。

【**利用**】全草入药，有清热、健胃、利湿的功效，治消化不良、胃炎、黄疸、火眼、牙痛、口疮。嫩茎叶可作蔬菜食用。

【**形态特征**】大乔木，高约45m，具白色芳香树脂。枝条具皮孔和较密的环状托叶痕。叶革质，广卵形或卵圆形，长16～28cm，宽10～15cm，先端短尖，基部圆形或微心形，全缘或中部以上具波状圆齿，叶背被疏星状毛；托叶披针形，长达15cm，绿色或红色。总状花序腋生，有2～5朵花。花萼裂片2枚较长，为线形，3枚较短，为三角形；花瓣粉红色，芳香，长椭圆形，长5～6 cm，先端钝，边缘稍反卷，外面密被鳞片状毛。坚果卵圆形，密被黄灰色短绒毛；增大的2枚花萼裂片为线状披针形，鲜时为红色，长19～23 cm，宽3～4 cm，革质，先端圆形，被疏星状短绒毛。花期5～6月，果期12～1月。

【生长习性】生于潮湿的沟谷雨林及石灰山密林中，海拔1100 m以下。分布区年平均温22.7 ℃，最冷月平均温15 ℃，极端最低温2 ℃以上；年降水量2856 mm，90%集中在5～9月，相对湿度82.1%。土壤为发育在玄武岩上的赤红壤，土层深达1 m以上。

【芳香成分】王锦亮等（1992）用水蒸气蒸馏法提取的云南勐仑产东京龙脑香树脂精油的主要成分为：别芳萜烯（57.44%）、a-蛇麻烯（12.75%）、d-榄香烯（1.42%）等。

【利用】木材通常用于房屋建筑，经防腐处理之后可作枕木、桥梁等。树脂可作工业用及药用，与麻纤维混合后还可以填塞船缝。

## 羯布罗香

*Dipterocarpus turbinatus* Gaertn. f.

龙脑香科　龙脑香属

别名：龙脑香、油树

分布：云南、西藏

【形态特征】大乔木，高约35 m，含芳香树脂；树皮纵裂。枝条有环状托叶痕。叶革质，全缘，有时为波状，卵状长圆形，长20～30 cm，宽8～13 cm，先端渐尖或短尖，基部圆形或微心形；托叶长2～6 cm，密被深灰色或暗黄色绒毛。总状花序腋生，有花3～6朵。花萼裂片2枚为线形，另3枚较短，外面被白色粉霜；花瓣粉红色，线状长圆形，外面被灰色的长绒毛。坚果卵形或长卵形，密被贴生绒毛；果萼管无毛，被白色粉霜，增大的2枚花萼裂片为线状披针形，长12～15 cm，宽约3 cm，具1条多分枝的中脉，沿中脉附近具小突起。花期3～4月，果期6～7月。

【生长习性】生长于海拔600 m。喜温暖湿润气候，怕严寒。产地年平均温度16～18 ℃，全年无霜期240～270天，年降雨量900～1300 mm。能耐冬季暂短低温（-8～-10 ℃），长期处于-10 ℃以下则引起冻害。以阳光充足、土层深厚、疏松肥沃、富含腐殖质、排水良好的微酸性砂质壤土栽培为宜。

【芳香成分】王锦亮等（1992）用水蒸气蒸馏法提取的云南景洪产羯布罗香树脂精油的主要成分为：a-古芸烯（61.54%）、d-榄香烯（6.98%）、a-杜松烯（6.92%）、g-榄香烯（3.64%）、b-橙叔烯（3.16%）、g-木罗烯（2.63%）、a-布勒烯（2.18%）、d-杜松烯（1.69%）、b-古芸烯（1.43%）、a-橙叔烯（1.10%）等。

【利用】为珍贵用材树种。树脂提出的油可作调香剂和定香剂。树脂可作药用。种子可榨油。叶药用，可止血，外用治过敏性皮炎、疥疮、刀伤出血。藏药用树干或树脂的蒸馏物治龙热病、陈热病。

## 🌸 露兜树
*Pandanus tectorius* Sol.

露兜树科　露兜树属

**别名：** 华露兜、假菠萝、勒菠萝、山菠萝、婆锯筋、猪母锯、屋露兜、林投、露兜簕、野菠萝、林茶、老锯头、簕角、水拖髻

**分布：** 广东、福建、台湾、海南、广西、贵州、云南等地

【形态特征】常绿分枝灌木或小乔木。叶簇生于枝顶，三行紧密螺旋状排列，条形，长达80 cm，宽4 cm，先端渐狭成一长尾尖，叶缘和背面中脉有粗壮锐刺。雄花序由若干穗状花序组成，每一穗状花序长约5 cm；佛焰苞长披针形，长10～26 cm，宽1.5～4 cm，近白色，先端渐尖，边缘和背面中脉上具细锯齿；雄花芳香；雌花序头状，单生于枝顶，圆球形；佛焰苞多枚，乳白色，长15～30 cm，宽1.4～2.5 cm，边缘具细锯齿。聚花果由40～80个核果束组成，圆球形或长圆形，长达17 cm，直径约15 cm，熟时橘红色；核果束倒圆锥形，高约5 cm，直径约3 cm，宿存柱头呈乳头状、耳状或马蹄状。花期1～5月。

【生长习性】适生于海岸砂地。喜光，喜高温、多湿气候。

【精油含量】超临界萃取干燥根和根茎的得油率为0.80%。

【芳香成分】根：刘嘉炜等（2012）用超临界CO$_2$萃取法提取的广东阳西产露兜树干燥根和根茎精油的主要成分为：细辛脑（26.70%）、长叶松香芹酮（15.20%）、2-甲基-6-(4-甲基苯基)庚-2-烯-4-酮（14.80%）、4-庚基酚（12.60%）、2,2,4-三甲基-3a,7a-二氢-1,3-苯并二茂（5.20%）、棕榈酸乙酯（3.30%）、(S)-2-甲基-6-[(S)-4-亚甲基-2-环己烯基]-2-庚烯-4-酮（2.60%）、4-乙基苯甲酸-2-甲基苯基酯（2.50%）、间甲苯基甲基氨基甲酸酯（2.00%）、(9E,12E)-9,12-十八碳二烯酸乙酯（2.00%）等。

叶：纪丽丽等（2008）用水蒸气蒸馏法提取的广东湛江产露兜树叶精油的主要成分为：2,6-二叔丁基-4-甲基苯酚（19.25%）、三十六烷（13.32%）、四十四烷（12.10%）、二十一烷（5.00%）、三十五烷（4.01%）、二十烷（3.94%）、2,6,10,15,19,23-六甲基二十四烷（3.83%）、十七烷（3.67%）、1-环己烷基十七烷（3.01%）、二十四烷（2.25%）、十九烷（1.89%）、1-二十三烯（1.63%）、2,6,10,14-四甲基十六烷（1.42%）、十六酸（1.20%）、四十烷（1.17%）等。

果实：王盈盈等（2011）用乙醇萃取法提取的海南产露兜树果实精油的主要成分为：1,2-二乙基环十六烷（17.79%）、1-二十二烯（13.63%）、环二十四烷（12.17%）、1-二十六烯（10.84%）、E-15-十七碳烯醛（9.26%）、邻苯二甲酸二异丁酯（7.30%）、1,2-二甲酸苯单(2-乙基己基)酯（3.25%）、1-二十烯（2.97%）、1-十九烯（2.72%）、十九烯（2.58%）、二十六烷（1.36%）、二十烷（1.28%）、二十一烷（1.20%）、二十四烷（1.14%）、十八烷（1.11%）等。

【利用】叶纤维可编制台垫、帽子、草席、袋子、手提包及睡房拖鞋等，也宜制作童玩具或盛器。嫩芽可食。果实可食。根、叶、果实入药，根可治感冒发热、肾炎水肿、尿路感染、结石、肝炎、肝硬化腹水、眼结膜炎；叶可发汗解表、清热解毒、治烂脚；果实可补脾胃、固元气、解酒毒，主治痢疾、咳嗽、肝热虚火、肝硬化腹水、中暑等，并有降血糖功效；果核治睾丸炎及痔疮。鲜花可提取芳香油。为很好的滩涂、海滨绿化树种，也可作绿篱和盆栽观赏。

## 🌸 香露兜
*Pandanus amaryllifolius* Roxb.

露兜树科　露兜树属

**别名：** 板兰香、香兰叶、斑兰叶、甲抛叶

**分布：** 海南有栽培

【形态特征】常绿草本。地上茎分枝，有气根。叶长剑形，长约30 cm，宽约1.5 cm，叶缘偶贝微刺，叶尖刺稍密，叶背先端有微刺，叶鞘有窄白膜。花果未见。

【生长习性】适生于海岸砂地。喜光，喜高温、多湿气候。

【芳香成分】任竹君等（2011）用水蒸气蒸馏法提取的海南万隆产香露兜新鲜叶精油的主要成分为：亚油酸甲酯（24.08%）、叶绿醇（18.85%）、草蒿脑（9.38%）、亚油

酸（7.60%）、二十五烷（4.75%）、棕榈酸（4.52%）、角鲨烯（4.40%）、甲基丁香酚（4.23%）、二-2-乙基（己基）邻苯二甲酸盐（4.02%）、α-紫罗兰酮（3.39%）、二十三烷（2.97%）、吉玛烯D（2.08%）、二十七烷（1.12%）等。陈小凯等（2014）用同法分析的海南产香露兜干燥叶精油的主要成分为：叶绿醇（42.15%）、角鲨烯（16.81%）、正十五碳醛（6.17%）、正十五烷酸（4.13%）、3,7,11,15-四甲基己烯-1-醇（3.83%）、植酮（2.05%）、3,7,11,15-四甲基己烯-1-醇（2.02%）、乙酸丁酯（1.48%）、异植醇（1.21%）、亚麻酸乙酯（1.15%）、月桂酸（1.05%）、亚油酸乙酯（1.04%）等。

【利用】园艺栽培供观赏。叶有棕香，磨碎加米中蒸食。

## ❁ 长叶竹柏

*Podocarpus fleuryi* Hickel

**罗汉松科　罗汉松属**
**别名：** 竹叶球、桐木树、桐叶树
**分布：** 海南、台湾、广东、广西、云南

【形态特征】乔木。叶交叉对生，宽披针形，质地厚，无中脉，有多数并列的细脉，长8～18 cm，宽2.2～5 cm，上部渐窄，先端渐尖，基部楔形，窄成扁平的短柄。雄球花穗腋生，常3～6个簇生于总梗上，长1.5～6.5 cm，总梗长2～5 mm，药隔三角状，边缘有锯齿；雌球花单生叶腋，有梗，梗上具数枚苞片，轴端的苞腋着生1～3枚胚珠，仅一枚发育成熟，上部苞片不发育成肉质种托。种子圆球形，熟时假种皮蓝紫色，径1.5～1.8 cm，梗长约2 cm。

【生长习性】生于海拔800～900 m的山地林中，常散生于常绿阔叶树林中。中性偏阴树种，要求年平均温18～25 ℃，1月平均温6～20 ℃以上，极端最低温可低至-1 ℃或更低；年降水量1800～2000 mm。土壤为山地赤红壤或山地黄壤，pH5.5～7.0。以深厚、疏松、湿润、多腐殖质的砂壤土或轻黏土上生长为宜。

【精油含量】水蒸气蒸馏新鲜叶片的得油率为0.50%。

【芳香成分】何道航等（2005）用水蒸气蒸馏法提取的广东增城产长叶竹柏新鲜叶片精油的主要成分为：4-异亚丙烯基-1-乙烯基茎烯（45.13%）、大根香叶烯（21.56%）、α-蒎烯（8.67%）、b-石竹烯（3.97%）、(-)-斯巴醇（3.15%）、(-)-b-榄香烯（2.68%）、(+)-喇叭烯（2.11%）、b-杜松烯（2.02%）、荜草烯（1.44%）、γ-木罗烯（1.01%）等。

【利用】木材为高级建筑、上等家具、乐器、器具、雕刻等用材。种子可榨油。可为庭园绿化树种。

## ❁ 罗汉松

*Podocarpus macrophyllus* (Thunb.) D. Don.

**罗汉松科　罗汉松属**
**别名：** 土杉、罗汉杉、长青罗汉杉、金钱松、仙柏、罗汉柏、江南柏
**分布：** 江苏、浙江、福建、安徽、江西、湖南、四川、云南、贵州、广东、广西等地

【形态特征】乔木，高达20 m，胸径达60 cm；树皮灰色或灰褐色，浅纵裂，成薄片状脱落；枝开展或斜展，较密。叶螺旋状着生，条状披针形，微弯，长7～12 cm，宽7～10 mm，先

端尖，基部楔形，叶面深绿色，有光泽，中脉显著隆起，叶背带白色、灰绿色或淡绿色，中脉微隆起。雄球花穗状、腋生，常3～5个簇生于极短的总梗上，长3～5 cm，基部有数枚三角状苞片；雌球花单生叶腋，有梗，基部有少数苞片。种子卵圆形，径约1 cm，先端圆，熟时肉质假种皮紫黑色，有白粉，种托肉质圆柱形，红色或紫红色，柄长1～1.5 cm。花期4～5月，种子8～9月成熟。

【生长习性】喜阳光足，较耐阴。喜生于温暖湿润环境，耐热也耐寒，耐旱，耐污染。适生于肥沃疏松、排水良好、微酸性的砂质壤土。对有害气体的抗性较强。

【精油含量】水蒸气蒸馏叶的得油率为0.03%，阴干细枝叶的得油率为0.75%～1.51%。

【芳香成分】苏应娟等（1995）用水蒸气蒸馏法提取的广东广州产罗汉松叶精油的主要成分为：(-)-甲酰-贝壳杉烯（23.62%）、3,4,4a,9,10,10a-六氢化-7-甲氧基-1,1,4a-三甲基-2-(1H)-菲酮（8.82%）、4,11,11-三甲基-8-亚甲基-二环[7.2.0]十一碳烯-4（3.56%）、7-乙烯基-1,2,3,4,4a,5,6,7,8,9,10,10a-十二氢化-1,1,4a,7-四甲基-菲（1.69%）、1,2-苯二羧酸-(2-甲氧基代乙基)酯（1.68%）、(Z)-3-己烯-1-醇（1.32%）、苯甲醇（1.17%）等。陈迅等（2015）用同法分析的阴干细枝叶精油的主要成分为：β-石竹烯（16.12%）、α-石竹烯（11.34%）、α-蒎烯（10.02%）、芳樟醇（6.56%）、2-环己烯-1-醇，2-甲基-5～1-甲基乙烯基乙酸酯（6.02%）、β-蒎烯（5.56%）、顺式-氧化香芹酮（5.54%）、紫苏醛（4.98%）、D-(+)-香芹酮（4.67%）、α-松油醇（4.23%）、1-(1,4-二甲基-3-环己烯-1-基)乙酮（4.23%）、莰烯（3.23%）、香芹酚（2.78%）、萜品烯-4-醇（2.34%）、二氢香芹醇（2.31%）、甲基香叶酸酯（1.80%）、反式-β-罗勒烯（1.34%）、大根香叶烯D（1.32%）、顺式-β-罗勒烯（1.12%）等。

【利用】木材可作家具、器具、文具及农具等用。园林绿化或盆景栽培供观赏。肉质种托可食。树皮能杀虫，治癣疥。果实可治心胃气痛。

## ❀ 鸡毛松

*Podocarpus imbricatus* Bl.

罗汉松科　罗汉松属

别名：岭南罗汉松、爪哇罗汉松、爪哇松、异叶罗汉松、黄松、白松、茂松、竹叶松、流鼻松、假柏木

分布：海南、云南、广西、广东

【形态特征】乔木，高达30 m，胸径达2 m；树干通直；小枝密生。叶异型，螺旋状排列，下延生长，两种类型之叶往往生于同一树上；老枝及果枝上之叶呈鳞形或钻形，覆瓦状排列，形小，长2～3 mm，先端向上弯曲，有急尖的长尖头；生于幼树、萌生枝或小枝顶端之叶呈钻状条形，质软，排列成两列，近扁平，长6～12 mm，宽约1.2 mm，两面有气孔线，上部微渐窄，先端向上微弯，有微急尖的长尖头。雄球花穗状，生于小枝顶端，长约1 cm；雌球花单生或成对生于小枝顶端，通常仅1个发育。种子卵圆形，长5～6 mm，有光泽，成熟时肉质

假种皮红色，着生于肉质种托上。花期4月，种子10月成熟。

【生长习性】多生于海拔400～1000 m的山地、山谷、溪涧旁。喜暖湿气候，不耐寒。喜光，耐阴。耐瘠薄。喜土层深厚、质地疏松且富含有机质的土壤。

【精油含量】水蒸气蒸馏阴干枝的得油率为1.02%。

【芳香成分】何道航等（2004）用水蒸气蒸馏法提取的广东产鸡毛松阴干枝精油的主要成分为：大根香叶烯（61.39%）、γ-榄香烯（12.14%）、芮木泪柏烯（7.66%）、b-杜松烯（2.14%）、b-石竹烯（2.03%）、荜澄茄烯（1.15%）、斯巴醇（1.08%）、g-木罗烯（1.04%）等。

【利用】为庭园美化的优良树种，幼树可盆栽观赏。木材可供建筑、桥梁、造船、家具及器具等用材。可作产地森林更新和荒山造林树种。

## ❀ 竹柏

*Podocarpus nagi* (Thunb.) Zoll. et Mor. ex Zoll.

**罗汉松科　罗汉松属**
**别名：** 百日青、罗汉柴、山杉、山柏、船家树、铁甲树、南港竹柏、竹叶柏、糖鸡子、椰树、椤树、宝芳、猪肝树、大果竹柏
**分布：** 台湾、福建、浙江、江西、湖南、广东、广西、四川等地

【形态特征】乔木，高达20 m，胸径50 cm；树皮红褐色或暗紫红色，成小块薄片脱落；叶对生，革质，长卵形、卵状披针形或披针状椭圆形，长3.5～9 cm，宽1.5～2.5 cm，叶面深绿色，有光泽，叶背浅绿色，上部渐窄，基部楔形或宽楔形，向下窄成柄状。雄球花穗状圆柱形，单生叶腋，常呈分枝状，长1.8～2.5 cm，总梗粗短，基部有少数三角状苞片；雌球花单生叶腋，稀成对腋生，基部有数枚苞片，花后苞片不肥大成肉质种托。种子圆球形，径1.2～1.5 cm，成熟时假种皮暗紫色，有白粉；骨质外种皮黄褐色，顶端圆，基部尖，其上密被细小的凹点，内种皮膜质。花期3～4月，种子10月成熟。

【生长习性】散生于低海拔常绿阔叶林中，垂直分布自海岸以上丘陵地区，上达海拔1600 m的高山地带。最适宜的年平均气温在18～26 ℃，抗寒性弱，极端最低气温为-7 ℃。喜湿润但无积水的地带。耐阴树种。对土壤要求严格，在深厚、疏松、湿润、腐殖质层厚、呈酸性的砂壤土至轻黏土较适宜，喜山地黄壤及棕色森林土壤，忌低洼积水地。

【精油含量】水蒸气蒸馏叶的得油率为0.05%～0.07%，阴

干果皮的得油率为0.23%，果壳的得油率为0.15%。

【芳香成分】叶：吴惠勤等（1996）用水蒸气蒸馏法提取的广东广州产竹柏叶精油的主要成分为：γ-榄香烯（25.89%）、β-荜澄茄烯（12.34%）、β-古芸香烯（9.67%）、顺式-4,11,11-三甲基-8-甲撑双环[7.2.0]十一-4-烯（9.67%）、α-葎草烯（6.61%）、喇叭烯（5.90%）、喇叭茶醇（4.80%）、榄香烯（3.91%）、石竹烯（3.43%）、别香树烯（3.02%）、1-辛烯-3-醇（2.96%）、(1Z,3aα,7aβ)-7a-甲基-1-乙基八氢-1H-茚（2.80%）、α-榄香烯（2.75%）、4-叔丁基苯酚（1.43%）、γ-荜澄茄烯（1.29%）、香树烯（1.24%）、δ-榄香烯（1.12%）、邻苯二甲酸二丁酯（1.05%）、顺式-3-己烯甲酸（1.04%）等。

果实：廖泽勇等（2015）用水蒸气蒸馏法提取的广西南宁产竹柏阴干果皮精油的主要成分为：β-石竹烯（41.25%）、α-石竹烯（31.19%）、氧化石竹烯（5.70%）、(1R)-(+)-α-蒎烯（3.70%）、1R-(1R,3E,7E,11R)-1,5,5,8-四甲基-12-氧杂双环[9.1.0]十二碳-3,7-二烯（3.52%）、杜松烯（2.24%）、γ-古芸烯（2.13%）、1,2,3,4,4a,5,6,8a-八氢-7-甲基-4-亚甲基-1-(1-甲基乙基)-萘（1.63%）、α-芹子烯（1.57%）、τ-杜松醇（1.33%）、香叶烯（1.21%）等；阴干果壳精油的主要成分为：n-十六碳酸（36.51%）、2-氯乙基亚油酸（33.25%）、顺-11-十六碳烯酸（22.85%）、α-石竹烯（1.24%）、β-石竹烯（1.17%）等。

【利用】用于庭园绿化观赏。根、茎、叶及种子药用，可以舒筋活血、止血接骨、治疗腰肌劳损、外伤骨折、刀伤、枪伤、精神疾病、狐臭、眼疾、抗感冒等；鲜树皮或根外用治风湿性关节炎。种子可榨油，做工业用油，经处理可成为优质食用油。木材为优良的建筑、造船、家具、器具及工艺用材。

# ❀ 白首乌
*Cynanchum bungei* Decne.

**萝藦科　鹅绒藤属**

**别名：**泰山何首乌、泰山白首乌、何首乌、地葫芦、山葫芦、野山药、戟叶牛皮消、白人参

**分布：**辽宁、内蒙古、河北、河南、山东、山西、甘肃等地

【形态特征】攀缘性半灌木；块根粗壮；茎纤细而韧，被微毛。叶对生，戟形，长3～8 cm，基部宽1～5 cm，顶端渐尖，基部心形，两面被粗硬毛，以叶面较密，侧脉约6对。伞形聚

伞花序腋生，比叶为短；花萼裂片披针形，基部内面腺体通常没有或少数；花冠白色，裂片长圆形；副花冠5深裂，裂片呈披针形，内面中间有舌状片；花粉块每室1个，下垂；柱头基部5角状，顶端全缘。蓇葖单生或双生，披针形，无毛，向端部渐尖，长9 cm，直径1 cm；种子卵形，长1 cm，直径5 mm；种毛白色绢质，长4 cm。花期6～7月，果期7～10月。

【生长习性】生长于海拔1500 m以下的山坡、山谷或河坝、路边的灌木丛中或岩石隙缝中。

【芳香成分】王友川等（2015）用水蒸气蒸馏法提取的山东济南产白首乌干燥种子精油的主要成分为：香叶基-α-松油烯（47.21%）、六氢法呢基丙酮（13.48%）、芳樟醇（6.10%）、山梨

酸（3.66%）、1-辛烯-2-醇（2.78%）、甲基苯并噁唑（2.46%）、苯甲醛（2.18%）、氧代-1-甲基-3-异丙基吡嗪（2.17%）、5-甲基糠醛（2.15%）、3,7,11,15-四甲基己烯-1-醇（2.14%）、匙叶桉油烯醇（2.09%）、二氢-2,4,6-三甲基-1,3,5-(4H)-二噻嗪（1.99%）、棕榈酸甲酯（1.90%）、2-乙基-6-甲基吡嗪（1.71%）、1-糠基吡咯（1.45%）、亚油酸甲酯（1.45%）、乙烯基呋喃（1.07%）等。

【利用】块根药用，有滋补肝肾、强壮身体、养血补血、乌须黑发、收敛精气、生肌敛疮、润肠通便的功效，主治久病虚弱，慢性风痹，腰膝酸软，贫血，肠出血，须发早白，神经衰弱，阴虚久疟，溃疡久不收口，老人便秘。茎有安神、祛风、止汗的功效。

# ❀ 老瓜头

*Cynanchum komarovii* Al. Iljinski

萝藦科　鹅绒藤属

**别名：** 牛心朴子、黑心脖子、芦芯草

**分布：** 内蒙古、河北、山西、陕西、甘肃、宁夏、四川、青海、新疆等地

【形态特征】直立半灌木，高达50 cm，全株无毛；根须状。叶革质，对生，狭椭圆形，长3～7 cm，宽5～15 mm，顶端渐尖或急尖，干后常呈粉红色，近无柄。伞形聚伞花序近顶部腋生，着花10余朵；花萼5深裂，两面无毛，裂片长圆状三角形；花冠紫红色或暗紫色，裂片长圆形，长2～3 mm，宽1.5 mm；

副花冠5深裂，裂片盾状，与花药等长；花粉块每室1个，下垂；子房坛状，柱头扁平。蓇葖单生，匕首形，向端部喙状渐尖，长6.5 cm，直径1 cm；种子扁平；种毛白色绢质。花期6～8月，果期7～9月。

【生长习性】分布于沙漠及黄河岸边或荒山坡，垂直分布可达海拔2000 m左右。

【精油含量】水蒸气蒸馏干燥全草的得油率为0.12%，开花期新鲜全草的得油率0.02%。

【芳香成分】王凯等（2010）用水蒸气蒸馏法提取的宁夏盐池产老瓜头全草精油的主要成分为：4-甲基-4-羟基-2-戊酮（43.70%）、邻苯二甲酸二乙酯（7.94%）、D-苎烯（7.44%）、2-庚醇（5.46%）、邻苯二甲酸二甲酯（2.09%）、3,7-二甲基-1,6-辛二烯-3-醇（1.86%）、顺-7,11-双甲基-3-亚甲基-1,6,10-十二碳三烯（1.78%）、4-甲基-1-甲氧基-2-异丙基-苯（1.58%）、γ-榄香烯（1.46%）、2-甲基-5-(1-甲基乙烯基)-苯（1.35%）、丁花羟基甲苯（1.33%）、1-甲基-1-乙烯基-2-(1-甲基乙烯基)-4-(甲

基乙醛基)-环己烷（1.21%）、顺-2,3-丁二醇（1.19%）等。

【利用】种子药用，有退热、止泻的功效。

# 🌸 柳叶白前

*Cynanchum stauntonii* (Decne.) Schltr. ex Levl.

**萝藦科　鹅绒藤属**

**别名：** 江杨柳、水豆粘、水杨柳、西河柳、草白前、酒叶草、鹅管白前、鹅白前、石杨柳、竹叶白前

**分布：** 甘肃、安徽、江苏、浙江、湖南、江西、福建、广东、广西、贵州等地

【形态特征】直立半灌木，高约1m，无毛，分枝或不分枝；须根纤细、节上丛生。叶对生，纸质，狭披针形，长6～13cm，宽3～5mm，两端渐尖；中脉在叶背显著，侧脉约6对；叶柄长约5mm。伞形聚伞花序腋生；花序梗长达1cm，小苞片众多；花萼5深裂，内面基部腺体不多；花冠紫红色，辐状，内面具长柔毛；副花冠裂片盾状，隆肿，比花药为短；花粉块每室1个，长圆形，下垂；柱头微凸，包在花药的薄膜内。蓇葖单生，长披针形，长达9cm，直径6mm。花期5～8月，果期9～10月。

【生长习性】生长于低海拔的山谷湿地、水旁以至半浸在水中。

【芳香成分】田效民等（2013）用水蒸气蒸馏法提取的干燥根茎及根精油的主要成分为：己醛（25.73%）、2-正戊基呋喃（15.51%）、1-壬烯-3-醇（4.03%）、(Z)-2-壬烯醛（3.58%）、1-石竹烯（3.53%）、樟脑（3.20%）、2-甲基-5-(1-甲基乙基)-苯酚（2.98%）、(E)-反-2-辛烯醛（2.50%）、3-甲基-4-异丙基酚（2.33%）、α-古芸烯（2.16%）、冰片（2.03%）、植酮（1.91%）、肉豆蔻醚（1.80%）、6-异丙基-1,4-二甲基萘烯（1.67%）、DL-薄荷醇（1.63%）、石竹素（1.41%）、庚醛（1.20%）、α-石竹烯（1.15%）、1-(1,5-二甲基-4-己烯基)-4-甲基苯（1.09%）等。朱丽等（2018）用顶空固相微萃取法提取的干燥根茎及根精油的主要成分为：芳樟醇（14.14%）、α-松油醇（4.54%）、月桂烯（3.99%）、1-石竹烯（3.83%）、(+)-4-蒈烯（3.77%）、芳樟醇丙酸酯（3.19%）、萜品烯（3.00%）、十三烷（2.44%）、(-)-4-萜品醇（2.14%）、(Z)-3,7-二甲基-1,3,6-十八烷三烯（1.85%）、β-松油烯（1.62%）、4-(乙酰苯基)苯甲烷（1.54%）、异松油

烯（1.47%）、乙酸松油酯（1.44%）、(E)-壬烯醛（1.39%）、正己醇（1.37%）、十五烷（1.24%）、十六烷（1.17%）、三十四烷（1.16%）、丁香烯（1.08%）、棕榈酸乙酯（1.06%）、四十四烷（1.01%）等。

【利用】全株供药用，有清热解毒、降气下痰的功效。民间用根治肺病、小儿疳积、感冒咳嗽及慢性支气管炎等。

# 🌸 徐长卿

*Cynanchum paniculatum* (Bunge) Kitag.

**萝藦科　鹅绒藤属**

**别名：** 白细辛、别仙踪、钩鱼竿、对节莲、对月莲、对月草、对叶莲、谷茬细辛、鬼督邮、黑薇、尖刀儿苗、九头狮子草、九头狮、看摇边、老君须、痢止草、铃柴胡、寮刁竹、料刁竹、料吊、了刁竹、柳叶细辛、柳枝癀、蜈蚣草、千云竹、绒线草、上天梯、三百根、山刁竹、蛇利草、蛇草、蛇种草、生竹、石下长卿、天竹、铜锣草、土细辛、逍遥竹、线香草、溪柳、小对叶草、药王、瑶山竹、摇竹消、摇边竹、牙蛀消、英雄草、一枝香、一枝箭、竹叶细辛、獐耳草、中心草

**分布：** 辽宁、内蒙古、山西、河北、陕西、甘肃、四川、贵州、云南、江西、江苏、浙江、安徽、山东、湖北、湖南、河南、广东、广西等地

【形态特征】多年生直立草本，高约1m；根须状；茎不分枝，稀从根部发生几条，无毛或被微生。叶对生，纸质，披针形至线形，长5～13cm，宽5～15mm，两端锐尖，两面无毛或叶面具疏柔毛，叶缘有边毛；圆锥状聚伞花序生于顶端的叶腋内，长达7cm，着花10余朵；花萼内的腺体或有或无；花冠黄绿色，近辐状，裂片长达4mm，宽3mm；副花冠裂片5，基部增厚，顶端钝；花粉块每室1个，下垂；子房椭圆形；柱头5角形，顶端略为突起。蓇葖单生，披针形，长6cm，直径6mm，向端部长渐尖；种子长圆形，长3mm；种毛白色绢质，长1cm。花期5～7月，果期9～12月。

【生长习性】生长于向阳山坡及草丛中。对气候的适应性较强，耐热、耐寒能力强，喜湿润环境，但忌积水。在肥沃、疏松的砂质壤土、黏壤土上生长较好。

【精油含量】水蒸气蒸馏干燥根和根茎的得油率为1.00%～1.60%，新鲜根及根茎的得油率为0.71%。

【芳香成分】根：徐小娜等（2011）用水蒸气蒸馏法提取的山东平邑产徐长卿干燥根及根茎精油的主要成分为：丹皮酚（88.45%）、邻羟基苯乙酮（8.89%）等。

全草：徐小娜等（2011）用水蒸气蒸馏法提取的山东平邑

产徐长卿干燥地上部分精油的主要成分为：丹皮酚（66.30%）、邻羟基苯乙酮（16.99%）、L-抗坏血酸-2,6-二棕榈酸酯（2.95%）、植醇（2.88%）、1-甲氧基-4-丙烯基-苯（1.74%）、2-己烯醛（1.00%）等。

【利用】根和根茎入药，有祛风、化湿、止痛、止痒的功效，用于治风湿痹痛、胃痛胀满、牙痛、腰痛、跌扑伤痛、风疹、湿疹。全草可药用，有祛风止痛、解毒消肿的功效，治胃气痛、肠胃炎、毒蛇咬伤、腹水等。根可炖猪肉、猪骨或鸡，具补肾虚等食疗作用。嫩茎叶可煮汤。

# ❀ 杠柳

*Periploca sepium* Bunge

萝藦科　杠柳属

**别名：** 北五加皮、臭加皮、狗奶子、山五加皮、香加皮、狭叶萝藦、羊桃、羊奶子、羊角条、羊奶条、羊角叶、羊角桃、羊角梢、立柳、阴柳、钻墙柳、桃不桃柳不柳

**分布：** 吉林、辽宁、内蒙古、河北、山东、山西、江苏、河南、江西、四川、贵州、陕西、甘肃等地

【形态特征】落叶蔓性灌木，长可达1.5 m。具乳汁。叶卵状长圆形，长5～9 cm，宽1.5～2.5 cm，顶端渐尖，基部楔形，叶面深绿色，叶背淡绿色。聚伞花序腋生，着花数朵；花萼裂片卵圆形，长3 mm，宽2 mm，顶端钝，花萼内面基部有10个小腺体；花冠紫红色，辐状，张开直径1.5 cm，花冠筒短，约长3 mm，裂片长圆状披针形，长8 mm，宽4 mm，中间加厚呈纺锤形，反折，内面被长柔毛；副花冠环状，10裂，其中5裂延伸丝状被短柔毛，顶端向内弯。蓇葖2，圆柱状，长7～12 cm，直径约5 mm，具纵条纹；种子长圆形，长约7 mm，宽约1 mm，黑褐色，种毛长3 cm。花期5～6月，果期7～9月。

【生长习性】生于平原及低山丘的林缘、沟坡、河边砂质地或地埂等处。喜阳性，喜光，耐寒，耐旱，耐瘠薄，耐阴。对土壤适应性强，具有较强的抗风蚀、抗沙埋的能力。

【精油含量】水蒸气蒸馏干燥根皮的得油率为1.50%。

【芳香成分】史清华等（2006）用水蒸气蒸馏法提取的陕西杨凌产杠柳干燥根皮精油的主要成分为：4-甲氧基水杨醛

（86.96%）、乙酸丁酯（2.23%）、2-甲基-1,3-二氧环戊基乙酸乙酯（1.90%）等。

【利用】根皮入药，有祛风湿、壮筋骨、强心利尿的功效，治风湿性关节炎、小儿筋骨软弱、脚痿行迟、水肿、小便不利。根皮可做杀虫药。种子可以榨油。基叶的乳汁含有弹性橡胶。可作为较好的薪炭林。是一种极好的固沙植物。

## 🌸 黑龙骨

*Periploca forrestii* Schltr.

**萝藦科　杠柳属**

**别名：** 黑骨藤、西南杠柳、青蛇胆、铁骨头、牛尾蕨、铁散沙、飞仙藤、达风藤

**分布：** 西藏、青海、贵州、云南、四川、广西等地

【形态特征】藤状灌木，长达10 m，具乳汁，多分枝。叶革质，披针形，长3.5～7.5 cm，宽5～10 mm，顶端渐尖，基部楔形。聚伞花序腋生，比叶为短，着花1～3朵；花序梗和花梗柔细；花小，直径约5 mm，黄绿色；花萼裂片卵圆形或近圆形，长1.5 mm，无毛；花冠近辐状，花冠筒短，裂片长圆形，长2.5 mm，两面无毛，中间不加厚，不反折；副花冠丝状，被微毛；花粉器匙形，四合花粉藏在载粉器内。蓇葖双生，长圆柱形，长达11 cm，直径5 mm；种子长圆形，扁平，顶端具白色绢质种毛；种毛长3 cm。花期3～4月，果期6～7月。

【生长习性】生于海拔2000 m以下的山地疏林向阳处或阴湿的杂木林下或灌木丛中。

【精油含量】同时蒸馏萃取新鲜茎的得油率为0.17%，新鲜叶的得油率为0.23%，果实的得油率为0.28%；微波萃取新鲜茎的得油率为0.43%，新鲜叶的得油率为0.78%，果实的得油率为0.42%。

【芳香成分】**根：** 高玉琼等（2007）用水蒸气蒸馏法提取的贵州产黑龙骨干燥根精油的主要成分为：反式-茴香脑（83.013%）、甲基蒌叶酚（2.30%）、芳樟醇（1.25%）、α-雪松醇（1.25%）、薁（1.18%）等。

**茎：** 沈寿茂等（2016）用顶空固相微萃取法提取的贵州贵阳产黑龙骨干燥地上茎精油的主要成分为：己醛（22.90%）、2-正戊基呋喃（8.01%）、壬醛（5.29%）、反-2-壬烯醛（5.24%）、奎醛（3.50%）、朴日斯烷（3.05%）、十六烷（2.88%）、己酸（2.76%）、十七烷（2.70%）、乙酸（2.54%）、反-2-辛烯醛（2.51%）、正庚醛（1.99%）、植烷（1.96%）、苯酚（1.86%）、戊醛（1.68%）、愈创木醇（1.64%）、十五烷（1.53%）、棕榈酸甲酯（1.39%）、十八烷（1.32%）、反-2-己烯醛（1.26%）、辛醛（1.19%）、乙酰基环己烯（1.13%）、香叶基丙酮（1.09%）等。周欣等（2008）用同时蒸馏萃取法提取的贵州贵阳产黑龙骨新鲜茎精油主要成分为：水杨酸甲酯（14.39%）、2-戊基呋喃（8.67%）、己醛（7.75%）、3,4-二氢吡咯并[1,2-a]吡嗪-1(2H)-酮（6.81%）、2-壬烯醛（4.96%）、E,E-2,4-癸二烯醛（4.80%）、壬醛（4.52%）、棕榈酸（3.55%）、α-雪松烯（3.10%）、反-2-己烯醛（2.62%）、E,E-2,6-壬二烯醛（2.14%）、正癸醛（1.60%）、E,Z-2,4-癸二烯醛（1.58%）、2-羟基-4-甲氧基-安息香醛

（1.53%）、β-石竹烯（1.45%）、γ-萜品烯（1.36%）、E-2-癸烯醛（1.34%）、9,12,15-十八碳三烯酸甲酯（1.32%）、庚醛（1.29%）、十五醛（1.28%）、2E,4E-庚二烯醛（1.27%）、油酸（1.19%）、1-正十四醇（1.14%）等。

叶：周欣等（2008）用同时蒸馏萃取法提取的贵州贵阳产黑龙骨新鲜叶精油的主要成分为：水杨酸甲酯（15.78%）、β-突厥酮（6.35%）、β-石竹烯（6.35%）、9,12,15-十八碳三烯酸甲酯（6.05%）、十五醛（5.19%）、桃金娘烷醇（4.75%）、反-2-己烯醛（4.58%）、丁香酚（4.27%）、3,4-二氢吡咯并[1,2-a]吡嗪-1(2H)-酮（4.07%）、α-雪松烯（3.31%）、2-戊基呋喃（2.99%）、1-己醇（2.19%）、顺-3-己烯醇（2.18%）、E,E-2,6-壬二烯醛（2.13%）、α-蒎烯（1.96%）、β-榄香烯（1.92%）、大根香叶烯D（1.84%）、α-异松油烯（1.75%）、E-2-癸烯醛（1.45%）、α-长叶松烯（1.20%）、α-木罗烯（1.06%）、橙花叔醇（1.03%）等。

果实：胡晓娜等（2007）用同时蒸馏萃取法提取的贵州贵阳产黑龙骨果实精油的主要成分为：广藿香醇（6.92%）、石竹烯氧化物（3.89%）、Isopal（3.87%）、水杨酸甲酯（3.49%）、二十九烷（2.93%）、十六醛（2.74%）、1-(正)十四醇（2.45%）、δ-愈创木烯（2.38%）、β-比萨波烯（2.22%）、γ-古芸烯（2.13%）、α-雪松烯（1.93%）、β-石竹烯（1.93%）、1-十七烷醇（1.89%）、(-)-异喇叭烯（1.86%）、α-芹子烯（1.76%）、伽罗木醇（1.67%）、β-愈创木烯（1.34%）、香橙烯VI（1.34%）、乙酸龙脑酯（1.06%）、大根香叶烯B（1.02%）等。

【利用】全株供药用，有小毒，可舒筋活络、祛风除湿、治风湿性关节炎、跌打损伤、胃痛、消化不良、闭经、疟疾等。

## 🌸 青蛇藤

*Periploca calophylla* (Wight) Falc.

| 萝藦科　杠柳属 |
| --- |
| **别名：** 黑骨头、鸡骨头、铁夹藤、管人香、乌骚风、宽叶凤仙藤 |
| **分布：** 西藏、四川、贵州、云南、广西、湖北等地 |

【形态特征】藤状灌木，具乳汁。叶近革质，椭圆状披针形，长4.5～6cm，宽1.5cm，顶端渐尖，基部楔形，叶面深绿色，叶背淡绿色。聚伞花序腋生，长2cm，着花达10朵；苞片卵圆形，具缘毛，长1mm；花蕾卵圆形，顶端钝；花萼裂片卵圆形，长1.5mm，宽1mm，具缘毛，花萼内面基部有5个小腺

体；花冠深紫色，辐状，直径约8mm，内面被白色柔毛，花冠筒短，裂片长圆形；副花冠环状，5～10裂，5裂延伸为丝状，被长柔毛。蓇葖双生，长箸状，长12cm，直径5mm；种子长圆形，长1.5cm，宽3mm，黑褐色，顶端具白色绢质种毛；种毛长3～4cm。花期4～5月，果期8～9月。

【生长习性】生于海拔1000m以下的山谷杂树林中。

【芳香成分】赵延涛等（2007）用水蒸气蒸馏法提取的贵州关岭产青蛇藤阴干叶精油的主要成分为：11,14,17-二十碳三烯酸甲酯（35.94%）、棕榈酸（26.37%）、亚油酸（10.92%）、9,17-十八碳二烯醇（8.92%）、十六(烷)醇（8.07%）、植醇（2.73%）、肉豆蔻酸（2.29%）、9,12,15-十八碳三烯酸甲酯（1.20%）、9,12,15-十八碳三烯醇（1.11%）、十五(烷)酸（1.05%）等。

【利用】茎皮纤维可编制绳索及造纸原料。茎药用，治腰痛、风湿麻木、跌打损伤及蛇咬伤等。

## 🌸 萝藦

*Metaplexis japonica* (Thunb.) Makino

| 萝藦科　萝藦属 |
| --- |
| **别名：** 白环藤、斑风藤、飞来鹤、芄兰、斫合子、羊婆奶、婆婆针、落线包、羊角、天浆壳、蔓藤草、奶合藤、土古藤、浆罐头、奶浆藤、老鸹瓢、哈喇瓢、鹤光瓢、洋飘飘、天将果、千层须、乳浆藤、鹤瓢棵、野蕨菜、赖瓜瓢、老人瓢 |
| **分布：** 东北、华北、华东地区和甘肃、陕西、贵州、河南和湖北等地 |

【形态特征】多年生草质藤本，长达8m，具乳汁。叶膜质，卵状心形，长5～12cm，宽4～7cm，顶端短渐尖，基部心形，叶耳圆，长1～2cm，叶面绿色，叶背粉绿色；叶柄顶端具腺

体。总状式聚伞花序腋生或腋外生，着花通常13~15朵；小苞片膜质，披针形；花萼裂片披针形，长5~7mm，宽2mm，外面被微毛；花冠白色，有淡紫红色斑纹，近辐状，花冠筒短，花冠裂片披针形，基部向左覆盖；副花冠环状，短5裂，裂片兜状。蓇葖叉生，纺锤形，长8~9cm，直径2cm，顶端急尖，基部膨大；种子扁平，卵圆形，长5mm，宽3mm，边缘膜质，褐色，具白色绢质种毛；种毛长1.5cm。花期7~8月，果期9~12月。

【生长习性】生长于林边荒地、山脚、河边、路旁灌木丛中。喜温暖、光照充足的环境，不耐热，耐寒、耐旱。

【精油含量】水蒸气蒸馏干燥种子的得油率为0.07%。

【芳香成分】胡鹏等（2017）用水蒸气蒸馏法提取的江苏南京产萝藦干燥种子精油的主要成分为：依兰油二烯（10.69%）、罗汉柏烯（9.62%）、脱氢香橙烯（8.51%）、异喇叭烯（6.27%）、4-甲基苯乙醛（6.01%）、3,4,4a,5,6,7-六氢-1,4aβ-二甲基-7β-（1-甲基乙烯基）萘（4.48%）、2,2-二甲基-1-(2,4,6-三甲氧基苯基)-丙酮（4.06%）、Silphiperfola（3.78%）、2,5-二乙基-7,7-二甲基-1,3,5-环庚三烯（3.02%）、β-朱栾（2.98%）、2,3β-二甲基-4-(4-甲基苯基)环戊烷-1-甲醛（2.97%）、5-异丙基-4,6-二甲基-3,6,8-三烯-2-醇（2.86%）、桉烷内酯（2.59%）、9,10-脱氢异长叶烯（2.32%）、2,4-葵二烯醛（1.97%）、4,5-脱氢异长叶烯（1.95%）、依兰烯醛（1.94%）、异长叶烯（1.91%）、1,4,6,7-四甲基-1,2,3,4-四氢化萘（1.77%）等。

【利用】全株可药用，果可治劳伤、虚弱、腰腿疼痛、缺奶、白带、咳嗽等；根可治跌打、蛇咬、疔疮、瘰疬、阳痿；茎叶可治小儿疳积、疔肿；种毛可止血；乳汁可除瘊子。茎皮纤维可造人造棉。

# ❀ 马利筋

*Asclepias curassavica* Linn.

萝藦科　马利筋属

别名：蓬生桂子花、芳草花、金凤花、羊角丽、黄花仔、唐绵、山桃花、野鹤嘴、水羊角、金盏银台、土常山、竹林标、见肿消、野辣子、辣子七、对叶莲、老鸭嘴、红花矮陀陀、草木棉、尖尾凤

分布：广东、广西、云南、贵州、四川、湖南、江西、福建、台湾等地

【形态特征】多年生直立草本，灌木状，高达80cm，全株有白色乳汁。叶膜质，披针形至椭圆状披针形，长6~14cm，宽1~4cm，顶端短渐尖或急尖，基部楔形而下延至叶柄，无毛或在脉上有微毛。聚伞花序顶生或腋生，着花10~20朵；花萼裂片披针形，被柔毛；花冠紫红色，裂片长圆形，长5mm，宽3mm，反折；副花冠生于合蕊冠上，5裂，黄色，匙形，有柄，内有舌状片；花粉块长圆形，下垂，着粉腺紫红色。蓇葖披针形，长6~10cm，直径1~1.5cm，两端渐尖；种子卵圆形，长约6mm，宽3mm，顶端具白色绢质种毛；种毛长2.5cm。花期几乎全年，果期8~12月。

【生长习性】阳性植物，喜温暖气候，不耐霜冻。喜向阳、通风、温暖、干燥环境。要求土壤湿润肥沃，不耐干旱。

【芳香成分】张雯雯等（2011）用动态顶空密闭循环吸附捕集法收集的云南昆明产马利筋活体鲜花挥发物的主要成分为：癸醛（21.08%）、壬醛（15.66%）、水杨酸甲酯（10.72%）、壬烷（9.79%）、1-壬烯（8.43%）、2,4-二甲基己烷（5.88%）、辛醛（5.74%）、2-乙基-1,1-二甲基-3-亚甲基环己烷（5.49%）、1-辛烯（5.37%）、二乙二醇丁醚（3.84%）、6-甲基-5-庚烯-2-酮（3.51%）、乙酸-3-己烯-1-醇酯（2.86%）等。

【利用】园艺栽培供观赏，可作切花和盆栽。蜜源植物。全株药用，有毒，有清热解毒、活血止血、消肿止痛的功效，主治扁桃体炎、肺炎、支气管炎、尿路炎症、崩漏带下、创伤出血、咽喉肿痛、肺热咳嗽、热淋、痈疮肿毒、湿疹、顽癣。

# 🌸 牛角瓜

*Calotropis gigantea* (Linn.) Dry. ex Ait. f.

萝藦科　牛角瓜属

别名：羊浸树、断肠草、五狗卧花心、哮喘树

分布：云南、四川、广西、广东等地

【形态特征】直立灌木，高达3 m，全株具乳汁；茎黄白色，枝粗壮，幼枝部分被灰白色绒毛。叶倒卵状长圆形或椭圆状长圆形，长8～20 cm，宽3.5～9.5 cm，顶端急尖，基部心形；两面被灰白色绒毛，老渐脱落；叶柄极短，有时叶基部抱茎。

聚伞花序伞形状，腋生和顶生；花序梗和花梗被灰白色绒毛；花萼裂片卵圆形；花冠紫蓝色，辐状，直径3～4 cm，裂片卵圆形，长1.5 cm，宽1 cm，急尖；副花冠裂片比合蕊柱短，顶端内向，基部有距。蓇葖单生，膨胀，端部外弯，长7～9 cm，直径3 cm，被短柔毛；种子广卵形，长5 mm，宽3 mm，顶端具白色绢质种毛；种毛长2.5 cm。花果期几乎全年。

【生长习性】生长于低海拔向阳山坡、旷野地及海边。

【芳香成分】敖芳芳等（2015）用同时蒸馏萃取法提取的云南昆明产牛角瓜干燥全草精油的主要成分为：棕榈酸（27.16%）、植物醇（6.23%）、6,10,14-三甲基-2-十五烷酮（5.17%）、芳4-乙烯基-2-甲氧基-苯酚（4.29%）、β-石竹烯（2.19%）、α-雪松醇（2.14%）、(E)-β-香柑油烯（2.05%）、樟醇（1.98%）、(S)-3-乙基-4-甲基-1-戊醇（1.76%）、2,4-二甲基-1-庚烯（1.47%）、十四烷醛（1.44%）、油酸甲酯（1.26%）、亚油酸甲酯（1.20%）、香叶草醇（1.09%）、2-戊basic呋喃（1.03%）、大根香叶烯D（1.02%）、β-紫香酮（1.02%）等；用顶空固相微萃取法提取的干燥全草精油的主要成分为：1-辛烯-3-醇（17.78%）、大根香叶烯B（6.78%）、己醛（5.26%）、庚醇（5.03%）、2,3-辛二酮（4.65%）、十二烷（3.67%）、4-羟基-4-甲基-2-戊酮（3.39%）、十一烷（3.16%）、3-甲基丁烯醛（3.00%）、β-石竹烯（3.00%）、壬醛（2.54%）、癸烷（1.99%）、2-甲基丁烯醛（1.98%）、(E)-β-佛手柑油烯（1.88%）、正庚醛（1.76%）、环戊

醇（1.73%）、(E)-2-己烯醛（1.44%）、(E)-2-庚烯醛（1.31%）、己酮（1.27%）、(S)-3-乙基-4-甲基-1-戊醇（1.16%）、2,4-二甲基-1-庚烯（1.15%）、2-乙基-1-己醇（1.14%）、1-己醇（1.12%）、2-戊基呋喃（1.10%）、己烷（1.06%）等。

【利用】根、茎、叶和果实均可药用，具有消炎、抗菌、化痰和解毒等作用，用于麻风病、哮喘、咳嗽、溃疡和肿瘤等疾病的治疗；乳汁有毒，具有强心、保肝、镇痛、消炎等功效，治皮肤病、痢疾、风湿、支气管炎；树皮可治癫痫；叶有祛痰定喘咳的功效，常用于咳喘痰多、百日咳。种子可提取具有一定柔软度的纤维。茎皮纤维可用于制绳索、造纸、人造棉和织麻布、麻袋等。种毛可作填充物及丝绒原料。乳汁干燥后可用作树胶原料，还可制鞣料及黄色染料。全株可作绿肥。

# 🌸 海枫屯

*Marsdenia officinalis* Tsiang et P. T. Li

**萝藦科　牛奶菜属**
**别名：** 海枫藤
**分布：** 浙江、湖北、四川、云南

【形态特征】攀缘灌木；茎被黄色绒毛。叶纸质，卵圆形或卵圆状长圆形，长8~11 cm，宽4~5 cm，叶面被微毛，叶背被黄色绒毛。聚伞花序伞形状，腋生于侧枝的近端处，长4 cm，着花10余朵；花梗及花萼均被黄色绒毛；花萼5裂，裂片双盖覆瓦状排列，花萼内面基部有10个腺体；花冠近钟状，花冠筒内面被倒生柔毛，裂片内面被绒毛；副花冠裂片与花药几等长。蓇葖近纺锤形，长约10 cm，直径3 cm，外果皮无毛，干时呈暗褐色；种子卵圆形；种毛白色绢质，长约4 cm。花期7~8月，果期8~11月。

【生长习性】生长于山地林中岩石上及攀援树上。
【芳香成分】方云山等（2010）用同时蒸馏萃取法提取的云南石林产海枫屯藤精油的主要成分为：棕榈酸（29.49%）、N-苯基苯胺（12.00%）、(Z,Z,Z)-9,12,15-十八碳三烯-1-醇（9.63%）、亚油酸（8.26%）、硬脂酸（2.94%）、11-棕榈油酸（2.24%）、壬酸（1.88%）、7-十四炔（1.79%）、十四酸（1.63%）、二十烷

（1.55%）、2-羟基环十五烷酮（1.49%）、1-癸烯（1.46%）、3,4-二氢-2,8-二甲基-2-(4,8,12-三甲基十三烷基)-2H-1-苯并吡喃-6-醇（1.10%）、(E)-5-二十烯（1.05%）等。

【利用】全株药用，有舒经通络、散寒、除湿、止痛的功效。

# 🌸 通光散

*Marsdenia tenacissima* (Roxb.) Wight et Arn.

**萝藦科　牛奶菜属**
**别名：** 通关藤、通光藤、大苦藤、地甘草、乌骨藤、黄桷、下奶藤、勒藤、奶浆藤、通关散、野泡通、黄木香、扁藤、癞藤子、白暗消、龙爪菜
**分布：** 云南、贵州、广西

【形态特征】坚韧木质藤本；茎密被柔毛。叶宽卵形，长和宽15~18 cm，基部深心形，两面均被茸毛，或叶面近无毛。伞形状复聚伞花序腋生，长5~15 cm；花萼裂片长圆形，内有腺体；花冠黄紫色；副花冠裂片短于花药，基部有距；花粉块长圆形，每室1个直立，着粉腺三角形；柱头圆锥状。蓇葖长披针形，长约8 cm，直径1 cm，密被柔毛；种子顶端具白色绢质种毛。花期6月，果期11月。

【生长习性】生长于海拔2000 m以下的疏林中。
【芳香成分】李启发等（2006）用水蒸气蒸馏法提取的云南产通光散干燥茎精油的主要成分为：棕榈酸（32.08%）、5-乙烯基-四氢-2-呋喃甲醇（8.13%）、橙花叔醇（6.31%）、油酸酰胺（3.59%）、2,4-癸二烯醛（2.74%）、白菖考烯（2.72%）、6-(1,1-二甲基-3-丁烯基)-3-甲基-二氢吡喃（2.14%）、十三烷酸（1.85%）、杜松脑（1.84%）、缬草烯醛（1.78%）、α-杜松醇（1.71%）、十五(烷)醛（1.58%）、丁子香酚（1.55%）、二十七烷（1.53%）、植物蛋白胨（1.50%）、异香素树环氧化物（1.47%）、十五烷酸（1.46%）、芳樟醇（1.15%）、姜烯醇（1.02%）等。

【利用】茎、根或叶入药，有清热解毒、止咳平喘、通乳、抗癌的功效，主治咽喉肿痛、肺热咳喘、湿热黄疸、小便不利、乳汁不通、疮疖、癌肿。藤茎药用，民间有用作治支气管炎、哮喘、肺炎、扁桃腺炎、膀胱炎等。茎可提制纤维，常作弓弦绳索。

## ❀ 匙羹藤

*Gymnema sylvestre* (Retz.) Schult.

萝藦科　匙羹藤属

**别名：** 武靴藤、羊角藤、金刚藤、狗屎藤、蛇天角、饭杓藤、小羊角扭、武靴藤、乌鸦藤

**分布：** 云南、广西、广东、福建、浙江、台湾等地

【形态特征】木质藤本，长达4 m，具乳汁；茎皮灰褐色，具皮孔。叶倒卵形或卵状长圆形，长3～8 cm，宽1.5～4 cm，仅叶脉上被微毛；叶柄顶端具丛生腺体。聚伞花序伞形状，腋生；花小，绿白色，长和宽约2 mm；花萼裂片卵圆形，钝头，被缘毛，花萼内面基部有5个腺体；花冠绿白色，钟状，裂片卵圆形，钝头，略向右覆盖；副花冠着生于花冠裂片湾缺下，厚而成硬条带。蓇葖卵状披针形，长5～9 cm，基部宽2 cm，基部膨大，顶部渐尖，外果皮硬，无毛；种子卵圆形，薄而凹陷，顶端截形或钝，基部圆形，有薄边，顶端轮生的种毛白色绢质；种毛长3.5 cm。花期5～9月，果期10月至翌年1月。

【生长习性】生长于山坡林中或灌木丛中。

【芳香成分】**叶：** 丘琴等（2010）用水蒸气蒸馏法提取的广西南宁产匙羹藤叶精油的主要成分为：6,10,14-三甲基-2-十五烷酮（37.07%）、植物醇（32.75%）、二十四烷（4.53%）、1-十八（碳）烯（2.06%）、棕榈酸乙酯（1.71%）、邻苯二甲酸二丁酯（1.33%）、十四醛（1.01%）等。

**花：** 丘琴等（2013）用水蒸气蒸馏法提取的广西南宁产匙羹藤新鲜花精油的主要成分为：二十一烯（14.64%）、植醇（11.77%）、(Z)-2-甲基-2-二十二烷（11.62%）、(E)-3-二十碳烯（10.20%）、(Z)-9-二十三烯（10.08%）、十九烷（5.45%）、三十烷（4.30%）、十九碳烯（4.04%）、二十四烷（1.86%）、(Z)-9-十八碳烯酰胺（1.68%）、2,4-二叔丁基苯酚（1.44%）、棕榈酸（1.28%）、二十五烷（1.15%）、三十四烷（1.04%）、9-辛基十九烷（1.04%）等。

【利用】根或嫩枝叶入药，具有祛风止痛、解毒消肿的功效，用于治风湿痹痛、咽喉肿痛、瘰疬、乳痈、疮疖、湿疹、无名肿毒、毒蛇咬伤。民间用全株来治风湿痹痛、脉管炎、毒蛇咬伤；外用治痔疮、消肿、枪弹创伤，也可杀虫。

## ❀ 娃儿藤

*Tylophora ovata* (Lindl.) Hook. ex Steud.

萝藦科　娃儿藤属

**别名：** 白龙须、哮喘草、三十六荡、三十六根、落土香、落地金瓜、落地蜘蛛、关腰草、藤细辛、土细辛、缠竹消、金钱吊丝绦、虾箝须、黄芽细辛、藤霸王、小霸王、卵叶娃儿藤、七层楼、一见香、小尾伸根、老君须、藤老君须、黄芽细辛

**分布：** 云南、广西、广东、湖南、台湾

【形态特征】攀缘灌木；茎上部缠绕；茎、叶柄、叶的两面、花序梗、花梗及花萼外面均被锈黄色柔毛。叶卵形，长2.5～6 cm，宽2～5.5 cm，顶端急尖，具细尖头，基部浅心形。聚伞花序伞房状，丛生于叶腋，通常不规则两歧，着花多朵；花小，淡黄色或黄绿色，直径5 mm；花萼裂片卵形，有缘毛；花冠辐状，裂片长圆状披针形，两面被微毛；副花冠裂片卵形，贴生于合蕊冠上，背部肉质隆肿，顶端高达花药一半。蓇葖双生，圆柱状披针形，长4～7 cm，径0.7～1.2 cm，无毛；种子卵形，长7 mm，顶端截形，具白色绢质种毛；种毛长3 cm。花期4～8月，果期8～12月。

【生长习性】生长于海拔900 m以下山地灌木丛中及山谷或向阳疏密杂树林中。喜温暖，能耐阴，较耐寒。

【芳香成分】王远兴等（2007）用超临界$CO_2$萃取法提取的广西产娃儿藤干燥全草精油的主要成分为：2-硝基-4-(三氯甲基)-苯酚（11.35%）、8-甲氧基-2-甲基喹啉（11.21%）、十六酸乙酯（8.32%）、1-苯基-1-氮杂螺[2,4]庚烷（7.72%）、十六酸甲酯（5.56%）、软脂酸（4.57%）、12-甲基-1-十四烷酰基-吡咯烷（4.20%）、顺-N-丁基-4-环己烯-1,2-二甲酰亚胺（3.66%）、豆甾醇（3.57%）、(Z,Z,Z)-9,12,15-十八碳三烯酸乙酯（3.10%）、(Z,Z,Z)-9,12,15-十八碳三烯酸甲酯（2.70%）、三十烷（1.81%）、乙琥胺（1.54%）、4-羟基苯乙酮（1.36%）、肉豆蔻酸（1.23%）、硬脂酸（1.22%）、9-辛基二十烷（1.15%）、3-庚基-2-甲基-4-酚-1-氧代喹啉（1.13%）、6,10,14-三甲基-2-十五酮（1.12%）、花生酸（1.10%）、2,6-二甲基吡啶-3,5-二氯-4-十二烷硫基（1.05%）等。

【利用】根入药，具有祛风化痰、解毒散瘀的功效，主治小儿惊风、中暑腹痛、哮喘痰咳、咽喉肿痛、胃痛、牙痛、风湿疼痛、跌打损伤。根、茎、叶均有毒。适于篱墙栏杆、门架、花廊配植供观赏。

## 🌸 云南娃儿藤
*Tylophora yunnanensis* Schltr.

萝摩科　娃儿藤属
别名：野辣椒、金线包、小白薇、白龙须、老妈妈针线包、野辣子、水辣子、蛇辣子、山辣子、白藤、水辣子根
分布：云南、贵州、四川

【芳香成分】林玉萍等（2017）用石油醚回流法提取的云南楚雄产云南娃儿藤干燥茎叶精油的主要成分为：十六碳酸-1-甲丁酯（13.55%）、4'-甲氧基-2'-[N-甲乙酰氨基]-[1,1'-联苯]-4-羧酸（9.78%）、Z-8-甲基-9-十四羰烯-1-醇-甲酸酯（8.51%）、2,6-二甲基-2-反-6-辛二烯（5.87%）、2-(2-甲基环丙烯基)噻吩（5.53%）、5-羟甲基-3',5,8a-三乙基-2-亚甲基-3'-乙烯基十氢萘丙-1-醇（5.02%）、6,10-二甲基-9-十一碳烯-2-酮（2.89%）、β-谷甾醇（2.34%）、7-甲基-5-羟基-4'-甲氧基黄酮（1.71%）、角鲨烯（1.58%）、(4bS-反)-4b,8,8-三甲基-1-异丙基-4b,5,6,7,8,8a,9,10-八氢-2-菲酚（1.56%）、马钱子碱（1.42%）、3-羟基-4-(1-羟基异丙基)-5,10-二甲基-1-十氢萘酮（1.31%）、双(2-乙基己基)邻苯二甲酸盐（1.28%）、β-麦角甾烯醇（1.06%）等。

【利用】云南民间根药用，有消炎解毒、退热截疟、祛风湿的功效，用于治肝炎、胃溃疡、疟疾、风湿关节痛、跌打损伤；外用治虫蛇咬伤。种毛外用可止血。

## 🌸 普通凤丫蕨
*Coniogramme intermedia* Hieron

裸子蕨科　凤丫蕨属
别名：华凤丫蕨、中华凤丫蕨、菜中菜
分布：河南、陕西、甘肃、四川、云南

【形态特征】直立半灌木，高约50cm；地上茎顶端缠绕状。叶纸质，卵状椭圆形，长3～7.5cm，宽1.5-3.5cm，顶端钝，具小尖头，基部圆形，稀楔形，叶面几无毛，叶背被微毛。聚伞花序腋生，长约5cm，直径2cm，着花多朵；花小，紫红色；花萼5深裂，裂片披针形，外面被微毛，花萼内面基部腺体2齿裂；花冠辐状，裂片长圆形，具缘毛，内面具疏长柔毛；副花冠裂片隆肿，卵圆状，贴生于合蕊冠上；花粉块每室1个，长圆状，平展。蓇葖双生，披针形，长4～5.5cm，直径7mm，顶端渐尖；种子顶端具黄白色种毛；种毛长2.5cm。花期5～8月，果期8～11月。

【生长习性】生长于海拔2000m以下山坡、向阳旷野及草地上。

【形态特征】植株高60～120 cm。叶长24～60 cm，宽15～25 cm，卵状三角形或卵状长圆形，二回羽状；侧生羽片3～8对，基部一对最大，长18～24 cm，宽8～12 cm，三角状长圆形，一回羽状；侧生小羽片1～3对，长6～12 cm，宽1.4～2 cm，披针形，长渐尖头，基部圆形至圆楔形，顶生小羽片远较大，基部极不对称或叉裂；第二对羽片三出，或单一（少有仍为羽状）；第三对起羽片单一，长12～18 cm，宽2～3 cm，披针形，长渐尖头，基部略不对称的圆楔形，顶生羽片较其下的为大，基部常叉裂；羽片和小羽片边缘有锯齿。叶干后草质到纸质，叶面暗绿色，叶背较淡并有疏短柔毛。孢子囊群沿侧脉分布达离叶边不远处。

【生长习性】生长于海拔350～2500 m的湿润林下。

【芳香成分】康文艺等（2009）用固相微萃取法提取的河南栾川产普通凤丫蕨叶精油的主要成分为：6,10,14-三甲基-2-十五烷酮（10.84%）、4-(2,6,6-三甲基-1-环己烯-1-基)-3-丁烯-2-酮（6.91%）、5,6,7,7a-四氢-4,4,7α-三甲基-2(4H)-苯并呋喃酮（6.03%）、正十六酸（5.97%）、(E)-4-(2,6,6-三甲基-2-环己烯-1-基)-3-丁烯-2-酮（4.99%）、壬醛（4.85%）、十五烷（4.16%）、正十六烷（3.76%）、2,6,10,14-四甲基-十五烷（2.55%）、[1aS-(1aα,3aα,7aβ,7bβ)]-十氢-1,1,3α-三甲基-7-亚甲基-1H-环丙[a]萘（2.47%）、十七碳烷（2.16%）、邻苯二甲酸二异丁酯（2.08%）、十四酸（2.04%）、γ-新丁香三环烯（1.56%）、2-甲基-8-丙基-十二烷（1.45%）、6,10-二甲基-2-十一烷酮（1.44%）、环十四碳烷（1.33%）、2,6,6-三甲基-1,3-环己二烯-1-甲醛（1.31%）、(E)-6,10-二甲基-5,9-十一碳二烯-2-酮（1.28%）、2,6,11-三甲基-十二烷（1.24%）、10-羟基-11-吗啉-4-基-十一烷酸异丙基酯（1.16%）、癸醛（1.12%）、[4aR-(4aα,7α,8aβ)]-十氢-4a-甲基-1-亚甲基-7-(1-甲基乙烯基)萘（1.11%）、正十四碳烷（1.11%）、(E)-5-十四碳烯（1.02%）等。

【利用】叶入药，有补肾、涩精、祛风渗湿的功效，治疗肾虚腰痛、淋症、白带、风湿关节炎、跌打损伤。

# 🌸 草麻黄

*Ephedra sinica* Stapf

麻黄科　麻黄属
别名：山麻黄、麻黄、华麻黄
分布：山西、新疆、内蒙古、河北、吉林、辽宁、陕西、河南、宁夏

【形态特征】草本状灌木，高20～40 cm；木质茎短或成匍匐状。叶2裂，鞘占全长1/3～2/3，裂片锐三角形，先端急尖。雄球花多成复穗状，常具总梗，苞片通常4对，雄蕊7～8；雌球花单生，在幼枝上顶生，在老枝上腋生，常在成熟过程中基部有梗抽出，使雌球花呈侧枝顶生状，卵圆形或矩圆状卵圆形，苞片4对，下部3对合生部分占1/4～1/3，最上一对合生部分达1/2以上；雌花2，雌球花成熟时肉质红色，近于圆球形，长约8 mm，径6～7 mm；种子通常2粒，包于苞片内，黑红色或灰褐色，三角状卵圆形或宽卵圆形，长5～6 mm，径2.5～3.5 mm，表面具细皱纹，种脐明显，半圆形。花期5～6月，种子8～9月成熟。

【生长习性与生境】常见于山坡、平原、干燥荒地、河床及草原等处。喜凉爽较干燥气候，耐严寒。对土壤要求不严格，砂质壤土、砂土、壤土均可生长，低洼地和排水不良的黏土不宜栽培。

【精油含量】水蒸气蒸馏草质茎的得油率为0.04%～0.91%，过渡茎的得油率为0.11%，木质茎的得油率为0.08%，地上部分的得油率为0.04%；超临界萃取草质茎的得油率为2.00%～2.10%。

【芳香成分】茎：钟凌云等（2010）用水蒸气蒸馏法提取的内蒙古产草麻黄干燥草质茎精油的主要成分为：α-松油醇（30.79%）、正十六酸（9.10%）、(+)-4-莰烯（5.78%）、1,7,7-三甲基-双环[2.2.1]庚-2-烯（4.96%）、柠檬烯（4.40%）、4-(1-甲基乙基)-1-环己烯-1-甲醛（3.90%）、1-甲基-4-(1-甲基乙烯基)环己醇（3.11%）、(Z,Z)-9,12-十八碳二烯酸（2.42%）、顺式-β-松油醇（2.34%）、4-甲基-1-(1-甲基乙基)-3-环己烯-1-醇（2.32%）、1-甲基-2-(1-甲基乙基)苯（2.16%）、3,7-二甲基-1,6-辛二烯-3-醇（1.71%）、(2R-顺式)-1,2,3,4,4a,5,6,7-八氢-α,α,4a,8-四甲基-2-萘甲醇（1.64%）、[1aR-(1aα,4aβ,7α,7aβ,7bα)]-十氢-1,1,7-三甲基-4-亚甲基-1H-环丙[e]薁（1.53%）、6,10,14-三甲基-2-十五烷酮（1.46%）、(4aR-反式)-1,2,3,4,4a,5,6,8a-八氢-4a,8-二甲基-2-(1-甲基亚乙基)萘（1.37%）、δ-芹子烯（1.09%）、植醇（1.08%）、1-甲基-4-(1-甲基乙基)-7-氧杂二环[2.2.1]庚烷（1.05%）、1a,2,3,4,4a,5,6,7ba,5,6,7b-八氢-1,1,4,7-四甲基-β,7b-1H-环丙[e]薁（1.02%）等。

全草：周玲等（2008）用水蒸气蒸馏法提取的山西浑源产草麻黄地上部分精油的主要成分为：α,α,4-三甲基-3-环己烯-1-甲醇（29.18%）、广藿香醇（4.04%）、优葛缕酮（3.62%）、亚油酸异丙基酯（3.04%）、薄荷酮（2.53%）、胡薄荷酮（2.29%）、4-(1-甲基乙基)-1-环己烯-1-吡咯甲醛（1.85%）、油酸（1.68%）、(E)-3,7-二甲基-2,6-辛二烯-1-醇（1.44%）、3-甲基-6-(1-甲基亚乙基)-环己烯（1.37%）、6,10,14-三甲基-2-十五烷酮（1.31%）、苯甲酸（1.07%）等。

【利用】草质茎、根及根茎药用，有发汗散寒、宣肺平喘、利水消肿的功效，用于治风寒感冒、胸闷喘咳、风水浮肿、支气管哮喘。为我国提制麻黄碱的主要植物。

## 膜果麻黄
*Ephedra przewalskii* Stapf

麻黄科　麻黄属
别名：蛇麻黄
分布：内蒙古、宁夏、甘肃、青海、新疆

【形态特征】灌木，高50～240 cm；木质茎明显，茎皮灰黄色或灰白色，细纤维状，纵裂成窄椭圆形网眼；茎上部多分枝，分枝基部再生小枝，形成假轮生状。叶通常3裂，裂片三角形，先端急尖。球花通常无梗，常多数密集成团状的复穗花序，对生或轮生于节上；雄球花淡褐色或褐黄色，近圆球形；苞片3～4轮，每轮常3片，膜质，黄色；雌球花淡绿褐色或淡红褐色，近圆球形，苞片4～5轮，每轮常3片，干燥膜质，扁圆形，基部窄缩成短柄状或具明显的爪，最上一轮或一对苞片各生一雌花；雌球花苞片薄膜状，淡棕色；种子通常3粒，暗褐红色，长卵圆形，顶端细窄成尖突状，表面常有细密纵皱纹。

【生长习性与生境】常生于干燥沙漠地区及干旱山麓，多砂石的盐碱土上也能生长，在水分稍充足的地区常组成大面积的群落。

【精油含量】水蒸气蒸馏干燥草质茎的得油率为0.04%。

【芳香成分】许爱霞等（2006）用水蒸气蒸馏法提取的甘肃民勤产膜果麻黄干燥草质茎精油主要成分为：十六烷酸（31.25%）、9-十六炔酸（18.74%）、d-α-松油醇（7.22%）、十二酸（5.36%）、十四烷酸（3.80%）、愈创木醇（1.82%）、六氢金合欢基丙酮（1.80%）、环氧香橙烯（1.66%）、四甲基吡嗪（1.19%）、α-桉叶醇（1.14%）、植物醇（1.11%）、E,E-金合欢基丙酮（1.07%）等。

【利用】有固沙作用。茎枝可作燃料。属中等牧草。

## 木贼麻黄

*Ephedra equisetina* Bunge

---

麻黄科　麻黄属

**别名：** 山麻黄、木麻黄

**分布：** 内蒙古、河北、山西、陕西、四川、青海、新疆

【形态特征】直立小灌木，高达1m，木质茎粗长，直立，稀部分匍匐状；小枝细，节间短，纵槽纹细浅不明显，常被白粉呈蓝绿色或灰绿色。叶2裂，长1.5～2mm，褐色，大部合生，上部约1/4分离，裂片短三角形，先端钝。雄球花单生或3～4个集生于节上，卵圆形，苞片3～4对，基部约1/3合生，假花被近圆形，雄蕊6～8；雌球花常2个对生于节上，窄卵圆形或窄菱形，苞片3对，菱形或卵状菱形，最上一对苞片约2/3合生，雌花1～2。雌球花成熟时肉质红色，长卵圆形或卵圆形，具短梗；种子通常1粒，窄长卵圆形，顶端窄缩成颈柱状，基

部渐窄圆，具明显的点状种脐与种阜。花期6～7月，种子8～9月成熟。

【生长习性与生境】喜生于干旱地区的山脊、山顶及岩壁等处。喜光，性强健，耐寒，畏热。忌湿，深根性，根蘖性强。

【精油含量】水蒸气蒸馏根的得油率为2.45%，草质茎得油率为0.09%～2.14%，果实的得油率为3.59%。

【芳香成分】茎：吉力等（1997）用水蒸气蒸馏法提取的青海格尔木产木贼麻黄干燥草质茎精油的主要成分为：十六烷酸（26.22%）、邻苯二甲酸二丁酯（10.48%）、二十一烷（2.00%）、十九烷（1.81%）、十二酸（1.25%）、缬草萜烯醇（1.24%）、十六烷酸甲酯（1.16%）、六氢金合欢基丙酮（1.02%）等。

全草：陈德军等（2007）用顶空固相微萃取法提取的

新疆产木贼麻黄全草精油的主要成分为：(1S,5S)-2(10)-蒎烯（32.73%）、异蒎莰醇（6.07%）、β-月桂烯（5.54%）、甲苯（4.30%）、乙酸（2.84%）、邻苯二甲酸二乙酯（2.82%）、二氯甲烷（2.49%）、法呢醇（1.98%）、δ-蛇床烯（1.58%）、γ-杜松烯（1.29%）、牻牛儿醇乙酸酯（1.26%）、3-蒈烯（1.21%）、α-月桂烯（1.18%）、乙酸甲酯（1.17%）、3-甲基-1-丁醇（1.05%）等。

果实：木尼热·阿布都克热木等（2007）新疆和田野生木贼麻黄果实精油的主要成分为：1a,2,3,3a,4,5,6,7b-八氢-1,1,3a,7-四甲基-[1aR-(1aα,3aα,7b)]-1H环丙基[a]萘（24.65%）、广藿香烯（19.29%）、N-[(3α,5β)-24-氧代-3-[(三甲基)-氧化]胆烷-24-甘氨酸甲酯]（17.30%）、1a,2,3,4,4a,5,6,7b-八氢-1,1,4,7-四甲基[1aR-(1aα,4αβ,7bα)]1H环丙基[e]甘菊环烃（10.17%）、1,2,3,4,4a,5,6,8a-八氢-4a,8-二甲基-2-(1-甲乙烯基)[4aR-反式]萘（7.52%）、β-广藿香烯（4.63%）、二环辛基哒嗪（4.07%）、2,5-二环戊烯基环戊酮（3.22%）、5-甲基-1-(2,6,6-三甲基-2,4-环己二烯-1-基-1,4-环己二烯-3-酮)（3.00%）、1-乙烯基-1-甲基-2-(1-甲乙烯基)-4-(1-甲乙烯基)环己烷（2.85%）等。

【利用】为提制麻黄碱的重要原料。草质茎药用，具有发汗、平喘、利尿的功效，用于治疗风寒感冒、恶汗发热、急慢性支气管炎、肺炎、急性肾炎等疾病。可作岩石园、干旱地绿化用，栽培供观赏。

## 🌸 中麻黄

*Ephedra intermedia* Schrenk et C. A. Mey

**麻黄科　麻黄属**

**分布：**辽宁、河北、山东、内蒙古、山西、陕西、甘肃、青海、新疆

【形态特征】灌木，高20~100 cm；茎直立或匍匐斜上，粗壮，基部分枝多；绿色小枝常被白粉呈灰绿色，纵槽纹较细浅。叶3裂及2裂混见，下部约2/3合生成鞘状，上部裂片钝三角形或窄三角披针形。雄球花通常无梗，常数个密集于节上成团状，具5~7对交叉对生或5~7轮（每轮3片）苞片，雄花有5~8枚雄蕊；雌球花2~3成簇，苞片3~5轮（每轮3片）或3~5对交叉对生，通常仅基部合生，边缘常有明显膜质窄边，最上一轮苞片有2~3雌花。雌球花成熟时肉质红色，椭圆形或矩圆状卵圆形；种子包于肉质红色的苞片内，不外露，3粒或2粒，常呈卵圆形。花期5~6月，种子7~8月成熟。

【生长习性与生境】抗旱性强，生于海拔数百米至2000多m的干旱荒漠、沙滩地区及干旱的山坡或草地上。

【精油含量】水蒸气蒸馏干燥草质茎的得油率为0.05%。

【芳香成分】茎：吉力等（1997）用水蒸气蒸馏法提取的甘肃定西产中麻黄干燥草质茎精油的主要成分为：1,4-桉叶油素（12.80%）、1,8-桉叶油素（9.90%）、对-聚伞花素（9.70%）、l-α-松油醇（5.48%）、柠檬烯（4.90%）、1-松油醇（4.87%）、二甲基苯乙烯（4.80%）、α-异松油烯（4.60%）、γ-松油烯（4.29%）、顺-2-对-盖烯-7-醇（2.12%）、E-β-松油醇（1.49%）、萜品烯-4-醇（1.35%）、香芹烯酮（1.10%）等。

全草：解成喜等（2004）用水蒸气蒸馏法提取的新疆和硕产中麻黄（蓝麻黄）全草精油的主要成分为：苯乙酮（7.78%）、苯甲酸铵盐（7.47%）、乙酸乙酯（4.96%）、1-乙氧基-2-丙醇（4.90%）、绿叶烷（4.48%）、乙烷（3.35%）、4-甲基苯甲酰氯（2.59%）、氯代叔丁基醚（2.44%）、(+)-β-木香醇（2.42%）、苯甲醛（2.37%）、7-o-双环[4,1,0]庚烷-1-甲基-4-(2-甲基环氧乙基)（1.76%）、乙酸（1.67%）、3-甲基戊二酸二丁酯（1.44%）、4-甲基-4-异丁烯基环丁酮（1.44%）等。陈德军等（2007）用顶空固相微萃取法提取的新疆产中麻黄全草精油的主要成分为：β-月桂烯（25.42%）、苯乙烯（9.23%）、(1S,5S)-2(10)-蒎烯（6.75%）、香芹酚甲醚（4.43%）、甲苯（4.10%）、松油醇（3.51%）、二氯甲烷（3.45%）、苧烯（3.20%）、3-甲基-2,4-二烯（2.62%）、1,5-二甲基-4-(2-己烯基)苯（1.82%）、香橙烯（1.62%）、乙醇（1.23%）、1,4-二甲基-1-乙基苯（1.23%）、乙酸甲酯（1.13%）、雅槛蓝基-10,11-二烯（1.02%）等。

【利用】草质茎、根及根茎供药用，惟生物碱含量较木贼麻黄和草麻黄为少。肉质多汁的苞片可食。根和茎枝在产地常作燃料。

## 🌸 重瓣臭茉莉

*Clerodendrum philippinum* Schauer

**马鞭草科　大青属**

**别名：**臭茉莉、臭朱桐、大髻婆、臭牡丹

**分布：**广东、广西、云南、贵州、福建、台湾

【形态特征】灌木，高50~120 cm；小枝钝四棱形或近圆形，幼枝被柔毛。叶片宽卵形或近于心形，长9~22 cm，宽8~21 cm，顶端渐尖，基部截形、宽楔形或浅心形，边缘疏

生粗齿，叶面密被刚伏毛，叶背密被柔毛，脉腋有数个盘状腺体，叶片揉之有臭味；叶柄长3～17cm，被短柔毛。伞房状聚伞花序紧密，顶生，花序梗被绒毛；苞片披针形，长1.5～3cm，被短柔毛并有少数疣状和盘状腺体；花萼钟状，长1.5～1.7cm，被短柔毛和少数疣状或盘状腺体，萼裂片线状披针形；花冠红色、淡红色或白色，有香味，花冠管短，裂片卵圆形，雄蕊常变成花瓣而使花成重瓣。

【生长习性与生境】生长于海拔130～2200m的地区。

【精油含量】水蒸气蒸馏新鲜叶的得油率为0.06%。

【芳香成分】杨永利等（2009）用水蒸气蒸馏法提取的广东潮州产重瓣臭茉莉新鲜叶精油的主要成分为：1-辛烯-3-醇（49.50%）、(E)-3-己烯-1-醇（13.39%）、芳樟醇（9.41%）、环己醇（3.37%）、3-辛醇（1.69%）、n-正戊酸-(Z)-3-己烯酯（1.42%）、1-己醇（1.38%）、糠醛（1.37%）、α-萜品烯醇（1.17%）、苯乙醛（1.14%）、丁酸-(Z)-3-己烯酯（1.11%）、3,7-二甲基-(2E,6E)-2,6-辛二烯-1-醇（1.00%）等。

【利用】栽培供观赏。药用根，主治风湿。

## 🌸 臭茉莉

*Clerodendrum philippinum* Schauer var. *simplex* Moldenke

| 马鞭草科 大青属 | |
|---|---|
| **别名：** | 臭牡丹、臭屎茉莉、白花臭牡丹 |
| **分布：** | 云南、广西、贵州 |

【形态特征】植物体被毛较密，伞房状聚伞花序较密集，花较多，苞片较多，花单瓣，较大，花萼长1.3～2.5cm，萼裂片披针形，长1～1.6cm，花冠白色或淡红色，花冠管长2～3cm，裂片椭圆形，长约1cm。核果近球形，径8～10mm，成熟时蓝黑色。宿萼增大包果。花果期5～11月。

【生长习性与生境】生于海拔650～1500m的林中或溪边。

【精油含量】水蒸气蒸馏新鲜叶的得油率为0.01%。

【芳香成分】纳智（2006）用水蒸气蒸馏法提取的云南西双版纳产臭茉莉新鲜叶精油的主要成分为：1-辛烯-3-醇（30.94%）、植醇（19.50%）、顺-3-己烯-1-醇（16.55%）、芳樟醇（8.13%）、反-2-己烯-1-醇（5.04%）、己醇（3.14%）、β-金合

欢烯（3.12%）、3-辛醇（2.74%）、二十七烷（1.15%）等。

【利用】根、叶和花药用，有祛风除湿、活血消肿、杀虫止痒的功效，治痹症、脚气水肿、白带、痔疮、脱肛、痒疹、疥疮、慢性骨髓炎。

## 🌸 臭牡丹

*Clerodendrum bungei* Steud.

| 马鞭草科 大青属 | |
|---|---|
| **别名：** | 臭茉莉、臭八宝、臭梧桐、臭珠桐、臭枫根、大红袍、矮桐子、大红花 |
| **分布：** | 华北、西北、西南地区及江苏、安徽、浙江、江西、湖南、湖北、广西 |

【形态特征】灌木，高1～2m，植株有臭味；花序轴、叶柄密被柔毛；小枝近圆形，皮孔显著。叶片纸质，宽卵形或卵形，长8～20cm，宽5～15cm，顶端尖或渐尖，基部宽楔形、截形或心形，边缘具粗或细锯齿，基部脉腋有数个盘状腺体；叶柄长4～17cm。伞房状聚伞花序顶生，密集；苞片叶状，披针形或卵状披针形，长约3cm，小苞片披针形，长约1.8cm；花萼钟状，长2～6mm，被短柔毛及少数盘状腺体，萼齿三角形，长1～3mm；花冠淡红色、红色或紫红色，裂片倒卵形，长5～8mm；雄蕊及花柱均突出花冠外；柱头2裂，子房4室。核果近球形，径0.6～1.2cm，成熟时蓝黑色。花果期5～11月。

【生长习性与生境】生于海拔2500m以下的山坡、林缘、沟谷、路旁、灌丛润湿处。喜阳光充足、温暖潮湿，耐寒耐旱，也较耐阴。生长适温为18～22℃，越冬温度8～12℃。适应性强，对土壤要求不严，宜在肥沃、疏松的腐叶土中生长。

【精油含量】水蒸气蒸馏新鲜全草的得油率为0.30%。

【芳香成分】叶：李培源等（2010）用水蒸气蒸馏法提取的广西玉林产臭牡丹叶精油的主要成分为：叶绿醇（32.79%）、芳樟醇（5.95%）、四十四烷（3.73%）、十五醛（3.32%）、棕榈酸（2.52%）、β-紫罗酮（1.64%）、苯乙醛（1.58%）等。

全草：余爱农（2004）用水蒸气蒸馏法提取的湖北恩施产臭牡丹新鲜全草精油的主要成分为：苯乙醇（42.66%）、乙醇（12.99%）、1-辛烯-3-醇（6.13%）、1-己醇（5.42%）、丙酮（4.68%）、苯甲醇（3.15%）、芳樟醇（3.06%）、5-甲基-6,7-二氢-5H-环戊并吡嗪（2.12%）、二乙基卡必醇（2.00%）、3-辛醇（1.66%）、3-呋喃甲醛（1.43%）、2-戊醇（1.28%）、正十七烷（1.23%）、氧化芳樟醇（1.15%）、正十六烷（1.08%）、反式氧化芳樟醇（1.01%）、2,5-二甲基环己醇（1.00%）、1,2,3,4-四氢-2,3-二甲基喹喔啉（1.00%）等。

花：李培源等（2010）用水蒸气蒸馏法提取的广西玉林产臭牡丹花精油的主要成分依次为：棕榈酸（29.52%）、亚油酸（15.26%）、二十七烷（9.27%）、叶绿醇（8.99%）、二十三烷（4.80%）、十八烷酸（3.84%）、十九烷（2.45%）、二十六烷（1.82%）、1,4,5-二溴-五十四烷（1.55%）等。朱亮锋等（1993）用水蒸气蒸馏法提取的广东广州产臭牡丹新鲜花精油的主要成分为：芳樟醇（27.79%）、乙酸-1-乙氧基乙酯（17.64%）、7-辛烯-4-醇（14.06%）、2-羟基苯甲酸甲酯（3.05%）、1,8-桉叶油素（2.41%）、反式-氧化芳樟醇（呋喃型）（1.84%）、反式-氧化芳樟醇（吡喃型）（1.66%）、6,10-二甲基-5,9-十一碳二烯-2-酮（1.40%）、十六醛（1.37%）、苯甲酸苯甲酯（1.34%）、6-甲基-5-庚烯-2-酮（1.30%）、1-乙氧基戊烷（1.13%）等。

【利用】根、茎、叶入药，有祛风解毒、消肿止痛的功效，用于治疗痈疽、疔疮、乳腺炎、关节炎、湿疹、牙痛、痔疮、脱肛、子宫脱垂；叶有降压作用。嫩叶和嫩花可作蔬菜食用。栽培供观赏。

# ❀ 海通

*Clerodendrum mandarinorum* Diels

**马鞭草科 大青属**

**别名：**白灯笼、臭梧桐、满大青、牡丹树、木常山、泡桐树、桐木树、朴瓜树、线桐树、鞋头树、铁枪桐、小花泡桐

**分布：**江西、湖南、湖北、广东、广西、四川、云南、贵州

【形态特征】灌木或乔木，高2～20 m；幼枝略呈四棱形，密被黄褐色绒毛。叶片近革质，卵状椭圆形，长10～27 cm，宽6～20 cm，顶端渐尖，基部截形、近心形或稍偏斜，叶面绿色，被短柔毛，叶背密被灰白色绒毛。伞房状聚伞花序顶生，分枝多，疏散，花序梗以至花柄都密被黄褐色绒毛；苞片长4～5 mm，易脱落，小苞片线形；花萼小，钟状，密被短柔毛和少数盘状腺体，萼齿尖细，钻形；花冠白色或偶为淡紫色，有香气，外被短柔毛，裂片长圆形；雄蕊及花柱伸出花冠外。核果近球形，幼时绿色，成熟后蓝黑色，干后果皮常皱成网状，宿萼增大，红色，包果一半以上。花果期7～12月。

【生长习性与生境】生于海拔250～2200 m的溪边、路旁或丛林中。

【精油含量】水蒸气蒸馏干燥叶的得油率为0.33%。

【芳香成分】杨广安等（2015）用水蒸气蒸馏法提取的贵州贵阳产海通干燥叶精油的主要成分为：1-辛烯-3-醇（19.02%）、芳樟醇（12.98%）、植醇（11.77%）、己烯醛（9.91%）、α-蒎烯（6.68%）、正二十五烷（2.59%）、正二十四烷（2.15%）、正二十三烷（2.06%）、正二十七烷（2.05%）、(E)-β-法呢烯（2.01%）、正二十六烷（1.76%）、正三十烷（1.73%）、正二十八烷（1.71%）、正二十二烷（1.39%）、3-己烯-1-醇（1.24%）、正二十一烷（1.15%）、角鲨烯（1.14%）、正十九烷（1.06%）等。

【利用】四川、广西民间用其枝叶治半边疯。

# 海州常山
*Clerodendrum trichotomum* Thunb.

**马鞭草科　大青属**

**别名：** 八角梧桐、斑鸠柞、斑鸠菜、臭梧桐、臭梧、泡花桐、泡火桐、追骨风、后庭花、香楸、芙蓉根

**分布：** 辽宁、甘肃、陕西以及华北、中南、西南各地

【形态特征】灌木或小乔木，高1.5～10 m；幼枝、叶柄、花序轴等被黄褐色柔毛，老枝灰白色，具皮孔。叶片纸质，近卵形，长5～16 cm，宽2～13 cm，顶端渐尖，基部宽楔形至截形，偶有心形，全缘或有时边缘具波状齿。伞房状聚伞花序顶生或腋生，通常二歧分枝，疏散，末次分枝着花3朵；苞片叶状，椭圆形，早落；花萼蕾时绿白色，后紫红色，基部合生，中部略膨大，有5棱脊，顶端5深裂，裂片三角状披针形或卵形，顶端尖；花香，花冠白色或带粉红色，顶端5裂，裂片长椭圆形；雄蕊4，花丝与花柱同伸出花冠外。核果近球形，径6～8 mm，包藏于增大的宿萼内，成熟时外果皮蓝紫色。花果期6～11月。

【生长习性与生境】生于海拔2400 m以下的山坡灌丛中。喜阳光，较耐寒、耐旱，喜湿润土壤，能耐瘠薄土壤，但不耐积水。适应性强。

【精油含量】水蒸气蒸馏叶的得油率为0.23%～0.61%。

【芳香成分】叶：水蒸气蒸馏法提取的不同产地的海州常山叶精油的主成分不同，闫世才等（2003）分析的甘肃天水产叶精油的主要成分为：(E,E,E)-9,12,15-十八碳三烯-1-醇（13.40%）、(E,E,E)-9,12,15-十八碳三烯酸甲酯（12.65%）、棕榈酸（12.51%）、十五酸（7.66%）、菲（2.99%）、1-甲基-7-异丙基菲（2.16%）、酞酸二丁酯（1.91%）、2-甲氧基-4-丙基苯酚（1.77%）、4b,5,6,7,8,8a,9,10-八氢-4b, 8-二甲基-2-异丙基菲（1.75%）、5,6,7,7a-四氢-4,4,8a-三甲基-2(4H)-苯并呋喃酮（1.65%）、芳樟醇（1.64%）、(E)-4-苯基-3-丁烯-2-酮（1.62%）、(1R)-1,2,3,4,4a,9,10,10a-八氢-1α,4aβ-二甲基-7-异丙基-1-菲甲酸甲酯（1.54%）、3,6-二甲基菲（1.53%）、邻苯二甲酸二异丁酯（1.48%）、苯并噻唑（1.43%）、4,4′-二异丙基-联苯（1.35%）、2-己烯酸（1.33%）、9-十六烯酸（1.22%）、2-甲基蒽（1.17%）、1-甲基-4-异丙基-苯（1.14%）、β-紫罗兰酮（1.06%）、4-乙基-2-甲氧基苯酚（1.06%）、N-苯基-1-萘胺（1.04%）、香芹酚（1.02%）等；瞿仕等（2012）分析的湖北利川产新鲜叶精油的主要成分为：1-辛烯-3-醇（38.17%）、芳樟醇（11.73%）、苯并噻唑（9.41%）、5-甲基糠醛（6.85%）、松油醇（6.79%）、叶醇（5.49%）、苯乙醛（4.01%）、2-己烯-1-醇（2.93%）、2-羟基-5-甲基苯乙酮（2.65%）、正己醇（2.24%）、3-甲基-1-丁醇（1.42%）、3-辛醇（1.38%）等。

花：田璞玉等（2011）用顶空固相微萃取技术提取的河南天池山产海州常山花精油的主要成分为：植烷（17.25%）、棕榈醛（10.57%）、1-辛烯-3-醇（6.78%）、苯甲醛（6.10%）、棕榈酸（4.85%）、二十烷（4.00%）、6-十四烯（3.40%）、二十四烷（3.36%）、13-十四醛（3.34%）、(E,E,E)-3,7,11,16-四甲基-十六-2,6,10,14-四烯-1-醇（3.29%）、二十一烷（3.29%）、2-戊基呋喃（3.24%）、4-十四烷吗啉（2.74%）、(E,E)-7,11,15-三甲基-3-亚甲基-十六-1,6,10,14-四烯（2.33%）、十七烷（2.24%）、二十烷（2.12%）、(E)-6,10-二甲基-5,9-十一碳二烯-2-酮（2.06%）、棕榈酸异丙酯（1.75%）、苯乙醇（1.62%）、5,9,13-三甲基-4,8,12-三烯十四醛（1.61%）、6,10,14-三甲基-2-十五烷酮（1.42%）、1-辛烯-3-酮（1.30%）、苯甲醇（1.28%）、十四醛（1.28%）、十六烷（1.23%）等。

【利用】嫩枝及叶药用，有祛风湿的功效，用于治风湿痹痛、半身不遂、高血压病、偏头痛、疟疾、痢疾、痔疮、痈疽疮疥。嫩茎叶可煮食。

# 臭黄荆
*Premna ligustroides* Hemsl.

**马鞭草科　豆腐柴属**

**别名：** 斑鹊子、斑鸠站、女贞叶腐婢、短柄腐婢

**分布：** 四川、重庆、贵州、湖北、江西

【形态特征】灌木，高1～3 m；多分枝，枝条细弱，幼枝有短柔毛。叶片卵状披针形至披针形，长1.5～8 cm，宽1～3 cm，全缘或中部有3～5钝齿，顶端渐尖或急尖，基部楔形，两面疏生有毛，叶背有紫红色腺点。聚伞花序组成顶生圆锥花序，被柔毛，长3.5～6 cm，宽2～3 cm；花萼杯状，长约2 mm，外面有毛和腺点，顶端稍不规则5裂，裂片圆形或钝三角形；花冠黄色，长3～5 mm，两面有茸毛和黄色腺点，顶端4裂略成二唇形，上唇1裂片宽，顶端截平或微凹，下唇3裂片稍不相等，中

间1裂片较长；雄蕊4,2枚稍长。核果倒卵球形，长2.5～5 mm，宽2.5～4 mm，顶端有黄色腺点。花果期5～7月。

【生长习性与生境】生于海拔500～1000 m的山坡林中或林缘。

【芳香成分】范超敏等（2011）用水蒸气蒸馏法提取的四川大竹产臭黄荆干燥叶精油的主要成分为：1-辛烯-3-醇（11.45%）、石竹烯氧化物（9.71%）、α-石竹烯（5.82%）、+/-.-反式橙花叔醇（3.48%）、反式-β-紫罗（兰）酮（3.43%）、异喇叭烯（3.28%）、5,8,11,14,17-二十碳五烯酸甲酯（3.10%）、1,1,5,6-四甲基-茚（3.06%）、3,7-二甲基-3-羟基-1,6-辛二烯（2.80%）、己醛（2.65%）、叶绿醇（2.45%）、(E)-1,1,1-(2,6,6-甲基-1,3-环己二烯-1-基)-2-丁烯（2.43%）、可巴烯（2.40%）、石竹烯（2.26%）、2-戊基-呋喃（2.00%）、反-2-(2-烯基)呋喃（1.95%）、α-没药醇（1.93%）、三十烷酸乙酯（1.81%）、1,6,10-三甲基-5,9-十一碳二烯（1.79%）、三十二（碳）烷（1.68%）、(E)-2-乙烯醛（1.39%）、沉香螺萜醇（1.39%）、6,10,14-三甲基-2-十五烷酮（1.38%）、α-白菖烯（1.25%）、(Z,Z,Z)-9,12,15-十八碳三烯酸乙酯（1.25%）、长叶松萜烯-(V4)（1.25%）、紫罗兰酮（1.20%）、6-甲基-5-庚烯酮（1.08%）、α-长叶蒎烯（1.03%）等。

【利用】根、叶、种子入药，根可清热利湿、解毒，用于治痢疾、疟疾、风热头痛、肾炎水肿、痔疮、脱肛；叶可解毒消肿，外用治疮疡肿毒。

## ❀ 豆腐柴

*Premna microphylla* Turcz.

**马鞭草科　豆腐柴属**

别名：臭黄荆、观音柴、观音草、土黄芪、豆腐草、豆腐木、豆腐叶、止血草、腐婢、凉粉柴

分布：华东、中南、华南地区至四川、贵州等地

【形态特征】直立灌木；幼枝有柔毛，老枝变无毛。叶揉之有臭味，卵状披针形、椭圆形、卵形或倒卵形，长3～13 cm，宽1.5～6 cm，顶端急尖至长渐尖，基部渐狭窄下延至叶柄两侧，全缘至有不规则粗齿，无毛至有短柔毛；叶柄长0.5～2 cm。聚伞花序组成顶生塔形的圆锥花序；花萼杯状，绿色，有时带紫色，密被毛至几无毛，但边缘常有睫毛，近整齐的5浅裂；花冠淡黄色，外有柔毛和腺点，花冠内部有柔毛

---

以喉部较密。核果紫色，球形至倒卵形。花果期5～10月。

【生长习性与生境】生于山坡林下或林缘。

【精油含量】水蒸气蒸馏新鲜叶的得油率为1.16%。

【芳香成分】吴永祥等（2018）用水蒸气蒸馏法提取的安徽黄山产豆腐柴新鲜叶精油的主要成分为：丙酸乙酯（33.70%）、2,2'-亚甲基双-(4-甲基-6-叔丁基苯酚)（9.38%）、叶绿醇（7.91%）、α-桉叶醇（3.75%）、角鲨烯（3.39%）、棕榈酸（3.34%）、1-辛烯-3-醇（3.22%）、β-大马烯酮（2.96%）、2,3-二氢-3,4,7-三甲基-1H-茚酮（2.86%）、3-乙基邻二甲苯（2.80%）、α-紫罗酮（2.37%）、6,10,14-三甲基-2-十五烷酮（2.25%）、4-[2,2,6-三甲基-7-氧杂二环[4.1.0]庚-1-基]-3-丁烯-2-酮（2.12%）、芳樟醇（1.86%）、丙泊酚（1.78%）、氧化石竹烯（1.73%）、反式-橙花叔醇（1.67%）、α-荜澄茄烯（1.49%）、环氧化蛇麻烯Ⅱ（1.41%）、二氢猕猴桃内酯（1.38%）、棕榈酸甲酯（1.37%）、β-紫罗酮（1.27%）、亚麻酸甲酯（1.13%）、(3-甲基环氧乙基-2-基)甲醇（1.12%）等。

【利用】叶可制成豆腐供食用。根、茎、叶入药，有清热解毒、消肿止血的功效，主治毒蛇咬伤、无名肿毒、创伤出血。嫩枝、叶经调制后可作为良等饲料利用。

## ❀ 海南臭黄荆

*Premna hainanensis* Chun et How

**马鞭草科　豆腐柴属**

分布：海南

【形态特征】攀缘或直立灌木，高1～3 m；幼枝及花序略被粉屑状柔毛，老枝近无毛，褐色，有明显皮孔和纵条纹。叶片厚纸质或近革质，椭圆形至卵状椭圆形，长4～9 cm，宽2～4.5 cm，全缘，顶端钝或渐尖，基部阔楔形或钝圆，干后两面暗绿色，主脉在表面凹入，在背面凸起。聚伞花序在枝端排成伞房状；苞片及小苞片锥状；花萼长1.8～2 mm，二唇形，上唇有2齿，下唇通常近全缘或有2钝齿，在结果时近截平；花冠黄绿色至白色，外面有细柔毛，略呈二唇形，上唇凹入，下

唇3裂，两侧裂片较短；雄蕊4，稍外露；子房近圆形。核果倒卵形，绿色，成熟后变褐色，直径2~3 mm。花果期9~11月。

【生长习性与生境】生于山坡向阳灌木丛中。

【精油含量】水蒸气蒸馏阴干叶的得油率为0.42%。

【芳香成分】戴春燕等（2012）用水蒸气蒸馏法提取的海南万宁产海南臭黄荆阴干叶精油的主要成分为：石竹烯（24.71%）、石竹烯氧化物（11.76%）、长叶烯（5.32%）、N'-(2,4,6-(1H,3H,5H)-三氧基嘧啶-5-叉甲基)-2-硝基苯酰肼（4.51%）、(E)-7,11-二甲基-3-亚甲基-1,6,10-十二碳三烯（3.99%）、4-甲基-1-异丙基-3-环己烯-1-醇（3.76%）、10,10-二甲基-2,6-二亚甲基二环[7.2.0]十一烷-5β-醇（3.41%）、环氧异香橙烯（2.93%）、(E)-9-十八烯酸甲酯（2.56%）、5-(对氨基苯基)-2-噻唑胺（2.08%）、桉油醇（1.98%）、α-萜品烯（1.69%）、7-异丙基-1,1,4a-三甲基-1,2,3,4,4a,9,10,10a-八氢菲（1.36%）、芳樟醇（1.31%）、[1R-(1R*,3E,7E,11R*)]-1,5,5,8-四甲基-12-氧杂双环[9.1.0]十二碳-3,7-二烯（1.25%）、3,7-二甲基-1,6-辛二烯-3-基-丙二酸甲酯（1.12%）等。

【利用】为海南的特有药用植物，具有抗菌、护肝、调节免疫、止痛、消炎、降低细胞毒性和血糖等作用。

## 🌸 黄毛豆腐柴
*Premna fulva* Craib

| 马鞭草科 | 豆腐柴属 |
| --- | --- |
| 别名：战骨 | |
| 分布：贵州、广西、云南 | |

【形态特征】灌木至乔木，幼枝密被黄色平展长柔毛，老枝逐渐变无毛且转红褐色。叶片纸质，形状大小多变，卵状披针形至近圆形，长4~15 cm，宽3~10 cm，顶端渐尖、锐尖，很少近圆形至微凹或倒心形，基部阔楔形、近圆形，偶尔近心形，常偏斜，边缘通常有锯齿，表面被较疏的稍硬黄毛。聚伞花序伞房状，顶生，分枝5~6对，每枝再3~6回二歧分枝；苞片线形，密被柔毛；花萼外被短柔毛，近二唇形；花冠绿白色，长4~5 mm，4裂近二唇形，上唇1裂片圆或微凹，下唇3裂片圆；雄蕊4，二强。核果卵形至球形，直径3~6 mm，成熟时黑色，有瘤突，果萼杯状，近二唇形，径约2~4 mm。

【生长习性与生境】生长于海拔500~1200 m的阴处常绿阔叶林或路边疏林中。

【精油含量】水蒸气蒸馏阴干叶的得油率为0.80%。

【芳香成分】蒋才武等（2005）用水蒸气蒸馏法提取的广西野生黄毛豆腐柴阴干叶精油的主要成分为：(S)-1-甲基-4-(5-甲基-1-亚甲基-4-己烯基)-环己烯（20.43%）、[1R-(1α,3aα,4α,8aα,9S)]-十氢-1,5,5,8a-四甲基-1,4-亚甲基与-9-醇（14.44%）、[4aR-(4aα,7α,8aα)]-十氢-4a-甲基-1-亚甲基-7-异丙基萘（8.36%）、[1aR-(1aα,4α,4aα,7bα)]-1a,2,3,4,4a,5,6,7b-八氢-1,1,4,7-四甲基-1H-环丙烷[e]薁（6.33%）、丁香烯（6.19%）、澳白檀醇（3.22%）、(1S-顺)-1,2,3,5,6,8a-六氢-4,7-二甲基-1-异丙基萘（2.51%）、[1aR-(1aα,4aα,7α,7aα,7bα)]-十氢-1,1,7-三甲基-4-亚甲基-1H-环丙基[e]-7-醇（2.47%）、1-乙烯基-1-甲基-2,4-双异丙基-环己烷（2.36%）、[1S-(1α,3aα,4α,8aα)]-十氢-4,8,8-三甲基-9-亚甲基-1,4-亚甲基（2.12%）、[3aS-(3aα,3bα,4α,7α,7aS)]-八氢-7-甲基-3-亚基-4-异丙基-1H-环戊[1,3]环丙基苯（2.08%）、棕榈酸（1.96%）、4-甲基-1-异丙基-3-环己烯-1-醇（1.67%）等。

【利用】叶药用，有接骨疗、活血化瘀、止痛的功效，治跌打骨折、肿痛。

## 🌸 海榄雌
*Avicennia marina* (Forsk.) Vierh.

| 马鞭草科 | 海榄雌属 |
| --- | --- |
| 别名：白骨壤、咸水矮让木 | |
| 分布：广东、广西、海南、香港、福建 | |

【形态特征】灌木，高1.5~6 m；枝条有隆起条纹，小枝四方形，光滑无毛。叶片近无柄，革质，卵形至椭圆形，长2~7 cm，宽1~3.5 cm，顶端钝圆，基部楔形，叶面无毛，有光泽，叶背有细短毛，主脉明显。聚伞花序紧密成头状；花小，直径约5 mm；苞片5枚，有内外2层，外层密生绒毛，内层较光滑，黑褐色；花萼顶端5裂，外面有绒毛；花冠黄褐色，顶端4裂，外被绒毛；雄蕊4，着生于花冠管内喉部而与裂片互生，花丝极短；子房上部密生绒毛。果近球形，直径约1.5 cm，

有毛。花果期7～10月。

【生长习性与生境】生长于海边和盐沼地带，通常为组成海岸红树林的植物种类之一。喜温暖湿润气候，耐盐碱水湿。

【精油含量】水蒸气蒸馏阴干叶的得油率为0.20%，果实的得油率为0.16%。

【芳香成分】叶：郭先霞等（2008）用水蒸气蒸馏法提取的广东湛江产海榄雌阴干叶精油的主要成分为：2,6-二叔丁基-4-甲基苯酚（41.09%）、2-苯基-1,3-丁二烯（24.56%）、4-羟基-2-甲基苯乙酮（4.92%）、十九烷（4.03%）、苯乙醛（3.90%）、吲哚（3.34%）、1-碘十三烷（3.24%）、5-甲基-四氢呋喃-2-甲醇（3.06%）、十七烷（2.98%）、6-甲氧基-1,2-二氢萘（2.72%）、四氢吡喃-2-甲醇（2.46%）、二乙基-癸氧基-硼烷（1.92%）、1-碘-壬烷（1.78%）等。

果实：黄丽莎等（2009）用水蒸气蒸馏法提取的果实精油的主要成分为：棕榈酸甲酯（41.91%）、对乙烯基苯甲酸甲酯（9.68%）、(9Z,15Z)-9,15-十八碳二烯酸甲酯（8.28%）、2,6-二氟苯甲酸-3,5-二氟苯酯（6.74%）、硬脂酸甲酯（3.97%）、油酸甲酯（3.17%）、正己醛（2.31%）、9-氧代壬酸甲酯（2.21%）、植酮（1.49%）、植醇（1.40%）、邻苯二甲酸二乙酯（1.20%）等。

【利用】果实浸泡去涩后可炒食，也可作饲料，又可治痢疾。是热带、亚热带地区海滨绿化美化的良好树种，可与红树林一起形成海岸风光。

## ❀ 马鞭草

*Verbena officinalis* Linn.

**马鞭草科　马鞭草属**
**别名：** 风须草、蛤蟆棵、马鞭子、马鞭稍、粘身蓝被、蜻蜓草、蜻蜓饭、透骨草、兔子草、土马鞭、铁马鞭、紫顶龙芽草、野荆芥
**分布：** 陕西、山西、甘肃、安徽、浙江、福建、江西、湖北、湖南、广东、江苏、广西、四川、贵州、云南、新疆、西藏

【形态特征】多年生草本，高30～120cm。茎四方形，近基部可为圆形，节和棱上有硬毛。叶片卵圆形至长圆状披针形，长2～8cm，宽1～5cm，基生叶的边缘通常有粗锯齿和缺刻，茎生叶多数3深裂，裂片边缘有不整齐锯齿，两面均有硬毛。穗状花序顶生和腋生，细弱，花小，无柄，最初密集，结果时

疏离；苞片稍短于花萼，具硬毛；花萼长约2mm，有硬毛，脉间凹穴处质薄而色淡；花冠淡紫至蓝色，长4～8mm，裂片5；雄蕊4，花丝短。果长圆形，长约2mm，外果皮薄，成熟时4瓣裂。花期6～8月，果期7～10月。

【生长习性与生境】常生长在低至高海拔的路边、山坡、溪边或林旁。喜肥，喜湿润，怕涝，不耐干旱。一般土壤均可生长，以土层深厚、肥沃的壤土及砂壤土长势健壮，低洼易涝地不宜种植。

【芳香成分】杨再波（2008）用顶空萃取法提取的马鞭草干燥全草精油的主要成分为：4-(1-甲基乙基)-2-环己烯-1-酮（14.60%）、反-石竹烯（9.30%）、α-姜黄烯（8.50%）、十五烷（8.48%）、β-没药烯（5.66%）、葎草烯（5.61%）、芳樟醇（4.41%）、反-β-金合欢烯（3.99%）、γ-芹子烯（3.75%）、β-杜松烯（3.57%）、乙酸（3.55%）、大根香叶烯D（3.48%）、1-乙基-2-甲基环癸烷（2.60%）、(-)-石竹烯氧化物（2.60%）、α-雪松醇（2.26%）、白菖蒲油烯（2.26%）、β-榄香烯（2.01%）、顺-α-没药烯（1.73%）、6,10,14-三甲基-2-十五烷酮（1.70%）、α-依兰烯（1.70%）、5-甲基-2-三甲基硅氧化-苯甲酸三甲基硅酸酯（1.37%）、紫穗槐烯（1.27%）、β-香柠檬烯（1.16%）、α-香柠檬烯（1.13%）等。

【利用】全草供药用，有凉血、散瘀、通经、清热、解毒、止痒、驱虫、消胀的功效，用于治症瘕积聚、经闭痛经、疟疾、喉痹、痈肿、水肿、热淋。全草精油可用于制造香皂和香水。嫩梢可作蔬菜食用。栽培供观赏。

## ❀ 马缨丹

*Lantana camara* Linn.

**马鞭草科　马缨丹属**
**别名：** 变色草、臭草、毛神花、美人樱、如意花、如意草、五色梅、五彩花、七变花、三星梅、头晕花、小臭牡丹
**分布：** 台湾、福建、广东、广西、云南、贵州、湖南、江西有栽培

【形态特征】直立或蔓性的灌木，高1～2m，有时藤状，长达4m；茎枝均呈四方形，有短柔毛，通常有短而倒钩状刺。单叶对生，揉烂后有强烈的气味，叶片卵形至卵状长圆形，长3～8.5cm，宽1.5～5cm，顶端急尖或渐尖，基部心形或楔形，

边缘有钝齿，叶面有粗糙的皱纹和短柔毛，叶背有小刚毛；花序直径1.5～2.5 cm；苞片披针形，长为花萼的1～3倍，外部有粗毛；花萼管状，膜质，顶端有极短的齿；花冠黄色或橙黄色，开花后不久转为深红色。果圆球形，直径约4 mm，成熟时紫黑色。全年开花。

【生长习性与生境】常生长于海拔80～1500 m的海边沙滩和空旷地区。喜温暖、湿润、向阳之地，耐干旱，稍耐阴，不耐寒。南方区域可露地栽培，北方只能盆栽。对土质要求不严，以肥沃、疏松的砂质土壤为佳。

【精油含量】水蒸气蒸馏叶的得油率为0.07%～0.22%，枝叶的得油率为0.20%～0.28%，花的得油率为0.08%～0.18%。

【芳香成分】茎：王如意等（2016）用顶空固相微萃取法提取的广东广州产马缨丹阴干茎精油的主要成分为：水杨酸甲酯（13.36%）、3-羟基辛烯（5.87%）、邻异丙基甲苯（5.56%）、叶绿醇（3.79%）、3-辛醇（3.77%）、α-石竹烯（3.54%）、吉玛烯B（2.92%）、芳樟醇（2.80%）、异丁子香烯（2.67%）、α-蒎烯（2.62%）、正二十烷（2.57%）、2-甲基-十一烷（2.32%）、δ-杜松萜烯（2.31%）、β-蒎烯（2.07%）、2-戊基-呋喃（2.04%）、萜品烯（1.88%）、蛇麻烯氧化物Ⅱ（1.71%）、2,6,10,14-四甲基-十六烷（1.63%）、α-依兰油烯（1.62%）、壬醛（1.61%）、癸醛（1.34%）、右旋萜二烯（1.33%）、(+)-香橙烯（1.28%）、正十六烷（1.24%）、桉叶油醇（1.23%）、正十四烷（1.14%）、正二十一烷（1.09%）等。

叶：韩萌等（2016）用水蒸气蒸馏法提取的福建福州产马缨丹阴干叶精油的主要成分为：α-姜黄烯（32.76%）、β-石竹烯（16.36%）、石竹烯氧化物（12.22%）、桉油烯醇（10.48%）、榄香烯（3.44%）、α-依兰油烯（2.98%）、葎草烯（2.56%）、依兰油烯（2.44%）、大香叶烯-D（2.17%）、杜松烯（1.44%）、反石竹烯氧化物（1.23%）等；周晔（2009）用同法分析的广东番禺产马缨丹叶精油的主要成分为：α-葎草烯（15.22%）、石竹烯（15.07%）、β-荜澄茄萜（8.78%）、表-双环倍半水芹烯（5.52%）、δ-杜松烯（4.50%）、α-可巴烯（4.19%）、吉玛烯B（3.66%）、(-)-β-榄香烯（3.15%）、α-木罗烯（2.33%）、(-)-斯巴醇（1.83%）、4-异丙基甲苯（1.31%）、β-芹子烯（1.26%）、桉树醇（1.21%）、γ-榄香烯（1.06%）等。王如意等（2016）用顶空固相微萃取法提取的广东广州产阴干叶精油的主要成分为：β-蒎烯（14.19%）、异丁子香烯（11.38%）、α-石竹烯（9.76%）、吉玛烯B（7.50%）、β-榄香烯（5.68%）、1,4-二甲基-3-(2-甲基-1-丙烯基)-4-乙烯基-1-环庚烯（4.71%）、γ-榄香烯（4.66%）、δ-杜松萜烯（3.95%）、叶绿醇（3.33%）、α-依兰油烯（2.86%）、α-蒎烯（2.40%）、δ-榄香烯（2.30%）、水杨酸甲酯（2.24%）、γ-依兰油烯（1.42%）等。

花：周晔（2009）用水蒸气蒸馏法提取的广东番禺产马缨丹花精油的主要成分为：α-葎草烯（8.55%）、表-双环倍半水芹烯（7.89%）、石竹烯（7.68%）、(-)-β-榄香烯（5.74%）、α-可巴烯（4.43%）、α-木罗烯（3.31%）、γ-杜松烯（2.03%）、1,2,3,4,4a,7-六氢-1,6-二甲基-4-(1-甲基乙基)萘（1.92%）、δ-杜松烯（1.65%）、δ-杜松醇（1.56%）、β-荜澄茄萜（1.30%）、δ-榄香烯（1.15%）、倍半萜二醇（1.11%）等。王如意等（2016）用顶空固相微萃取法提取的广东广州产马缨丹阴干花精油的主要成分为：β-蒎烯（13.27%）、壬醛（9.94%）、异丁子香烯（7.05%）、芳樟醇（6.55%）、吉玛烯B（6.02%）、β-榄香烯（5.60%）、α-石竹烯（5.40%）、δ-杜松萜烯（3.31%）、γ-榄香烯（3.09%）、α-蒎烯（2.53%）、α-蛇床烯（2.20%）、α-依兰油烯（2.20%）、δ-榄香烯（1.67%）、萜品烯（1.61%）、α-荜澄茄油烯（1.16%）、γ-依兰油烯（1.28%）、cubedol（1.28%）、叶绿醇（1.16%）、正十九烷（1.12%）等。

果实：王如意等（2016）用顶空固相微萃取法提取的广东广州产马缨丹阴干果实精油的主要成分为：叶绿醇（12.39%）、β-蒎烯（7.59%）、吉玛烯B（6.92%）、异丁子香烯（6.47%）、α-石竹烯（5.81%）、β-榄香烯（4.88%）、α-依兰油烯（3.18%）、萜品烯（3.10%）、δ-杜松萜烯（3.09%）、α-蒎烯（2.75%）、2-环己基-2-异丁基丙二腈（2.53%）、γ-榄香烯（2.53%）、苯甲醛（2.37%）、十五醛（2.24%）、邻异丙基甲苯（2.09%）、壬醛（1.81%）、γ-依兰油烯（1.79%）、芳樟醇（1.62%）、α-蛇床烯（1.55%）、苯乙醛（1.12%）、2-戊基-呋喃（1.08%）、右旋萜二烯（1.05%）等。

【利用】根、叶、花可供药用，具有清热解毒、散解止痛、祛风止痒的功效，治感冒高热、久热不退、痢疾、肺结核、哮喘性支气管扩张、高血压等病症；根可治久热不退、风湿骨痛、腮腺炎、肺结核；茎叶煎汤洗治湿疹、疥癞毒疮、皮炎、皮肤痒、臃肿、捣烂敷患处能治跌打筋伤；鲜花朵煎服治腹痛吐泻；鲜花、叶捣烂外擦治跌打损伤。有毒，内服有头晕、恶心、呕吐等的反应，必须掌握用量，孕妇及体弱者忌用。根含橡胶类似物，可制造橡胶。茎干是造纸原料。叶加入烟丝可增加香味，也可代替砂纸用于磨光。叶有杀虫作用，可用于制造生物杀虫剂。茎、叶、花可提取精油，具驱虫、杀虫、防虫作用。庭园常栽培供观赏。

## ❀ 黄荆

*Vitex negundo* Linn.

**马鞭草科　牡荆属**

**别名：** 布荆子、布荆、荆条、荆棵、荆柴、五指柑、土常山、山黄荆、黄荆条、黄荆子、牡荆

**分布：** 河南、陕西、山东、山西、甘肃、江苏、浙江、安徽、江西、福建、湖北、四川、湖南、贵州、云南、广东、广西、海南、台湾等地

【形态特征】灌木或小乔木；小枝四棱形，密生灰白色绒毛。掌状复叶，小叶5，少有3；小叶片长圆状披针形至披针形，顶端渐尖，基部楔形，全缘或每边有少数粗锯齿，叶面绿色，叶背密生灰白色绒毛；中间小叶长4～13 cm，宽1～4 cm，两侧小叶依次递小。聚伞花序排成圆锥花序式，顶生，长10～27 cm，花序梗密生灰白色绒毛；花萼钟状，顶端有5裂齿，外有灰白色绒毛；花冠淡紫色，外有微柔毛，顶端5裂，二唇形；雄蕊伸出花冠管外。核果近球形，径约2 mm；宿萼接近果实的长度。花期4～6月，果期7～10月。

【生长习性与生境】生于山坡路旁或灌木丛中。喜光、耐寒、耐旱、耐瘠薄，适应性强。

【精油含量】水蒸气蒸馏新鲜叶片的得油率为0.30%，阴干叶的得油率为0.35%，枝叶的得油率为0.50%～0.70%，干燥果实的得油率为1.65%。

【芳香成分】叶：潘炯光等（1989）用水蒸气蒸馏法提取的广西龙州产黄荆新鲜叶片精油的主要成分为：β-丁香烯（56.40%）、1,8-桉叶油素（6.79%）、丁香烯氧化物（4.56%）、β-榄香烯（3.81%）、乙酸松油醇酯（2.37%）、香桧烯（2.34%）、葎草烯（2.30%）、松油烯-4-醇（2.13%）、γ-榄香烯（1.67%）、对-聚伞花素（1.39%）、α-蒎烯（1.22%）、β-桉叶醇（1.08%）、雅槛蓝树油烯（1.03%）等。

枝叶：杨海霞等（2010）用水蒸气蒸馏法提取的河南信阳产黄荆枝叶精油的主要成分为：石竹烯（23.98%）、[S-(E,E)]-1-甲基-5-亚甲基-8-(1-甲基乙基)-1,6-环癸二烯（11.73%）、1-甲基-4-(1-甲基乙烯基)-环己烯（7.99%）、(E)-7,11-二甲基-3-亚

甲基-1,6,10-环癸三烯（7.65%）、1,5,5-三甲基-6-亚甲基-环己烯（6.49%）、2-异丙基-5-甲基-9-亚甲基-双环[4.4.0]十-1-烯（6.33%）、(1S-顺)-1,2,3,5,6,8a-六氢-4,7-二甲基-1-(1-甲基乙基)-萘（4.69%）、环氧石竹烯（4.34%）、[1S-(1a,2b,4b)]-1-乙烯-1-甲基-2,4-二(1-甲基乙烯)-环己烯（4.24%）、1,6-二甲基-4-(1-甲基乙基)-1,2,3,4,4a,7-六氢-萘（4.09%）、(1α,4aα,8ab)-1,2,3,4,4a,5,6,8a-八氢-7-甲基-4-亚甲基-1-(1甲基乙基)-萘（3.41%）、α-石竹烯（2.55%）、(4aS-顺)-2,4a,5,6,7,8,9,9a-八氢-3,5,5-三甲基-9-亚甲基-1H-庚烯二苯（2.10%）、罗汉柏烯-13(1.31%)、[1R-(1α,3α,4β.)]-4-乙烯基-α,α,4-三甲基-3-(1-甲基乙基)-环己烯甲基醇（1.25%）、桉树脑（1.22%）等。

花：李光勇等（2013）用固相微萃取法提取的河南济源产黄荆花精油的主要成分为：β-石竹烯（40.36%）、b-萜品烯（12.38%）、桉树脑（7.58%）、(Z)-b-法呢烯（7.05%）、α-蒎烯（3.92%）、5,9,9-三甲基-螺环[3.5]壬-5-烯-1-酮（3.32%）、α-石竹烯（2.56%）、石竹烯氧化物（1.61%）、大根香叶烯（1.57%）、β-桉叶醇（1.54%）、乙酸松油酯（1.14%）等。

果实：胡浩斌等（2007）用水蒸气蒸馏法提取的甘肃子午岭产黄荆新鲜成熟果实精油的主要成分为：1,8-桉叶素（4.82%）、8p-薄荷-1-烯-8-醇（4.59%）、棕榈酸乙酯（4.27%）、β-金合欢烯（4.14%）、β-松油烯（4.08%）、7,15-海松二烯（3.88%）、山奈酚（3.76%）、1-(2-呋喃基)-乙酮（3.33%）、二氢沉香呋喃（3.14%）、β-榄香烯酮（3.10%）、β-蒎烯（2.95%）、莰烯（2.84%）、正-姥鲛烷-2-酮（2.81%）、棕榈酸（2.69%）、雅槛蓝（树）油烯（2.66%）、亚油酸乙酯（2.62%）、3-辛酮（2.49%）、丁烯基苯（2.34%）、里哪醇（2.33%）、β-榄香烯（2.33%）、大根香叶酮（2.08%）、β-香茅醇（1.95%）、猫薄酸甲基酯（1.91%）、泪杉醇（1.70%）、β-可巴烯（1.68%）、3-蒈烯（1.60%）、β-松油醇（1.58%）、α-杜松醇（1.57%）、β-红没药烯（1.52%）、香桧烯（1.50%）、反式-β-金合欢烯（1.45%）、(-)-顺式-马鞭草烯醇（1.24%）、17α(H)-21β(H)-草禾烷（1.19%）、5,5-二乙基-螺[2,3]己-4-酮（1.02%）、石竹烯氧化物（1.01%）等。

【利用】常作园林盆景或家庭盆栽观赏，可用作绿篱。木材可加工小型用具。茎皮可造纸及制人造成棉。花和枝叶可提精油，精油具有祛痰镇咳平喘的功效，可治疗慢性气管炎。作为造林困难地绿化、水土保持之用。果实药用，有祛风解表、止咳平喘、理气消食、止痛的功效，主治伤风感冒、咳嗽、哮喘、风痹、疟疾、胃痛吞酸、消化不良、食积泻痢、胆囊炎、胆结石、疝气、痔漏。根可以驱烧虫。茎叶治久痢。种子为清凉性镇静、镇痛药。

## ❀ 荆条

*Vitex negundo* Linn. var. *heterophylla* (Franch.) Rehd.

**马鞭草科　牡荆属**

**别名**：牡荆、山牡荆、五指风
**分布**：辽宁、河北、山西、山东、河南、陕西、甘肃、江苏、安徽、江西、湖南、贵州、四川

【形态特征】本变种主要特点：小叶片边缘有缺刻状锯齿，浅裂以至深裂，叶背密被灰白色绒毛。

【生长习性与生境】生于山地阳坡上。喜光，耐寒，耐干旱瘠薄。

【精油含量】水蒸气蒸馏叶的得油率为0.08%～0.22%，枝叶或全株的得油率为0.03%～0.15%，败花的得油率为0.60%，新鲜果实的得油率为0.25%；超临界萃取的阴干叶的得油率为3.22%。

【芳香成分】叶：王发松等（2004）用水蒸气蒸馏法提取的河南郑州产荆条阴干叶片精油的主要成分为：β-丁香烯（48.70%）、β-金合欢烯（15.52%）、7-异丙烯基-4,5-二甲

基八氢化茚-4-甲醇（4.35%）、β-桉叶油醇（3.63%）、甘香烯（2.96%）、对烯丙基茴香醚（1.77%）、桉树脑（1.73%）、丁香烯氧化物（1.61%）、乙酸松油醇酯（1.56%）、斯巴醇（1.49%）、松油醇（1.39%）、α-丁香烯（1.31%）、十六酸（1.27%）等。

**枝**：谢建春等（2005）用同时蒸馏萃取法提取的北京产野生荆条枝精油的主要成分为：丁香烯（31.80%）、反-β-金合欢烯（5.50%）、香桧烯（5.10%）、丁香烯氧化物（3.90%）、β-反-罗勒烯（3.90%）、别香树烯（2.10%）、β-甲基紫罗兰酮（2.10%）、γ-依兰油烯（1.90%）、对伞花-8-醇（1.80%）、α-桉叶油醇（1.70%）、α-蒎烯（1.50%）、绿化碱（1.50%）、沉香螺萜醇（1.50%）、芳樟醇（1.50%）、1,8-桉叶油素（1.20%）、斯巴醇（1.20%）、顺-桧烯水合物（1.00%）、月桂烯（1.00%）、异松油烯（1.00%）等。

**花**：张书锋等（2014）用水蒸气蒸馏法提取的河北石家庄产野生荆条败花精油的主要成分为：β-石竹烯（42.20%）、香桧烯（12.20%）、1,8-桉叶油素（5.50%）、1R-α-蒎烯（4.20%）、松油烯-4-醇（3.40%）、异甲基-β-紫罗兰酮（3.00%）、石竹烯氧化物（2.90%）、β-金合欢烯（2.50%）、乙酸乙酯（2.40%）、γ-萜品烯（2.40%）、γ-榄香烯（2.20%）、D-柠檬烯（1.70%）、乙酸松油酯（1.70%）、α-萜品烯（1.40%）、α-石竹烯（1.40%）、斯巴醇（1.30%）、β-桉叶油醇（1.20%）、β-榄香烯（1.10%）等。

**果实**：刘相博等（2010）用水蒸气蒸馏法提取的陕西秦巴山区产荆条新鲜果实精油的主要成分为：β-榄香烯（27.98%）、芳樟醇（12.39%）、贝壳杉烯（12.00%）、δ-榄香烯（10.54%）、乙酯异冰片酯（8.98%）、亚麻酸乙酯（2.32%）、月桂烯（2.20%）、3-甲基十四烷（1.79%）、8,13-环氧赖百当-14-烯-3-

酮（1.50%）、十四烷-3-基2-甲氧基乙酸（1.50%）、愈创木-1（5），7(11)-二烯（1.29%）、2-甲基庚烷-4-酮（1.26%）、4-甲基十二碳-3-烯-1-醇（1.23%）、α-桉叶油醇（1.15%）、对薄荷烷-2-烯-1-醇（1.12%）、γ-松油烯（1.00%）、2-(4-叔丁基-2-甲基苯氧基)乙醇（1.00%）等。

【利用】对荒地护坡和防止风沙有一定的环境保护作用。叶和果实可入药。为优良的蜜源植物。枝条为编筐的好材料。也做观赏植物。

## 🌸 牡荆

*Vitex negundo* var. *cannabifolia* (Sieb. et Zucc.) Hand.-Mazz.

**马鞭草科　牡荆属**
**别名**：午时草、蚊香草、蚊子柴、铺香、山京木、土柴胡、土常山、野牛膝、布惊草
**分布**：华东各地及河北、湖南、湖北、广东、广西、四川、贵州、云南

【形态特征】落叶灌木或小乔木；小枝四棱形。叶对生，掌状复叶，小叶5，少有3；小叶片披针形或椭圆状披针形，顶端渐尖，基部楔形，边缘有粗锯齿，叶面绿色，叶背淡绿色，通常被柔毛。圆锥花序顶生，长10～20 cm；花冠淡紫色。果实近球形，黑色。花期6～7月，果期8～11月。

【生长习性与生境】生于山坡路边灌丛中。喜光，耐阴，耐寒，对土壤适应性强。

【精油含量】水蒸气蒸馏枝叶的得油率为0.30%～0.60%，阴干茎的得油率为0.60%，新鲜叶的得油率为0.10%，干燥叶的得油率为0.50%～1.04%，阴干花的得油率为1.84%；超声波和微波萃取法提取干燥叶的得油率为1.13%～1.51%。

【芳香成分】**茎**：黄琼等（2007）用水蒸气蒸馏法提取的广西南宁产牡荆茎精油的主要成分为：石竹烯（34.91%%）、桉叶油素（24.00%）、β-桉醇（8.76%）、石竹烯氧化物（2.47%）、L-莳酮（2.15%）、(S)-1-甲基-4-(5-甲基-1-亚甲基-4-乙烯基)-环己烯（1.83%）、(Z)-β-金合欢烯（1.66%）、桧烯（1.55%）、邻

苯二甲酸二异辛酯（1.28%）、α-石竹烯（1.23%）、大根香叶烯 D（1.13%）、松油烯-4-醇（1.12%）、1-乙烯基-1-甲基-2,4-二(1-甲基乙烯基)-[1S-(1α,2β,4β)]环己烷（1.11%）等。

叶：陈刚等（2009）用水蒸气蒸馏法提取的山东沂源产牡荆阴干叶精油的主要成分为：β-石竹烯（26.30%）、1,8-桉叶油素（11.85%）、桧烷（7.81%）、反式-β-金合欢烯（6.15%）、α-乙酸松油酯（4.66%）、氧化丁香烯（3.61%）、松油烯-4-醇（3.54%）、双环吉玛烯（1.87%）、α-松油醇（1.49%）、大根香叶烯 D（1.39%）、石竹-4,8-二烯酮-5-β-醇（1.31%）、α-蒎烯（1.26%）、龙脑（1.23%）、γ-松油烯（1.22%）、斯巴醇（1.21%）、亚油酸甲酯（1.13%）等。

花：黄琼等（2007）用水蒸气蒸馏法提取的广西南宁产牡荆阴干花精油的主要成分为：石竹烯（35.43%）、邻苯二甲酸二异丁酯（13.02%）、β-桉醇（12.49%）、1-甲基-丁二酸-二(1-甲基丙基)酯（5.05%）、1-辛烯-3-酮（3.75%）、己二酸-二(2-甲基丙基)酯（3.70%）、乙酸橙花醇酯（3.48%）、琥珀酸二异丁酯（2.33%）、(S)-1-甲基-4-(5-甲基-1-亚甲基-4-乙烯基)-环己烯（1.63%）、邻苯二甲酸二异辛酯（1.47%）、大根香叶烯 D（1.32%）、石竹烯氧化物（1.19%）、己二酸二异辛酯（1.18%）、邻苯二甲酸二丁酯（1.03%）、α-石竹烯（1.00%）等。

【利用】根、茎、叶、茎汁、果实供药用，叶治九窍出血、小便尿血、腰脚风湿；根治风疾；茎治感冒、风湿、喉痹、疮肿、牙痛；茎汁（荆沥）治中风口噤、头风头痛、喉痹疮肿、心虚惊悸、形容枯瘦、赤白痢、疮癣；果实治白带下、小肠疝气、湿痰白浊、耳聋。茎、叶、花可提取精油，用于食用、化妆、皂用香精的调香；也可药用，具有明显的祛痰、镇咳、平喘作用。

# ❀ 蔓荆

*Vitex trifolia* Linn.

**马鞭草科　牡荆属**

**别名：** 白叶、白背木耳、水稔子、三叶蔓荆

**分布：** 福建、台湾、广东、广西、云南

【形态特征】落叶灌木，罕为小乔木，高1.5～5 m，有香味；小枝四棱形，密生细柔毛。通常三出复叶，有时在侧枝上可有单叶，叶柄长1～3 cm；小叶片卵形或倒卵状长圆形，长2.5～9 cm，宽1～3 cm，顶端钝或短尖，基部楔形，全缘，叶面绿色，无毛或被微柔毛，叶背密被灰白色绒毛。圆锥花序顶生，长3～15 cm，花序梗密被灰白色绒毛；花萼钟形，顶端5浅裂，外面有绒毛；花冠淡紫色或蓝紫色，长6～10 mm，外面及喉部有毛，顶端5裂，二唇形，下唇中间裂片较大；雄蕊4，伸出花冠外；子房无毛，密生腺点；核果近圆形，径约5 mm，成熟时黑色；果萼宿存，外被灰白色绒毛。花期7月，果期9～11月。

【生长习性与生境】多野生于海滨、湖泽、江河的沙滩荒洲上。适应性较强，对环境要求不严。喜充足的阳光，耐高温，较耐旱，幼苗期怕涝。耐盐碱性较强。凡土质疏松、不积水的沙滩荒地、盐碱地均可栽种。

【精油含量】水蒸气蒸馏新鲜叶的得油率为0.04%，枝叶的得油率为0.11%～0.12%。

【芳香成分】潘炯光等（1989）用水蒸气蒸馏法提取的广西龙州产蔓荆新鲜叶片精油的主要成分为：β-丁香烯（40.38%）、α-蒎烯（17.35%）、丁香烯氧化物（6.43%）、香桧烯（5.73%）、对-聚伞花素（4.24%）、β-蒎烯（2.98%）、α-侧柏烯（2.57%）、葎草烯（1.62%）、柠檬烯（1.42%）等。

【利用】果实入药，有疏散风热的功效，治感冒、风热、神经性头痛、风湿骨痛。叶药用，有散瘀消肿的功效，主治风热感冒，正、偏头痛，齿痛，赤眼，目睛内痛，昏暗多泪，湿痹拘挛。茎叶可提取精油，精油具有祛痰、镇咳、平喘的功效，用于治疗慢性气管炎。

# 🌸 单叶蔓荆

*Vitex trifolia* Linn. var. *simplicifolia* Cham.

**马鞭草科　牡荆属**

**别名：** 灰枣、蔓荆子、沙荆

**分布：** 山东、辽宁、河北、天津、福建、台湾、浙江、江苏、安徽、江西、广西、广东

【形态特征】本变种主要特点：茎匍匐，节处常生不定根。单叶对生，叶片倒卵形或近圆形，顶端通常钝圆或有短尖头，基部楔形，全缘，长2.5～5 cm，宽1.5～3 cm。花和果实的形态特征同原变种。花期7～8月，果期8～10月。

【生长习性与生境】生于沙滩、海边及湖畔。耐寒，耐旱，耐瘠薄。喜光，在适宜的气候条件下生长极快。

【精油含量】水蒸气蒸馏果实的得油率为0.04%～0.70%；超临界萃取干燥果实的得油率为9.36%。

【芳香成分】不同研究者用水蒸气蒸馏法提取的单叶蔓荆果实精油的主成分不同。陈体强等（2007）分析的福建莆田产果实精油的主要成分为：dl-柠檬烯（31.82%）、β-蒎烯（15.80%）、β-石竹烯（10.04%）、β-荜澄茄油烯（6.77%）、1,8-桉叶油素（5.93%）、对-聚伞花素（4.04%）、δ-古芸烯（3.58%）、桧烯（2.89%）、顺-α-没药烯（2.25%）、Z-β-罗勒烯（1.98%）、l-水芹烯（1.82%）、石竹烯氧化物（1.31%）、α-

蒎烯（1.27%）、α-雪松烯（1.17%）、β-榄香烯（1.11%）等。陈宇帆等（2015）分析的广西桂林产干燥果实精油的主要成分为：4-氨基-6,7-二甲基-1H-吡咯[3,4-c]吡啶-1,3-(2H)-二酮（16.79%）、3,3-二甲基-2-(3-丁二烯)-环戊酮（11.11%）、1,5-二苯基-2H-1,2,4-三唑啉-3-硫酮（9.87%）、4-乙酰基-2(1H)-喹啉酮（8.38%）、7-异丙基-1,1,4a-三甲基-1,2,3,4,4a,9,10,10a-八氢化菲（8.32%）、3,5-二叔丁基苯酚（6.96%）、2-甲基-四氢化萘（5.32%）、[1R-(1R*,4Z,9S*)]-4,11,11-三甲基-8-亚甲基-二环[7.2.0]-4-十一烯（3.00%）、雌酚酮（2.68%）、1-石竹烯（2.65%）、二十烷炔（2.29%）、β-桉叶醇（2.04%）、7-甲基-1,2,3,5,8,8a-六氢化萘（2.04%）、2-(4-氟代苯甲基)-N-苯基-乙酰胺（2.03%）、茅苍术醇（1.73%）、7-(2-羟苯基)-(7H)-三唑[e]苯并呋喃（1.53%）、氧化石竹烯（1.52%）、1,2-环氧柠檬烯（1.36%）、6,6-二甲基庚烷-2,4-二烯（1.02%）等；江西产干燥果实精油的主要成分为：3,3-二甲基-2-(3-丁二烯)-环戊酮（18.17%）、7-异丙基-1,1,4a-三甲基-1,2,3,4,4a,9,10,10a-八氢化菲（15.96%）、4-氨基-6,7-二甲基-1H-吡咯[3,4-c]吡啶-1,3-(2H)-二酮（14.56%）、1-(4-乙氧苯基)-苯并咪唑-5-胺（10.35%）、4-乙酰基-2(1H)-喹啉酮（5.87%）、N,N'-乙基双(2-[2-羟基苯基]甘氨酸)（3.78%）、雌酚酮（3.74%）、7-甲基-1,2,3,5,8,8a-六氢化萘（2.88%）、4-蒈烯（2.29%）、芹子烯（2.25%）、2-(4-氟代苯甲基)-N-苯基-乙酰胺（2.24%）、桉树脑（2.02%）、15-羟基-雄-4-烯二酮（1.43%）、7-(2-羟苯基)-(7H)-三唑[e]苯并呋喃（1.34%）、α-蒎烯（1.07%）等。

【利用】果实、茎、叶供药用，有疏风散热、镇静止痛、行气散瘀、清利头目的功效，主治风热感冒头痛、齿龈肿痛、目赤多泪、目暗不明、头晕目眩。

# 🌸 云南石梓

*Gmelina arborea* Roxb.

**马鞭草科　石梓属**

**别名：** 滇石梓、酸树

**分布：** 云南

【形态特征】落叶乔木，高达15 m，胸径30～50 cm；树皮灰棕色，呈不规则块状脱落；幼枝、叶柄、叶背、花序及花冠均密被黄褐色绒毛；幼枝方形略扁，有棱，老后渐圆，具皮孔。叶片厚纸质，广卵形，长8～19 cm，宽4.5～15 cm，顶端

渐尖，基部浅心形至阔楔形，近基部有2至数个黑色盘状腺点。聚伞花序组成顶生的圆锥花序；花萼钟状，外面有黑色盘状腺点，顶端有5个三角形小齿；花冠长3~4cm，黄色，两面均疏生腺点，二唇形，上唇全缘或2浅裂，下唇3裂，中裂片长而大，裂片顶端钝圆；雄蕊4，二强。核果椭圆形，长1.5~2cm，成熟时黄色，干后黑色，常仅有1颗种子。花期4~5月，果期5~7月。

【生长习性与生境】生于海拔1500m以下的路边、村舍及疏林中。多分布于南向河谷，属偏干性气候，年平均温17.8~19.3℃，年变幅较小，最冷月平均温在12℃左右，年降水量较多，约1234~1666mm。为阳性树种。

【精油含量】有机溶剂萃取鲜花的得油率为1.40%。

【芳香成分】王利勤等（2010）用甲醇浸提后重蒸石油醚萃取法提取的云南西双版纳产云南石梓新鲜花精油的主要成分为：8,11-十八碳二烯酸甲酯（35.54%）、十六烷酸甲酯（26.50%）、9,12,15-十八碳三烯酸甲酯（11.61%）、十八烷酸甲酯（4.31%）、正十六烷酸（4.03%）、9,12-十八碳二烯酸（1.83%）、反-肉桂酸甲酯（1.46%）、二十烷酸甲酯（1.41%）、9,12,15-十八碳三烯-1-醇（1.28%）等。

【利用】木材用于造船、家具、建筑、室内装饰、制胶合板及雕刻等用。

# 🌸 光果莸

*Caryopteris tangutica* Maxim.

| 马鞭草科 | 莸属 |
| --- | --- |
| 别名： | 兰花茶 |
| 分布： | 四川、陕西、甘肃、河南、湖北、河北 |

【形态特征】直立灌木，高0.5~2m；嫩枝密生灰白色绒毛。叶片披针形至卵状披针形，长2~5.5cm，宽0.5~2cm，顶端钝或渐尖，基部圆形或楔形，边缘常具深锯齿，锯齿深达叶面1/3~1/2处，叶面绿色，疏被柔毛，叶背密生灰白色茸毛。聚伞花序紧密呈头状，腋生和顶生，无苞片和小苞片；花萼长约2.5mm，果萼长约6mm，外面密生柔毛，顶端5裂，分裂达中部以下，裂片披针形，结果时花萼增大；花冠蓝紫色，二唇形，下唇中裂片较大，边缘呈流苏状，雄蕊4枚，与花柱同伸出花冠管外。蒴果倒卵圆状球形，长约5mm，宽约4mm，果瓣具宽翅。花期7~9月，果期9~10月。

【生长习性与生境】生于海拔约2500m的干燥山坡。

【精油含量】水蒸气蒸馏新鲜根的得油率为0.01%，新鲜茎的得油率为0.01%，新鲜叶的得油率为0.91%，全草的得油率为0.90%~1.20%。

【芳香成分】根：刘瑞珂等（2013）用水蒸气蒸馏法提取的青海平安产光果莸新鲜根精油的主要成分为：反松香芹醇（15.66%）、1-辛烯-3-醇（12.36%）、α-珂玡烯（9.30%）、β-石竹烯（8.49%）、乙酸橙花酯（3.63%）、β-蒎烯（3.17%）、p-伞花烃（2.79%）、大牻牛儿烯D（2.49%）、3-辛醇（1.71%）、α-萜品烯（1.66%）、β-榄烯酮（1.47%）、蛇麻烯（1.36%）、d-杜松烯（1.34%）、α-古芸烯（1.08%）等。

茎：闫平等（2009）用水蒸气蒸馏法提取的陕西太白产光果莸阴干茎精油的主要成分为：棕榈酸（47.32%）、(-)-反-乙酸松香芹酯（24.19%）等。

枝：刘瑞珂等（2013）用水蒸气蒸馏法提取的青海平安产光果莸新鲜枝精油的主要成分为：α-珂玡烯（21.09%）、β-蒎烯（12.18%）、(+)-环蒜头烯（9.56%）、柠檬烯（7.54%）、β-榄烯酮（6.55%）、d-杜松烯（5.56%）、p-伞花烃（4.98%）、吉玛酮（2.92%）、α-水芹烯（2.61%）、α-古芸烯（2.47%）、2-蒈烯（2.03%）、β-石竹烯（1.38%）、α-蒎烯（1.30%）等。

叶：刘瑞珂等（2013）用水蒸气蒸馏法提取的青海平安产光果莸新鲜叶精油的主要成分为：β-蒎烯（32.19%）、柠檬烯（19.13%）、p-伞花烃（11.69%）、α-萜品烯（6.36%）、α-蒎烯（6.34%）、反松香芹醇（4.07%）、1-辛烯-3-醇（1.59%）、反式-β-罗勒烯（1.37%）、α-侧柏烯（1.02%）等。闫平等（2009）

用同法分析的阴干叶精油的主要成分为：(-)-反-乙酸松香芹酯（55.48%）、β-柏木烯（3.21%）、石竹烯氧化物（2.73%）、橙花醇乙酸酯（2.09%）、(-)-乙酸桃金娘烯酯（1.71%）、桃金娘烯醛（1.69%）、(E)-石竹烯（1.28%）等。

全草：杨爱梅等（2005）用水蒸气蒸馏法提取的甘肃兰州产光果莸干燥全草精油的主要成分为：乙酸桃金娘烯酯（27.96%）、雪松醇（7.03%）、荜澄茄油烯（3.84%）、1-辛烯-3-醇（2.97%）、对伞花烃（2.64%）、石竹烯氧化物（2.21%）、6,6-二甲基双环[3.1.1]庚-2-烯-2-甲醇（2.08%）、反式-1(7),8-盖二烯-2-醇（1.84%）、紫穗槐烯（1.70%）、10,10-二甲基-2,6-二亚甲基双环[7.2.0]-十二烷-5β-醇（1.65%）、十六烷酸（1.63%）、α-紫穗槐烯（1.33%）、樟脑（1.29%）、斯巴醇（1.23%）、苧烯（1.14%）、异海松-8,15-二烯（1.12%）等。

花：闫平等（2009）用水蒸气蒸馏法提取的阴干花精油的主要成分为：(-)-反-乙酸松香芹酯（46.69%）、桃金娘烯醛（2.73%）、石竹烯氧化物（1.67%）、β-柏木烯（1.60%）、(-)-乙酸桃金娘烯酯（1.45%）、棕榈酸（1.20%）、邻伞花烃（1.09%）、松香芹醇（1.06%）等。

【利用】多酚物质具有抗氧化作用。精油可作配香原料。

## 🌸 灰毛莸
*Caryopteris forrestii* Diels

| 马鞭草科　莸属 |
| --- |
| 别名：白叶莸 |
| 分布：四川、云南、贵州、西藏 |

【形态特征】落叶小灌木，高0.3～1.2 m；小枝圆柱形，嫩枝密生灰棕色绒毛，老枝近无毛，灰棕色。叶片坚纸质，狭椭圆形或卵状披针形，长2～6 cm，宽0.5～2.5 cm，全缘，顶端钝，基部楔形，叶面绿色，疏被柔毛，叶背密被灰白色绒毛。伞房状聚伞花序腋生或顶生，无苞片和小苞片。花序梗密被灰白色绒毛；花萼钟状，外面被灰白色绒毛，顶端5裂，裂片披针形；花冠黄绿色或绿白色，长约5 mm，外面被柔毛，顶端5裂，下唇中裂片较大，顶端齿状分裂；雄蕊4枚，几等长，与花柱均伸出花冠管外；子房疏生细毛，顶部有腺点。蒴果径约2 mm，通常包藏在花萼内，4瓣裂，瓣缘稍具翅。花果期6～10月。

【生长习性与生境】生于海拔1700～3000 m的阳性灌丛、山坡、路旁及荒地上。

【精油含量】水蒸气蒸馏全草的得油率为0.24%～2.00%。

【芳香成分】蒲自连等（1984）用水蒸气蒸馏法提取的四川甘孜产灰毛莸全草精油的主要成分为：柠檬烯（74.42%）、β-蒎烯（14.50%）、α-蒎烯（3.45%）、对伞花烃（1.78%）、α-松油烯（1.25%）等。牟林云等（2017）用同时蒸馏萃取法提取的云南产灰毛莸干燥全株精油的主要成分为：反-(-)-2(10)-蒎烯-3-醇乙酸酯（31.02%）、(+)-柠檬烯（21.89%）、L-香芹醇（7.49%）、异香芹醇（6.68%）、左旋-β-蒎烯（5.02%）、β-蒎烯（4.57%）、桃金娘烯醇（2.35%）、L-香芹酮（1.86%）、桃金娘烯醛（1.54%）、反式-橙花叔醇（1.38%）、2-甲基-5H-(3-呋喃基)-1-烯-3-戊醇（1.25%）、2,6-二甲基-1,5,7-辛三烯-3-醇（1.02%）等。

【利用】叶、花可提精油，是提取柠檬烯的原料。

## 🌸 小叶灰毛莸
*Caryopteris forrestii* Diels var. *minor* Pèi et S. L. Chen et C. Y. Wu

| 马鞭草科　莸属 |
| --- |
| 分布：四川、云南、贵州、西藏 |

【形态特征】与原变种的区别是植株矮小，自基部即开展，多分枝。叶小，长0.5～2 cm，宽0.2～0.5 cm；花冠下唇中裂片

大，顶端近流苏状。

烯（1.01%）等。

【生长习性与生境】生于海拔2000～3950 m的干燥山坡上。

【精油含量】水蒸气蒸馏全草的得油率为0.24%～2.00%。

【芳香成分】蒲自连等（1984）用水蒸气蒸馏法提取的四川甘孜产小叶灰毛莸全草精油的主要成分为：α-蒎烯（50.10%）、α-罗勒烯-Z（9.85%）、β-月桂烯（9.76%）、β-蒎烯（9.03%）、α-侧柏烯（5.78%）、蛇麻烯（3.08%）、β-石竹烯（2.12%）、桧烯（1.30%）等。

# 🌸 兰香草

*Caryopteris incana* (Thunb.) Miq.

**马鞭草科　莸属**

**别名:** 卵叶莸、马嵩、莸、山薄荷、福州马尾、婆绒花

**分布:** 江苏、安徽、浙江、江西、湖南、湖北、福建、广东、广西

【形态特征】小灌木，高26～60 cm；嫩枝圆柱形，略带紫色，被灰白色柔毛，老枝毛渐脱落。叶片厚纸质，披针形、卵形或长圆形，长1.5～9 cm，宽0.8～4 cm，顶端钝或尖，基部楔形或近圆形至截平，边缘有粗齿，很少近全缘，两面有黄色腺点，背脉明显。聚伞花序紧密，腋生和顶生，无苞片和小苞片；花萼杯状，果萼长4～5 mm，外面密被短柔毛；花冠淡紫色或淡蓝色，二唇形，外面具短柔毛，5裂，下唇中裂片较大，边缘流苏状；雄蕊4枚，开花时与花柱均伸出花冠管外。蒴果倒卵状球形，被粗毛，直径约2.5 mm，果瓣有宽翅。花果期6～10月。

【生长习性与生境】多生长于较干旱的山坡、路旁或林边。

【精油含量】水蒸气蒸馏全草的得油率为0.24%～2.00%。

【芳香成分】不同研究者用水蒸气蒸馏法提取的兰香草全草精油的主成分不同。蒲自连等（1984）分析的四川甘孜产全草精油的主要成分为：柠檬烯（38.50%）、α-松油烯（17.25%）、β-蒎烯（12.87%）、对伞花烃（12.62%）、β-罗勒烯-y（3.11%）、β-月桂烯（2.15%）、α-蒎烯（2.10%）、α-蛇麻烯（2.00%）、α-萜品油烯（1.98%）、β-石竹烯（1.66%）等；孙凌峰等（2004）分析的江西永修产全草精油的主要成分为：芳樟醇（16.30%）、紫苏醇（15.25%）、香芹酮（14.74%）、莳萝烯（9.66%）、4-甲基-6-庚烯-3-酮（3.11%）、葎草烯（2.42%）、马鞭草烯酮（2.35%）、左旋松香芹酮（2.31%）、2-壬烯-4-炔（1.36%）、雅槛蓝烯（1.28%）、β-马榄烯（1.28%）、β-石竹烯（1.04%）、桧

【利用】全草或带根全草入药，有疏风解表、祛痰止咳、祛寒除湿、散瘀止痛的功效，用于治风寒感冒、头痛咳嗽、脘腹冷痛、上呼吸道感染、百日咳、支气管炎、胃肠炎、风湿关节痛、产后瘀血腹痛、跌打肿痛；外用治毒蛇咬伤、湿疹、疮肿、皮肤瘙痒。根入药，治崩漏、白带、月经不调。

## 毛球莸
*Caryopteris trichosphaera* Smith

马鞭草科　莸属
别名：香薷
分布：四川、云南、西藏

【形态特征】芳香灌木，高0.3～1 m；嫩枝密生白色茸毛和腺点。叶片纸质，宽卵形至卵状长圆形，长1～3 cm，宽1.5～3 cm，顶端钝圆，基部截形或圆形，边缘有规则钝齿，两面均有绒毛和腺点。聚伞花序近头状，腋生或顶生，无苞片和小苞片，密被长绒毛；花萼钟状，外面密生长柔毛和腺点，裂片长圆状披针形；花冠长约6 mm，淡兰色或兰紫色，上部5裂，二唇形，裂片外有长柔毛和腺点，下唇中裂片较大，边缘流苏状，花冠管喉部具毛环；雄蕊4枚，与花柱均伸出花冠管外。蒴果长圆球形，长约2～3 mm，通常包藏于花萼内；4瓣裂，果瓣边缘有不明显的翅至近无翅。花果期8～9月。

【生长习性与生境】生于海拔2700～3300 m的山坡灌丛中或河谷干旱草地。
【精油含量】水蒸气蒸馏全草的得油率为0.24%～2.00%。

【芳香成分】蒲自连等（1984）用水蒸气蒸馏法提取的四川甘孜产毛球莸全草精油的主要成分为：柠檬烯（90.68%）、β-蒎烯（3.02%）、α-蒎烯（1.92%）、对伞花烃（1.28%）等。
【利用】全草可提取精油，有治疗支气管炎作用；可作为提取柠檬烯的原料。

## 粘叶莸
*Caryopteris glutinosa* Rehd.

马鞭草科　莸属
分布：四川、甘肃

【形态特征】落叶灌木，高0.5～1 m；嫩枝圆柱形，被毛。单叶对生，叶片狭倒披针形或线状椭圆形，全缘，顶端钝，基部楔形，长1～3 cm，宽3～8 mm，叶面深绿色，有光泽与粘性，叶背脉间密生灰白色毡毛；叶脉黑色，明显。聚伞花序较紧密，被毛，顶生或腋生，无苞片和小苞片；花萼杯状，外面被银白色绒毛，5裂，裂片披针形；花冠蓝紫色，外被银白色绒毛，下唇中裂片较大，边缘流苏状；雄蕊4枚，2长2短，与花柱均伸出花冠管外；子房被毛，柱头2裂。蒴果倒卵形，上部被疏毛，通常包藏在花萼内。花期9月，果期10月。
【生长习性与生境】生于海拔1800 m左右的山谷。
【精油含量】水蒸气蒸馏新鲜嫩枝叶的得油率为0.20%～0.22%，全草的得油率为0.50%～1.00%。
【芳香成分】温鸣章等（1990）用水蒸气蒸馏法提取的四川产粘叶莸新鲜嫩枝叶精油的主要成分为：β-蒎烯（52.63%）、柠檬烯（15.03%）、α-蒎烯（13.87%）、香叶烯（2.89%）、红没药烯（2.42%）、α-侧柏烯（1.07%）、香桧烯（1.01%）等。
【利用】全草羌药入药，治疗崩漏、白带、月经不调、酒疮、湿疹。

## 三花莸
*Caryopteris terniflora* Maxim.

马鞭草科　莸属
别名：野荆芥、黄刺泡、大风寒草、蜂子草、六月寒、金线风、风寒草
分布：河北、山西、四川、陕西、甘肃、江西、湖北、云南

【形态特征】直立亚灌木，常自基部即分枝，高15～60 cm；茎方形，密生灰白色向下弯曲柔毛。叶片纸质，卵圆形至长卵形，长1.5～4 cm，宽1～3 cm，顶端尖，基部阔楔形至圆形，两面具柔毛和腺点，边缘具规则钝齿。聚伞花序腋生，通常3花；苞片细小，锥形；花萼钟状，长8～9 mm，两面有柔毛和腺点，5裂，裂片披针形；花冠紫红色或淡红色，长1.1～1.8 cm，外面疏被柔毛和腺点，顶端5裂，二唇形，裂片全缘，下唇中裂片较大，圆形；雄蕊4枚，与花柱均伸出花冠管外；子房顶端被柔毛，花柱长过雄蕊。蒴果成熟后四瓣裂，果瓣倒卵状舟形，表面明显凹凸成网纹，密被糙毛。花果期6～9月。

【生长习性与生境】生于海拔550～2600 m的山坡、平地或水沟河边。

【精油含量】水蒸气蒸馏三花莸全草的得油率为1.00%。

【芳香成分】周印锁等（1993）用水蒸气蒸馏法提取的甘肃兰州产三花莸全草精油的主要成分为：α-柠檬烯（37.40%）、(+)-顺-桧醇（26.90%）、1-亚甲基-4-(1-甲基乙烯基)-环己烷（4.08%）、4-羟基-3-甲基-2-(2-丙烯基)-2-环戊烯-1-酮（2.87%）、(E)-3,3-二甲基亚环异烯基)-乙醛（2.59%）、十氢化萘（2,3-b）骈氧（1.52%）、3R-(3α,3aβ,6α,7β,8aα)-3,6,8,8-三甲基八氢化-1H-3a,7-亚甲基薁（1.26%）等。

【利用】全草药用，有清热解毒、祛风除湿、消肿止痛的功效，治外感头痛、咳嗽、外障目翳、产后腹痛、烫伤等症；外用治刀伤、烧、烫伤、瘰疬、痈疽、毒蛇咬伤。

## ❀ 杜虹花

*Callicarpa formosana* Rolfe

**马鞭草科　紫珠属**

**别名:** 粗糠仔、老蟹眼

**分布:** 江西、浙江、台湾、福建、广东、广西、云南

【形态特征】灌木，高1～3 m；小枝、叶柄和花序均密被灰黄色星状毛和分枝毛。叶片卵状椭圆形或椭圆形，长6～15 cm，宽3～8 cm，顶端通常渐尖，基部钝或浑圆，边缘有细锯齿，叶面被短硬毛，稍粗糙，叶背被灰黄色星状毛和细小黄色腺点。聚伞花序通常4～5次分歧，花序梗长1.5～2.5 cm；苞片细小；花萼杯状，被灰黄色星状毛，萼齿钝三角形；花冠紫色或淡紫色，长约2.5 mm，裂片钝圆，长约1 mm；雄蕊长约5 mm。果实近球形，紫色，径约2 mm。花期5～7月，果期8～11月。

【生长习性与生境】生于海拔 1590 m 以下的平地、山坡和溪边的林中或灌丛中。

【精油含量】水蒸气蒸馏阴干叶的得油率为 0.17%。

【芳香成分】林朝展等（2009）用水蒸气蒸馏法提取的广东从化产杜虹花阴干叶精油的主要成分为：(-)-斯巴醇（20.23%）、β-石竹烯（17.22%）、大根香叶烯 D（8.06%）、β-桉叶烯（5.52%）、τ-榄香烯（4.18%）、马兜铃烯（3.78%）、异香橙烯氧化物（2.71%）、别香橙烯氧化物（2.55%）、4-松油醇（2.50%）、α-朱栾（2.41%）、β-榄香烯（1.90%）、(+)-δ-杜松烯（1.76%）、τ-依兰油烯（1.60%）、愈创（木）醇（1.32%）、紫罗烯（1.11%）等。

【利用】叶入药，有散瘀消肿、止血镇痛的效用，主治牙龈出血、咯血、衄血、呕血、便血、尿血、外伤出血、皮肤紫癜、肿毒、烧伤及毒蛇咬伤等。福建用根治风湿痛、扭挫伤、喉炎、结膜炎。

## 🌸 广东紫珠

*Callicarpa kwangtungensis* Chun

| 马鞭草科　紫珠属 |
| --- |
| 别名：止血柴、紫珠草、金刀菜、猪血莲 |
| 分布：浙江、江西、湖南、湖北、贵州、福建、广东、广西、云南 |

【形态特征】灌木，高约 2 m；幼枝略被星状毛，常带紫色，老枝黄灰色，无毛。叶片披针形，长 15～26 cm，宽 3～5 cm，顶端渐尖，基部楔形，两面通常无毛，叶背密生显著的细小黄色腺点，侧脉 12～15 对，边缘上半部有细齿。聚伞花序 3～4 次分歧，具稀疏的星状毛，萼齿钝三角形，花冠白色或带紫红色，长约 4 mm，可稍有星状毛；花丝约与花冠等长或稍短；子房无毛，有黄色腺点。果实球形，径约 3 mm。花期 6～7月，果期 8～10月。

【生长习性与生境】生于 300～1600 m 的山坡林中或灌丛中。喜温、喜湿，怕风、怕旱。生长要求年平均温度 15～25℃，12月平均温度 2～10℃，极端最低温度-10℃，年降水量 1000～1800 mm。对土壤要求不严，以疏松、肥沃、排水良好、砂质黄壤为好。

【精油含量】水蒸气蒸馏干燥全草的得油率为 0.62%；超临界萃取干燥全草的得油率为 1.04%。

【芳香成分】贾安等（2012）用水蒸气蒸馏法提取的江西萍乡产广东紫珠干燥全草精油的主要成分为：2,10,10-三甲基-6-亚甲基-1-氧杂螺 [4.5]-7-烯（10.85%）、石竹烯（8.87%）、氧化石竹烯（6.95%）、γ-荜澄茄烯（6.27%）、1,2,3,4,4a,5,6,8a-八氢-7-甲基-4-亚甲基-1-(1-甲基乙基)-萘（4.08%）、6,10,14-三甲基-十五烷-2-酮（4.08%）、δ-愈创木烯（4.01%）、β-愈创木烯（3.87%）、α-金合欢烯（3.01%）、10,10-二甲基-2,6-二亚甲基环 [7.2.0] 十一醛-5β-醇（2.53%）、α-桉叶烯（2.51%）、异匙叶桉油醇（2.25%）、雪松烯（2.04%）、匙叶桉油烯醇（1.85%）、2-(1-甲基十一烷基)-二氢呋喃-3-酮（1.65%）、3,7,11,15-四甲基-2-十六碳烯-1-醇（1.56%）、壬酸（1.52%）、5-烯-1,5-二甲基-3-羟基-8-仲丁基-二环 [4.4.0] 萘烷（1.39%）、吉玛烯 D（1.31%）、2,6-二甲基-1-环己烯乙酸酯（1.24%）、4-(3-甲基丁基)-邻苯二甲酸-1-壬酯（1.23%）、γ-榄香烯（1.10%）等。

【利用】根或全株入药，能通经和血，治月经不调、虚劳、白带、产后血气痛、感冒风寒；调麻油外用治缠蛇丹毒。苗药用茎叶治胃痛、吐血、胸痛、麻疹、偏头痛、外伤出血。

## 🌸 尖尾枫

*Callicarpa longissima* (Hemsl.) Merr.

| 马鞭草科　紫珠属 |
| --- |
| 别名：粘手枫、穿骨枫、雪突、牛舌广 |
| 分布：台湾、福建、江西、广东、广西、四川 |

【形态特征】灌木或小乔木，高 1～7 m；小枝紫褐色，四棱形，幼嫩部分稍有多细胞的单毛，节上有毛环。叶披针形或椭圆状披针形，长 13～25 cm，宽 2～7 cm，顶端尖锐，基部楔形，叶面仅主脉和侧脉有多细胞的单毛，叶背无毛，有细小的黄色腺点，干时下陷成蜂窝状小洼点，边缘有不明显的小齿或全缘。花序被多细胞的单毛，5～7 次分歧，花小而密集；花萼无毛，有腺点，萼齿不明显或近截头状；花冠淡紫色，无毛，长约 2～5 mm；雄蕊长约为花冠的 2 倍。果实扁球形，径 1～1.5 mm，无毛，有细小腺点。花期 7～9月，果期 10～12月。

6～8月，果期8～12月。

【生长习性与生境】生于海拔1200 m以下的荒野、山坡、谷地丛林中。

【精油含量】水蒸气蒸馏新鲜枝叶的得油率为4.51%；新鲜花的得油率为2.79%。

【芳香成分】枝叶：高微等（2015）用水蒸气蒸馏法提取的广西藤县产尖尾枫新鲜枝叶精油的主要成分为：α-红没药醇（28.07%）、β-石竹烯（12.02%）、(E)-β-金合欢烯（10.96%）、反-水合倍半香桧烯（4.21%）、β-红没药醇（3.93%）、β-姜黄烯（3.54%）、β-红没药烯（3.06%）、氧化石竹烯（2.90%）、2,6-二甲基-6-(4-甲基-3-戊烯基)-二环[3.1.1]庚-2-烯（2.29%）、7-表-顺-水合倍半香桧烯（1.30%）、7-表-反-水合倍半香桧烯（1.30%）等。

花：高微等（2015）用水蒸气蒸馏法提取的广西藤县产尖尾枫新鲜花精油的主要成分为：(E)-β-金合欢烯（6.71%）、α-红没药醇（51.89%）、β-石竹烯（4.67%）、β-红没药醇（3.24%）、7-表-顺-水合倍半香桧烯（2.67%）、水杨酸甲酯（2.17%）、β-红没药烯（1.95%）、β-姜黄烯（1.84%）、2,6-二甲基-6-(4-甲基-3-戊烯基)-二环[3.1.1]庚-2-烯（1.15%）、1-辛烯-3-醇（1.14%）、氧化石竹烯（1.12%）等。

【利用】全株供药用，有止血镇痛、散瘀消肿、祛风湿的效用，治外伤出血、咯血、吐血、产后风痛、四肢瘫痪、风湿痹痛等。

## 🌸 裸花紫珠

*Callicarpa nudiflora* Hook. et Arn.

马鞭草科　紫珠属
别名：赶风柴、节节红、饭汤叶、亚寨凡、白花茶
分布：广东、海南、广西

【形态特征】灌木至小乔木，高1～7 m；老枝无毛而皮孔明显，小枝、叶柄与花序密生灰褐色分枝茸毛。叶片卵状长椭圆形至披针形，长12～22 cm，宽4～7 cm，顶端短尖或渐尖，基部钝或稍呈圆形，叶面深绿色，干后变黑色，除主脉有星状毛外，余几无毛，叶背密生灰褐色茸毛和分枝毛。聚伞花序开展，6～9次分歧，苞片线形或披针形；花萼杯状，顶端截平或有不明显的4齿；花冠紫色或粉红色，长约2 mm；雄蕊长于花冠2～3倍。果实近球形，径约2 mm，红色，干后变黑色。花期

【生长习性与生境】生于平地至海拔1200 m的山坡、谷地、溪旁林中或灌丛中。

【精油含量】水蒸气蒸馏干燥叶的得油率为0.17%～0.50%，干燥全草的得油率为0.40%。

【芳香成分】叶：王治平等（2006）用水蒸气蒸馏法提取的广西南宁产裸花紫珠干燥叶精油的主要成分为：石竹烯氧化物（23.86%）、1,5,5,8-四甲基-12-含氧双环[9.1.0]十二烷-3,7-二烯（16.38%）、α-石竹烯（8.13%）、石竹烯（6.99%）、异香树素环氧化物（3.54%）、绿花白千层醇（3.21%）、1β,4βH, 10βH-愈创-5,11-二烯（1.81%）、杜松-1(10), 4-二烯（1.63%）、(13S)-8,13：13,20-二环氧-15,16-二去甲赖白当（1.54%）、反式-Z-α-没药烯环氧化物（1.49%）、香橙烯（1.47%）、桉叶烷-4(14), 11-二烯（1.38%）、4βH, 5α-雅槛蓝-1(10), 11-二烯（1.38%）、1-甲基-4-(5-亚甲基-4-己烯基-(s)-环己烯（1.23%）等。

枝叶：王勇等（2016）用水蒸气蒸馏法提取的海南白沙产裸花紫珠干燥地上部分精油的主要成分为：β-蒎烯（20.70%）、α-蒎烯（9.41%）、石竹烯氧化物（6.90%）、石竹烯（6.65%）、邻伞花烃（6.62%）、反式-4-侧柏醇（5.85%）、桃金娘烯醇（5.61%）、(1R)-(-)-桃金娘烯醛（3.96%）、4,4-二甲基四环[6.3.2.0²˒⁵.0¹˒⁸]十三烷-9-醇（3.60%）、α-松油醇（2.24%）、松香

芹醇（2.45%）、松油烯-4-醇（2.35%）、α-水芹烯（1.51%）、松香芹酮（1.38%）、α-龙脑烯醛（1.36%）、α-石竹烯（1.30%）、γ-松油烯（1.29%）等。

【利用】叶药用，有止血止痛、散瘀消肿之效，治外伤出血、跌打肿痛、风湿肿痛、肺结核咯血、胃肠出血。

## 🌸 枇杷叶紫珠
*Callicarpa kochiana* Makino

马鞭草科　紫珠属
别名：劳莱氏紫珠、长叶紫珠、野枇杷、山枇杷、散花紫珠
分布：江西、福建、广东、浙江、台湾、湖南、河南

【形态特征】灌木，高1～4 m；小枝、叶柄与花序密生黄褐色分枝茸毛。叶片椭圆形至长椭圆状披针形，长12～22 cm，宽4～8 cm，顶端渐尖或锐尖，基部楔形，边缘有锯齿，叶面无毛或疏被毛，叶背密生黄褐色星状毛和分枝茸毛，两面被不明显的黄色腺点。聚伞花序3～5次分歧；花近无柄，密集于分枝的顶端；花萼管状，被茸毛，萼齿线形或为锐尖狭长三角形.齿长2～2.5 mm；花冠淡红色或紫红色，裂片密被茸毛；雄蕊伸出花冠管外；花柱长过雄蕊，柱头膨大。果实圆球形，径约1.5 mm，包藏于宿存的花萼内。花期7～8月，果期9～12月。

【生长习性与生境】生于海拔100～850 m的山坡或谷地溪旁林中和灌丛中。

【精油含量】水蒸气蒸馏干燥叶的得油率为0.38%。
【芳香成分】林朝展等（2010）用水蒸气蒸馏法提取的广东从化产枇杷叶紫珠干燥叶精油的主要成分为：β-石竹烯（20.87%）、4-松油醇（15.99%）、甘香烯（6.97%）、石竹烯氧化物（4.32%）、脱氢香橙烯（4.17%）、三环[6.3.2.0$^{2,5}$0$^{1,8}$]十三碳-9-醇-4,4-二甲基-2-烯酮（2.85%）、4-(3,3-二甲基-1-丁炔基)-4-羟基-2,6,6-三甲基-环己烯-2-酮（2.81%）、紫罗烯（2.49%）、去氢白菖（蒲）烯（2.25%）、α-松油醇（2.14%）、香桧酮（2.10%）、聚伞花素（2.09%）、反式松香芹醇（2.05%）、γ-松油烯（2.02%）、δ-榄香烯（1.87%）、1,8-异丙基-1-甲基-1,2,3,4-四氢萘（1.71%）、马兜铃烯（1.71%）、桃金娘烯醛（1.60%）、香树烯（1.38%）、别香橙烯氧化物（Ⅰ）(1.26%)、冰片烯（1.24%）、香桧烯（1.19%）、桉叶素（1.19%）、桃金娘醇（1.00%）等。

【利用】根治慢性风湿性关节炎及肌肉风湿症；叶可作外伤止血药并治风寒咳嗽、头痛。叶可提取精油。

## 🌸 全缘叶紫珠
*Callicarpa integerrima* Champ.

马鞭草科　紫珠属
分布：浙江、江西、福建、广东、广西

【形态特征】藤本或蔓性灌木；小枝棕褐色，圆柱形，嫩枝、叶柄和花序密生黄褐色分枝茸毛。叶片宽卵形、卵形或椭圆形，长7~15cm，宽4~9cm，顶端尖或渐尖，通常钝头，基部宽楔形至浑圆，全缘，叶面深绿色，幼时有黄褐色星状毛，叶背密生灰黄色厚茸毛。聚伞花序7~9次分歧；花柄及萼筒密生星状毛，萼齿不明显或截头状；花冠紫色，长约2mm，无毛，雄蕊长过花冠约2倍；子房有星状毛。果实近球形，紫色，初被星状毛，成熟后脱落，径约2mm。花期6~7月，果期8~11月。

【生长习性与生境】生于海拔200~700m的山坡或谷地林中。

【精油含量】水蒸气蒸馏干燥叶的得油率为0.08%。

【芳香成分】柴玲等（2010）用水蒸气蒸馏法提取的广东从化产全缘叶紫珠干燥叶精油的主要成分为：β-石竹烯（33.74%）、甘香烯（12.86%）、τ-杜松烯（9.57%）、(-)-斯巴醇（8.99%）、珀珇烯（4.21%）、蓝桉醇（3.81%）、α-石竹烯（2.48%）、十氢-α,α,4a-三甲基-8-亚甲基-[2R-(2α,4aα,8aβ)]-2-萘醇（2.37%）、1,6-环癸二烯（2.24%）、[1aR-(1aα,4β,4aβ,7α,7aβ,7bα)]-十氢-1,1,4,7-四甲基-1H-环丙[e]奠-4-醇（1.70%）、1,2,3,4,4a,5,6,8a-八氢-α,α,4a,8-四甲基-2-萘醇（1.36%）、1-甲基-1-乙烯基-2,4-二(1-甲基乙烯基)-环己烷（1.22%）、[1aR-(1aα,4aα,7β,7aβ,7bα)]-十氢-1,1,7-三甲基-4-亚甲基-1H-环丙[e]奠-7-醇（1.15%）、1,2,3,4,4a,5,6,7-八氢-α,α,4a,8-四甲基-(2R-顺)-2-萘醇（1.00%）等。

【利用】为我国南方民间用药，根和叶入药，具有祛风散结、治风湿瘰疬的功效。

# 🌸 紫珠

*Callicarpa bodinieri* Lévl.

马鞭草科　紫珠属

别名：白木姜、爆竹紫、大叶鸦鹊饭、红紫珠、漆大伯、珍珠枫、紫珠草、止血草

分布：河南、江苏、安徽、浙江、江西、湖南、湖北、广东、海南、广西、四川、贵州、云南

【形态特征】灌木，高约2m；小枝、叶柄和花序均被粗糠状星状毛。叶片卵状长椭圆形至椭圆形，长7~18cm，宽4~7cm，顶端长渐尖至短尖，基部楔形，边缘有细锯齿，叶面干后暗棕褐色，有短柔毛，叶背灰棕色，密被星状柔毛，两面密生暗红色或红色细粒状腺点。聚伞花序4~5次分歧；苞片细小，线形；花萼长约1mm，外被星状毛和暗红色腺点，萼齿钝三角形；花冠紫色，长约3mm，被星状柔毛和暗红色腺点。果实球形，熟时紫色，无毛，径约2mm。花期6~7月，果期8~11月。

【生长习性与生境】生于海拔200~2300m的林中、林缘及灌丛中。属亚热带植物，喜温、喜湿、怕风、怕旱。适宜气候条件为年平均温度15~25℃，年降雨量1000~1800mm，土壤以红黄壤为好，在阴凉的环境生长较好。

【精油含量】水蒸气蒸馏茎叶的得油率为0.06%。

【芳香成分】枝叶：粟学俐等（2008）用固相微萃取法富集的湖北武汉产紫珠新鲜枝叶精油的主要成分为：雅槛蓝-1(10),11-二烯（30.15%）、杜松-3,9-二烯（15.15%）、γ-依兰油烯（13.83%）、长叶烯（5.65%）、胡椒烯（3.69%）、β-荜澄茄烯（3.00%）、α-荜澄茄烯（1.47%）、珀珇烯（1.23%）、Z-10-十五烯醇（1.01%）等。

花：李锦辉（2015）用顶空固相微萃取法提取的贵州黔南产紫珠花精油的主要成分为：α-石竹烯（30.30%）、石竹烯（10.04%）、β-芹子烯（8.52%）、3-辛醇（6.73%）、β-蒎烯

（6.35%）、β-侧柏烯（3.99%）、3-辛酮（3.62%）、石竹烯氧化物（3.54%）、百里香素（2.26%）、1R-α-蒎烯（2.16%）、α-芹子烯（2.04%）、α-愈创木烯（2.02%）、大根香叶烯D（1.95%）、丁香酚（1.43%）、β-波旁烯（1.02%）等。

【利用】常用于园林绿化或庭院栽种，也可盆栽观赏，果穗可瓶插或作切花材料。根或全株入药，能通经和血，治月经不调、虚劳、白带、产后血气痛、感冒风寒；调麻油外用，治缠蛇丹毒。

# 🌸 马齿苋

*Portulaca oleracea* Linn.

**马齿苋科　马齿苋属**

**别名**：长命草、长命菜、瓜子菜、瓜米菜、瓠子菜、马苋、马齿草、马苋菜、马齿菜、马蛇子菜、蚂蚁菜、麻绳菜、蚂蚱菜、五行菜、五行草、五方草、酸米菜、猪母草、猪母菜、狮岳菜、酸菜、猪肥菜

**分布**：全国各地

【形态特征】一年生草本，全株无毛。茎平卧或斜倚，伏地铺散，多分枝，圆柱形，长10～15 cm，淡绿色或带暗红色。叶

互生，有时近对生，叶片扁平，肥厚，倒卵形，似马齿状，长1～3 cm，宽0.6～1.5 cm，顶端圆钝或平截，有时微凹，基部楔形，l全缘，叶面暗绿色，叶背淡绿色或带暗红色。花直径4～5 mm，常3～5朵簇生枝端，午时盛开；苞片2～6，叶状，膜质，近轮生；萼片2，对生，绿色，盔形；花瓣5，稀4，黄色，倒卵形，长3～5 mm，顶端微凹，基部合生；雄蕊通常8，或更多。蒴果卵球形，长约5 mm，盖裂；种子细小，多数，偏斜球形，黑褐色，有光泽，具小疣状凸起。花期5～8月，果期6～9月。

【生长习性与生境】生于菜园、农田、路旁，为田间常见杂草。喜温向阳，耐干旱和抗热。喜肥沃土壤，耐旱亦耐涝。植株生长的适宜温度26～34℃。适宜在各种田地和坡地栽培，以中性和弱酸性土壤较好。

【芳香成分】刘鹏岩等（1994）用水蒸气蒸馏法提取的新鲜全草精油的主要成分为：芳樟醇（18.96%）、3,7,11,15-四甲基-2-十六碳烯-1-醇（13.55%）、(E)-3,7-二甲基-2,6-辛二烯-1-醇（9.04%）、十七碳烷（8.53%）、亚麻酸甲酯（6.84%）、去甲肾上腺素（6.77%）、软脂酸（5.90%）、2-丁基-1-辛醇（5.52%）、2-甲基-1,3-苯并二噁烷（5.42%）、α,α,4-三甲基-3-环己烯-1-甲基烯醇（5.27%）、2,6-双(1,1-二甲基乙基)-4-甲基苯酚（2.58%）、2-甲基-十七烷（2.50%）、2-丙基-1-庚醇（2.02%）、3,7,11-三甲基-1,6,10-十二碳三烯-3-醇（2.00%）、苯乙醛（1.18%）等。

【利用】嫩茎叶可作蔬菜食用，也可用醋腌泡食用。全草药用，有清热利湿、解毒消肿、消炎、止渴、利尿的功效，治赤白痢疾、赤白带下、肠炎、淋病；也可治头晕眼花、心慌心跳、头痛、咽喉痛、牙痛、无名肿毒、肺热咳嗽、肺结核；外用治丹毒、痈疖肿毒、虫蛇咬伤。种子可明目；还可作兽药和农药。嫩茎叶是很好的饲料。

# 参考文献

JanarJenis1、G. ShBurasheva1，阿吉艾克拜尔·艾萨，等，2010. 鞑靼滨藜挥发性化学成分分析[J]. 天然产物研究与开发，22：1040-1044.

阿芳，孙承礼，杜霞，等. 2007. 紫荆泽兰挥发油的化学成分分析[J]. 时珍国医国药，18（8）：1831，1833.

安承熙，罗湘宁，杨绪启，等，1995. 香芸火绒草精油化学成分研究[J]. 分析测试技术与仪器，1（4）：40-47.

敖芳芳，郝小燕，王道平，等，2015. 固相微萃取与同时蒸馏萃取-气质联用法提取牛角瓜中挥发性物质比较[J]. 信阳师范学院学报：自然科学版，28（2）：226-230.

白成科，2008. 苦楝不同部位挥发油成分的气相色谱-质谱分析[J]. 天然产物研究与开发，20：662-666.

蔡宝国，蒋晓薇，陈宇，2016. 鄢陵腊梅香气成分的固相微萃取-气质联用分析[J]. 上海应用技术学院学报（自然科学版），16（3）：257-261.

蔡彩虹，梅文莉，董文化，等，2016. 辣木叶挥发性成分GC-MS的分析及生物活性[J]. 热带生物学报，7（3）：381-386.

蔡玲，李爱阳，2008. 水红花子挥发油的提取及GC/MS分析[J]. 质谱学报，29（3）：157-161.

蔡泽贵，梁光义，周欣，等，2004. 贵州赤胫散挥发油化学成分及其抗菌活性研究[J]. 贵州大学学报（自然科学版），21（4）：377-379.

曹华茹，毛燕，王学利，2006. GC-MS法测定六月霜的挥发油成分[J]. 浙江林学院学报，23（5）：538-541.

曹雨虹，顾健，谭睿，等，2013. 钻叶龙胆挥发油化学成分的GC-MS分析[J]. 中国实验方剂学杂志，19（5）：91-93.

查建蓬，付焱，吴一兵，等，2005. 欧亚旋覆花挥发油的GC-MS分析[J]. 中药材，28（6）：466-468.

柴玲，林朝展，祝晨蔯，等，2010. 全缘叶紫珠叶挥发油化学成分分析[J]. 中药材，33（3）：382-385.

常亮，庞海亮，郭振博，等，2013. 茵陈挥发油成分鉴定及抗氧化活性研究[J]. 资源开发与市场，29（5）：469-471.

陈德军，王吉德，刘玉梅，2007. 顶空固相微萃取对新疆麻黄挥发成分的分析[J]. 精细化工，24（1）：55-59.

陈飞龙，谭晓梅，汤庆发，等，2011. 不同产地木香挥发油成分的GC-MS分析比较[J]. 中国药房，22（23）：2187-2189.

陈刚，吴亚，孟祖超，等，2009. 沂蒙山产牡荆叶挥发油化学成分的研究[J]. 安徽农业科学，37（23）：11006-11007，11016.

陈革林，张永红，汪汉卿，2004. 弯茎还阳参挥发性成分分析[J]. 中药材，27（3）：183-184.

陈行烈，张惠迪，1989. 藏药火绒草挥发油化学成分的研究[J]. 新疆大学学报，6（3）：61-63.

陈红兵，宋炜，王金胜，等，2007. 气相色谱-质谱法分析万寿菊根挥发油化学成分[J]. 农药，46（2）：114-115.

陈健，姚成，2006. 中药材中挥发油化学成分的气相色谱-质谱研究[J]. 分析科学学报，22（4）：485-486.

陈君梅，宋军阳，何洁，等，2016. 秦岭地区春兰和蕙兰的花挥发性成分研究[J]. 园艺学报，43（12）：2461-2472.

陈乐，韦唯，刘展元，等，2011. 天名精挥发油成分的GC-MS分析[J]. 西北药学杂志，26（4）：235-237.

陈乐，刘敏，贺卫军，等，2014. 两种湘产鼠曲草挥发油成分的GC-MS分析[J]. 亚太传统医药，10（17）：29-31.

陈利军，智亚楠，王国君，等，2014. 土荆芥花序和叶挥发油的抑菌作用及组分分析[J]. 植物保护，40（5）：40-43.

陈利军，智亚楠，王国君，等，2015.土荆芥果实挥发油的抑菌活性及其组分分析[J].河南农业科学，44（1）：70-76.

陈莉莉，邱祖民，黄振中，等，2008.GC-MS研究藜蒿嫩枝中挥发油的化学成分[J].南昌大学学报·工科版，30（3）：212-214.

陈玲，朱伟英，2015.气-质联用法对新疆一枝蒿中挥发油成分初探[J].新疆中医药，33（3）：37-38.

陈萍，王建刚，2017.蒲公英花挥发性成分的SPME-GC/MS分析[J].山东化工，46（18）：89-90，92.

陈青，张前军，朱少晖，等，2011.SPME-GC-MS分析鱼眼草花、茎叶挥发油成分[J].中国实验方剂学杂志，17（8）：92-95.

陈荣荣，张献忠，王根女，等，2014.HD/GC-MS法测定辣木树不同部位挥发性香气成分的研究[J].粮食与食品工业，21（4）：58-61.

陈体强，吴锦忠，余德亿，等，2007.不同采收期单叶蔓荆子挥发油成分的分析比较[J].林产化学与工业，27（6）：99-104.

陈文娟，文永新，陈月圆，等，2009.牛耳朵脂溶性成分的GC-MS分析[J].广西科学，16（2）：174-176.

陈小凯，葛发欢，2014.香露兜叶挥发油化学成分研究[J].中药材，37（4）：616-620.

陈迅，陆筱艾，刘向程，等，2015.盐析效应在水蒸气提取植物精油中作用分析[J].广州化工，43（6）：112-113，175.

陈焰，陈新峰，阚万才，等，2012.金线莲挥发油成分的提取及其体外抗肿瘤作用研究[J].中国药业，21（6）：21-22.

陈于澍，赵树年，1986.岩天麻化学成分的研究（111）岩天麻精油的化学成分[J].云南大学学报，8（2）：203-205.

陈宇帆，谢日健，张金莲，等.市售不同产地单叶蔓荆子挥发油成分分析[J].江西中医药，2015，46（7）：67-70.

陈志红，龚先玲，蔡春，等，2005.蟛蜞菊挥发油化学成分的初步研究[J].天津药学，17（4）：1-2.

程存归，毛姣艳，2005.三种蕨类植物挥发油的化学成分研究[J].林产化学与工业，25（2）：107-110.

程霜，崔庆新，牛梅菊，2001.茼蒿挥发油化学成分分析[J].食品科学，22（4）：68-69.

崔娟，刘圣，胡江苗，2013.GC-MS法检测球花石斛花中挥发性成分[J].安徽医药，17（1）：31-32.

崔涛，郭心甜，郭丽娜，等，2016.柳蒿芽挥发油的GC-MS分析[J].中药材，39（5）：1067-1070.

达洛嘉，马家麟，白雪，等，2016.铺散亚菊超临界$CO_2$萃取挥发油成分及其抑菌活性研究[J].安徽农业科学，44（4）：4-7.

戴春燕，刘曼雄，陈光英，等，2012.海南臭黄荆叶挥发油的GC-MS分析及抗氧化活性研究[J].中成药，34（8）：1548-1552.

邓小冬，周维书，1989.甘野菊挥发油成分的研究[J].北京中医学院学报，12（6）：28-29.

董竞，杨婉秋，王曼，等，2013.云南玉溪香椿果特征香气成分分析[J].食品科学，34（04）：217-220.

董然，南敏伦，刘洪章，2010.两种长白山橐吾挥发油成分分析[J].食品科学，31（10）：228-230.

董然，南敏伦，刘洪章，2009.长白山特有种单头橐吾的挥发油成分研究[J].安徽农业科学，37（36）：17900-17901.

董然，王丽清，刘洪章，2010.长白山复序橐吾和全缘橐吾叶片挥发油成分分析[J].东北林业大学学报，38（1）：105-107.

董智哲，谷风林，徐飞，等，2014.固相微萃取和同时蒸馏萃取法分析海南香草兰挥发性成分[J].食品科学，35（2）：158-163.

杜成智，王卉，冯旭，等，2014.卷柏挥发性成分的气相色谱-质谱联用分析[J].时珍国医国药，25（8）：1852-1853.

杜勤，王俊华，王振华，等，2005.青天葵挥发油化学成分分析[J].广州中医药大学学报，22（3）：225-227.

杜士杰，覃兆海，王明安，等，2007.木果楝挥发成分的GC-MS分析[J].海南师范大学学报（自然科学版），20（3）：247-251.

杜永芹，田晓龙，甘建忠，等，2013.不同品种蜡梅花精油成分的研究[J].北京林业大学学报，35（增刊1）：81-85.

堵年生，曲叔惠，热西旦，等，1988.肉苁蓉精油化学成分的研究[J].有机化学，8，522-525.

樊美余，曹福福，徐萌，等，2017.HS-SPME-GC-MS法分析5种蜡梅属植物叶片的挥发性成分[J].分子植物育种，15（6）：2381-2388.

范超敏，卢秀彬，钟耕，等，2011.臭黄荆叶理化组成及挥发油成分分析[J].食品科学，32（08）：248-251.

范若静，张芳，郭寅龙，2012. 气相色谱-四极杆飞行时间串联质谱在加拿大一枝黄花挥发性成分检测中的应用[J]. 分析测试学报，31（9）：1051-1057.

范铮，宋庆宝，强根荣，等，2003. 荞麦籽粒石油醚萃取物化学成分的研究[J]. 林产化工通讯，37（5）：17-20.

方永杰，王道平，白新祥，2013. 贵州产春兰花香气成分分析[J]. 北方园艺，（14）：92-94.

方云山，何弥尔，刘开庆，2010. 海枫藤挥发性化学成分的GC/MS分析[J]. 昆明学院学报，32（3）：91-92.

冯俊涛，苏祖尚，王俊儒，等，2007. 大花金挖耳花蕾中精油的化学组成及其杀菌活性研究[J]. 西北植物学报，27（1）：156-162.

冯立国，周力，陶俊，等，2009. 蕙兰花香成分研究[J]. 安徽农业科学，37（35）：17465-17466.

符继红，张丽静，2007. 维吾尔医用药材苦艾挥发油的GC-MS分析[J]. 中国现代应用药学杂志，24（6）：493-495.

符玲，王海波，王健，等，2010. 中药大蓟地上部位的GC-MS分析[J]. 中国民族民间医药，（3）：11，20.

付涛，王志龙，林立，等，2015. GC-MS法比较铁皮石斛试管苗不同部位中挥发油的成分[J]. 中成药，37（10）：2233-2238.

甘甲甲，陈文豪，关亚丽，2016. 不同居群银胶菊的挥发性化学成分分析[J]. 西北林学院学报，31（3）：239-242.

甘秀海，王瑞，梁志远，等，2011. 千里光花挥发油成分分析及抑菌活性[J]. 中国实验方剂学杂志，17（20）：122-125.

高辉，李平亚，吴巍，2000. 腺梗豨莶茎叶挥发油成分的研究[J]. 白求恩医科大学学报，26（5）：456-457.

高黎明，魏小梅，郑尚珍，等，2001. 毛蓼挥发油主要化学成分的研究[J]. 西北师范大学学报（自然科学版），37（3）：41-43.

高群英，高岩，张汝民，等，2011. 3种菊科植物香气成分的热脱附气质联用分析[J]. 浙江农林大学学报，28（2）：326-332.

高微，刘布鸣，柴玲，等，2015. 尖尾枫挥发油化学成分分析研究[J]. 香料香精化妆品，（3）：1-3.

高鹍铭，李凤玉，肖祥希，等，2016. 香椿叶、花和种子的挥发性化学成分研究[J]. 福建师范大学学报（自然科学版），32（5）：59-65.

高玉国，许尧舜，2013. 漏芦挥发油成分分析[J]. 鞍山师范学院学报，15（2）：38-40.

高玉琼，杨䄍嘉，黄建城，等，2008. 喜树果、叶及树枝的挥发性成分GC-MS分析[J]. 中国药学杂志，43（3）：171-173.

高玉琼，代泽琴，刘建华，等，2005. 头花蓼挥发性成分研究[J]. 生物技术，15（3）：55-56.

高玉琼，刘建华，赵德刚，等，2007. 黑骨藤根挥发性成分研究[J]. 药物分析杂志，27（8）：1240-1242.

高源，靳凤云，王祥培，等，2011. 黔产铁筷子挥发油化学成分的气相色谱-质谱联用分析[J]. 时珍国医国药，22（1）：122-123.

葛发欢，林秀仙，黄晓芬，等，2002. 超临界$CO_2$流体萃取穿心莲有效成分的正交试验研究[J]. 中药材，25（2）：101-102.

葛菲，吴爱梅，郝秀斌，等，2007. 杏香兔耳风挥发油成分分析[J]. 南昌大学学报（理科版），31（5）：467-472.

龚小见，王道平，周欣，等，2010. 马兰茎和根的挥发性化学成分研究[J]. 中华中医药杂志（原中国医药学报），25（12）：2112-2115.

关玲，权丽辉，沈一行，等，1995. 北野菊挥发油化学成分的研究[J]. 中国药学杂志，30（5）：301-302.

关萍，石建明，高玉琼，2008. 天麻的挥发性成分分析[J]. 四川师范大学学报（自然科学版），31（5）：615-618.

关萍，石建明，高玉琼，2008. 乌天麻挥发性成分分析及抗菌活性研究[J]. 西南师范大学学报（自然科学版），33（1）：101-105.

郭承军，2001. 山东艾叶与野艾叶的挥发油比较研究[J]. 中草药，32（6）：500-501.

郭华，侯冬岩，回瑞华，等，2006. 茎用莴苣花挥发性化学成分的气相色谱-质谱分析[J]. 质谱学报，27（2）：113-116.

郭美丽，张汉明，张芝玉，等，1996. 不同产地红花的挥发油成分[J]. 植物资源与环境，5：53-54.

郭巧生，王亚君，杨秀伟，等，2008. 杭菊花挥发性成分的表征分析[J]. 中国中药杂志，33（6）：624-627.

郭先霞，陶震，宋文东，2008. 红树植物白骨壤树叶挥发油化学组成特点及气相色谱/质谱分析[J]. 热带海洋学报，27（1）：57-59.

郭肖，姚健，赵保堂，等，2012.超临界$CO_2$萃取和水蒸气蒸馏法提取甘肃白沙蒿中挥发油成分的差异性分析[J].食品工业科技，33（14）：157-160，175.

郭宣宣，张玲，2017.不同产地杭白菊中挥发油成分的比较[J].中国现代中药，19（6）：821-827.

郭占京，黄宏妙，卢汝梅，等，2009.桂产藿香蓟的挥发油化学成分分析[J].广西中医药，32（3）：55-56.

果德安，楼之岑，刘治安，1994.华东蓝刺头根挥发油成分的研究[J].中国中药杂志，19（2）：100-102.

韩丽娜，张书文，罗文军，等，2011.济菊挥发油化学成分GC-MS分析[J].中草药，42（7）：1297-1298.

韩美华，杨秀伟，靳彦平，2006.金线莲挥发油化学成分的研究[J].天然产物研究与开发，18：65-68.

韩萌，罗兰，袁忠林，等，2016.马缨丹叶片精油化学成分及其对三种害虫的生物活性[J].应用昆虫学报，53（4）：874-883.

韩淑萍，冯毓秀，1993.佩兰及同属3种植物的挥发油化学成分研究[J].中国中药杂志，18（1）：39-41，63.

何保江，屈展，曾世通，等，2014.款冬花和决明子中挥发性成分及抗氧化性质研究[J].中国酿造，33（1）：81-85.

何道航，庞义，任三香，等，2004.GC/MS分析鸡毛松枝精油的化学成分[J].精细化工，21（9）：674-675.

何道航，庞义，任三香，等，2005.长叶竹柏挥发油的化学成分研究[J].林产化学与工业，25（2）：119-121.

何俊，袁萍，王国亮，2000.神农香菊干花精油化学成分的研究[J].天然产物研究与开发，12（4）：71-73.

何骞，国兴明，伍祥龙，2007.小鱼眼草挥发油化学成分及抑菌活性研究[J].贵州大学学报（自然科学版），24（5）：547-550.

何庭玉，谷文祥，莫莉萍，等，2005.苦槛蓝挥发油化学成分的研究[J].华南农业大学学报，26（3）：114-116.

何希瑞，李茂星，尚小飞，等，2011.秦艽与龙胆挥发油的化学成分及抗炎活性研究[J].药学实践杂志，29（4）：274-277，283.

何雪青，徐光青，于非，等，2009.沙漠绢蒿和冷蒿挥发油成分的气相色谱－质谱分析[J].质谱学报，30（5）：314-320.

何忠梅，孟祥颖，鲍永利，等，2007.麻叶千里光挥发油抗病毒活性及成分分析[J].分析化学，35（1O）：l513～l516.

何忠梅，王慧，包海鹰，等，2010.栽培千里光和野生千里光中挥发油的化学成分及含量比较[J].安徽农业科学，38（20）：10646-10648.

侯卫，韩素丽，王洪梅，等，1999.东北洋蓍草挥发油化学成分的研究[J].中草药，30（3）：174，187.

胡浩斌，郑旭东，2005.子午岭野菊花挥发油的化学成分及抑菌活性[J].新疆大学学报（自然科学版），22（3）：295-298.

胡浩斌，郑旭东，胡怀生，等，2007.黄荆子挥发性成分的分析[J].分析科学学报，23（1）：57-60.

胡建安，1992.孔雀草精油化学成分初探[J].香料香精化妆品，（1）：24-26.

胡军，屠鹏飞，果德安，等，1997.秦岭大黄化学成分研究[J].西北药学杂志，12（4）：153-155.

胡鹏，蔡静，张园娇，等，2017.萝藦种子中脂肪油和挥发油成分分析[J].中国药房，28（18）：2532-2535.

胡晓娜，周欣，李明，等，2007.不同提取方法对苗药黑骨藤果实挥发油的研究[J].分析测试学报，26（增刊）：160-163.

胡文杰，邱修明，曾建军，等，2015.皇菊不同部位挥发油化学成分比较分析[J].天然产物研究与开发，27：1187-1193.

胡文杰，许樟润，鲁思情，等，2016.皇菊花发育过程中挥发油化学成分及其抗氧化活性的研究[J].植物研究，36（6）：942-948.

滑艳，汪汉卿，2003.甘肃产香青挥发油成分分析[J].中草药，34（1）：19-21.

滑艳，汪汉卿，2007.白茎绢蒿挥发油的化学成分及抑菌作用的研究[J].中成药，29（5）：754-756.

黄爱芳，林观样，潘晓军，等，2009.鼠曲草挥发油化学成分的GC-MS分析[J].海峡药学，21（7）：91-92.

黄妙玲，杨得坡，梁祈，等，2010.顶空液相微萃取法与水蒸气蒸馏法提取金盏花挥发性成分的比较研究[J].中山大学学报（自然科学版），49（1）：145-148.

黄丽莎，朱峰，黄美珍，2009.白骨壤果精油化学成分的GC/MS分析[J].精细化工，26（3）：255-257.

黄琼，林翠梧，黄克建，等，2007.牡荆叶茎和花挥发油成分分析[J].时珍国医国药，18（4）：807-809.

黄小燕，乙引，张习敏，等，2010.气相色谱－质谱联用测定黔产金钗石斛精油成分研究[J].时珍国医国药，21（4）：889-891.

回瑞华，侯冬岩，李铁纯，等，2003.肉苁蓉挥发性化学成分分析[J].分析化学，31（5）：601-603.

回瑞华，侯冬岩，刘晓媛，等，2006.卷柏中挥发性组分的酶提取及气相色谱-质谱分析[J].质谱学报，27（1）：17-21.

回瑞华，侯冬岩，李铁纯，等，2009.万寿菊不同部位挥发性化学成分比较研究[J].分析试验室，28（7）：54-57.

惠阳，符荟，皮文博，等，2014.假臭草花挥发油的GC-MS分析[J].广州化工，42（19）：84-86.

霍昕，周建华，杨䄂嘉，等，2008.铁皮石斛花挥发性成分研究[J].中华中医药杂志（原中国医药学报），23（8）：735-737.

吉力，徐植灵，潘炯光，等，1997.草麻黄中麻黄和木贼麻黄挥发油化学成分的GC-MS分析[J].中国中药杂志，22（8）：489-492.

纪付江，李希红，陈荣，2009.剑叶金鸡菊花部分挥发油化学成分分析[J].江西科学，27（5）：694-696.

纪丽丽，宋文东，刘建秀，2008.红树林植物露兜中挥发油和脂肪酸的测定[J].现代食品科技，24（6）：588-592.

纪丽莲，2005.菊花脑茎叶挥发油的化学成分与抗霉菌活性的研究[J].食品科学，26（10）：91-94.

季梅，泽桑梓，杨斌，等，2013.热区2种菊科入侵植物精油化学成分的GC-MS分析[J].中国农学通报，29（16）：135-138.

姬晓悦，严珺，王静，2018.香椿叶与臭椿叶挥发性成分分析[J].安徽农业科学，46（16）：179-181.

姬志强，石磊，李永丽，等，2012.大羽鳞毛蕨挥发性成分的GC-MS分析[J].中国药房，23（43）：4098-4100.

姬志强，王金梅，康文艺，2008.三叉耳蕨挥发油HS-SPME-GC-MS分析[J].分析试验室，27（增刊）：474-476.

姬志强，王金梅，康文艺，2012.顶空固相微萃取-气质联用法分析阔鳞鳞毛蕨挥发性成分[J].中国药师，15（11）：1541-1543，1561.

姬志强，张建民，张新民，等，2015.固相微萃取-气质联用法分析浅裂鳞毛蕨挥发性成分[J].中国药师，18（7）：1120-1122.

贾安，杨义芳，孔德云，等，2012.广东紫珠挥发油化学成分的GC-MS分析及体外抗菌活性[J].中药材，35（3）：415-418.

菅琳，孙明，张启翔，2014.神农香菊花、茎和叶香气成分的组成分析[J].西北农林科技大学学报（自然科学版），42（11）：87-92.

江贵波，曾任森，陈少雄，等，2008.中药野艾挥发性物质的抗菌活性与成分鉴定[J].沈阳农业大学学报，39（4）：495-498.

蒋才武，伍国梁，戴春燕，等，2005.战骨叶挥发油的GC-MS分析[J].中国中药杂志，30（20）：9261-9262.

蒋小华，谢运昌，宾祝芳，2014.GC-MS分析九头狮子草挥发油的化学成分[J].广西植物，34（2）：170-173.

蒋小华，谢运昌，李娟，等，2012.鲜、干品红丝线叶挥发油化学成分的GC-MS分析[J].精细化工，29（4）：326-329，351.

姜祎，徐虹，秦天福，等，2015.GC-MS分析流苏虾脊兰叶中挥发性化学成分[J].现代中医药，35（4）：56-58.

姜显光，侯冬岩，回瑞华，等，2010.马兰种子及其种皮中挥发组分的GC-MS分析[J].食品科学，31（18）：363-364.

康联伟，宋银，张媛，等，2011.铁皮石斛挥发油化学成分的SPME-GC-MS分析[J].中华中医药杂志（原中国医药学报），26（10）：2279-2281.

康文艺，姬志强，王金梅，2009.普通凤丫蕨叶挥发性成分分析[J].中成药，31（3）：439-440.

康文艺，赵超，穆淑珍，等，2003.马兰挥发油成分的研究[J].中草药，34（3）210-211.

康笑枫，徐淑元，秦晓霜，2003.狗肝菜中挥发油的化学成分分析[J].热带农业科学，23（4）：14-16，21.

雷福成，陈利军，石庆锋，2010.楝树叶挥发油化学成分GC-MS分析[J].湖北农业科学，49（7）：1701-1702，1706.

雷伏贵，周建金，曹奕鸶，等，2015.不同干燥温度对西洋甘菊花及其精油的影响[J].福建农业学报，30（8）：768-774.

黎勇，都文辉，孙志忠，等，1997.橡子挥发油成分的研究[J].黑龙江大学自然科学学报，14（2）：92-94.

李斌，周围，2011.MassWorksTM与气相色谱-质谱联用分析洋甘菊精油成分[J].质谱学报，32（4）：241-245.

李长恭，渠桂荣，牛红英，等，2005.莒荚菜花的挥发油成分分析[J].河南师范大学学报（自然科学版），33（2）：128-129，132.

李崇晖，黄明忠，黄少华，等.4种石斛属植物花朵挥发性成分分析[J].热带亚热带植物学报，23（4）：454-462.

李大鹏，曹逸霞，陈乃中，等，2015.固相微萃取和同时蒸馏萃取法分析臭椿叶挥发性组分的初步研究[J].植物检疫，2013，27（1）：1-6.

李凤，王道平，崔伟，等，2013.黔产金荞麦挥发性成分研究[J].信阳师范学院学报：自然科学版，26（1）：54-56，66.

李福高，邵青，李凡，等，2008.不同物候期杭白菊与其他菊花及野菊花挥发性成分研究[J].中草药，39（6）：831-833.

李付惠，梁晓原，2007.云威灵挥发油成分的研究[J].云南中医学院学报，30（3）：24-25，29.

李光勇，张勇，张娟娟，等，2013.两种不同产地黄荆花挥发性成分研究[J].中国实验方剂学杂志，19（22）：130-133.

李贵军，汪帆，2014.香椿嫩叶挥发油化学成分的GC-MS分析[J].安徽化工，40（3）：85-88.

李海亮，陈海魁，徐福利，等，2016.辽东蒿挥发油化学成分分析[J].中药材，39（9）：2033-2036.

李红梅，吕惠子，2007.山牛蒡超临界二氧化碳萃取物GC-MS技术分析[J].延边大学医学学报，30（4）：264-265.

李计龙，刘建华，高玉琼，等，2011.石吊兰挥发油成分的研究[J].中国药房，22（27）：2560-2562.

李健，宋帅娣，刘宁，等，2010.万寿菊叶精油的提取及化学成分分析[J].食品科学，31（18）：359-362.

李健，宋帅娣，张若男，等，2010.黑龙江产万寿菊花精油的化学成分研究[J].化学与黏合，32（6）：42-44.

李杰，王再花，章金辉，等，2016.墨兰品种'企黑'的花朵精油成分分析[J].热带作物学报，37（1）：86-91.

李锦辉，2015.HS-SPME-GC/MS分析紫珠花中的挥发性成分[J].中国实验方剂学杂志，21（3）：67-69.

李静，许维国，牛凤兰，2011.超临界提取菱角与菱仁挥发性成分及其比较研究[J].中国中药杂志，36（13）：1725-1728.

李康兰，沈序维，郑尚珍，等，1999.珠芽蓼挥发油化学成分的研究[J].西北师范大学学报（自然科学版），35（3）：65-67.

李莉，汪汉卿，2003.箭叶橐吾挥发油化学成分的研究[J].天然产物研究与开发，15（3）：224-226.

李连昌，喜进安，刘宗才，等，1998.毛莲蒿挥发油成分研究[J].河南农业大学学报，32（2）：196-198.

李亮星，芦燕玲，段沅杏，等，2012.顶空法分析两种獐牙菜属植物的挥发性化学成分[J].云南中医中药杂志，33（4）：63-64.

李亮星，芦燕玲，普杰，等，2012.藏药西南獐牙菜挥发性化学成分GC-MS分析[J].云南化工，39（1）：43-47.

李培源，霍丽妮，邓超澄，等，2010.臭牡丹挥发油化学成分的GC-MS分析[J].广西中医药，33（4）：56-57.

李奇峰，欧阳竞锋，杨云，等，2009.怒族草药木秋挥发油成分的研究[J].云南中医学院学报，32（2）：20-22.

李启发，王晓玲，官艳丽，等，2006.通关藤挥发油成分的GC-MS分析[J].西南民族大学学报自然科学版，32（6）：1185-1187.

李琛，张雪寒，黄英，等，2016.狗牙腊梅鲜花精油香气组分鉴定与分析[J].食品工业科技，37（02）：54-59.

李文静，李进进，李桂锋，等，2015.GC-MS分析4种石斛花挥发性成分[J].中药材，38（4）：777-780.

李翔，邓赞，张新申，等，2006.叶下花挥发油化学成分的GC/MS分析[J].化学研究与应用，18（9）：1132-1134.

李向高，郑友兰，1985.草苁蓉挥发油成分的研究[J].中成药研究，（5）：29-30.

李小玲，宋粉云，2001.广东土牛膝超临界流体萃取物的GC-MS分析[J].分析测试学报，20（4）：85-87.

李晓霞，沈奕德，范志伟，等，2013.肿柄菊挥发油的化学成分分析及其化感作用[J].广西植物，33（6）：878-882.

李艳辉，格桑索朗，阿萍，等，2006.双花千里光花精油的GC-MS分析[J].分析试验室，25（7）：42-45.

李耀光，侯鹏娟，李皓，等，2016.基于顶空固相微萃取印蒿挥发性风味成分的GC-MS分析[J].食品科技，41（04）：293-297.

李毅然，陈玉萍，黄艳，等，2012.升麻与广东升麻挥发油成分的GC-MS分析[J].广西中医药，35（4）：56-59.

李勇慧，曹晓燕，押辉远，2009.大叶秦艽中脂肪酸及挥发油成分的GC-MS分析[J].中药材，34（4）：559-562.

李增春，杨利青，徐宁，等，2007.蒙药旋覆花挥发油化学成分分析[J].药物分析杂志，27（1）：117-119.

李植飞，唐祖年，戴支凯，2013. 土荆芥果实挥发油GC-MS分析及其生物活性研究[J]. 中国实验方剂学杂志，19（5）：265-269.

梁波，李宝林，吴振海，等，2006. 太白薞挥发油的化学成分和抗菌实验初步研究[J]. 药物分析杂志，26（12）：1765-1768.

梁建兰，刘秀凤，赵玉华，等，2013. 板栗粉碎前后香气成分的变化[J]. 中国食品学报，13（10）：246-254.

梁利香，陈月华，陈利军，2015. 菊三七茎叶挥发油的GC-MS分析[J]. 黑龙江畜牧兽医，（下）：109-110.

梁利香，张耀洲，陈利军，2016. 安徽野生一支黄花花期叶挥发油GC-MS分析[J]. 周口师范学院学报，33（5）：95-97.

梁睿，彭奇均，2006. 菱壳中挥发性成分的研究[J]. 中药材，29（1）：24-26.

梁宇，董丽，2008. SPM-GC/MS联用分析菊苣浸膏的挥发性成分[J]. 河南科学，26（7）：773-776.

梁正芬，王祝年，王茂媛，等，2009. 牛筋果果实脂溶性成分的GC-MS分析[J]. 中药材，32（11）：1697-1700.

廖彭莹，李兵，苗伟生，等，2011. 细叶石仙桃挥发油成分的GC-MS分析[J]. 安徽农业科学，39（22）：13394-13395.

廖泽勇，韦玮，2015. 竹柏果皮和果壳中挥发油成分及其抗肿瘤活性研究[J]. 医药导报，34（5）：609-612.

林碧芬，黄志坚，2011. 南美蟛蜞菊挥发油的抑菌活性及成分分析[J]. 中国畜牧兽医，38（11）：69-72.

林朝展，柴玲，祝晨蔯，等，2010. 枇杷叶紫珠叶挥发油化学成分的研究[J]. 时珍国医国药，21（9）：2275-2277.

林朝展，祝晨蔯，张翠仙，等，2009. 杜虹花叶挥发油化学成分及抗氧化活性研究[J]. 热带亚热带植物学报，17（4）：401-405.

林聪明，王道平，崔范洙，等，2012. 贵州产辣蓼挥发性成分分析[J]. 广西植物，32（3）：410-414.

林敬明，汪艳，许寅超，等，2001. 火炭母超临界$CO_2$萃取物GC-MS分析[J]. 中药材，24（6）：417.

林凯，2009. 福建野菊花挥发油成分分析[J]. 江西农业学报，21（4）：87-89.

林珊，曾建伟，邹秀红，等，2010. 泥胡菜挥发油化学成分GC-MS分析[J]. 福建中医学院学报，20（4）：27-29，72.

林玉萍，王津，赵声兰，等，2017. 云南娃儿藤茎叶挥发性成分的GC-MS分析研究[J]. 中国民族民间医药，26（8）：24-26.

凌冰，张茂新，孔垂华，等，2003. 飞机草挥发油的化学组成及其对植物、真菌和昆虫生长的影响[J]. 应用生态学报，14（5）：744-746.

凌云，张卫华，郭秀芳，等，1998. 气相色谱-质谱分析蒲公英挥发油成分[J]. 西北药学杂志，13（4）：151.

刘波，2014. 蒸馏法提取印蒿油成分分析及在卷烟中的应用[J]. 食品工业，35（4）：206-208.

刘存芳，2013. 秦巴山区野生绞股蓝挥发油的研究[J]. 食品科技，38（11）：236-240.

刘福涛，宋晓静，魏蔷，等，2010. 蓼蓝挥发性成分研究[J]. 北京师范大学学报（自然科学版），46（5）：586-588.

刘国声，刘惠卿，刘铁城，等，1991. 月见草花挥发油成分研究[J]. 中药材，14（1）：36-37.

刘国声，刘成德，方洪矩，等，1985. 蛔蒿挥发油的化学成分研究[J]. 值物学报，27（4）：110-112.

刘嘉炜，彭丽华，冼美廷，等，2012. 露兜簕超临界$CO_2$萃取物GC-MS分析[J]. 中国现代中药，14（4）：4-6.

刘建华，高玉琼，霍昕，等，2006. 金钗石斛、环草石斛挥发性成分研究[J]. 中成药，28（9）：1339-1342.

刘杰，金岩，2011. 佩兰挥发油的提取与GC-MS分析及其抑菌活性研究[J]. 河北农业科学，15（3）：150-154.

刘杰书，李泳锋，刘金龙，2010. 羊耳蒜中化学成分的气相色谱-质谱联用分析比较[J]. 时珍国医国药，2（3）：529-530.

刘兰军，宋伟峰，2011. 三叶青藤挥发油成分的GC-MS分析[J]. 临床医学工程，18（12）：1857-1858.

刘力，张若蕙，刘洪谔，等，1995. 蜡梅科7树种的叶精油成分及其分类意义[J]. 植物分类学报，33（2）：171-174.

刘立鼎，顾静文，陈京达，等，1996. 黄花蒿和青蒿精油的化学成分[J]. 江西科学，14（4）：234-238.

刘鹏岩，靳伯礼，郭志峰，等，1994. 马齿苋挥发油的GC-MS分析[J]. 河北大学学报（自然科学版），14（3）：72-74.

刘鹏岩，郭志峰，安秋荣，等，1996. 两种蒲公英挥发性成分的GC-MS分析比较[J]. 河北大学学报（自然科学版），16（1）：36-41.

刘瑞珂，杨扬，林鹏程，2013. 藏药光果莸不同器官中挥发性成分分析[J]. 安徽农业科学，41（3）：1026-1027，1043.

刘韶，曾茂茂，李新中，等，2010. 苦楝花挥发油的气质－化学计量学分析及抑菌作用研究[J]. 中国药学杂志，45（19）：1508-1512.

刘胜贵，胡兴，刘霞，等，2009. 羊耳菊挥发油化学成分及其清除自由基的作用研究[J]. 安徽农业科学，37（26）：12536-12537，12666.

刘伟，潘晓博，刘继国，等，2014. 超临界$CO_2$萃取天山雪菊工艺研究及成分分析[J]. 中国食物与营养，20（10）：55-59.

刘伟新，周钢，才仁加甫，2005. 新疆菊蒿挥发油化学成分的研究[J]. 中国民族民间医药杂志，（77）：361-363，372.

刘伟新，周钢，才仁加甫，2005. 新疆亚菊挥发油化学成分的研究[J]. 新疆中医药，23（4）：8-9.

刘相博，曹恒，田光辉，2010. 野生荆条籽中挥发油成分的研究[J]. 氨基酸和生物资源，32（1）：75-78.

刘向前，倪娜，陈素珍，等，2006. 湖南产青蒿和黄花蒿挥发油GC-MS分析[J]. 西北药学杂志，21（3）：107-109.

刘向前，邹亲朋，高敬铭，等，2010. 3种湖南产菊科植物挥发油成分的GC-MS研究[J]. 西北药学杂志，25（3）：179-181.

刘晓丹，刘存芳，赖普辉，等，2013. 野菊花茎叶挥发油的化学成分及其对植物病原真菌抑制作用[J]. 食品工业科技，34（24）：98-100，104.

刘信平，张驰，谭志伟，等，2009. 辣蓼挥发性活性成分的GC/MS研究[J]. 中国现代应用药学杂志，26（4）：285-288.

刘易鑫，颜日明，鲁顺保，等，2011. 突托蜡梅叶中挥发油成分及其抑菌活性研究[J]. 中国中药杂志，36（22）：3149-3154.

刘应泉，谭洪根，1994. 天仙藤与青木香挥发油的GC-MS分析[J]. 中国中药杂志，19（1）：34-36.

刘瑜霞，邓仕明，林健，2018. 两种菊科中药材挥发油成分的GC-MS分析研究[J]. 中国林副特产，（2）：14-18.

刘禹卿，姚雷，吴亚妮，等，2007. 上海崇明岛银灰菊花期精油成分分析[J]. 上海交通大学学报（农业科学版），25（4）：383-386.

刘园，谢津予，惠阳，等，2015. 假臭草全草挥发油的GC-MS分析[J]. 广州化工，43（14）：115-117.

刘运权，罗玉容，闻真珍，等，2011. 三种建兰挥发性成分的比较分析[J]. 现代食品科技，27（7）：863-866.

刘志雄，刘祝祥，2008. 超临界$CO_2$萃取蜡梅籽化学成分研究[J]. 中药材，31（7）：992-995.

娄方明，白志川，李群芳，2011. 椿皮挥发油化学成分的GC-MS分析[J]. 安徽农业科学，39（10）：5741-5742，5745.

卢金清，许家琦，何冬黎，等，2011. 月见草全草挥发油成分的气相色谱－质谱联用分析[J]. 中国医院药学杂志，31（14）：1225-1226.

卢金清，何冬黎，许家琦，等，2011. 黄腺香青挥发油化学成分GC-MS分析[J]. 中药材，34（3）：392-395.

罗花彩，潘馨，潘旭东，等，2016. 胜红蓟与其混淆品假臭草挥发油成分的分析鉴别[J]. 海峡药学，28（7）：40-42.

罗婧，刘继永，侯召华，等，2015. 超临界$CO_2$萃取法与水蒸气蒸馏法提取月见草油成分的GC-MS分析[J]. 保鲜与加工，15（1）：49-53.

罗艺萍，赵兴堂，羊晓东，等，2009. 细穗兔儿风挥发油化学成分分析[J]. 云南化工，36（4）：45-47.

罗永明，朱英，李斌，等，1997. 牛蒡子挥发油成分的GC-MS分析[J]. 中药材，20（12）：621-623.

鲁曼霞，黄可龙，施树云，等，2009. 3种卷柏属植物挥发性化学成分的气相色谱－质谱联用分析与比较[J]. 时珍国医国药，20（9）：2119-2121.

吕金顺，刘岚，邓芹英，2003. 臭椿籽挥发油的化学成分分析[J]. 分析测试学报，22（4）：39-41.

吕琳，秦民坚，吴刚，等，2007. 不同种源野菊及菊花脑花的挥发油成分分析[J]. 植物资源与环境学报，16（1）：53-57.

吕晴，秦军，陈桐，2004. 紫背天葵茎叶挥发油化学成分的研究[J]. 贵州工业大学学报（自然科学版），33（2）：23-25.

吕晴，秦军，陈桐，等，2008. 气相色谱－质谱法分析鼠曲草挥发油化学成分[J]. 贵州工业大学学报（自然科学版），37（5）：1-3，10.

吕怡兵，闫雪，王洋，等，1999.三裂叶豚草花序挥发成分的GC-MS分析[J].分析测试学报，18（2）：42-44.

马凤爱，宋洁，张伟，等，2017.安徽省不同药用菊花中挥发油成分的GC-MS分析[J].现代中药研究与实践，31（4）：12-16.

马克坚，孟芹，任杰红，1997.白花一枝蒿挥发油成分的测定[J].中药材，20（4）：193-194.

马荣贵，管景斌，王秀梅，等，1994.紫花野菊、小红菊与野菊花挥发油化学成分的比较研究[J].色谱，12（1）：47-49，75.

马瑞君，王明理，杨东娟，等，2005.掌叶囊吾挥发油化学成分分析[J].植物资源与环境学报，14（2）：58-59.

马瑞君，王明理，朱学泰，等，2005.黄帚囊吾挥发物的化感作用及其主要成分分析[J].应用生态学报，16（10）：1826-1829.

马晓青，蔡皓，刘晓，等，2011.GC/MS法分析硫磺熏蒸对杭白菊挥发油成分的影响[J].质谱学报，32（6）：374-379.

马学恩，南敏伦，李延团，2011.龙胆超临界$CO_2$萃取物的GC-MS分析[J].中国医药指南，9（11）：41-42.

马雁鸣，阿布力米提·伊力，廖立新，等，2005.GC-MS分析伊犁绢蒿挥发油化学成分[J].西北植物学报，25（5）：1039-1041.

麦蓝尹，韦真昕，庞婷，等，2016.大黄枳实药对配伍及其不同提取方法挥发油成分变化的GC-MS分析[J].时珍国医国药，27（7）：1558-1561.

敏德，徐丽萍，张治针，等，1998.中国大黄属植物的系统研究XLV[J].北京医科大学学报，（1）：4.

莫善列，李战，欧莹，等，2006.香青藤挥发油化学成分的GC-MS分析[J].时珍国医国药，17（12）：2512-2513.

牟林云，王明锋，段焰青，等，2017.灰毛莸挥发油化学成分的研究[J].云南化工，44（4）：13-17.

木尼热·阿布都克热木，木合塔尔·吐尔洪，王楠楠，等，2007.新疆戈壁野生木贼麻黄挥发油的成分分析[J].中成药，29（9）：1338-1341.

沐方芳，张军，王曼曼，等，2013.野生柳叶蜡梅茎挥发油化学成分的GC-MS分析[J].热带作物学报，34（2）：382-385.

纳智，2006.臭茉莉叶挥发油化学成分的研究[J].中国野生植物资源，25（5）：59-60.

倪士峰，潘远江，傅承新，等，2003.夏蜡梅挥发油气相色谱-质谱研究[J].分析化学，31（11）：1405.

牛东玲，刘向才，李艳，2018.蓼子朴花精油体内体外的抗菌活性[J].现代食品科技，34（4）：63-68.

牛凤兰，杨东旭，许维国，等，2010.水蒸气蒸馏法与微波辅助萃取法提取菱角挥发油的比较研究[J].时珍国医国药，21（4）：927-928.

欧阳婷，麦曦，夏红英，等，2010.柳叶蜡梅叶挥发油化学成分GC-MS分析[J].南昌大学学报（理科版），34（1）：78-81.

欧阳婷，麦曦，2010.浙江蜡梅叶挥发油化学成分GC-MS分析[J].中药材，33（3）：385-387.

潘炯光，徐植灵，樊菊芬，1989.牡荆、荆条、黄荆和蔓荆叶挥发油的GC-MS分析[J].中国中药杂志，14（6）：37-40.

潘小姣，曾金强，韦志英，2008.一点红挥发油化学成分的分析[J].中国医药导报，5（22）：35，38.

普建新，羊晓东，赵静峰，等，2004.藏药心叶兔儿风挥发油成分分析[J].云南大学学报（自然科学版），26（4）：345-347.

蒲自连，时铱，杨玉成，等，1984.中国莸属植物挥发油化学成分的研究，Ⅰ.兰香草、毛球莸、灰毛莸和小叶灰毛莸烯烃部分的气-质分析[J].化学学报，42：1103-1105.

齐晓丽，孟祥颖，王淑萍，等，2006.苦碟子挥发油化学成分的分析[J].分子科学学报，22（2）：138-140.

乔春燕，刘宁，2008.苣荬菜挥发油化学成分的GC-MS分析[J].东北农业大学学报，39（6）：112-114.

秦晓霜，康笑枫，林春华，2006.富贵菜挥发油成分分析[J].蔬菜，（9）：38-39.

邱琴，刘静，陈婷婷，等，2007.不同方法提取的香椿子挥发油气质联用成分分析[J].药物分析杂志，27（3）：400-405.

丘琴，甄汉深，石琳，2010.广西匙羹藤叶挥发油化学成分的气相色谱-质谱联用分析[J].时珍国医国药，21（12）：3083-3084.

丘琴，甄汉深，黄培倩，2013.匙羹藤花挥发性成分分析[J].中药材，36（4）：575-577.

曲继旭，贺雨馨，孙志蓉，等，2018.四种石斛花氨基酸和挥发性成分比较[J].中国现代中药，20（4）：387-394.

瞿仕，刘应煊，胡卫兵，2012.斑鸠柞叶挥发油的化学成分分析[J].湖北民族学院学报（自然科学版），30（2）：170-172，175.

饶之坤，封良燕，2007.李聪等.辣木营养成分分析研究[J].现代仪器，（2）：18-20.

任爱农，鞠建明，1999.江苏产野菊花、菊花脑挥发油成分分析[J].中药材，22（10）：511-512.

任洪涛，周斌，2007.云南香荚兰挥发性成分研究[J].热带农业科技，30（1）：25-26，30.

任玉琳，周亚伟，叶蕴华，2003.蒙山莴苣脂肪酸及其他挥发性成分GC-MS的研究[J].北京大学学报（自然科学版），39（2）：
 167-170.

任竹君，王道平，罗亚男，等，2011.香兰叶挥发性成分分析[J].安徽农业科学，39（36）：22307-22308.

邵赟，赵晓辉，梅丽娟，等，2008.紫花冷蒿挥发油成分的研究[J].分析试验室，27（5）：38-41.

邵华，南蓬，彭少麟，等，2001.微甘菊花挥发油成分分析[J].中药材，24（5）：341-342.

邵进明，王道平，张永萍，等，2014.铁皮石斛茎叶中挥发油成分的GC-MS分析[J].贵州农业科学，42（4）：190-193.

沈杰，叶蕴华，张秀，等，2009.西藏管花秦艽花弱极性成分的GC-MS分析[J].北京大学学报（自然科学版），45（2）：365-370.

沈寿茂，黄明进，赵致，等，2016.基于GC-MS法分析黑龙骨地上茎的挥发性成分[J].中药材，39（6）：1314-1318.

沈卓豪，刘磊，韩姣姣，等，2014.南美蟛蜞菊花挥发油GC-MS分析及抗菌活性研究[J].中国实验方剂学杂志，20（7）：54-58.

盛世昌，王道平，刘建华，高玉琼，刘文炜，李计龙，2011.果上叶挥发性成分研究[J].中国实验方剂学杂志，17（3）：80-82.

石凤平，程必强，喻丁，等，1994.西双版纳栽培的米兰及精油成分[J].香料香精化妆品，（2）：4-8.

史高峰，鲁润华，杨云裳，等，2004.印度獐牙菜挥发油化学成分的研究[J].西北植物学报，24（2）：296-300.

史清华，马养民，秦虎强，2006.杠柳根皮挥发油化学成分及对麦二叉蚜的毒杀活性初探[J].西北植物学报，26（3）：620-623.

师治贤，衰希召，1982.毛细管气相色谱法研究牛尾蒿精油化学成分[J].植物学报，24（2）：159-163.

宋丽，郑明珠，王立江，等，2016.响应面法优化长白山野菊花挥发油的提取工艺及成分分析[J].食品与发酵工业，42（7）：
 181-187.

司辉，李晓，王娜，等，2016.万寿菊挥发油的制备及其成分分析[J].香料香精化妆品，（1）：28-32.

苏玲，蔡毅，朱华，等，2009.小驳骨挥发油化学成分GC-MS分析[J].广西中医学院学报，12（2）：56-58.

苏应娟，王艇，张宏达，1995.罗汉松叶精油化学成分的研究[J].武汉植物学研究，13（4）：380-382.

粟学俐，朱书奎，2008.紫珠几种主要挥发性化学组分的分析[J].荆门职业技术学院学报，23（3）：7-10.

孙彬，王鸿，陆曼，等，2001.珠光香青挥发性化学成分研究[J].兰州大学学报（自然科学版），37（3）：66-71.

孙赟，王岚，陈进雄，2013.鸭嘴花药用部分挥发油的GC-MS分析[J].精细化工，30（9）：1017-1020.

孙菲，陈建雯，田昊，等，2009.云南产藜蒿茎和叶挥发油的化学成分研究[J].云南中医学院学报，32（5）：17-21.

孙凌峰，1989.孔雀草水蒸汽蒸馏液中水相部分化学成分的研究[J].香料香精化妆品，（3）：11-13.

孙凌峰，刘秀娟，新陈，2004.兰香草挥发油的提取及其成分分析[J].江西教育学院学报（综合），25（3）：27-29.

孙盟，泽桑梓，吴艳蕊，等，2013.GC-MS测定薇甘菊不同器官精油成分[J].广东农业科学，（19）：111-115.

孙毅坤，雷海民，魏宁漪，等，2004.川楝子挥发油化学成分的GC-MS分析[J].中国中药杂志，29（5）：475-476.

孙印石，杨赛飞，王建华，等，2012.静态顶空进样气质联用法测定虎杖花的头香成分[J].中药材，35（2）：241-243.

覃睿，解成喜，2012.新疆一枝蒿不同部位挥发性成分GC-MS分析[J].中国实验方剂学杂志，18（23）：141-144.

谭卫红，宋湛谦，叶伯蕙，2004.印楝种仁挥发性成分的GC-MS研究[J].福建林学院学报，24（1）：72-74.

汤洪波，周健，2010.虎杖中挥发性成分的酶提取及GC-MS分析[J].四川中医，28（12）：58-60.

汤丽昌，王宁，杨先会，等，2011.外来入侵植物假臭草挥发性成分分析[J].安徽农业科学，39（10）：5805-5806，5809.

陶晨，杨小生，戎聚全，等，2006.乌蕨挥发油成分分析及其抗菌活性[J].云南大学学报（自然科学版），28（3）：245-246.

陶晨，杨勤，赵鸿宾，等，2012.野苘蒿的挥发性成分研究[J].黔南民族医专学报，25（1）：9-10，17.

田光辉，刘存芳，赖普辉，等，2008. 抱茎蓼花的挥发油成分及其抗菌活性的研究[J]. 时珍国医国药，19（7）：1643-1646.

田辉，张志，梁臣艳，2011. GC-MS分析不同产地六棱菊挥发油的化学成分[J]. 中国实验方剂学杂志，17（13）：85-88.

田进，陈冰，谢光波，等，2012. 康定橐吾挥发油的化学成分分析及抗菌活性研究[J]. 安徽农业科学，40（32）：15666-15668.

田璞玉，李昌勤，王金梅，等，2011. 海州常山挥发性成分HS-SPME-GC-MS分析[J]. 天然产物研究与开发，23：1077-1079.

田效民，李凤，黄顺菊，等，2013. 柳叶白前挥发性成分的GC-MS分析[J]. 中国实验方剂学杂志，19（5）：111-113.

田宇，侯婧，吴建平，等，2007. 紫茎泽兰挥发性成分及抑菌活性研究[J]. 农药学学报，9（2）：137-142.

涂永勤，寿清耀，杨荣平，等，2005. 红冠紫菀挥发油化学成分研究[J]. 重庆中草药研究，（1）：26-28，25.

涂永勤，宗晓萍，董小萍，2006. GC-MS分析灰枝紫菀中挥发油的化学成分[J]. 华西药学杂志，21（5）：445-447.

涂永勤，杨荣平，寿清耀，等，2006. 侧茎垂头菊挥发油化学成分的研究[J]. 中国中药杂，31（6）：522-524.

涂永勤，杨荣平，朱华李，等，2009. 黑苞橐吾挥发油成分的GC-MS分析[J]. 西南大学学报（自然科学版），31（7）：26-30.

涂永勤，朱华李，杨荣平，等，2008. 东俄洛橐吾挥发油化学成分的GC-MS分析[J]. 重庆中草药研究，（1）：7-10.

王爱霞，罗建民，文娜，2013. 椒蒿不同部位挥发油化学成分的GC-MS分析[J]. 浙江农业科学，（11）：1536-1537.

王斌，李国强，管华诗，2007. 蒙古鸦葱挥发油成分及无机元素的GC-MS和ICP-MS分析[J]. 时珍国医国药，18（10）：2364-2365.

王栋，刘鸣远，王海山，1986. 兔毛蒿挥发油化学成分的气相色谱-质谱联用分析[J]. 中医药信息，（4）：39-40.

王发松，任三香，杨得坡，等，2004. 荆条叶挥发油的气相色谱-质谱分析[J]. 质谱学报，25（1）：61-64.

王广华，黄伟飞，袁珂，2010. SPME-GC/MS法分析红花芒毛苣苔中的挥发油化学成分[J]. 化学世界，（12）：725-728.

王国亮，朱信强，袁萍，等，1995. 毛华菊精油化学成分研究[J]. 武汉植物学研究，13（4）：383-384.

王洪玲，朱继孝，任刚，等，2016. 藏药曲玛孜挥发油化学成分的GC-MS分析[J]. 安徽农业科学，44（21）：88-90.

王慧，曾熠程，侯英，等，2012. 顶空固相微萃取-气相色谱/质谱法分析不同材质木片中的挥发性成分[J]. 林产化学与工业，32（5）：115-119.

王锦亮，丁靖垲，程治英，等，1992. 两种云南龙脑香属植物树脂精油的倍半萜成分及其季节性变化[J]. 云南植物研究，14（3）：337-342.

王俊儒，胡志彬，冯俊涛，等，2008. 大花金挖耳不同部位挥发油化学成分比较分析[J]. 西北植物学报，28（6）：1239-1245.

王开金，李宁，陈列忠，等，2006. 加拿大一枝黄花精油的化学成分及其抗菌活性[J]. 植物资源与环境学报，15（1）：34-36.

王凯，杨晋，2010. 气相色谱-质谱法分析老瓜头中挥发油的化学成分[J]. 宁夏农林科技，（4）：26-27.

王利勤，李建国，张焕清，等，2010. 云南石梓花挥发性成分分析[J]. 香料香精化妆品，（3）：6-8.

王丽君，赵春芳，周明娟，等，1999. 生菜根中挥发油的研究[J]. 白求恩医科大学学报，（5）：621.

王媚，吴建华，史亚军，等，2017. 红花挥发油的红外光谱鉴定与气相色谱-质谱分析[J]. 化学与生物工程，34（3）：66-70.

王梦，李亮星，左马怡，等，2015. 3种方法提取花锚不同部位的挥发性成分分析[J]. 云南民族大学学报：自然科学版，24（6）：435-441.

王梦，李亮星，李干鹏，2016. 不同方法提取的龙胆草不同部位的挥发性化学成分分析[J]. 云南民族大学学报：自然科学版，25（4）：293-300.

王梦馨，沈学根，周建松，等，2014. 杭菊栽培品种小黄菊鲜花和制成品香气组成分析[J]. 浙江农业学报，26（4）：900-907.

王明丽，王道平，杨小生，等，2010. 贵州产山蜡梅不同部位挥发油化学成分分析[J]. 云南大学学报（自然科学版），32（5）：577-582.

王乃平，梁晓乐，李耀华，等，2008. 白鹤灵芝叶挥发油化学成分的GC-MS分析[J]. 广西中医药，31（4）：60-61.

王如意，周伟明，陈柳生，等，2016. HS-SPME-GC-MS联用分析五色梅不同部位中挥发性成分[J]. 中成药，38（8）：1862-1865.

王萍娟，胡志忠，黄东业，等，2013. 蓝花龙胆浸膏挥发性成分分析及在卷烟中的应用[J]. 安徽农业科学，41（12）：5483-5484.

王圣仪，赵玉华，常学东，2018. 响应面法优化固相微萃取生板栗香气成分条件[J]. 中国酿造，37（3）：149-153.

王伟，戴华国，陈发棣，等，2008. 菊花花部特征及花冠精油组分与访花昆虫的相关性[J]. 植物生态学报，32（4）：776-785.

王祥培，吴林菁，吴红梅，等，2010. 苦楝子挥发油化学成分分析[J]. 安徽农业科学，38（17）：8953-8954.

王晓，程传格，杨予涛，2004. 牛蒡挥发油化学成分分析[J]. 天然产物研究与开发，16（1）：33-35.

王消冰，蔡宝昌，2016. 佩兰挥发油成分的GC-MS研究[J]. 中医药导报，22（16）：50-51, 57.

王晓丽，李强，杨永建，等，2014. 橐吾属植物挥发油成分分析及活性研究[J]. 中药材，37（6）：1005-1011.

王雪芬，王喆之，鲁国武，2008. 栉叶蒿挥发油的GC-MS分析[J]. 现代生物医学进展，8（4）：696-697.

王雪峰，郑俊华，陈青云，1995. GC/MS对唐古特大黄挥发油化学成分的研究[J]. 中国药学杂志，30（12）：719-720.

王亚娟，魏玉辉，王晓华，等，2006. 光茎大黄挥发油成分分析及体外抑菌活性初步研究[J]. 中药材，29（10）：1072-1074.

王亚君，郭巧生，杨秀伟，等，2008. 安徽产菊花挥发性化学成分的表征分析[J]. 中国中药杂志，33（19）：2207-2211.

王延年，魏宁漪，乔延江，2004. 不同产地沙漠嘎种子挥发油化学成分研究[J]. 中国中药杂志，29（5）：473-475.

王耀辉，孟庆繁，孙广仁，2006. 蒙古栎叶挥发性成分的分析[J]. 北林业大学学报，34（4）：37-39.

王莹，杨秀伟，2006. 不同炮制品怀小白菊挥发油成分的GC-MS分析[J]. 中国中药杂志，31（6）：456-459.

王盈盈，王琦琛，钟惠民，2011. 露兜树果实中醇溶精油成分的分析[J]. 青岛科技大学学报（自然科学版），32（4）：369-371.

王勇，孔杜林，董琳，等，2015. GC-MS分析海南白沙产裸花紫珠叶挥发油的化学成分[J]. 中国实验方剂学杂志，21（2）：94-98.

王友川，徐凌川，2015. 泰山白首乌种子挥发油成分气相色谱-质谱联用分析[J]. 时珍国医国药，26（1）：72-73.

王远兴，胡志国，方志杰，2007. 气相色谱-质谱法测定卵叶娃儿藤超临界$CO_2$流体萃取物中挥发性成分[J]. 食品科学，28（10）：433-435.

王知斌，宋朦朦，刘华，等，2017. GC-MS联用法分析紫锥菊地上部分挥发油的化学成分[J]. 化学工程师，（07）：19-22.

王治平，樊化，杨珂，等，2006. 裸花紫珠挥发油化学成分的气相色谱-质谱联用分析[J]. 时珍国医国药，17（9）：1640-1641.

王灼琛，余丽，程江华，等，2014. 苦荞粉、苦荞壳及苦荞麸皮挥发性成分分析[J]. 食品科技，39（11）：172-177.

汪洪武，刘艳清，严子军，等，2011. 不同方法提取鸦胆子挥发油化学成分的GC-MS分析[J]. 精细化工，28（7）：668-670, 697.

卫强，周莉莉，2016. 小蓟中挥发油成分的分析及其抑菌与止血作用的研究[J]. 华西药学杂志，31（6）：604-610.

魏宾，崔亚辉，徐芳，等，2014. 盐水保存对板栗花挥发性香气成分的影响[J]. 北京林业大学学报，36（5）：151-156.

魏丹，李祖光，徐心怡，等，2013. HS-SPME-GC-MS联用分析3种兰花鲜花的香气成分[J]. 食品科学，34（16）：234-237.

魏辉，李兵，田厚军，等，2010. 福建省不同产地及不同生育期土荆芥精油化学成分的比较[J]. 植物资源与环境学报，19（3）：62-67.

魏均娴，胡建林，王传宝，1992. 臭灵丹挥发油的化学成分研究[J]. 昆明医学院学报，13（2）：21-24.

魏萍，屈清慧，姜会敏，等，2014. 川楝花挥发油的GC-MS分析[J]. 西北药学杂志，29（3）：241-244.

魏小宁，蒋生祥，刘霞，等，2002. 千花橐吾挥发油化学成分研究[J]. 中兽医医药杂志，（4）：8-10.

文加旭，陈建宁，吴丽婷，等，2012. 重庆缙云山野菊花挥发油化学成分研究[J]. 中药材，35（1）：70-74.

温鸣章，肖顺昌，伍岳宗，等，1990. 粘叶莸精油化学成分的研究[J]. 天然产物研究与开发，（1）：19-22.

温远影，汪波，1998. 细杆沙蒿挥发油及其驱蚊作用研究[J]. 植物学通报，15（1）：16-17.

吴惠勤，王艇，苏应娟，等，1996竹柏叶精油化学成分的研究[J].武汉植物学研究，14（3）：287-288.

吴莉宇，李强，苍涛，2007.辣蓼挥发油的提取及其GC/MS分析[J].广东农业科学，（9）：72-73，81.

吴仁海，刘红彦，尹新明，等，2008.菊花茎叶挥发油的GC-MS分析[J].河南中医学院学报，23（5）：26-27.

吴秀华，钟鸣，2009.GC-MS法对比分析超临界$CO_2$萃取法与水蒸气蒸馏法提取佩兰挥发油化学成分的差异[J].中国药房，20（24）：1888-1889.

吴洵凤，尹复元，蔡锋，1993.菊叶鱼眼草的挥发油成分研究[J].云南中医学院学报，16（1）：27-28.

吴艳霞，2013.香椿茎挥发油化学成分分析[J].农业科技通讯，（5）：147-148，258.

吴永祥，杨庆，李林，等，2018.豆腐柴叶挥发油化学成分及其抗氧化和抑菌作用研究[J].天然产物研究与开发，30：45-51，96.

吴月红，杨晓虹，刘松艳，等，2007.藜挥发油成分GC-MS分析[J].特产研究，（1）：63-64.

吴章文，吴楚材，石强，1999.槲树精气的研究[J].中南林学院学报，19（4）：38-40.

吴照华，王军，李金翠，等，1994.王延军，茼蒿精油的拒食活性和化学组分[J].天然产物研究与开发，6（1）：1-4.

仵燕，王春娥，玛衣拉·阿不拉克，等，2011.GC-MS分析椒蒿不同部位挥发油的化学成分[J].西安交通大学学报（医学版），32（3）：385-387.

夏延斌，邓佐，等，2013.甜菊干叶及其茶制品中挥发性成分的比较分析[J].现代食品科技，29（11）：2752-2756，2741.

向卓文，罗源生，李梦云，2012.四季米仔兰叶挥发性成分的GC-MS分析[J].中药材，35（12）：1969-1974.

向卓文，罗源生，2013.桃花心木茎挥发性成分的气相色谱-质谱分析[J].中药材，36（11）：1798-1802.

肖冰梅，刘义芳，郭锦明，等，2012.蒙古族、景颇族习用药向日葵根挥发油化学成分研究[J].中国民族民间医药，（16）：11-13.

肖凤艳，2011.千里光挥发性化学成分分析[J].湖北农业科学，50（2）：389-392，397.

谢彬，顾健，谭睿，等，2014.藏药打箭菊挥发油的GC-MS分析[J].中国药房，25（3）：260-261.

谢建春，孙宝国，余敏，2005.芳香植物荆条叶、枝的挥发性成分分析[J].食品与发酵工业，31（7）：100-103.

谢晓亮，刘铭，周巧梅，等，2008.河北香菊挥发油成分分析[J].时珍国医国药，19（12）：3052-3054.

谢运昌，蒋小华，张冕，2008.红丝线挥发油的化学成分[J].广西植物，28（1）：136-138.

解成喜，符继红，张丽静，2004.麻黄中挥发油化学成分的分析[J].新疆大学学报（自然科学版），21（3）：285-287.

辛小燕，安银岭，王文峰，1999.两种臭灵丹精油成分的比较研究[J].林产化学与工业，19（2）：43-47.

熊汝琴，赵峰，王锐，等，2014.4种天麻变型的挥发性成分分析[J].浙江农业科学，（9）：1364-1367.

熊秀芳，张银华，龚复俊，等，1999.湖北土荆芥挥发油化学成分研究[J].武汉植物学研究，17（3）：244-248.

徐汉虹，赵善欢，周俊，等，1996.盐蒿精油化学成分和杀虫活性初探[J].中国粮油学报，11（1）：54-58.

徐芳，王强，阿吉艾克拜尔·艾萨，2011.新疆莴苣子挥发油成分气相色谱质谱法分析[J].中药材，34（12）：1887-1891.

徐飞，初众，卢少芳，等，2013.微波超声协同萃取香草兰净油工艺优化及挥发性成分分析[J].热带作物学报，34（7）：1374-1380.

徐广顺，1987.新疆一支蒿挥发油化学成分的研究[J].有机化学，（3）：209-212.

徐萌，张经纬，吴令上，等.HS-SPME-GC-MS联用测定蜡梅属植物花的挥发性成分[J].林业科学，2016，52（12）：58-65.

徐朋，竺锡武，陈集双，2010.长裂苦苣菜挥发油成分的GC/MS分析[J].科技通报，26（3）：274，276，379.

徐小娜，蒋军辉，2011.GC-MS联用技术分析徐长卿挥发性化学成分[J].南华大学学报（自然科学版），25（2）：84-88.

许爱霞，葛斌，宋平顺，等，2006.甘肃麻黄挥发油化学成分分析[J].中国医院药学杂志，26（7）：804-807.

许海燕，郑伶俐，2015. 微波辅助提取秦岭龙胆挥发油的工艺优化及GC-MS分析[J]. 中医药导报，21（20）：31-35.

许剑平，梁华正，2004. 板栗仁衣的挥发性成分[J]. 光谱实验室，21（2）：335-336.

许莉，郭力，罗方利，等，2014. 川产叠鞘石斛挥发油化学成分的GC-MS分析[J]. 成都中医药大学学报，37（1）：4-6，10.

许亮，王冰，贾天柱，2007. 锦灯笼与兔儿伞两种药材的挥发油成分研究[J]. 中成药，29（12）：1840-1843.

许鹏翔，贾卫民，毕良武，等，2003. 神农香菊精油化学成分研究[J]. 香料香精化妆品，（3）：21-21，33.

薛晓丽，张心慧，孙鹏，等，2016. 六种长白山药用植物挥发油成分GC-MS分析[J]. 中药材，39（5）：1062-1066.

闫克玉，贾玉红，李卫，等，2009. 款冬花挥发油的提取及其在卷烟中的应用[J]. 烟草科技，（5）：27-33.

闫平，王喆之，2009. 光果莸不同器官挥发油化学成分分析[J]. 中药材，32（1）：61-65.

闫世才，田瑄，2003. 海州常山叶挥发性化学成分研究[J]. 兰州大学学报（自然科学版），39（3）：105-106.

闫争亮，马惠芬，李勇杰，等，2012. 橄榄园不同树叶挥发性物质对陈齿爪鳃金龟选择行为的影响[J]. 西南大学学报（自然科学版），34（2）：45-52.

杨爱梅，鲁润华，柳军玺，等，2005. 光果莸挥发油成分研究[J]. 中国中药杂志，30（3）：233-234.

杨滨，肖永庆，梁日欣，等，2008. 紫菀挥发油中祛痰活性化学成分研究[J]. 中国中药杂志，33（3）：281-283.

杨东娟，郭守军，陈远平，等，2010. 南美蟛蜞菊叶挥发油化学成分分析[J]. 西北林学院学报，25（1）：131-134.

杨广安，黄倩，林冰，等，2015. 正交试验优选海通叶挥发油的提取工艺及其化学成分分析[J]. 中国实验方剂学杂志，21（17）：9-13.

杨海霞，夏新奎，陈利军，2010. 黄荆挥发油化学成分的GC-MS分析[J]. 信阳农业高等专科学校学报，20（2）：125-126.

杨红澎，薛慧清，戚欢阳，等，2008. 椭圆叶花锚中挥发油化学成分的GC-MS分析[J]. 天津农学院学报，15（3）：11-14.

杨红澎，赵钰玲，蒋与刚，等，2009. 蓝玉簪龙胆挥发油化学成分气相色谱-质谱联用分析[J]. 时珍国医国药，20（2）：347-348.

杨红澎，确生，黄海东，等，2014. 藏药云雾龙胆挥发油化学成分分析[J]. 中国实验方剂学杂志，20（19）：68-71.

杨慧，王赵改，王晓敏，等，2016. 微波真空干燥辅助不同方法提取红油香椿嫩芽挥发性成分的分析比较[J]. 食品工业科技，37（17）：272-280.

杨慧，王赵改，王晓敏，等，2016. 红油香椿嫩芽不同生长期和空间部位挥发性成分分析[J]. 食品科学，37（22）：142-148.

杨慧君，姚娜，李潞滨，等，2011. 建兰花香成分的GC-MS分析[J]. 中国农学通报，27（16）：104-109.

杨丽君，王静，时文春，等，2010. 羽叶千里光挥发油化学成分的GC-MS分析[J]. 安徽农业科学，38（24）：13058-13059.

杨丽莉，韩基明，王笳，等，1998. 陵零香浸膏的提取及化学成分鉴定[J]. 中国野生植物资源，（2）：34-35.

杨柳，刘守金，胡江苗，等，2013. GC-MS法检测铁皮石斛茎中挥发性成分[J]. 中国现代中药，15（5）：362-364.

杨敏，李菁，蔡洁，等，2003. 地肤子油的超临界$CO_2$萃取及GC-MS分析[J]. 中药材，26（7）：494.

杨明非，刘晓东，潘雪峰，1997. 地被菊挥发油化学组成分析[J]. 东北林业大学学报，5（6）：87-91.

杨逢建，王纪坤，张莹，等，2005. 林业有害植物豚草挥发油GC-MS成分分析[J]. 植物研究，25（4）：457-459.

杨淑珍，范燕萍，2008. 蝴蝶兰2个品种挥发性成分差异性分析[J]. 华南农业大学学报，29（1）：114-116，119.

杨铁耀，杨涛恩，葛发欢，1999. 紫茎泽兰挥发性成分分析[J]. 中药材，22（8）：407.

杨晰，杨敏，薛华丽，2010. 莴笋挥发性成分的固相微萃取-气质联用分析[J]. 食品工业科技，（9）：144-146，149.

杨秀伟，王莹，刘玉峰，等，2004. 红心大白菊挥发油成分的GC-MS分析[J]. 中国中药杂志，29（12）：1151-1154.

杨烨，王祥培，徐锋，等，2013. 苦楝皮不同部位挥发油化学成分分析[J]. 中国实验方剂学杂志，19（14）：84-88.

杨扬，朱顺英，唐李斐，等. 2007. 羽裂蟹甲草挥发油的化学成分分析及抗菌活性研究[J]. 武汉大学学报（理学版），53（2）：198-203.

杨永利，郭守军，马瑞君，等，2007.下田菊挥发油化学成分的研究[J].热带亚热带植物学报，15（4）：355-358.

杨永利，郭守军，郭劲刚，2009.粤东产重瓣臭茉莉叶挥发油化学成分的GC-MS分析[J].热带亚热带植物学报，17（4）：409-412.

杨月琴，胡凤祖，马世震，等，2008.GC-MS法测定藏木香栽培品种挥发油的化学成分[J].安徽农业科学，36（25）：10950-10951，10957.

杨月云，王小光，邰蒙蒙，2016.香椿叶提取物挥发性成分的GC-MS分析[J].中国调味品，41（5）：131-133，142.

杨战军，李宝林，田先华，等，2007.翼蓼和中华抱茎蓼挥发油化学成分分析[J].西北植物学报，27（6）：1261-1264.

杨周洁，周英，陈琳，等，2014.覆瓦蓟根部挥发油成分及抗氧化活性的初步研究[J].山地农业生物学报，33（5）：32-34.

杨再波，2008.顶空萃取-气相色谱-质谱法分析马鞭草的挥发油组分[J].理化检验—化学分册，44（6）：514-516.

杨再波，龙成梅，毛海立，等，2010.微波辅助顶空固相微萃取法分析辣子草不同部位挥发油化学成分[J].黔南民族师范学院学报，（6）：22-26，47.

杨再波，郭治友，龙成梅，等，2011.苦木不同部位挥发性化学成分研究[J].中国实验方剂学杂志，17（5）：90-94.

杨再波，毛海立，康文艺，等，2010.土荆芥果实挥发油成分及抗氧化能力[J].光谱实验室，27（5）：1760-1763.

姚波，梁晓原，2008.羊耳菊挥发油成分的研究[J].云南中医学院学报，31（6）：27-29.

姚小云，晁群芳，陈志丹，等，2012.新疆一枝蒿挥发油化学成分及抗氧化活性研究[J].食品科技，37（7）：213-217.

姚兴东，聂园梅，2004.NirmalenduDatta-Gupta，不同紫锥花种属中挥发性组分的气相色谱/质谱分析[J].广西民族学院学报（自然科学版），10（4）：78-83.

姚祖凤，刘家欣，周亮成，1998.湘西辣蓼挥发油化学成分的研究[J].天然产物研究与开发，11（2）：37-40.

叶华，周瑾，张文清，2006.广东升麻挥发油的GC-MS联用分析[J].福建中医药，37（3）：50-51.

叶其蓁，周子晔，林观样，2012.GC-MS法测定一枝黄花花序和茎叶的挥发油成分[J].中国中医药科技，19（5）：434-436.

叶欣，卢金清，曹利，等，2017.牛蒡子炒制前后挥发性成分的比较[J].中药材，40（7）：1586-1589.

叶雪梅，林崇良，林观样，2010.浙江产胜红蓟花序挥发油化学成分分析[J].海峡药学，22（1）：80-81.

于涛，王洋，殷丽君，祖元刚，1999.喜树种子挥发油化学成分的研究[J].植物研究，19（2）：179-182.

于晓亮，罗俊，杨洋，等，2018.不同月份黔产辣蓼挥发油的成分分析[J].贵州医科大学学报，43（2）：144-153，159.

于颖颖，孙薇，张晓叶，等，2012.甜菜叶挥发油成分GC-MS分析[J].特产研究，（1）：66-68.

余爱农，2004.臭牡丹挥发性化学成分的研究[J].中国中药杂志，29（2）：157-159.

余建清，于怀东，邹国林，2005.款冬花挥发油化学成分的GC-MS分析[J].中国中药杂志，30（15）：1216-1218.

余建清，于怀东，邹国林，2005.墨旱莲挥发油化学成分的研究[J].中国药学杂志，40（12）：895-896.

余丽，王灼琛，程江华，等，2015.SDE/SPME-GC-MS分析苦荞的挥发性香气成分[J].中国酿造，34（2）：148-152.

袁明焱，刘守金，杨柳，等，2018.辣木叶挥发性成分的GC-MS研究[J].安徽农业科学，46（8）：174-176，187.

袁萍，王国亮，朱信强，等，1998.苹儿香菊精油化学成分研究[J].武汉植物学研究，16（4）：343-345.

元文君，任刚，李文艳，等，2015.三脉紫菀挥发油化学成分的GC-MS分析[J].中国实验方剂学杂志，21（21）：47-50.

曾栋，文瑞芝，潘振球，等，2010.紫锥菊挥发性成分分析研究[J].天然产物研究与开发，22：607-613，638.

曾庆源，朱顺英，杨扬，等，2009.锈苞蒿挥发油的化学成分分析及其抗菌活性研究[J].武汉大学学报（理学版），55（5）：591-596.

曾祥燕，颜萍花，谢凤凤，等，2016.广西不同产地假茼蒿的挥发油成分比较[J].广西中医药，39（4）：73-76.

詹家芬，陆舍铭，向能军，等，2008.GC-MS分析甜菊叶的挥发性成分[J].热带亚热带植物学报，16（4）：377-38l.

张丙生，王树槐，宋根萍，等，1992.大黄挥发油化学成分的研究[J].中草药，23（8）：165-166.

张聪，刘守金，杨柳，等，2017.GC-MS法检测云南产细茎石斛花中挥发性成分[J].云南农业大学学报（自然科学），32（1）：174-178.

张大帅，王燕，陈光英，等，2013.铁椤叶挥发油成分及生物活性研究[J].食品工业科技，34（17）：115-118.

张道英，程庚金生，彭金年，等，2017.顶空进样与水蒸气蒸馏GC-MS法分析杠板归中挥发性成分[J].基因组学与应用生物学，（4）：无页码.

张德志，杨文胜，张伟森，等，1992.香蓼挥发油化学成分的研究[J].吉林林学院学报，8（1）：6-9.

张飞，谷令彪，秦召，等，2016.三种方法提取蒲公英净油中挥发性和半挥发性香味成分比较分析[J].食品工业科技，37（20）：83-89.

张红玉，杨斌，何月秋，2011.毒素胁迫紫茎泽兰挥发性成分分析[J].贵州农业科学，39（9）：71-76.

张继，张燕，姚健，等，2004.湿地蒿挥发油成分研究[J].四川大学学报（自然科学版），41（6）：1287-1289.

张玲玲，汤依娜，唐思丽，等，2017.向日葵花盘挥发油的GC-MS定性分析[J].中国现代中药，19（2）：188-191.

张倩倩，刘守金，方成武，等，2011.铜皮石斛花挥发性成分的GC-MS分析[J].中国现代中药，13（6）：34-35，40.

张仕娜，刘锡葵，2005.食用香椿香味成分分析[J].昆明师范高等专科学校学报，27（4）：3-6.

张书锋，董庆峰，于新蕊，等，2014.石家庄野生荆条败花精油的化学成分[J].天然产物研究与开发，26：883-885，931.

张姝，徐志珍，夏玮，等，2017.基于多种模式识别方法的不同品种蜡梅挥发油的成分分析及抗氧化活性测定[J].华东理工大学学报（自然科学版），43（1）：76-83.

张雯雯，郑华，张弘，蝴蝶蜜源与非蜜源植物挥发物成分的差异[J].福建农林大学学报（自然科学版），2011，40（3）：302-306.

张兴旺，陶燕铎，梅丽娟，等，2010.蒙青绢蒿挥发油化学成分分析[J].光谱实验室，27（3）：1139-1142.

张兴旺，朱鹏程，梅丽娟，等，2010.铺散亚菊挥发油化学成分研究[J].天然产物研究与开发，22：36-38.

张雅琪，曾志，谭丽贤，等，2011.浙江产石胡荽的挥发性成分研究[J].华南师范大学学报（自然科学版），（2）：87-90.

张彦军，徐飞，谭乐和，等，2015.HS-SPME-GC/MS分析海南产糯米香叶的挥发性成分[J].热带作物学报，36（3）：603-610.

张彦龙，匡宏枫，高传军，等，2006.香鳞毛蕨挥发油成分的研究[J].中草药，37（7）：991-992.

张彦丽，韩艳春，阿依吐伦，等，2010.GC-MS对昆仑雪菊挥发油成分的研究[J].新疆医科大学学报，33（11）：1299-1300.

张燕，张继，姚健，等，2005.龙蒿挥发油成分研究[J].中国中药杂志，30（8）：594-596.

张艳梅，丰子凯，曾红，2016.昆仑雪菊挥发油化学成分及对新生隐球菌抗菌作用[J].微生物学通报，43（6）：1304-1314.

张莹，李辛雷，陈胜，等，2010.三种文心兰挥发性成分的比较[J].植物生理学通讯，46（2）：178-180.

张莹，李辛雷，田敏，等，2010.大花蕙兰鲜花香气成分的研究[J].武汉植物学研究，28（3）：381-384.

张莹，王雁，田敏，等，2012.不同种兰花香气成分分析[J].分析科学学报，28（4）：502-506.

张莹，李辛雷，王雁，等，2011.文心兰不同花期及花朵不同部位香气成分的变化[J].中国农业科学，44（1）：110-117.

张应鹏，杨云裳，刘宇，等，2009.藏药川西獐牙菜挥发性化学成分及抑菌活性研究[J].时珍国医国药，20（3）：595-597.

张勇，吴焕，1993.管花肉苁蓉精油化学成分的研究[J].中成药，（2）：28.

张永红，魏小宁，李光文，等，2006.灌木亚菊挥发油化学成分研究[J].天然产物研究与开发，18（增刊）：64-66.

张运晖，王秋云，吴亚妮，等，2010.德国甘菊蒸馏水有机成分分析[J].上海交通大学学报（农业科学版），28（6）：546-551.

张知侠，杨亚婷，张兴，2006.茵陈挥发油成分的GC-MS分析[J].咸阳师范学院学报，21（6）：25-26，40.

赵超，周欣，龚小见，等，2010.SPME/GC/MS分析小一点红挥发性化学成分[J].光谱实验室，27（4）：1601-1603.

赵超，杨占南，陈华国，等，2009.杠板归挥发性化学成分SPME/GC/MS分析[J].精细化工，26（11）：1090-1092.

赵春芳，李平亚，张宏，等，2000.生菜茎叶挥发油的研究[J].中草药，31（8）：577.

赵红霞，2010.红蓼挥发油化学成分的GC-MS分析[J].长春师范学院学报（自然科学版），29（5）：47-49.

赵留存，靳凤云，马四补，等，2013.用固相微萃取结合气相色谱-质谱联用技术法测定果上叶挥发性化学成分的报告[J].贵阳中医学院学报，35（4）：33-36.

赵瑞建，刘玉雪，朱健，等，2010.华北鸦葱不同部位挥发油化学成分分析[J].时珍国医国药，21（8）：1891-1893.

赵堂，2012.蓼子朴挥发油化学成分的GC-MS分析[J].安徽农业科学，40（18）：9653-9654.

赵延涛，赵宝玉，张援虎，等，2007.黑骨藤和青蛇藤挥发油成分的比较研究[J].西北农业学报，16（6）：38-41.

赵一帆，张东，杨立新，等，2018.HS-SPME-GC-MS测定洋甘菊不同部位挥发性成分[J].中国实验方剂学杂志，24（2）：69-73.

郑宝强，赵志国，任建武，等，2014.卡特兰不同花期的香气成分及其变化[J].林业科学研究，27（5）：651-656.

郑家欢，吴观健，吴岳滨，等，2016.GC-MS分析金钗石斛花挥发油成分[J].中药材，39（8）：1797-1799.

郑维发，谭仁详，刘志礼，1996.牛尾蒿两变种精油的化学成分[J].植物分类学报，34（4）：410-414.

郑维发，谭仁祥，刘志礼，等，1996.八种蒿属植物石油醚提取物中萜类成分分析[J].南京大学学报，32（4）：706-712.

郑旭东，胡浩斌，郑尚珍，等，1999.庆阳乌蓼挥发油成分的研究[J].西北师范大学学报（自然科学版），35（3）：68-70.

郑瑶青，许宏艳，孙亦樑，等，1989.月见草鲜花香气成分分析[J].植物学报，31（1）：69-72.

郑瑶青，朱芸，张瑞燕，等，1990.蜡梅鲜花香气成分的研究[J].北京大学学报（自然科学版），26（6）：667-673

钟凌云，龚千锋，祝婧，等，2010.气-质联用分析比较麻黄及其炮制品中挥发性成分[J].中国药学，19（1）：67-73.

钟凌云，张淑洁，龚千锋，等，2015.生姜、干姜炮制对厚朴挥发性成分影响比较[J].中国实验方剂学杂志，21（20）：49-54.

周静，周波，谭穗懿，等，2004.麻楝叶挥发油成分的GC-MS分析[J].中药材，27（11）：815-817.

周静媛，徐世涛，姚响，等，2018.不同产地菊苣浸膏挥发性成分对比分析及其在卷烟中的应用[J].湖北农业科学，57（3）：103-106，封三.

周敬林，王斌赫，王国宝，等，2017.2种柞树叶片和树皮中的挥发性化学成分鉴定[J].蚕业科学，43（3）：459-466.

周婧，钱超，宋莹莹，等，2013.野生柳叶蜡梅叶挥发油成分的GC-MS分析及其抗氧化活性[J].华西药学杂志，28（3）：238-240.

周玲，范欣生，唐于平，等，2008.气相色谱-质谱联用分析三拗汤加味及其组方药材挥发性成分[J].中国医科大学学报，39（6）：515-518.

周露，周铁生，2005.产地不同的两种香蓼的挥发性成分研究[J].香料香精化妆品，（3）：5-7.

周威，何颖，张连学，2009.全叶千里光挥发油成分GC-MS分析[J].中国当代医药，16（22）：141-143.

周向军，高义霞，张继，2009.苦苣菜叶挥发性成分分析[J].资源开发与市场，25（11）：975-976.

周欣，赵超，杨小生，2001.气相色谱-质谱分析黔产千里光挥发油的化学成分[J].中草药，32（10）：880-881.

周欣，胡晓娜，陈华国，等，2008.苗药黑骨藤不同提取方法提取物的GC-MS分析[J].中国中药杂志，33（12）：1495-1498.

周欣，莫彬彬，赵超，等，2002.野菊花二氧化碳超临界萃取物的化学成分研究[J].中国药学杂志，37（3）：170-172.

周杨晶，李发荣，吴臻，等，2014.民族药木耳菜挥发油成分和脂溶性成分GC-MS分析[J].天然产物研究与开发，26（7）：1051-1055.

周晔，2009.马缨丹挥发油的化学成分分析[J].亚太传统医药，5（7）：25-28.

周赢，靳凤云，钱海兵，等，2011.运用气相色谱-质谱联用法对黔产铁筷子茎、皮部位挥发油化学成分的比较分析[J].贵阳中医学院学报，33（6）：36-39.

周印锁，李兆琳，朱加亮，等，1993.三花莸挥发油化学成分的研究[J].植物研究，13（4）：394-398.

朱才会，王可，王丽梅，2015.水蒸气蒸馏法与石油醚萃取法提取菱角壳挥发油的比较研究[J].武汉轻工大学学报，34（2）：60-64.

朱慧，吴双桃，2011.华南地区入侵杂草藿香蓟叶挥发油的成分鉴定[J].西北林学院学报，26（6）：100-106.

朱慧，胡喜兰，屠鹏飞，2004.离舌橐吾挥发油成分GC-MS分析[J].中草药，35（3）：261.

朱丽，武艳桃，叶欣，等，2018.顶空固相微萃取—气质联用技术分析白前及其炮制品挥发性成分[J].中国医院药学杂志，38（2）：152-156.

朱丽华，陆蕴如，陈德昌，1991.蒙药漏芦花挥发油的成分研究[J].中国中药杂志，16（12）：739-740，762-763.

朱梅，刘洪章，董然，等，2013.长白山复序橐吾花挥发油化学成分的分析[J].东北农业大学学报，44（4）：101-105.

朱梅，刘洪章，刘淑英，等，2013.长白山复序橐吾和狭苞橐吾花的脂溶性成分分析[J].东北林业大学学报，41（5）：159-161.

朱萌萌，沈旭，陈江琳，等，2014.洽洽香瓜子挥发性成分分析及入味机理探讨[J].食品工业科技，（6）：140-145.

朱亮锋，陆碧瑶，李宝灵，等，1993.芳香植物及其化学成分[M].海口：海南出版社.

朱信强，王国亮，王金凤，等，1989.银胶菊叶精油化学成分的研究[J].植物学报，31（11）：895-896.

朱育芬，刘卫，高学琴，等，1985.夜来香浸膏成分分析[J].植物学报，27（5）：556-558.

竺锡武，陈海相，李松华，等，2007.一枝黄花挥发油化学成分分析[J].中国中药杂志，32（20）：2191-2193.

竺锡武，徐朋，曹跃芬，等，2009.2种一枝黄花叶的挥发油化学成分和抑菌活性[J].林业科学，45（4）：167-170.

竺叶青，黄沁，王智华，等，1987.中国蜡梅属植物开花期与营养期叶挥发油化学成分的比较[J].中成药研究，（7）：31-32.